21世纪高等院校电气信息类系列教材

微型计算机原理与接口技术

第3版

张荣标　等编著

机 械 工 业 出 版 社

本书以 Intel 系列微处理器为背景，介绍了微型计算机原理与接口技术。全书以弄懂原理、掌握应用为编写宗旨，在内容安排上注重系统性、逻辑性、先进性与实用性。本书分三个部分：微型计算机原理部分（第 1、2、6 章），汇编语言程序设计部分（第 3、4、5 章），接口与应用部分（第 7、8、9、10 章）。根据 Intel 系列微处理器的向下兼容性，着重讲解了 16 位微型计算机的工作原理、指令系统、8086 汇编语言程序设计以及接口技术。考虑到目前 32 位 CPU 的广泛应用，又重点介绍了其代表芯片 80386 的工作原理，特别是 80386 的存储器管理技术。

为便于读者自学，本书在内容安排方面除附有一定量的习题外，还增设了详细的习题例解。

本书可以作为高等院校电气信息类专业教材，也可供从事微型机系统设计和应用的技术人员自学和参考。

本书提供配套授课电子课件，需要的教师可登录 www.cmpedu.com 免费注册、审核通过后下载，或联系编辑索取（QQ：308596956，电话：010-88379753）。

图书在版编目（CIP）数据

微型计算机原理与接口技术/张荣标等编著. —3 版. —北京：机械工业出版社，2016.9（2023.9 重印）

21 世纪高等院校电气信息类系列教材

ISBN 978-7-111-54454-8

Ⅰ. ①微… Ⅱ. ①张… Ⅲ. ①微型计算机-理论-高等学校-教材②微型计算机-接口技术-高等学校-教材 Ⅳ. ①TP36

中国版本图书馆 CIP 数据核字（2016）第 179499 号

机械工业出版社（北京市百万庄大街 22 号 邮政编码 100037）

责任编辑：时 静 责任校对：张艳霞

责任印制：刘 媛

涿州市般润文化传播有限公司印刷

2023 年 9 月第 3 版第 8 次印刷

184mm×260mm · 25.25 印张 · 610 千字

标准书号：ISBN 978-7-111-54454-8

定价：69.00 元

电话服务

客服电话：010-88361066

010-88379833

010-68326294

网络服务

机 工 官 网：www.cmpbook.com

机 工 官 博：weibo.com/cmp1952

金 书 网：www.golden-book.com

机工教育服务网：www.cmpedu.com

出版说明

随着科学技术的不断进步，整个国家自动化水平和信息化水平的长足发展，社会对电气信息类人才的需求日益迫切、要求也更加严格。在教育部颁布的“普通高等学校本科专业目录”中，电气信息类(Electrical and Information Science and Technology)包括电气工程及其自动化、自动化、电子信息工程、通信工程、计算机科学与技术、电子科学与技术、生物医学工程等子专业。这些子专业的人才培养对社会需求、经济发展都有着非常重要的意义。

在电气信息类专业及学科迅速发展的同时，也给高等教育工作带来了许多新课题和新任务。在此情况下，只有将新知识、新技术、新领域逐渐融合到教学、实践环节中去，才能培养出优秀的科技人才。为了配合高等院校教学的需要，机械工业出版社组织了这套“21世纪高等院校电气信息类系列教材”。

本套教材是在对电气信息类专业教育情况和教材情况调研与分析的基础上组织编写的。期间，与高等院校相关课程的主讲教师进行了广泛的交流和探讨，旨在构建体系完善、内容全面新颖、适合教学的专业教材。

本套教材涵盖多层面专业课程，定位准确，注重理论与实践、教学与教辅的结合，在语言描述上力求准确、清晰，适合各高等院校电气信息类专业学生使用。

机械工业出版社

第3版前言

本教材自出版以来，受到了广大师生的关爱，作为一本高等院校人才培养的教材，需要不断地更新和改进，所以从教和学的角度对原教材进行了必要的修订。这次修订主要目的是增加学生实验环节，以往微型计算机原理只有在接口技术学习后才会进入实验环节，第1到第5章学生一般很少有动手机会，其主要原因是相关的实验设施有限，难以实现边学习、边上机的互动教学方式。近年来，随着微型计算机的普及，学生普遍拥有笔记本电脑或台式机，充分利用这一有利条件，使学生从抽象思维中走出来，通过DEBUG软件使学生对微型计算机原理中的寄存器、存储器、标志位、数据、地址等信息有很好的感性认识。关于寻址方式、指令功能、汇编语言及编程等课程内容，目前大部分微型计算机原理教科书都是进行理论性的讲解，本教材旨在通过DEBUG软件使学生弄清楚这些课程内容在微型计算机中实现的具体过程，从原来看不见摸不着靠记忆的抽象思维转变成看得见有结果的实际操作，这样可大大提高学生学习微型计算机原理的兴趣和信心。因此，在这次修订的第3版教材中，努力创建教与学过程互动的新思路，增添课堂实验演示内容，实现边学习、边上机的互动教学模式。

对原教材进行了如下修订：第1章增添了工具软件操作的基本知识，为学生能在自己的PC上完成实验打好基础。第2章增添了微处理器寄存器、标志位及存储器的认知环节，采用DEBUG工具软件观察其中数据的现状与修改后的变化。第3章内容是8086CPU主要功能的体现，学生学习起来太抽象不容易理解，通过DEBUG调试软件上机实验，用操作前后的数据变化让学生理解各种操作数寻址方式实现的过程以及各类指令运行后所产生的作用。第4章增添了伪指令语句上机实验、表达式上机实验以及各例程序DEBUG调试操作，使学生学习汇编语言语法不再抽象和死记硬背，在操作中理解汇编语言语法的真正含义。第5章增添了汇编语言编程算法和结构程序实例的DEBUG调试操作，通过程序运行前后的数据变化让学生理解程序运行过程中各个环节的细微变化。第6~10章是8086CPU与外部器件进行信息传输的各种接口知识，在相关的接口实验课程中都有所安排，这次修订主要是顺应器件的市场变化，对部分内容做了必要的更新。

这次教材的修订由张荣标教授统稿，其中第6章和第10章由牛雪梅博士参与修订，其余由张荣标修订，教材中的第2~5章的所有程序及DEBUG调试部分已由作者的研究生朱丽虹、黄林奎等同学在微型计算机上验证通过。

由于时间仓促和作者水平有限，存在一些不足之处，敬请读者批评指正。

作　者

第2版前言

本教材自出版以来，受到了广大师生的关爱，作者在此表示衷心的感谢！作为一本高等院校人才培养的教材，需要不断地更新和改进，所以我们从教和学的角度，对原教材进行了必要的改版。在改版中尽量保留原教材的特点，主要从精简教材的思路出发，对原教材进行了如下修正：

1. 列表说明，便于比较

对一些功能性的说明，采用表格形式列出，达到简洁明了的效果，教师可对其中的内容进行逐一解释，同时便于学生总结与比较，如对芯片引脚的介绍、标志寄存器位的说明等。

2. 归类合并，便于应用

从应用角度出发对接口章节进行归类合并，以便学生对相关知识的联想记忆，如中断系统与8237A DMA控制器，可编程并行接口芯片与串行通信技术，计数器/定时器与模拟量转换。

3. 更新内容，顺应发展

随着微处理器的不断更新换代，新增了微处理器最新发展动态。同时新增了模拟量转换内容，即A－D与D－A转换技术。

4. 提炼例解，强化典型

主要体现在习题例解和练习题的修改。使内容更加典型化，便于学生自学和教师对学生的考核，开拓学生的解题思路和提高教学的可操作性。

本书由张荣标教授统稿，其中第6章由陆文昌副教授编写，第7章由冯友兵博士编写，第10章由李岚副教授编写，其余各章由张荣标教授编写。

作　者

第1版前言

微型计算机原理与接口技术是自动化、电气、电子信息以及其他电气信息类专业的一门重要专业基础课。随着微处理器技术的不断发展和用人单位对人才培养的更高要求,迫切需要一批适合新形势需要的相关教材。为此,本书作者参考现有教材,扬长避短,结合多年来一线教学的经验,并征求同行教师以及学生对微型计算机原理教材的要求,从教和学的角度出发,着手编写了本教材。与现有教材相比,本教材有如下特点:

1. 增设题解,便于自学

微型计算机原理与接口技术这门课内容多,课时少,除教师课堂上讲解外,学生必须花一定的时间复习和巩固已学过的知识。本书除编入一定量的习题外,还编入了习题例解,这在很大程度上减轻了该专业基础课的教学压力。

2. 面向实用,夯实基础

本教材侧重基础知识,用模型机讲解 CPU 的工作原理,以 8086 CPU 为背景,系统地讲解了 16 位微型计算机的工作原理。考虑到目前 32 位 CPU 的广泛应用,又重点介绍了其代表芯片 80386 的工作原理,特别是 80386 的存储器管理技术。这样,可以使学生从基本原理出发,把握先进技术。

3. 力求图示,方便理解

本教材尽可能采用图示的方法,让学生有一种感性认识。如介绍微型计算机系统时,采用实物图片,使学生对微机有一种实实在在的感觉,激发出对微型计算机原理学习的兴趣;在讲解指令的寻址过程中,采用示意图的方式,使学生一目了然。

4. 条理清晰,便于领会

本教材中通篇都贯穿了“条理清晰”这一特点,学生比较容易掌握要点。

5. 突出重点,详解难点

从学生实际应用出发,在掌握了必要的基础知识情况下,将重点放在汇编语言编程和接口技术的学习上,这些内容也是学生学习的难点。

全书由张荣标教授统稿,其中第 6 章由陆文昌副教授编写,其余各章由张荣标教授编写。书中的汇编语言程序已由作者的研究生冯友兵、李华、章云峰、陈相朝等同学在计算机上验证通过。本书还得到了赵德安教授、李岚博士的大力支持。同时对参与书稿录入和整理工作的硕士研究生们表示感谢。

由于作者水平有限,存在一些不足之处,恳请读者批评指正。

目　录

第1章　微型计算机基础

随着微处理器制造技术的不断发展,计算机的结构越来越复杂,功能越来越强大,性能越来越优越,计算机原理所涉及的内容也就越来越多,但是计算机基本原理没有改变,只要对计算机的基础知识有充分的了解,就能从容地面对计算机日新月异的变化。

本章详细讲解了计算机中数(大小、符号、小数点)及字符信息的表达问题;描述了微处理器、微型计算机和微型计算机系统三者之间的关系;通过模型计算机阐述了计算机的基本工作原理;系统地概述了汇编语言上机工具软件,为微型计算机原理的学习奠定基础。

1.1　计算机中的数制与码制

数是客观事物的量在人们头脑中的反映。一个"量"相同的数可以用不同的计数制度来表示,这就形成了不同的数制。表达一个数的大小和正负的不同方法叫作码制。

1.1.1　计算机中的数制

1. 数的位置表示法

数制是人们按某种进位规则进行计数的科学方法。位置表示法是表示数的常用方法。在数的位置表示法中,基数取值不同便可得到不同进位制的表达式。设待表示的数为N,则

$$N = \sum_{i=-m}^{n-1} a_i X^i \tag{1-1}$$

式中,X为基数;a_i 为系数($0 < a_i < X - 1$);m为小数位数;n为整数位数。

在计算机中常用的数制有二进制、八进制、十六进制和十进制,相应的X取值为2、8、16、10。在计数或加法运算过程中,它们分别是逢二进一、逢八进一、逢十六进一和逢十进一。在减法运算过程中,它们分别是借一当二、借一当八、借一当十六和借一当十。在数的位置表示法中,它们的后缀分别是B、Q、H和D(或省略不写)。

下面用例题来说明用二进制、八进制、十六进制表示数的结果(十进制数)。

【例1-1】　(1) 二进制数

$10011.11B = 1\times2^4 + 0\times2^3 + 0\times2^2 + 1\times2^1 + 1\times2^0 + 1\times2^{-1} + 1\times2^{-2} = 19.75$

(2) 八进制数

$7345.6Q = 7\times8^3 + 3\times8^2 + 4\times8^1 + 5\times8^0 + 6\times8^{-1} = 3813.75$

(3) 十六进制

$4AC6H = 4\times16^3 + 10\times16^2 + 12\times16^1 + 6\times16^0 = 19142$

人们习惯使用的是十进制,而计算机中采用的基本数制是二进制(八进制和十六进制作为二进制的一种便于表示的编写形式)。这是为什么呢?采用二进制数,不仅因为它只有0和1两个系数,还因为0和1用电路实现起来很方便。即数字电路中通常的两种稳态:逻辑器件的饱和与截止状态。相应地形成低电位和高电位,以此代表两个数码:0和1。计算机通常

用高电位代表 1,低电位代表 0。采用这样精心设计的电路系统,既简单又快捷。

2. 数制之间的转换

（1）任意进制数转换为十进制数

对二进制、八进制和十六进制以及任意进制数转换为十进制数可采用表达式(1–1)展开求和实现,详见例 1–1。

（2）二进制、八进制和十六进制数之间转换

一位八进制数相当于三位二进制数;一位十六进制数相当于四位二进制数。它们之间的转换十分方便。

【例 1–2】 二进制转换成八进制和十六进制数。

$$1101100101100011B = 154543Q$$
$$= D963H$$

（3）十进制数转换为二进制数

当十进制数转换为二进制数时,需要将整数部分和小数部分分开。整数常采用“除 2 取余法”,而小数则采用“乘 2 取整法”。需提及的是十进制小数并不是都能用有限的二进制小数精确地表示,此时要根据精度的要求来确定被转换的二进制位数。

1）十进制整数转换为二进制整数。转换方法是除 2 取余,直到商等于零为止,逆序排列余数即可。对数值比较大的十进制数进行转换时,可采用先将十进制整数转换为十六进制整数,然后再将十六进制整数转换为二进制整数。十进制整数转换为十六进制整数的方法是除 16 取余,直到商等于零为止,逆序排列余数。

【例 1–3】 将十进制数 19,3910 分别转换为相对应的二进制数。

解

除数	被除数		
2	19		
2	9	商为9, 余数为 1	低位 ↑
2	4	商为4, 余数为 1	
2	2	商为2, 余数为 0	
2	1	商为1, 余数为 0	
2	0	商为0, 余数为 1	高位

除数	被除数		
16	3910		
16	244	商为244, 余数为 6	低位 ↑
16	15	商为 15, 余数为 4	
16	0	商为 0, 余数为 15(F)	高位

转换结果分别为 19D = 10 011B; 3910D = F46H = 111101000110B。

2）十进制小数转换为二进制小数。转换方法是将小数部分乘 2 取整,直到乘积的小数部分等于零为止(若永不为零则根据精度要求截取一定的位数),顺序排列每次乘积的整数部分即可。

【例 1–4】 将十进制数 19. 8125 转换为二进制数。

解 整数部分可由例 1–3 的结果得

$$19D = 10011B$$

小数部分 0.8125D 的转换过程：

$0.8125D \times 2 = 1.625$	得小数部分为 0.625	整数部分为 1	高位
$0.625D \times 2 = 1.25$	得小数部分为 0.25	整数部分为 1	↓
$0.25D \times 2 = 0.5$	得小数部分为 0.5	整数部分为 0	↓
$0.5D \times 2 = 1.0$	得小数部分为 0	整数部分为 1	低位

转换结果为 19.8125D = 10011.1101B。

1.1.2 计算机中的码制及补码运算

一个数除了有量的大小之分外还有正负的区别。为了处理数的符号问题，在计算机中引进了码制的概念。通常用二进制数的最高位来表示数的符号位。常用的码制有原码、补码、反码及偏移码。

1. 原码

用二进制数的最高位表示数的符号，通常规定以 0 表示正数，1 表示负数，其余各位表示数值本身，则称该二进制数为原码表示法。

设机器字长为 n，数 X 的原码为$[X]_{原}$，则原码的定义如下。

$$[X]_{原} = \begin{cases} X & 0 \leqslant X \leqslant 2^{n-1} - 1 \\ 2^{n-1} + |X| & -(2^{n-1} - 1) \leqslant X \leqslant 0 \end{cases} \tag{1-2}$$

【例 1-5】 设机器字长为 n = 8 时，试求 +0、+6、+127、-0、-6、-127 的原码。

解 $[+0]_{原} = 00000000$　　$[-0]_{原} = 10000000$

$[+6]_{原} = 00000110$　　$[-6]_{原} = 10000110$

$[+127]_{原} = 01111111$　　$[-127]_{原} = 11111111$

由此可见，原码是把符号数值化了的数，在计算机中称为机器数。对正数来说，原码与相应的二进制数完全相同；对负数来说，二进制数的最高位一定是“1”，其余各位是该数的绝对值。零的原码表示有正零和负零之分。原码表示法最大优点是简单直观，但不便于加减运算。原码数的运算完全类同于正负数的笔算。例如，两个数相减，先比较两个数绝对值的大小，然后绝对值大的数减去绝对值小的数，最后在结果前面加上原来绝对值较大的数的符号。因而，处理过程非常烦琐，要求计算机的结构也极为复杂。

2. 反码

设机器字长为 n，数 X 的反码为$[X]_{反}$，则反码的定义如下。

$$[X]_{反} = \begin{cases} X & 0 \leqslant X \leqslant 2^{n-1} - 1 \\ 2^{n} - 1 + X & -(2^{n-1} - 1) \leqslant X \leqslant 0 \end{cases} \tag{1-3}$$

【例 1-6】 设机器字长为 n = 8 时，试求 +0、+6、+127、-0、-6、-127 的反码。

解 $[+0]_{反} = 00000000$　　$[-0]_{反} = 11111111$

$[+6]_{反} = 00000110$　　$[-6]_{反} = 11111001$

$[+127]_{反} = 01111111$　　$[-127]_{反} = 10000000$

可以看出，正数的反码与相应的原码完全相同，负数的反码只需把相应的绝对值按位求反即可。用反码来表示负数现已较少采用。

3. 补码

原码和反码都不能方便运算，是否存在另一种数的表示法能方便运算呢？回答是肯定的，那就是补码表示法。在数的原码和反码表示法中，参加运算的数的符号是不能参加运算的，而在数的补码表示法中，参加运算的数的符号与数一样，也可以参加运算，并且使减法运算变成加法运算，省去一套减法电路。因此，采用补码运算使计算机的结构大为简化。

补码为什么具有这种功能，为了说明补码的概念，可从时钟校准谈起。若现在是北京时间1点整，而时钟快了两小时，时针指在3点上，要将时钟校准有两种方法：一种是把时钟倒拨两小时，相当于作减法运算；另一种是顺时针拨10小时，相当于作加法运算，则钟面上两种方法得到的结果是一样的。

$$3+10=1 \text{（时针经过 12 点时自动丢失一个数 12）}$$

$$3-2=3+(-2)=1$$

这里把减法运算变成了加法运算，其中10与-2到底有什么关系，自动丢失的一个数12又是什么，这是学习补码概念的关键。数学上把12这个数叫作“模”，10是(-2)对模12的补码。这样，在模12的条件下，负数就可以转化为正数，而正负数相加也就可以转化为正数间的相加。

再考虑计算机运算的特点，计算机中的部件都有固定的位数，假定位数为n，则计算机中最大的计数值（包括符号位）为2^n-1，当大于等于2^n时同样会自动丢失一个数2^n。因此，计算机中的负数可以表示成以2^n为模的补码。这样可以得到计算机中二进制补码的定义。

设机器字长为n，数X的补码为$[X]_{补}$，则补码的定义如下。

$$[X]_{补}=\begin{cases}X & 0\leqslant X\leqslant 2^{n-1}-1\\ 2^n+X & -2^{n-1}\leqslant X\leqslant 0\end{cases} \tag{1-4}$$

【例1-7】 设机器字长为n=8时，试求+0、+6、+127、-0、-6、-127的补码。

解 $[+0]_{补}=00000000$　　$[-0]_{补}=00000000$

$[+6]_{补}=00000110$　　$[-6]_{补}=11111010$

$[+127]_{补}=01111111$　　$[-127]_{补}=10000001$

可以看出，正数的补码与相应的原码完全相同，负数的补码只需把相应的绝对值按位求反并在末位加1即可。如果从负数的原码来求补码，其规则是原码的符号位不变，其余各位按位求反并在末位加1。一般情况下，只要按上述规则求取补码即可，不需要用补码的定义来求。

4. 偏移码

偏移码主要用于模/数转换过程中，若被转换数需参加运算，则仍要转换为补码。

设机器字长为n，数X的偏移码为$[X]_{移}$，则偏移码的定义如下。

$$[X]_{移}=2^{n-1}+X \tag{1-5}$$

【例1-8】 设机器字长为n=8时，试求-128、0、+127的偏移码。

解 $[-128]_{移}=00000000$

$[0]_{移}=10000000$

$[+127]_{移}=11111111$

可以看出，偏移码是把相应的补码在数轴上向右平移了2^{n-1}，从而弥补了补码不直观的缺点，用偏移码表示数的大小可以说是一目了然。注意，它仅是在数轴上平移了2^{n-1}个单位，使最小的负数变为0，最大的正数变为最大数111…11。但是，这里的数2^{n-1}与补码中模的概念是不一样的。

5. 补码运算

在计算机中带符号的二进制数通常采用补码形式表示，当两个二进制数进行补码加减运算时，有两个主要特点：一是可以使符号位与数一起参加运算；二是将两数相减变为减数变补后再与被减数相加来实现。下面介绍补码加、减法运算规则。

加法规则：$[X+Y]_{补}=[X]_{补}+[Y]_{补}$

减法规则：$[X-Y]_{补}=[X]_{补}+[-Y]_{补}$

其中，$[-Y]_{补}$叫作变补运算，可以用$[Y]_{补}$连同符号位一起按位求反并在末位加 1 得到。具体运算过程可以通过下面的两个例子来说明。

【例 1-9】 X = 64 − 12 = 52　　(字长为 8 位)

$[X]_{补}=[64]_{补}+[-12]_{补}$

$[64]_{补}$=01000000B　　$[-12]_{补}$=11110100B

```
      01000000
   +  11110100
  -------------
  1   00110100
  ↑
自然丢失
```

由于字长为 8 位，最高有效位的进位自然丢失。其结果为$(52)_{10}$的补码。

【例 1-10】 X = 34 − 98 = −64　　(字长为 8 位)

$[X]_{补}=[34]_{补}+[-98]_{补}$

$[34]_{补}$=00100010B　　$[-98]_{补}$=10011110B

```
     00100010
   + 10011110
  ------------
     11000000
```

和的最高位是 1，表示结果为负数，其结果为$(-64)_{10}$的补码。

可以看出，上述两例的计算结果是正确的。即使最高有效位的进位因字长的限制而被自动丢失(自动丢失一个叫作模的数 2^8)，也并不影响结果的正确性。计算机中对有符号数的运算采用的就是补码运算。

可以看到，计算机中加、减运算采用补码，不仅十分简便，而且不用判断正负号，符号位一起参加运算，自然得到正确的补码结果。

6. 溢出判别

当两个带符号位的二进制数进行补码运算时，其结果一旦超出运算装置所能表示的范围就会产生溢出，引起计算出错(对 8 位的运算装置，运算结果的范围是 −128 ~ 127)。在这种情况下，溢出的判别方法不能只看运算过程中最高位是否有进位，例 1-9 结果的最高位有进位，例 1-10 结果的最高位无进位，但二者都没有溢出。两个带符号位的二进制数进行补码运算时是如何判别溢出的呢？微型计算机中采用的方法是双高位判别法。

首先，取补码运算结果的最高位和次高位，分别叫作 C_S 和 C_P，其含义是 C_S 表征符号位的进位，C_P 表征数值部分最高位的进位。即当最高位(符号位)有进位时，$C_S=1$，否则 $C_S=0$；当次高位有进位时，$C_P=1$，否则 $C_P=0$。

然后，根据 C_S 和 C_P 这两个符号，可得补码运算溢出的双高位判别法则。在两数进行二进制补码加减过程中，若最高位进位 C_S 和次高位进位 C_P 相同（同为 0 或同为 1），则无溢出发生；若 C_S 和 C_P 相异，则有溢出发生。且当 $C_S=0, C_P=1$ 时，为正溢出；当 $C_S=1$，$C_P=0$ 时，为负溢出。

在微型计算机中，常用“异或”线路来判别有无溢出产生，即当 $C_S \oplus C_P=1$ 时，表示有溢出产生，否则无溢出产生。

下面通过具体的例题来说明双高位判别法的应用过程。

【例 1-11】 试判别下列二进制补码运算溢出的情况（字长为 8 位）。

（1）92 + 105　　　　（2）（-115）+（-87）

（3）35 + 55　　　　 （4）（-15）+（-67）

（1）**解**

```
        0101  1100          92
     +  0110  1001          105
   ----------------------------------
     0  1100  0101  →      -59  （结果为负数）
     ↑   ↑
   Cs=0  Cp=1               正溢出，结果出错
```

可见上述两个正数相加，运算结果的数值部分有进位，即 $C_P=1$，而符号位无进位，即 $C_S=0$。按上述判别方法可得，这种溢出为“正溢出”。

（2）**解**

```
        1000  1101      [-115]补
     +  1010  1001      [-87]补
   ----------------------------------
     1  0011  0110  →   +54
     ↑   ↑
   Cs=1  Cp=0           负溢出，结果出错
```

可见上述两个负数相加，运算结果的数值部分无进位，即 $C_P=0$，而符号位有进位，即 $C_S=1$。按上述判别方法可得，这种溢出为“负溢出”。

（3）**解**

```
        0010  0011          35
     +  0011  0111          55
   ----------------------------------
        0101  1010  →       90
     ↑   ↑
   Cs=0  Cp=0               无溢出
```

可见两个正数相加，若和小于 2^{n-1} 时，必有 $C_S=0, C_P=0$，则无溢出发生。

（4）**解**

```
        1111  0001      [-15]补
     +  1011  1101      [-67]补
   ----------------------------------
     1  1010  1110  →  -82    （结果求补）
     ↑   ↑
   Cs=1  Cp=1
```

可见两个负数相加，若和的绝对值小于 2^{n-1} 时，必有 $C_S=1, C_P=1$，则无溢出发生。

一个正数和一个负数相加，和肯定不溢出。此时，若和为正数，则 $C_S = 1$，$C_P = 1$；若和为负数，则 $C_S = 0$，$C_P = 0$。请读者自己验证。

1.1.3 计算机中的小数点问题

计算机中小数点的表示法有两种：定点表示法和浮点表示法。无论采用哪一种方法，数字本身是看不出小数点位置的，而是通过人－机"约定"来解决小数点的表示问题。

1. 定点表示法

小数点在数中的位置是固定不变的，通常有两种，即定点整数和定点小数。前者是将小数点固定在最低数位之后，后者是将小数点固定在最高数位之前。在对小数点位置做出选择之后，运算中的所有数均应统一为定点整数或定点小数，在运算中不再考虑小数点问题。

由于定点表示的数值范围有局限性，运算精度又很低，故实用意义不大，但对一些运算量不大且运算精度能够满足的场合采用这种方法比较直观简单，一般在智能仪器仪表中使用得比较多。

2. 浮点表示法

为了扩大数值范围，提高运算精度，计算机中大多采用浮点表示法。

将二进制数 N 表示成如下形式：

$$N = \pm S \times 2^{\pm J} \tag{1-6}$$

该表达式在计算机中表示为

J_f	J	S_f	S

其中，S 叫作尾数，表示全部的有效数字，一般以纯小数表示；S_f 为尾符，即浮点数的符号；J 为阶数，它与阶符一起来决定小数点的实际位置，用整数表示；J_f 为阶符，即阶数符号。

下面通过一个实例来说明计算机中浮点数的具体表示方法。

【例 1-12】 若用一个 16 位二进制表示浮点数，其中阶符和尾符各占一位，阶数占 5 位，尾数占 9 位，试写出 10110.101B 的具体格式。

解 设尾数以纯小数表示，则

$$10110.101\text{B} = 0.10110101 \times 2^5$$

可得 $S = 101101010$

$S_f = 0$

$J = 00101$

$J_f = 0$

在计算机中的表示形式为

0	0 0 1 0 1	0	1 0 1 1 0 1 0 1 0
J_f	J	S_f	S

浮点数应用中必须注意下面两个问题。

(1) 浮点数的规格化

规格化的浮点数可以保留最多的有效数字。浮点数规格表示结果如下。

1) 对浮点二进制正数,其尾数数字部分的最高位必须是1。

2) 对浮点二进制负数,其尾数数字部分的最高位必须是0(尾数补码表示)。

(2) 浮点数的对阶原则

在运用浮点数进行加减时,两数的阶码必须取得一致,否则不能进行加减运算,对阶原则如下。

1) 以大的阶码为准对阶。

2) 对阶后数的大小不变(在精度允许范围内),对阶规则是,阶码每减少1,尾数向左移一位,阶码每增加1,尾数向右移一位。

浮点运算可以通过硬件法(配置浮点运算器)和软件法(编制浮点运算程序)两种方法来实现,在高档微型计算机系统中多采用硬件法。例如,与8086、80286、80386 CPU相匹配的数学协处理器分别是8087、80287和80387,对80486以上的微处理器,其数学协处理器已集成在CPU芯片内部。

1.1.4 计算机中信息的编码

计算机只能处理二进制数,而实际应用中送入计算机处理的原始数据大多数是十进制数、字母、符号等信息,除了用二进制表示数据外,这些信息同样要用二进制编码来表示,这就是信息的编码。信息编码可分为十进制数的二进制编码、字符信息的编码和汉字编码。

1. 十进制数的二进制编码

这种编码也叫作BCD码(Binary Coded Decimal),就是采用二进制数为十进制数编码,使其成为二-十进制码。每一位BCD码需要由四位二进制数来表示(四位二进制数能编出16个码,有6个码是多余的,放弃不用)。常用的BCD码有下列三种。

1) 8421码:它所表示数值的进制规律与二进制计数制相同,即四位二进制数的权(对相应数位所赋的位值)分别为8、4、2、1,大于9的码不用(见表1-1),是最简单、最常用的BCD码。例如:

1234.5 对应的8421BCD码是 0001 0010 0011 0100. 0101

2) 2421码:该BCD码四位二进制数的权分别为2、4、2、1,具有自补性质,即1的补码是相应BCD码9(见表1-1)。

表1-1 三种常用的BCD码

BCD码	在不同码制中所对应的十进制值		
	8421码制	2421码制	余3码值
0000B	0	0	—
0001B	1	1	—
0010B	2	2	—
0011B	3	3	0
0100B	4	4	1
0101B	5	—	2
0110B	6	—	3
0111B	7	—	4

（续）

BCD 码	在不同码制中所对应的十进制值		
	8421 码制	2421 码制	余 3 码值
1000B	8	—	5
1001B	9	—	6
1010B	—	—	7
1011B	—	5	8
1100B	—	6	9
1101B	—	7	—
1110B	—	8	—
1111B	—	9	—

3）余 3 码：它是由 8421 码加上 0011 得到的（见表 1－1）。余 3 码也是一种自补码，对各位取反就得到它的 9 补码。例如：

825.7 对应的余 3 码是 1011 0101 1000. 1010

值得注意的是，BCD 码的表示形式与二进制数或十六进制数完全一样，但这是程序员对该数的一种约定，如 98H 可以说是 BCD 码，也可以说是十六进制数，若程序员约定它是 BCD 码，则处理该数所采用的指令必须是处理 BCD 码的指令。

2. 字符信息的编码

字母、数字和符号等各种字符也必须按特定的规则用二进制编码才能在计算机中表示。在微型计算机中表示字符的常用码制是 ASCII 码，它是美国信息交换标准码（American Standard Code for Information Interchange），多用于输入/输出设备上。它能用 6 位、7 位或 8 位二进制数对字符编码。7 位 ASCII 码可表示 128 种字符，它包括 52 个大、小写字母、10 个数字 0～9 和控制符号（见表 1-2）。在计算机中用一个字节来表示一个 ASCII 码字符，最高位置为 0。例如，字母 A 的 ASCII 码为 01000001B，即 41H；数字 9 的 ASCII 码为 00111001B 即 39H 等。8 位 ASCII 码是在 7 位 ASCII 码基础上加一个奇偶校验位而构成。也就是把最高位作为奇偶校验位，形成了 ASCII 码的奇偶校验码。奇偶校验码又分为奇校验码和偶校验码两种，通过将奇偶校验位置“0”或置“1”，使每组二进制编码中“1”的个数为奇数时，则形成奇校验码；当“1”的个数为偶数时，则形成偶校验码。奇偶校验码中，校验位只用来使每组二进制编码“1”的个数具有奇偶性，并无其他信息内容，在信息处理中通常应将该位屏蔽掉。奇偶校验码常用于数据传送中，用来检测被传送的一组代码是否出错。

表 1-2　7 位 ASCII 码

高位 $b_6\ b_5\ b_4$ / 低位 $b_3\ b_2\ b_1\ b_0$		0 000	1 001	2 010	3 011	4 100	5 101	6 110	7 111
0000	0	NUL	DLE	SP	0	@	P	、	p
0001	1	SOH	DC1	!	1	A	Q	a	q
0010	2	STX	DC2	”	2	B	R	b	r
0011	3	ETX	DC3	#	3	C	S	c	s
0100	4	EOT	DC4	$	4	D	T	d	t

（续）

高位 $b_6\ b_5\ b_4$ / 低位 $b_3\ b_2\ b_1\ b_0$		0 000	1 001	2 010	3 011	4 100	5 101	6 110	7 111
0101	5	ENQ	NAK	%	5	E	U	e	u
0110	6	ACK	SYN	&	6	F	V	f	v
0111	7	BEL	ETB	’	7	G	W	g	w
1000	8	BS	CAN	(	8	H	X	h	x
1001	9	HT	EM	)	9	I	Y	i	y
1010	A	LF	SUB	*	:	J	Z	j	z
1011	B	VT	ESC	+	;	K	[	k	{
1100	C	FF	FS	,	<	L	\	l	|
1101	D	CR	GS	—	=	M	]	m	}
1110	E	SO	RS	.	>	N	↑	n	~
1111	F	SI	US	/	?	O	←	o	DEL

3. 汉字编码

与字母、数字和符号等各种字符一样，汉字也必须按特定的规则用二进制编码才能在计算机中表示。汉字编码的类型有4种：外部码、内部码、交换码和输出码。

（1）外部码

也称输入码，它是计算机输入汉字的代码，每个汉字对应一个外部码。对同一个汉字不同的输入方法其外部码也不相同。目前，外部码大致可分为4种类型：数字码、音码、形码和音形码。

（2）内部码

也称汉字机内码，每个汉字对应一个内部码。虽然在不同汉字输入方案中同一个汉字其外部码是不相同的，但是，同一汉字的内部码是唯一的。内部码通常反映了汉字在字库中的位置。

（3）交换码

它是GB2312-1980中汉字的编码，简称国标码。主要用于计算机之间或计算机与终端之间交换信息。该标准编码字符集共收录汉字和图形符号7445个，对任何一个图形、符号及汉字都是用两个字节表示（每个字节的最高位都是置1）。

（4）输出码

也称汉字字形码，同一汉字的输出码因选择点阵的不同而相异。目前，常用的汉字点阵有16×16、24×24、32×32、40×40、48×48、64×64、72×72、96×96、108×108等。

1.2 微型计算机的组成

在学习微型计算机原理之前，有必要弄清楚微处理器、微型计算机、微型计算机系统的含义以及它们之间的关系。图1–1所示反映出三者之间的关系。

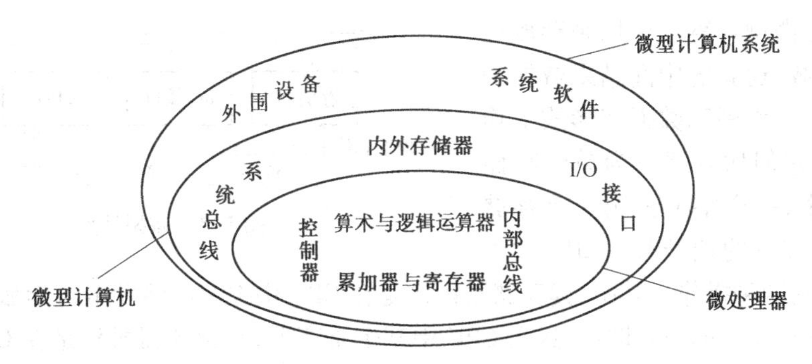

图 1-1　微处理器、微型计算机和微型计算机系统三者关系

1. 微处理器

微处理器(CPU)是微型计算机的核心部件,它是由算术逻辑部件(ALU)、控制部件、寄存器堆以及内部总线 4 部分组成。如图 1-2 所示,ALU 有两个操作数,一个是来自累加器,一个是来自内部总线。内部总线的数据可以来自寄存器堆,也可以来自数据锁存器(外部数据总线上提供的数据)。ALU 的运算结果经内部总线送累加器或寄存器堆,同时有可能改变标志寄存器中的标志。程序计数器控制程序执行的顺序,它通过地址寄存器、地址缓冲器、外部地址总线送出指令地址,存储器中的指令经外部数据总线、数据锁存器、内部总线送入指令寄存器,再经指令译码器、定时与控制电路产生一系列的控制信号,实现相应的功能。

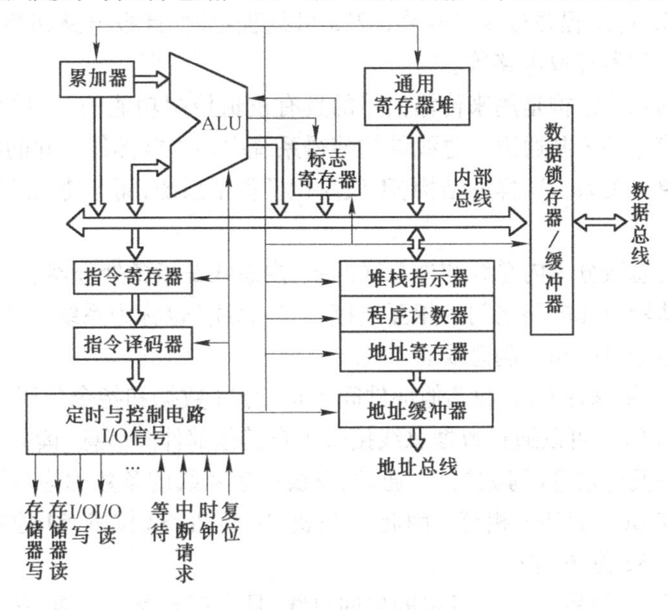

图 1-2　微处理器内部结构框图

2. 微型计算机

如图 1-3 所示,微型计算机由 CPU、存储器、输入/输出(I/O)接口和系统总线构成。其中,CPU 的性能基本上决定了微型计算机的一系列关键指标,所以微型计算机随着 CPU 的发展而不断更新换代。存储器分为内部存储器和外部存储器,它包括随机存储器(RAM)和只读存储器(ROM)两大类。I/O 接口是微型计算机与外部设备相连的桥梁,系统总线是 CPU 和其他各部件之间提供信息的传输通道。

存储器在微型计算机中用来存放程序、原始操作数、运算的中间结果数据和最终结果数据。程序和数据在形式上均为二进制码，它们均以字节为单位存储在内存储器中，一个字节占用一个存储单元，并具有唯一的地址号。CPU 对内存储器有读/写两种操作。其中，读存储器操作是在 CPU 中控制部件发出的读命令控制下，将内存中某个存储单元的内容取出，送入 CPU 中某个寄存器；写存储器操作是在 CPU 中控制部件发出的写命令控制下，将 CPU 中某寄存器内容传送到存储器的某个存储单元中。写操作执行后，存储单元内容被改变；读操作执行后，存储单元内容不变。

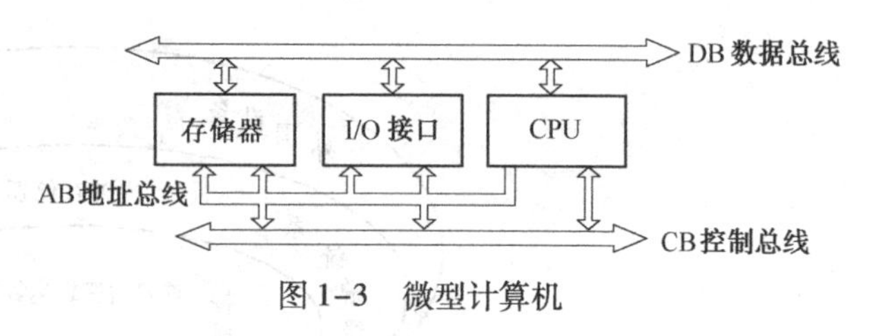

图 1-3　微型计算机

I/O 接口电路的主要职责是把微处理器和外部设备之间的信息统一和联系起来。外部设备有三种：输入设备、输出设备、既输入又输出的设备。输入设备是将程序、数据（包括现场信息）以计算机能够识别的形式送入计算机，如键盘、鼠标、数字化仪、扫描仪、A－D 转换器等。输出设备是将计算机的处理结果以人们能识别的各种形式表示出来，如显示器、打印机、绘图仪、D－A 转换器等。而有些设备既输入又输出信息，如软磁盘、硬磁盘、U 盘等。输入/输出设备的工作速度一般要比 CPU 低得多，而且处理的信息种类也与 CPU 不完全一致，所以，外部设备与 CPU 之间必须经过 I/O 接口电路进行协调和转换。I/O 接口电路的种类很多，常用的接口电路有 8255 可编程并行接口电路、8253 可编程定时/计数电路、8251 可编程串行接口电路、8237 直接存储器存取电路等。

微型计算机的总线结构是用来传输信号的具有逻辑控制功能的一组导线，是微型计算机各部件之间传输信息的公共通道。总线结构使得系统中各功能部件之间的相互关系变成各个部件面向总线的单一关系。这样的结构，不仅简化了整个系统，而且使系统的进一步扩充变得非常方便。

微型计算机的总线分为内总线和外总线两级：内总线是指微处理器芯片内部的总线，实现微处理器内部各功能单元电路之间的相互连接；而外总线（也称为系统总线）就是系统三总线结构：数据总线、地址总线和控制总线。

数据总线（DB）用来在 CPU 和其他部件间传送信息（数据和指令代码），具有三态控制功能，且是双向的，即 CPU 可以通过数据总线接收来自其他部件的信息（读数据），也可以通过数据总线向其他部件发送信息（写数据）。通常，总线中信号线的条数称为数据总线宽度。数据总线的宽度通常与 CPU 的字长相等。因此，8 位机、16 位机、32 位机、64 位机数据总线的宽度分别为 8 位、16 位、32 位、64 位。

地址总线（AB）一般是由 CPU 发出的单向总线，具有三态控制功能，它是用来传送访问存储单元或 I/O 接口的地址信号。其宽度决定了 CPU 所能直接访问的存储空间的容量，如 8086 CPU 的地址总线为 20 位，可直接寻址的范围为 1 MB。

控制总线（CB）是一组传送控制信号的通信线，其宽度由 CPU 的具体情况而定。控制信号包括 CPU 发出的控制及应答信号，也包括其他部件向 CPU 传送状态信号及请求信号。所有的控制信号之间是相互独立的，其表示方法采用能表明含义的缩写英文字母符号。若符号上有一横线，表示负逻辑有效，否则为正逻辑有效，如读信号$\overline{RD}$、写信号$\overline{WR}$、中断请求信号 INTR、准备就绪信号 READY 等。

3. 微型计算机系统

微型计算机系统是在微型计算机基础上配置系统软件和部分外设组成的。其中系统软件包括操作系统和一系列的实用程序,使微型计算机更好地发挥其硬件所应有的功能,服务于用户;外设包括输入设备和输出设备,使计算机与操作人员实现很好的人机对话功能。

1.3 计算机的基本工作原理

微型计算机发展到现在已经越来越复杂,随着集成度不断提高,计算机基本上是由一些功能部件组成,甚至把微型计算机所有功能全部集成在一块芯片上,如果直接从现代微型计算机入手,难以使读者理解计算机中一些基本部件、基本概念和基本工作原理。因此,从模型计算机入手来分析计算机的基本工作原理,使读者真正理解计算机是如何实现程序自动运行的,以便后续实际结构的微型计算机工作原理学习。

1.3.1 模型计算机

模型计算机是为了说明计算机基本工作原理是从实际结构的基础上简化出来的。把图 1-3 微型计算机的实际结构作进一步的简化,暂不考虑 I/O 接口电路和外部设备,假设所要执行的程序和数据都已存在内部存储器中,经简化后的初级计算机的结构仅包含微处理器、内存储器和总线,如图 1-4 所示。下面就这三方面的结构和原理予以说明。

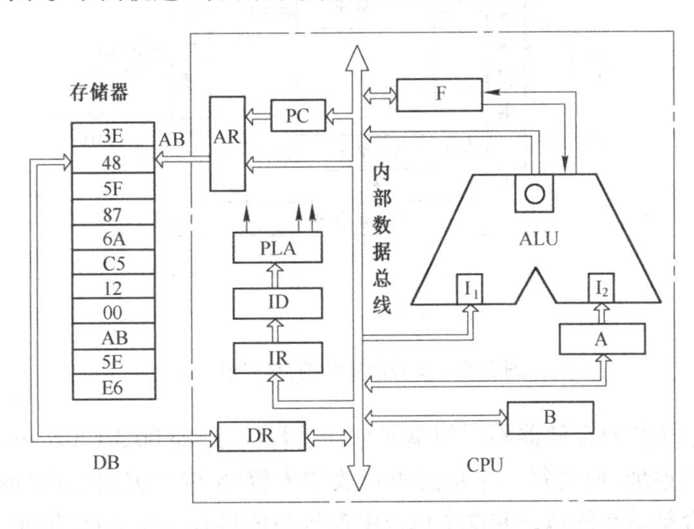

图 1-4　模型计算机的结构

1. 模型计算机 CPU 的结构

算术逻辑单元(Arithmetic Logic Unit,ALU):ALU 是执行算术和逻辑运算的装置,它以累加器 A(Accumulator)的内容作为一个操作数;另一个操作数由内部数据总线提供,内部数据总线上的数据来源于寄存器(Register)B 或通过数据寄存器 DR(Data Register)来源于内存储器;操作的结果放在累加器 A 中。

标志寄存器 F(Flag):存放由算术逻辑单元 ALU 产生的一些标志位,如进位、零标志等。

程序计数器 PC(Program Counter):提供指令执行的地址,当执行到转移指令时,被转移的地址置入 PC,否则 PC 自动加 1,指向下一条指令执行的地址。

地址寄存器 AR(Address Register):提供被寻址单元的地址,其内容可能来源于 PC,也可能来源于指令中的操作数部分(通过地址总线送至存储器)。

数据寄存器 DR(Data Register):寄存数据或指令代码,其内容来源于存储器。

指令寄存器 IR(Instruction Register):寄存待执行的指令代码,其内容来源于 DR。

指令译码器 ID(Instruction Decoder):对准备执行的指令进行译码,发出执行一条指令所需要的各种控制信息。

在不影响计算机基本工作原理的条件下,规定模型机中的字(Word)长为 8 位,即为一个字节(8 位二进制位定义为一个字节),累加器 A、寄存器 B、数据寄存器 DR、程序计数器 PC、地址寄存器 AR 及双向数据总线都是 8 位。

2. 模型计算机的存储器结构及其操作

由于地址寄存器 AR 定为 8 位,则可寻址 256 个单元,模型计算机的存储器由 256 个单元组成,其结构如图 1-5 所示。

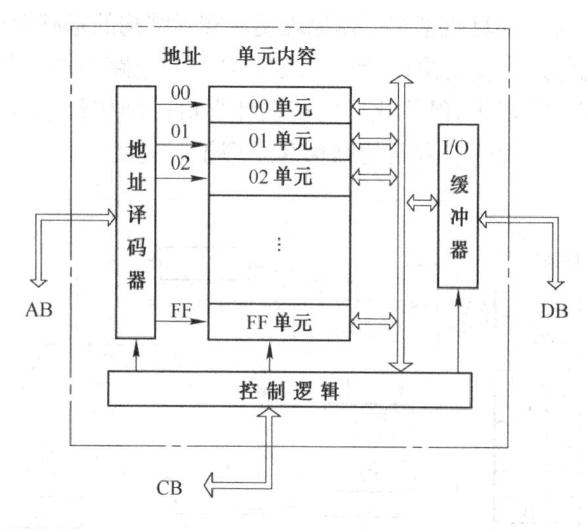

图 1-5 模型计算机的存储器结构

用两位十六进制数对存储器不同的单元分别进行编号,即 00、01、02、…、FF,把这些单元的编号叫作单元的地址,而把每一个单元里存放的内容(8 位二进制信息)叫作单元的数据。特别注意每一个存储单元的地址和这个地址中存放的内容是完全不同的,地址和数据千万不能混淆。

存储器中的不同存储单元,是由存储器中的地址译码器来指定的,对这些单元可以进行两种操作:读操作和写操作。

(1) 读操作

在 CPU 的控制下,把指定存储单元的内容"读"到 CPU 中,无论读多少次,原存储单元的内容都不会改变。

读操作的过程举例如下:设在地址为 02H 的存储单元中存放的内容为 3EH,要把它读入 CPU,则在 CPU 的地址寄存器中先给出地址为 02H,通过地址总线送至存储器,存储器中的地址译码器对它进行译码，找到02H 单元；CPU 发出读操作命令，02H 单元中的内容3EH 就会经数据总线送至 CPU 的数据寄存器 DR。读操作过程如图 1-6 所示。

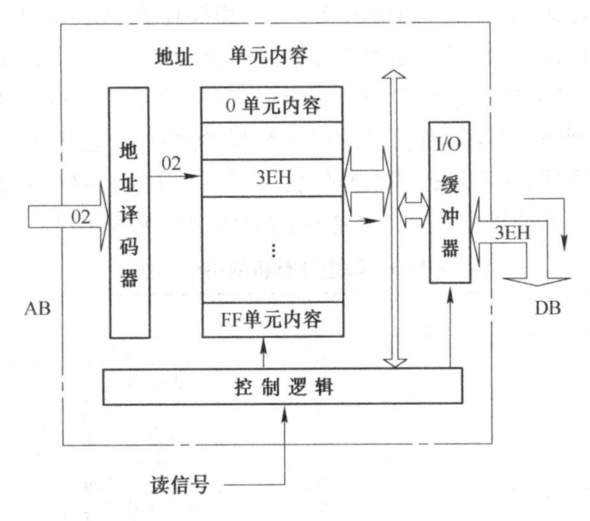

图 1-6　存储器读操作示意图

(2) 写操作

在 CPU 的控制下，把 CPU 数据寄存器中的内容"写"到指定的存储单元，只要写一次，原存储单元的内容就会立即改变。

写操作过程举例如下：设在 CPU 数据寄存器中的内容为 0FH，要把它送到地址为 03H 的存储单元中，则在 CPU 的地址寄存器中先给出地址为 03H，通过地址总线送至存储器，存储器中的地址译码器对它进行译码，找到 03H 单元；CPU 发出写操作命令，03H 单元中的内容就变为 0FH。信息一旦写入后，一直保留到下一次新的数据写入。写操作过程如图 1-7 所示。

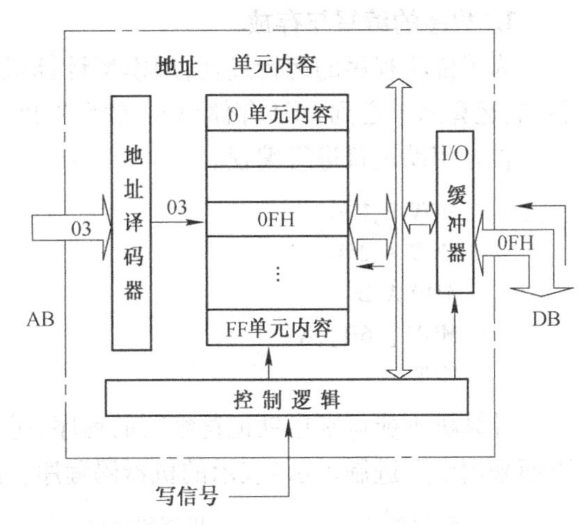

图 1-7　存储器写操作示意图

3. 总线

虽然模型计算机很简单，但其三总线结构仍然是一样的。在 CPU 内部各个寄存器之间及 ALU 之间数据的传送也是采用内部总线结构，这样扩大了数据传送的灵活性，减少了内部连线，因而减少了这些连线所占的芯片面积。采用总线结构，则在任一瞬时，总线上只能有一个信息在流动，这是总线技术的一个特点。

4. 模型计算机的指令与指令系统

迄今为止，计算机都共同遵循冯·诺依曼计算机原理，即 1945 年冯·诺依曼(John Von Neumann)提出的程序存储和程序控制原理。为了使计算机能识别和执行指令序列，在设计计算机(硬件)时，就规定了一套计算机能实现的各种基本操作，把每一种基本操作用命令的形式来表示，这就是所谓的指令。每一种计算机都有它固有的一套指令，把计算机所能执行的全部指令叫作指令系统。把人的操作意图经分解后，用对应于所规定的指令系统的一串指令序列来描述，这就是程序。这样形成的程序就能被计算机识别并加以执行。

指令通常分成操作码（Operation code，Opcode）和操作数（Operand）两大部分。操作码表示计算机执行什么操作，操作数指明参加操作的数本身或操作数所在的地址。因为计算机只认识二进制数，所以计算机指令系统中的所有指令，都必须以二进制编码的形式来表示。

模型计算机也不例外，同样具有自己的指令和指令系统。这里设计模型计算机的目的是为了讲解微型计算机原理，规定4种基本操作就够了，即取数、存数、加法和停止，也就是模型计算机的指令系统只有4种指令。每一条指令的具体规定见表1-3。

表1-3　模型计算机的指令系统

名　　称	助 记 符	指令代码	说　　明
取立即数到A	MOV A,N	00H N	这是一条两字节取数指令，把指令第二字节的立即数N送A
取立即数到B	MOV B,N	01H N	这是一条两字节取数指令，把指令第二字节的立即数N送B
存储器存数	MOV [N],A	02H N	这是一条两字节存数指令，把指令第一字节的内容N作为存数地址，A中的内容送N单元
加法	ADD A,B	03H	这是一条单字节加法指令，累加器A中的内容与B相加，结果存在A中
停机	HLT	04H	停止操作

1.3.2　程序运行过程

1. 程序的编写与存放

为了说明程序的运行过程，用模型计算机来完成一个简单的计算，假设要把15H与25H相加，运算结果送到16H存储单元，然后停机。

首先用助记符进行编程。

```
MOV B,15H
MOV A,25H
ADD A,B
MOV [16H],A
HLT
```

计算机不能识别用助记符编写的程序，还必须把上述程序翻译成以二进制（为书写方便，下面采用十六进制表示）表示的机器码程序。经查表1-3可得

程序地址	机器码程序	助记符程序
00H	01H	MOV B,15H
01H	15H	
02H	00H	MOV A,25H
03H	25H	
04H	03H	ADD A,B
05H	02H	MOV [16H],A
06H	16H	
07H	04H	HLT

设程序的起始地址为 00H,则在存储器中的存放格式如图 1-8 所示。

2. 程序的运行过程

程序已存放在内存中,模型计算机 CPU 的执行过程就是取出指令和执行指令这两个阶段的循环。机器从停机状态进入运行状态,要把第 1 条指令所在的地址赋给 PC,然后就进入取指(取出指令)阶段。在取指阶段从内存中读出的内容必为指令,所以 DR 把它送至 IR,然后由指令译码器译码,就知道此指令要执行什么操作,取指阶段结束后就进入执行阶段。当一条指令执行完以后,就进入了下一条指令的取指阶段。这样的循环一直进行到程序结束,即遇到停机指令。

存储器地址	存储器内容
00H	01H
01H	15H
02H	00H
03H	25H
04H	03H
05H	02H
06H	16H
07H	04H
⋮	⋮
16H	?
⋮	⋮

图 1-8　存储器中的存放格式

在开始执行程序时,模型计算机 CPU 中的 PC 自动设置为 00H,这样就自然地进入程序第 1 条指令的取指阶段,具体过程如下。

(1) 第 1 条指令的取指阶段

① 把 PC 的内容 00H 送至 AR。

② 当 PC 的内容可靠地送入 AR 后,PC 的内容自动加 1,变为 01H。

③ AR 中的地址号 00H 通过地址总线送至存储器,经存储器中的地址译码器译码,选中 00H 号单元。

④ CPU 的控制器发出读命令。

⑤ 把所选中 00H 单元的内容 01H 读至数据总线上。

⑥ 01H 经过数据总线送至 DR。

⑦ 在取指阶段,CPU 控制器把 DR 中的 01H 经内部数据总线送至 IR,然后经过 ID 发出执行这条指令的各种控制信号,其过程如图 1-9 所示。

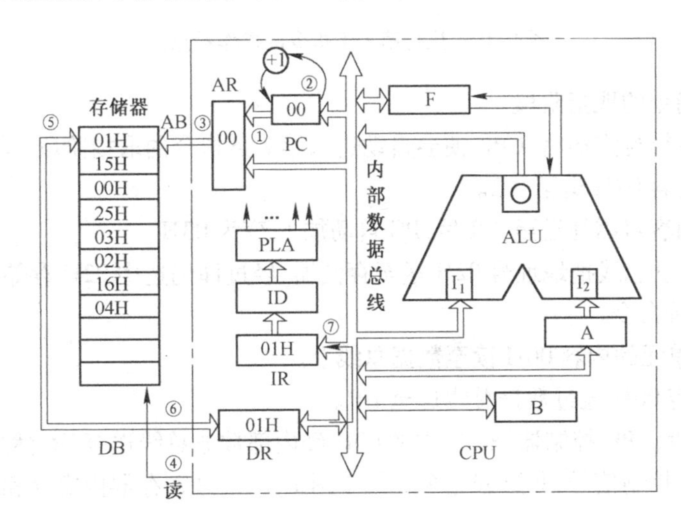

图 1-9　取第 1 条指令的操作示意图

(2) 第 1 条指令的执行阶段

经过取指阶段对操作码译码后就知道这条指令要把操作数送入寄存器 B,并指出操作数在指令的第 2 个字节中。所以,执行第 1 条指令的任务是把指令第 2 个字节中的操作数取出来并送入 B。执行过程如下。

① 把 PC 的内容 01H 送至 AR。

② 当 PC 的内容可靠地送至 AR 后,PC 自动加 1,变为 02H。

③ AR 通过地址总线把地址号 01H 送至存储器,经过译码选中 01H 存储单元。

④ CPU 发出读命令。

⑤ 01H 存储单元的内容 15H 读至数据总线上。

⑥ 读出的内容 15H 经过数据总线送至 DR。

⑦ 因已知读出的内容 15H 是操作数,且指令的任务是把该操作数送入 B,所以 DR 经内部数据总线把 15H 送至 B 中,其过程如图 1-10 所示。

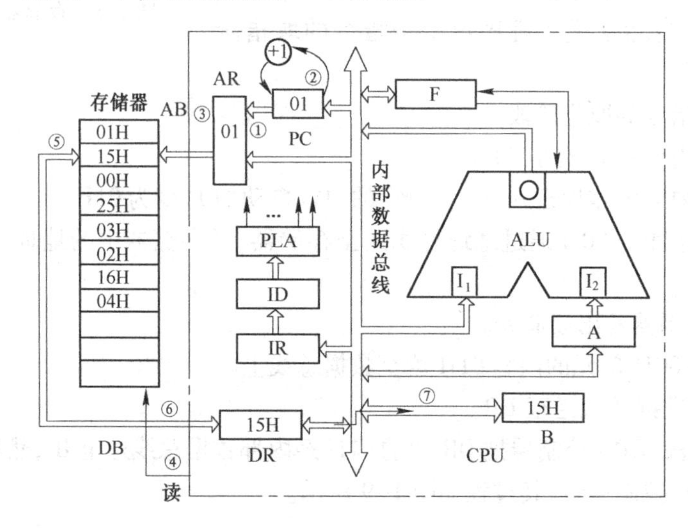

图 1-10 执行第 1 条指令的操作示意图

(3) 第 2 条指令的取指阶段

当第 1 条指令执行完毕后,CPU 便会自动进入第 2 条指令的取指阶段,其过程如下。

① 把 PC 的内容 02H 送至 AR。

② 当 PC 的内容可靠地送至 AR 后,PC 自动加 1,变为 03H。

③ AR 通过地址总线把地址号 02H 送至存储器,经过译码选中 02H 存储单元。

④ CPU 发出读命令。

⑤ 02H 存储单元的内容 00H 读至数据总线上。

⑥ 读出的内容 00H 通过数据总线送至 DR。

⑦ 在取指阶段,CPU 控制器把 DR 中的 00H 经内部数据总线送至 IR,然后经过 ID 发出执行这条指令的各种控制信号,其过程完全类似于图 1-9,仅是寄存器内寄存和总线上流过的数据不同而已。

(4) 第 2 条指令的执行阶段

经过取指阶段对操作码译码后就知道这条指令要把操作数送入累加器 A,并指出操作数在指令的第 2 个字节中。因此,执行第 2 条指令的任务是把指令第 2 个字节中的操作数取出来并送入 A。执行过程如下。

① 把 PC 的内容 03H 送至 AR。

② 当 PC 的内容可靠地送至 AR 后,PC 自动加 1,变为 04H。

③ AR 通过地址总线把地址号 03H 送至存储器,经过译码选中 03H 存储单元。

④ CPU 发出读命令。

⑤ 03H 存储单元的内容 25H 读至数据总线上。

⑥ 读出的内容 25H 经过数据总线送至 DR。

⑦ 因已知读出的内容 25H 是操作数,且指令的任务是把该操作数送入 A,所以 DR 经内部数据总线把 25H 送至 A 中,其过程如图 1-11 所示。

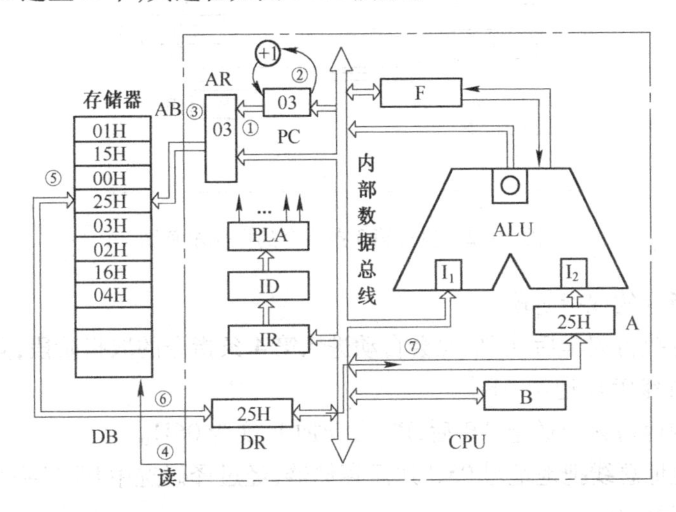

图 1-11　执行第 2 条指令的操作示意图

(5) 第 3 条指令的取指阶段

当第 2 条指令执行完毕后,CPU 便会自动进入第 3 条指令的取指阶段,其过程如下。

① 把 PC 的内容 04H 送至 AR。

② 当 PC 的内容可靠地送至 AR 后,PC 自动加 1,变为 05H。

③ AR 通过地址总线把地址号 04H 送至存储器,经过译码选中 04H 存储单元。

④ CPU 发出读命令。

⑤ 04H 存储单元的内容 03H 读至数据总线上。

⑥ 读出的内容 03H 通过数据总线送至 DR。

⑦ 在取指阶段,CPU 控制器把 DR 中的 03H 经内部数据总线送至 IR,然后经过 ID 发出执行这条指令的各种控制信号,其过程完全类似于图 1-9。

(6) 第 3 条指令的执行阶段

经过取指阶段对操作码译码后就知道这条指令为加法指令,并指出 A 的内容为第 1 操作数,B 的内容为第 2 操作数,结果送入累加器 A。该指令的执行过程可以在 CPU 内部完成,与存储器的工作无关,其执行过程如下。

① A 中的内容 25H 送 ALU 的一端。

② B 中的内容 15H 经内部数据总线送 ALU 的另一端。

③ 执行加法操作,相加的结果 3AH 由 ALU 输出经内部数据总线送累加器 A,其过程如图 1-12 所示。

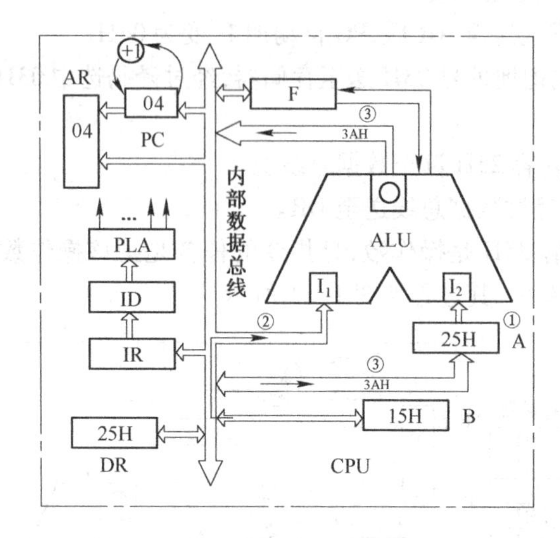

图 1-12　执行第 3 条指令的操作示意图

(7) 第 4 条指令的取指阶段

当第 3 条指令执行完毕后,CPU 便会自动进入第 4 条指令的取指阶段,其过程如下。

① 把 PC 的内容 05H 送至 AR。

② 当 PC 的内容可靠地送至 AR 后,PC 自动加 1,变为 06H。

③ AR 通过地址总线把地址号 05H 送至存储器,经过译码选中 05H 存储单元。

④ CPU 发出读命令。

⑤ 05H 存储单元的内容 02H 读至数据总线上。

⑥ 读出的内容 02H 通过数据总线送至 DR。

⑦ 在取指阶段,CPU 控制器把 DR 中的 02H 经内部数据总线送至 IR,然后经过 ID 发出执行这条指令的各种控制信号,其过程完全类似于图 1-9。

(8) 第 4 条指令的执行阶段

经过取指阶段对操作码译码后就知道这条指令要把累加器 A 中的内容送到存储器,并指出存储器的地址在指令的第 2 个字节中。执行过程如下。

① 把 PC 的内容 06H 送至 AR。

② 当 PC 的内容可靠地送至 AR 后,PC 自动加 1,变为 07H。

③ AR 通过地址总线把地址号 06H 送至存储器,经过译码选中 06H 存储单元。

④ CPU 发出读命令。

⑤ 06H 存储单元的内容 16H 读至数据总线上。

⑥ 读出的内容 16H 经过数据总线送至 DR。

⑦ 因已知读出的内容 16H 是存数的地址,所以 DR 经内部数据总线把 16H 送至 AR。

⑧ AR 通过地址总线把地址号 16H 送至存储器,经过译码选中 16H 存储单元。

⑨ A 的内容 3AH 经内部数据总线送至 DR。

⑩ CPU 发出写命令。

⑪ DR 的内容 3AH 经外部数据总线送至 16H 存储单元，其过程如图 1-13、图 1-14 所示。按上述类似的过程取出第 5 条指令，经过译码后就停机。

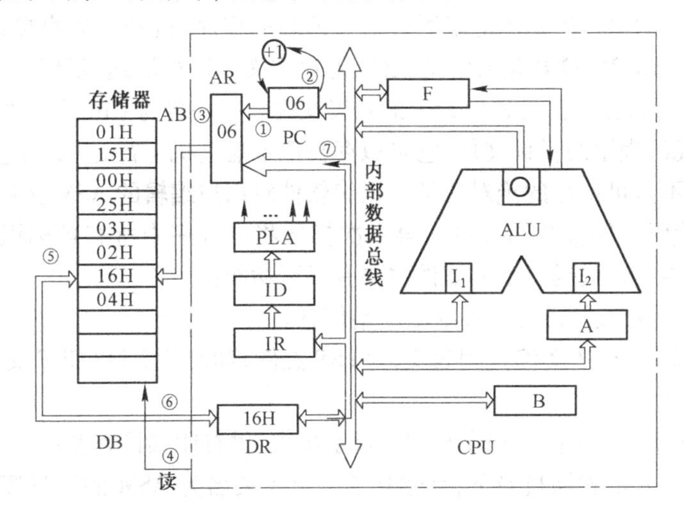

图 1-13　执行第 4 条指令的操作示意图之一

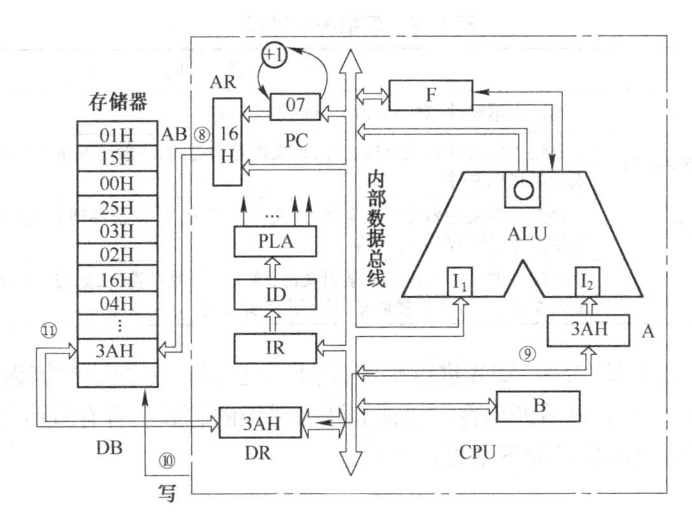

图 1-14　执行第 4 条指令的操作示意图之二

1.4　汇编语言上机工具软件

汇编语言上机是学习微型计算机原理的一个重要过程，借助上机工具软件可了解微处理器是如何执行指令和实现程序运行的，同时可观察微型计算机内存与寄存器中数据的变化。本节主要介绍汇编语言上机所用到的 EDIT. COM 、MASM. EXE、LINK. EXE、DEBUG. EXE、DEBUG32. EXE 及 DOSBox 等工具软件。

（1）EDIT. COM

EDIT. COM 是程序编辑软件，通过键盘输入源程序，当然也可以用其他编辑软件输入源程序，但源程序文件名必须以扩展名 . ASM 存盘，建立一个汇编语言源程序文件。在 DOS 状态下，键入 EDIT（回车），即进入 EDIT. COM 软件。

(2) MASM. EXE

扩展名为 ASM 的源程序是用汇编语言语句编写的程序，机器不能直接识别，必须通过汇编软件翻译才行。MASM. EXE 是宏汇编软件，能对源文件进行汇编，汇编后会产生三个文件：扩展名为 OBJ 的目标文件、扩展名为 LST 的列表文件和扩展名为 CRF 的对照文件。其中 OBJ 文件是用二进制代码表示的目标文件，它可以存盘但不能上机运行，主要是它的程序地址为可浮动的相对地址，不是可执行的绝对地址。汇编软件对用户编辑的 ASM 文件进行两遍扫描后产生二进制目标代码文件（OBJ 文件）。第一次扫描将源程序中所有各标识符的位置确定下来，第二次扫描产生机器代码。汇编软件主要有以下功能：

① 检查源程序中的语法错误，并给出出错信息。

② 产生目标文件（OBJ 文件）、列表文件（LST 文件）和对照文件（CRF 文件）。

③ 展开宏指令。

LST 文件是把源程序和目标程序都列表显示出来，供打印和检查使用。

设在 MASM. EXE 的相同目录下，且建立了一个扩展名为 ASM 的源程序文件 MYASM，汇编操作过程见表 1-4。

表 1-4　汇编操作过程

操作与提示	说　明
C:\>masm MYASM	调用汇编软件，对 MYASM. asm 进行汇编
Object filename [MYASM. OBJ]:	要输入的文件名是目标文件，该文件是必需的，一般情况下用户键入回车即可自动生成同名目标文件
Source listing [NUL. LST]:	要输入的文件名是列表文件，该文件是可选的，若需要列表文件就输入文件名，否则直接回车，就不产生此文件
Cross - reference [NUL. CRF]:	要输入的文件名是交叉索引文件，该文件也是可选的，如需要交叉索引文件就输入就输入文件名，否则直接回车，就不产生此文件

汇编程序对源文件 MYASM. ASM 进行汇编，屏幕上会显示源程序的错误信息，包括错误语句的行号、代码和类型。最后列出警告错误和致命错误的总数。若有致命错误，则不产生目标文件。若无错误信息则显示如下结果：

```
0 Warning Errors
0 Severe Errors
```

若有错误，则执行 EDIT，修改后继续汇编，直至无错误才能执行连接及调试。

(3) LINK. EXE

经过汇编软件处理而产生的目标文件是不能直接运行的，因为目标文件的地址是浮动的，它需要再定位。如果是多模块程序，在分别汇编后还需采用连接软件把它们连接起来。连接软件 LINK. EXE 的具体功能如下。

① 找到要连接的所有目标文件。

② 确定所有段的地址值。

③ 确定所有浮动地址和外部符号所对应的存储地址。

④ 生成 . EXE 可执行文件。

连接软件 LINK. EXE 可以把多个模块连接在一起,这些模块可以是库文件,也可以是目标文件。设源文件 MYASM. ASM 已经由汇编软件汇编后生成 MYASM. OBJ,其连接操作过程见表 1-5。

表 1-5 连接操作过程

操作与提示	说 明
C:\> link MYASM	调用连接软件
Run File [MYASM. EXE]:	要输入的文件名是 . EXE 可执行文件,该文件可直接在操作系统下运行。若想生成与 MYASM. OBJ 同名的 . EXE 可执行文件,用户键入回车即可
List File [NUL. MAP]:	要输入的文件名是 . MAP 列表文件,又称为连接映像文件。它给出了每个段在存储器中的分配情况。该文件是可选的,若需要列表文件就输入文件名,否则直接回车,就不产生此文件
Libraries[. LIB]:	要输入的文件名是指明程序在运行时所需的库文件,它不是由连接软件生成的。若汇编语言程序无特殊的库文件要求时,用户键入回车即可

在连接的过程中,也可能出现错误信息。若有错误信息被检测到,则应回到编辑状态进行修改,然后重新汇编、连接,生成可执行文件。

如果是多个模块程序,其连接命令为

C:>LINK 模块 1 + 模块 2 + … + 模块 N

其中模块 1、模块 2、…、模块 N 分别是各自独立生成的 . OBJ 文件。

(4) DEBUG. EXE

汇编语言源程序在汇编及链接过程中只能够检查出语法错误和结构错误,其他错误只有在执行文件的调试运行中才能发现。调试软件 DEBUG. EXE 是为汇编语言设计的 16 位调试软件,它给出了一些调试命令,可以通过单步、断点、跟踪等方法有效地进行程序调试,根据任务要求逐条逐段地验证、修改和完善,直到程序完全正确为止。

DEBUG 在学习汇编语言的过程中担任着非常重要的角色,是一个极其重要的调试工具,所以必须学会它。当 DEBUG 启动成功后,将显示连接符“-”,这时,可输入各种 DEBUG 命令。DEBUG 共有 A、C、D、E、F、G、H、I、L、M、N、O、P、Q、R、S、T、U、W 19 个命令。主要的命令有以下几个:

A 命令用于输入汇编指令;D 命令用于显示内存单元内容;E 命令用于修改内存单元内容;G 命令用于执行汇编指令;P 和 T 命令可单步跟踪和执行汇编指令;Q 命令用于退出 DEBUG;R 命令可显示寄存器内容;U 命令可进行反汇编。DEBUG 常用的命令及其含义的具体介绍详见附录 D。

在 DOS 下调用 DEBUG 软件的命令行格式:

C:\>DEBUG(可执行文件名)

其中可执行文件名是已经过汇编和 LINK 成功的文件,扩展名为 EXE,如 MYASM. EXE。

(5) DEBUG32. EXE

DEBUG32. EXE 是为 80386 及 80486 等高版本 CPU 的汇编语言设计的 32 位调试软件。其作用与 DEBUG 基本相同。

DEBUG32 命令中 A(Assemble)、C(Compare)、E(Enter)、F(Fill)、G(Go)、H(Hex)、I(In)、M(Move)、O(Out)、P(Ptrace)、Q(Quit)、S(Search)、T(Trace)等命令可以在 DEBUG32 中使

用,其用法基本相同,在 DEBUG 中只能使用单字母命令,而在 DEBUG32 中既可使用单个字母的命令,也能用括号中的完整单词代替单个字母,其作用效果一样。DEBUG32 也可以显示内存与寄存器,输入和执行汇编指令,进行反汇编,对汇编指令进行单步跟踪,加断点调试。具体的 DUBUG32 指令见附录 D 表 D-2,该表中的命令是与 DEBUG 不同的命令,如果命令与 DEBUG 相似则参见附录 D 表 D-1。

在 DOS 下调用 DEBUG32 软件的命令行格式:

```
C:\>DEBUG32 (可执行文件名)
```

其中可执行文件名是已经过汇编和 LINK 后的文件,扩展名为 EXE。

(6) DOSBox

DOSBox 是一个 DOS 模拟程序,由于它采用的是 SDL 库,可以很方便地移植到其他平台。目前,DOSBox 已经支持在 Windows、Linux、BeOS、Android 等系统中运行。DOSBox 主要的功能是模拟 DOS 环境,以运行一些现在的 Windows 系统无法运行的老软件。

DOSBox 软件的安装非常简单,只需双击打开 DOSBox 安装软件,按提示步骤进行安装即可。安装完成后,双击打开软件,就会弹出 DOSBox 窗口。运用 DOSBox 为上述 5 个软件进行环境设置操作如下。

将 EDIT. COM、MASM. EXE、LINK. EXE、DEBUG. EXE、DEBUG32. EXE 这 5 个软件放在同一个文件夹中,并保存。假设这个文件夹的名字为 MYMASM,存放在 E 盘中。

打开 DOSBox 后,依次输入如下命令行,即可完成对环境的设置:

```
Z:\>mount C e:\MYMASM  (回车)
Z:\>C:          (回车)
C:\>            (输入命令)
```

说明:"Z:\>"是提示符,提示可输入命令行。"C"是模拟的 DOSBox 的 C 盘。"e:\MYMASM"是 MYMASM 在计算机中的实际地址。第 1 行命令的作用是将 MYMASM 这个文件夹模拟为 DOSBox 的 C 盘,把 MYMASM 文件夹作为 DOSBox 的 C 盘。第 2 行命令的作用是切换到 C 盘。第 3 行说明切换成功。

在 C 盘中可以建立用 EDIT 源程序文件、用 MASM 汇编源程序文件、用 LINK 实现目标文件连接、用 DEBUG 进行执行文件调试,具体操作详见 4.2.10 的实例操作。

1.5 习题例解

1. 选择题

(1) 以下哪个数最大(　　)?

A. 10110101B　　B. 234　　C. 234Q　　D. 123H

解　选 D。

分析　A、B、C 均小于 255,123H 大于 FFH(255)。

(2) 在计算机系统中,微处理器通常不包含以下哪项(　　)?

A. 算术逻辑单元　　B. 程序计数器 PC　　C. 大容量内存　　D. 寄存器

解　选 C。

分析 由微处理器内部结构框图可知,选项 A、B、D 是微处理器内部的一部分,而内存是构成微型计算机的重要部分,不在微处理器内。

(3) 下列各数不属于 8421BCD 码的是(　　)。

A. 10100101B　　B. 01011001B　　C. 00110011B　　D. 01010100B

解 选 A。

分析 在 8421BCD 码中不存在 1010B ~ 1111B,这些表示是非法码。

(4) 以下关于字节和字长的说法有误的是(　　)。

A. 一个字节由 8 位二进制位组成。

B. 字长是计算机内部一次可以处理的二进制数的位数。

C. 字长依赖于具体的机器,而字节不依赖具体的机器。

D. 字长越长,处理精度越高,但处理速度越慢。

解 选 D。

分析 字长越长,一个字能表示的数据精度越高,在完成同样精度的运算时,处理速度越高。

(5) 假定字长为 n 位,以下关于数的定点和浮点表示的说法有误的是(　　)。

A. 定点表示法是指在计算机中所有数的小数点的位置是人为约定不变。

B. 浮点数比相同位数的定点数表示的数值范围大。

C. 定点整数的表示范围为 $-(2^{n-1}-1) \sim (2^{n-1}-1)$

D. 定点小数的表示范围为 $-(2^{-(n-1)}-1) \sim (2^{-(n-1)}-1)$

解 选 D。

分析 字长为 n 位的定点小数表示范围为 $-(1-2^{-(n-1)}) \sim (1-2^{-(n-1)})$

2. 判断题

(1) 字节是计算机中存储的最小单位。

答 错误。

分析 计算机最小的存储单位是二进制的位(bit)。

(2) 两个补码表示的数进行加减运算,判断是否“溢出”的方法只要看最高位是否有进位。

答 错误。要用双高位判断法。

(3) 正数的补码等于原码,负数的补码是原码连同符号位一起求反加 1。

答 错误。

分析 负数的补码是原码的符号位不变,其余各位取反后加 1。

(4) 程序计数器(PC)用于存放当前正在执行的下一条指令的地址码,是确保微处理器有序地执行程序的关键部件。

答 正确。

分析 程序计数器(PC)是维持微处理器有序地执行程序的关键性的、不可缺少的部件。能自动地修改指向下一条指令的存放地址。

3. 填空题

(1) 冯·诺依曼结构,硬件上由________、________、________、________和________5 大部分组成。

解 运算器 控制器 存储器 输入设备 输出设备

分析 冯·诺依曼结构的内涵为①硬件上由运算器、控制器、存储器、输入设备和输出设备5大部分组成；②数据和程序以二进制代码形式不加区别地存放在存储器中；③控制器是根据存放在存储器中的指令序列来工作的。

(2) 若 A = +63，B = -107，按8位二进制表示：$[A]_{补}$ = ________，$[B]_{补}$ = ________，$[A+B]_{补}$ = ________，$[A-B]_{补}$ = ________。

解 $[A]_{补}=00111111$，$[B]_{补}=10010101$，$[A+B]_{补}=11010100$，$[A-B]_{补}=10101010$

分析 本题的关键是求解$[-B]_{补}$，而$[-B]_{补}$的求法是$[B]_{补}$连同符号位按位取反再加1，所以有$[-B]_{补}=01101011$。

$[A+B]_{补}=[A]_{补}+[B]_{补}=00111111+10010101=11010100$

$[A-B]_{补}=[A]_{补}+[-B]_{补}=00111111+01101011=10101010$

(3) 将补码操作数"10110111"扩展至16位后，等值的机器数为________。

解 1111111110110111

分析 有符号数和无符号数的扩展方法是不同的，无符号数的扩展是高位用0充填；有符号数的扩展是高位用符号位充填。

(4) 7位ASCII编码有______个字符；汉字编码的类型有________、________、________和________4种。

解 128 外部码 内部码 交换码 输出码

4. 计算题

(1) 补码运算：若 X = -53，Y = +107，求$[-X]_{补}$，$[Y]_{补}$，$[X-Y]_{补}$，$[-X+Y]_{补}$，$[-X-Y]_{补}$，要求给出求解过程，并指明运算后的溢出标志情况。

解 求解此类题目的关键是掌握好$[X]_{补}$，$[-X]_{补}$的求法和双高位判别法，可参见正文1.1.2节。计算可得：

$[X]_{补}=11001011B$　　$[-X]_{补}=00110101B$

$[Y]_{补}=01101011B$　　$[-Y]_{补}=10010101B$

$[X-Y]_{补}=[X]_{补}+[-Y]_{补}=11001011B+10010101B=\boxed{1}\,01100000B$

$$
\begin{array}{r}
[X]_{补}=11001011B \\
+\quad [-Y]_{补}=10010101B \\
\hline
\boxed{1}\,01100000B
\end{array}
$$

因为符号位向进位位的进位 $C_S=1$，最高数据位向符号位的进位 $C_P=0$，所以 $OF=C_P\oplus C_S=1$，负溢出，结果错误。

$[-X+Y]_{补}=[-X]_{补}+[Y]_{补}=00110101B+01101011B=10100000B$

$$
\begin{array}{r}
[-X]_{补}=00110101B \\
+\quad [Y]_{补}=01101011B \\
\hline
10100000B
\end{array}
$$

因为符号位向进位位的进位 $C_S=0$，最高数据位向符号位的进位 $C_P=1$，所以 $OF=C_P\oplus C_S=1$，正溢出，结果错误。

$[-X-Y]_{补}=[-X]_{补}+[-Y]_{补}=00110101B+10010101B=11001010B$

$$
\begin{array}{r}
[-X]_{补}=00110101B \\
+\quad [-Y]_{补}=10010101B \\
\hline
11001010B
\end{array}
$$

因为符号位向进位位的进位 $C_S=0$,最高数据位向符号位的进位 $C_P=0$,所以 $OF=C_P\oplus C_S=0$,无溢出,结果正确。

(2) 将 205.125 表示成单精度浮点数。

解 本题考察的是单精度浮点数的规格化表示法。关于浮点数的表示方法可参见正文 1.1.3 节相关内容。

设用 32 位来表示单精度浮点数,其中尾数 23 位,阶数 7 位,尾符和阶符各 1 位。

① 将十进制数 205.125 转换为二进制:205.15 = 11001101.001B。

② 将二进制数化成规格化形式:$11001101.001=0.11001101001\times 2^8$。

可得 S = 11001101001000000000000 $S_f=0$ J = 0001000 $J_f=0$。

用二进制表示的规格化的浮点数的形式:

0	0001000	0	11001101001000000000000
J_f	J	S_f	S

1.6 练习题

1. 选择题

(1) 字母 A 的 ASCII 代码是( ),符号 CR(回车符)的代码是( ),数字 9 的 ASCII 代码是( )。

A. 39H B. 41H C. 0DH D. 0AH

(2) 下列各数中,最大的是( )。

A. $(321)_{16}$ B. $(327)_8$ C. $(659)_{10}$ D. $(11100111)_2$

(3) 有一个二进制数为 10101100,表示无符号数,则对应的十进制数为( ),若表示有符号数(补码表示),则对应的十进制数为( )。

A. -84 B. -44 C. -172 D. 172

(4) ( )是由算术与逻辑运算部件、控制器部件、累加器与寄存器和内部总线 4 部分组成。

A. 微型计算机系统 B. 微型计算机 C. 微处理器

2. 填空

(1) 对于任意的一个三位十进制正整数用二进制数来表示时,至少需要________位;用 BCD 数来表示时至少需要________位。

(2) 模型计算机 CPU 执行程序的过程是__________和__________两个阶段的循环。

(3) 模型计算机 CPU 能自动执行顺序程序的主要原因是______________________________。

(4) 四种汉字编码中,同一汉字的__________是唯一的。通常反映了汉字在字库中的位置。

3. 问答题

（1）微处理器、微型计算机和微型计算机系统三者有何联系与区别？

（2）计算机中为什么采用二进制数表示？

（3）简述程序的运行过程。

（4）设两个正的浮点数如下。

$$N_1 = 2^{P_1} \times S_1$$

$$N_2 = 2^{P_2} \times S_2$$

若 $P_1 < P_2$ 是否一定有 $N_1 < N_2$？

若 S_1 和 S_2 均为规格化的数，且 $P_1 < P_2$，是否一定有 $N_1 < N_2$？

4. 计算题

（1）计算十进制数 -47 的原码、反码、补码(8 位二进制的形式表示)，并说明 8 位二进制原码、反码、补码所能表示的数值范围(用十进制表示)。

（2）将十进制数 658.125 转换成二进制、八进制、十六进制和 BCD 数。

（3）设浮点数的表示格式为阶码 4 位(包括阶符 1 位)、尾数 8 位(包括尾符 1 位)。阶码和尾数均用补码表示。写出二进制数 $X = -0.0010110011$ 的规格化浮点数表示。

（4）若 $X = -79$，$Y = +97$，求 $[-X]_补$，$[Y]_补$，$[X-Y]_补$，$[-X+Y]_补$，$[-X-Y]_补$，要求给出求解过程，并指明运算后的溢出情况。

第2章　80x86微处理器

微处理器是微型计算机的核心部件，掌握有关微处理器的知识对学好计算机原理是至关重要的。在前一章微处理器基础知识学习的基础上，本章具体介绍Intel微处理器的发展、性能、结构及其工作原理。虽然Intel微处理器更新换代非常快，但是Intel系列的CPU都是向下兼容的，即80x86都兼容8086，因此本章着重介绍8086 CPU。考虑到32位CPU的广泛应用，又重点介绍了其代表芯片80386的工作原理。

2.1　Intel公司微处理器发展概述

自从1971年，美国Intel公司首先研制成功4004微处理器以来，随着集成电路集成度的不断提高，微处理器的发展日新月异。人们常以微处理器的字长位数、时钟频率、集成度和功能作为微型计算机的发展标志。

第一代（1971～1973年）：微处理器的字长为4位或8位，时钟频率1MHz，平均指令执行时间约为10～15 μs，集成度约为1200～2000个晶体管/片。

第二代（1973～1978年）：微处理器的字长为8位，时钟频率2～4 MHz，平均指令执行时间约为1～2 μs，集成度约为4900～10000个晶体管/片。

第三代（1978～1982年）：微处理器的字长为16位，时钟频率4～20 MHz，平均指令执行时间为0.2～0.5 μs，集成度达2～6万个晶体管/片。

第四代（1982～1993年）：微处理器的字长为32位，时钟频率达40 MHz，平均指令执行时间为0.1 μs，集成度达15～50万个晶体管/片。

第五代（1993～2006年）：1993年3月Intel公司推出了全面超越486的微处理器芯片Pentium（80586）。它具有64位外部数据总线，32位地址总线，工作频率达到120 MHz以上。

第六代（2006年以后）：2006年7月27日，Intel公司发布了基于Core微架构的酷睿双核（Core Duo）处理器，晶体管数量达到2.91亿个，不再纯粹依据主频的高低判断芯片的性能，英特尔公司对处理器性能提出一种创新的理解：性能=频率×每个时钟周期的指令数。

Intel公司的微处理器应用最广泛，在微处理器市场占据着绝对的垄断地位，始终是微处理器产品的代表。下面简要地介绍Intel公司微处理器的发展历史。

1. 8086

8086是一种16位的处理器，它有16位寄存器和16位外部数据总线，具有20位地址总线，可寻址1 MB地址空间。

2. 80286

80286也是一种16位的处理器，在处理器结构中引进了保护方式操作。允许最大的物理存储器的容量达16 MB，支持虚拟存储器管理和各种保护机制。

3. 80386

80386是一种32位处理器。它在结构中引入了32位寄存器，用于容纳操作数和地址。

每个 32 位寄存器的后一半保留两个早期处理器版本(8086 和 80286)16 位寄存器的特性,以提供完全的后向兼容。Intel 386 还提供了一种新的虚拟 8086 方式,能在 80386 处理器上最有效地执行为 8086 处理器建立的程序。Intel 386 处理器有 32 位地址总线,能支持多达 4 GB 的物理存储器。

4. 80486

1) 80486 处理器把 Intel 386 处理器的指令译码和执行单元扩展为 5 个流水线段,增加了更多的并行执行能力。

2) 在芯片上增加了 8 KB 的一级缓存(叫作 Cache)。

3) Intel 486 处理器也是第一次把 x87 FPU(浮点处理单元)集成到处理器上。

4) 增加了专用的中断脚触发的系统管理模式、允许复杂的系统管理特性、允许处理器在减慢的时钟速率下执行等。

5. Pentium(奔腾)

1) 能实现每个时钟周期执行两条指令。

2) 芯片上的一级缓存达 16 KB,8 KB 用于指令,另 8 KB 用于数据。

3) 使虚拟 8086 方式更有效。

4) 内部数据通路是 128 和 256 位以加速内部数据传送,外部数据总线已增加至 64 位。

5) 增加了高级的可编程中断控制器支持多奔腾处理器系统。

6. Pentium Pro(高能奔腾)

1) 允许每个时钟周期执行三条指令。

2) 芯片上有两个 8 KB 的一级缓存,还有 256 KB 的二级缓存。

3) 地址总线扩展为 36 位,最大可达到 64 GB 的物理地址空间。

7. Pentium Ⅱ

第一级数据和指令缓存每个扩展至 16 KB,支持二级缓存的容量为 256 KB、512 KB 和 1 MB。空闲时支持多种低电源状态。

8. Pentium Ⅲ

SSE 扩展把由 Intel MMX 引进的 SIMD 执行模式扩展为新的 128 位寄存器和能在包装的单精度浮点数上执行 SIMD 操作。

Pentium Ⅲ Xeon 处理器采用 Intel 的 0. 18 μm 处理技术的全速高级传送缓存(Advanced Transfer Cache)扩展了 IA-32 处理器的性能级。

9. Intel Pentium Ⅳ

1) 快速的指令执行引擎、Hyper 流水线技术、高级的动态执行和创新的新 Cache 子系统。

2) 128 位 SIMD 整数算术操作、128 位 SIMD 双精度浮点操作、Cache 和存储管理操作、进一步增强和加速了视频、语音、加密、影像和照片处理。

3) 提供 3. 2 GB/s 的吞吐率、4 倍 100 MHz 可伸缩总线时钟,以达到 400 MHz 有效速度、深度流水线。

10. Pentium D 与 Pentium XE 双核处理器

Pentium D 是 Intel 公司推出的第一款在一个物理处理器内集成两个 Pentium Ⅳ运算核心的处理器,这两个内核以相同的频率运行,独享二级缓存,共享 800MHz 的前端总线与内存连接。Pentium XE 与 Pentium D 的最大区别是增加了超线程技术。

11. Itanium(安腾)

安腾是一种 64 位处理器,采用了 64 位宽的寄存器,具有 64 位寻址能力,能够使用 1 百万 TB 的地址空间,并且能向下兼容 IA-32 体系架构。

1) 采用按序执行的流水线,指令的执行完全服从编译器的安排,编译器能够组织指令执行程序,并使程序得到忠实地执行。

2) 编译器能在编译时对指令进行大范围的静态调度,如非常大的寄存器堆、指令的条件执行、数据推测和控制推测等。

3) 指令集引入了指令组的概念,用以指定可并行执行的指令,指令还能给硬件提供转移预测、Cache 管理等方面的提示信息。

12. Core Duo(酷睿处理器)

这是一款基于 Core 微架构的处理器,Core Duo 是 Intel 具有划时代意义的产品,它的推出标志着 Intel 微处理器第六代的开始。具有如下特点。

1) 采用微指令融合技术。

2) 具备超强的 4 组指令解码器,可在单一频率周期内编译 4 条 x86 指令,4 组指令解码器由三组简单编译器(Simple Decoder)与一组复杂编译器(Complex Decoder)组成。

3) 具备数据预读取技术,可有效弥补由于缺少内存控制器而导致内存存取延迟较长的缺憾。

4) 支持 Intel 的 VT(虚拟技术)、EIST(节电技术)、EM64T(内存扩展技术)和 XD(安全技术)技术,并加入了 SSE 4 指令集。由于 Core 的高效架构,针对桌面的处理器产品 Conroe 不再提供对 HT(超线程技术)的支持。

2.2 8086 微处理器

在 80x86 微处理器系列中,8086 是第三代微处理器,是一个很有代表性的 CPU,用 8086 CPU 指令编写的程序可以在 80286、80386、80486 及奔腾微处理器上运行。8086 是 Intel 系列的 16 位微处理器,它内部和外部数据总线宽度都是 16 位,地址总线宽度 20 位,内存储器的寻址空间为 1 MB,I/O 地址总线宽度 16 位(地址总线的低 16 位),所以端口的寻址空间为 64 KB。

2.2.1 8086 CPU 内部功能结构

学习 8086 CPU 的主要目的就是要了解执行一条指令或运行一个程序时,数据在 CPU 中流动的路径和操作的时序,建立起微处理器工作的时空概念,为指令的使用及程序的设计打好基础。因此,很有必要弄清 8086 CPU 的内部结构。8086 CPU 的内部结构如图 2-1 所示,它是由总线接口部件(Bus Interface Unit,BIU)和执行部件(Execution Unit,EU)两大部分组成。但要注意这种结构不是 CPU 内部的物理结构和实际布局,而是一种从程序员和使用者的角度来看的编程结构。作为一个程序员和使用者也没有必要了解 CPU 内部的物理结构和实际布局,只要对编程结构有充分的了解,就能够充分掌握 8086 CPU 的工作性能及使用方法。

1. 总线接口部件(BIU)

总线接口部件的功能是负责与 CPU 外部(存储器、I/O 端口)传送指令代码或数据。由前面的微处理器工作原理可知,CPU 执行指令的工作分为两个阶段:取指令和执行指令阶段。8086 CPU 也不例外,在取指令时,总线接口部件要从内存取指令送到指令队列;在执行指令时,总线接口部件要配合执行部件从指定的内存单元或者外设端口中取数据,将数据传送给执行部件,或者把执行部件的操作结果传送到指定的内存单元或外设端口。

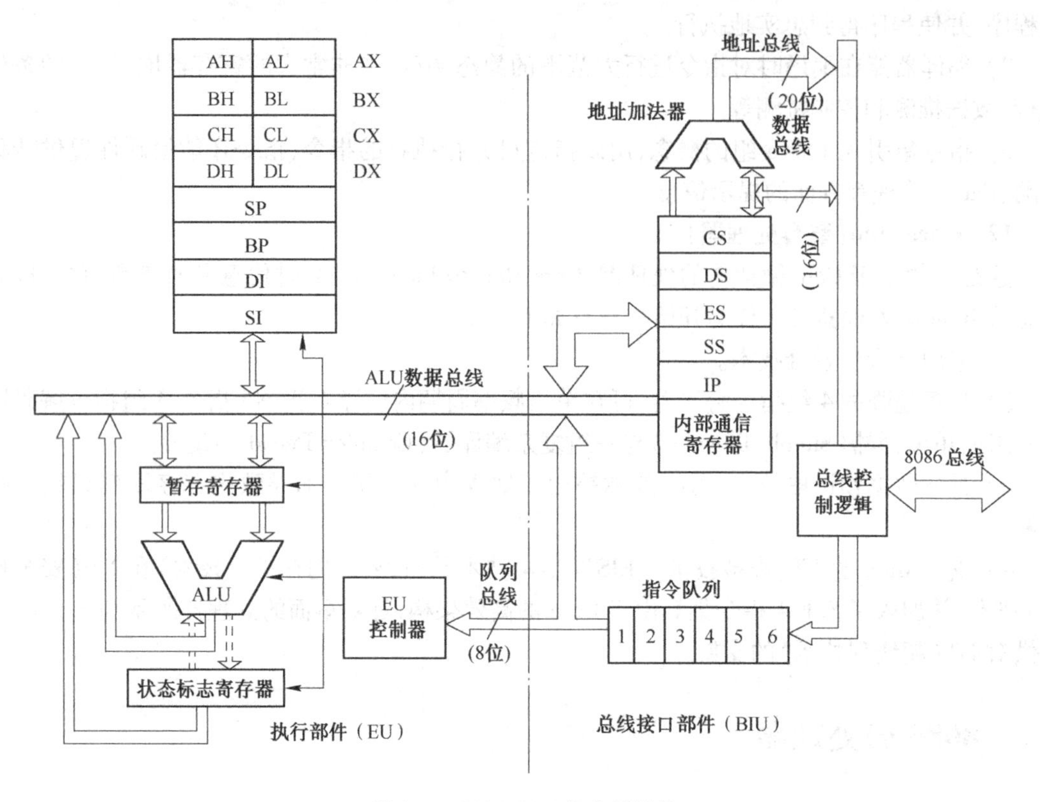

图 2-1　8086 CPU 的内部结构

(1) BIU 的组成

从图 2-1 可知,BIU 由 4 个 16 位的段地址寄存器(CS、DS、ES、SS)、16 位的指令指针寄存器 IP、20 位的地址加法器、6 B 的指令队列缓冲器、16 位的内部暂存器和总线逻辑控制器组成。

(2) BIU 各部件的作用

1) 段地址寄存器。

CS:16 位代码段寄存器,寄存程序代码段首地址的高 16 位(低 4 位均为 0,共 20 位,下面 DS、ES、SS 类同)。

DS:16 位数据段寄存器,寄存数据段首地址的高 16 位。

ES:16 位扩展段寄存器,寄存另一个数据段首地址的高 16 位。

SS:16 位堆栈段寄存器,寄存堆栈区数据段首地址的高 16 位。

2) 16 位的指令指针寄存器 IP:指出当前指令在程序代码段中的 16 位偏移量,即存放着 EU 要执行的下一条指令的偏移地址,以实现对代码段指令的跟踪。程序不能直接对 IP 进行存取,它在程序运行中自动修正,使之指向要执行的下一条指令。有些指令能使 IP 的值改变,如转移、调用、中断、返回指令。

3) 20 位的地址加法器:用来产生 20 位物理地址。地址加法器把段寄存器提供的 16 位信息——叫作段基址，左移 4 位（相当于乘以 16），加上 EU 提供的 16 位信息或者 IP 提供的 16 位信息——叫作偏移地址，形成了 20 位的物理地址。（关于分段的概念和产生物理地址的具体过程详见 2.2.3 节）

4）6 B 的指令队列缓冲器：用来存放预取指令的指令队列。

5）16 位的内部暂存器：暂存输入/输出信息的寄存器。

6）总线逻辑控制器：以逻辑控制方式实现总线上的信息传送，如信息分时传送等。

2. 执行部件（EU）

执行部件的功能就是负责指令的执行。

（1）EU 的组成

从图 2-1 可知，执行部件由 4 个通用寄存器（AX、BX、CX、DX）、4 个专用寄存器（BP、SP、SI、DI）、算术逻辑单元、EU 控制器和标志寄存器组成。

（2）EU 各部件的作用

1）4 个通用寄存器。

AX：16 位的累加器，也可以作为 8 位累加器 AH、AL 使用，AH 是 AX 的高 8 位，AL 是 AX 的低 8 位。8086 CPU 指令系统中有许多指令都是利用累加器来执行的。

BX：16 位的基数寄存器，也可以作为 8 位寄存器 BH、BL 使用，BH 是 BX 的高 8 位，BL 是 BX 的低 8 位。8086 CPU 指令系统中可以用 BX 来进行寄存器间接寻址。

CX：16 位的计数寄存器，也可以作为 8 位寄存器 CH、CL 使用，CH 是 CX 的高 8 位，CL 是 CX 的低 8 位。8086 CPU 指令系统中用 CX 作为程序循环计数寄存器。CL 作为循环移位寄存器。

DX：16 位的数据寄存器，也可以作为 8 位寄存器 DH、DL 使用，DH 是 DX 的高 8 位，DL 是 DX 的低 8 位。8086 CPU 指令系统中用 DX 作为 I/O 指令专用间接寻址寄存器。

2）4 个专用寄存器。

BP：16 位的基数指针寄存器，用来存放位于堆栈段中的一个数据区基址的偏移地址，以实现存取位于当前堆栈段中的数据。

SP：16 位的堆栈指针寄存器，8086 CPU 指令系统中，入栈（PUSH）和出栈（POP）指令是由 SP 给出栈顶的偏移地址，实现存取位于当前堆栈段中的数据。注意在执行入栈和出栈指令时会自动修改堆栈指针 SP，详见第 3 章的入栈和出栈指令操作。

堆栈是一组寄存器或一个存储区域，用来存放调用子程序或响应中断时的主程序断点地址，以及暂存其他寄存器的内容。例如，为了防止在调用子程序时影响原寄存器的内容，则需利用堆栈分别保存寄存器及标志寄存器的内容。当信息存入堆栈或从堆栈中取出信息时，都必须严格按照“先进后出”的规则进行。

SI：16 位的源变址寄存器，用来存放当前数据段的偏移地址，在 8086 CPU 数据串操作指令中，源操作数的偏移地址存放在 SI 中。

DI：16 位的目的变址寄存器，也是用来存放当前数据段的偏移地址，但在 8086 CPU 数据串操作指令中，目的操作数的偏移地址默认存放在 DI 中，源操作数的偏移地址默认存放在 SI 中。

3）算术逻辑部件（ALU）：其功能有两个，一是进行算术/逻辑运算，二是按指令的寻址方式计算出所寻址的 16 位偏移地址。

4）EU 控制器：是执行指令的控制电路，实现从队列中取指令、译码、产生控制信号等。

5）标志寄存器:16 位状态标志寄存器(7 位未用)存放操作后的状态特征和人为设置的控制标志。所用的各位含义如下。

15	14	13	12	11	10	9	8	7	6	5	4	3	2	1	0
				OF	DF	IF	TF	SF	ZF		AF		PF		CF

这些标志可分为两类:状态标志和控制标志。它们的作用见表 2-1。

表 2-1　8086 标志的作用

类　型	标 志 名	符　号	作　用
状态标志(6 个)	符号标志	SF (Sign Flag)	指出前面运算执行后的结果是正还是负,它和运算结果的最高位相同,结果为负,则 SF = 1;结果为正,则 SF = 0
	零标志	ZF (Zero Flag)	指出前面运算执行后的结果是否为零,结果为零,则 ZF = 1;结果为非零,则 ZF = 0
	奇/偶标志	PF (Parity Flag)	指出前面运算结果的低 8 位中所含的 1 的个数为偶数还是奇数,结果为偶,则 PF = 1;结果为奇,则 PF = 0
	进位标志	CF (Carry Flag)	当执行加法运算使最高位产生进位或执行减法运算引起最高位产生借位时,CF = 1,否则 CF = 0。当执行循环移位指令或执行 CPU 的 CF 控制指令时,也会影响这一标志
	辅助进位标志	AF (Auxiliary Carry Flag)	当执行加法运算使第 3 位往第 4 位上有进位或减法运算使第 3 位从第 4 位有借位时,则 AF = 1,否则 AF = 0
	溢出标志	OF (Overflow Flag)	当运算的结果超出了范围时就会产生溢出(详见第 1 章中双高位判别法), OF = 1,否则 OF = 0
控制标志(3 个)	方向标志	DF (Direction Flag)	在串操作指令中用来控制串操作过程中地址的增减。当 DF = 0,则地址不断递增;当 DF = 1,则地址会不断递减
	中断标志	IF (Interrupt Enable Flag)	在中断过程中控制是否响应可屏蔽中断的请求。当 IF = 0,则 CPU 不能响应可屏蔽中断请求;当 IF = 1,则 CPU 可以接受可屏蔽中断请求
	跟踪标志	TF (Trap Flag)	在中断过程中控制是否响应单步中断的请求。当 TF = 1,则 CPU 按跟踪方式执行指令;当 TF = 0,则 CPU 不会响应单步中断

注意:状态标志是前面的操作执行后算术逻辑部件所处的某种状态,该状态作为某种先决条件影响后面的操作。而控制标志是在编程过程中用指令系统中专门的指令人为设置的,通过控制标志的设置和清除实现对某一种特定功能的控制。

为了对上述状态标志有更好的理解,举两个例子予以说明。

【例 2-1】　计算机在进行 1234H + 5678H 运算后,试求状态标志 SF、ZF、PF、CF、AF、OF 的值。

```
   0001  0010  0011  0100
+  0101  0110  0111  1000
-------------------------
   0110  1000  1010  1100
```

SF = 0:运算结果的最高位为 0;

ZF = 0:运算结果本身不为 0;

PF = 1:运算结果低 8 位所含 1 的个数为 4 个,是偶数个 1;

CF = 0:最高位没有产生进位;

AF=0:第3位没有往第4位产生进位;

OF=0:次高位没有往最高位产生进位,最高位往前也没有进位。

【例2-2】 计算机在进行6789H-1234H运算后,试求状态标志SF、ZF、PF、CF、AF、OF的值。

补码运算的结果:

	0110	0111	1000	1001
+	1110	1101	1100	1100
1	0101	0101	0101	0101

SF=0:运算结果的最高位为0;

ZF=0:运算结果本身不为0;

PF=1:运算结果低8位所含1的个数为4个,是偶数个1;

CF=0:虽然最高位产生了进位,但这是与被减数的补码相加,其借位CF应是进位的反码,所以无借位;

AF=0:与CF类似,第3位没有向第4位产生借位;

OF=0:次高位向最高位产生进位,最高位向前也产生了进位,所以无溢出。

当在需要时才会对标志位进行关注,在某些操作之后,根据不同的目的对其中某个标志位进行检测,检测方法见第3章的条件转移指令。

2.2.2 8086 CPU内部流水线管理工作原理

如图2-2a所示,一个简单的微处理器,如8位微处理器(类似于第1章模型机的微处理器),它们在执行一条指令时,指令的取出、指令的译码、在内存中取数据、执行指令及结果的存储一系列动作均是串行进行的。而8086 CPU采用了流水线管理工作原理,如图2-2b所示,使一系列微操作并行工作,如果一条指令执行过程中不需要从存储器取操作数和向存储器存储结果(如前面讲解模型机原理中的ADD A,B),即EU不占用CPU总线时,BIU便可对下条要执行的指令预取,从而提高了指令执行速度。对8086 CPU来说,具体的流水线管理工作原理体现在如下几个方面。

1)当指令队列为空时,这种情况一般发生在程序刚开始执行或刚执行了跳转指令(转移指令、调用指令和返回指令)。这时EU等待BIU提取指令,BIU会从存储器中把要执行的那个程序段指令装入指令队列中。

2)当指令队列不空时,这时EU和BIU独立工作,EU负责从指令队列前部取出指令代码,并进行译码和执行;BIU负责从存储器中把指令取到指令队列中,直到指令队列满为止。

3)当指令队列已满且EU又无访问请求时,BIU便进入空闲状态。

4)当指令队列出现两个空字节时,BIU又会自动地从存储器中把后面的指令装满指令队列。

5)当EU执行特殊指令时,有两种情况:一是EU在执行指令过程中必须进行外部(存储器或I/O端口)访问,这时EU请求BIU去做外部访问,如果BIU正好处于空闲状态,则立即响应EU的请求,如果BIU正在取指令过程中,则BIU在完成当前取指令的操作后再去响应EU的请求;二是EU执行跳转指令,这时,指令队列中已装入的指令字节就不再有用,则指令队列被自动清空。

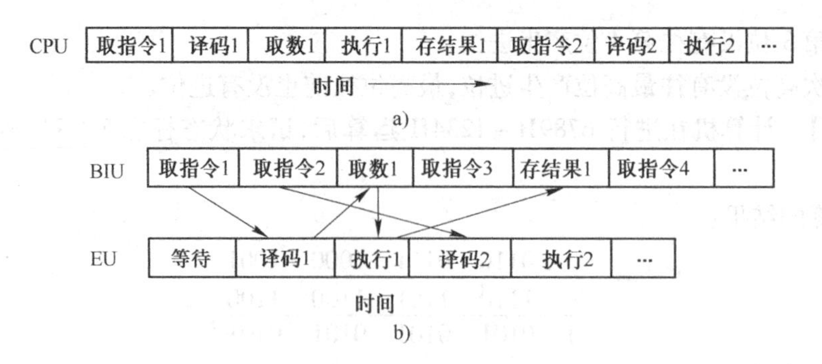

图 2-2　串行处理和流水处理工作原理

2.2.3　8086 CPU 的存储器组织

1. 存储器分段和段寄存器

8086 CPU 引入了存储器的分段技术，把 1 MB 内存空间分成若干个逻辑段，而每个逻辑段的内存空间≤64 KB，这样只要 16 位地址信号就能寻址整个逻辑段的内存空间(64 KB)，所以逻辑段内的地址信息就可以存放在 CPU 内部的 16 位寄存器(IP、SP、BP、SI、DI、BX 等)中，这就解决了 CPU 内部 16 位寄存器不能寻址 1 MB 内存空间的问题。逻辑段可以在 1 MB 的存储空间浮动，段与段之间是相互独立的，段内地址是连续的，而段的排列非常灵活，可以连续、分开、部分重叠或完全重叠。每个段区的大小不一定要占有 64 KB 的最大段空间，可以根据实际需要来分配。图 2-3 给出了逻辑段的几种排列情况，代码段和堆栈段之间排列是连续的；堆栈段和数据段之间排列是分开的；而数据段和附加段之间排列是重叠的。

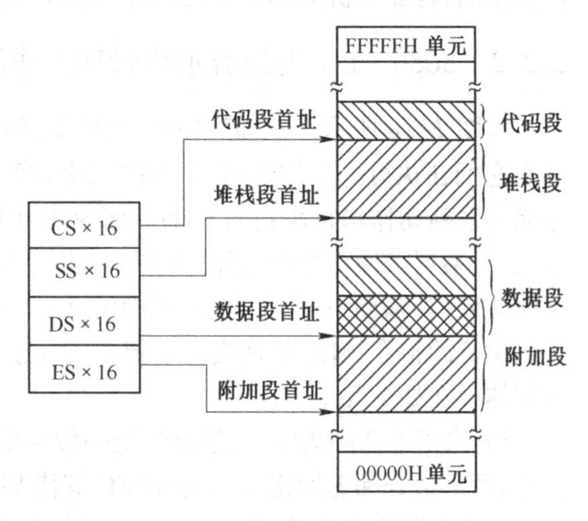

图 2-3　存储器的逻辑分段

逻辑段的第一个单元的物理地址(20 位)叫作段首址，8086 规定 20 位段首址的最低 4 位应该全是 0，即段首址是 16 的整数倍，段首址的高 16 位叫作段基址。段基址根据段的性质存放在相应的段寄存器 DS、ES、SS 或 CS 中。图 2-3 给出了段首址在内存中的含义。段内某存储单元距离段首地址的字节数(偏移量)叫作偏移地址，偏移地址可以由 IP、BP、SP、SI、DI 或 BX 给出，也可以通过寻址方式计算给出(16 位的偏移量数据)。段基址和偏移地址两部分构成了存储单元的逻辑地址。为了叙述简洁，书写上常用"段基址:偏移地址"形式来描述一个物理单元的逻辑地址。例如，2000H:8000H，表示物理地址为 28000H 的逻辑地址。

采用分段结构的存储器中，任何一个 20 位物理地址都是由它的逻辑地址变换得到的。

$$物理地址 = 段基址 \times 16 + 偏移地址$$

物理地址形成如图 2-4 所示，它是通过 CPU 中 BIU 的地址加法器来实现的。把段基址左移 4 位形成段首址再与偏移地址相加，就得到 20 位的物理地址。编程时使用的是逻辑地址，只要通过相应的段基址和偏移地址就可以访问唯一的物理地址。但是,一个物理地址可对应于多个逻辑地址。例如,物理地址 31235H,它的逻辑地址可以是 3121H:0025H,也可以是 3014H:10F5H。

图 2-5 给出了段寄存器与其他寄存器的组合访问存储器的情况。当要确定程序中指令存放的地址时,由于指令存放在代码段中,所以段基址来源于 CS,偏移地址来源于 IP。当要确定操作数存放的地址时,由于操作数可能存放在数据段、附加段、堆栈段,所以段基址可以分别来源于 DS、ES、SS,而偏移地址可以来源于 BP、SP、SI、DI 或 BX,也可以通过指令的寻址方式计算给出一个 16 位的偏移量数据。注意 DS 和 ES 在串操作指令中分别默认的是 SI 和 DI,在其他指令中 SI、DI 或 BX 的默认段寄存器是 DS,但如果指令中有段前缀 ES,则段基址来源于 ES。另外,CPU 不会因为段区的划分而限制程序空间,程序中可以动态地修改段寄存器的内容,来访问超过 64 KB 的空间。

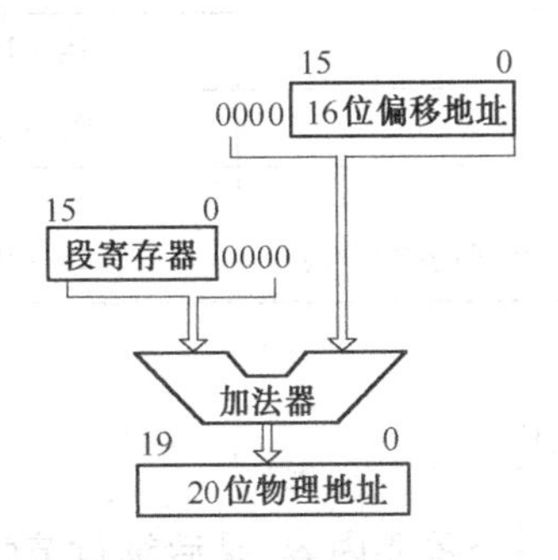

图 2-4 8086 物理地址的形成

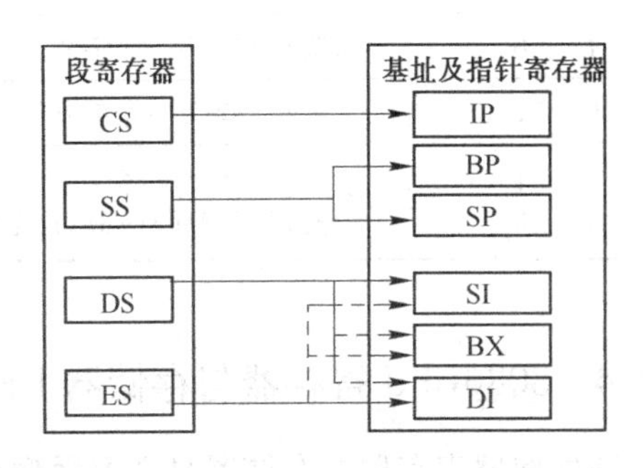

图 2-5 段寄存器与其他寄存器的组合

在图 2-3 的存储器分段结构中,划分了一个专门的数据区,叫作堆栈段。由图 2-5 可知,堆栈段寄存器 SS 默认 SP 和 BP 寄存器,因此,操作数在堆栈段中的位置可由 SS:SP 或 SS:BP 寻址。SS 存放堆栈段的首地址。SP 只存放栈顶的偏移地址,BP 可存放栈内任一位置的偏移地址。堆栈操作有入栈(PUSH)和出栈(POP)两种 16 位的字操作,堆栈指针 SP 是随堆栈操作由硬件自动修正,其具体操作详见第 3 章入栈和出栈的指令部分。

2. 存储器组织

8086 CPU 有 20 根地址线,可寻址 1 MB 存储空间。存储器按字节组织,每个字节单元有唯一的地址码。这 1 MB 的内存单元用 00000H ~ FFFFFH 来编址。8086 的 1 MB 存储器,实际上被分成了两个 512 KB 存储区,分别叫作奇地址区(奇区)和偶地址区(偶区)。顾名思义,奇区单元地址是奇数,偶区单元地址是偶数。偶区单元中的数据与数据总线上低位字节数据线 $D_7 \sim D_0$ 相连,奇区单元中的数据与数据总线上高位字节数据线 $D_{15} \sim D_8$ 相连。地址线 $A_{19} \sim A_1$ 可同时对奇、偶区内单元寻址,A_0、$\overline{BHE}$(8086 的一条引脚)则用于对奇、偶区的选择,$A_0 = 0$ 选择偶区,$\overline{BHE} = 0$ 选择奇区。8086 存储器物理组织,如图 2-6 所示。

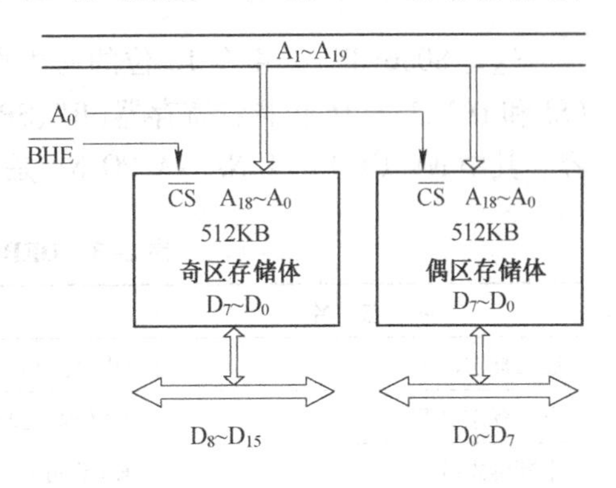

图 2-6 8086 存储器的奇区和偶区

存储器的物理组织分成了奇、偶区,但是存储单元在逻辑结构上是按地址顺序排列的。字节信息只占一个存储单元,字信息要占两个连续地址的单元,双字信息(通常是作为地址指针的数)占4个连续地址单元。鉴于存储器的物理组织,对于字节信息根据它存放单元地址的奇偶性,可分为奇字节和偶字节。相应地对于字信息,根据存放它的低位字节的单元地址奇偶性,可分为奇字、偶字。对于奇字节、偶字节和偶字读/写操作均可用一个总线周期完成,而奇字读/写操作需两个总线周期,分别用奇字节和偶字节操作来完成,其过程是通过 A_0、$\overline{BHE}$(8086 CPU 两条引脚)信号的配合来实现的,见表2-2。

表2-2 $\overline{BHE}$、A_0 信号表示的相应操作

$\overline{BHE}$	A_0	操　作	所用数据总线
0	0	从偶地址读/写一个字	$D_{15} \sim D_0$
1	0	从偶地址读/写一个字节	$D_7 \sim D_0$
0	1	从奇地址读/写一个字节	$D_{15} \sim D_8$
0 1	1 0	从奇地址读/写一个字 (分两个总线周期实现,首先作奇字节读/写,然后作偶字节读/写)	$D_{15} \sim D_8$ $D_7 \sim D_0$

2.2.4 8086CPU 寄存器与存储器 DEBUG 上机操作

微处理器寄存器与存储器是学习微型计算机原理的一个重要内容,是后续章节学习的基础,在8086微处理器编程结构讲解的基础上,采用DEBUG工具软件观察微处理器寄存器、标志位与存储器中数据现状与修改后的变化。

(1) 观察微处理器寄存器、标志位与存储器中数据现状

根据第1章1.4节 汇编语言上机工具软件操作说明进入DEBUG软件控制状态,即计算机屏上显示“-”的状态。

1) 观察微处理器寄存器、标志位。

```
-R(回车)                                              ;显示原寄存器的值
AX=0000 BX=0000 CX=0000 DX=0000 SP=00FD BP=0000 SI=0000 DI=0000 DS=073F ES=
073F SS=073F CS=073F IP=0100 NV UP EI PL NZ NA PO NC
```

这是8086CPU中4个16位的通用寄存器(AX、BX、CX和DX)、2个16位变址寄存器(SI和DI)、3个16位指针寄存器(BP、SP和IP)、4个16位段寄存器(SS、DS、ES和CS)的内容。其中NV UP EI PL NZ NA PO NC是8种标志的内容(对应1或0),详见表2-3。

表2-3 DEBUG软件中标志内容的含义

标　志　名	标志位为1	标志位为0
溢出标志(OF)	OV(溢出)	NV(未溢出)
方向标志(DF)	DN(地址递减)	UP(地址递增)
中断标志(IF)	EI(许可)	DI(禁止)
符号标志(SF)	NG(负)	PL(正)

（续）

标　志　名	标志位为1	标志位为0
零标志(ZF)	ZR(结果为零)	NZ(不等于零)
辅助进位标志(AF)	AC(辅助进位或借位)	NA(无辅助进位或借位)
奇偶标志(PF)	PE(偶)	PO(奇)
进位标志(CF)	CY(进位或借位)	NC(无进位或借位)

2）观察存储器中的数据。

```
-D DS:0000 000F      (回车)      ;显示数据段0000H~000FH内存单元内容
073F:0000 CD 20 3E A7 00 EA FD FF-AD DE 4F 03 A3 01 8A 03
```

这是存储单元037FH:0000H~037FH:000FH的原始字节数据,其中037FH是操作系统分配给数据段寄存器DS的内容。

(2) 修改微处理器寄存器、标志位与存储器中的数据

1)修改寄存器中的数据。

```
-RAX         (回车)
AX 0000:8899
-RES         (回车)
ES 073F:201A
```

下划线部分是对该寄存器的修改值。将AX由0000H修改为8899H,将ES由073FH修改为201AH。

2)修改标志位。

```
-RF        (回车)
NV UP EI PL NZ NA PO NC -OV NG      ;作用是改变溢出标志、符号标志
```

下划线部分是对标志位的修改值。将NV和PL修改为OV和NG,其余不变。

观察寄存器与标志位修改结果:

```
-R         (回车)
AX=8899 BX=0000 CX=0000 DX=0000 SP=00FD BP=0000 SI=0000 DI=0000 DS=073F ES=
201A SS=073F CS=073F IP=0100 OV UP EI NG NZ NA PO NC
```

3）修改存储器中的数据。

```
-E DS:0000  10 11 12 13 14 15 16 17 18 19 1A 1B 1C 1D 1E 1F (回车)
```

下划线部分是对内存单元DS:0000H~DS:000FH的修改值。

观察内存单元修改结果:

```
-D DS:0000 000F (回车)
073F:0000 10 11 12 13 14 15 16 17-18 19 1A 1B 1C 1D 1E 1F
```

这是存储单元037FH:0000H~037FH:000FH原始字节数据经上述修改后的结果。

2.2.5 8086 CPU 总线周期的概念

为了便于理解 8086 CPU 引脚信号的作用,在进行引脚信号学习之前,先介绍总线周期的概念。

BIU 通过系统总线完成对外界(存储器或 I/O 端口)的一次访问所需的时间叫作一个总线周期。在计算机中时间的最小单位是时钟周期(一个时钟脉冲的时间长度),也是 8086 CPU 的基本时间计量单位,由这样的 4 个时钟周期组成一个最基本的总线周期。这 4 个时钟周期分别称为 T_1 状态、T_2 状态、T_3 状态、T_4 状态。计算机主频决定时钟周期的长短,如某 CPU 的主频为 1.0GHz,则时钟周期为 1 ns。图 2-7 表示了一个典型的总线周期序列,除了上述 4 个状态外,还有等待状态 Tw 和空闲状态 T_I,总线周期的这 6 个状态的作用见表 2-4。

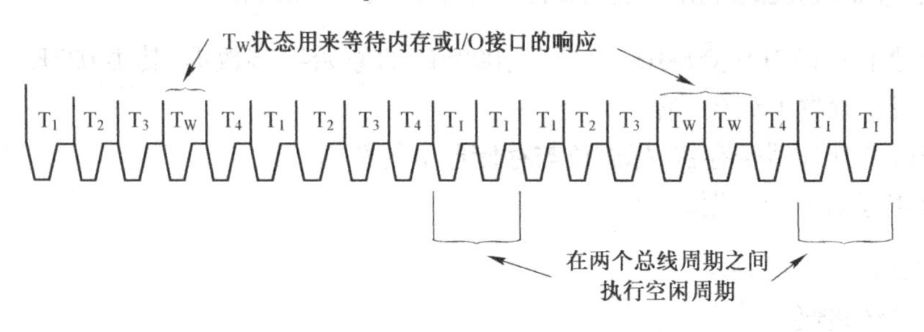

图 2-7 典型的 8086 总线周期序列

表 2-4 总线周期各状态的作用

状　态	作　用
T_1	CPU 向 AD 总线上发出地址信息以指出要寻址的存储单元或外设 I/O 端口的地址
T_2	对读操作,CPU 从 AD 总线上撤销地址信息使总线的低 16 位成高阻状态,为 16 位数据输入作准备;对写操作,CPU 输出数据信息。总线的最高 4 位用来输出本总线周期状态信息
T_3	AD 总线的高 4 位继续输出状态信息,低 16 位上输出由 CPU 提供的数据(写操作)或者 CPU 从存储器(或端口)读入的数据(读操作)
T_4	总线周期结束
T_w	这是等待状态。当外设或存储器速度较慢时,CPU 会在 T_3 之后插入 1 个或多个等待状态 T_w,解决外设或存储器不能及时地配合 CPU 数据传送的问题。具体详见总线的读写操作
T_I	这是空闲状态。当 CPU 和内存或 I/O 接口之间不需传输数据,且指令队列填满时,CPU 不需要执行总线周期,系统总线就处于这个空闲状态 T_I。这时,在总线高 4 位上,CPU 仍然保持前一个总线周期的状态信息

2.2.6 8086 CPU 的引脚信号及工作模式

前面学习了 8086 CPU 的内部结构,为 8086 CPU 指令的学习打下了基础。现在再了解一下 8086 CPU 的外部结构,这不仅有助于加深对内部结构的理解,而且可为学习接口技术打基础。

在学习 8086 CPU 的引脚信号前,必须弄清 CPU 的最小模式和最大模式概念。最小模式是指系统中只有一个 8086 微处理器,而最大模式是指系统中包含有两个或多个微处理器,8086 是系统的主处理器,其他的处理器是协处理器,是用来协助主处理器工作的。最小模式的总线控制信号都直接由 8086 CPU 产生，而最大模式的总线控制信号由 8288 总线控制器产生。8086 CPU 到底工作在哪一种模式，这是由 8086 CPU 的第 33 引脚所决定。

1. 8086 CPU 的引脚信号

图 2-8 是 8086 CPU 的引脚信号排列图，其中带括号的为工作在最大模式时的引脚名。

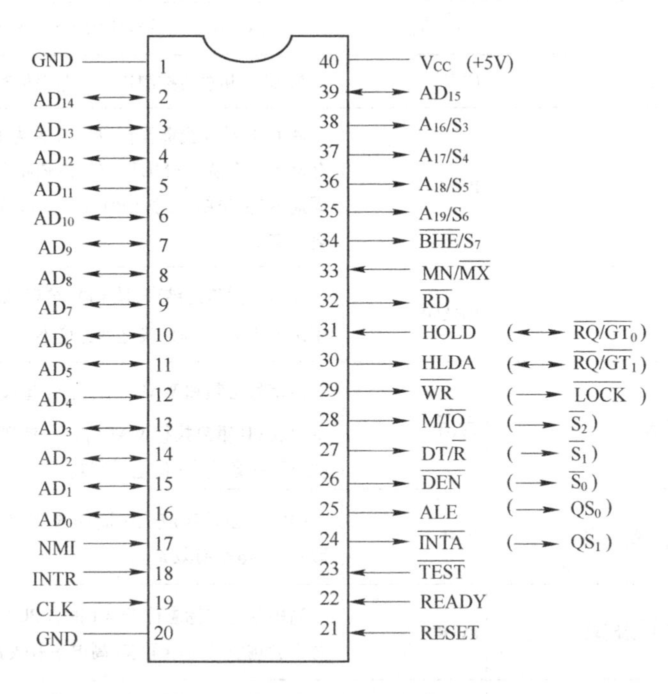

图 2-8　8086 CPU 的引脚信号排列

由引脚图可知，8086 CPU 采用 40 条引脚的 DIP 双列直插式封装，而 8086 CPU 对外的引脚信号有 16 根数据线（外数据总线）、20 根地址线（外地址总线）、5 根状态线、17 根输入/输出控制线、3 根电源线，总共 61 根线。显然图 2-8 的 40 条引脚线是不够的。为了解决这个问题，8086 CPU 的部分引脚采用了功能复用技术，即一条引脚有一个以上的用途。例如，8086 CPU 数据线和地址线是复用的。某一时刻引脚上出现的是地址，另一时刻引脚上出现的是数据。各复用引脚上出现信号的规律详见后续的时序图。

关于 8086 CPU 各引脚信号逐一介绍如下。

（1）最小模式 1 ~ 40 脚的功能定义

最小模式下各引脚信号可分为三类：双向引脚信号、输入引脚信号和输出引脚信号，它们的功能见表 2-5。

表 2-5　最小模式方式下 CPU 引脚的功能

类　型	名　称	符　号	功　能
双向引脚信号	地址/数据复用线	$AD_{15} \sim AD_0$	在总线周期的 T_1 状态时，作为地址线（输出），$T_2 \sim T_4$ 状态时，作为数据传输线（双向）。当 CPU 响应中断、系统总线“保持响应”（如 DMA）时，处于高阻态

（续）

类　型	名　称	符　号	功　能
输入引脚信号	模式设定线	$MN/\overline{MX}$	设置最小或最大模式。当 $MN/\overline{MX}$ 为高电平时，8086 设置为最小模式，低电平时 8086 设置为最大模式
	电源线	GND、V_{cc}	V_{cc} 与 GND 之间的电压为 +5(1±10%)V
	系统时钟	CLK	为 CPU 和总线控制逻辑电路提供时序基准
	复位线	RESET	使 CPU 结束当前操作，将 CS 置为 FFFFH，并对其余的寄存器和指令队列清 0，要求复位脉冲宽度不得小于 4 个时钟周期，当复位结束时，CPU 就从 FFFF0H 开始执行程序（高电平有效）
	就绪线	READY	表示数据传送结束，使 CPU 结束 T_w 等待状态而进入 T_4，用来解决 CPU 与外设之间速度不匹配问题（高电平有效）
	等待测试	$\overline{TEST}$	该信号必须和 WAIT 指令结合起来使用。当 $\overline{TEST}$ 为高电平时，CPU 重复执行 WAIT 指令，直到 $\overline{TEST}$ 为低电平才继续执行下一条指令（低电平有效）
	非屏蔽中断请求	MMI	CPU 无条件响应该中断请求，它不受中断允许标志位的影响（高电平有效）
	可屏蔽中断请求	INTR	当中断允许标志位 IF=1 时，CPU 响应该中断请求，IF=0 时不会响应该中断请求（高电平有效）
	总线保持请求	HOLD	其他总线主控部件向 CPU 发出的占用总线的请求信号，与 HLDA 配合使用，详见第 7 章的 DMA 部分（高电平有效）
输出引脚信号	地址/状态复用线	$A_{19} \sim A_{16}/S_6 \sim S_3$	在总线周期的 T_1 状态用作地址总线高 4 位 $A_{19} \sim A_{16}$ 的输出，在 $T_2 \sim T_4$ 状态用作状态信号 $S_6 \sim S_3$ 输出，当 CPU 响应中断、系统总线“保持响应”（如 DMA）时，处于高阻态
	高 8 位数据线允许/状态	$\overline{BHE}/S_7$	在总线周期的 T_1 状态输出 $\overline{BHE}$ 信号，使高 8 位数据线 $D_{15} \sim D_8$ 上的数据有效，在 $T_2 \sim T_4$ 状态输出状态信号 S_7
	读控制	$\overline{RD}$	当该信号为低电平时，CPU 对存储器或 I/O 端口执行读操作，系统总线“保持响应”（如 DMA）时，处于高阻态
	写控制	$\overline{WR}$	当该信号为低电平时，CPU 对存储器或 I/O 端口执行写操作，系统总线“保持响应”（如 DMA）时，处于高阻态
	存储器和 I/O 控制	$M/\overline{IO}$	当该信号为高电平时，CPU 对存储器操作；为低电平时，CPU 对输入/输出设备操作。系统总线“保持响应”（如 DMA）时，处于高阻态
	中断响应	$\overline{INTA}$	CPU 通过该信号对外设的中断请求做出响应。详见第 7 章的中断响应（低电平有效）

（续）

类　　型	名　　称	符　　号	功　　能
输出引脚信号	总线保持响应	HLDA	该信号是与 HOLD 配合使用的一组联络信号。HLDA 有效期间，系统总线处于“保持响应”状态（高电平有效）
	地址锁存	ALE	CPU 在每个总线周期的 T1 状态时发出，作为地址锁存器的地址锁存选通信号，该信号是不能被浮空的
	数据收/发控制	DT/$\overline{\text{R}}$	该控制信号用来控制数据传送方向，当 DT/$\overline{\text{R}}$高电平时为数据发送，否则为数据接收，系统总线“保持响应”（如 DMA）时，处于高阻态
	数据允许	$\overline{\text{DEN}}$	它与数据收/发器的$\overline{\text{OE}}$端相连，是 CPU 提供的一个选通信号，系统总线“保持响应”（如 DMA）时，处于高阻态

（2）最大模式 24～31 脚的功能定义

在最大模式下 24～31 引脚的功能不同于最小模式，重新定义的情况见图 2-8 中括号内的说明，这 8 条引脚信号的功能见表 2-6。在最大模式下，许多总线控制信号是通过总线控制器 8288 产生的。

表 2-6　最大模式 24～31 脚的功能

名　　称	符　　号	作　　用
总线周期状态信号	$\overline{S_2}$、$\overline{S_1}$、$\overline{S_0}$	组合表示 CPU 总线周期的操作类型，依据这三个状态信号 8288 总线控制器产生访问存储器和 I/O 端口的控制命令，见表 2-7
指令队列状态信号	QS_1、QS_0	QS_1 和 QS_0 组合起来提供前一个时钟周期中指令队列的状态，见表 2-8
总线请求/总线允许信号	$\overline{RQ}/\overline{GT_1}$、$\overline{RQ}/\overline{GT_0}$	$\overline{RQ}$为总线请求的输入信号，$\overline{GT}$为总线允许的输出信号，$\overline{RQ}/\overline{GT_0}$比$\overline{RQ}/\overline{GT_1}$有更高的优先权
总线封锁信号	$\overline{\text{LOCK}}$	$\overline{\text{LOCK}}$为低电平时，CPU 独占总线使用权。由指令前缀$\overline{\text{LOCK}}$产生$\overline{\text{LOCK}}$信号，由$\overline{\text{LOCK}}$前缀后面的一条指令执行完后撤销$\overline{\text{LOCK}}$信号

表 2-7　$\overline{S_2}$～$\overline{S_0}$对应的总线周期及 8288 的控制命令

$\overline{S_2}$	$\overline{S_1}$	$\overline{S_0}$	总 线 周 期	8288 控制命令
0	0	0	INTA 周期	$\overline{\text{INTA}}$
0	0	1	I/O 读周期	$\overline{\text{IORC}}$
0	1	0	I/O 写周期	$\overline{\text{IOWC}}$，$\overline{\text{AIOWC}}$
0	1	1	暂停	无
1	0	0	取指令周期	$\overline{\text{MRDC}}$
1	0	1	读存储器周期	$\overline{\text{MRDC}}$
1	1	0	写存储器周期	$\overline{\text{MWTC}}$，$\overline{\text{AMWC}}$
1	1	1	无源状态	无

表 2-8　QS_1、QS_0 与队列状态

QS_1	QS_0	队列状态
0	0	无操作
0	1	从队列缓冲器中取出指令的第一字节
1	0	清除队列缓冲器
1	1	从队列缓冲器中取出第二字节以后部分

2. 8086 CPU 工作模式的典型配置

图 2-9 是最小模式下的典型配置。其特点是系统总线的所有控制信号都由 8086 CPU 直接给出。MN/$\overline{\text{MX}}$端接 V_{CC}(+5 V),决定了当前 CPU 工作在最小模式。CPU 的系统时钟端 CLK 由 8284A 时钟发生器提供。引脚 ALE 将 20 位地址信息和 1 位$\overline{\text{BHE}}$信号锁存到 3 片 8282 锁存器中以形成 20 位地址总线,这是由于 8086 CPU 的地址－数据线($AD_0 \sim AD_{15}$)和地址－状态线($A_{16} \sim A_{19}$)需要分时传送地址和数据(状态)信息,在总线周期 T_1 时刻要把地址信息"分流"到地址总线上。当系统所连的存储器和外设较多时,引脚 DT/$\overline{\text{R}}$和$\overline{\text{DEN}}$把地址－数据线($AD_0 \sim AD_{15}$)与 2 片 8286 数据收发器相连形成 16 位的数据总线,以增加数据总线的驱动能力。构成最小模式系统的其他组件(如半导体存储器 RAM 和 ROM,外部设备的 I/O 接口,中断优先级管理部件等)可以直接与系统三总线(AB、DB、CB)连接,并用 CPU 的 M/$\overline{\text{IO}}$、$\overline{\text{RD}}$、$\overline{\text{WR}}$组合起来决定系统中数据传输的方式。

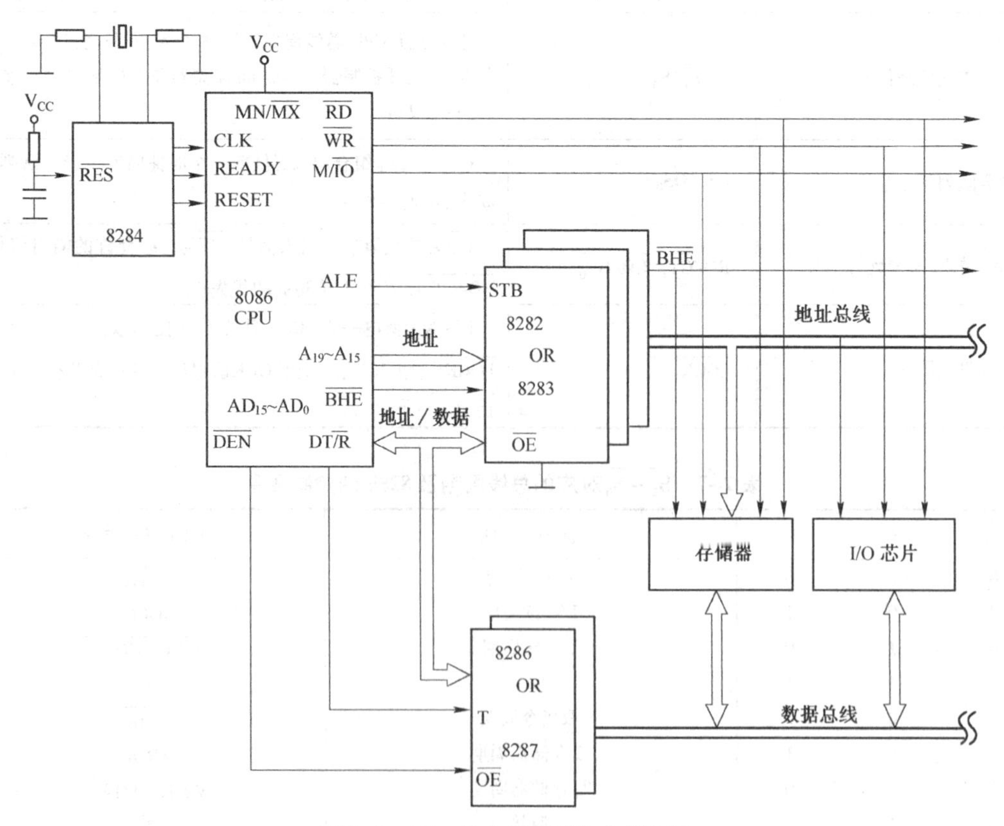

图 2-9　8086 最小模式下的典型配置

从图 2-10 可以看出最大模式与最小模式在配置上最主要的差别是在于总线控制器 8288 部件。在最小模式下，控制信号 $M/\overline{IO}$、$\overline{WR}$、INTA、ALE、$DT/\overline{R}$、DEN 直接由 8086 CPU 的 24～29 引脚提供，在最大模式系统中，这些信息由状态信息$\overline{S_2}$、$\overline{S_1}$、$\overline{S_0}$通过 8288 组合得到，见表 2-7。

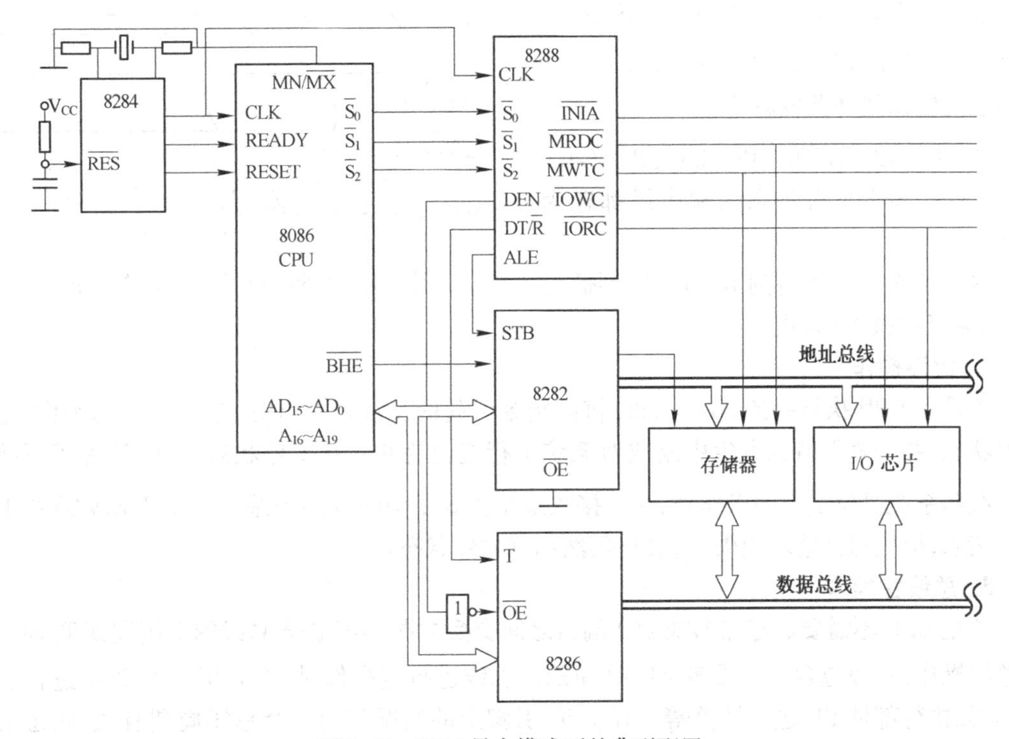

图 2-10　8086 最大模式下的典型配置

2.2.7　8086 CPU 的操作时序

8086 CPU 与外界(存储器、I/O 接口等)打交道都是按一定的操作时序进行的，8086 CPU 的主要操作时序可分为系统复位和启动操作、暂停操作、空操作、总线读操作、总线写操作、中断操作、总线保持。

1. 系统复位和启动操作

8086 CPU 的 RESET 复位引脚主要用来实现计算机系统的启动，启动操作分为“冷启动”和“热启动”。“冷启动”指初次加电引起的复位，要求此高电平持续期不短于 50 μs。“热启动”指复位操作，只要复位信号维持 4 个以上时钟周期的高电平即可。当 RESET 信号一进入高电平，CPU 内部完成以下操作。

1) 结束现行操作，进入复位状态。

2) 除了 CS 置为 FFFFH 外，内部的其余各寄存器全部清 0，指令队列也清空。

由此可见，由于复位时执行程序的指令指针 CS:IP 被初始化为 FFFFH:0000H(物理地址为 FFFF0H)，复位后系统便从内存的 FFFF0H 处开始执行指令。为了转移到系统程序的入口处，一般在 FFFF0H 处存放一条无条件转移指令 JMP 即可。

由于标志寄存器 F 在复位时被清零，即中断允许标志 IF = 0，如果要开放中断使 INTR 端输入的可屏蔽中断被接受，在复位后的程序中必须设置一条开放中断的指令 STI，使中断允许标志 IF = 1（中断概念详见第 7 章）。

由图 2-11 的 CPU 复位操作时序可知，RESET 信号有效后的下一个状态才实现复位。对 CPU 外部引脚的操作说明如下。

① 把 $AD_{15} \sim AD_0$、$A_{19}/S_6 \sim A_{16}/S_3$、$\overline{BHE}$ S_7、$M/\overline{IO}$、$DT/\overline{R}$、$\overline{DEN}$、$\overline{WR}$、$\overline{RD}$和 INTA 等具有三态的输出线都置成高阻态。

② 把 ALE、HLDA、$\overline{RQ}/\overline{GT_1}$、$\overline{RQ}/\overline{GT_0}$、$QS_0$ 和 QS_1 等不具有三态的输出线都置为无效状态。

这种状态一直维持到 RESET 回到低电平（结束复位操作）为止。

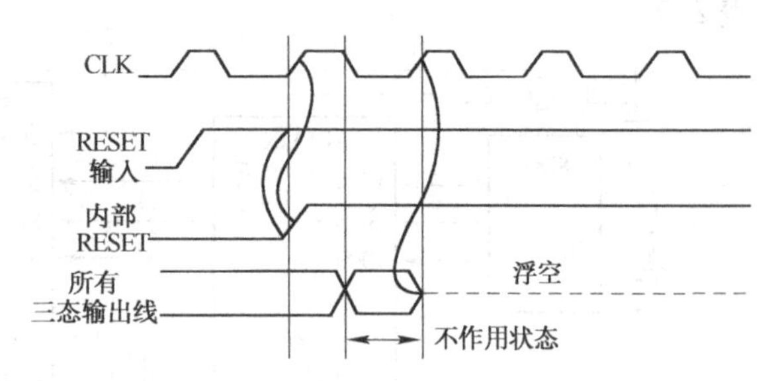

图 2-11　8086 CPU 的复位操作时序

2. 暂停操作

这是由 CPU 执行一条 HLT（Halt）暂停指令引起的总线操作，作用是停止一切操作，进入暂停状态，并一直保持到发生中断或对系统进行复位为止。在暂停状态下，CPU 除了可接收中断线和系统复位线上的操作外，还可接收最小模式下 HOLD 线或最大模式下$\overline{RQ}/\overline{GT}$线上的保持请求，但当保持请求消失后，CPU 仍然回到暂停状态。

3. 总线空操作

这是 CPU 不需要和存储器或 I/O 端口之间交换数据，BIU 进入总线的空闲周期 T_I 而发生的总线操作，一般包含一个或多个时钟周期。总线进行空操作时，在 CPU 内部仍可进行有效操作，如执行部件 EU 进行计算等。在 CPU 引脚上的情况与前一个总线周期有关，状态信息 $S_6 \sim S_3$ 和前一个总线周期相同；地址/数据线的内容由前一总线周期而定，若前一周期为读周期，则处于高阻态，若前一周期为写周期，则继续保留着 CPU 输出的数据 $D_{15} \sim D_0$。

4. 总线读操作

总线读操作是指 CPU 从存储器或 I/O 端口读取数据（或指令）。8086 CPU 有两种工作模式，相应的总线读操作也有两种，即最小模式下的总线读操作和最大模式下的总线读操作。但这两种模式下的总线读操作很类似，这里仅对最小模式下的总线读操作予以说明。图 2-12 是 8086 CPU 最小模式下从存储器或 I/O 端口读取数据操作的时序。在各状态下 8086 CPU 的总线需要完成相应的操作，见表 2-9。

表 2-9　最小模式下总线读操作

时钟状态	完成的操作
T_1	①在 $M/\overline{IO}$线上发出有效电平。读存储器为高电平，读 I/O 端口为低电平，该电平将持续整个周期。②CPU 把 20 位存储器单元地址或 16 位 I/O 端口地址放在 $AD_{15} \sim AD_0$ 和 $A_{19}/S_6 \sim A_{16}/S_3$ 上。这些信号只持续一个 T_1 状态。③CPU 从 ALE 引脚上输出一个正脉冲，其下降沿通过地址锁存器对地址信号进行锁存，供整个总线周期使用。④CPU 在$\overline{BHE}/S_7$ 引脚上使信号有效，以便$\overline{BHE}$和地址 A_0 对奇、偶地址区进行寻址。⑤CPU 使 $DT/\overline{R}$变为低电平，这时控制数据收发器为接收数据状态

(续)

时钟状态	完成的操作
T_2	①$AD_{15}\sim AD_0$ 上地址信号消失，$AD_{15}\sim AD_0$ 进入高阻缓冲期，为数据读入作准备。②$A_{19}/S_6\sim A_{16}/S_3$ 及 $\overline{BHE}/S_7$ 线，输出状态信息 $S_7\sim S_3$，持续到 T_4。③$\overline{DEN}$信号变为有效，使数据收发器开放，维持到 T_3 的结束。④$\overline{RD}$信号变为有效。被地址信号选中的存储单元或 I/O 端口数据输出缓冲器将数据送上数据总线。⑤$DT/\overline{R}$继续保持低电平有效的接收状态
T_3	①存储器或外设把数据放在数据总线 $AD_{15}\sim AD_0$ 上，为 CPU 读数据做好准备。②CPU 采样 READY。当 READY = 0 时，自动插入等待状态 T_w
T_w	CPU 采样 READY，直到 READY = 1 时，才脱离 T_w 而进入 T_4 状态
T_4	CPU 对数据总线上的数据进行采样，完成读取数据的操作

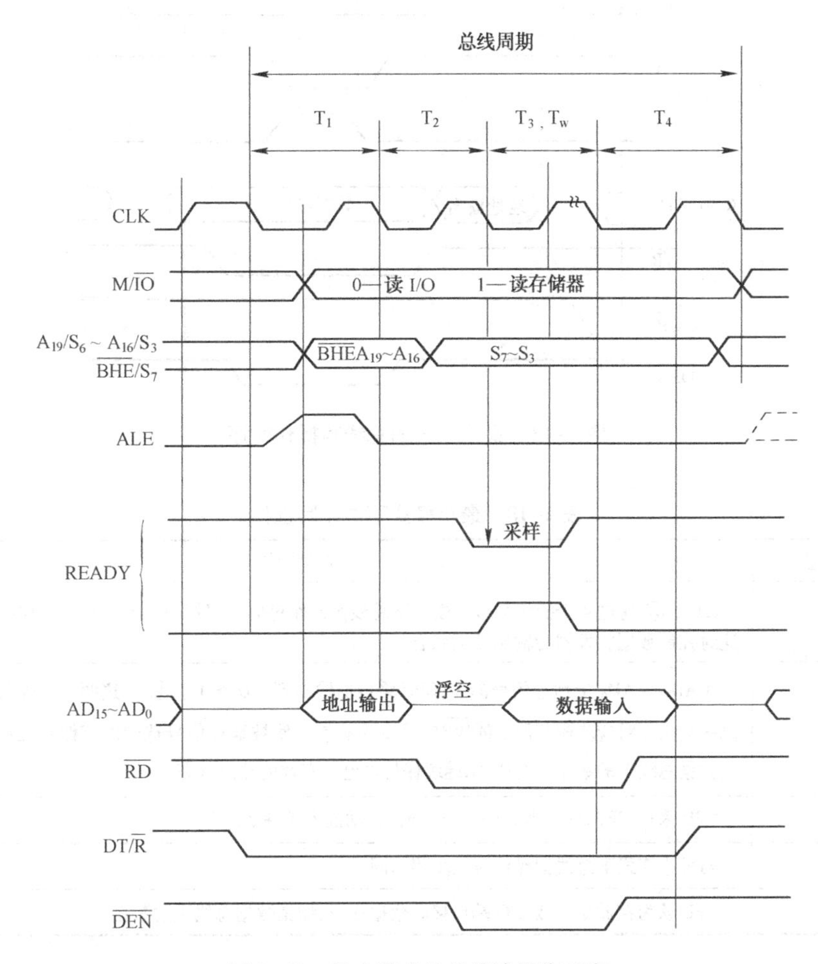

图 2-12　最小模式的总线读操作时序

5. 总线写操作

总线写操作是指 CPU 把数据写入到存储器或 I/O 端口。8086 CPU 有两种工作模式，相应的总线写操作也有两种，即最小模式下的总线写操作和最大模式下的总线写操作。与总线读操作一样，这里仅对最小模式下的总线写操作予以说明。图 2-13 是 8086 CPU 在最小模式下对存储器或 I/O 端口写入数据的时序。和读操作一样，基本写操作周期也包含 4 个状态：T_1、T_2、T_3 和 T_4。当存储器或外设速度较慢时，在 T_3 和 T_4 之间插入 1 个或多个 T_w。在各状态下 8086 CPU 的总线需要完成相应的操作，见表 2-10。

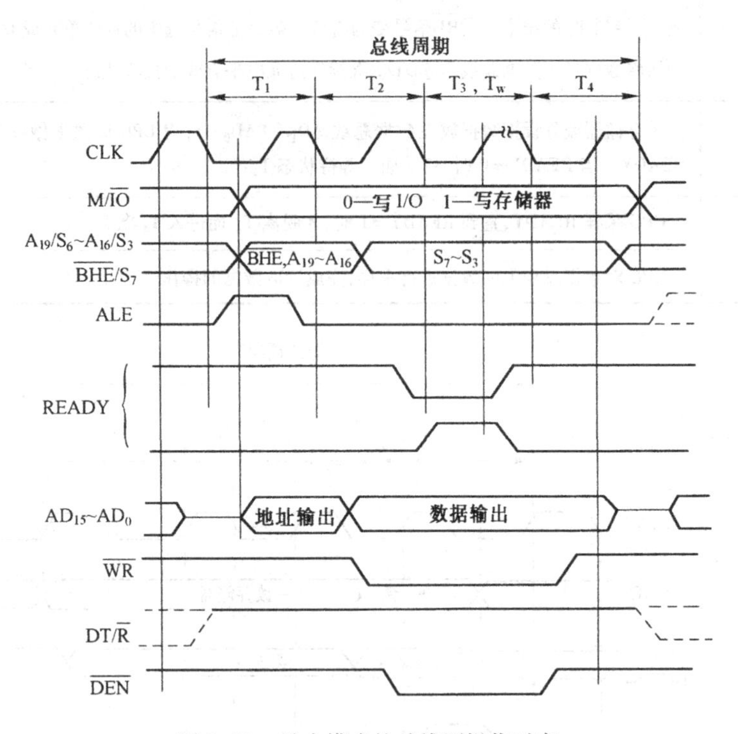

图 2-13　最小模式的总线写操作时序

表 2-10　最小模式下总线写操作

时 钟 状 态	完成的操作
T_1	①②③④这 4 个操作与最小模式下总线读操作对应步骤相同。⑤CPU 使 $DT/\overline{R}$变为高电平，这时控制数据收发器为输出数据状态
T_2	①AD_{15} ~ AD_0 上地址信号消失，CPU 将数据输出到 AD 线上。②③这两个操作与最小模式下总线读操作对应步骤相同。④$\overline{WR}$信号变为有效。使被地址信号选中的存储单元或 I/O 端口接收数据总线上的数据。⑤$DT/\overline{R}$继续保持高电平有效的输出状态
T_3	CPU 采样 READY。当 READY = 0 时，自动插入等待状态 T_w
T_w	与最小模式下总线读操作对应步骤相同
T_4	CPU 认为存储单元或 I/O 端口接收数据完毕，撤销数据总线上的数据

关于中断响应总线周期操作等内容见第 7 章，只有在学完相关接口芯片后才能理解这些总线周期操作的工作原理。

2.3 80286 微处理器

2.3.1 80286 CPU 的主要性能

1. 80286 是一种先进的 16 位微处理器

具有 68 个引脚,采用四列直插式封装,地址线和数据线不再复用,分开设置 16 条数据线和 24 条地址线。

2. 80286 CPU 有两种工作方式

(1) 实地址方式

运行实地址方式时,相当于一个快速的 8086 CPU。从逻辑地址到物理地址的转换与 8086 CPU 相同,物理地址空间为 1 MB。

(2) 保护虚地址方式

运行保护虚地址方式时,可寻址 16 MB 物理地址,提供 1 GB(2^{30} B)的虚地址空间,并能实现段寄存器保护、存储器访问保护及特权级保护和任务之间的保护等。

3. 存储器管理和保护机构

采用分段的方法管理存储器,每段最大为 64 KB,且支持虚拟存储器。80286 CPU 能可靠地支持多用户系统。

4. 兼容性好

具有 8086/8088 CPU 的全部功能。8086/8088 CPU 的汇编语言程序不加修改便可在 80286 CPU 上运行。80286 CPU 可以配接 80287 数学协处理器。

2.3.2 80286 CPU 的功能结构

如图 2-14 所示,80286 CPU 内部由执行部件(EU)、地址部件(AU)、指令部件(IU)和总线接口部件(BIU)4 个独立的处理部件组成。这 4 个部件可独立并行操作,可以采用 4 级流水方式进行工作。

1. 总线接口部件(BIU)

BIU 由协处理器接口、地址锁存驱动器、总线控制器、数据收发器、预取器和 6 B 的预取队列组成。

与 8086 CPU 一样,BIU 仍然负责 CPU 与系统总线之间的信息传输,即负责对存储器和 I/O 设备进行访问时的一系列总线操作,其中的预取器负责通过系统总线从内存中预取指令代码并存入 6 B 的预取队列中。

2. 指令部件(IU)

IU 由指令译码器和已译码指令队列组成。

主要作用是负责把指令字节从预取队列中取出来送入指令译码器,将每个指令字节译成 69 位的内部码,并保存在已译码指令队列(容量为 69 ×3 位)中。

3. 执行部件(EU)

EU 由算术逻辑部件(ALU)、标志寄存器、通用寄存器阵列和控制电路等组成。

主要作用是EU中的控制电路根据已译码指令的69位内部码产生执行指令所需的控制电位序列，实现对其他部件的控制，完成指令的执行，并根据操作结果影响标志寄存器的标志位。EU中的ALU用来进行算术与逻辑运算，标志寄存器用来保存控制和状态标志。EU中的通用寄存器用来暂存操作数和运算结果。

4. 地址部件(AU)

AU是80286 CPU中的地址管理部件，如图2-14所示，它是由段描述符高速缓冲存储器、物理地址加法器、偏移量加法器和段寄存器等组成。

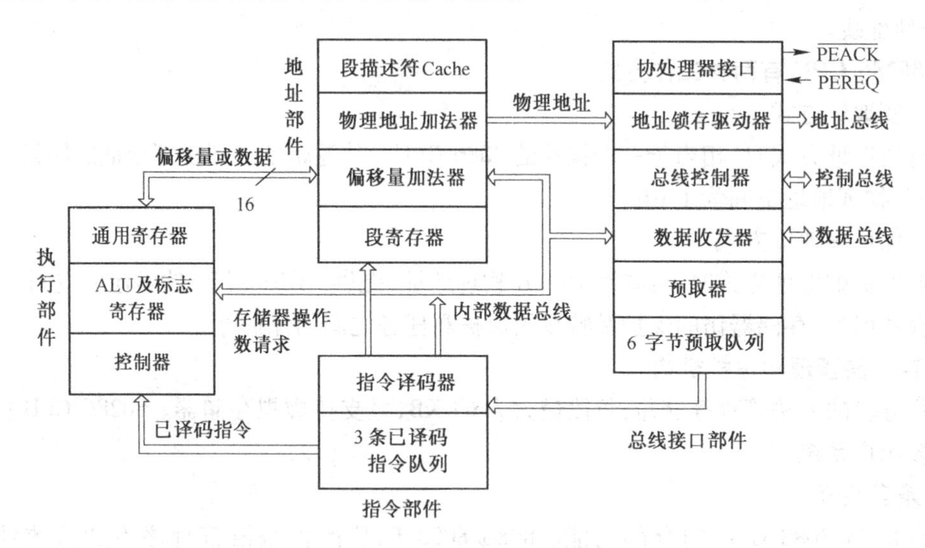

图2-14　80286功能结构框图

主要作用是获取20位的物理地址。在实地址方式下，直接将段基址与偏移地址组合起来形成20位的物理地址；在保护虚地址方式下，将逻辑地址转换成20位的物理地址，并在每次对存储器存取操作时，都要测试本次存储器存取操作是否违反存储器保护机制，因此AU每次都做许可性检查和当前任务的段限制检查。

2.3.3　80286 CPU的寄存器

80286 CPU中的通用寄存器和段寄存器与8086 CPU的完全一样。但是状态和控制寄存器有一些变化，在标志寄存器中新增了三个标志位，并新增了一个机器状态字MSW寄存器。

1. 新增标志位

80286 CPU标志寄存器中的进位标志、奇偶校验标志、辅助进位标志、零标志、符号标志、溢出标志、陷阱标志、中断允许标志和方向标志与8086 CPU的完全一样。包括它们在16位标志寄存器中的位置也与8086 CPU的完全一样。80286 CPU新增了两类标志，占用三个标志位，这三个标志位在标志寄存器中的位置如图2-18所示。

(1) I/O特权级标志

该标志占用两位二进制位(位12、13)，4个状态，用来确定需要执行的I/O操作的特权级(IOPL)。IOPL为00时，表示特权级最高；IOPL为11时，表示特权级最低。

(2) 嵌套任务标志 NT

NT 标志占用一位二进制位(位 14)。若 NT = 0,表明发生中断时或执行调用指令时没有发生任务切换;若 NT = 1,表明发生中断时或执行调用指令时发生了任务切换,即当前任务正嵌套在另一任务中。

2. 机器状态字 MSW

80286 CPU 的机器状态字 MSW 如图 2-15 所示,在这 16 位的状态字寄存器中,只使用了低 4 位,高 12 位保留。

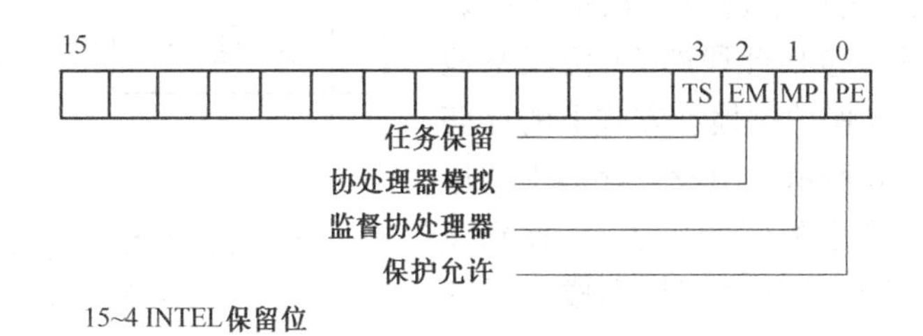

图 2-15 80286 CPU 的机器状态字 MSW

(1) 允许保护标志(Protection Enable,PE)

若 PE = 1,则 80286 转换成保护方式。系统复位后,PE = 0 则微处理器处于实地址方式。PE 只能通过系统复位重新启动微处理器的方法来清除。

(2) 监控协处理器扩充标志 (Monitor Processor Extension Flag,MP)

若 MP = 1,则系统中有数学协处理器存在;否则数学协处理器不存在。

(3) 仿真协处理器扩充标志(Emulate Processor Extension Flag,EM)

若 EM = 1,表示采用软件仿真数学协处理器的功能,这时,系统不能使用协处理器的操作码;若 EM = 0,表示没有采用软件仿真数学协处理器的功能。

(4) 任务转换标志(Task Switched Flag,TS)

TS 由硬件置位,由软件复位。当一个任务转换完成之后,TS 标志自动置 1。TS 标志一旦置位,下一条企图使用数学协处理器的指令将产生一个“无数学协处理器”的异常。

2.3.4 80286 CPU 的存储器寻址

在实地址方式下,80286 CPU 的存储器寻址与 8086 CPU 相同。在保护虚地址方式下,80286 的 24 条地址线都能发挥作用,其直接寻址能力为 16 MB。通过集成在片内的存储器管理和保护机构,能对每个任务提供最大可达 1000 MB 的虚拟存储器空间。所谓虚拟存储器是一种设计技术,采用该技术能提供比实际内存储器大得多的存储器空间。它由存储器管理机制和一个大容量快速硬磁盘支持,及时地将虚拟存储空间调入内存或调回磁盘。对用户来说,好像存储器容量比实际内存大得多,使用起来非常方便。也就是说,在任何时刻只需要把与正在运行程序相关的一小部分虚拟地址空间映射到内存储器,其余部分仍留在硬磁盘上。当处理器访问存储器的范围发生变化时,应将存储器的某些部分从磁盘调入内存,同时原调入内存的另一部分虚拟存储空间也可再调回磁盘中。

在保护虚地址方式下,和实地址方式一样,物理存储器的地址也是由段基地址和段内偏移量两部分组成。但段基地址是 24 位而不是实地址方式下的 16 位。段内偏移量与实地址方式相同，是由各种寻址方式所决定的16位值。80286中的段寄存器是16位的，为了能用段寄存器中的16位内容求得24位的段基地址，引入了描述符表的概念：即把程序中可能用到的各种段（代码段、数据段、堆栈段、附加段）的段基地址和相应的特性集合在一起形成的一张表。该表存放在存储器的某一区域。因此，在保护虚地址方式下的各个段寄存器中的内容，不再是段基地址，而是一个选择子，用这个选择子从描述符表中取出相应的描述符（包括此段的24位段基地址及相应的特性）。在保护虚地址方式下的存储器寻址过程如图2-16所示。由段寄存器中的选择子，从描述符表中取出相应的描述符，找到该段的基地址，再与16位偏移量相加形成要寻址单元的物理地址。

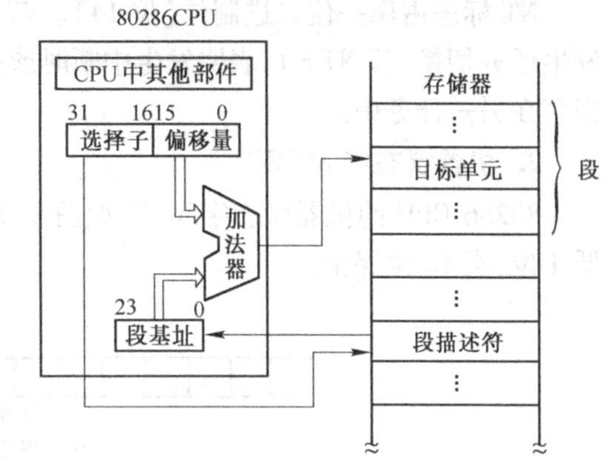

图2-16　80286保护虚地址方式下的存储器寻址过程

2.4　80386微处理器

2.4.1　80386 CPU的主要性能

1. 灵活的32位微处理器

具有8个通用的32位寄存器，内部有32位的数据总线和地址总线，可以处理8位、16位或32位数据类型。

2. 具有3种工作方式

（1）实地址方式

在实地址方式下80386 CPU只能运行在有限资源的情况下，没有存储器保护机制，内存最大寻址空间为1 MB，性能相当于一个高速8086 CPU。

（2）虚地址保护方式

在虚地址保护方式下，80386 CPU具有段页式存储管理功能，与80286 CPU一样具有存储器保护机制，支持虚拟存储器。80386 CPU可寻址4 GB物理地址及64 TB(2^{46} B)虚拟地址空间。

（3）虚拟8086方式

在虚拟8086方式下，支持保护机制，也支持分页式内存管理，并可进行任务切换，同时又与8086相兼容，内存寻址空间为1 MB。实际上，虚拟8086方式就是运行在保护环境中的8086方式。

3. 具有段页式存储器管理部件

80386 CPU有4级保护机构，支持虚拟存储器。芯片内含有分页机构，可形成段页式存储器管理。

4. 兼容性强

存储器管理与80286 CPU兼容，目标码与所有8086系列的微处理器兼容，其配接的数学协处理器为 80387。

5. 高性能的硬件措施

80386 CPU 内具有指令流水线结构以及片内地址转换的高速缓冲存储器、64 位桶形移位器、三输入地址加法器和早结束乘法器等。

2.4.2 80386 CPU 的功能结构

如图 2-17 所示,80386 CPU 由总线接口部件、指令预取部件、指令译码部件、执行部件、分段部件和分页部件 6 个独立的处理部件组成。

80386 CPU 内部的这 6 个部件可独立并行操作,可以采用 6 级流水方式进行工作。CPU 同一时间内既可对几条不同指令并行操作,又可对一条指令的几个不同的微操作(如指令预取、译码、执行、存储器管理和总线访问等)实现并行执行。这使 CPU 执行指令的速度较 80286 CPU 又有较大提高。

1. 总线接口部件

总线接口部件(BIU)由请求判优控制器、地址驱动器、流水线总线宽度控制、多路转换 MUX/收发器等部件组成。

主要作用是将 CPU 内部的其他部件与外部总线连接起来。当有多个内部其他部件同时发出总线请求时,BIU 经请求优先控制器判断,优先处理数据传输请求(包括立即数传输及偏移地址传输)。只有当不执行数据传输操作时,BIU 方可满足预取代码的请求。

2. 指令预取部件

指令预取部件由预取器及预取队列组成。80386 CPU 中指令代码的预取不再由 BIU 负责,而由一个独立的指令代码预取部件完成。

主要作用是管理着一个预取指令指针和段预取界限。80386 CPU 的预取队列的容量为 16 B,即最多可存放 16 B 的指令代码。预取器始终保持预取队列是满的。

其工作过程是当 BIU 在总线周期处于空闲状态且预取队列有空单元时,预取器通过分页部件将预取指令指针送出的线性地址变为物理地址,再经 BIU 及系统总线从内存单元中预取出指令代码,并存入预取队列中。

3. 指令译码部件

指令译码部件由指令译码器及已译码指令队列两部分组成。它与总线接口部件、代码预取部件一起构成了 80386 CPU 的指令流水线。

主要作用是指令译码部件为指令的执行做好了准备。在一个时钟周期内完成一个指令字节的译码。

其工作过程是只要已译码指令队列中有空单元,而且预取队列中有指令字节,指令译码部件就从代码预取部件的预取队列中读取已预取的指令字节,通过译码变成很宽的内部编码,并送入三层次的已译码指令队列中,这种内部编码包含了控制其他处理部件的各种控制信号。

4. 执行部件

执行部件由控制部件、数据处理部件和保护测试部件组成。其中,控制部件包括控制 ROM、译码和定序器;数据处理部件包含寄存器组、算术逻辑部件、64 位桶形移位器和乘/除硬件等。

主要作用是将三层次的已译码指令队列中的内部编码变换成一系列控制信息,这些信息是按时间顺序排列,用来控制处理器其他处理部件的。控制部件和数据处理部件一起实现数据处理。保护测试部件监视存储器的访问操作是否符合程序静态分段的有关规则。

5. 分段部件

分段部件由三输入地址加法器、段描述符高速缓冲存储器及界限和属性检验用可编程逻辑阵列(Programmable Logic Array,PLA)组成。

主要作用是把逻辑地址(虚拟地址)转换成线性地址。在逻辑地址向线性地址转换过程中,分段部件还要进行分段的违章检验。逻辑地址一旦转换成线性地址,便送入分页部件。

6. 分页部件

分页部件由加法器、页高速缓冲存储器及控制和属性 PLA 组成。如图 2-17 所示,分页部件与分段部件构成了存储器段页管理部件,和总线接口部件一起就形成了处理地址的流水线。

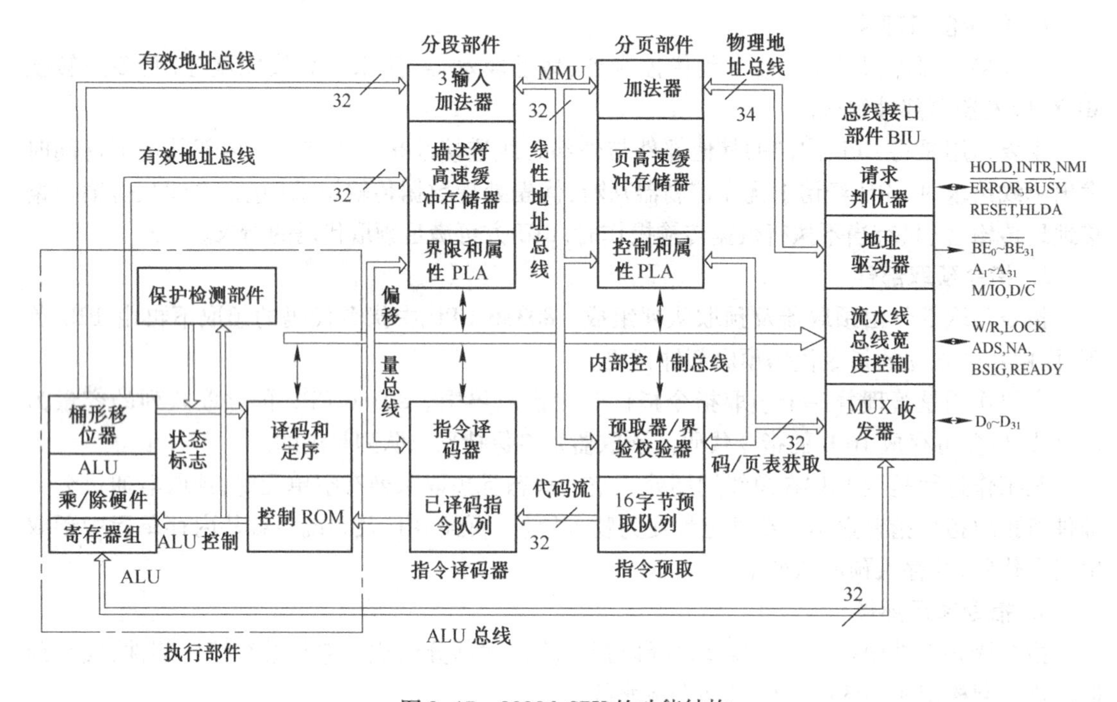

图 2-17 80386 CPU 的功能结构

主要作用是将分段部件或代码预取部件产生的线性地址转换成物理地址。当分页部件处于不允许状态时,线件地址即为物理地址;当分页部件处于允许状态时,就把线性地址转换物理地址,同时还进行标准存储器访问与页属性是否一致的检验。

2.4.3 80386 CPU 的寄存器

80386 CPU 共有 34 个寄存器。

1. 基本寄存器(16 个)

(1) 32 位通用寄存器(4 个)

EAX、EBX、ECX、EDX 是 4 个 32 位的通用寄存器。低 16 位被独立命名为 AX、BX、CX、

DX,高16位没有独立命名,也不能独立访问。AX、BX、CX、DX的高8位又被分别命名为AH、BH、CH、DH;低8位分别被命名为AL、BL、CL、DL。因此,这4个32位通用寄存器可当作4个32位寄存器、4个16位寄存器和8个独立的8位寄存器进行访问。对16位寄存器、32位寄存器低位上的操作都不会影响高8位或高16位的内容。

(2) 32位变址寄存器(2个)

32位变址寄存器是指源地址(Source Index)寄存器ESI和目的地址(Destination Index)寄存器EDI。低16位分别被命名为SI和DI,高16位没有独立命名,也不能独立访问。

在变址寻址方式中,ESI(或SI)及EDI(或DI)用作地址计算,称为变址寄存器,存放存储器操作数的偏移地址。ESI、EDI、SI、DI也可与通用寄存器一样,用来存放32位或16位操作数。

(3) 32位指针寄存器(3个)

32位指针寄存器是指基地址指针(Base Pointer)寄存器EBP、堆栈指针(Stack Pointer)寄存器ESP和指令指针寄存器EIP。EBP及ESP的低16位分别被独立命名为BP和SP。这两个指针寄存器都是为堆栈区的数据操作而设置的,用来存放堆栈区的偏移地址。

(4) 16位段寄存器(6个)

80386中有6个16位段寄存器:代码段寄存器(Code Segment,CS)、数据段寄存器(Data Segment,DS)、堆栈段寄存器(Stack Segment,SS)及附加数据段寄存器(Extra Data Segment)ES、FS和GS。与8086、80286 CPU中的段寄存器相比,增加了两个附加数据段寄存器FS和GS。

80386运行在实地址方式时,6个16位段寄存器与8086类似。在虚地址保护方式下,80386的段基地址和段内偏移地址为32位。这时6个16位段寄存器的内容称为段选择子。处理器将根据段选择子确定段基地址,并经分段部件和分页部件计算存储器的线性地址和物理地址,详见80386 CPU存储器寻址。

(5) 32位标志寄存器(1个)

在80386的标志寄存器中有6个状态标志:进位标志CF、奇偶标志PF、辅助进位标志AF、零标志ZF、符号标志SF、溢出标志OF; 3个控制标志:陷阱标志TF、中断允许标志IF、方向标志DF;2个保护方式标志:输入/输出特权级标志IOPL、嵌套任务标志NT;2个新增的标志:重新启动标志RF、虚拟8086方式标志VM。由于80x86 CPU都具有向下兼容性,所以80386保留了80286和8086原有的标志位,80486、奔腾系列CPU同样保留了80386的标志位。80x86系列各标志位的排列如图2-18所示。

除了2位新增的标志外其余都与80286相同,现仅介绍新增的两类标志。

1) 重新启动标志(Resume Flag,RF)。RF标志亦称调整恢复标志,它与调试寄存器的断点或单步操作一起使用,用来控制调试故障是否能被接受。当RF=0时,调试故障被接受并应答;当RF=1时,则在下一条指令执行期间忽略任何调试故障。

2) 虚拟8086方式标志(Virtual 8086 Mode Flag,VM)。VM标志用来决定处理器运行在哪一种保护方式的。若VM=1,处理器将在虚拟8086方式下运行;若VM=0,处理器将在一般保护方式下运行。

2. 控制寄存器(4个)

80386有4个32位的控制寄存器(Control Register):$CR_0 \sim CR_3$。

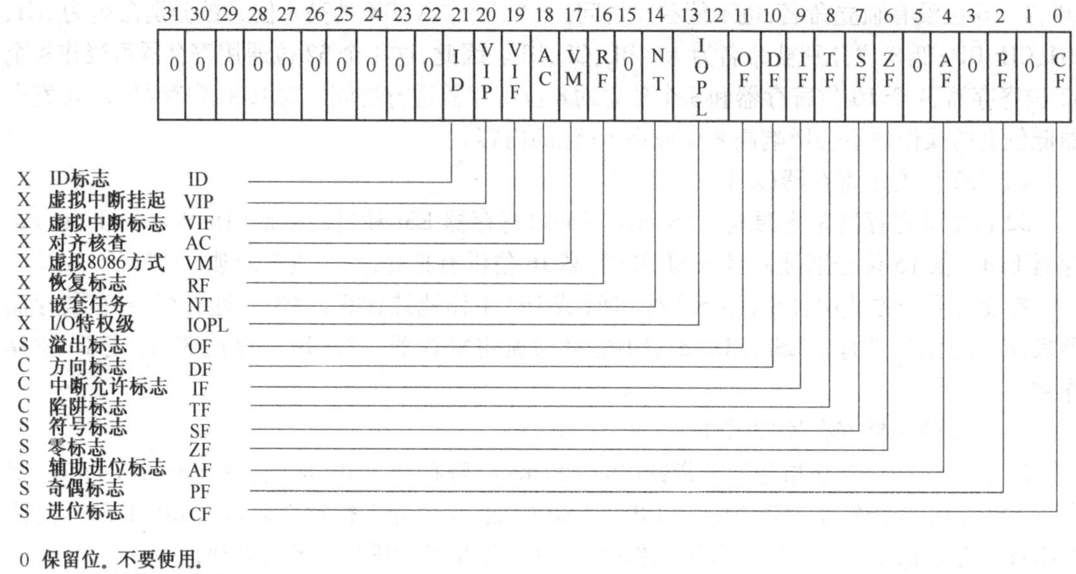

图 2-18 80x86 的标志寄存器

（1）CR_0 与 CR_1

CR_0 寄存器包含 6 个系统标志，各标志位的布局如图 2-19 所示，它们用来表示和控制整个系统的状态，而不是单个任务的状态。

CR_1 是未定义的控制寄存器，供微处理器升级之用。

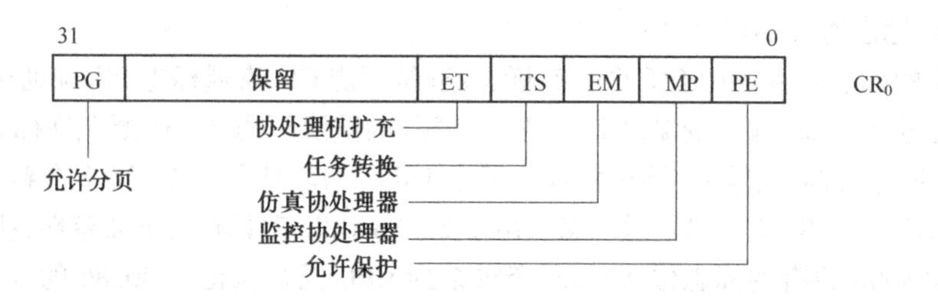

图 2-19 80386 控制寄存器 CR_0

在 CR_0 寄存器中的允许保护标志 PE、监控协处理器扩充标志 MP、仿真协处理器扩充标志 EM 和任务转换标志 TS 与前面 80286 CPU 的相兼容，这里仅介绍扩充类型标志 ET 和允许分页标志 PG，这两个标志是 80386 新增加的。

1）扩充类型标志（Extension Type Flag，ET）。若 ET＝1，系统内使用的数学协处理器是 80387；若 ET＝0，系统中使用的数学协处理器为 80287 或没有使用数学协处理器。当 EM 置位时，ET 标志无效。

2）允许分页标志（Paging Enable，PG）。若 PG＝1，允许分页，并由分页部件将线性地址转换成物理地址；若 PG＝0，禁止分页，这时线性地址直接当作物理地址来使用。

(2) CR_2 与 CR_3

CR_2 是页故障线性地址寄存器,它保存着最后出现页故障的 32 位线性地址,在产生页故障时,用来报告错误信息。

CR_3 是页目录基地址寄存器,用来保存页目录表的物理基地址。该寄存器的高 20 位有效,低 12 位不起作用,如图 2-20 所示。

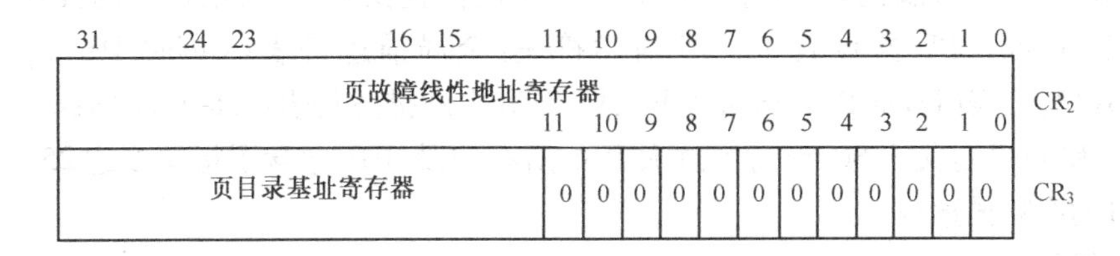

图 2-20　80386 的控制寄存器 CR_2 和 CR_3

3. 系统地址寄存器(4 个)

系统地址寄存器(System Address Register)用来保存操作系统所需要的保护信息和地址转换表信息。如图 2-21 所示,80386 共有 4 个系统地址寄存器。

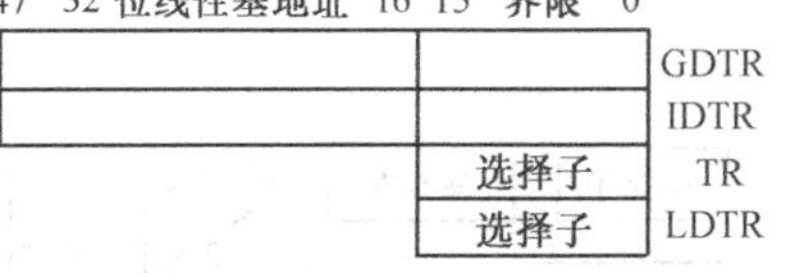

图 2-21　80386 系统地址寄存器

(1) 全局描述符表寄存器(Global Descriptor Table Register,GDTR)

GDTR 共 48 位,主要用来保存全局描述符表的 32 位线性基址和 16 位界限。

(2) 中断描述符表寄存器(Interrupt Descriptor Table Register,IDTR)

IDTR 共 48 位,主要用来保存中断描述符表的 32 位线性地址和 16 位界限。

(3) 局部描述符表寄存器(Local Descripter Table Register,LDTR)

LDTR 共 16 位,主要用来保存当前任务的 LDT(局部描述符表)的 16 位选择子。

(4) 任务状态寄存器(Task State Register,TR)

TR 共 16 位,主要用来保存当前任务的 TSS(任务状态段)的 16 位选择子。

4. 调试寄存器(8 个)

80386 内有 8 个 32 位的调试寄存器(Debug Register)DR_0 ~ DR_7,其中 DR_0 ~ DR_3 是线性断点地址寄存器,共可保存4 个断点地址。DR_4 和 DR_5 是保留的备用调试寄存器,DR_6 是断点状态寄存器,DR_7 是断点控制寄存器。

5. 测试寄存器(2 个)

80386 有两个 32 位的测试寄存器(Test Register)TR_6 和 TR_7。TR_6 是用来存放测试命令的寄存器,TR_7 是数据寄存器,用来保存对 TLB 测试时的状态数据。

2.4.4　80386 CPU 的存储器管理

在实地址方式下,80386 CPU 的存储器寻址与 8086、80286 相同。在保护虚地址方式下,80386 的 32 条地址线都能发挥作用,其直接寻址能力达 4 GB。80386 的片内采用两级存储管理,即每段可高达 4 GB 的分段管理和每页 4 KB 的分页管理,比 80286 CPU 多了一级分页管理。80386 CPU 把虚拟地址转化为物理地址的过程如图 2-22 所示。

1. 分段管理

如图 2-22 所示，分段管理机构可以把虚拟地址转化为线性地址。其过程是由虚拟地址中的选择子在描述符表中找到相应的描述符，取出 32 位的段基地址，再与虚拟地址中的 32 位偏移量相加求得线性地址。所谓描述符就是在一个 8 B 长的数据结构中存放一组段的信息（包括段基地址、长度和属性）。在系统中为了便于硬件查找和识别，把相关的描述符编成一张描述符表，80386 CPU 共设置了三种描述符表：全局描述符表（Global Descriptor Table，GDT）、局部描述符表（Local Descriptor Table，LDT）和中断描述符表（Interrupt Descriptor Table，IDT）。GDT 和 LDT 定义了 80386 系统中使用的所有的段，IDT 包含了指向多达 256 个中断处理程序入口的中断描述符。

（1）选择子

16 位段寄存器中存放着一个段选择子，其结构与功能如图 2-23 所示。它由索引、指示器 TI 和特权层 RPL 三部分组成。

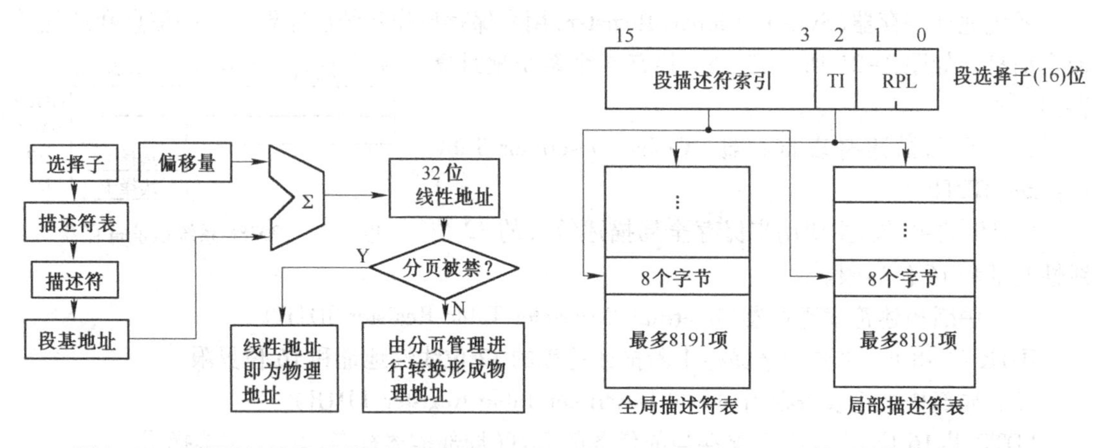

图 2-22　虚拟地址转为物理地址的过程　　图 2-23　选择子结构与功能

1）索引。选择子的高 13 位就是该段对应的段描述符在表中的索引地址，最多可索引 8192 个描述符。

2）指示器 TI。选择子的位 2 是一个表的指示器 TI，当 TI = 1，则选择了局部描述符表 LDT；当 TI = 0，则选择了全局描述符表 GDT。

3）特权层 RPL。选择子的低两位构成了选择子特权级，即由位 0、1 表示的 0 ~ 3 代表所请求的特权层 RPL。

（2）描述符

描述符可分为两类：程序段描述符（一般段描述符）和系统段描述符（特殊段描述符）。各种描述符都是由 8 个字节组成，程序段描述符和系统段描述符的结构相同，它们的主要区别在于段类型、A 属性的定义和 S 属性的值不同，其余均相同。

1）程序段描述符。程序段描述符可分为两类：代码段和数据段（包括堆栈段）。程序段描述符的结构如图 2-24 所示。它是由段基地址、段类型、段限量和段属性组成的。在图 2-24 的描述符中，只有 S 的属性值为 1 时，才是程序段描述符。

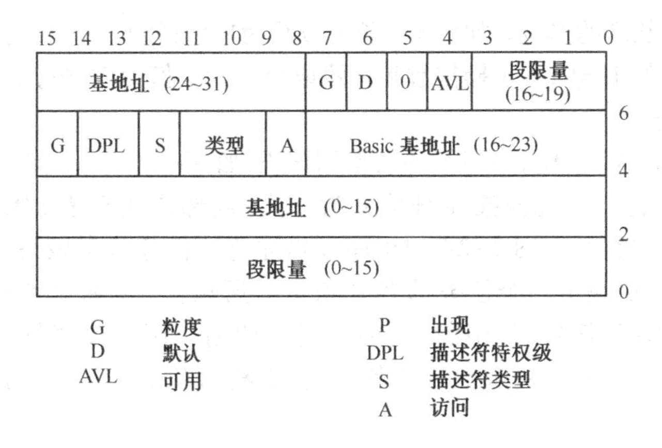

图 2-24　段描述符结构

① 段基地址。由描述符中第 2、3、4、7 字节组成。对 80286 来说,由描述符的第 2、3、4 字节形成 24 位段基地址。对 80386 和 80486 来说,由描述符的第 2、3、4、7 字节形成 32 位段基地址。

② 类型。共占 3 位,它位于描述符中第 5 字节的 $D_3 \sim D_1$。类型分成 3 个部分,对应于位 $D_3 \sim D_1$ 的是 C/D(代码/数据位)、E/C(扩展方向/符合位)、R/W(可读/写位)。

当 C/D =1 时,表示该段为代码段。这时,E/C =1 表示本代码段可以被调用并执行,否则不能被当前任务调用。R/W =1 表示本代码段可读,否则此代码段不可读。

当 C/D =0 时,表示该段为数据段(包括堆栈段)。这时,E/C 位表示地址扩展方向。根据扩展方向可判断此段为数据段还是堆栈段。E/C =0 表示向上扩展,即界限值为最大值,使用时,段的偏移量必须小于界限值,这种段一般为真正的数据段。E/C =1 表示向下扩展,即界限值为最小值,段的偏移量必须大于界限值,这种段实际上是堆栈段。R/W 表示数据段(包括堆栈段)是否可写。当 R/W =0 时,表示不可写;当 R/W =1 时,则为可写。堆栈段的R/W必须为 1。

③ 段限量。即段的长度,对 80286 来说,由描述符的 0、1 两个字节组成 16 位段限量,以字节为单位。对 80386 和 80486 来说,由描述符的 0、1 两个字节以及第 6 字节的 $D_3 \sim D_0$ 组成 20 位段限量,可以由属性来决定以页为单位还是以字节为单位。

④ 段属性。共占 9 位,它位于描述符中第 5 字节的 D_0、$D_7 \sim D_4$ 和第 6 字节的 $D_7 \sim D_4$ 对 80286 来说,只有描述符中第 5 字节的 D_0、$D_7 \sim D_4$。下面对图 2-24 中的各属性分别进行介绍。

访问位 A:如 A 为 1,则表示已访问过;如 A 为 0,则表示未访问过。操作系统利用 A 位对给定段进行使用率统计。

描述符类型 S:如 S =1,则为非系统段描述符,对应的段为代码段、数据段或堆栈段;如 S =0,则为系统段描述符。

特权级 DPL:它指出了对应段的保护级,从高到低可为 0 ~3 级,0 级最高,3 级最低。特权级用来防止一般用户程序任意访问操作系统的对应段。

存在位 P:如 P =1,则对应段已装入内存储器;如 P =0,则对应段目前并不在内存储器中,而要从磁盘上调进来。

80286 CPU 只有以上 4 种段属性。以下的段属性只有 80386 以上的 CPU 才有。

粒度 G:给出段长度的单位。如 G =1,长度以页为单位;如 G =0,长度以字节为单位。

操作数长度 D:如 D =0,表示操作数和有效地址的默认值为 16 位;如 D =1,表示操作数和有效地址的默认值为 32 位;

可用位 AVL:如 AVL =0,系统软件不可使用该段;如 AVL =1,系统软件可使用该段。

2) 系统段描述符。系统段描述符可分为三类:局部描述符表 LDT、任务状态段 TSS 和门描述符。其结构类似于图 2-24 的程序段描述符。任务状态段是多任务系统中的一种特殊数据结构,它反映了一个任务的各种信息。所谓门,实际上是一种转换机构。门的类型有 4 种:调用门、任务门、中断门、陷阱门。调用门用来改变任务或者程序的特权级别;任务门像个开关一样,用来执行任务切换;中断门和陷阱门用来指出中断服务程序的入口。

在图 2-24 的描述符中,只有 S 的属性值为 0 时,才是系统段描述符,这时访问位 A 不存在,该位与类型的三位一起(即描述符中第 5 字节的 D_3 ~ D_0)形成系统段描述符的 4 位类型域,由这 4 位所求得的类型值 0 ~ FH 来决定描述符的具体类型。表 2-11 是系统段描述符的 16 种类型。

表 2-11　系统段描述符的 16 种类型

类型值	段类型	类型值	段类型
0	未定义	8	未定义
1	作为 80286 的有效任务状态段 TSS	9	80386 的有效任务状态段 TSS
2	LDT 描述符,对应一个 LDT	A	未定义
3	80286 的忙碌任务状态段 TSS	B	80386 的忙碌任务状态段 TSS
4	80286 的调用门	C	80386 的调用门
5	80286 或 80386 的任务门	D	未定义
6	80286 的中断门	E	80386 的中断门
7	80286 的陷阱门	F	80386 的陷阱门

① 任务状态段 TSS。当描述符中 S =0 且类型值为 1、3、9、B 时,则为 TSS 描述符。TSS 中包含一个任务的全部信息及其允许嵌套任务连接的信息。类型值 1、3、9、B 指出本任务当前是否处于忙碌状态,处于忙碌状态意味着本任务作为当前任务;如不处于忙碌状态则指出是否有效;也指出了对应段是 80286 的任务状态段还是 80386 的任务状态段。

② LDT 描述符。当描述符中 S =0 且类型值为 2 时,则为 LDT 描述符。对应于一个局部描述符表中的 LDT。对于一个特定的任务来说,只有一个 LDT,当然在一个多任务系统中,会有多个 LDT 描述符,它们分别对应于各个任务的 LDT。

③ 门描述符。当描述符中的 S =0 且类型值为 4、5、6、7、C、E、F 时,则为门描述符。门描述符的格式和其他的系统段描述符稍有差别。如图 2-25 所示,调用门描述符由选择子、偏移量、P、DPL、类型和字计数构成。选择子和偏移量指出一个子程序的起始地址。P 和 DPL 对所有门含义都相同,P =1 表示本描述符有效,P =0 表示本描述符无效;DPL 为访问该门的任务应具备的特权级。字计数值指出有多少参数必须从主程序的堆栈复制到被调用子程序的堆

栈。对其他的门而言,字计数值字段无意义。对任务门描述符来说,只有选择子有用,偏移量不起作用。中断门和陷阱门之间只有一点差别,进入中断门时,标志寄存器中 IF 自动清 0,即关中断,而进入陷阱门不会关中断。这两种门描述符中的选择子和偏移量构成中断处理子程序或陷阱处理子程序的入口地址。

(3) 虚拟地址转换为线性地址

从图 2-22 中可以看到,分段管理通过选择子和描述符求得 32 位段基地址,再与偏移量相加得到线性地址。现在可以通过图 2-26 具体说明该过程。

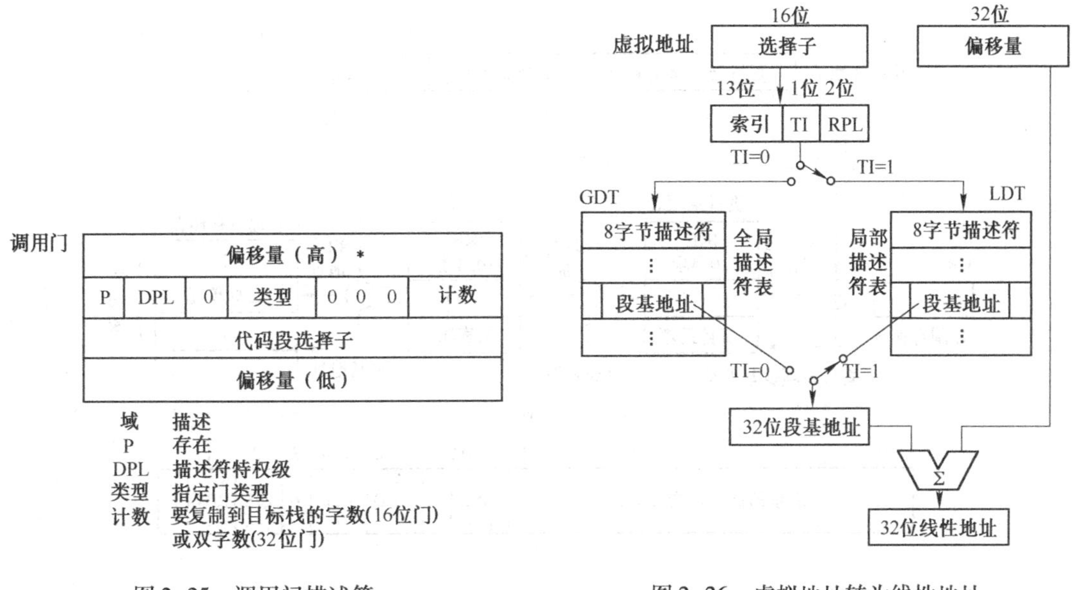

图 2-25 调用门描述符　　　　图 2-26 虚拟地址转为线性地址

在指令中,使用虚拟地址进行寻址,对 80386 CPU 来说,虚拟地址是由 16 位的段寄存器指出的段选择子和 32 位的偏移量组成的。段选择子用来指向 2 个当前描述符表中的某一个段描述符,当 TI = 0,选中 GDT;当 TI = 1,选中 LDT。再由段选择子高 13 位在该描述符表中选中一个描述符。然后在该描述符中取出 32 位的段基地址(见图 2-26),此基地址加上偏移量就得到线性地址。

(4) 描述符表寄存器

由于所有描述符表都是放在存储器中,所以必须分别用一个寄存器来指出其位置。图 2-21是 80386 CPU 的系统地址寄存器,其中有 3 个寄存器分别称为全局描述符表寄存器(GDTR)、局部描述符表寄存器(LDTR)和中断描述符表寄存器(IDTR)。由于 GDT 和 IDT 是面向系统中所有任务的,属全局性的,所以,GDTR 和 IDTR 均为 6 B 寄存器。其中用 32 位指出 GDT 和 IDT 所在存储区的线性地址,用 16 位指出其界限。而 LDT 是面向某个任务的,所以,LDTR 只是一个 16 位的寄存器,用来容纳一个选择子。

不管是 GDT 还是 LDT,两者都在主存储器中。如果每次对存储器的访问都要通过位于主存储器中的描述符表进行虚拟地址到线性地址的转换,那样会大大降低机器的性能。为此,80386 为 6 个段寄存器各设置了一个 64 位的段描述符寄存器,实际上这是一个高速缓冲存储器，其中保存着相应段寄存器中的选择子所对应的段描述符，每次装入选择子时，段描述符也一起装入。这样，以后访问存储器时，就不必通过描述符表查找段描述符而代之以高速缓存中的描述符信息，节省了访问存储器的时间。段描述符寄存器中的信息是程序员看不见的，在段寄存器的内容改变时，对应的段描述符寄存器的内容跟着改变。

2. 分页管理

如图 2-22 所示，在分页允许的情况下，分页管理机构把线性地址转化为物理地址。在 80386 系统中，段的长度是可变的，而页的长度是固定的，每页为 4 KB。分页管理涉及两个表：页目录项表和页表。下面结合图 2-27 来说明分页部件将线性地址转换为物理地址的过程。

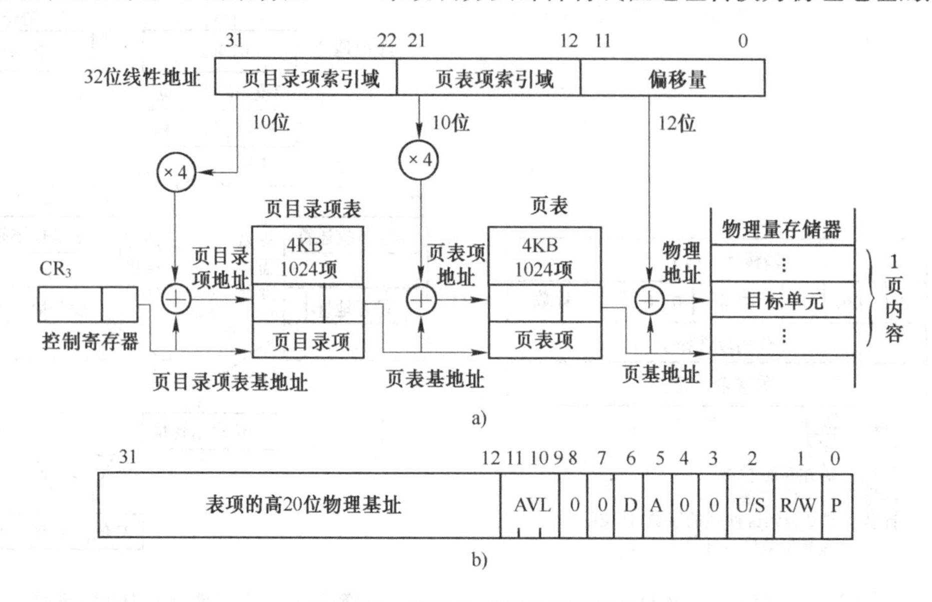

图 2-27　线性地址转为物理地址

a）转换过程　b）页目录项、页表项的格式

（1）线性地址

在分页允许的情况下，线性地址不是物理地址。如图 2-27 所示，它分为三部分：0 ~ 11 共 12 位是偏移量，12 ~ 21 共 10 位是页表项索引，22 ~ 31 共 10 位是页目录项索引。

（2）页目录项表和页表

页目录项表和页表的结构完全相同，都是占 4 KB，共 1024 项，每项 4 B 形成 32 位的页目录项或页表项，如图 2-27b 所示，每一项包含了表的物理基地址、存在标志 P、访问标志 A、写标志 D、用户/监控位 U/S、可读/写标志 R/W 和保留位 AVL。其中表的物理基地址是由高 20 位与全为 0 的低 12 位组成，对页表项来说，它是页面的起始物理地址；存在标志 P 是所指的页表或页是否存在于主存储器中，如 P = 1，则存在于主存储器中；访问标志 A 是表示对应项是否被访问过，如 A = 1，则表示被访问过；写标志 D 说明此页是否被写过，如 D = 1，则表示被写过；用户/监控位 U/S 是表示用户程序能否访问该页，如 U/S = 1，则允许访问该页；可读/写标志 R/W 表示该页是否可读/写，如 R/W = 1，则可读/写，否则为只读。

（3）地址转换过程

如图 2-27 所示，线性地址转换为物理地址可分为三步：求页目录项的物理地址、求页表项的物理地址和求目标单元的物理地址。

1）求页目录项的物理地址。32 位的控制寄存器 CR_3 中保存着页目录项表在存储器中的物理起始地址。因为页目录项表是 4 KB，所以 CR_3 的低 12 位始终为 0，从而确保了页目录项表的选取总是从 4 KB 的交界处开始。用 32 位线性地址的高 10 位作为索引从 1024 项的页目录项表中选取一个目录项。由于每个目录项为 4 B，所以把页目录项索引（线性地址的高 10 位）乘 4 作为相对于页目录项表物理起始地址的偏移量，即可求得页目录项的物理地址。

2）求页表项的物理地址。在求得页目录项的物理地址后，取出页目录项的内容，并使其低 12 位为 0，则求得页表在存储器中的物理起始地址。用 32 位线性地址的第 12 ~ 21 位作为索引，从 1024 项的页表中选取一个页表项。由于每个页表项为 4 B，所以把页表项索引（线性地址的第 12 ~ 21 位）乘 4 作为相对页表物理起始地址的偏移量，即可求得页表项的物理地址。

3）求目标单元的物理地址。在求得页表项的物理地址后，取出页表项的内容，并使其低 12 位为 0，则求得目标页在存储器中的物理起始地址。用线性地址的最低 12 位作为页面内的偏移量，即可求得目标单元的物理地址。

（4）物理地址转换举例说明

设某目标单元的线性地址为 135790ABH，80386 CPU 控制寄存器 CR_3 中内容为 2468AC13H，并设页目录项表中被选项的内容 00500021H，页表中被选项的内容为 12345021H，试求对应于该线性地址的物理地址。

1）求页目录项的物理地址。取 CR_3 的高 20 位，并使低 12 位为 0 得 2468A000H，取线性地址的高 10 位，并乘 4 得 134H，则页目录项表中被选项的物理地址为 2468A134H。

2）求页表项的物理地址。取出页目录项的内容 00500021H，并使其低 12 位为 0 得 00500000H，取线性地址的第 12 ~ 21 位，并乘 4 得 5E4H，则页表中被选项的物理地址为 005005E4H。

3）求目标单元的物理地址。取出页表项的内容 12345021H，并使其低 12 位为 0 得 12345000H，取线性地址的最低 12 位得 0ABH，则目标单元的物理地址为 123450ABH。

以上求解过程如图 2-28 所示。

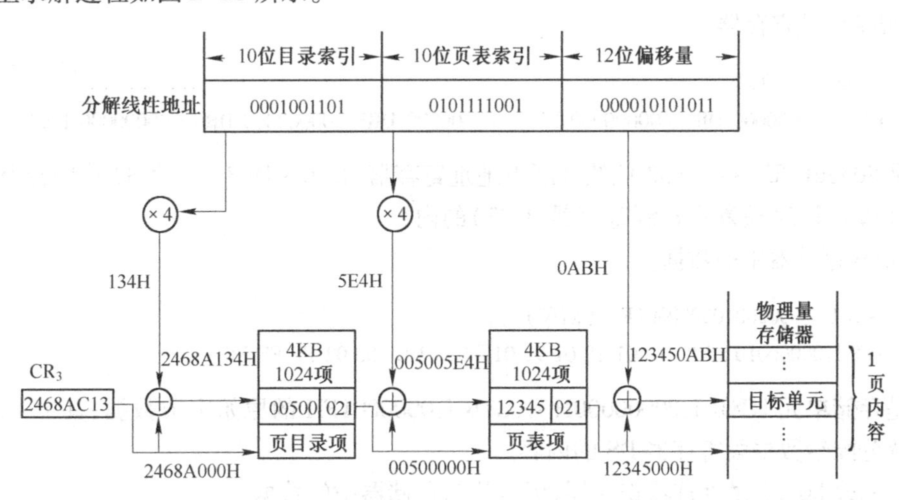

图 2-28　线性地址转为物理地址的实例

2.4.5 80386CPU 寄存器与存储器 DEBUG 上机操作

在 80386 微处理器编程结构讲解的基础上，采用 DEBUG32 工具软件观察微处理器寄存器、标志位与存储器中数据现状与修改后的变化。

（1）观察 80386 微处理器寄存器、标志位与存储器中数据现状

根据第 1 章 1.4 节汇编语言上机工具软件操作说明进入 DEBUG32 软件控制状态，即计算机屏上显示“ - ”的状态。

1）观察微处理器寄存器、标志位。

① 观察基本寄存器和标志位。

```
-R32    （回车）                                ;显示原寄存器的值
EAX =00000000 EBX =00000000 ECX =00000000 EDX =00000000 EBP =00000000 ESI =00000000
EDI =00000000 FS =1C8B GS =1C8B SS =1C8B ESP =00000000 DS =1C8B ES =1C8B CS =1C8B
EIP =00000100 NV UP EI PL NZ NA PO NC
```

这是 80386CPU 中 4 个 32 位的通用寄存器（EAX、EBX、ECX 和 EDX）、2 个 32 位变址寄存器（ESI 和 EDI）、3 个 32 位指针寄存器（EBP、ESP 和 EIP）、6 个 16 位段寄存器（FS、GS、SS、DS、ES 和 CS）的内容。其中 NV UP EI PL NZ NA PO NC 是标志位，含义与 16 位微处理器相同。

② 观察控制寄存器和系统地址寄存器。

```
-Pregs    （回车）
GDT =0000 00000000 LDT =00000000 IDT =03FF 00000000 TSS =0000 EFLAGS =00000000 CR0 =
00000000 CR2 =00000000 CR3 =00000000
```

这是 80386CPU 中 4 个 32 位的控制寄存器（$CR_0 \sim CR_3$）和 4 个系统地址寄存器的内容，即 48 位的全局描述符寄存器 GDTR（GDT）、48 位的中断描述符 IDTR（IDT）、16 位的局部描述符表 LDTR（LDT）、16 位的任务寄存器 TR（TSS）的内容。

③ 观察调试寄存器。

```
-DR    （回车）
DR0 =00000000 DR1 =00000000 DR2 =00000000 DR3 =00000000 DR6 =00000000 DR7 =00000000
```

这是 80386CPU 中 4 个 32 位线性断点地址寄存器（DR0 ~ DR3）、1 个 32 位断点状态寄存器（DR6）和 1 个 32 位断点控制寄存器（DR7）的内容。

2）观察存储器中的数据。

```
-D DS:000000100000001F  （回车）
1C8B:00000010 18 01 10 01 18 01 92 01 -01 01 01 00 02 FF FF FF
```

这是存储单元 1C8BH:00000000H ~ 1C8BH:0000001FH 的原始字节数据，其中 1C8BH 是操作系统分配给数据段寄存器 DS 的内容。

（2）修改 80386 微处理器寄存器、标志位与存储器中的数据

1）修改寄存器中的数据。

“ - R32［寄存器名］”命令可修改 R 命令下显示的所有寄存器的值。但“ - RF”命令无法

改变标志寄存器中的位。

```
-R32EAX      (回车)
EAX 00000000:11112222
-R32SS       (回车)
SS 1C8B:0056
R32ESP       (回车)
ESP 00000000:1A1B1C1D
```

下划线部分是对该寄存器的修改值。将 EAX 由 00000000H 修改为 11112222H,将 SS 由 1C8BH 修改为 0056H,将 ESP 由 00000000H 修改为 1A1B1C1DH。

观察寄存器修改结果:

```
-R32   (回车)
EAX = 11112222 EBX = 00000000 ECX = 00000000 EDX = 00000000 EBP = 00000000 ESI = 00000000
EDI = 00000000 FS = 1C8B GS = 1C8B SS = 0056 ESP = 1A1B1C1D DS = 1C8B ES = 1C8B CS = 1C8B
EIP = 00000100 NV UP EI PL NZ NA PO NC
```

2)修改存储器中的数据。

```
-E DS:00000010 00 01 02 03 04 05 06 07 08 09 0A 0B 0C 0D 0E 0F (回车)
```

下划线部分是对内存单元 DS:00000010H ~ DS:0000001FH 的修改值。

内存单元修改结果:

```
-D DS:000000100000001F   (回车)
1C8B:00000010 00 01 02 03 04 05 06 07 -08 09 0A 0B 0C 0D 0E 0F
```

这是存储单元 00000010H ~ DS:0000001FH 原始字节数据经上述修改后的结果。

2.5 80486 微处理器

2.5.1 80486 CPU 的主要性能

1. 80486 是与 80386 完全兼容且功能更强的 32 位微处理器

80486 的时钟频率比 80386 更高,其中 80486 DX 的时钟频率为 50 MHz,80486 DX_2 的时钟频率为 50 MHz 和 66 MHz。芯片上共集成了 120 万个晶体管,有 168 条引线,采用网络阵列式封装。

2. 80486 的内部具有 9 个处理部件

80486 的内部功能结构可以分为 9 个处理部件,它们相互间都可并行操作。这种更大范围的并行流水操作使 80486 能对大多数指令以一个时钟周期一条指令的速度持续执行。

3. CPU 与数学协处理器能在芯片内部快速地协调工作

80486 芯片内部含有一个整数处理部件、一个浮点处理部件(数学协处理器)和一个指令/数据共用的高速缓冲存储器(Cache)。

4. 具有对外部高速缓冲存储器的回写和清除功能

80486 除了内部 Cache 外，还具有对外部 Cache 的回写和清除功能。这种功能可适合多处理器环境，保证外部 Cache 的存储信息最大限度地为处理器服务。

2.5.2 80486 CPU 的功能结构

如图 2-29 所示，80486 CPU 的功能结构由总线接口部件、Cache 部件、指令预取部件、指令译码部件、控制部件、分段部件、分页部件、整数部件和浮点部件 9 个处理部件组成。这 9 个部件可独立并行操作，可以采用 9 级流水方式进行工作。

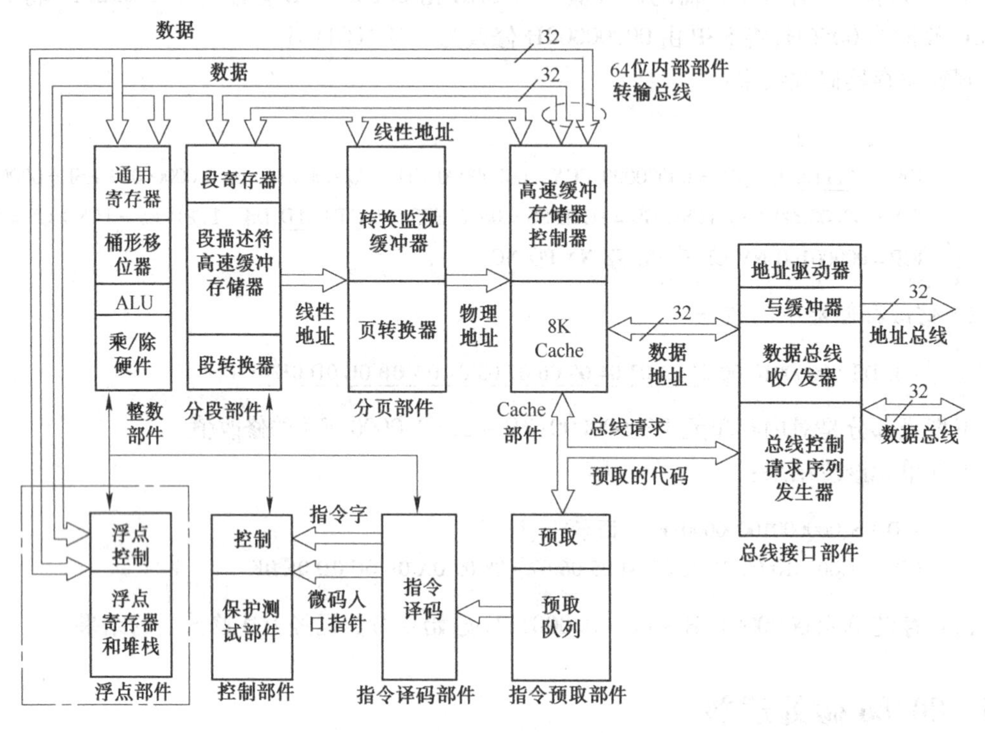

图 2-29 80486 CPU 的功能结构

1. 总线接口部件

80486 的总线接口部件(BIU)是由地址驱动器、写缓冲器、数据总线收/发器、总线控制请求序列发生器等组成。

BIU 主要作用是负责与处理器外部总线的连接。但是，在处理器内部 BIU 只与 Cache 部件和指令预取部件交换数据，其他处理部件对存储器的访问请求必须经过 Cache 部件，这一点与其他处理器是不同的。

与 Cache 部件交换数据有三种情况：一是向 Cache 填充数据，BIU 一次便可从外部总线读 16 个字节数据到 Cache 部件；二是如果 Cache 的内容被处理器内部操作修改了，则修改的内容也由 BIU 写回到外部存储器中去；三是如果一个读请求所要访问的存储器操作数不在 Cache 中，则这个读操作便由 BIU 控制直接对外部存储器进行操作。

在预取指令代码时，BIU 把从外部存储器取来的指令代码同时传送给代码预取部件和内部 Cache，以便在下一次预取相同的指令时，可直接访问 Cache。

2. Cache 部件

Cache 部件由 Cache 控制器和 8 KB 高速缓冲 RAM 组成。Cache 部件操作过程如下。

处理器中其他部件产生的所有总线访问请求在送达 BIU 之前，先经过 Cache 部件。如果总线访问请求能在 Cache 中得以解决，则该总线访问请求将立即得以满足，BIU 不必再产生总线周期，这称为高速缓存命中。如果总线访问请求不能在 Cache 中得以解决，便称为高速缓存未命中。这时就进入 Cache 的行填充操作，即 BIU 以一次 16 B 的传输方式将请求的存储单元内容送至 Cache。写操作时，检查整个 Cache，若发现写操作的目标，则进入 Cache 写通操作，即修改 Cache 的内容，并开始一个写总线周期，把修改的数据写回存储器。

3. 指令预取部件

指令预取部件是由预取器和 32 个字节的预取队列组成。在总线空闲周期，指令预取部件向 BIU 发出预取指令的请求。预取的存储器地址由预取部件自身产生。预取周期将一次读 16 个字节的指令代码，并存入预取队列中。这与 80386 类似。

4. 指令译码部件

指令译码部件的功能是从指令预取队列取机器码，并将其转换成对其他处理部件的控制信号等。

5. 控制部件

控制部件由保护测试部件、控制 ROM 组成。控制部件根据指令译码部件送来的信息产生微指令，并通过微指令对整数部件、浮点部件、指令译码部件和段部件等进行控制，使它们完成已译码指令的执行。

6. 整数部件

整数部件是由寄存器组、算术逻辑部件、64 位桶形移位器和乘/除硬件等组成，它能在一个时钟周期内完成整数的传输，加、减运算，逻辑运算等操作。

7. 分段部件

除了采用段高速缓存器来提高转换速度外，其余与 80386 一样，仍然是将虚拟地址转换成线性地址，并实现必要的存储器保护机制。

8. 分页部件

与 80386 一样，分页部件的作用是把线性地址通过分页处理最终转变为 32 位的物理地址，同样进行必要的标准存储器访问与页属性是否一致的检验，完成虚拟存储器管理。

9. 浮点部件

80486 DX 的浮点部件与外部数学协处理器 487 SX 的功能完全一样，如果把所需操作数存放在处理器内部的通用寄存器或内部的高速缓存器中，其运行速度会得到很大提高。80486 SX 是没有数学协处理器功能的。

2.6 习题例解

1. 选择题

(1) 8086 CPU 从存储器中预取指令，它们采用的存取原则为(　　)。

A. 先进先出　　　　B. 先进后出　　　　C. 随情况不同而不同

解　选 A。

分析 8086 CPU 内的指令队列工作方式是先进先出，而 BIU 从存储器中预取指令则是根据 IP 的当前值进行，故应该为先进先出方式。

(2) 8086 CPU 中寄存器(　　)通常用作数据寄存器，且隐含用法作为 I/O 指令间接寻址时的端口地址寄存器。

A. AX　　B. BX　　C. CX　　D. DX

解 选 D。

分析 详见第 2 章 8086 CPU 内部功能结构部分。

(3) 由 8086 CPU 组成 PC 机的数据线是(　　)。

A. 8 根单向线　　B. 16 根单向线　　C. 8 根双向线　　D. 16 根双向线

解 选 D。

分析 8086 是 16 位的微处理器，有 16 条数据/地址复合引脚，数据总线是双向的。

(4) 8086 CPU 的一个典型总线周期需要(　　)个状态。

A. 4　　B. 3　　C. 2　　D. 1

解 选 A。

分析 如果不插入等待状态 TW，1 个总线周期需要 4 个 T 状态(时钟周期)。

(5) 指令队列的作用是(　　)。

A. 暂存操作数　　B. 暂存操作地址　　C. 暂存指令　　D. 暂存指令地址

解 选 C。

分析 8086 CPU 在执行指令同时，把 CPU 下面要执行的几条指令预取到指令队列中。

2. 简答题

(1) 8086 CPU 中，怎样才能找到下一条要执行的指令？

答 要找到下一条要执行的指令，关键是计算下一条要执行指令所在存储器单元的物理地址，8086 系统中，指令存放在代码段 CS 中，指令在段内的偏移量为指令指针 IP 的值，因此下一条要执行的指令的物理地址为 16×(CS)+(IP)。

(2) 8086 CPU 复位后，存储器和指令队列处于什么状态？试求出程序执行的起始地址。

答 复位后，8086 处于初始化状态。此时，除 CS 寄存器为 FFFFH 外，其他所有寄存器全部清 0，指令队列亦清空。程序执行地址为 CS:IP，由于 IP 等于 0，程序执行的起始地址为 FFFF:0，即物理地址为 FFFF0H。

(3) 简要说明 8086 与 80386 的主要区别。

答 1) 8086 只有 20 条地址线，可直接寻址的内存空间为 $2^{20}=1$ MB。而 80386 有 32 条地址线，可直接寻址的内存空间为 $2^{32}=4$ GB。

2) 8086 只有实地址方式，仅支持单任务、单用户系统。80386 有实地址方式、虚地址保护方式和虚拟 8086 方式三种，片内集成有存储管理和保护机构，支持任务中的程序和数据的保密，能可靠地支持多用户和多任务系统。

3) 在保护方式下，80386 具有段页式管理功能，虚地址空间被映射到最大容量为 64TB (2^{46} B)。

4) 在保护方式下，80386 采用“描述符”和“选择子”的数据结构来实现内存单元的寻址。

(4) 系统有一个堆栈区，其地址为 1245H:0000H——1245H:0200H，(SP)=0082H。

请问：1) 栈顶地址的值。

2）栈底地址的值。

3）若把数据 1234H 存入，在堆栈存储区是怎样放置的，此时 SP 是多少？

解　1）栈顶地址：逻辑地址为 1245H：0082H

物理地址为 1245H×10H+0082H=124D2H

2）栈底地址：逻辑地址为 1245H：0200H

物理地址为 1245H×10H+0200H=12650H

3）数据 1234H 放置于 1245H：0081H 和 1245H：0080H 单元中，此时(SP)=0080H

（5）计算机进行以下运算后，标志寄存器中各状态标志位的值是什么？

1234H + 5678H

解　1234H 的二进制代码为 0001001000110100B

5678H 的二进制代码为 0101011001111000B

```
    0001001000110100
+ ) 0101011001111000
--------------------
    0110100010101100
```

所以，CF=0，SF=0，ZF=0，AF=0，OF=0，PF=1。

2.7　练习题

1. 选择题

（1）在 8086/8088 系统中，内存采用分段结构，段与段之间是(　　)。

A. 分开的　　B. 连续的　　C. 重叠的　　D. 都可以

（2）8086 CPU 中，当 $M/\overline{IO}=1$，$\overline{RD}=0$，$\overline{WR}=1$ 时 CPU 执行的操作是(　　)。

A. 存储器读　　B. I/O 读　　C. 存储器写　　D. I/O 写

（3）8086 CPU 的存储器可寻址 1 MB 的空间，在对 I/O 进行读写操作时，20 位地址中只有(　　)有效。

A. 高 16 位　　B. 低 16 位　　C. 高 8 位　　D. 低 8 位

（4）在 8086 CPU 从总线上撤销地址，使总线的低 16 位置成高阻态，其最高 4 位用来输出总线周期的(　　)。

A. 数据信息　　B. 控制信息　　C. 状态信息　　D. 地址信息

（5）CPU 中，运算器的主要功能是(　　)。

A. 算术运算　　B. 逻辑运算

C. 算术运算和逻辑运算　　D. 函数运算

（6）8086/8088 CPU 在复位后，程序重新开始执行的逻辑地址是(　　)。

A. 0000：0000H　　B. FFFF：0000H　　C. FFFF：FFF0　　D. 0000：FFFF

（7）如果 80386/80486 系统工作于保护虚地址方式，它的段最大长度可达(　　)。

A. 4 GB　　B. 1 MB　　C. 64 KB　　D. 32 KB

2. 填空题

（1）一个计算机系统所具有的物理地址空间大小是由________决定的，8086 系统的物理空间地址为________________。

（2）堆栈段的基值存入________寄存器，数据段的基值存入________寄存器，代码段的基值存入________寄存器，扩展段的基值存入________寄存器。

（3）8086 CPU 引脚中，用来控制 8086 工作方式的引脚为________。

（4）8086 CPU 中 BP 默认的段寄存器是________，BX 默认的段寄存器是________。

（5）8086 CPU 所访问的存储器分为________和________，各区的数据总线分别对应 CPU 数据总线的________和________。

3. 简答题

（1）什么是指令周期？什么是总线周期？一个总线周期至少包括几个时钟周期？

（2）8086 CPU 中，标志寄存器包含哪些标志位？各标志位为'0'为'1'分别表示什么含义？

（3）8086 CPU 中有哪些通用寄存器和专用寄存器？说明它们的作用。

（4）在 8086 CPU 中，已知 CS 寄存器和 IP 寄存器的内容分别如下所示，请确定其物理地址。

1）CS = 1000H　　IP = 2000H　　　　2）CS = 1234H IP = 0C00H

（5）设（AX）= 2345H，（DX）= 5219H，请指出两个数据相加和相减后，FLAGS 中状态标志位的状态。

第3章 寻址方式与指令系统

每一种计算机都有自己特定的指令系统,这是在微处理器设计时就事先规定好的。指令系统的功能也就大体上决定了计算机系统硬件的基本功能。指令系统中所设计的每一条指令都对应着微处理器要完成的一种规定的功能操作。在第1章中,为了介绍微型计算机原理,规定了模型计算机的指令与指令系统,即规定4种基本操作:取数、存数、加法和停止。但对于80x86 CPU这种功能强大的微处理器来说,所要完成的基本操作相对复杂得多,其指令系统是比较庞大的。就8086 CPU而言,其指令系统共有133条指令。

本章将从指令中的数据类型、指令格式、寻址方式、指令类型、指令的功能与应用等方面介绍计算机的指令系统。

3.1 数据类型及其存储规则

3.1.1 基本数据类型及其存储

数据在存储器中常以字节为单位进行存储,一个字节占用内存的一个地址,称为一个存储单元。当二进制数的位数超过8位,且为8位的整倍数时,就需要用多个相邻的字节来存放。通常两个相邻字节组成的16位二进制称为字;4个相邻字节组成的32位二进制数称为双字;8个相邻字节组成的64位二进制数称为四字;16个相邻字节组成的128位二进制数称为双四字。这是80x86系列微处理器指令系统中的基本数据类型。在8086、80286、80386 CPU中只用到字节、字、双字三种基本数据类型。四字是在80486 CPU中使用,而双四字是从具有SSE扩展的Pentium Ⅲ处理器中引入的。这5种基本数据类型的结构形式如图3-1所示,其中N

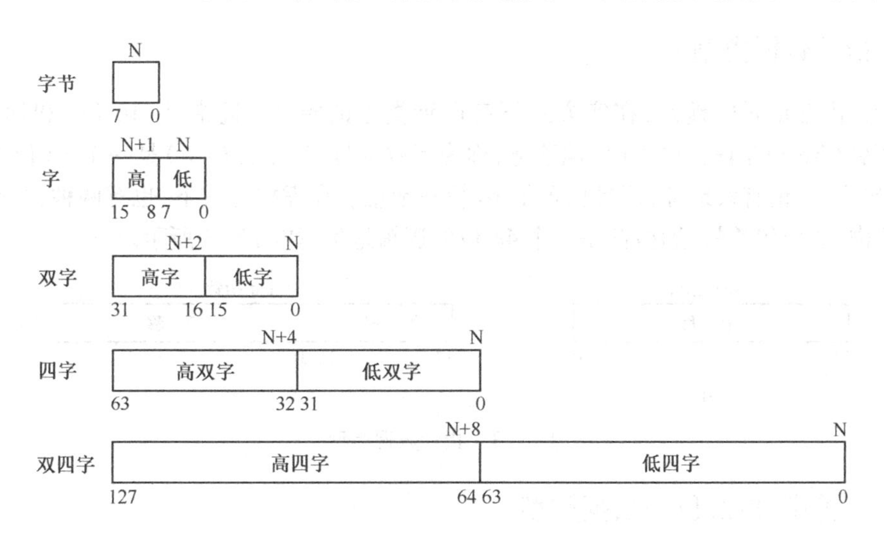

图3-1 基本数据类型的结构形式

是基本数据存放的首地址。当多于一个字节的数据存储时，其存储规则是高位字节存储在地址号高的存储单元中，低位字节存储在地址号低的存储单元中。

图3-2是基本数据类型作为内存中操作数引用时，字节存放的顺序。其中最低地址N就是该操作数的地址，即地址为N的字节数据为9CH，地址为N的字数据为489CH、双字数据为6A2B489CH、四字数据为23C31A7A6A2B489CH、双四字数据为4512A2AB3A8B927223C31A7A6A2B489CH。

数据	单元地址
9CH	N
48H	N+1
2BH	N+2
6AH	N+3
7AH	N+4
1AH	N+5
C3H	N+6
23H	N+7
72H	N+8
92H	N+9
8BH	N+10
3AH	N+11
ABH	N+12
A2H	N+13
12H	N+14
45H	N+15
…	

图3-2　基本数据类型存储规律

3.1.2　数字数据类型

基本数据类型不考虑数的符号和小数点的问题，如字节、字、双字等，但有些指令指定在数字数据类型上操作。这些数字数据类型包含三部分，即无符号整数、带符号整数和浮点数。

1. 无符号整数

无符号整数是原始二进制值，范围从$0\sim 2^n-1$，当选择字节时，$n=8$；选择字时，$n=16$；选择双字时，$n=32$；选择四字时，$n=64$。

2. 带符号整数

带符号整数是用2的补码表示的二进制值。规定操作数的最高位为符号位。数的范围从$-2^{n-1}\sim +2^{n-1}-1$。当操作数选择字节、字、双字和四字时，对应的n分别为8、16、32和64。

3. 浮点数

浮点数据类型可分为三种：单精度浮点、双精度浮点和双扩展精度浮点。根据IEEE标准754二进制浮点算术所规定的格式，单精度浮点数所能表示的范围（数在规格化的情况下）为$8.87\times10^{-37}\sim8.87\times10^{36}$；双精度浮点数所能表示的范围为$4.19\times10^{-307}\sim1.79\times10^{306}$；双扩展精度浮点数所能表示的范围为$3.19\times10^{-4932}\sim1.18\times10^{4931}$。

3.1.3　指针数据类型

指针是内存单元的地址，在实方式下有两种类型的指针：近指针（16位）和远指针（32位），近指针（Near）是段内的16位偏移量，称为有效地址；远指针（Far）是一个32位的逻辑地址，不仅包含16位有效地址，而且包含了16位段地址。在虚拟方式下，也有两种类型指针，近指针是段内32位偏移量，远指针是一个48位的逻辑地址，如图3-3所示。

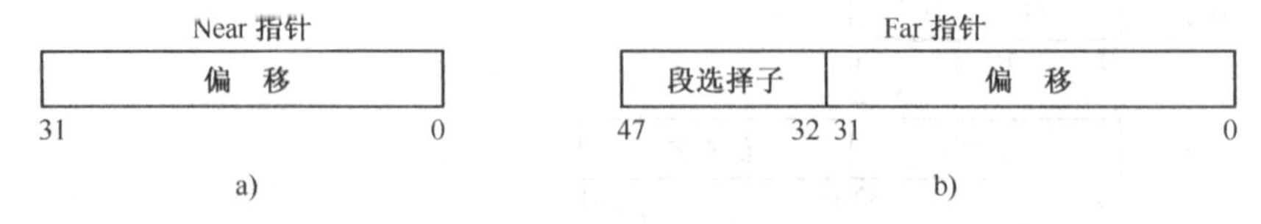

图3-3　指针数据类型

3.1.4　字符串、位及位串数据类型

字符串包括字节串、字串和双字串，它们分别是字节、字和双字的相邻序列，其格式如

图 3-4所示。其中 N 为地址,字节串、字串和双字串分别以字节、字和双字为单位存取。

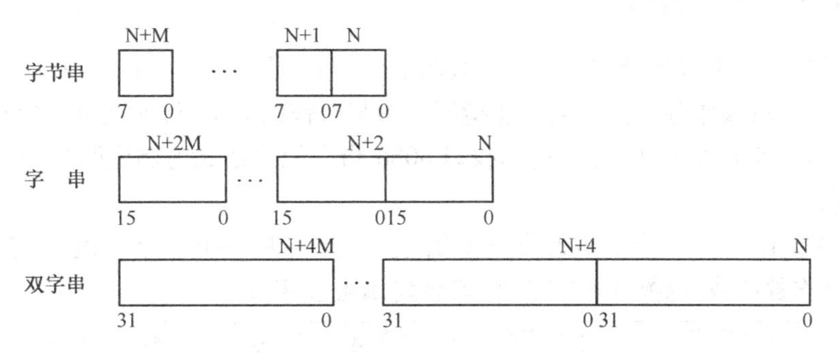

图 3-4 字节、字、双字字符串数据类型

80x86 系列微处理器除了对字符串处理外,还支持对某个二进制位的操作,位操作数总是位于位串中。80386/80486 可以实现对位串进行操作,最长的位串可以包含 2^{32} 个位。一个位在位串中的地址称为位偏移量,其取值范围为 -2G ~ (2G - 1)。

3.2 计算机指令格式

计算机处理各种数据或完成某些其他任务都是通过执行具体指令来实现的。指令除了说明计算机做什么,还要指出数据的来源、操作结果的去向。一条指令包括两部分: 指令操作码(Operation Code)部分和地址码部分。

指令操作码部分是给出该指令应完成何种操作,其长度(代码位数)取决于指令系统中的指令条数;地址码部分是用来描述该指令的操作对象,如给出参与操作的操作数的值是多少或者指出操作数存放在何处、操作的结果应送往何处等信息。

根据地址码部分所给出地址的个数,指令格式可分为零地址指令、一地址指令、二地址指令和三地址指令。零地址指令指只有操作码部分,而没有操作数的指令;一地址指令指只有目的操作数的单操作数指令;二地址指令指有两个操作数的指令,这是最常见的指令格式;三地址指令的优点是操作结束后,原两个操作数的内容均未被破坏,其缺点是增加一个地址后,使得指令码加长,增加了存储空间,取指时间变长。

3.2.1 指令的助记符格式

80x86 微处理器指令的助记符格式可用以下通式表示。

L: op D1, D2, D3

其中,L 是标号,在标识符后面跟有冒号(:);op 是助记符,具有相同功能的指令操作码的保留名;D1、D2、D3 是任选的操作数参数,可以有 0 ~ 3 个。参数的个数取决于指令操作码,可形成 4 种指令格式。最常用的是二地址指令格式,这种格式的指令中存在两个操作数,右边的是源操作数,左边的是目的操作数,例如:

MOV AX , [BX]

操作码的助记符 目的操作数 源操作数

该指令的功能是把[BX]表示的源操作数传送(MOV)到 AX 目的操作数中。

3.2.2 80x86 指令编码格式

指令编码格式通常包含操作码和操作数两部分,操作码表示计算机执行什么操作,是数据传送还是算术/逻辑操作等。操作数可能指明了参与操作的数本身,或规定了操作数的地址。

80x86 指令的编码格式很复杂,这里仅以 8086 指令编码格式为例说明 80x86 CPU 指令系统的设计思想。

图 3-5 中给出了 8086 指令编码的一般形式。其指令由 1 ~ 6 个字节组成,它由操作码、寻址方式以及操作数组成,除操作码字节外,其余均属可选字节。

操作码字节	寻址方式字节	偏移量字节(1/2)	立即数字节(1/2)

图 3-5 8086 CPU 指令编码的一般形式

1) 操作码字节。它是指令的第一字节,规定指令的操作类型,是指令的必选字节,字节内容如下。

D_7	D_6	D_5	D_4	D_3	D_2	D_1	D_0
OP						D	W

OP:表示指令操作码,$D_2 \sim D_7$ 位能表示 64 种不同的操作码。

D:表示指令中数据传送的方向,若 D = 0,则寻址方式字节中的 REG 域指定的寄存器用作源操作数;若 D = 1,则由 REG 域指定的寄存器为目的操作数。

W:表示操作数类型,若 W = 0,指令中两个操作数均是 8 位数,指令按字节进行操作;若 W = 1,则为 16 位数,指令按字进行操作,见表 3-1。

2) 寻址方式字节。它是指令的第二字节,规定操作数的寻址方式,是指令的可选字节,字节内容如下。

D_7	D_6	D_5	D_4	D_3	D_2	D_1	D_0
MOD		REG			R/M		

MOD:表示方式域,D_7、D_6 位能表示 4 种不同的方式。当 MOD = 00B ~ 10B 时,为存储器寻址;当 MOD = 11B 时,为寄存器寻址,对应关系见表 3-1。

REG:表示寄存器域,D_5、D_4、D_3 位能表示 8 种不同的寄存器,与 W = 0 和 W = 1 两种情况配合可有 16 个不同的寄存器与之对应,对应关系见表 3-1。

R/M:表示寄存器/存储器域,D_2、D_1、D_0 位能表示 8 种不同的寄存器/存储器,R/M 与方式 MOD 的组合可以确定操作数的寻址方式,产生 32 种具体的寻址操作,对应关系见表 3-1。

表 3-1 MOD 与 R/M 域所组合的寻址方式

MOD REG 或 R/M	存储器寻址			寄存器寻址	
	无 位 移 量	带 8 位位移量	带 16 位位移量	W = 0	W = 1
	MOD = 00B	MOD = 01B	MOD = 10B	MOD = 11B	
000	DS:[BX + SI]	DS:[BX + SI + disp8]	DS:[BX + SI + disp16]	AL	AX
001	DS:[BX + DI]	DS:[BX + DI + disp8]	DS:[BX + DI + disp16]	CL	CX
010	SS:[BP + SI]	SS:[BP + SI + disp8]	SS:[BP + SI + disp16]	DL	DX
011	SS:[BP + DI]	SS:[BP + DI + disp8]	SS:[BP + DI + disp16]	BL	BX

（续）

MOD REG 或 R/M	存储器寻址			寄存器寻址	
	无位移量	带8位位移量	带16位位移量	W=0	W=1
	MOD=00B	MOD=01B	MOD=10B	MOD=11B	
100	DS:[SI]	DS:[SI+disp8]	DS:[SI+disp16]	AH	SP
101	DS:[DI]	DS:[DI+disp8]	DS:[DI+disp16]	CH	BP
110	DS:[disp16]	DS:[disp16+disp8]	DS:[disp16+disp16]	DH	SI
111	DS:[BX]	DS:[BX+disp8]	DS:[BX+disp16]	BH	DI

3）偏移量字节。它是指令的第三、四字节，是指令的可选字节，给出了存储器操作数的偏移量。表3-1中的disp8，disp16分别是8位或16位的偏移量，当不给定偏移量时，就不需要第三、四字节；当给定8位偏移量时，只有第三字节；当给定16位偏移量时，就需要第三、四字节。

4）立即数字节。它是指令的可选字节，给出了指令的立即数。当有偏移量字节时，它位于其后，否则位于指令的第三、四字节，同样有8位和16位之分，即占据1个或2个字节。

操作数可以放在寄存器中，也可以放在内存或I/O端口中，还可以放在指令字节中。通常将指令执行过程中保持原值不变的操作数称为源操作数；若操作数原值不保留的，而将存放此操作数的地址用来存放运行结果值，故称此操作数为目的操作数。对于源操作数和目的操作数均可用不同的方法来存取它们。

3.3 8086 CPU的寻址方式

寻址方式就是寻找指令或操作数存放地址的方法。涉及寻址方式的情况有两种：一种是用来对操作数进行寻址，另一种是用来对转移地址或调用地址进行寻址，即对指令地址进行寻址。

3.3.1 操作数的寻址方式

在8086 CPU中，指令的操作数存放位置有4种，操作数的寻址方式由此可分为4种情况：立即寻址、寄存器寻址、存储器寻址和I/O端口寻址。操作数直接包含在指令字节中的情况称为立即寻址；操作数存放在CPU的某个内部寄存器中的情况称为寄存器寻址；操作数在内存数据区中的情况称为存储器寻址；操作数在I/O端口中的情况称为I/O端口寻址。对这4种寻址方式分述如下。

1. 立即寻址

具有该寻址方式的指令特点是指令中含有立即数，如MOV AX, 3412H，即操作数3412H直接包含在指令字节中，指令执行速度快。因为CPU不必执行总线周期，在指令队列中可以直接取得立即数。如图3-6所示，16位的立即数作为指令码一部分存入程序存储区时，立即数的低8位字节紧靠操作码，立即数的高8位字节在其后面。立即数寻址过程如图3-6所示。

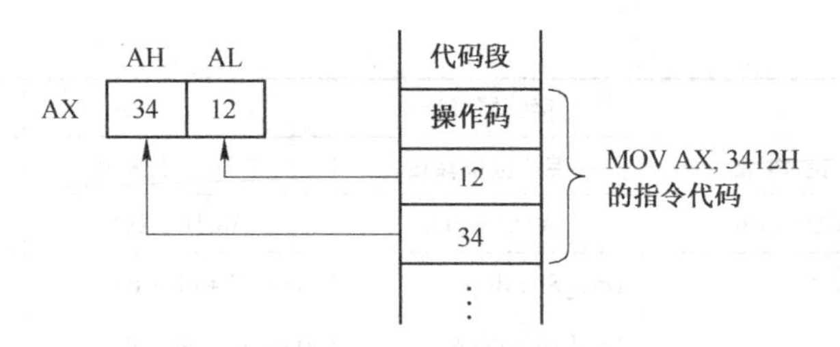

图 3-6　立即数寻址过程

2. 寄存器寻址方式

具有该寻址方式的指令特点是指令中含有寄存器操作数，如 MOV AX, CX，即操作数存放在指令中规定的 CPU 内部寄存器 AX(目的操作数的寻址)中。如果是字节操作数的指令，寄存器是下列 8 个寄存器之一：AH 、AL、BH、BL、CH、CL、DH 和 DL。如果是字操作数的指令，寄存器是下列 8 个寄存器之一：AX、BX、CX、DX、SI、DI、SP 和 BP。采用寄存器寻址方式不但可以减少指令码的长度，而且由于操作数已存于寄存器中，执行速度较快。如两操作数都是寄存器寻址，则执行指令时 CPU 不请求总线周期，故执行速度快。寄存器寻址方式常用于 CPU 内部传送数据。寄存器既能作为源操作数，又能作为目的操作数。

例如：MOV　AX,CX

该指令将 CX(源操作数)的内容传送到 AX 寄存器(目的操作数)中，其中源操作数 CX，目的操作数 AX 都是寄存器寻址方式。

3. 存储器寻址

操作数在内存的数据区中。指令给出了操作数在数据区中的地址信息，处理器据此求出存放操作数的有效地址 EA。该有效地址 EA 可以由指令直接给出，也可以由指令中指定的一个寄存器间接给出，也可以由指令中指定的一个寄存器与一个偏移量之和间接给出，也可以由指令中指定的两个寄存器之和间接给出，还可以由指令中指定的两个寄存器与一个偏移量之和间接给出。可见，存储器寻址可以用 5 种不同的方式来求出存放操作数的有效地址 EA。下面分别叙述这 5 种不同的存储器寻址方式。

(1) 直接寻址方式

具有该寻址方式的指令特点是指令中含有直接给出的有效地址操作数，如 MOV AX, [7834H]，即操作数存放在 7834H 存储单元中。指令直接给出存储单元的有效地址 EA，通常默认的段寄存器是 DS，但指令前面用前缀指令指明段寄存器的除外。

例如：MOV　AX,[7834H]

该指令将有效地址 EA = 7834H 单元中的内容传送到 AX 寄存器中。存储单元的地址在指令中采用方括号“[ ]”来表示，注意与立即数表示的区别。图 3-7 为直接寻址方式寻址操作过程。若 DS = 2000H，则该指令源操作数的存储单元的物理地址为 20000H + 7834H = 27834H。

对于操作数为 16 位的指令，应首先对 EA 进行存取操作，实现低字节存取，然后再对EA + 1 单元进行存取操作，实现高字节存取。例如，指令 MOV　[1000H],AX 的功能是将 AL(低字节)的内容传送到当前数据段的 1000H 单元中，而将 AH(高字节)的内容传送到 1001H 单元中。

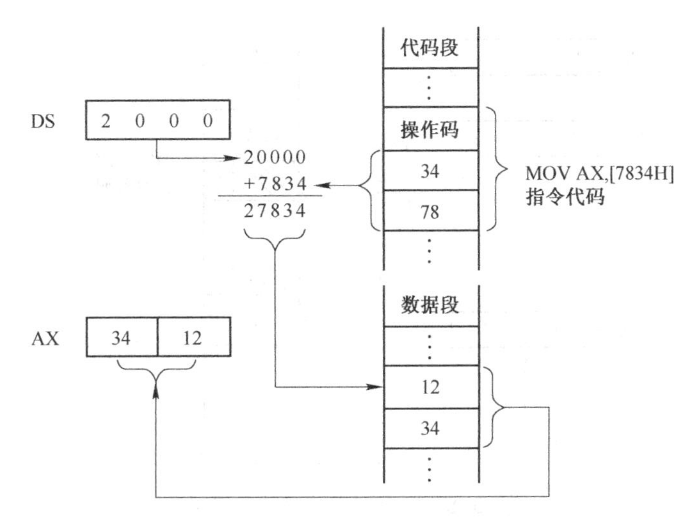

图 3-7　直接寻址方式寻址过程

(2) 寄存器间接寻址

具有该寻址方式的指令特点是指令中含有由寄存器给出的有效地址操作数,如 MOV AX,[BX],即源操作数存放在由 BX 寄存器中的内容指出的存储单元中。其有效地址 EA 由 CPU 中的基址寄存器或变址寄存器给出。注意两点:一是寄存器中的内容是操作数的有效地址,而不是操作数本身;二是只能用 CPU 中的基址寄存器 BX、BP 或变址寄存器 DI、SI 来间接寻址,不能用别的寄存器。如果没有用前缀指令指明操作数在哪一段(如 ES:[BX]),则当用 BP 来间接寻址时,其段寄存器默认为 SS,BX、DI、SI 默认段寄存器为 DS。

$$\text{物理地址} = [DS] \times 10H + EA = [DS] \times 10H + \begin{bmatrix} [BX] \\ [DI] \\ [SI] \end{bmatrix}$$

$$\text{或物理地址} = [SS] \times 10H + [BP]$$

例如:MOV　AX,[BX]

该指令将 BX 中的内容作为有效地址,对该有效地址进行字的读操作,并传送到 AX 中。在指令中采用寄存器名与方括号“[ ]”来表示寄存器间接寻址,注意与寄存器寻址的区别。图 3-8 为寄存器间接寻址的操作过程。

(3) 寄存器相对寻址

具有该寻址方式的指令特点是指令中含有由寄存器和一个位移量 disp 来给出的有效地址操作数,如 MOV　AX,[BX+12H],即操作数存放在由寄存器 BX 中的内容与 12H 之和指出的存储单元中。其有效地址 EA 由指令码中指定的基址寄存器或变址寄存器的内容和一个带符号的 8 位或 16 位的位移量 disp 相加之和给出。注意这点与寄存器间接寻址一样。

$$\text{物理地址} = [DS] \times 10H + EA = [DS] \times 10H + \begin{bmatrix} (BX) \\ (SI) \\ (DI) \end{bmatrix} + \begin{bmatrix} 8\text{位} & disp \\ 16\text{位} & disp \end{bmatrix}$$

$$\text{或物理地址} = [SS] \times 10H + [BP] + \begin{bmatrix} 8\text{位} & disp \\ 16\text{位} & disp \end{bmatrix}$$

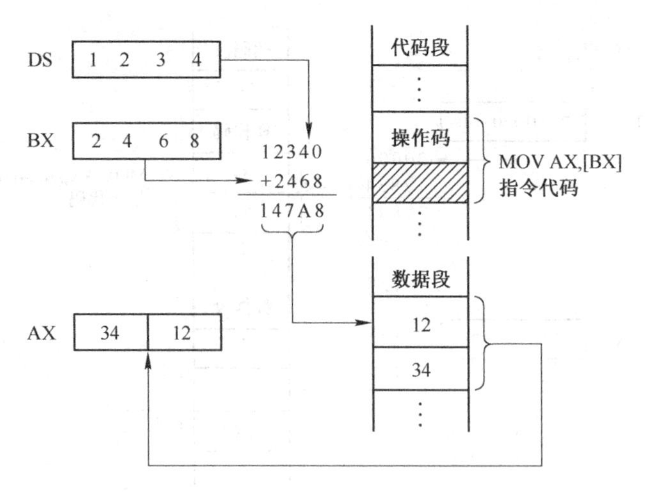

图 3-8　寄存器间接寻址示意图

例如：MOV　AX,[BX+6824H]

该指令将 BX 中的内容再加上偏移量 6824H 后作为有效地址，对该有效地址进行字的读操作，并传送到 AX 中。注意这种方式仍然是间接寻址，仅是比寄存器间接寻址多了一项偏移量而已。图 3-9 为寄存器相对寻址的操作过程。

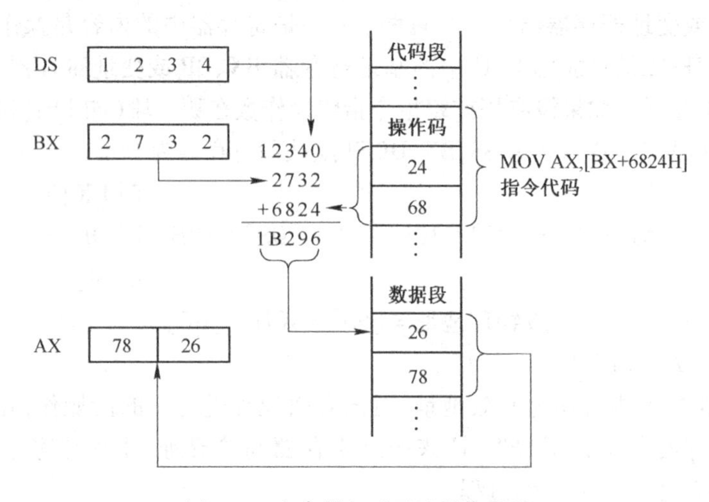

图 3-9　寄存器相对寻址操作过程

由于 BX、BP 为基址寄存器，因此用它们进行的寻址称为基址寻址；而 SI、DI 为变址寄存器，用它们进行的寻址称为变址寻址。

（4）基址加变址寻址方式

具有该寻址方式的指令特点是指令中含有由两个寄存器内容之和来给出的有效地址操作数，如 MOV AX,[BX+SI]，即操作数存放在由寄存器 BX 中的内容与 SI 中的内容之和指出的存储单元中。在这种方式中，存储单元的有效地址 EA 由一个基址寄存器和一个变址寄存器的内容之和给出。注意这点与寄存器间接寻址一样。

$$物理地址=[DS]\times 10H+EA=[DS]\times 10H+[BX]+\begin{bmatrix}(SI)\\(DI)\end{bmatrix}$$

$$或物理地址 = [SS] \times 10H + [BP] + \begin{bmatrix} (SI) \\ (DI) \end{bmatrix}$$

例如：MOV　AX,[BX + SI]

该指令将 BX 中的内容加上 SI 中的内容作为有效地址，对该有效地址进行字的读操作，将读取结果传送到 AX 中。图 3-10 为基址加变址寻址方式的操作过程。

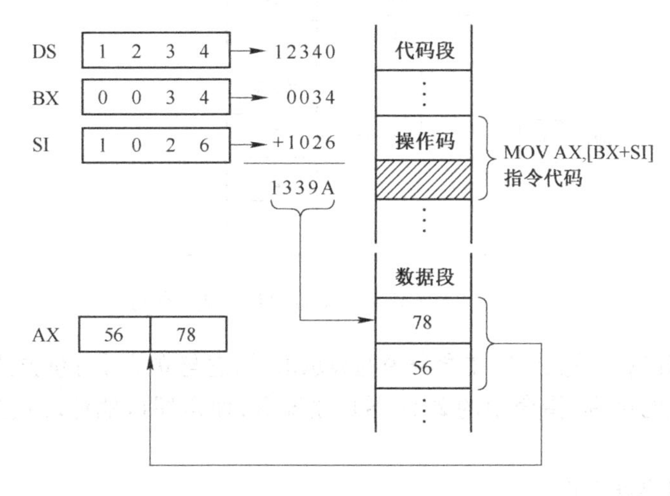

图 3-10　基址加变址寻址方式操作过程

(5) 相对的基址和变址寻址方式

在这种方式中，操作数存放在存储单元中，其有效地址 EA 由基址寄存器内容和变址寄存器内容及一个带符号的 8 位或 16 位偏移量 disp 三部分之和给出。注意这点与寄存器间接寻址一样。

$$物理地址 = [DS] \times 10H + EA = [DS] \times 10H + [BX] + \begin{bmatrix} (SI) \\ (DI) \end{bmatrix} + \begin{bmatrix} 8\text{ 位} & disp \\ 16\text{ 位} & disp \end{bmatrix}$$

$$或物理地址 = [SS] \times 10H + [BP] + \begin{bmatrix} (SI) \\ (DI) \end{bmatrix} + \begin{bmatrix} 8\text{ 位} & disp \\ 16\text{ 位} & disp \end{bmatrix}$$

例如：MOV　AH,[BX + SI + 2468H]

若 DS = 2000H, BX = 0100H, SI = 0110H，则此指令计算出的有效地址 EA = 2678H，操作数的物理地址为 22678H，指令执行后将 22678H 单元中的内容传送至 AH 寄存器中。图 3-11 为该寻址方式的操作过程。

4. I/O 端口寻址

操作数在 I/O 端口中。指令给出了操作数在 I/O 端口中的端口地址信息，处理器据此求出存放操作数的端口地址。I/O 端口地址有两种编址方式：与存储器统一编址方式和独立的 I/O 空间编址方式。如果是与存储器统一编址方式，则 I/O 端口地址是存储器空间的一部分，上述 5 种存储器寻址方式均可采用。如果是独立的 I/O 空间编址方式则对 I/O 端口有以下两种寻址方式。

(1) 直接端口寻址方式

这种寻址方式，端口地址的寻址范围是 0 ~ 0FFH，端口地址直接由指令给出。如输入指令 IN AL,27H，此指令表示从 I/O 地址号为 27H 的端口中读取数据送到 AL 中。注意两点：一是

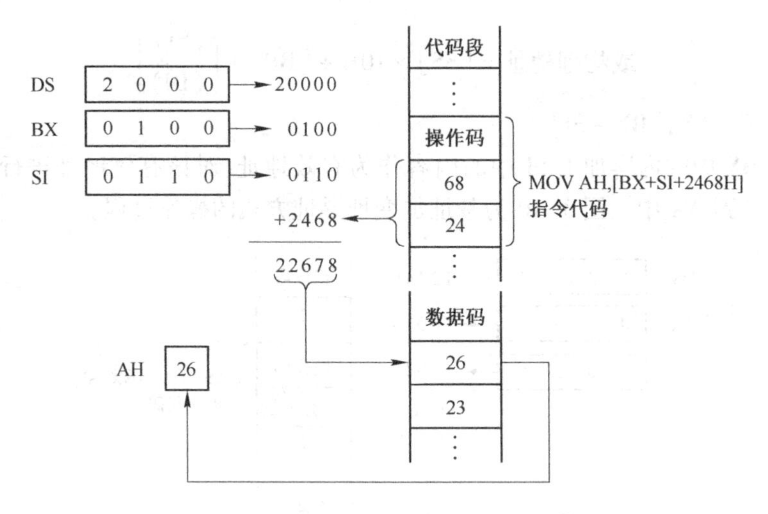

图 3-11　相对的基址和变址寻址方式操作过程

端口地址的寻址范围；二是操作数在指令中的表示形式，它与立即数寻址方式和直接寻址方式在指令表示形式上的区别，指令中的 27H 不是立即数，而是端口地址，但它不需要加方括号“[ ]”。

（2）间接端口寻址方式

这种寻址方式，端口地址的寻址范围是 0～0FFFFH，端口地址由 DX 寄存器给出。如输出指令 OUT DX,AL，表示将 AL 中的内容输出到地址由 DX 寄存器内容所指定的端口中。注意两点：一是使用专用寄存器 DX，不能使用其他寄存器；二是操作数在指令中的表示形式，指令中的 DX 不是寄存器寻址，而是寄存器间接寻址，但它也不需要加方括号“[ ]”。

3.3.2　指令地址的寻址方式

在指令系统中有一类指令称为转移指令，另一类称为调用指令，这两类指令涉及对转移地址或调用地址寻址的问题，也就是指令地址的寻址方式。由 CPU 结构学习可知，通常程序的执行地址是由代码段寄存器 CS 和指令指针 IP 的内容所决定的。指令地址的寻址方式就是找出程序转移或调用的地址，不是操作数。这种地址由 CS：IP 给出，仅需要修改 IP 内容的转移地址在段内，同时需要修改 IP 和 CS 内容的转移地址在段外。这类寻址方式共有以下 4 种。

（1）段内直接寻址方式

在这种方式中，指令中规定了 8 位或 16 位的偏移量，其指令的转移地址是由当前的 IP 内容与偏移量之和决定，CS 的内容保持不变。一般称 8 位的偏移量为短程转移，而条件转移指令都是短程转移，称 16 位的偏移量为近程转移。图 3-12 是这种方式寻址过程。

（2）段内间接寻址方式

在这种方式中，转移的指令地址是由寄存器或一个字存储单元的内容给出。指令地址存放在寄存器或存储单元中，指令执行时用寄存器或存储单元的内容来更新 IP 的内容。而对内存单元的寻址可以采用前面所述存储器寻址的 5 种操作数寻址方式进行访问。图 3-13 是段内间接寻址方式的寻址过程。

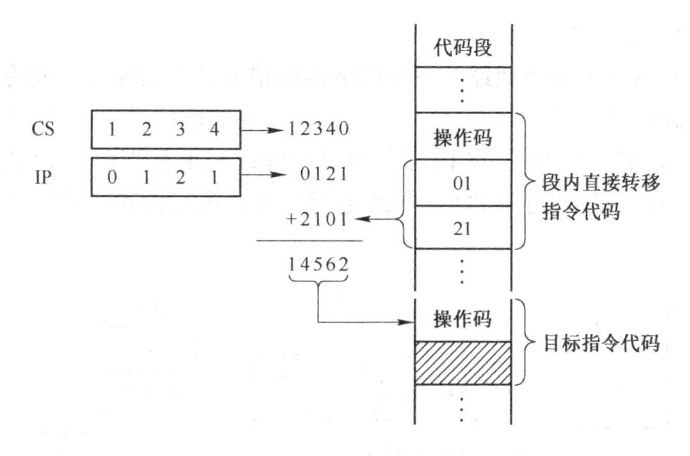

图 3-12　段内直接寻址方式过程

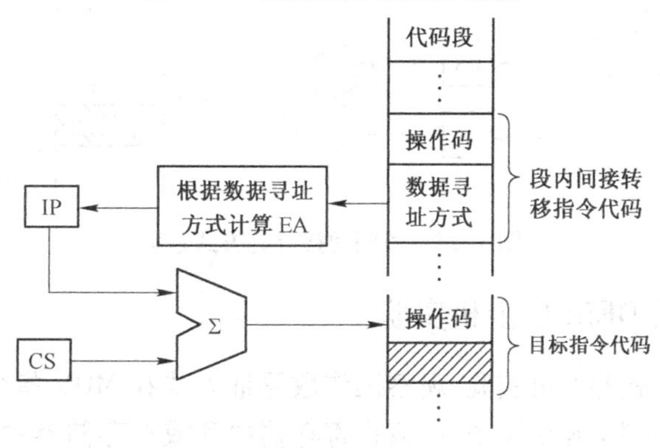

图 3-13　段内间接寻址方式过程

(3) 段间直接寻址方式

在这种方式中,转移的指令地址是由指令码字节直接给出。在指令码中直接给出了 16 位的段地址和 16 位的偏移地址,指令执行时用段地址来更新当前的 CS 内容和用偏移地址来更新当前的 IP 内容。图 3-14 是段间直接寻址方式的寻址过程。

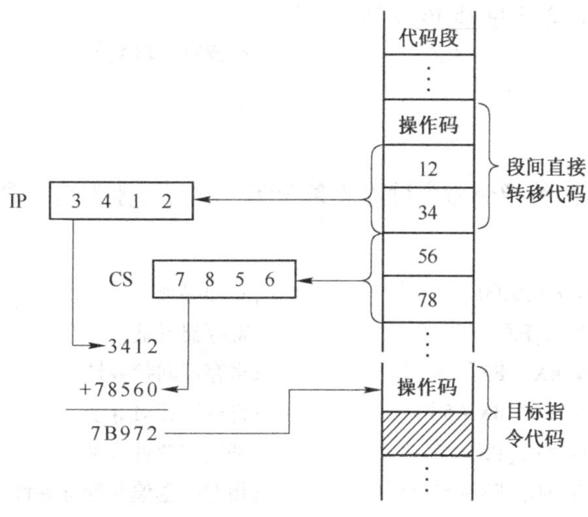

图 3-14　段间直接寻址方式过程

(4) 段间间接寻址方式

在这种方式中，转移的指令地址由一个双字存储单元的内容给出。指令地址存放在存储单元中，其低位字地址单元中存放的是偏移地址，高位字地址单元中存放的是转移段地址。指令执行时用段地址来更新当前的 CS 内容和用偏移地址来更新当前的 IP 内容。而对这个双字，可以采用前面所述存储器寻址的5 种操作数寻址方式进行访问。图3-15 是段间间接寻址方式的寻址过程。

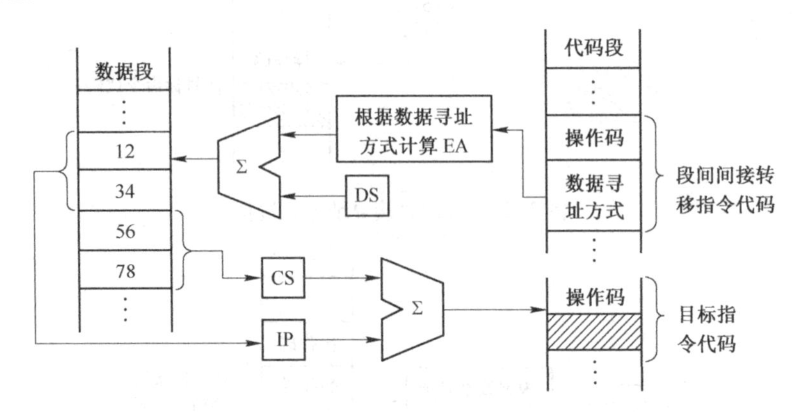

图3-15 段间间接寻址方式过程

3.3.3 寻址方式的 DEBUG 上机实验

通过 DEBUG 调试软件上机实验，观察操作数寻址方式在 MOV 指令中所起的作用，从而明白源操作数存放的位置(或在指令中、或在寄存器中和或在存储器中)、理解各种操作数寻址方式实现的过程。

(1) 数据准备

根据2.2.4 节8086 微处理器寄存器与存储器 DEBUG 上机实验，在内存单元中设置部分数据，供 MOV 指令操作使用。

```
-E DS:0100 01 02 03 04 05 06 07 08        ;修改内存单元的内容
-E DS:0200 11 12 13 14 15 16 17 18
-RCS                                      ;修改寄存器的值
CS 073F:15FC
```

(2) 输入指令

用 DEBUG 的输入汇编指令命令设置7 条 MOV 指令，分别对应7 种寻址方式。

```
-A100
15FC:0100 MOV BX,0100                ;立即寻址
15FC:0103 MOV SI,BX                  ;寄存器寻址
15FC:0105 MOV AX,[BX]                ;寄存器间接寻址
15FC:0107 MOV AX,[BX+5]              ;寄存器相对寻址
15FC:010A MOV AL,[BX+SI]             ;基址加变址寻址
15FC:010C MOV AL,[BX+SI+5]           ;相对的基值和变址寻址
15FC:010F MOV BX,[0205]              ;直接寻址
```

15FC:0113

(3) 查看寄存器内容和所需内存单元的初始值

```
 -D DS:0100 000F                               ;显示内存区域的初始值
073F:0100 01 02 03 04 05 06 07 08 -00 00 00 00 00 00 00 00
 -D DS:0200 020F
073F:0200 11 12 13 14 15 16 17 18 -00 00 00 00 00 00 00 00
 -R                                            ;显示寄存器的初始值
AX=0000 BX=0000 CX=0000 DX=0000 SP=00FD BP=0000 SI=0000 DI=0000 DS=073F ES=
073F SS=073F CS=15FC IP=0100 NV UP EI PL NZ NA PO NC
```

其中 NV UP EI PL NZ NA PO NC 显示的是标志位内容,其含义详见 2.2.4 节。

(4) 执行指令并输出结果

指令地址	DEBUG 命令	执行后寄存器内容			
		AX	BX	SI	IP
15FC:0100	P=0100	0000	**0100**	0000	0103
15FC:0103	P	0000	0100	**0100**	0105
15FC:0105	P	**0201**	0100	0100	0107
15FC:0107	P	**0706**	0100	0100	010A
15FC:010A	P	07 **11**	0100	0100	010C
15FC:010C	P	07 **16**	0100	0100	010F
15FC:010F	P	0716	**1716**	0100	0113

请对照输入的指令,思考一下上述执行后寄存器内容中带下划线的数据是怎样获得的?进一步理解各种操作数寻址方式在 MOV 指令中所起的作用。

3.4 8086 指令系统

8086 CPU 指令系统包含有 133 条基本指令。按功能可分为如下 6 类指令。

① 数据传送类指令。

② 算术运算类指令。

③ 逻辑运算与移位类指令。

④ 字符串指令。

⑤ 控制转移类指令。

⑥ 处理器控制类指令。

由于 8086 CPU 指令系统的功能很强,就容易出现一些较为复杂的指令,学习和掌握好这些指令有一定的难度。因此,在系统地学习各类指令的同时,必须注意理解相关的难点,了解使用各类指令的注意事项。

3.4.1 数据传送类指令

数据传送类指令用于实现 CPU 内部寄存器之间、CPU 与存储器之间、CPU 与 I/O 端口之间的字节或字的传送。这类指令有 4 种。

① 通用数据传送指令。

② 累加器专用传送指令。

③ 地址传送指令。

④ 标志传送指令。

1. 通用数据传送指令

通用数据传送指令中包括最基本的传送指令 MOV、堆栈指令 PUSH 和 POP、数据交换指令 XCHG。

(1) 最基本的传送指令

它是用得最多且形式最简单的指令。可以实现两个寄存器之间、寄存器与存储器之间的数据传送,还可以把一个立即数送给寄存器或内存单元。传送的操作数可以是字节,也可以是字。

格式:MOV　目的操作数,源操作数

功能:将源操作数传送给目的操作数。

举例:

```
① MOV   BL,AL          ;AL→BL 的字节数据传送
② MOV   DS,AX          ;AX→DS 的字数据传送
③ MOV   DL,[DI]        ;DI 所指的内存单元的内容送 DL
④ MOV   [BX],AX        ;AX 中字数据送 BX 和 BX+1 所指的两个单元
⑤ MOV   DX,[1000]      ;将 1000 和 1001 两单元的内容送 DX
⑥ MOV   BH,120         ;立即数传送,120→BH
⑦ MOV   DX,1234H       ;立即数传送,1234H→DX
```

注意点:

1) 源操作数和目的操作数之间的位数必须一致,即同时为 8 位数据传送,或同时为 16 位数据传送。举例③是 8 位数据传送,举例④是 16 位数据传送,MOV AX,BL 指令传送的位数不一致,是错误的。

2) 立即数和寄存器 CS 及 IP 不可以作为目的操作数,如 MOV CS,AX 是错误的。

3) 源操作数和目的操作数不能同时为内存单元,也不能同时为立即数,如 MOV　[23],[24]、MOV　12,13 都是错误的。

4) 用 BP 来间接寻址时,默认的段寄存器是 SS,其余寄存器的间接寻址时,其默认的段寄存器是 DS。

5) 通用传送指令都不改变标志。

6) 为了防止堆栈空间变动过程中出现中断的可能性,在修改 SS 和 SP 的连续两条指令之间不允许插入其他任何指令。

(2) 堆栈操作指令

为了使子程序被调用后能正常返回,中断结束后能回到断点地址,以及使在子程序或中断处理程序返回后所用寄存器的原始值不变,这就需要通过堆栈来实现。也就是进入子程序或中断处理程序时用堆栈保存返回地址或断点地址,保存程序中所用寄存器的原始值。在子程序返回和中断处理返回时,从堆栈中恢复返回地址或断点地址,恢复寄存器的原始值。

在学习堆栈操作指令前，首先应搞清楚堆栈的概念。堆栈是一种数据结构，是在内存中开辟了一个比较特殊的存储区，这个区域中数据的存取采用“后进先出”的原则。8086 CPU 在存储器分段管理时，划分了一个专门的堆栈区，叫作堆栈段。堆栈段在存储区中的位置由堆栈段寄存器 SS 来确定，堆栈段中栈顶数据的地址由段寄存器 SS 和堆栈指针 SP 来寻址。SS 存放堆栈段首地址的高 16 位，SP 表示栈顶离段首址的偏移量。只有栈顶与栈底之间单元中的内容才是堆栈段的有效数据。堆栈操作有 PUSH 入栈和 POP 出栈两种，都是 16 位的字操作，其操作过程如图 3-16 所示。

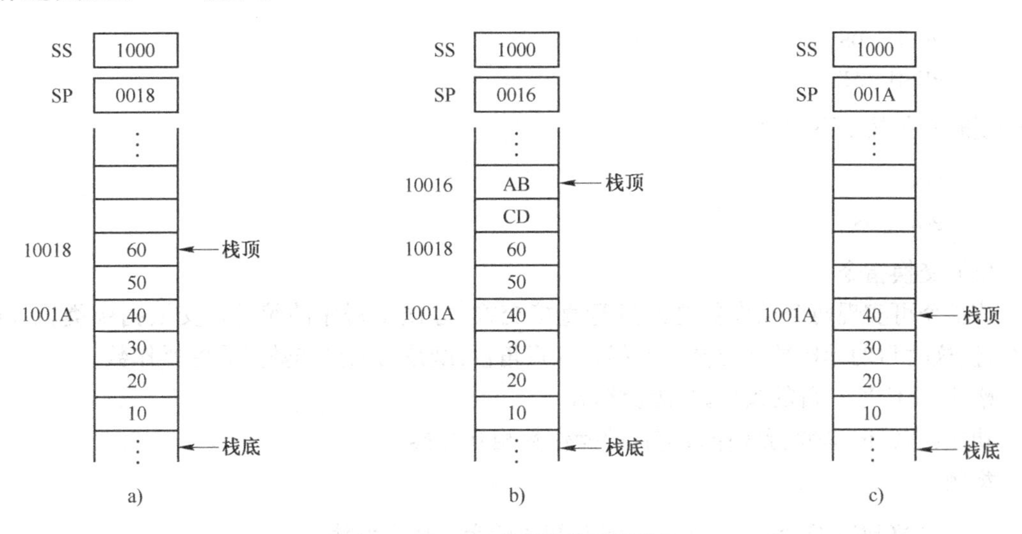

图 3-16　8086 系统堆栈及其操作

a) 堆栈原始状态　b) 执行 push AX (AX) = CDABH　c) 执行POP AX 后的状态 POP BX

8086 CPU 指令系统提供了专用的堆栈操作指令。

格式：PUSH　源操作数

　　　POP　　目的操作数

功能：PUSH 是将源操作数压入堆栈，POP 是将栈顶两单元的内容送目的操作数。

举例：

```
① PUSH  BX      ;将 BX 的内容压入堆栈,SP = SP - 2
② PUSH  ES      ;ES 的内容压入堆栈,SP = SP - 2
③ PUSH  DS      ;DS 的内容压入堆栈,SP = SP - 2
④ PUSH  [SI]    ;将 SI 和 SI + 1 所指两单元的内容压入堆栈,SP = SP - 2
⑤ POP   AX      ;将栈顶两单元的内容送 AX,SP = SP + 2
⑥ POP   BX      ;将栈顶两单元的内容送 BX,SP = SP + 2
⑦ POP   [DI]    ;将栈顶两单元的内容弹出送 DI 和 DI + 1 所指的两单元
                ;SP = SP + 2
```

注意点：

1) 8086 CPU 的堆栈操作必须是字操作，而 PUSH AL、POP BH 指令是错误的。

2) 执行 PUSH 指令时，SP 自动减 2，源操作数的低位字节放在 SP 所指单元中，高位字节放在 SP+1 所指单元中。执行 POP 指令时,栈顶指针 SP 所指的字数据送目的操作数,SP 自动加 2。

3）源操作数和目的操作数可以是寄存器(举例①、②、③、⑤、⑥)、存储器(举例④、⑦),CS 寄存器可以作为源操作数,但不能作为目的操作数,即 POP　CS 是错误的。

4）要注意堆栈中内容的先出后进次序,因此,在子程序中,为了保护寄存器内容不变,在子程序开始执行一系列 PUSH 指令和子程序返回前执行一系列 POP 指令时,必须按照对应的次序安排,例如:

```
PUSH   DS
PUSH   AX
```

则恢复时必须按如下次序:

```
POP   AX
POP   DS
```

(3）交换指令

该指令可实现两个操作数之间进行直接交换,方便了程序的编写。交换指令类似 MOV 指令,但这时目的操作数和源操作数都是双重角色,既是目的操作数又是源操作数。

格式: XCHG　目的操作数,源操作数

功能: XCHG 是将源操作数与目的操作数相互交换。

举例:

```
① XCHG   AH,BL            ;AH 和 BL 的字节内容互相交换
② XCHG   DX,BX            ;DX 和 BX 的字内容互相交换
③ XCHG   [505H],AX        ;AX 中的内容和 505H、506H 单元的内容互相交换
```

注意点:

由于目的操作数和源操作数都是双重角色,MOV 指令中的注意事项,这里同样要遵守,如 XCHG　[12H],[34]、XCHG　AX, CS、XCHG　BX, 1234H 都是错误的。

2. 累加器专用传送指令

累加器是 8086 CPU 进行数据传输的核心。在 8086 指令系统中,有两类指令是专门通过累加器来执行的。

① 输入/输出指令。

② 换码指令。

(1）输入/输出指令

输入/输出指令是工业控制中常用的指令。可以分为两大类:一类是直接端口寻址的输入/输出指令;另一类是通过 DX 寄存器间接寻址的输入/输出指令。这一点在前面寻址方式中已经进行过详细讨论。

格式: IN　AC, 源操作数

　　　OUT 目的操作数,AC

功能: IN 指令是将数据从一个输入端口传送到累加器中,OUT 指令是将数据从累加器传送到一个输出端口中,AC 表示累加器 AL 或 AX。

举例:

① IN　AL,20H　　　；20H 端口中一个字节内容送 AL,是字节数据传送

② OUT DX,AX　　　；AL 的内容送 DX 所指端口和 AH 的内容送 DX＋1 所指端口

注意点：

1）OUT 指令可以实现字节数据传送,也可以实现字数据传送,但只能实现累加器与端口之间数据传送,其他寄存器是不能代替累加器,即 IN　BL,20H 是错误的。

2）OUT 指令的直接端口寻址范围为 0～255,即 OUT　378H,AL 是错误的。

3）OUT 指令的寄存器间接寻址范围为 0～65536,但只能用 DX 寄存器间接寻址,其他寄存器是不能代替的,且不能加"[ ]"。即：OUT　BX,AL 和 IN　AX,[DX] 是错误的。

4）当 I/O 端口与内存统一编址时,不能用输入/输出指令。可采用访问存储器的指令来访问 I/O 端口。

5）IBM-PC 机只使用了 A_0～A_9 这 10 条地址线作为 I/O 端口地址线,因此,IBM-PC 系统的寻址范围为 0～1023。

（2）换码指令

这是一条较为复杂的传送指令,该指令用来将一个代码值转换成相应的另一种代码值,如将 BCD 码转换成相应的字形代码。

格式：XLAT

功能：将 BX 和 AL 中的值相加,把得到的值作为地址,然后将此地址所对应的单元中的值取到 AL 中。

举例：若要将十进制数 0～9 转换成共阳极 LED 显示的字形代码,则对照表如表 3-2 所示。

表 3-2　十进制数 0～9 转换成 LED 显示的字形代码

十进制数	字形代码	十进制数	字形代码
0	40H	5	12H
1	79H	6	02H
2	24H	7	78H
3	30H	8	00H
4	19H	9	18H

设字形代码存放在内存的首地址为 300H。现要求将 BCD 码某数（如 7）转换成相应的字形代码存入 AL 中,借助于 XLAT 指令实现上述转换的步骤如下。

① 将字形代码表的首地址 300H 置于 BX 中。

② 将欲转换的 BCD 码某数置于 AL 中。本例中 AL 为 07H。

③ 执行 XLAT 指令。本指令的功能是求出 EA＝(BX)＋(AL)。在本例中 EA＝300H＋07H,然后再将(EA)→AL 中,执行结果是将 7 的 BCD 字形代码送入 AL 中。XLAT 指令执行过程如图 3-17 所示。

注意点：

1）XLAT 指令应用时,首先对应列出代码的对照表格。

2）使用换码指令之前,要求 BX 寄存器指向表的首地址,AL 的内容是表中某一项与表格首地址之间的偏移量。

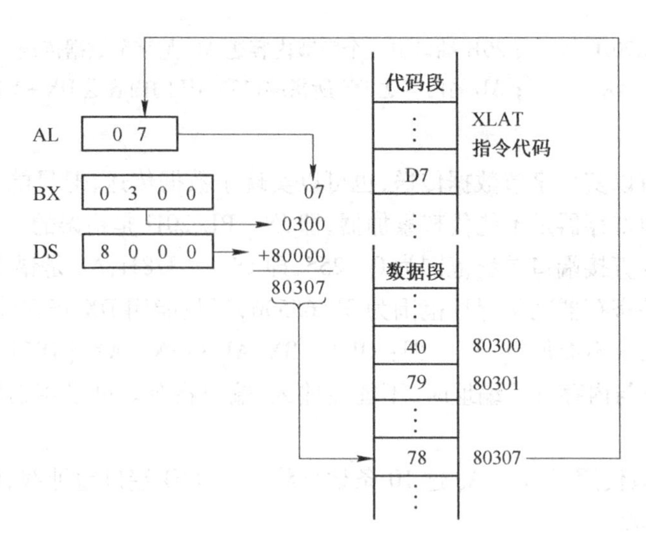

图 3-17　XLAT 指令执行过程

3. 地址传送指令

地址传送指令包括 3 条指令。

① 取有效地址指令 LEA。

② 将地址指针装入 DS 指令 LDS。

③ 将地址指针装入 ES 指令 LES。

格式：LEA　寄存器,源操作数

　　　LDS　寄存器,源操作数

　　　LES　寄存器,源操作数

功能：LEA 是将存放源操作数的 16 位偏移地址送到一个 16 位的通用寄存器；LDS 是把源操作数有效地址所对应内存单元中的双字长的高字内容送入 DS，低字内容送入指令所指定的寄存器；LES 是把源操作数有效地址所对应内存单元中双字长的高字内容送入 ES，低字内容送入指令所指定的寄存器。

举例：

```
① LEA   AX,[DI+1000]        ;将 DI+1000 送 AX
② LEA   AX,[3721H]          ;将 3721H 单元的地址偏移量(有效地址)送 AX
                             ;指令执行后(AX)=3721H
③ LDS   SI,[2130H]          ;执行此指令后,将 2130H 和 2131H 中的内容(偏移量)
                             ;送到 SI 中,将 2132H 和 2133H 中的内容(段值)送到 DS
                             ;中。图 3-18 为 LDS 指令的执行示意图
④ LES   DI,[SI]             ;执行此指令后,若 DS=2000H,SI=1000H 则将 21000H
                             ;和 21001H 中的内容(偏移量)送到 DI 中,而将 21002H
                             ;和 21003H 中的内容(段值)送到 ES 中
```

注意点：

1）指令格式中的源操作数必须是存储器寻址方式。

2）注意 LEA 指令与 MOV 指令的区别。举例②指令执行后 AX＝3721H，而指令 MOV AX,[3721H] 执行后 AX 的值是 DS：3721H 内存单元中的内容。

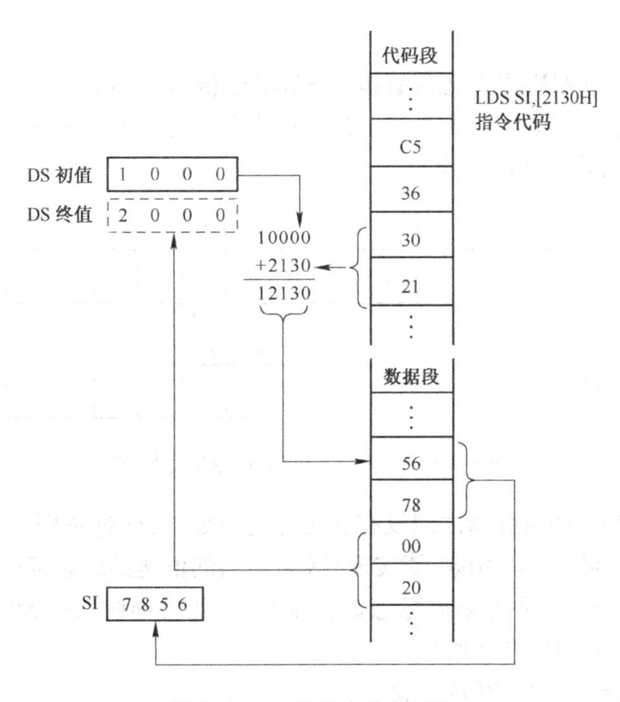

图 3-18　LDS 指令执行过程

3）LDS 和 LES 指令中源操作数有效地址所对应的双字长的高字内容一般为 16 位段地址，低字内容一般为 16 位偏移地址，这两条指令主要用来装入段地址和偏移地址的。

4. 标志传送指令

标志传送指令可实现对前一章中 8086 CPU 标志寄存器的各标志位进行必要的处理，这方面的指令共有 4 条。

① 标志读取指令 LAHF。

② 标志设置指令 SAHF。

③ 标志寄存器压入堆栈指令 PUSHF。

④ 标志寄存器从堆栈弹出指令 POPF。

格式：LAHF

　　　SAHF

　　　PUSHF

　　　POPF

功能：LAHF 是将标志寄存器中的低 8 位传送到 AH 中；SAHF 是将 AH 寄存器的相应位传送到标志寄存器的低 8 位；PUSHF 是将标志寄存器的值压入堆栈顶部；POPF 是从堆栈中弹出一个字送到标志寄存器中。

举例：

```
① PUSHF          ;标志寄存器的值压入堆栈
② POP   BX       ;堆栈中弹出一个字送到 BX 中
③ PUSH   CX      ;CX 的值压入堆栈
④ POPF           ;堆栈中弹出一个字送到标志寄存器中
```

注意点:

1）标志读取指令 LAHF 和标志设置指令 SAHF 仅传送 SF、ZF、AF、PF 和 CF 5 个标志,传送到 AH 寄存器相应的位如图 3-19 所示。这两条指令是为了保持 8086 指令系统对 8 位微处理器 8080 指令系统的兼容性而设置的。

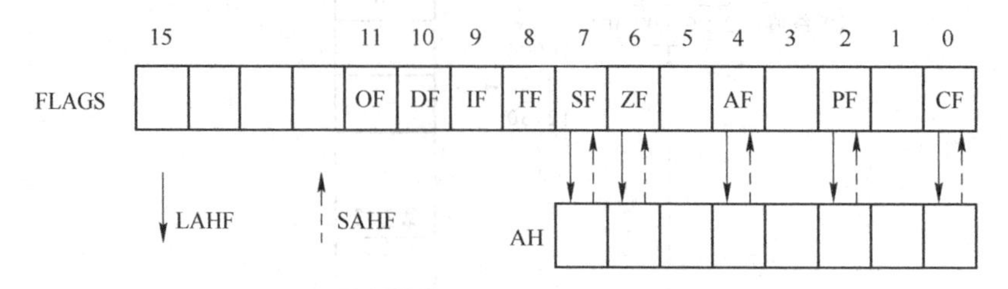

图 3-19　LAHF 和 SAHF 指令传送操作

2）标志寄存器与通用寄存器之间没有直接传送指令,可通过举例①、②实现标志寄存器的值送到 BX 寄存器;可通过举例③、④实现 CX 寄存器的值送到标志寄存器。

3）执行 PUSHF 指令是不影响原标志寄存器的值,此时堆栈指针 SP 的值自动减 2;执行 POPF 指令堆栈指针 SP 的值自动加 2。

附:数据传送类指令的 DEBUG 实验。

（1）数据准备

```
-E DS:1000 10 11 12 13 14 15 16 17
-EDS:1200 1A 1B 1C 1D 1E 1F
-RCS
CS 073F:15FC
-RSS
SS 073F:23AB
```

（2）输入指令

```
-A100
15FC:0100 MOV AX,[1000]                    ;最基本的传送指令
15FC:0103 MOV BX,FFF0
15FC:0106 XCHG AX,BX                       ;交换指令
15FC:0108 XLAT                             ;换码指令
15FC:0109 SAHF                             ;标志位设置指令
15FC:010A LEA AX,[1002]                    ;取有效地址指令
15FC:010E LAHF                             ;标志位读取指令
15FC:010F LDS BX,[1002]                    ;将地址指针装入 DS 指令
15FC:0113 PUSHF                            ;标志寄存器压入堆栈指令
15FC:0114 POP BX                           ;入栈指令
```

（3）查看所需内存单元及寄存器初始值

```
-D DS:1000 0107
073F:1000 10 11 12 13 14 15 16 17
```

```
-D DS:1200 1207
073F:1200 1A 1B 1C 1D 1E 1F 00 00
-D SS:00FB 00FF
23AB:00FB 00 00 00 00 00
-R
AX=0000 BX=0000 CX=0000 DX=0000 SP=00FD BP=0000 SI=0000 DI=0000 DS=073F ES=
073F SS=23AB CS=15FC IP=0100 NV UP EI PL NZ NA PO NC
```

（4）执行指令并输出结果

指令地址	DEBUG 命令	执行后寄存器与相关内存单元内容					
		AX	BX	SP	DS	IP	标志寄存器变化
15FC:0100	P=0100	1110	0000	00FD	073F	0103	PL NZ NA PO NC
15FC:0103	P	1110	FFF0	00FD	073F	0106	PL NZ NA PO NC
15FC:0106	P	FFF0	1110	00FD	073F	0108	PL NZ NA PO NC
15FC:0108	P	FF1A	1110	00FD	073F	0109	PL NZ NA PO NC
15FC:0109	P	FF1A	1110	00FD	073F	010A	NG ZR AC PE CY
15FC:010A	P	1002	1110	00FD	073F	010E	NG ZR AC PE CY
15FC:010E	P	D702	1110	00FD	073F	010F	NG ZR AC PE CY
15FC:010F	P	D702	1312	00FD	1514	0113	NG ZR AC PE CY
15FC:0113	P	D702	1312	00FB	1514	0114	NG ZR AC PE CY
D SS:00FB 00FF		D7 02 00 00 00					
15FC:0114	P	D702	02D7	00FD	1514	0115	NG ZR AC PE CY

请对照输入的指令，思考一下上述执行后寄存器内容中带下划线的数据是怎样获得的？进一步理解各种数据传送类指令的作用。

3.4.2 算术运算类指令

算术运算类指令涉及两种类型的数据，即无符号数和有符号数。这两种类型数据的表达方式在前面3.1节已予以说明。算术运算类指令又分加、减、乘、除4种类别的指令。对这4种运算的指令来说，参与运算的两个操作数必须是同一类型的数据，对乘法和除法来说，无符号数和有符号数采用的指令是不同的。但对加法和减法来说，虽然采用同一套指令，但运算结果是否溢出的判断方法是不同的。对有符号数运算结果溢出的规律在第1章中已予以说明，即双高位判别法。对无符号数运算结果产生溢出唯一的原因就是运算结果超过了最大表示范围，因此溢出也就是有进位。

1. 加法指令

格式：ADD　目的操作数，源操作数

　　　ADC　目的操作数，源操作数

　　　INC　目的操作数

功能：ADD是不带进位位的加法指令，功能是目的操作数加源操作数，结果送回目的操作数；ADC是带进位位的加法指令，功能是目的操作数加源操作数再加进位，结果送回目的操作数；INC是增量指令，功能是将目的操作数的内容加1，再送回该操作数。

举例：

```
① ADD  BL,15H        ;(BL) +15H→BL,字节相加
② ADD  BX,SI         ;(BX) +(SI)→BX,字相加
③ ADC  CX,[BX]       ;BX和BX+1所指的存储单元的内容和CX的
                     ;内容以及CF的值相加,结果放在CX中
④ INC  DX            ;将DX中的内容加1
```

注意点:

1) ADD和ADC指令除了是否带进位的区别以外,其余都相同。它们源操作数和目的操作数的寻址方式是一样的,目的操作数不能是立即数、CS、IP。

2) ADC指令为实现多字节的加法运算提供了方便。

3) INC指令影响标志位AF、OF、PF、SF和ZF,但它不影响进位标志CF。

4) ADD和ADC指令要影响标志位OF、SF、ZF、AF、CF、PF。

2. 减法指令

格式:SUB 目的操作数,源操作数

SBB 目的操作数,源操作数

DEC 目的操作数

NEG 目的操作数

CMP 目的操作数,源操作数

功能:SUB是不带借位的减法指令,功能是目的操作数减去源操作数,结果送回目的操作数;SBB是带借位的减法指令,功能是目的操作数减去源操作数再减去借位,结果送回目的操作数;DEC是减量指令,功能是将目的操作数的内容减1,再送回该操作数;NEG是求补指令,功能是将目的操作数的内容取补码,再将结果送回该操作数;CMP是比较指令,功能是目的操作数减去源操作数,但不送回相减的结果,只是使结果影响标志位。

举例:

```
① SUB  AX,BX         ;(AX) -(BX)→AX,字相减
② SUB  AH,110        ;(AH) -110→AH,字节相减
③ SBB  [BX],AX       ;BX和BX+1所指的两单元中的内容减去AX和CF中的内容
④ DEC BX             ;(BX) -1→BX
```

注意点:

1) SUB和SBB指令除了是否带借位的区别以外,其余都相同。它们源操作数和目的操作数的寻址方式是一样的,目的操作数不能是立即数、CS、IP。

2) SBB指令为实现多字节的减法运算提供了方便。

3) DEC指令影响标志位AF、OF、PF、SF和ZF,但它不影响进位标志CF。

4) SUB、SBB、NEG、CMP指令都要影响标志位OF、SF、ZF、AF、CF、PF。

5) 求补指令NEG相当于用0减去目的操作数。该指令会影响标志位AF、CF、OF、PF、SF和ZF。只有当目的操作数为0时,CF才为0,否则CF为1。

6) 比较指令CMP只是使结果影响标志位,但不送回相减的结果。

3. 乘法指令

格式:MUL 源操作数

IMUL 源操作数

功能：MUL 是无符号数相乘，IMUL 是有符号数相乘。功能是 AL 乘以源操作数，16 位乘积存放在 AX 中，或 AX 乘以源操作数，32 位乘积存放在 DX、AX 中，如图 3-20 所示。

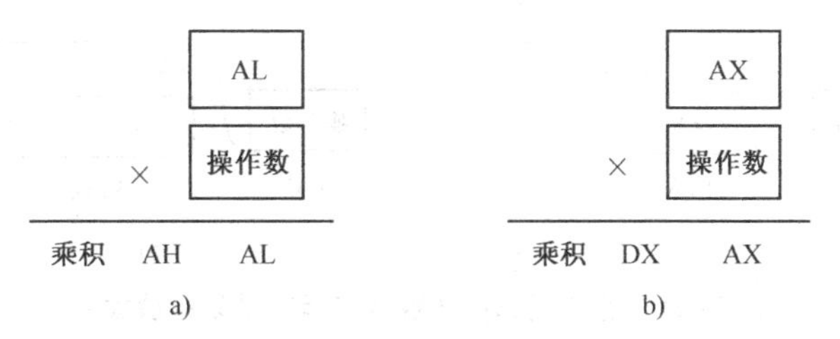

图 3-20 乘法运算操作数及其运算结果间关系

a）字节操作数 b）字操作数

举例：

```
① MUL   DL        ;DL 中的内容与 AL 中的内容相乘,结果放在 AX 中
② IMUL  BX        ;AX 和 BX 中的两个 16 位有符号数相乘,结果放在 DX 和 AX 中
```

注意点：

1）在乘法指令中，只有一个源操作数作为乘数，另一个乘数隐含给出，当源操作数是 8 位时，则另一个乘数放在 AL 中；当源操作数是 16 位时，则另一个乘数放在 AX 中。

2）存放乘法指令积的寄存器也是隐含给出，当源操作数是 8 位时，则存放积的寄存器是 AX；当源操作数是 16 位时，则存放积的低 16 位寄存器是 AX，高 16 位寄存器是 DX。

3）乘法运算指令 MUL 和 IMUL 在执行时，会影响标志位 CF 和 OF，即乘积的高半部分（字节乘指 AH，字乘指 DX）不为 0，则标志位 CF 和 OF 均置 1，表示 AH 及 DX 中有乘积的有效数字，否则 CF、OF 均置 0，但 AF、PF、SF 和 ZF 是不确定的，因此这 4 个标志位无意义。

4. 除法指令

格式：DIV 源操作数

IDIV 源操作数

CBW

CWD

功能：DIV 是无符号数除法，IDIV 是有符号数除法。功能是 DX 和 AX 表示的 32 位数除以源操作数，得到 16 位的商放在 AX 中，16 位的余数放在 DX 中。或 AX 表示的 16 位数除以 8 位的源操作数，得到 8 位的商放在 AL 中，8 位的余数放在 AH 中，如图 3-21 所示。CBW 将字节扩展成字的指令，即将 AL 寄存器中的符号位扩展到 AH 中。CWD 指令将 AX 中的被除数扩展成双字，即把 AX 中的符号位扩展到 DX 中。

举例：

```
① DIV   DL          ;AX 中的数除以 DL 中的数,商在 AL 中,余数在 AH 中
② IDIV  BX          ;DX 和 AX 中的 32 位有符号数除以 BX 中的 16 位有符号
                    ;数,商在 AX 中,余数在 DX 中
③ MOV   AL,72H      ;72H 送 AL
④ CBW               ;AH 扩展成 00,AX = 0072H
⑤ MOV   AX,8600H    ;8600H 送 AX
```

⑥ CWD ;DX 扩展成 FFFF,DX：AX = FFFF8600H

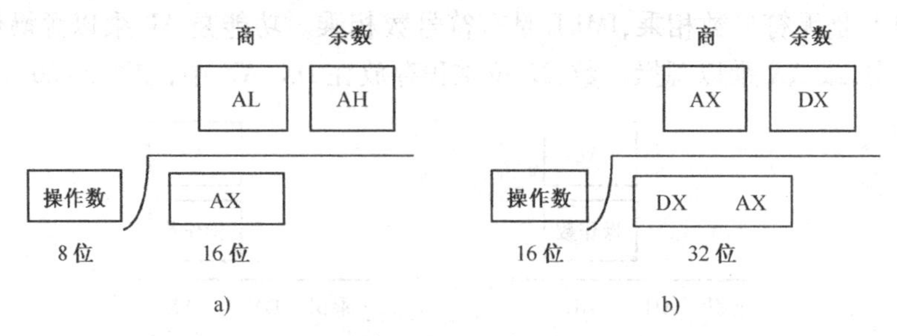

图 3-21 除法运算操作数及其运算结果存放关系

a) 字节操作数 b) 字操作数

注意点：

1) 在除法指令中,只有一个源操作数作为除数,被除数隐含给出,当源操作数是 8 位时,则被除数一定是 16 位的数,被放在 AX 中;当源操作数是 16 位时,则被除数一定是 32 位的数,低 16 位放在 AX 中,高 16 位放在 DX 中。

2) 除法运算后,6 个状态标志位都是不确定的,也就是说,它们是没有意义。

3) 除法运算的溢出问题不能使用标志位 OF 来判断。如果除数是 8 位,则商的范围为 0 ~255(对有符号除法为 -128 ~ +127);如果源操作数是 16 位,则商的范围为 0 ~65535(对有符号除法为 -32768 ~ +32767)。若商超出了这个范围,CPU 认为除数为 0,即产生 0 号中断。

4) IDIV 指令规定余数的符号和被除数的符号相同,如 -51 除以 9,可以得到商为 -5,余数为 -6。

5) 当被除数与除数位数相同时,必须进行扩展处理,即用 CBW 进行字扩展,见举例③、④,用 CWD 进行双字扩展,见举例⑤、⑥。

6) CBW、CWD 指令在执行时,不影响标志位。

5. BCD 码运算的调整指令

从第 1 章可知,BCD 码是用 4 位二进制码表示 1 位十进制码。BCD 码只有 0 ~9 十种编码。它分为两类：组合式 BCD 码和分离式 BCD 码。组合式 BCD 码就是用 1 个字节表示 2 位 BCD 码;分离式 BCD 码是 1 个字节只表示 1 位 BCD 码,只用低 4 位来表示 BCD 码,高 4 位为 0 或不用。分离式 BCD 码也称 ASCII 码(高 4 位不用)。8086 CPU 对 BCD 码进行加、减、乘运算时,是利用对普通二进制数的运算指令算出结果,然后用专门的指令对结果进行调整;8086 CPU 对 BCD 码进行除法运算时,先对数据进行调整,再用二进制数指令进行运算,最后对结果进行调整。

调整指令格式：DAA

AAA

DAS

AAS

AAM

AAD

功能：DAA 是对两个组合式 BCD 码相加结果进行调整;AAA 是对两个分离式 BCD 码相加结果进行调整;DAS 是对两个组合式 BCD 码相减结果进行调整;AAS 是对两个分离式 BCD

码相减结果进行调整;AAM 将二进制数乘法运算中间结果调整成以分离式表示的 BCD 码乘积,积的高位存放在 AH 中,低位存放在 AL 中;AAD 是将 AH 及 AL 中二位分离式 BCD 码调整为二进制数并存入 AL 中,以便进行二进制数除法运算。

加减法调整原理:

DAA 是当二进制数加法结果 AL 中低 4 位大于 9 或辅助进位位 AF = 1 时,则应对 AL 中低 4 位($A_3 \sim A_0$)进行加 6 修正;当 AL 中高 4 位($A_7 \sim A_4$)大于 9 或进位位 CF = 1 时,应对 AL 中高 4 位进行加 6 修正。

AAA 是若二进制数加法结果 AL 中低 4 位大于 9 或 AF = 1 则应对累加器 AL 进行加 6 修正,同时使 AH 寄存器加 1,并使 AF 及 CF 的标志置 1,使 AL 寄存器中高 4 位清 0。

DAS 是当二进制数减法结果 AL 中低 4 位大于 9 或辅助进位位 AF = 1 时,则应对 AL 中低 4 位($A_3 \sim A_0$)进行减 6 修正;当 AL 中高 4 位($A_7 \sim A_4$)大于 9 或进位位 CF = 1 时,应对 AL 中高 4 位进行减 6 修正。

AAS 是若二进制数减法结果 AL 中低 4 位大于 9 或 AF = 1 则应对累加器 AL 进行减 6 修正,同时使 AH 寄存器减 1,并使 AF 及 CF 的标志置 1,使 AL 寄存器中高 4 位清 0。

举例:

```
① ADC   AL,[SI]      ;两个组合式 BCD 码相加
② DAA                ;对相加结果进行十进制调整
③ ADD   AL,[DI]      ;两个分离式 BCD 码相加
④ AAA                ;对相加结果进行十进制调整
⑤ SUB   AL,[BX]      ;两个组合式 BCD 码相减
⑥ DAS                ;对相减结果进行十进制调整
⑦ MUL   DL           ;两个分离式 BCD 码相乘
⑧ AAM                ;将中间结果调整成分离式 BCD 码
⑨ AAD                ;对被除数进行调整(AH * 10 + AL)
⑩ DIV   BL           ;对中间结果(AX)除以 BL
```

注意点:

1) BCD 码的加法,可以认为由 ADD(ADC)和 DAA 两条指令一起才能构成十进制数的加法运算指令。可把这两条指令看成是复合的十进制数加法指令,BCD 码的减法也一样,如举例中的①和②、③和④以及复合的十进制数减法指令⑤和⑥。

2) 只有分离的 BCD 码才能进行乘法运算,利用十进制数调整指令 AAM 将结果调整后,积的高位存放在 AH 中,低位存放在 AL 中,如举例中的⑦和⑧。

3) 加、减、乘法在使用十进制调整指令前,中间结果都存入 AL 中,不能使用其他寄存器。如举例中的①、③、⑤、⑦指令。

4) 只有分离式 BCD 码才能进行除法运算,分离式 BCD 码除法使用次序与加、减、乘法不一样,在进行二进制除法运算之前,使用十进制数除法调整指令 AAD 将 AH 及 AL 中二位十进制数调整为二进制数。

附:算术运算类指令的 DEBUG 实验。

(1) 数据准备

```
-E DS:1000 10 11 12 13 14 15 16 17 18 19 1A 1B 1C 1D 1E 1F
-RCS
```

```
CS 073F:15FC
-RAX
AX 0000:FFFF
-RBX
BX 0000:0004
```

（2）输入指令

```
-A100
15FC:0100 ADC AL,[1000]          ;带进位的加法指令
15FC:0104 DAA                    ;对两个组合式 BCD 码相加结果进行调整
15FC:0105 CBW                    ;将字节扩展成字
15FC:0106 ADD AL,3A              ;不带进位的加法指令
15FC:0108 AAA                    ;对两个分离式 BCD 码相加结果进行调整
15FC:0109 SUB AL,[100A]          ;不带借位的减法指令
15FC:010D DAS                    ;对两个组合式 BCD 码相减结果进行调整
15FC:010E MUL BL                 ;无符号数乘法指令
15FC:0110 AAM                    ;将中间结果调整成分离式 BCD 码
15FC:0112 DEC BX                 ;自减 1
15FC:0113 AAD                    ;对被除数进行调整
15FC:0115 DIV BX                 ;无符号数除法指令
```

（3）查看所需内存单元及寄存器初始值

```
-D DS:1000 100F
073F:1000 10 11 12 13 14 15 16 17-18 19 1A 1B 1C 1D 1E 1F
-R
AX=FFFF BX=0004 CX=0000 DX=0000 SP=00FD BP=0000 SI=0000 DI=0000 DS=073F
ES=073F SS=073F CS=15FC IP=0100 NV UP EI PL NZ NA PO NC
```

（4）执行指令并输出结果

指令地址	DEBUG 命令	执行后寄存器内容				
		AX	BX	DX	IP	标志寄存器变化
15FC:0100	P=0100	FF0F	0004	0000	0104	NV UP EI PL NZ NA PE CY
15FC:0104	P	FF75	0004	0000	0105	NV UP EI PL NZ AC PO NC
15FC:0105	P	0075	0004	0000	0106	NV UP EI PL NZ AC PO NC
15FC:0106	P	00AF	0004	0000	0108	OV UP EI NG NZ NA PE NC
15FC:0108	P	0105	0004	0000	0109	NV UP EI NG NZ AC PO CY
15FC:0109	P	01EB	0004	0000	010D	NV UP EI NG NZ AC PE CY
15FC:010D	P	0185	0004	0000	010E	NV UP EI NG NZ AC PO CY
15FC:010E	P	0214	0004	0000	0110	OV UP EI NG NZ AC PO CY
15FC:0110	P	0200	0004	0000	0112	NV UP EI PL ZR NA PE NC
15FC:0112	P	0200	0003	0000	0113	NV UP EI PL NZ NA PE NC
15FC:0113	P	0014	0003	0000	0115	NV UP EI PL NZ NA PE NC
15FC:0115	P	0006	0003	0002	0117	NV UP EI NG NZ NA PE NC

请对照输入的指令，思考一下上述执行后寄存器内容中带下划线的数据是怎样获得的？进一步理解各种算术运算类指令的作用。

3.4.3 逻辑运算和移位指令

8086 CPU 指令系统为了处理字节(8 位)或字(16 位)中各位的信息，提供了两组处理指令：逻辑运算指令和移位指令。

1. 逻辑运算指令

指令格式：AND　目的操作数，源操作数
　　　　　OR　目的操作数，源操作数
　　　　　NOT　目的操作数
　　　　　XOR　目的操作数，源操作数
　　　　　TEST　目的操作数，源操作数

功能：AND 是将目的操作数和源操作数按位进行"与"运算，结果送回目的操作数；OR 是将目的操作数和源操作数按位进行"或"运算，结果送回目的操作数；NOT 是将目的操作数按位进行"非"运算，结果送回目的操作数；XOR 是将目的操作数和源操作数按位进行"异或"运算，结果送回目的操作数；TEST 是将目的操作数和源操作数按位进行"与"运算，结果不送回目的操作数，仅改变标志位。

举例：

```
① AND  BL,0FH         ;BL 中的内容和 0FH 按位与，结果送回 BL
② OR   CX,[BX + DI]   ;CX 和 BX + DI 及 BX + DI + 1 两个存储单元的内容按位
                      ;或，结果送回 CX 中
③ XOR  AX,0FF00H      ;AX 和 0FF00H 按位异或，结果送回 AX 中
④ TEST BX,8000H       ;如 BX 的最高位为 1，则 ZF = 0，否则 ZF = 1
⑤ NOT  DH             ;将 DH 的内容按位求反，结果送回 DH
```

注意点：

1) 所有的指令都对其操作数按位进行逻辑操作，操作数可以是字节或字。

2) 目的操作数不能是立即数；当有两个操作数时，则不能同时都是存储器操作数。

3) TEST 指令的功能和 AND 指令功能相似，将两数进行逻辑"与"操作，但结果不送回到目的数中，仅影响 SF、ZF 和 PF 标志位。

2. 移位指令

8086 CPU 有 8 条移位指令，分为两大类：非循环移位指令和循环移位指令。通过这 8 条指令，可以对寄存器或者内存单元中的 8 位或 16 位操作数进行移位。

(1) 非循环移位指令

指令格式：SAL　目的操作数，计数值
　　　　　SHL　目的操作数，计数值
　　　　　SAR　目的操作数，计数值
　　　　　SHR　目的操作数，计数值

功能：算术左移指令(Shift Arithmetic Left，SAL)和逻辑左移指令(Shift Logic Left，SHL)其操作功能完全相同，是以最低位补 0 的方式依次向左移，最高位移入 CF。算术右移指令(Shift

Arithmetic Right,SAR)指令是最高位保持不变并依次向右移,最低位移入 CF。而逻辑右移指令(Shift Logic Right,SHR)指令在执行时以最高位补 0 的方式向右移,最低位移入 CF。非循环移位指令所执行的操作如图 3-22 所示。

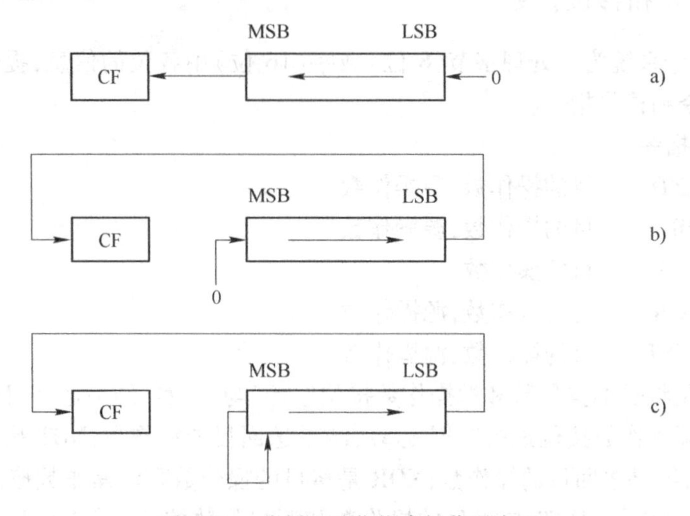

图 3-22　非循环移位指令操作示意图
a) SHL/SAL 算术左移　b) SHR 逻辑右移　c) SAR 算术右移

举例:

① SAL　AX,1	;将 AX 中的值算术左移 1 位,最低位补 0,相当于 AX 内容乘以 2
② SHL　AX,CL	;将 AX 中的值逻辑左移 n 次,n 的值 CL 给出,每移一次,最低位补 ;0 一次
③ SAR　WORD PTR [SI],1	;将 SI 和 SI+1 所指两单元中的值算术右移 1 位,最高位保持不变, ;相当于两单元的内容除以 2
④ SHR　DI,1	;将 DI 逻辑右移 1 位,最高位补 0

注意点:

1) 指令操作数中的目的操作数可以是字节或字,如举例①、②。指令的目的操作数只能是寄存器或存储器操作数,计数值可以是 1 或 CL,最多可移位 255 位。

2) 算术右移保持目的操作数的符号位(即最高位)不变。算术左移或右移 n 位,相当于把二进制数乘以或除以 2^n。

3) 移位指令的执行结果会影响 PF、SF、ZF、OF 和 CF。CF 总是等于目的操作数最后移出的那一位的值。AF 是不定的。若只左移一位,如果最高位和 CF 不同,则 OF 置"1",否则置"0"。对有符号数来说,以此来判断移位后的符号位和移位前的符号位是否不同。

(2) 循环移位指令

指令格式: ROL　目的操作数,计数值
　　　　　ROR　目的操作数,计数值
　　　　　RCL　目的操作数,计数值
　　　　　RCR　目的操作数,计数值

功能: ROL(Rotate Left)是不带进位位的循环左移指令,每移一次,最高位进入 CF 和最低位，其余依次向左移；ROR(Rotate Right) 是不带进位位的循环右移指令，每移一次，最低位进入 CF 和最高位，其余依次向右移；RCL(Rotate Through CF Left)是带进位位的循环左移指令，每移一次，最高位进入 CF，原来的 CF 进入最低位，其余依次向左移；RCR(Rotate Through CF Right)带进位位的循环右移指令，每移一次，最低位进入 CF，原来的 CF 进入最高位，其余依次向右移。循环移位指令所执行的操作如图 3-23 所示。

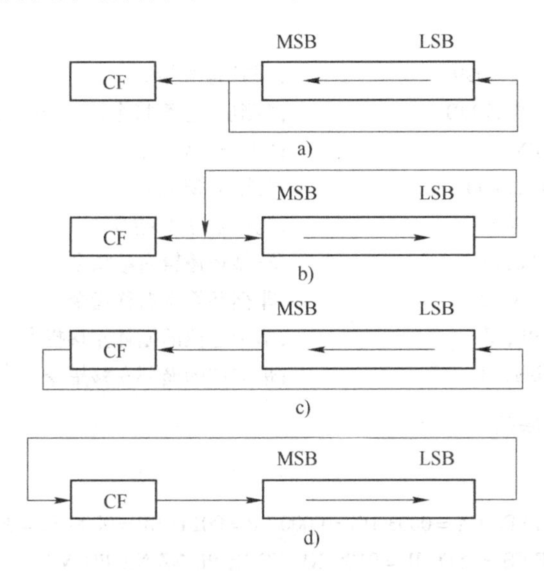

图 3-23　循环移位指令操作示意图

a) ROL 不带进位循环左移　b) ROR 不带进位循环右移　c) RCL 带进位循环左移　d) RCR 带进位循环右移

举例：

```
① ROL   AX,1                 ;AX 中的值循环左移 1 位
② ROR   AH,CL                ;AH 中的值循环右移 n 次,n 的值 CL 给出
③ RCL   BYTE PTR [BX],1      ;BX 所指单元中的值循环左移 1 位
④ RCR   BX,1                 ;BX 中的值循环右移 1 位
```

注意点：

1) 指令操作数中的目的操作数可以是字节或字，如举例①、②。指令的目的操作数只能是寄存器或存储器操作数，计数值可以是 1 或 CL，最多可移位 255 位。

2) 循环移位时，移出的目的操作数位并不丢失，而循环送回目的操作数的另一端。

3) 循环移位指令只影响 CF 和 OF 两个标志位，CF 中总是保存着从一端移出的那一位信息。仅当在移位后使操作数的最高位和次高位不等时，OF 才为 1，表示移位后的数据符号与原来的符号不同了。

附：逻辑运算与移位类指令的 DEBUG 实验。

(1) 数据准备

```
-RCS
CS 073F:15FC
-RAX
AX 0000:FFFF
```

```
-RBX
BX 0000:FFFF
-RCX
CX 0000:0003
```

(2) 输入指令

```
-A100
15FC:0100 AND AX,9999            ;"与"运算指令
15FC:0103 TEST BX,999B           ;"测试"运算指令,但结果不送回,只改变标志位
15FC:0107 NOT BX                 ;"非"运算指令
15FC:0109 OR BX,FF00             ;"或"运算指令
15FC:010D XOR BX,6699            ;"异或"运算指令
15FC:0111 SHR AL,CL              ;非循环逻辑右移指令
15FC:0113 SAR AH,CL              ;非循环算术右移指令
15FC:0115 ROL BL,CL              ;不带进位的循环左移指令
15FC:0117 RCL BH,CL              ;带进位的循环左移指令
```

(3) 查看寄存器初始值

```
-R
AX=FFFF BX=FFFF CX=0003 DX=0000 SP=00FD BP=0000 SI=0000 DI=0000 DS=073F ES
=073F SS=073F CS=15FC IP=0100 NV UP EI PL NZ NA PO NC
```

(4) 执行指令并输出结果

指令地址	DEBUG命令	执行后寄存器内容				
		AX	BX	CX	IP	标志寄存器变化
15FC:0100	P=0100	9999	FFFF	0003	0103	NV UP EI NG NZ NA PE NC
15FC:0103	P	9999	FFFF	0003	0107	NV UP EI NG NZ NA PO NC
15FC:0107	P	9999	0000	0003	0109	NV UP EI NGNZ NA PE NC
15FC:010B	P	9999	FF00	0003	010D	NV UP EI NG NZ NA PE NC
15FC:010D	P	9999	9999	0003	0111	NV UP EI NG NZ NA PE NC
15FC:0111	P	99 13	9999	0003	0113	NV UP EI PL NZ AC PO NC
15FC:0113	P	F313	9999	0003	0115	NV UP EI NG NZ AC PE NC
15FC:0115	P	F313	99 CC	0003	0117	OV UP EI NG NZ AC PE NC
15FC:0117	P	F313	CACC	0003	0119	OV UP EI NG NZ AC PE NC

请对照输入的指令,思考一下上述执行后寄存器内容中带下划线的数据是怎样获得的?进一步理解各种逻辑运算与移位类指令的作用。

3.4.4 串操作指令

串操作指令就是用一条指令实现对一串字符或数据的操作。8086 CPU 提供了串操作指令,使长字符串的处理更快速、方便。8086 CPU 的串操作指令有如下特点:

① 通过加重复前缀来实现串操作,规定 CX 寄存器存放要处理的字符串的元素个数,即字

节数或字数。在执行带重复前缀的字符串指令时,每执行一次字符串指令,CX 的内容自动减1。当 CX 的内容减到 0 时,停止重复执行,程序转移到下一条指令。所以在字符串指令前,必须先给 CX 赋值。

② 可以对字节串进行操作,也可以对字串进行操作。所有的串操作指令规定源操作数在 DS: SI 逻辑地址单元中,目的操作数在 ES: DI 逻辑地址单元中,串操作指令是 8086 CPU 唯一的一组源操作数和目的操作数都在存储器中的指令。

③ 串操作时,由方向标志 DF 来规定指针 SI 和 DI 增减的,当 DF = 1 时,SI 和 DI 自动减少 K,当 DF = 0 时,SI 和 DI 自动增加 K,对字节串操作 K = 1,对字串操作 K = 2。

④ 重复的字符串处理过程是可以被中断的。

串操作指令一共有 5 条: 串传送指令 MOVS、串比较指令 CMPS、串检索指令 SCAS、LODS 串装入指令和串存储指令 STOS。重复前缀共有 3 条: 重复前缀 REP、相等时重复 REPE 和不相等时重复 REPNE。

1. 指令的重复前缀

格式: REP　　串操作指令

REPE　　串操作指令　或　REPZ　　串操作指令

REPNE　串操作指令　或　REPNZ　串操作指令

功能: REP 是重复执行串操作指令,直到 CX = 0 才停止。REPE 是重复执行串操作指令,直到 CX = 0 或不相等时才停止。REPNE 是重复执行串操作指令,直到 CX = 0 或相等时才停止。

注意点:

1) 指令功能中的“相等”与“不相等”是指零标志位 ZF = 1 时,表示“相等”,ZF = 0 时,表示“不相等”,零标志位 ZF,是由当前串操作指令本身在执行过程中产生的。

2) REPE 和 REPZ 两个重复前缀指令是相同的,同样,REPNE 和 REPNZ 两个重复前缀的意义也是相同的。

3) 重复前缀 REP 一般同串操作指令联合使用才有意义。

2. 字符串指令

(1) 字符串传送指令

指令格式: MOVSB

MOVSW

功能: MOVSB 是将 DS: SI 逻辑地址所指存储单元的字节传送到 ES: DI 逻辑地址所指的存储单元中,当 DF = 0,SI 和 DI 均增 1,当 DF = 1,SI 和 DI 均减 1;MOVSW 是将 DS: SI 逻辑地址所指存储单元的字传送到 ES: DI 逻辑地址所指的存储单元中,当 DF = 0,SI 和 DI 均增 2,当 DF = 1,SI 和 DI 均减 2。

举例:

```
① MOV   DS,2000H        ;置 DS 为 2000H
② MOV   ES,3000H        ;置 ES 为 3000H
③ CLD                   ;置 DF = 0,指针按递增方向修改
④ MOV   CX,20           ;字符串长 40 个字节
⑤ MOV   SI,200H         ;源地址为 20200H
```

```
⑥ MOV   DI,100H        ;目的地址为 30100H
⑦ REP   MOVSW          ;将源地址 20200H 开始的 40 个字节传送到目的地址中
```

注意点：

1）MOVSB 或 MOVSW 指令前面通常加重复前缀 REP，见举例⑦。

2）在使用 MOVSB 或 MOVSW 指令前，对 DS、ES、SI、DI、CX 以及 DF 的设置是必需的，否则，只要有一个参数未知，程序将会出错。例中①～⑥完成了这 6 项参数的设置。

3）CX 中的值是元素个数，使用 MOVSB 指令时，该值是字节数；使用 MOVSW 指令时，该值是字数。

（2）字符串比较指令

指令格式：CMPSB

CMPSW

功能：CMPSB 是将 DS：SI 逻辑地址所指存储单元中的字节与 ES：DI 逻辑地址所指存储单元中的字节相比较，当 DF＝0，SI 和 DI 均增 1，当 DF＝1，SI 和 DI 均减 1；CMPSW 是将 DS：SI 逻辑地址所指存储单元中的字与 ES：DI 逻辑地址所指存储单元中的字相比较，当 DF＝0，SI 和 DI 均增 2，当 DF＝1，SI 和 DI 均减 2。

举例：编程比较从逻辑地址 2000H：100H 开始的 10 个字节与逻辑地址 4000H：200H 开始的 10 个字节是否对应相等，相等则转 DONE。

```
        MOV    DS,2000H   ;置 DS 为 2000H
        MOV    ES,4000H   ;置 ES 为 4000H
        MOV    DI, 200H   ;DI 寄存器指向 200 单元
        MOV    SI, 100H   ;SI 寄存器指向 100 单元
        CLD               ;清方向标志
        MOV    CX,10      ;计数器为 10
        REPZ   CMPSB      ;如比较结果相等，则继续比较下一个字节，此时 DI 和 SI 分别加 1，CX 减 1
        JZ     DONE       ;如 10 个字节都相等，转 DONE
        RET               ;否则返回
DONE    ⋮                 ;后续处理
```

注意点：

1）与字符串传送指令一样要预先对 DS、SI、ES、DI、CX 寄存器及方向标志 DF 进行设置。设置要求及寄存器内容在每次串比较指令执行后的变化与字符串传送指令相应的情况一样。

2）字符串比较指令的前缀可以有两种形式：REPNZ（或 REPNE）和 REPZ（或 REPE）。加上 REPNZ 时，表示两个字符串不等时继续比较。加上 REPZ 时，则表示两个字符串相等时继续比较。

3）REPNZ 和 REPZ 的退出有两种情况，一种是 CX＝0 退出，另一种是 ZF 标志位条件不满足而退出，因此，必须安排 ZF 标志位检测指令 JZ 判断究竟是哪一种退出。

（3）字符串检索指令

指令格式：SCASB

SCASW

功能：SCASB/SCASW 在字符串中查找一个与已知数值相同或不同的元素。SCASB 将

AL 中的字节与逻辑地址 ES：DI 所指单元中的字节相比较。当 DF =0，DI 增 1，当 DF =1，DI 减 1。SCASW 将 AX 中的字与逻辑地址 ES：DI 所指单元中的字相比较。当 DF =0，DI 增 2，当 DF =1，DI 减 2。该两条指令都是通过影响标志位 AF、CF、OF、PF、SF 和 ZF 来反映比较结果，不改变被比较的两个操作数。

举例：从逻辑地址 9000H：100H 开始的 10 个单元中如果有一个单元的内容为 2CH，则 BX 加 1。

```
        MOV     ES,9000H        ;置 ES 为 9000H
        MOV     DI,100H         ;目的字符串首地址送到 DI
        CLD                     ;方向标志清 0
        MOV     CX,10           ;字符串中共有 10 个字节
        MOV     AL,2CH          ;2CH 送 AL
        REPNZ   SCASB           ;比较结果不等,则继续往下比
        JNZ     AAA             ;AL 中的值和字符串中的所有字节都不等,则转 AAA
        INC     BX              ;相等则使 BX 加 1
AAA：   ⋮                       ;后续处理
```

注意点：

1）与字符串传送指令一样要预先对 ES、DI、CX 寄存器及方向标志 DF 进行设置。

2）关于前缀使用的注意事项与字符串比较指令类似。

(4) 取字符串指令

指令格式：LODSB

LODSW

功能：LODSB 将逻辑地址 DS：SI 所指单元中的字节取到 AL。当 DF =0，SI 增 1，当 DF =1，SI 减 1；LODSW 将逻辑地址 DS：SI 所指单元中的字取到 AX。当 DF =0，SI 增 2，当 DF =1，SI 减 2。

举例：将 100H：20H 单元开始 10 个字节的内容均加 5。

```
        CLD                     ;方向标志清 0,SI 递增
        MOV     CX,10           ;置计数初值 10
        MOV     DS,100H         ;置 DS 为 100H
        MOV     SI,20H          ;置 SI 为 20,作为初始地址指针
LL1：   LODSB                   ;取 1 个字节到 AL 中,并使 SI 增 1
        ADD     AL,5            ;加 5 处理
        MOV     [SI-1],AL       ;处理结果送回
        DEC     CX              ;计数值减 1
        JNZ     LL1             ;如未处理完,转 LL1
        HLT                     ;暂停
```

注意点：

1）LODSB/LODSW 指令每执行一次，都是将 DS：SI 所指单元的内容送入累加器，所以该指令前不能加前缀，否则累加器内容被后一次操作所覆盖，是没有意义的。

2）源操作数必须由 DS：SI 给出，取数方向必须由方向标志 DF 给出。

（5）存字符串指令

指令格式：STOSB

　　　　　STOSW

功能：STOSB 是把 AL 中的数存到逻辑地址 ES：DI 所指单元中。当 DF＝0，DI 增 1，当 DF＝1，DI 减 1；STOSW 是把 AX 中的数存到将逻辑地址 ES：DI 所指单元中。当 DF＝0，DI 增 2，当 DF＝1，DI 减 2。

举例：将 100H：20H 开始的 128 个单元清 0。

```
CLD                 ;清除方向标志,DI 递增
MOV   CX,0080H      ;置计数初值 128
MOV   ES,100H       ;置 ES 为 100H
MOV   DI,20H        ;置 DI 为 20H,作为初始地址指针
XOR   AL,AL         ;AL 清 0
REP   STOSB         ;将 128 个字节清 0
```

注意点：目的操作数必须由 ES：DI 给出，取数方向必须由方向标志 DF 给出，STOSB 指令源操作数必须是 AL，STOSW 指令源操作数必须是 AX。

附：串操作类指令的 DEBUG 实验。

（1）数据准备

```
-RCS
CS 073F:15FC
-RES
ES 073F:1200
-E DS:1000 10 11 12 13 14 15 16 17 18 19 1A 1B 1C 1D 1E 1F
-E ES:2000 20 21 22 23 24 25 26 27 28 29 2A 2B 2C 2D 2E 2F
```

（2）输入指令

```
-A100
15FC:0100 MOV CX,0004
15FC:0103 MOV SI,1000
15FC:0106 MOV DI,2000
15FC:0109 MOV AX,1B2C
15FC:010C CLD
15FC:010D REP MOVSB                ;字符串传送指令
15FC:010F MOV CX,0010
15FC:0112 MOV SI,1000
15FC:0115 MOV DI,2000
15FC:0118 REPE CMPSW               ;字符串比较指令
15FC:011A REPNE SCASB              ;字符串检索指令
15FC:011C LODSW                    ;取字符串指令
15FC:011D REP STOSB                ;存字符串指令
15FC:011F
```

(3) 查看所需内存单元及寄存器初始值

```
-D DS:1000 100F
073F:1000 10 11 12 13 14 15 16 17 -18 19 1A 1B 1C 1D 1E 1F
-D ES:2000 200F
1200:2000 20 21 22 23 24 25 26 27 -28 29 2A 2B 2C 2D 2E 2F
-R
AX=0000 BX=0000 CX=0000 DX=0000 SP=00FD BP=0000 SI=0000 DI=0000 DS=073F ES=
1200 SS=073F CS=15FC IP=0100 NV UP EI PL NZ NA PO NC
```

(4) 执行指令并输出结果

指令地址	DEBUG命令	执行后寄存器与相关内存单元内容					
		AX	CX	SI	DI	IP	标志寄存器变化
15FC:0100	G=0100 010D	1B2C	0004	1000	2000	010D	PL NZ NA PO NC
15FC:010D	P	1B2C	0000	1004	2004	010F	PL NZ NA PO NC
D ES:2000 200F		10 11 12 13 24 25 26 27 -28 29 2A 2B 2C 2D 2E 2F					
15FC:010F	G=010F 0118	1B2C	0010	1000	2000	0118	PL NZ NA PO NC
15FC:0118	P	1B2C	000D	1006	2006	011A	NG NZ NA PE CY
D ES:2000 200F		10 11 12 13 24 25 26 27 -28 29 2A 2B 2C 2D 2E 2F					
15FC:011A	P	1B2C	0006	1006	200D	011C	PL ZR NA PE NC
D ES:2000 200F		10 11 12 13 24 25 26 27 -28 29 2A 2B 2C 2D 2E 2F					
15FC:011C	P	1716	0006	1008	200D	011D	PL ZR NA PE NC
15FC:011D	P	1716	0000	1008	2013	011F	PL ZR NA PE NC
D ES:2000 201F		10 11 12 13 24 25 26 27 -28 29 2A 2B 2C 16 16 16 16 16 16 00 00 00 00 00 -00 00 00 00 00 00 00 00					

请对照输入的指令,思考一下上述执行后寄存器内容中带下划线的数据是怎样获得的?进一步理解各种串操作类指令的作用。

3.4.5 控制转移类指令

从CPU的基本工作原理可知,指令的执行有两种情况:一是按顺序逐条地执行指令;二是按需要改变程序执行的正常顺序并转移到所要求的程序地址执行。第二种情况就是由控制转移类指令来实现。

8086 CPU有5种转移指令:无条件跳转指令、条件跳转指令、循环控制指令、子程序调用和返回指令和中断指令。

1. 无条件跳转指令

指令格式:JMP 目标地址

功能:JMP可以使程序无条件地跳转到程序存储器中某目标地址。

举例:

```
① JMP   SHORT MULTI        ;SHORT为短程属性算符,段内直接转移
② JMP   NEAR PRT MULT2     ;NEAR为近程属性算符,段内直接转移
③ JMP   CX                 ;段内间接转移,转移地址的偏移量由CX指出
```

```
④ JMP   FAR PTR MULT3       ;FAR 为远程属性算符,段间直接转移
⑤ JMP   DWORD PTR [SI]      ;段 DWORD 为双字属性算符,段间间接转移,段地址和偏移量放
                            ;在 SI、SI+1、SI+2、SI+3 这 4 个单元中,前两个单元的内容作为
                            ;偏移量,后两个单元的内容作为段地址
```

注意点:

1) 指令目标地址若在 JMP 指令所在的代码段内,属段内跳转,指令只修改 IP 内容,如例①、②和③。指令目标地址若在 JMP 指令所在的代码段外,属段间跳转,CS 及 IP 均要修改,如例④和⑤。

2) 无条件跳转指令的执行结果不影响标志位。

2. 条件跳转指令

这种指令都是先测试标志位的状态,再根据标志位的状态决定程序的走向。当指令中的测试条件不满足时,则程序顺序向下执行,否则程序就跳转到指令中所指的那个目标单元。注意,程序的跳转范围不能超过 -128 ~ +127 B。

条件跳转指令可分为三类:简单条件跳转指令、带符号数条件跳转指令和无符号数条件跳转指令。

(1) 简单条件跳转指令

```
指令格式: JC     目标地址
          JNC    目标地址
          JZ     目标地址
          JNZ    目标地址
          JS     目标地址
          JNS    目标地址
          JO     目标地址
          JNO    目标地址
          JP     目标地址
          JNP    目标地址
          JCXZ   目标地址
```

功能:JC 是进位标志 CF 为 1,则转移;JNC 是进位标志 CF 为 0,则转移;JZ 是零标志 ZF 为 1,则转移;JNZ 是零标志 ZF 为 0,则转移;JS 是符号标志 SF 为 1,则转移;JNS 是符号标志 SF 为 0,则转移;JO 是溢出标志 OF 为 1,则转移;JNO 是溢出标志 OF 为 0,则转移;JP 是奇偶标志 PF 为 1,则转移;JNP 是奇偶标志 PF 为 0,则转移;JCXZ 是如 CX 中的值为 0,则转移。

举例:用条件跳转指令实现程序的循环。

```
      MOV   SI,1000H        ;源地址为 1000H
      MOV   DI,2000H        ;目的地址为 2000H
      MOV   CX,100          ;字节数为 100
KKK:  MOVSB                 ;将源地址的 1 个字节传送到目的地址单元
      DEC   CX              ;字节数减 1
      JNZ   KKK             ;如未传送完 100 个字节,则继续传送
      ⋮
```

注意点：

1）条件转移指令只能转移到离本指令 -128 ~ +127 字节范围内，是一种相对转移形式，当要往较远单元地址条件转移时，可以在本指令 -128 ~ +127 字节范围内安排一条无条件转移指令作为中转指令即可。

2）在使用简单条件跳转指令时，必须明确相应标志位的变化。

（2）带符号数条件跳转指令

指令格式：JG/JNLE　　目标地址

　　　　　JGE/JNL　　目标地址

　　　　　JL/JNGE　　目标地址

　　　　　JLE/JNG　　目标地址

功能：JG 或 JNLE 是大于、或不小于且不等于，则转移；JGE 或 JNL 是大于或者等于、或不小于，则转移；JL 或 JNGE 是小于、或不大于且不等于，则转移；JLE 或 JNG 是小于或等于、或不大于，则转移。

举例：设有两个互不相等的带符号字节数存放在以 100H 单元为首地址的数据缓冲区中，试编程把较大的数送 200H 单元中。

```
        MOV   SI,100H          ;首址 100H 送 SI
        MOV   AL,[SI]          ;取第一个数据
        CMP   AL,[SI+1]        ;与第二个数相比较
        JG    L1               ;如果比第二个数大,转 L1
        MOV   AL,[SI+1]        ;取第二个数
L1:     MOV   SI,200H          ;将较大的数送至 200H
        MOV   [SI],AL
```

注意点：在使用带符号数条件跳转指令时，必须明确当前处理的数据是带符号数，否则将得不到正确结果。

（3）无符号数条件跳转指令

指令格式：JB/JNAE　　目标地址

　　　　　JNB/JAE　　目标地址

　　　　　JA/JNBE　　目标地址

　　　　　JNA/JBE　　目标地址

功能：JB 或 JNAE 是低于、或不高于且不等于，则转移；JNB 或 JAE 是不低于、或高于或者等于，则转移；JA 或 JNBE 是高于、或不低于且不等于，则转移；JNA 或 JBE 是不高于、或低于或者等于，则转移。

注意点：在使用无符号数条件跳转指令时，必须明确当前处理的数据是无符号数，否则是得不到正确结果的。在带符号数条件跳转指令的举例中，只要把 JG L1 指令改为 JA L1 指令，就是处理无符号数实例。

3. 循环控制指令

在设计循环程序时，可以用条件跳转指令来控制循环是否继续。除此以外，8086 CPU 指令系统还提供了 3 种循环控制指令：LOOP、LOOPZ/LOOPE 和 LOOPNZ/LOOPNE 指令。

指令格式：LOOP　　　　　　目标地址

LOOPZ/LOOPE　　　目标地址

LOOPNZ/LOOPNE　　目标地址

功能：这三条指令中 LOOP 是最基本的循环控制指令，它是将 CX 的内容减 1，再判断 CX 中是否为 0，CX≠0 继续，否则退出循环；其余两条指令也是先使 CX 减 1，再判断 CX 是否为 0，除完成 LOOP 循环判断功能外，还要判断 ZF 的值。LOOPZ(或 LOOPE)只有当 ZF =1 且 CX ≠0 时才继续循环，否则退出循环；LOOPNZ(或 LOOPNE)，只有当 ZF =0 且 CX≠0 时才继续循环，否则退出循环。

举例：编程求 1 +2 +3 +4 + … +100

```
      MOV   CX,100        ;置循环计数初值 100
      MOV   AX,0          ;求和寄存器 AX 清 0,
SUM:  ADD   AX,CX         ;把 CX 计数值累加入 AX
      LOOP  SUM           ;CX = CX -1, 当 CX≠0 时再循环
      RET                 ;返回,结果在 AX 中
```

注意点：

1）循环控制指令也是一种相对转移，所控制的目标地址范围与条件转移指令一样。

2）使用循环控制指令前，必须对 CX 寄存器设置初值。

3）LOOP 指令继续循环和退出循环执行时间不一样，继续循环时需用 9 个时钟周期，退出循环时需用 5 个时钟周期，在进行循环延迟编程时必须注意。

4）在执行 LOOPZ/LOOPE 和 LOOPNZ/LOOPNE 指令时，标志位 ZF 不受 CX 值是否为 0 的影响，而是受前面其他指令影响。

4. 子程序调用和返回指令

子程序是可以被其他程序多次调用且具有程序名的一个完整的独立程序段，这个程序段执行完后能够返回到原先调用它的地方。调用子程序的程序称为主程序。调用子程序的过程见图 3-24。8086 CPU 提供了子程序调用和返回指令。

指令格式：CALL　　目标地址

RET

RET　　参数

功能：CALL 先将断点地址压入堆栈，然后将子程序的目标地址装入 IP 或 IP 与 CS 中，从而将程序转移到子程序的入口，再顺序执行子程序；RET 是从堆栈中弹出断点地址，装入 IP 或 IP 与 CS 中，从而达到返回的目的；带参数的返回指令除完成相应的 RET 功能外，还要使 SP 的值加上不带符号的 16 位参数。

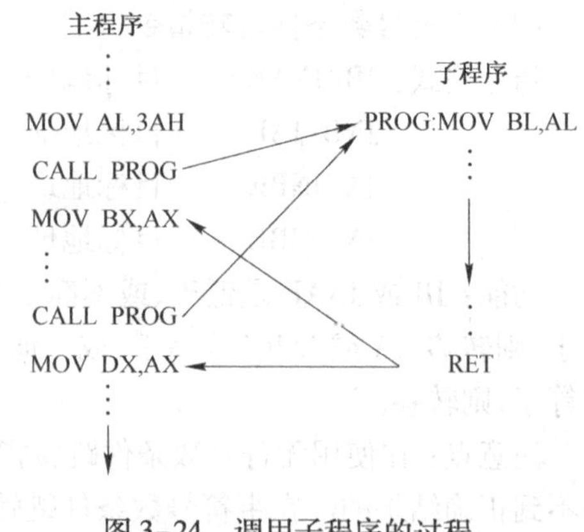

图 3-24　调用子程序的过程

举例：

```
① CALL  200H     ;调用地址在指令中直接给出，且没有给出段地址，这是段内直接调用
② CALL  BX       ;调用地址由 BX 寄存器间接给出，且没有给出段地址，这是段内间
                 ;接调用
```

```
③ CALL   500H:600H            ;调用的段地址和偏移量都在指令中直接给出,这是段间直接调用
④ CALL   DWORD PTR [BX]       ;调用地址在 BX、BX+1、BX+2、BX+3 所指的双字单元中,低字为
                              ;偏移量,高字为段地址,这是段间间接调用
⑤ RET    4                    ;返回断点地址,SP+4 送 SP
```

注意点:

1)调用指令与 JMP 指令不同, CALL 指令执行时,CPU 自动保存 CALL 指令后面的第一条指令地址,即保存断点地址。

2)目标地址是由汇编程序在汇编时确定,如果目标地址在段内,属段内调用和段内返回,如果目标地址在段外,属段间调用和段间返回。举例中的目标地址是在编程时直接给出。在汇编语言中,不管是段间还是段内返回指令,指令形式可仅写成 RET,不管是段内调用还是段间调用都可用汇编语言中的伪指令给出。详见下一章中关于"过程"的叙述。

3)带参数的返回指令可以为 0~FFFFH 范围中的任何一个 16 位偶数,不能是奇数。对举例⑤中的参数 4 不能是奇数。

5. 中断指令

8086 CPU 的中断指令包括软中断指令 INT n、溢出中断指令 INTO 以及中断返回指令 IRET。

中断指令 INT n 和溢出中断指令 INTO 是可以引起 8086 CPU 中断的指令,INT n 是利用中断来实现一些软件功能的,溢出中断指令 INTO 是用来处理状态标志 OF 的,可以通过中断处理程序来处理溢出事件的。中断返回指令 IRET 是专门为中断服务程序返回设计的,它不同于子程序的返回指令 RET,除了从堆栈中弹出断点地址外,还要弹出机器状态字等信息。这些指令涉及一系列的中断概念,将在第 7 章中予以说明。

附:控制转移类指令的 DEBUG 实验。

(1)数据准备

```
-RCS
CS 073F:15FC
-RAX
AX 0000:FFFF
```

(2)输入指令

```
-A100
15FC:0100 XOR AX,AX
15FC:0102 JZ 00F5                    ;ZF=1,则跳转到 CS:00F5 处
15FC:0104 MOV AX,8012
15FC:0107 MOV BX,0012
15FC:010A CMP AX,BX
15FC:010C JG 0140                    ;带符号数条件跳转
15FC:010E JL 0140
15FC:0110 JB 0130                    ;无符号数条件跳转
15FC:0112 JA 0130
```

（3）查看寄存器初始值

-R

AX = FFFF BX = 0000 CX = 0000 DX = 0000 SP = 00FD BP = 0000 SI = 0000 DI = 0000 DS = 073F ES = 073F SS = 073F CS = 15FC IP = 0100 NV UP EI PL NZ NA PO NC

（4）执行指令并输出结果

指令地址	DEBUG 命令	执行后寄存器与相关内存单元内容				
		AX	BX	CS	IP	标志寄存器变化
15FC:0100	P = 0100	0000	0000	15FC	0102	NV UP EI PL ZR NA PE NC
15FC:0102	P	0000	0000	15FC	00F5	NV UP EI PL ZR NA PE NC
15FC:0104	G = 0104 010A	8012	0012	15FC	010A	NV UP EI PL ZR NA PE NC
15FC:010A	P	8012	0012	15FC	010C	NV UP EI NG NZ NA PE NC
15FC:010C	P	8012	0012	15FC	010E	NV UP EI NG NZ NA PE NC
15FC:010E	P	8012	0012	15FC	0140	NV UP EI NG NZ NA PE NC
15FC:0110	P = 0110	8012	0012	15FC	0112	NV UP EI NG NZ AC PE NC
15FC:0112	P	8012	0012	15FC	0130	NV UP EI NG NZ AC PE NC

请对照输入的指令，思考一下上述执行后寄存器内容中带下划线的数据是怎样获得的？进一步理解各种控制转移类指令的作用。

3.4.6 处理器控制类指令

处理器控制类指令可分为三类：标志操作指令、8086 CPU 与外部事件同步指令和空操作指令。

1. 标志操作指令

标志操作指令可以对进位标志 CF、方向标志 DF 和中断标志 IF 进行设置或清除。

指令格式：STC

CLC

CMC

STD

CLD

STI

CLI

功能：STC 指令可以使进位标志 CF 置 1；CLC 指令可以使进位标志 CF 清 0；CMC 指令可对进位标志 CF 求反；STD 指令使 DF 为 1；CLD 指令使 DF 为 0；STI 指令使 IF 置 1；CLI 指令使 IF 清 0。

注意点：

1）进位标志 CF 不同于 DF 和 IF 标志，它既受 CPU 运算结果影响，又可人为设置。

2）在串操作指令前必须设置好方向标志 DF，这在前面已有说明。

3）中断允许标志 IF 在第 7 章中有具体应用，它用来决定系统是否响应外部可屏蔽中断，若 IF 置 1，允许中断；IF 置 0，不允许中断。

2. 8086 CPU 与外部事件同步指令

指令格式：HLT

WAIT

ESC　外部操作码，源操作数

LOCK　指令

功能：HLT 是暂停指令，这时 CS 和 IP 指向 HLT 下面一条指令的地址而进入暂停状态；WAIT 是等待指令，使 8086 CPU 一直处于等待状态，直到 CPU 的 TEST 引脚上的信号变低为止；ESC 是交权指令，是 CPU 调用协处理器工作的联络手段；LOCK 是总线封锁指令，是一个指令前缀，它会从 LOCK 引脚往外送出 1 个低电平信号，这样在 CPU 访问存储器或者外设时，总线控制器会对总线实行封锁，使得其他处理器得不到总线控制权，从而也就不能访问存储器或外设。

注意点：

1）HLT 指令经常和中断过程联系在一起，使 CPU 处于暂停状态等待硬件中断，而硬件中断的进入又使 CPU 退出暂停状态。

2）交权指令 ESC 主要用在 8086 CPU 的最大模式下，与外部处理器（如协处理器 8087）配合工作。在有协处理器的系统中，当程序执行这条指令就意味着 CPU 调用协处理器工作，协处理器检测到 ESC 指令时，就马上响应。CPU 利用 6 位外部操作码来控制外部处理器完成某种指定的操作，并把操作数放在总线上，外部处理器根据这些信息来代替 CPU 工作。

3）WAIT 指令一般是和 ESC 指令配合起来使用的。

4）LOCK 可以放在任何指令的前面，使得加此前缀的指令执行时，总线被封锁。

3. 空操作指令

指令格式：NOP

功能：不做任何具体的功能操作，也不影响标志位，仅占用了三个时钟周期，有时在延时程序中为便于源程序段的调试、修改，可插入此指令。

附：处理器控制类指令的 DEBUG 实验。

（1）数据准备

```
-RCS
CS 073F:15FC
```

（2）输入指令

```
-A100
15FC:0100 STC                 ;CF 置 1
15FC:0101 CLC                 ;CF 清 0
15FC:0102 CMC                 ;CF 取反
15FC:0103 STD                 ;DF 置 1
15FC:0104 CLD                 ;DF 清 0
15FC:0105 STI                 ;IF 置 1
15FC:0106 CLI                 ;IF 清 0
15FC:0107
```

（3）查看寄存器初始值

```
-R
AX =0000 BX =0000 CX =0000 DX =0000 SP =00FD BP =0000 SI =0000 DI =0000 DS =073F ES =
073F SS =073F CS =15FC IP =0100 NV UP EI PL NZ NA PO NC
```

（4）执行指令并输出结果

指令地址	DEBUG 命令	执行后寄存器与相关内存单元内容	
		IP	标志寄存器变化
15FC:0100	P =0100	0101	NV UP EI PL NZ NA PO CY
15FC:0101	P	0102	NV UP EI PL NZ NA PO NC
15FC:0102	P	0103	NV UP EI PL NZ NA PO CY
15FC:0103	P	0104	NV DN EI PL NZ NA PO CY
15FC:0104	P	0105	NV UP EI PL NZ NA PO CY
15FC:0105	P	0106	NV UP EI PL NZ NA PO CY
15FC:0106	P	0107	NV UP DI PL NZ NA PO CY

请对照输入的指令，思考一下上述执行后标志寄存器内容带下划线的标志位是怎样获得的？进一步理解各种处理器控制类指令的作用。

3.5 80x86 的寻址方式及新增的指令

80286、80386、80486、80586 CPU 既可运行在 16 位实地址方式下，又可运行在虚地址方式下。当运行在 16 位实地址方式下时，其指令系统与上一节介绍的 8086 CPU 指令系统完全相同，这也是 80x86 系列 CPU 最基本的指令系统。随着 80x86 CPU 功能的不断扩大，在最基本指令系统的基础上，增加了虚地址方式下的寻址方式，增加了新的指令及扩大了原有指令的功能，本节仅介绍一些最常用的寻址方式及扩充与增加的指令。

3.5.1 虚地址方式下的寻址方式

80x86 CPU 在增加了虚地址方式后，其寻址方式按操作数所在位置分依然只有 4 大类，即立即数寻址方式、寄存器寻址方式、存储器寻址方式和端口寻址方式。除存储器寻址方式外，其余三种与 8086 CPU 的寻址方式类似，立即数寻址和寄存器寻址与 8086 CPU 寻址方式的不同之处仅是立即数的位数扩大到 32 位，寄存器的位数也扩大到 32 位。而存储器寻址方式由原来的 5 种扩大到 9 种。

1. 立即数寻址方式

与 8086 CPU 一样，这种寻址方式的操作数也是包含在指令字节中。但不同的是这里的操作数除了可以是 8 位、16 位外还可以是 32 位。例如：

```
MOV   EAX,12345678H          ;12345678→通用寄存器 EAX
```

2. 寄存器寻址方式

与 8086 CPU 一样，这种寻址方式的操作数也是在某一个通用寄存器中。寄存器除了可以是 8 位、16 位外，还可以是 32 位，例如：

```
MOV   EAX,ECX          ;32位寄存器传送
```

3. 存储器寻址方式

按照80x86系统的存储器组织方式,其逻辑地址由选择子和偏移量组成。偏移量也称为有效地址,它可以由下列公式计算得到

$$EA = 基址 + 变址 \times 比例因子 + 位移量$$

基址——任何通用寄存器都可作为基址寄存器,这一点与8086 CPU不一样。

位移量——可以是32位、16位或8位的数。

变址——与8086 CPU也不一样,除了ESP寄存器外,任何通用寄存器都可以作为变址寄存器。

比例因子——变址寄存器的值可以乘以1、2、4或8的比例因子。

图3-25表示了这种寻址计算方法。

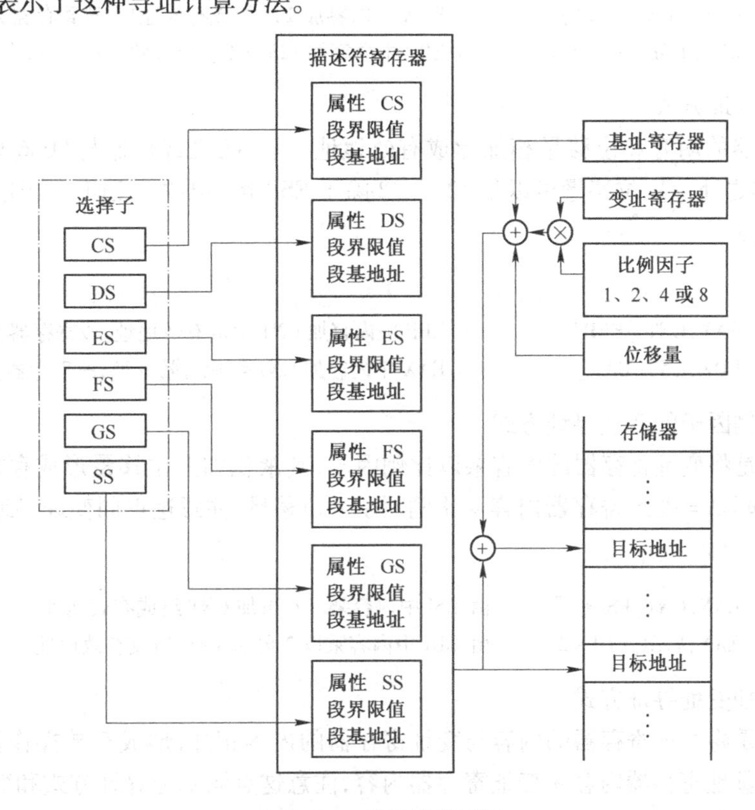

图3-25 寻址计算图解

按照上述4个分量组合有效地址的不同方法,可以形成以下9种存储器寻址方式。

(1) 直接寻址方式

这种方式由指令字节提供存放操作数的有效偏移地址。有效偏移地址EA可以是8位、16位或32位偏移量。

例如:INC WORD PTR [1234567H]   ;字的有效地址为1234567H

(2) 寄存器间接寻址方式

操作数的有效地址即基址寄存器的内容。注意这种方式与8086 CPU有一定的区别,这里

允许任何通用寄存器进行寄存器间接寻址。

例如:

```
MOV  EBX,[EAX]        ;从地址 DS:EAX 起传递双字给 EBX
MOV  AX,[ECX]         ;从地址 DS:ECX 起传递字给 AX
MOV  BL,[CX]          ;从地址 DS:CX 起传递字节给 BL
```

(3) 基址寻址方式

这种方式是将基址寄存器内容与位移量相加,形成操作数的有效偏移地址,默认的段寄存器与 8086 CPU 相同。与 8086 CPU 不同之处:① 位移量可以是 32 位;② 任何一个通用寄存器均可看成基址寄存器。

例如:

```
MOV  ECX,[EAX+124]        ;由 EAX 中内容加 124 组成有效地址,段寄存器为 DS
MOV  DX,[EBP+12345H]      ;由 EBP 中内容加 12345H 组成有效地址,段寄存器为 SS
```

(4) 变址寻址方式

变址寄存器的内容和位移量相加形成有效地址,默认的段寄存器与 8086 CPU 相同。与 8086 CPU 不同之处:① 位移量可以是 32 位;②除了 ESP 寄存器外,任何一个通用寄存器均可看成基址寄存器。

例如:

```
MOV  EAX,CNT[EBP]        ;由 EBP 中内容加 CNT 组成有效地址,段寄存器为 SS
MOV  EDX,CNT[EAX]        ;由 EAX 中内容加 CNT 组成有效地址,段寄存器为 DS
```

(5) 带比例因子的变址寻址方式

这种寻址是将变址寄存器的内容乘以比例因子,其乘积加上位移量形成存放操作数的有效偏移地址,即 EA = 变址寄存器内容 * 比例因子 + 位移量,注意这点同变址寻址方式。

例如:

```
MOV  EAX,CNT[ESI*4]      ;由 ESI 中内容乘以 4 再加 CNT 组成有效地址
MOV  EAX,VAR[EDI*2]      ;由 EDI 中内容乘以 2 再加 VAR 组成有效地址
```

(6) 基址加变址寻址方式

这种寻址是将基址寄存器的内容与变址寄存器的内容相加,形成存放操作数的有效偏移地址,即 EA = 基址寄存器内容 + 变址寄存器内容,注意这点同基址寻址方式和变址寻址方式。

例如:

```
MOV  EAX,[EBX][EDI]        ;默认 DS 为段寄存器
MOV  EAX,[ESP][EBP]        ;默认 SS 为段寄存器
```

若 ESP、EBP 中的一个和其他 6 个通用寄存器中的一个在指令中同时出现时,以出现的顺序默认段寄存器。

例如:

```
MOV  EAX,[EDX][EBP]        ;EDX 在前,默认 DS 为段寄存器
MOV  EAX,[EBP][EDX]        ;EBP 在前,默认 SS 为段寄存器
```

(7) 带比例因子的变址再加基址寻址方式

变址寄存器的内容乘以比例因子,再加上基址寄存器的内容作为有效地址。此类寻址即有效偏移地址 EA = 变址寄存器内容 * 比例因子 + 基址。

应注意,当 ESP、EBP 中的一个与其他 6 个通用寄存器中的一个同时出现时,把乘比例因子的那个寄存器当作变址寄存器,而不论顺序。默认的段寄存器以基址寄存器为准。

例如:

```
MOV   EBX,[EDX*8][EBP]      ;EDX 内容乘以 8 再加 EBP 内容即为有效地址
                            ;以 EBP 为基址,SS 为段寄存器
MOV   EAX,[EDX][EBP*2]      ;以 EDX 为基址,DS 为段寄存器
```

(8) 带位移量的基址加变址寻址方式

基址寄存器的内容加变址寄存器的内容,再加位移量形成有效地址,即 EA = 基址寄存器内容 + 变址寄存器内容 + 位移量。

例如:ADD EDX,[EDI][EBP+123H] ;EDI 的内容加 EBP 的内容再加 123H 才为有效地址

(9) 带比例因子的变址加基址加位移量的寻址方式

变址寄存器的内容乘以比例因子,加上基址寄存器的内容,再加上位移量,形成有效地址,即 EA = 基址寄存器内容 + (变址寄存器内容 × 比例因子) + 位移量。

例如: MOV   EAX,[ESI* 8][EBP+180H]   ;ESI 的内容乘以 8,加 EBP 的内容,再加 180H
;才为有效地址

附: 80x86 寻址方式的 DEBUG 实验。

DEBUG32 启动成功后,在提示符"-"下才能输入命令。

(1) 数据准备

```
-R32
EAX=00000000 EBX=00000000 ECX=00000000 EDX=00000000 EBP=00000000 ESI=00000000
EDI=00000000 FS=1C8B GS=1C8B SS=1C8B ESP=00000000 DS=1C8B ES=1C8B CS=1C8B
EIP=00000100NV UP EI PL NZ NA PO NC
-R32EBP
EBP 00000000:00000008
-R32SS
SS 1C8B:0056
-R32DS
DS 1C8B:075A
-RC
EBP=00000008 SS=0056 DS=075A
-E DS:00000010 10 11 12 13 14 15 16 17 18 19 1A 1B 1C 1D 1E 1F
-E DS:00000020 20 21 22 23 24 25 26 27 28 29 2A 2B 2C 2D 2E 2F
-E SS:00000008 30 31 32 33 34 35 36 37 38 39 3A 3B 3C 3D 3E 3F
-E SS:00000018 40 41 42 43 44 45 46 47 48 49 4A 4B 4C 4D 4E 4F
```

(2) 32 位汇编指令

```
-A 00000100
```

```
1C8B:00000100 MOV EAX,00000010          ;立即数寻址方式
1C8B:00000106 MOV EBX,[00000010]        ;直接寻址方式
1C8B:0000010B MOV ECX,EAX               ;寄存器寻址方式
1C8B:0000010E MOV EAX,[EBP]             ;寄存器间接寻址方式
1C8B:00000113 MOV EBX,[ECX+10]          ;基址寻址方式
1C8B:00000118 MOV EAX,10[ECX]           ;变址寻址方式
1C8B:0000011D MOV EBX,5[EBP*2]          ;带比例因子的变址寻址方式
1C8B:00000126 MOV EAX,[ECX][EBP]        ;基址加变址寻址方式
1C8B:0000012B
```

(3) 执行结果

指令地址	DEBUG 命令	执行后寄存器与相关内存单元内容			
		EAX	EBX	ECX	EIP
1C8B:00000100	P=00000100	00000010	00000000	00000000	00000106
1C8B:00000106	P	00000010	13121110	00000000	0000010B
D DS:00000010 0000001F		075A:00000010 10 11 12 13 14 15 16 17-18 19 1A 1B 1C 1D 1E 1F			
1C8B:0000010B	P	00000010	13121110	00000010	0000010E
1C8B:0000010E	P	33323130	13121110	00000010	00000113
D SS:00000008 00000017		0056:00000008 30 31 32 33 34 35 36 37-38 39 3A 3B 3C 3D 3E 3F			
1C8B:00000113	P	33323130	23222120	00000010	00000118
D DS:00000020 0000002F		075A:00000020 20 21 22 23 24 25 26 27-28 29 2A 2B 2C 2D 2E 2F			
1C8B:00000118	P	23222120	23222120	00000010	0000011D
1C8B:0000011D	P	23222120	18171615	00000010	00000126
D DS:00000010 0000001F		075A:00000010 10 11 12 13 14 15 16 17-18 19 1A 1B 1C 1D 1E 1F			
D SS:00000010 0000001F		0056:00000010 38 39 3A 3B 3C 3D 3E 3F-40 41 42 43 44 45 46 47			
1C8B:00000126	P	1B1A1918	18171615	00000010	0000012B

请对照输入的指令,思考一下上述执行后寄存器内容带下划线的数据是怎样获得的?进一步理解 80x86 寻址方式的作用。

3.5.2 80286 CPU 新增指令

80286 CPU 新增指令包括两个方面:一是增加了一些新功能指令;二是对一些原有指令增强了其功能。80286 CPU 新增指令见表 3-3、表 3-4。下面就其中的一些常用指令进行介绍。

表 3-3 80286 新增加指令

指令类别	指令格式	功能
数据传送类	PUSHA/POPA	将所有通用寄存器的值压入/弹出堆栈
串操作类	INSB/INSW	从 DX 寄存器指定的端口输入字节(字)串并传送至由 ES: DI(或 EDI)寻址的内存区域
	OUTSB/OUTSW	从 DS: SI(或 ESI)寻址的内存单元中,输出字节(字)串到 DX 指定的端口中

（续）

指令类别	指令格式	功能
高级语言类	BOUND 寄存器,存储器	数组边界检查
	ENTER 立即数(16 位),立即数(8 位)	设置堆栈空间
	LEVEL	撤销 ENTER 指令所设置的堆栈空间
控制保护态类	LAR	装入访问权限
	LSL	装入段限值
	LGDT/SGDT	装入/存储全局描述符表
	LIDT/SIDT	装入/存储 8 B 中断描述符表
	LLDT/SLDT	装入/存储局部描述符表
	LTR/STR	装入/存储任务寄存器
	LMSW/SMSW	装入/存储机器状态字
	VERR/VERW	存储器或寄存器读/写校验
	ARPL	调整已请求特权级别
	CLTS	清除任务转移标志

表 3-4　80286 增强功能指令

指令类别	指令格式	功能
数据传送类	PUSH 源操作数	将包括立即数的源操作数压入堆栈
算术运算类	IMUL 寄存器,立即数	将寄存器中带符号数与立即数相乘,积送该寄存器
	IMUL 寄存器 1,寄存器 2 或存储器,立即数	将寄存器 2 或存储器中带符号数与立即数相乘,积送寄存器 1
逻辑运算与移位类	SAL 目的操作数,立即数(1 ~31) SAR,SHL,SHR,ROL,ROR ,RCL,RCR 均同 SAL	功能与 8086 CPU 相应指令一样,但可根据立即数指定移位次数(1 ~31)

1. 数据传送类指令

指令格式：PUSH　　源操作数

PUSHA

POPA

功能：PUSH 可以将包括立即数在内的源操作数压入堆栈;PUSHA 是将所有通用寄存器的值压入堆栈;POPA 是将所有通用寄存器的值弹出堆栈。

举例：PUSH　-5　　　　;将立即数 -5 压入堆栈,这是 8086 不允许的

注意点：

1) PUSH 是属增强指令,在 8086 CPU 指令系统中 PUSH 指令的源操作数只能是寄存器、段寄存器和存储器,而在 80286 中该指令的源操作数可以是一个 8 位或 16 位的立即数,并且此立即数可以是带符号数也可以是不带符号数。

2) PUSHA 压入的顺序是 AX、CX、DX、BX、SP、BP、SI 和 DI 寄存器。其中压入 SP 的值是

此 PUSH 指令执行前该寄存器的值。POPA 指令弹出的顺序与压入相反。

2. 算术运算类指令

指令格式：① IMUL　寄存器，立即数

② IMUL　寄存器 1，寄存器 2 或存储器，立即数

功能：格式①是将寄存器中带符号数与立即数相乘，其积送该寄存器；格式②是将寄存器 2 或存储器中带符号数与立即数相乘，其积送寄存器 1。

举例：

```
IMUL   BX, 50                    ;BX 乘 50 送 BX
IMUL   DI, [BX + TABLE], 3       ;BX + TABLE 单元的内容乘 3 送 DI
IMUL   BX, CX, 345H              ;CX 乘 345H 送 BX
```

注意点：

1）IMUL 指令是属带符号数乘法的增强指令。格式中的寄存器为 16 位通用寄存器，立即数可以是 8 位或 16 位的常数。

2）当被乘数为 16 位，乘数为 16 位或 8 位时，乘积有可能超过 16 位，则超出的高位部分将被丢掉，并将进位标志 CF 和溢出标志 OF 置 1。

3. 移位和循环移位指令

指令格式：SHL　目的操作数，COUNT

SAL　目的操作数，COUNT

SHR　目的操作数，COUNT

SAR　目的操作数，COUNT

ROL　目的操作数，COUNT

ROR　目的操作数，COUNT

RCL　目的操作数，COUNT

RCR　目的操作数，COUNT

功能：上述移位指令的功能与 8086 CPU 相应指令一样，这里增加了用一个常数 COUNT 来指定移位或循环移位的次数，常数 COUNT 的范围在 1 ~ 31 之间，目的操作数可以是 8 位或 16 位的寄存器（或存储器）操作数。

举例：SHL　DX,9　　　　;把 DX 逻辑左移 9 位，在 8086 中是不允许的

注意点：80286 CPU 移位指令与 8086 CPU 相应指令的主要区别在于常数 COUNT 的范围扩大到 31 位，而 8086 CPU 常数只能是 1，大于 1 时只能用 CL 寄存器指出。

4. 串输入/输出指令

指令格式：INSB

INSW

OUTSB

OUTSW

功能：INSB（INSW）指令从 DX 寄存器指定的端口输入一个字节（字）传送至由 ES：DI（或 EDI）寻址的内存区域；OUTSB（OUTSW）指令从 DS：SI（或 ESI）寻址的内存单元中，输出一个字节（字）到 DX 指定的端口中。每次输入或输出操作之后，根据方向标志 DF 的值修改

地址指针，当 DF = 0 时，对 INSB 和 OUTSB 指令，地址指针加 1；对 INSW 和 OUTSW 指令，地址指针加 2；当 DF = 1 时，相应的地址指针减 1 或减 2。

举例：要从端口地址为 125H 的外设端口中输入 200 个字节，存放在以逻辑地址 2000H：100H 为首址的内存单元中，则可采用如下串输入指令。

```
CLD                         ;清方向标志 DF = 0
MOV   ES,2000H              ;置 ES 为 2000H
LEA   DI,100H               ;置偏移地址为 100H
MOV   CX,200                ;置重复次数为 200
MOV   DX,125H               ;从 125H 端口读取 200 个字节
REP   INSB
```

注意点：

1）对 OUTSB 和 OUTSW 指令用 DS：SI 寻址源操作数，对 INSB 和 INSW 指令用 ES：DI 寻址目标操作数。源操作数允许段超越，但目标操作数只能在附加段 ES，不允许段超越。输入和输出的端口都由 DX 指定。

2）每次输入或输出操作之后，根据方向标志 DF 的值修改地址指针，当 DF = 0 时，地址指针为增量，即字节操作时，地址指针加 1，字操作时加 2；当 DF = 1 时，同理地址指针减 1 或减 2。

3）指令前可加重复前缀 REP，输入输出将重复进行，重复次数由 CX 寄存器的值决定。

5. 高级语言类指令

指令格式：BOUND　寄存器，存储器地址

　　　　　ENTER　立即数 1，立即数 2

　　　　　LEAVE

功能：BOUND 指令是数组边界检查指令。检查寄存器的内容是否满足关系式：（存储器地址）≤（寄存器）≤（存储器地址 +2），如果不满足则产生一个 5 号中断；若满足关系式，则指令不做任何操作。ENTER 指令是设置堆栈空间指令。指令中立即数 1 是一个 16 位常数（取值 0 ~ FFFFH），表示堆栈空间的字节数；立即数 2 是一个 8 位常数（取值 0 ~ 31），表示允许过程嵌套的层数；LEAVE 是撤销 ENTER 指令所设置的堆栈空间指令。

3.5.3　80386/80486 CPU 新增指令

80386/80486 CPU 是 32 位微处理器，其内部有 32 位总线和 32 位通用寄存器，可以进行 32 位操作。因此，80386/80486 CPU 在 8086 和 80286 CPU 的指令系统的基础上，又增加了指令的种类，并增强了一些指令的功能。这些新增指令见表 3-5、表 3-6、表 3-7。

1. 数据传送类指令

指令格式：MOVSX　　目的操作数，源操作数

　　　　　MOVZX　　目的操作数，源操作数

功能：MOVSX 是带符号扩展的传送指令，是将源操作数的符号位扩展后传送到目的操作数中；MOVZX 是带零扩展的传送指令，它不管源操作数是正数还是负数，均将高位扩展成“0”，然后送至目的操作数中。

举例：

```
MOV    DX, 0FB20H    ; DX 中为负数,符号位 =1
MOVSX  EAX, DX       ;(EAX) = FFFFFB20H
MOV    CL, 0FBH      ;CL 中为负数
MOVZX  AX, CL        ;(AX) = 00FBH
```

注意点：

1）目的操作数只能是寄存器,可以是 16 位或 32 位,源操作数可以是寄存器或存储器。一般情况下,如果源操作数是字节类型,则目的操作数是字类型;如果源操作数是字类型,则目的操作数是双字类型。

2）注意 MOVSX 和 MOVZX 指令之间的区别：对 MOVSX 指令,若源操作数是正数,则高位都扩展成“0”;若是负数时,高位都扩展成“1”送入目的操作数。对 MOVZX 指令,高位都扩展成“0”后送入目的操作数。

3）此类指令常用于符号扩展及初始化寄存器高位部分。MOVSX 是对有符号数进行扩展,MOVZX 是对无符号数进行扩展。

2. 算术运算类

指令格式：XADD　目的操作数,源操作数

功能：XADD 是互换并相加指令,它将源操作数与目的操作数相加,结果送目的操作数,同时把原来的目的操作数送入源操作数。

注意点：

1）源操作数只能是寄存器,目的操作数可以是寄存器或存储器。操作数类型可以是 8 位、16 位或 32 位。

2）此指令执行结果会影响标志位,且改变了源操作数。

3. 逻辑运算与移位指令

指令格式：SHRD　第一操作数,第二操作数,第三操作数

　　　　　SHLD　第一操作数,第二操作数,第三操作数

功能：SHRD 是双精度右移指令,它将指定的一些位右移到一个操作数中;SHLD 是双精度左移指令,它将指定的一些位左移到一个操作数中。其中第一操作数是接收移动位的操作数,第二操作数是提供移动的操作数,第三操作数是指出要移动的位数。

举例：设 CX 中有内容为 1234H,DX 中有内容为 5678H,则 SHLD　CX,DX, 7 指令是把 DX 左移 7 位,移入 CX 中,结果(CX) = 1A2BH

注意点：第一操作数可以是寄存器或存储器,操作数类型可以是 16 位或 32 位;第二操作数只能是寄存器;第三个操作数可以是 8 位立即数或 CL 寄存器。

4. 位操作类指令

指令格式：BT　　第一操作数,第二操作数

　　　　　BTC　第一操作数,第二操作数

　　　　　BTR　第一操作数,第二操作数

　　　　　BTS　第一操作数,第二操作数

BSF　目的寄存器,第二操作数

BSR　目的寄存器,第二操作数

功能: BT 是位测试指令,检查由第二操作数指定的位,并将该位复制到 CF 中;BTC 指令用于检查由第二操作数指定的位,将其取反,并复制到 CF 中;BTR(BTS)指令用于检查由第二操作数指定的位,并将其复制到 CF 中,然后将指定位清"0"(置"1");BSF 用于对第二操作数从低位到高位扫描测试,当遇到第一个"1"时,将其位号送入目的寄存器中。如果第二操作数中所有的位均为"0",则将零标志 ZF 置"1",否则 ZF 清零。BSR 指令的功能与 BSF 类似,但 BSR 指令的扫描方向是从高位到低位。

举例:

```
MOV CX, 6
BT  [BYTE PTR SI], CX   ;检测由 SI 寻址的存储器中数的位 6,并将位 6 的状态送到进位标志
                         CF 中
```

注意点:

1) 在 BT、BTC、BTR、BTS 指令中的第一操作数可以是寄存器寻址也可以是存储器寻址;第二操作数可以是寄存器寻址也可以是立即数。

2) 在 BSF 和 BSR 指令中的第二操作数可以是寄存器寻址也可以是存储器寻址。

5. 根据条件,字节置"1"指令

指令格式: SETCC　目的操作数

功能: 指令助记符中"CC"表示条件。这与条件转移指令中的条件"CC"一样,通常以 FLAGS 寄存器中一个或多个标志位的状态作为条件。如果条件满足,则目的操作数字节置"1";否则目的操作数字节置"0"。

举例:

```
SETZ  BL                  ;若零标志 ZF=1,则(BL)=1,否则(BL)=0
SETNZ BL                  ;若 ZF=0,则(BL)=1,否则(BL)=0
SETNS BYTE PTR[SI+7]      ;若符号位 SF=0,则((SI)+7)=1;否则,((SI)+7)=0
```

注意点: 目的操作数只能是寄存器或存储器寻址的 8 位(1 字节)数,SETCC 可设置的条件有 30 种。

6. Cache 管理类指令

指令格式: INVD

WBINVD

INVLPG

功能: INVD 指令告诉 CPU 高速缓冲存储器(Cache)数据失效(作废);WBINVD 指令先刷新内部 Cache,并分配一个专用总线周期将外部 Cache 的内容写回主存,并在以后的一个总线周期将外部 Cache 刷新;INVLPG 指令使 TLB 中的某一项作废,如果 TLB 中含有一个存储器操作数映像的有效项,则该 TLB 项被标记为无效。这类指令用于 80486 管理 CPU 内部的 8KB Cache。

表 3-5 80386 新增加指令

指令类别	指令格式	功能
数据传送类	MOVSX 寄存器,寄存器/存储器	带符号扩展的传送
	MOVZX 寄存器,寄存器/存储器	带零扩展的传送
逻辑运算与移位类	SHRD 寄存器/存储器,寄存器,CL/立即数	双精度右移,产生一个单精度量
	SHLD 寄存器/存储器,寄存器,CL/立即数	双精度左移,产生一个单精度量
位操作类	BT 寄存器/存储器,寄存器/立即数	位测试
	BTC 寄存器/存储器,寄存器/立即数	位测试并求反
	BTS 寄存器/存储器,寄存器/立即数	位测试并置位
	BTR 寄存器/存储器,寄存器/立即数	位测试并复位
	BSF 寄存器,寄存器/存储器	向前位扫描
	BSR 寄存器,寄存器/存储器	向后位扫描
条件设置类	SET 条件 寄存器/存储器	根据条件测试标志寄存器中一个或多个标志

表 3-6 80386 增强功能指令

指令类别	指令格式	功能
数据传送类	PUSHAD/POPAD	将所有 32 位通用寄存器的值压入/弹出堆栈
	PUSHFD/POPFD	将 32 位标志寄存器的值压入/弹出堆栈
算术运算类	IMUL 寄存器,寄存器/存储器	带符号数相乘,乘积取与目的操作数相同的长度,保存到目的操作数中
	CWDE	将 AX 的符号扩展到 EAX 的高 16 位中
	CDQ	将 EAX 的符号扩展到 EDX 中
串操作类	MOVSD、CMPSD、SCASD、LODSD、STOSD	功能类似于原有串操作指令

表 3-7 80486 新增加指令

指令类别	指令格式	功能
数据传送类	BSWAP 寄存器(32 位)	将寄存器中第一字节和第四字节交换,第二字节和第三字节交换
	CMPXCHG 寄存器/存储器,寄存器	比较源操作数与目的操作数是否相等,结果影响标志位
算术运算类	XADD 寄存器/存储器,寄存器	交换两个操作数,并将两个操作数相加,和送入目的操作数
Cache 管理类	INVD	指示 CPU 高速缓冲存储器中的数据失效
	WBINVD	高速缓冲存储器的内容写入内存,然后清除高速缓存
	INVLPG	使 TLB 中的页无效

3.6 习题例解

1. 填空题

(1) 设(CX) = 1204H,执行 ROL CH,CL 后,(CH) = ________。

解 21H

分析 由(CX)=1204H,可知(CH)=12H,(CL)=04H;ROL是循环左移指令,所以执行ROL CH,CL即是把(CH)循环左移4位,可得(CH)= 21H。

(2) 与NOT AH指令具有相同功能(执行结果使AH有相同的值)的指令是________。

解 XOR AH,0FFH

分析 NOT AH指令的作用是将AH各位取反。而要实现将操作数某些位取反也可以使用XOR指令将相应位与1异或,因此可以采用XOR AH,0FFH把AH各位取反。

2. 已知(DS)=1500H,(ES)=2500H,(SS)=2100H,(SI)=10H,(BX)=20H,(BP)=60H,请指出下列指令的源操作数字段是什么寻址方式?源操作数字段的物理地址是什么?

(1) MOV AL,[1200H]

(2) MOV AX,[BP]

(3) ADD AX,ES:[BP+10]

(4) ADD AL,[BX+SI+125H]

解 如果使用BP寄存器间接寻址、基址加变址寻址、相对基址变址寻址操作数,则隐含的段地址为堆栈段寄存器SS,否则默认的段为DS。如果操作数中出现段前缀,则段地址为段前缀指定的寄存器。

(1) 该指令的源操作数是直接寻址方式

物理地址PA=(DS)×10H+1200H=1500H×10H+1200H=16200H

(2) 该指令的源操作数是寄存器间接寻址方式

物理地址PA=(SS)×10H+(BP)=2100H×10H+060H=21060H

(3) 该指令的源操作数是寄存器相对寻址方式

物理地址PA=(ES)×10H+(BP)+10=2500H×10H+060H+000AH=2506AH

(4) 该指令的源操作数是相对基址变址寻址方式

物理地址PA =(DS)×10H+(BX)+(SI)+125H

=1500H×10H+20H+10H+125H=15155H

3. 请指出下列指令中的错误。

(1) MOV CS, 12H　　(2) MOV AL,1400

(3) MOV CX,AL　　(4) MOV BX,[SI+DI]

(5) OUT 375H,AL　　(6) MOV [BX],[1000H]

(7) MOV [DI],02　　(8) PUSH AL

解

(1) CS不能作为目的操作数。

(2) 1400超过了一个字节数所能表示的范围。

(3) 目的操作数是字操作,而源操作数是字节操作,类型不匹配。

(4) 没有这种寻址方式。

(5) 375H超过了输出指令中直接寻址的范围0~0FFH。

(6) 源和目的操作数不能同时为存储器寻址。

(7) 源操作数与目的操作数的类型均不明确,不能确定是字操作还是字节操作。

(8) PUSH指令只能是字操作。

4. 请写出如下程序片段中每条算术运算指令执行后标志 CF、ZF、SF、OF、PF 和 AF 的状态。

```
MOV   BX,1234H
ADD   BL,BH
ADD   BH,BL
ADD   BH,0E2H
```

解 要弄清各算术运算指令执行后各标志的状态,必须了解各标志的作用。各标志作用参见第 2 章 2.2 节。

(1) MOV BX,1234H 执行后,BX = 1234H,即 BH = 12H,BL = 34H,各标志位保持不变。

(2) ADD BL,BH 执行后,BL = 46H,各标志位状态为 CF = 0,ZF = 0 ,SF = 0,OF = 0,AF = 0,PF = 0。

(3) ADD BH,BL 执行后,BH = 58H,各标志位状态为 CF = 0,ZF = 0,SF = 0,OF = 0,AF = 0,PF = 0。

(4) ADD BH,0E2H 执行后,BH = 3AH,各标志位状态为 CF = 1,ZF = 0,SF = 0,OF = 0,AF = 0,PF = 1。

5. 有一段程序如下。

```
MOV   CX,100
LEA   SI,XS1
MOV   DI,OFFSET XS2
CLD
REP   MOVSW
```

(1) 该程序段完成什么功能?

(2) REP 和 MOVSW 哪条指令先执行? REP 执行时,完成什么操作?

(3) MOVSW 执行时,完成什么操作?

解 解答这类题目,必须要清楚 MOVSB 串操作的功能(参见正文)。

(1) 该程序段实现将从 DS:XS1 存储单元开始的 200 个字节数据转移到 ES:XS2 开始的存储区中。

(2) MOVSW 先执行。REP 实现的操作是重复执行 MOVSW。具体的操作是 CX←CX - 1,若 CX≠0 则重复执行 MOVSW,否则结束。

(3) MOVSW 执行的操作是将 DS: SI 逻辑地址所指存储单元的字传送到 ES: DI 逻辑地址所指的存储单元中;同时,这里 CLD 使 DF = 0,因此 SI 和 DI 均增 2 变化。

6. 用一条指令完成下述要求。

(1) 将 DX 的高字节清零,低字节不变

(2) 将 BX 的高字节置成全'1',低字节不变

(3) 将 AX 的偶数位变反,奇数位不变

解 (1) 对某些二进制位“清零”可采用逻辑'与'操作

```
AND   DX,0FFH
```

(2) 对某些二进制位“置位”可采用逻辑'或'操作

```
OR   BX,0FF00H
```

(3) 对某些二进制位“求反”可采用逻辑'异或'操作

```
XOR   AX,5555H
```

7. 编程将寄存器BX中的16位二进制内容颠倒过来,即位0与位15交换,位1与位14交换,依次类推。

解 本题可以利用带进位的循环移位指令来实现,程序段如下。

```
        MOV   DX,BX
        MOV   CX,16          ;循环次数为16
LL1:    RCL   DX,1           ;DX内容依次左移,最高位送进位CF
        RCR   BX,1           ;BX内容依次右移,最高位用进位CF填充
        LOOP  LL1
```

8. A、B、C均为16位带符号数,请编写一个程序段计算表达式(A * B + C - 10)/30的值。

解 假设A、B和C分别存放在名为DTA、DTB和DTC的变量单元中。计算结果保存在AX中,余数保存在DX中,不考虑溢出问题,则程序段如下。

```
MOV    AX,DTA
IMUL   DTB              ;计算A * B在DX:AX中
MOV    SI,AX
MOV    DI,DX            ;积保存到DI:SI中
MOV    AX,DTC
CWD                     ;将DTC扩展成32位在DX:AX中
ADD    AX,SI            ; 计算和
ADC    DX,DI
SUB    AX,10            ; 计算差
SBB    DX,0
MOV    BX,30            ; 计算商和余数
IDIV   BX
```

3.7 练习题

1. 选择题

(1) 下列指令中,不含有非法操作数寻址的指令是(   )。

A. ADC [BX],[30]　　　　B. ADD [SI+DI],AX

C. SBB AX,CL　　　　D. SUB [3000H],DX

(2) 以下指令中与SUB AX,AX作用相同的是(   )。

A. OR AX,AX　　　　B. AND AX,AX

C. XOR AX,AX　　　　D. PUSH AX

(3) 下列指令中,非法指令是(   )。

A. OUT [BX],AL　　　　B. ADD [BX+DI],AX

C. SBB AX,[BX]　　　　D. SUB [3000H],AL

(4) 将十进制数25以组合式BCD码格式送AL,正确的传送指令是(　　)。

A. MOV AX,0025H　　　　B. MOV AX,0025

C. MOV AX,0205H　　　　D. MOV AX,0205

2. 填空题

(1) 设双字数据1A3B5C8DH存于首地址为30000H的数据区中,则该数据的字节从该处起按________的顺序存放,顺序依次为________,________,________,________。

(2) 执行CLD指令后,串操作地址采用按________方向修改。

(3) 已知(AL)=5EH,(BL)=0FEH,执行指令SUB AL,BL后,(AL)=________,OF=________。

(4)设(SS)=1EFFH,(SP)=40H,依次执行PUSH AX ,PUSH BX后,栈顶单元的物理地址为________H。

3. 问答题

(1) 试分别说明换码指令和串操作指令所用的隐含寄存器及标志位,并举例说明各自的工作过程。

(2) RET与IRET两条指令有何区别?并说明各自的应用场合。

(3) 试分别举例说明8086 CPU乘法与除法指令所用的隐含寄存器。

(4) 简述堆栈指示器SP有什么功能?堆栈的操作过程是怎样的?试举例说明。

4. 请指出下列指令中源操作数和目的操作数的寻址方式。

(1) MOV SI,120　　(2) MOV BP,[BX]　　(3) MOV BX,[200]

(4) PUSH DS　　(5) POP BX　　(6) AND DL,[BX+SI+30H]

5. 请写出如下程序片段中每条逻辑运算指令执行后标志ZF、SF和PF的状态。

```
MOV   AL,4CH
AND   AL,0F0H
OR    AL,08CH
XOR   AL,AL
```

6. 请写出如下程序片段中每条算术运算指令执行后标志CF、ZF、SF、OF、PF和AF的状态。

```
MOV   BL,54H
ADD   BL,4BH
CMP   BL,0B6H
SUB   BL,BL
INC   BL
```

7. (DS)=1000H,(SS)=2500H,(SI)=0100H,(BX)=0800H,(BP)=0600H,指出下列指令的目的操作数字段寻址方式,并计算目的操作数的物理地址。

(1) MOV [BX],CX

(2) ADD [2000H],BX

(3) SUB　[BP],BX

(4) AND　[BP+200],BX

(5) ADC　[BX+300][SI],AX

8. 已知(SS)=800H,(SP)=0040H,(CX)=0AF0H,(DX)=201H。下列指令连续执行,请指出每条指令执行后 SS、SP、AX、BX 寄存器中的内容是多少?

```
PUSH  CX
PUSH  DX
POP   AX
POP   BX
```

9. 阅读下列各小题的指令序列,在后面空格中填入该指令序列的执行结果。

(1)
```
MOV   DL,37H
MOV   AL,85H
ADD   AL,DL
DAA
```
AL=________ DL=________ CF=________

(2)
```
MOV   DX,1F45H
STC
MOV   CX,95
XOR   CH,0FFH
SBB   DX,CX
```
DX=________ CF=________

10. 已知程序段如下。

```
CMP   CX,BX
JNC   L1
JNZ   L2
JMP   L3
```

假设有以下三组 CX,BX 值,那么在程序执行后,分别转向哪里?

(1) (CX)=D301H,(BX)=D301H

(2) (CX)=2E50H,(BX)=8301H

(3) (CX)=477BH,(BX)=10DCH

11. 设4个 BCD 码 DT1、DT2、DT3、DT4 分别存放在 AL、AH、CL、CH 的低4位,请编写程序段,将这4个数按如下要求合并存放到 BX 寄存器中。

BX	DT1	DT2	DT3	DT4

12. 请用串操作指令实现将10~99这90个数从2100H开始的内存单元搬到3100H开始的内存单元处。

第4章　汇编语言语法和DOS功能调用

本章以微软公司的宏汇编 MASM 为背景，主要讲解汇编语言的语法规则，同时介绍一些磁盘操作系统的功能调用和基本输入输出系统的中断调用，为汇编语言程序设计打下基础。

4.1　汇编语言中的基本数据

汇编语言使用的基本数据有常数、变量和标号，这些基本数据都可以用标识符来表示。

1. 标识符

标识符是由程序员自由建立起来的具有特定意义的字符序列。

标识符的组成规则如下：

① 必须由字母、数字(0、…、9)及特殊符号(?、·、@、-、$)组成，且必须以字母打头。

② 字符总数限制在31个以内。

③ 不能使用属于系统专用保留字。保留字主要有CPU中各寄存器名(如AX、BX等)；指令助记符(如MOV、IN等)；伪指令(如DB、DW等)；表达式中的运算符(如GE、EQ等)和属性操作符(如PTR、SEG等)。

2. 常数

在源程序中，数值常数可以是二进制数、八进制数、十进制数、十六进制的数。汇编语句通过不同的后缀来区别它们。二进制数后面跟字母B，八进制数后跟字母Q，十进制数后跟字母D或不跟字母，十六进制后面跟字母H，但注意，汇编语句中的数值常数的第一位必须是数字，如常数FB7H在语句中应写成0FB7H，F6H应写成0F6H。

(2) 字符串常数

字符串常数最长允许有255个字符，其表示形式是把一串字符用单引号' '括起来。例如：'abcABCXYZ'和'D79'。在汇编时单引号内的字符都以ASCII代码形式存放在存储单元中。

3. 变量

变量是存放在存储器单元中的操作数，它的值是可以改变的，在程序中出现的是存储器单元地址的符号，即与某一数据项第一字节相对应的标识符。变量的值在程序运行期间可随时修改。

变量具有三个属性。

① 段地址(SEG)：变量所在段的段地址。

② 偏移地址(OFFSET)：变量所在段内的偏移地址。

③ 类型(TYPE)：变量的类型是所定义的每个变量所占据的字节数。在汇编语言中，变量的类型有字节变量、字变量、双字变量、四字变量和十字节变量。

4. 标号

标号是可执行指令语句地址的符号表示,即用标识符来表示地址。它可作为转移指令和调用指令的目的操作数,以确定程序转移的目的地址。

标号有三个属性。

① 段地址(SEG):与标号对应的指令首字节所在的段地址。

② 偏移地址(OFFSET):与标号对应的指令首字节所在的偏移地址。

③ 类型(TYPE):标号的类型属性有两种: NEAR 和 FAR 类型。当标号定义成 NEAR 类型,则表示标号是近标号,只能在本段内被引用;当标号定义成 FAR 类型,表示标号是远标号,可以在段间引用。

4.2 伪指令语句

伪指令语句没有对应的机器代码,经汇编程序汇编后并不产生目标代码,它并不能像指令性语句那样由 CPU 来执行,而是由汇编程序对源程序汇编期间进行处理的。其主要功能是完成变量的定义、存储器的分配、段结构的定义、段的分配、过程的定义、程序开始和结束的指示等。因此,伪指令语句可分为以下几种类型。

① 数据定义伪指令语句。

② 标识符赋值与解除伪指令语句。

③ 段定义伪指令语句。

④ 过程定义伪指令语句。

⑤ 程序开始与结束伪指令语句。

⑥ 方式定义伪指令语句。

⑦ 结构定义伪指令语句。

⑧ 分组伪指令语句。

⑨ 其他伪指令语句。

前 5 种类型的伪指令语句是经常使用的,也是最基本的伪指令语句,后 4 种类型的伪指令语句是帮助程序员灵活简捷地使用汇编语言编程。

4.2.1 数据定义伪指令语句

数据定义伪指令共有 5 条: DB、DW、DD、DQ 和 DT,分别用来定义字节、字、双字、4 字和 10 字节的数据。

指令格式:

变量名　助记符　操作数表　　　;注释

变量名　助记符　n DUP(操作数表)　　;注释

功能:从变量名指定的存储单元开始存放操作数表中的各操作数(包含操作数 1,操作数 2,…,操作数 n),如果不需要存入任何数据,则起到分配存储单元的作用。

1) 变量名:是一个用标识符表示的符号地址,也可以省略。其值等于助记符后第一个操作数的第一个字节的偏移地址值。

2) 助记符:有 DB、DW、DD、DQ 和 DT 5 种伪指令。

DB——定义字节数据以及字符串,规定每个操作数占用一个字节,字符串的每个字母(用 ASCII 码表示)也占用一个字节。

DW——定义字数据,规定每个操作数占用 2 个字节。

DD——定义双字数据,规定每个操作数占用 4 个字节。

DQ——定义 4 字数据,规定每个操作数占用 8 个字节。

DT——定义 10 个字节数据,规定每个操作数占用 10 个字节。

3）操作数：操作数可以是常数、变量、表达式、字符串、?（表示不确定的数）或标号等,各操作数之间用“,”分开。

4）n DUP( )：用来定义数组,把括号中的各操作数重复存放 n 次。

5）注释：用来说明该伪指令的功能。

【例 4-1】 操作数是常数、表达式、字符串数据的定义。

```
DATA1  DB  15H,25H          ;定义 DATA1 为字节变量,且 15H 放在地址 DATA1 中,
                            ;25H 放在地址 DATA1 +1 中
DATA2  DW  9988H,56H        ;定义 DATA2 为字变量,且 88H 放在地址 DATA2 中,
                            ;99H 放在地址 DATA2 +1 中,56H 放在地址 DATA2 +2 中,
                            ;00H 放在地址 DATA2 +3 中
DATA3  DD  2 * 40H,0AABBH   ;定义 DATA3 为双字变量,且以地址 DATA3 为首地址,
                            ;依次存放 80H,00H,00H,00H,BBH,AAH,00H,00H
DATA4  DB  'HELLO'          ;定义 DATA4 为字符串变量,且以地址 DATA4 为首地址,
                            ;依次存放'HELLO'的 ASCII 码
```

汇编后数据在存储器中的存放格式如图 4-1 所示。

注意：在定义字符串时,特别是多于两个字符的情况下,最好用 DB 伪指令来定义。

【例 4-2】 操作数用“?”定义不确定值的变量,用 DUP 来定义重复变量,不确定值的变量一般用作保留存储空间,以便存放运算结果。

```
DATA1  DB  ?                    ;定义变量 DATA1 为不确定字节,保留一个字节空间
DATA2  DW  0D55H, ?             ;定义变量 DATA2 第二个字为不确定,保留两个字节空间
DATA3  DB  5 DUP(0)             ;在连续的 5 个存储单元中存入 0
DATA4  DW  10 DUP(?)            ;重复 10 次,保留 10 个字的存储单元空间
DATA5  DB  4 DUP(1,2 DUP(20))   ;DUP 嵌套
```

汇编后数据在存储器中存放格式如图 4-2 所示。

4.2.2 标识符赋值与解除伪指令语句

标识符赋值与解除伪指令语句共有 4 条：等值伪指令语句 EQU、等号伪指令语句“ = ”、解除伪指令语句 PURGE、别名定义伪指令语句 LABEL。它们均不占用内存。

(1) 等值伪指令 EQU 语句

指令格式：标识符　EQU　操作数

功能：用来给操作数(可以是变量、标号、常数、指令、表达式等)定义一个标识符,程序中用到 EQU 左边的标识符时可用右边的操作数代替,在同一个程序模块中,一经定义就不能重新再定义。

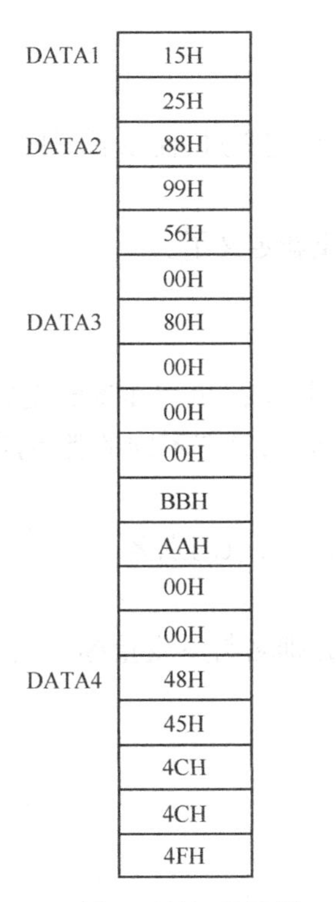

图 4-1　例 4-1 的汇编结果

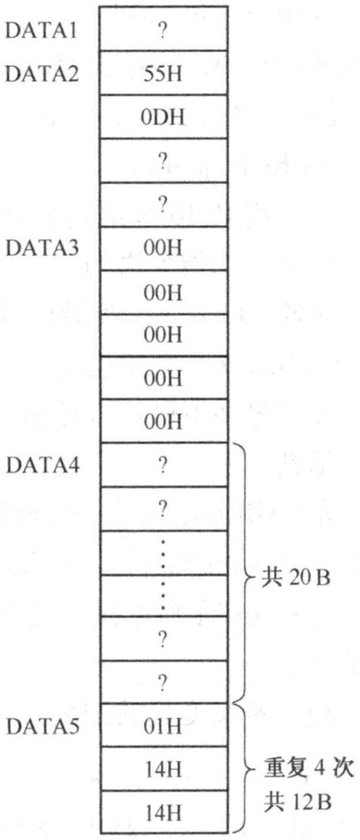

图 4-2　例 4-2 的汇编结果

【例 4-3】

```
DATA    EQU   100               ;常数值赋给标识符 DATA
DATA1   EQU   DATA +2           ;表达式 DATA +2 的值赋给标识符 DATA1
CI      EQU   ADD               ;加法指令赋给标识符 CI
```

注意：在 EQU 语句右边表达式中有变量或标号的表达式，必须先给变量或标号定义，否则汇编程序将指示出错。例如，例 4-3 中 DATA1 EQU DATA +2 必须先定义 DATA。

（2）等号伪指令语句"＝"

指令格式：标识符＝操作数

功能：等号伪指令语句"＝"与 EQU 语句具有类似功能，区别仅在于 EQU 中左边的标识符不允许重复定义，而用"＝"伪指令语句定义的标识符允许重复定义。

【例 4-4】

```
DATA =100
DATA1 =DATA  +10
SOURCE =BX +SI
MOV   AX,[SOURCE]          ;[BX +SI]单元中内容送 AX
SOURCE =BX
MOV   CX,[SOURCE]          ;[BX]单元中内容送 CX
```

例 4-4 中 SOURCE 第一次使用时，SOURCE 代表 BX +SI，第二次使用时，SOURCE 已经被重新定义过，它代表 BX。

(3) 解除伪指令语句 PURGE

指令格式：PURGE　标识符1,标识符2,…,标识符n

功能：若标识符1,标识符2,…,标识符n已经用EQU定义过,而以后不再使用了,可以用伪指令语句PURGE来解除。

当某标识符用PURGE语句解除后,就可以用EQU重新定义了。

(4) 别名定义伪指令语句

格式：别名　LABEL　类型属性

功能：LABEL伪指令给已定义的变量或标号取另一个名字,并可重新定义它的类型属性,使同一变量或标号在不同地方被引用时,可采用不同的名字,具有不同的类型属性,这样提高了程序的灵活性。

别名：为LABEL语句下一行所使用语句中的变量或标号取的别名。

LABEL：伪指令助记符,不可默认。

类型属性：规定了所起别名的变量或标号的类型,此别名与原变量标号具有相同的段基址及偏移地址。

【例4-5】 定义变量的别名。

```
DATAB  LABEL  BYTE
DATAW  DW     1234H,5678H
DISF   LABEL  FAR
DISN   MOV    AX,[SI]
```

LABEL语句与变量连用时,给下一个变量起一个别名,类型属性可修改成BYTE、WORD等。例4-5中DATAW变量类型为字,而DATAB为DATAW的别名,类型为字节。

LABEL与标号连用时,给下一语句定义的标号取一个别名,并可改变距离属性为FAR或NEAR。例4-5中DISF与DISN指向同一条指令,DISF是DISN的别名,但距离属性改为FAR。

4.2.3　段定义伪指令语句

存储器的物理地址由段基址和偏移地址组合而成。任何一个逻辑段,无论是代码段,数据段,堆栈段还是附加段都必须进行段定义,以便用连接程序把不同段和模块连成一个可执行程序。段定义伪指令语句共有2种：段结构定义伪指令语句和段分配伪指令语句。

(1) 段结构定义伪指令语句 SEGMENT…ENDS

指令格式：段名　SEGMENT　定位类型　组合类型　'分类名'

　　　　　　　　逻辑段内容

　　　　　段名　ENDS

功能：将一个逻辑段的内容定义成一个整体。

指令格式说明：

1) 段名：表示逻辑段在存储器中的地址,不能省略,在SEGMENT和ENDS前的段名必须相同,成对出现。

2) 助记符：逻辑段必须以SEGMENT开始,ENDS结束,不能省略,逻辑段的内容放在

SEGMENT 和 ENDS 之间。

3）参数：在 SEGMENT 后面可以带有三个参数：定位类型，组合类型和‘分类名’，各参数都可以省略，现分别说明如下。

① 定位类型。有 4 种定位类型参数可供选择：PARA、BYTE、WORD 和 PAGE，定位类型参数默认时采用 PARA。

- PARA：规定 20 位的段起始地址为 XXXX XXXX XXXX XXXX 0000B 。
- BYTE：规定 20 位的段起始地址定位在存储单元的任何字节地址。
- WORD：规定 20 位的段起始地址定位在字的边界，即段的首地址是偶数。
- PAGE：规定 20 位的段起始地址为 XXXX XXXX XXXX 0000 0000B。

② 组合类型。有 6 种组合类型参数可供选择：NONE、PUBLIC、COMMON、AT、STACK 和 MEMORY，组合类型参数默认时采用 NONE。

- NONE：规定该段与其他同名段不连接，独立存在于存储器中。
- PUBLIC：规定该段与其他模块中的同名段在满足定位类型的前提下依次由低地址到高地址连接起来，连接顺序由 LINK 软件确定。
- COMMON：规定该段与其他模块中的同名段有相同的起始地址，采用覆盖的方式存放，公共存储区的长度与各段中长度最大的相同。
- AT 表达式：该段的起始地址定位在表达式所指定的节（16 的整数倍）边界上。
- STACK：此参数在堆栈段中不可省略，用来指定该段为堆栈段，各个模块中的堆栈段采用顺序连接方式组合。
- MEMORY：本逻辑段定位在几个逻辑段中地址最高的存储区。但当有多个 MEMORY 逻辑段连接时，除第一个带 MEMORY 参数的逻辑段外，其他带此参数的同名段按照 COMMON 方式处理。

③ ‘类别名’。‘类别名’参数主要作用是将所有分类名相同的逻辑段组成一个段组。该参数必须用单引号‘’括起来，类别名不超过 40 个字符。该参数是可省略的。

（2）段分配伪指令语句

在 8086 CPU 系统中存储器采用分段结构，各段最大容量为 64 KB，虽然用户可以用段定义伪指令语句设置多个逻辑段，但只允许 4 个逻辑段同时有效。因此，必须用段分配伪指令语句来指定当前有效的逻辑段，并将这些有效的逻辑段分别定义成代码段、数据段、堆栈段及附加段。

指令格式：ASSUME CS：段名，DS：段名，SS：段名，ES：段名

功能：定义当前有效的 4 个逻辑段，指明段和段寄存器的关系。

注意点：

1）伪指令助记符 ASSUME 不可省略，一般放在代码段的开始。说明当前代码段、数据段、堆栈段和附加段是如何定义。

2）ASSUME 后面跟有指令参数，由段寄存器名（CS、DS、SS、ES）、冒号“：”及段名组成，段寄存器用来存放当前有效的逻辑段的段基址。各参数之间由逗号“，”分开，其中段名必须是用段定义语句 SEGMENT…ENDS 定义过的名字。

3）4 个逻辑段不一定全部要定义，通常代码段和数据段是必须的，附加段可以省略。但当代码段中使用了串指令，必须设置附加段。

4）可以用 ASSUME 段寄存器名：NOTHING 取消已经由 ASSUME 所指定的段寄存器。例如，ASSUME ES：NOTHING 可实现取消段寄存器 ES 与已经指定段名的关系。

5）由于 ASSUME 伪指令只指定某个段分配给相应的段寄存器，并将代码段的段基址自动装入 CS 段寄存器中，但不能将其他段的段基址装入相应的段寄存器中，所以在代码段的开始部分必须安排一段初始化程序，把其他段的段基址分别装入相应的段寄存器中。

4.2.4 过程定义伪指令语句

过程也叫作子程序。在主程序中，经常要用到一些程序段，这些程序段的功能和结构相同，只是一些变量赋值不同，此时可以将这些程序段独立编写，用过程定义伪指令语句进行定义，再在主程序中对它进行过程调用。

指令格式：过程名　PROC　属性

过程内容

RET

过程名　ENDP

功能：定义一个由主程序可以用 CALL 指令调用的过程。

指令格式说明：

1）过程名与属性：过程名是给所定义过程取的名字，不可默认，它是子程序入口的符号地址。像指令的标号一样，过程名具有三种属性。

① 段属性：为该过程所在段的段基址。

② 偏移地址属性：指该过程第一个字节与段首址之间相距的字节数。

③ 距离属性：NEAR 或 FAR。若属性定义成 NEAR，则允许过程在段内调用；若属性定义成 FAR，则允许过程在段间调用；若属性为默认，则属性为 NEAR。

2）助记符：指令格式中有两个定义过程的伪指令助记符，即 PROC 和 ENDP，任何一个过程必须以 PROC 开始，ENDP 结束，不能省略，且必须成对出现，在 PROC 和 ENDP 之间是过程的内容。

注意点：

1）过程内部至少有一条 RET 指令，它可以在过程中的任何位置。

2）使用 CALL 指令调用过程的格式：CALL　过程名

过程调用允许嵌套和递归调用，嵌套与递归的深度由堆栈段的容量决定，这时不仅要考虑将当前的地址压入堆栈，还要考虑将需要保护的参数压入堆栈，否则会影响主程序的运行状态。

4.2.5 程序开始与结束伪指令语句

这类伪指令语句共有 4 条：NAME、TITLE、ORG 和 END。

（1）目标模块命名伪指令语句

格式：NAME　程序名

TITLE　文本名

功能：为源程序目标模块赋一个程序名。

说明：

NAME：定义一个程序名，该程序名在汇编语言源程序列表文件的每一页的开头输出。

TITLE：功能与 NAME 伪指令基本相同，将文本名赋给源程序目标模块作名字。

(2) 定位伪指令语句

格式：ORG　表达式

功能：给汇编语言程序设置指令位置指针，给出该定位伪指令下一条语句的起始偏移地址。

说明：

ORG：是伪指令助记符，不可默认，用来改变某条指令或数据的存放位置。

表达式：给出偏移地址的值。

【例 4-6】 用 ORG 指定数据段和代码段地址。

```
DATA    SEGMENT
X1      DW   20H,60H,
             ORG  100H
X2      DB   10H,20H,30H          ;X2 偏移地址为 100H
             ORG  200H
X3      DW   1234H,4321H          ;X3 偏移地址为 200H
DATA    ENDS
CODE    SEGMENT
             ORG  100H
        ASSUME  CS: CODE,DS: DATA
START:MOV   AX,DATA               ;此代码的起始地址偏移 100H
             ⋮
CODE    ENDS
```

例 4-6 中变量 X1 相对 DATA 数据段段首址的偏移地址为 0，变量 X2 相对 DATA 数据段段首址的偏移地址为 100H，变量 X3 相对 DATA 数据段段首址的偏移地址为 200H。显然，ORG 伪指令语句改变了变量 X2、X3 的偏移地址。在代码段，标号 START 相对 CODE 代码段段首址的偏移地址为 100H。

另外在汇编语言源程序中经常可使用地址计数器的值‘ $ ’来保存当前正在汇编的指令地址，如表示从当前地址跳过 6 个字节的定位伪指令语句为 ORG　$ +6。

(3) 程序结束伪指令语句

格式：END　标号名

功能：标记汇编语言的源程序结束。

说明：

END：伪指令助记符，不可默认，放在源程序的最后一行，每个模块只有一个 END。汇编程序在汇编时碰到 END 语句就停止汇编。

标号名：该程序中第一条可执行语句的标号名，可以默认，若一个程序包含多个模块，END 后面带的标号为主程序模块中的标号名称。注意该标号是程序开始执行的起始地址。

【例 4-7】 程序结束伪指令语句的应用。

```
CODE      SEGMENT
          MOV   AX,BX
```

```
START: MOV   CX,12H
        ⋮
CODE     ENDS
         END  START
```

例4-7中的程序是从MOV CX,12H指令开始执行的。注意END与ENDS和ENDP的区别。

4.2.6 方式定义伪指令语句

汇编程序有两种操作方式：8086操作方式和80386操作方式。

格式：.8086

.386

功能：确定汇编程序的操作方式。

说明：

1).8086：在这条伪指令后，汇编程序将在8086方式下操作，如不指出汇编程序的操作方式，.8086是默认的操作方式。

2).386：在这条伪指令后，汇编程序将在80386方式下操作。如果想利用32位寄存器，必须加上这条伪指令。

4.2.7 结构定义伪指令语句

对一些基本数据的定义，可以用DB、DW、DD、DQ等伪指令语句进行定义，但有些数据的结构比较复杂。像编写学籍管理这样的程序，每项数据是一组变量，每个组中各变量的长度又不一致，但各项数据的结构是一致的。可以用结构定义伪指令语句来处理这种结构性数据。

有关结构定义的伪指令语句共有三条：结构定义伪指令、结构存储分配和预置伪指令及结构使用伪指令。分别对应使用过程中的三个步骤。

(1) 结构定义伪指令语句

格式：结构名　STRUC

　　　　　　　数据变量序列

　　　结构名　ENDS

功能：能把各种不同类型的数据存放在同一数据结构中。使结构中各个变量具有各自的局部偏移量(各变量的第一字节与结构起始地址之间的字节距离)，它们的类型属性取决于所采用的变量定义语句。

说明：

结构名：结构定义的标识符，不可默认，在使用前必须先定义，定义时必须注意在结构定义伪指令助记符STRUC与ENDS前的结构名要相同，即成对出现。

数据变量序列：用DB、DW、DD、DQ等伪指令定义的语句序列。

注意点：

1) 结构定义后，在汇编过程中不产生目标代码，也不分配存储空间。结构中各个变量具有各自的局部偏移量，它是指各变量的第一字节与结构起始地址之间的字节距离。它们的类型属性取决于所采用的变量定义语句。只有在结构被预置后，才具有确定的存储单元位置。

2) 结构中的变量可以有简单变量、多重变量、字符串变量和多重结构等几种类型。其中多重结构变量本身又是另一个结构。当结构被引用时,不允许对多重变量进行修改,允许用同样长度的字符串来修改字符串变量。

【例 4-8】 定义一个数据表格 TAB 的结构。

```
TSTRU  STRUC
       DA1  DB  'SXYZ'          ;字符串
       DA2  DW  ?               ;简单变量
       DA3  DW  SEG  LP1        ;简单变量
       DA4  DW  2 DUP(3)        ;多重变量
       DA5  DW  5678H,1234H     ;多重变量
TSTRU  ENDS
```

(2) 结构存储分配和预置伪指令语句

结构定义后,在汇编过程中不产生目标代码,也不分配存储空间,必须先对结构进行存储单元分配和预置。只有给每个结构分配存储空间后,结构中的变量才与存储单元发生关联。

格式: 结构变量名　结构名　<元素值,元素值…>

　　　结构变量名　结构名　N　DUP(<元素值,元素值…>)

功能: 对已经定义的结构分配存储空间和预置,使结构中的变量与存储单元发生关联,再把处理后的结构定义为格式中的结构变量名。

说明:

结构变量名: 是给分配存储空间和预置后的结构所起的名字。

结构名: 与结构定义时的结构名相同,不可默认。

尖括号: 是专用运算符,表示在分配存储空间和预置结构时,把结构中的变量改成尖括号中的元素值,也可以不进行修改。尖括号中的元素值,可以默认,表示对原结构中的所有变量不进行修改。若有多个元素值,它们之间用逗号分开,对不修改的变量用逗号表示,需要修改的元素值用修改量代替,其后面的变量保持不变时,可不再写元素值。

N　DUP(<元素值,元素值…>)中的 N 表示需要预置相同结构的个数,即可以形成 N 个相同的结构变量。

【例 4-9】 对例 4-8 中的 TAB 结构进行存储空间分配和预置,形成 4 个结构变量。

```
DATA1   TSTRU  < >
DATA2   TSTRU  <'FROM'>
DATA3   TSTRU  <,7FH,SEG LLL>
DATA4   TSTRU 5 DUP(<'7890',11H>)
```

说明:

结构变量 DATA1 对结构定义中的所有变量不修改。

结构变量 DATA2 对结构定义中的第一个元素值改为'FROM',其他变量不变。

结构变量 DATA3 对结构定义中的第一个变量不变,第二个简单变量改为 7FH,第三个简单变量改为 SEG LLL,后面的变量保持不变。

结构变量 DATA4 连续预置了 5 个相同的结构变量,每个结构变量的第一个元素值改为'7890',第二个简单变量改为 11H,其他变量不变。

(3) 结构使用伪指令语句

格式：结构变量名·字段变量

功能：给出了在不同结构变量名的结构数据中的变量元素值。

说明：

运算符"·"可以看成是结构使用伪指令语句的助记符，将结构变量名和其中的字段变量联系起来形成一个整体，在使用时可以看成是一个普通的变量。

格式中的"结构变量名"必须是经过分配存储空间和预置后的结构变量。

格式中的字段变量就是结构变量中的各个变量。

对例4-9中的结构变量DATA4连续预置了5个相同的结构变量，为了区分各个相同结构变量中的字段变量，可以在字段变量后面再加一个下标（用方括号"[ ]"括起来），下标值是该结构变量与第一个相同的结构变量之间的字节数，如DATA4·DA1[40]表示DATA4·DA1[40]与DATA4·DA1[0]之间相差40个字节。

经过预置的结构变量中的字段变量和普通变量一样，具有三个属性。

1）段属性：结构变量中各字段变量的段属性是指分配存储空间和预置结构时该结构变量的语句所在段的段基址。

2）偏移地址属性：结构变量中各字段变量的偏移地址等于结构变量的第一个字节在段中的偏移地址加上该变量的第一个字节与结构变量起点之间的距离，再加上下标值。

3）类型属性：结构变量中的字段变量的类型属性取决于原结构定义时所采用变量的定义（DB、DW、DD等）。所以它们的类型属性分别为BYTE、WORD或DWORD，一经定义，不再改变。

设当前数据段基址为1000H，结构变量DATA1的偏移地址为100H，则例4-9中的4个结构变量在存储器中的地址分配如图4-3所示。

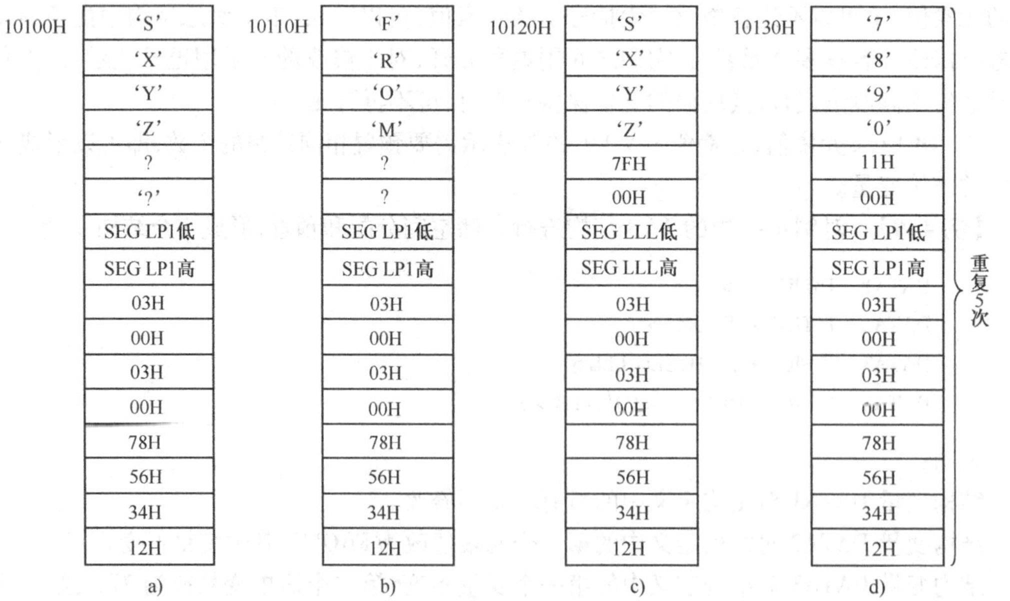

a) 10100H	b) 10110H	c) 10120H	d) 10130H（重复5次）
'S'	'F'	'S'	'7'
'X'	'R'	'X'	'8'
'Y'	'O'	'Y'	'9'
'Z'	'M'	'Z'	'0'
?	?	7FH	11H
'?'	?	00H	00H
SEG LP1低	SEG LP1低	SEG LLL低	SEG LP1低
SEG LP1高	SEG LP1高	SEG LLL高	SEG LP1高
03H	03H	03H	03H
00H	00H	00H	00H
03H	03H	03H	03H
00H	00H	00H	00H
78H	78H	78H	78H
56H	56H	56H	56H
34H	34H	34H	34H
12H	12H	12H	12H

图4-3 例4-9中的4个结构变量的存储分配和预置

a) DATA1 TSTRU < >
c) DATA3 TSTRU <,7FH,SEG LLL>
b) DATA2 TSTRU <'FROM'>
d) DATA4 TSTRU 5 DUP(<'7890',11H>)

4.2.8 分组伪指令语句

格式：组名　GROUP　段 1，段 2，……

功能：是将段 1、段 2 等逻辑段放在同一个 64 KB 的物理段内，并给它起一个新的名字，即组名。

注意点：

段 1、段 2 等参数可以来自三个方面：可以是由 SEGMENT 定义的段名，变量的段基址或标号的段基址。

多个段合成一组后的组名和段名一样，表示该组的段基址，程序中可以将它作为直接段值或段前缀使用。

由若干段组成一个组，用一个段寄存器为基址，组内各段之间的跳转可以认为是段内跳转。

【例 4-10】

```
    ⋮
GROUP1   GROUP   SEG1,SEG2,SEG3
ASSUME   DS:GROUP1
MOV   AX,GROUP1
MOV   DS,AX
MOV   BX,GRPUP1:VAR1
    ⋮
```

例 4-10 中 MOV　BX，GRPUP1：VAR1 的 VAR1 是组内的一个变量。

4.2.9 其他伪指令语句

为了帮助程序员灵活简捷地使用汇编语言编程，MASM 汇编软件提供了一系列伪指令语句，详见附录。除上述 8 类伪指令语句外，这里再介绍 5 条伪指令语句。

（1）外部伪指令语句

当程序包含多个模块时，有些程序或数据在各个模块间要相互共享，可用外部伪指令 PUBLIC 和 EXTRN 来实现该功能。PUBLIC 和 EXTRN 的协同作用，可实现模块间的符号常量、变量和标号的交叉引用。

格式：

PUBLIC　名称 1，名称 2，…

EXTRN　名称 1：类型，名称 2：类型，…

功能：PUBLIC 用来定义全局标识符，EXTRN 用来指出外部标识符。

说明：

PUBLIC、EXTRN：是伪指令助记符，不可默认。

名称：是语句的操作数，对 PUBLIC 语句的操作数必须是本模块中已经定义过的变量、标号或常数的名称，并且是可供其他模块共享的名称。在多个名称之间用逗号分开。对 EXTRN 语句的操作数必须是在其他模块中用 PUBLIC 语句定义过的变量、标号或常数的名称，并且是供本模块引用的，在这些名称后面紧跟冒号"："。

类型：是指该名称应具有的属性，若所定义的名称是变量，则类型为 BYTE 或 WORD；若名称是标号，则类型为 NEAR 或 FAR；若名称是常数，则类型为 ABS。类型应与在其他模块中被定义时的相同。

注意：EXTRN 语句引用的名称，必须与已用 PUBLIC 语句在其他模块中定义过的名称相呼应。

【例 4-11】 用 EXTRN 和 PUBLIC 语句实现模块间标识符的交叉访问。

模块 1

```
        EXTRN   DATA2: BYTE,SUBTR1: NEAR
        PUBLIC  TABLE,DATA1
DSEG            SEGMENT
TABLE           DB  100  DUP(?)
DATA1           DW   ?
DSEG            ENDS
CODE            SEGMENT
                ASSUME  CS: CODE,DS: DSEG
                   ⋮
                MOV   AX,DSEG
                MOV   DS,AX
                   ⋮
                MOV   AL,DATA1            ;DATA1 的段地址在 DS 中
                CALL  SUBTR1
                   ⋮
                MOV   AX,SEG DATA2        ;DATA2 的段地址在 ES 中
                MOV   ES,AX
                MOV   BX,ES: DATA2
                   ⋮
CODE            ENDS
                END
```

模块 2

```
        EXTRN   TABLE: BYTE
        PUBLIC  SUBTR1,DATA2
DSEG            SEGMENT
DATA2           DB   ?
                   ⋮
DSEG            ENDS
CODE            SEGMENT
                   ⋮
SUBTR1:            ⋮
                   ⋮
CODE            ENDS
                END
```

在模块 1 中,已经把变量 TABLE 和 DATA1 用 PUBLIC 语句说明为全局变量,同时用 EXTRN 语句说明需要调用字节变量 DATA2 和近距离标号 SUBTR1,并在模块 1 中使用了变量 DATA2 和标号 SUBTR1。

在模块 2 中,已经把变量 DATA2 用 PUBLIC 语句说明为全局变量,标号 SUBTR1 说明为全局标号,同时用 EXTRN 语句说明需要调用字节变量 TABLE。

从例 4-11 可以看到：各模块有各自的数据段,定义了自己的局部变量。在本模块引用自己的局部变量前,应先对 DS 赋予本数据段的基址,如模块 1 中的 MOV AX,DSEG 和 MOV DS,AX 语句。当引用其他模块的外部变量时,必须把相应外部变量的段地址放入相应的段寄存器中,如模块 1 中的三条语句：MOV AX,SEG DATA2;MOV ES,AX;MOV BX,ES：DATA2。模块 1 引用模块 2 的变量 DATA2 之前,是先将 ES 赋值为 DATA2 所在段的段基址。如果对 DATA2 寻址,必须加上段超越前缀"ES："。

(2) 对准伪指令语句

格式：EVEN

功能：EVEN 对准伪指令语句使下一语句的地址调整为偶地址。

【例 4-12】 EVEN 直接放在某一语句前,汇编程序汇编时就会完成将地址调整在偶地址上。

```
DATA   SEGMENT
       ORG   100H
A1     DB   0DH
       EVEN
A2     DW   100   DUP(?)
DATA   ENDS
```

例 4-12 中 A1 的偏移地址是从 100H 开始,若没有加入 EVEN 伪指令,则 A2 的 100 个字将从偏移地址 101H 开始,而现在加上 EVEN 后,A2 数据调整到从 102H 开始,每个字从偶地址开始存放,提高了存储器存取速度。

4.2.10 伪指令语句上机实验

上机实验目的是使用伪指令语句编写两个完整的汇编语言程序实例,并给出完整的操作说明,所用到的汇编语言上机工具软件请参照第 1 章 1.4 节内容。第一个汇编语言程序实例说明段结构定义、数据定义、别名定义、定位、等值、段分配和程序结束等伪指令语句在汇编语言程序中的应用,特别是通过 DEBUG 高度工具软件了解这些伪指令语句的具体作用。操作过程如下：

(1) 环境设置

```
Z:\>mount C e:\MYMASM  (回车)
Drive C is mounted as local directory e:\masm\
Z:\>C:(回车)
```

(2) 建立源程序文件

```
C:\>EDIT  (回车)
```

在 EDIT 编辑对话框中,输入下列完整的汇编语言源程序。

```
DATA   SEGMENT                                  ;段结构定义伪指令语句
    TSTRU STRUC
        DAT1 DB'ABCD'                           ;数据定义伪指令语句
        DAT2 DW   ?
        DAT3 DW 5 DUP(5678H)
    TSTRU ENDS
    DATA1 LABEL BYTE                            ;别名定义伪指令语句
    DATA2 DW 5 DUP(1234H)
    DATA3 EQU   10H                             ;等值伪指令 EQU 语句
    CI      EQU   ADD
    ORG 100H                                    ;定位伪指令语句
    DATA4 TSTRU < >
    DATA5 TSTRU 2 DUP( <'EFGH',0AH > )          ;结构伪指令语句
DATA    ENDS
CODE    SEGMENT
        ASSUME   CS:CODE,DS:DATA                ;段分配伪指令语句
    START:MOVAX,DATA
        MOV    DS,AX
        MOV    AX,DATA2
        MOV    BL,DATA1
        CI BL,DATA3
        SOURCE =10H                             ;等号伪指令语句“=”
        MOV AH,SOURCE
        MOV BH,DATA5. DAT1
        MOV AX,DATA4. DAT3
        CI BH,DATA4. DAT1[16]                   ;16 是变量相对于结构 DATA4 起始地址的局部
                                                 偏移量
        MOVAH,4CH
        INT21H
CODE   ENDS
        END START                               ;程序结束伪指令语句
```

输入完成后保存为 ASM4_1. ASM,然后退出。

(3) 汇编源程序文件

```
C:\ >MASM ASM4_1 (回车)
Object filename [ASM4_1. OBJ]: (回车)
Source listing [NUL. LST]:(回车)
Cross - reference [NUL. CRF]:(回车)
0 Warning Errors
0 Severe Errors
```

汇编成功,无错误,无警告,生成目标文件 ASM4_1. OBJ。

(4) 目标文件连接

```
C:\> LINK ASM4_1 (回车)
Run File [ASM4_1. EXE]:  (回车)
List File [NUL. MAP]:(回车)
Libraries[. LIB]:(回车)
LINK:warning L4021: no stack segment
```

连接成功,生成可执行文件 ASM4_1. EXE。

(5) DEBUG 调试

```
C:\> DEBUG ASM4_1. EXE (回车)
```

1) 反汇编观察源程序汇编结果。

```
-U (回车)
077D:0000   MOV AX,076A      ;076AH 是 DOS 系统给定的数据段地址,即 DATA 的值
077D:0003   MOV DS,AX
077D:0005   MOV AX,[0000]    ;0000H 是 DATA2 变量的偏移地址,DATA2 被定义为字变量,实
                              现 16 位传送。
077D:0008   MOV BL,[0000]    ;0000H 是 DATA1 变量的偏移地址, DATA1 是用别名来定义的字
                              节变量,实现 8 位传送
077D:000C   ADD BL,10        ;ADD 是 CI 的等值,该 10H 是 DATA3 的等值
077D:000F   MOV AH,10        ;10H 是由"="伪指令语句定义
077D:0011   MOV BH,[0110]    ;0110H 是结构 DATA5 的起始地址
077D:0015   MOV AX,[0106]    ;0106H 是 DATA4. DAT3 的第一个字节的地址
077D:0018   ADD BH,[0110]    ;0110H 是由结构 DATA4 的起始地址 0100H 加局部偏移量 16(即
                              10H)得到
077D:001C   MOV AH,4C
077D:001E   INT 21
```

注意:反汇编后指令中的操作数一律是十六进制数,计算机显示时没有 H 后缀。

2) 初始化 DS 后观察寄存器值和内存单元值。

```
-G =0000 0005    (回车)
AX =076A BX =0000 CX =0150 DX =0000 SP =0000 BP =0000 SI =0000 DI =0000 DS =076A ES =
075A SS =0769 CS =077D IP =0005 NV UP EI PL NZ ZA PO NC
```

DS 被程序设置为 DATA 的值(076AH),CS 被系统直接设置为 077DH,注意 CS、DS、ES、SS 的值都是系统分配的,但只有 CS 由系统直接设置,其余必须由程序设置。

```
-D DS:0000 000F(回车)
076A:0000 34 12 34 12 34 12 34 12 -34 12 00 00 00 00 00 00
```

字数据变量 DATA2 的逻辑地址为 076A:0000,值为 1234H,该变量的下 4 个值也为 1234H,别名 DATA1 是字节数据变量,其逻辑地址也为 076A:0000,值为 34H,该变量的下一个值为 12H。常数值 10H 赋给标识符 DATA3,但不占用内存单元。虽然在 DATA2 前面有 TST-

RU 结构定义,但不会分配内存单元。

```
-D DS:0100 012F(回车)
076A:0100 41 42 43 44 00 00 78 56 -78 56 78 56 78 56 78 56
076A:0110 45 46 47 48 0A 00 78 56 -78 56 78 56 78 56 78 56
076A:0120 45 46 47 48 0A 00 78 56 -78 56 78 56 78 56 78 56
```

结构变量 DATA4 的逻辑地址为 076A:0100,它对结构定义中的所有变量不做修改;结构变量 DATA5 的逻辑地址为 076A:0100,它连续预置 2 个同样的结构变量,每个结构变量的第一个元素值改为'EFGH',第二个简单变量改为 0AH,其他变量不变。

3) 程序执行结果。

指令地址	反汇编指令	单步跟踪	执行结果	
			AX	BX
077D:0005	MOV AX,[0000]	P=0005	1234	0000
077D:0008	MOV BL,[0000]	P	1234	00 34
077D:000C	ADD BL,10	P	1234	00 44
077D:000F	MOV AH,10	P	1034	0044
077D:0011	MOV BH,[0110]	P	1034	4544
077D:0015	MOV AX,[0106]	P	5678	4544
077D:0018	ADD BH,[0110]	P	5678	8A44

请对照输入的指令,思考一下上述执行后寄存器内容中带下划线的数据是怎样获得的?进一步理解各种伪指令语句及其操作数寻址方式所起的作用。

4.3 汇编语言中的表达式

表达式由运算对象和运算符组成。在汇编时由汇编程序对它进行运算,其运算结果作为语句中的操作数来使用。运算对象可以是常数、变量和标号,运算结果可以是常数,也可以是存储器的地址,若该地址中存放的是数据则称它为变量,若该地址中存放的是指令则称它为标号。

汇编语言中有 6 类运算符。

① 算术运算符(Arithmetic Operators)。

② 逻辑运算符(Logical Operators)。

③ 关系运算符(Relational Operators)。

④ 分析运算符(Analytic Operators)。

⑤ 修改属性运算符(Modifying attribute Operators)。

⑥ 其他运算符 (Other Operators)。

4.3.1 算术运算符

算术运算符包括加(+)、减(-)、乘(*)、除(/)、取模运算(MOD)、左移(SHL)和右移(SHR)7 种。

加(+)、减(-)、乘(*)、除(/)是读者十分熟悉的算术运算符。

取模运算(MOD)是取两数相除的余数,但运算对象必须为正整数。例如

```
92   MOD  16     结果为12(相当于取低4位的值)
97H  MOD  20H    结果为23(相当于取低5位的值)
33H  MOD  7      结果为2
```

所有算术运算都可以对数据进行运算,其结果都是整数。但对地址的运算操作一般采用在标号上加(或减)某一个数字量,如 START+3,MOVE-4 这样的表达式用来表示一个存储单元的地址。对地址进行乘法运算是没有意义的。

【例4-13】 包含乘法和减法算术运算符的表达式。

```
DATA   SEGMENT
ARY    DB   10,20,30,40,50          ;DB是伪指令
TY     DB   20
DATA   ENDS
CODE   SEGMENT
       MOV  DX,50*4
       MOV  CX,(TY-ARY)             ;数组长度存入CX
          ⋮
CODE   ENDS
```

例4-13 中含有表达式 50*4 和(TY-ARY),汇编时,汇编程序对表达式进行计算,汇编后相应的指令变成

```
MOV  DX,200
MOV  CX,5
```

【例4-14】 源程序包含除法、减法、模运算和移位运算的表达式。

```
DATA   SEGMENT
KA     EQU  900                ;EQU是伪指令
DATA   ENDS
CODE   SEGMENT
MOV    BX,KA-70
MOV    AX,KA MOD 100
MOV    CX,KA/100
MOV    DH,01100100B   SHR   3
              ⋮
CODE   ENDS
```

在例4-14 中含有表达式 KA-70、KA MOD 100、KA/100 和 01100100B SHR 3,汇编时,汇编程序对表达式进行计算,汇编后相应的指令变成

```
MOV  BX,830
MOV  AX,0
MOV  CX,9
MOV  DH,0CH
```

4.3.2 逻辑运算符

逻辑运算符有 4 种：与(AND)、或(OR)、非(NOT)和异或(XOR)。这里的逻辑运算对象只能是常数,其结果也是常数,运算方法是按位运算。

【例 4-15】 AND、OR、NOT、XOR 逻辑运算的表达式。

```
MOV  AL,NOT  0AAH          ;含有表达式 NOT  0AAH
MOV  BL,23H  AND  0FH      ;含有表达式 23H  AND  0FH
MOV  CH,24H  OR  0F0H      ;含有表达式 24H  OR  0F0H
MOV  DH,25H  XOR  0FFH     ;含有表达式 25H  XOR  0FFH
```

汇编时,汇编程序对表达式进行计算,汇编后相应的指令变成

```
MOV  AL,055H
MOV  BL,03H
MOV  AH,0F4H
MOV  CH,0DAH
```

注意：虽然逻辑运算符与指令系统中的指令助记符 AND、OR、NOT、XOR 符号完全相同,但逻辑运算符是在汇编过程中进行计算的,而指令助记符是在程序执行时进行运算的。

4.3.3 关系运算符

关系运算符有相等 EQ(Equal)、不等 NE(No Equal)、小于 LT(Less Than)、大于 GT(Greater Than)、小于或等于 LE(Less than or Equal)、大于或等于 GE(Greater than or Equal)。

参加关系运算的两个操作数必须都是数据或者是同一段中的存储单元地址,结果总是一个数值。当关系成立时,其结果为全 1,即 0FFH 或 0FFFFH,当关系不成立时,其结果为全 0。关系运算符一般不单独使用,往往和逻辑运算符组合起来使用。例如：

MOV CX,((PORT LT 10H) AND 80H) OR (PORT GE 10H) AND 81H)汇编时形成指令有两种可能。

① 当 PORT 小于 10H 时,汇编结果相当于指令：MOV CX,80H。

② 当 PORT 大于或等于 10H 时,汇编结果相当于指令：MOV CX,81H。

4.3.4 分析运算符

又称数值返回运算符,分析运算符包括 OFFSET、SEG、TYPE、LENGTH、SIZE 5 种。它们加在变量或标号前,返回运算对象的某个参数值,即返回偏移地址值、段地址值、类型属性以及变量包含的单元数。

(1) OFFSET

格式：OFFSET 变量或标号

功能：OFFSET 返回标号或变量的偏移地址值,这是程序设计中常用的运算符。

【例 4-16】 用 OFFSET 返回标号或变量偏移地址值的表达式。

```
DATA  SEGMENT
         ⋮
DAT1  DB  81H
```

```
DATA   ENDS
CODE   SEGMENT
       MOV   SI,OFFSET LAB1
         ⋮
LAB1:  MOV   BX,OFFSET DAT1
         ⋮
CODE   ENDS
```

在例 4-16 中 DAT1 为数据段中一个变量名,MOV BX,OFFSET DAT1 为代码段中的一条指令,它的源操作数是 OFFSET DAT1,汇编程序将变量 DAT1 的偏移地址求出来并作为该指令的源操作数,整个指令的作用是把变量 DAT1 的偏移地址送到 BX 中。LAB1 为代码段中一个标号,OFFSET LAB1 是“MOV SI,OFFSET LAB1”指令的源操作数,汇编程序同样将标号 LAB1 的偏移地址求出来并作为该指令的源操作数。

(2) SEG

格式:SEG　变量或标号

功能:SEG 返回标号或变量的段基值。

如果把例 4-16 中的指令“MOV BX,OFFSET DAT1”改为“MOV BX,SEG DAT1”,则把 DATA 数据段的基址送到 BX 中,把指令“MOV SI,OFFSET LAB1” 改为“MOV SI,SEG LAB1”,则把 CODE 代码段的基址送到 SI 中。

(3) TYPE

格式:TYPE　变量或标号

功能:TYPE 可加在变量或标号前,返回变量的类型属性或标号的距离属性。变量或标号的返回值见表 4-1。

表 4-1　TYPE 运算符返回值

	变　量					标　号	
类型	DB	DW	DD	DQ	DT	NEAR	FAR
返回值	1	2	4	8	10	-1	-2

(4) LENGTH

格式:LENGTH　变量

功能:LENGTH 只有当变量中使用 DUP 时,才返回该变量所含数据的个数,而对其他变量则返回 1。

(5) SIZE

格式:SIZE　变量

功能:SIZE 运算符加在变量前,返回该变量包含的总字节数。SIZE、LENGTH、TYPE 三者之间的关系是 SIZE = LENGTH × TYPE。

【例 4-17】 TYPE、LENGTH 和 SIZE 分析运算符的运用。

```
DATA   SEGMENT
XX1    DW   505H,502H
XX2    DD   505502H
```

```
XX3     DB   41H,42H,43H
XX4     DD   150   DUP(?)
DATA    ENDS
CODE    SEGMENT
ASSUME  CS:CODE, DS:DATA
LP1:  MOV    AL, TYPE XX1          ;汇编后 MOV   AL, 2
      MOV    BL , TYPE XX2         ;汇编后 MOV   BL, 4
      MOV    AH , TYPE XX3         ;汇编后 MOV   AH, 1
      MOV    BH , TYPE LP1         ;汇编后 MOV   BL, 0FFH
      MOV    CH , LENGTH   XX4     ;汇编后 MOV   CH, 150
      MOV    CL , LENGTH   XX1     ;汇编后 MOV   CL, 1
      MOV    DI , SIZE   XX4       ;汇编后 MOV   DI, 600
      MOV    DH , SIZE   XX1       ;汇编后 MOV   DH, 2
CODE ENDS
```

4.3.5 修改属性运算符

也叫作综合运算符。修改属性运算符有段操作符、PTR、THIS、HIGH、LOW、SHORT 6 种，可以在程序运行过程中，通过修改属性运算符来修改变量或标号的属性，包括段属性、偏移地址属性、类型属性等。

（1）段操作符

格式：段前缀:变量或地址表达式

段前缀有段寄存器 CS、DS、ES、SS 后跟冒号“:”，用来表示某个变量或地址被修改到哪个段寄存器提供的段基址中。例如，带段操作符的指令 MOV AX,ES:[SI]，若原来[SI]操作数在 DS 段中，而现在的[SI]操作数则在 ES 段中。

（2）PTR

格式：类型　PTR　变量

　　　距离　PTR　标号

功能：是将 PTR 左边的类型（或距离）属性赋给右边的变量（或标号）、存储单元。

注意：PTR 本身并不分配存储单元，仅给已分配的存储单元赋予新的属性，这样可以保证运算时操作数类型的匹配，常与类型 BYTE、WORD、NEAR、FAR 等连用。这是程序设计中常用的运算符。

【例 4-18】 带 PTR 表达式的变量。

```
DATA    SEGMENT
CC1     DB   16H,36H
CC2     DW   1122H,3344H
DATA    ENDS
CODE    SEGMENT
LL1:    MOV   AX,WORD   PTR   CC1          ;①
        MOV   BL,BYTE   PTR   CC2          ;②
        MOV   BYTE   PTR   [BX],10H        ;③
```

```
        MOV  WORD  PTR  [BX],10H          ;④
          ⋮
        JMP  FAR  PTR  LL1                ;⑤
          ⋮
CODE  ENDS
```

在例 4-18 程序的数据段中把 CC1 定义成字节变量,CC2 定义成字变量。在代码段中指令①为了使 CC1 类型转换成字与 AX 类型匹配,使用了 PTR 表达式: WORD PTR CC1。指令②为了使 CC2 类型转换成字节与 BL 类型匹配,使用了 PTR 表达式: BYTE PTR CC1。同理,运用了 PTR 表达式,指令③把 10H 以字节存储,指令④把 10H 以字存储。指令⑤用 PTR 来改变距离属性,在 JMP 语句中将标号 LL1 改为 FAR。

(3) HIGH 和 LOW

HIGH 和 LOW 称为字节分离运算符。

格式: HIGH　变量或标号

　　　LOW　变量或标号

功能: 对一个数或地址表达式,HIGH 从中分离出高位字节,LOW 分离出低位字节。

【例 4-19】 带 HIGH 和 LOW 表达式的变量。

```
DATA  SEGMENT
BB1   EQU  1234H
BB2   EQU  0A0B0H
DATA  ENDS
CODE  SEGMENT
      MOV  AH,HIGH  BB1
      MOV  BL,LOW  BB2
CODE  ENDS
```

例 4-19 程序代码段中的指令在编时形成下列指令。

```
MOV  AH,12H
MOV  BL,0B0H
```

4.3.6　汇编语言中的表达式上机实验

(1) 建立源程序文件

```
C:\>EDIT (回车)
```

回车后,会弹出 EDIT 编辑对话框,输入下列完整的汇编语言源程序。

```
DATA    SEGMENT
DATA1   DB   0AH,14H,1EH,28H,32H
KA      EQU  97H
DATA    ENDS
CODE    SEGMENT
        ASSUME  CS:CODE,DS:DATA
```

```
START:  MOV   AX,DATA
        MOV   DS,AX
        MOV   AX,50 * 4                                  ;算术运算符表达式
        MOV   BX,KA MOD 20H
        MOV   AH,NOT 0AAH                                ;逻辑运算符表达式
        MOV   AL,24H AND 0FH
        MOV   BH,((KA LT 10H) AND 80H) OR ((KA GE 10H) AND 81H)    ;关系运算符
        MOV   BX,OFFSET DATA1                            ;分析运算符表达式
        MOV   AL,TYPE DATA1
        MOV   BX,WORD PTR DATA1                          ;修改属性运算符表达式
        MOV   AL,HIGH 4433H
        MOV   AH,4CH
        INT   21H
CODE   ENDS
        END START
```

输入完成后保存为 ASM4_3. ASM,然后退出。

(2) DEBUG 调试

参照 4. 2. 10 节的实例对保存源程序进行汇编和链接,得到可执行的 ASM4_3. EXE 文件。调用 DEBUG 调试。

```
C:\>DEBUGASM4_3. EXE (回车)
```

1) 反汇编观察源程序汇编结果。

```
-U   (回车)
076B:0000   MOV AX,076A        ;076AH 是 DOS 系统给定的数据段地址,即 DATA 的值
076B:0003   MOV DS,AX
076B:0005   MOV AX,00C8        ;00C8H 是算术运算符表达式 50 * 4 的值
076B:0008   MOV BX,0017        ;0017H 是表达式 KA MOD 20H 的值
076B:000B   MOV AH,55          ;55H 是表达式 NOT 0AAH 的值
076B:000D   MOV AL,04          ;04H 是表达式 24H AND 0FH 的值
076B:000F   MOV BH,81          ;81H 是((KA LT 10H) AND 80H) OR ((KA GE 10H) AND
                                81H)的值
076B:0011   MOV BX,0000        ;0000H 是表达式 OFFSET DATA1 的值
076B:0014   MOV AL,01          ;01H 是表达式 TYPE DATA1 的值
076B:0016   MOV BX,[0000]      ;0000H 是表达式 WORD PTR DATA1 的值
076B:001A   MOV AL,44          ;44H 是表达式 HIGH 4433H 的值
076B:001C MOV AH,4C
076B:001E INT 21
```

2) 初始化 DS 后观察寄存器与内存单元的值。

```
-G =0000 0005 (回车)
AX =076A BX =0000 CX =0030 DX =0000 SP =0000 BP =0000 SI =0000 DI =0000 DS =076A ES =
075A SS =0769 CS =076B IP =0005 NV UP EI PL NZ ZA PO NC
```

```
-D DS:0000 000F（回车）
076A:0000 0A 14 1E 28 32 00 00 00 -00 00 00 00 00 00 00 00
```

3）表达式使用的执行结果。

指令地址	反汇编	单步跟踪	执行结果	
			AX	BX
076B:0005	MOV AX,00C8	P=0005	00C8	0000
076B:0008	MOV BX,0017	P	00C8	0017
076B:000B	MOV AH,55	P	55C8	0017
076B:000D	MOV AL,04	P	5504	0017
076B:000F	MOV BH,81	P	5504	8117
076B:0011	MOV BX,0000	P	5504	0000
076B:0014	MOV AL,01	P	5501	0000
076B:0016	MOV BX,[0000]	P	5501	140A
076B:001A	MOV AL,44	P	5544	140A

请对照输入的指令，思考一下上述执行后寄存器内容中带下划线的数据是怎样获得的？进一步理解各种汇编语言中的表达式所起的作用。

4.4 指令语句

指令语句又叫可执行语句，每一条指令语句对应 CPU 的一种特定操作，在汇编时都要产生一个可供机器执行的机器目标代码。因此，在指令语句中必须包含一个指令助记符，以及充分的寻址信息，这一点在 80x86 指令系统中已经进行了详细的叙述。这里主要叙述 80x86 指令在汇编语言中的格式以及与伪指令、表达式的综合应用。

指令语句的格式：

标号：前缀指令　助记符　操作数　；(注释)

1）标号：这是一个任选字段。标号是指令语句地址的标识符，在语句之首，必须以"："作为结束符，关于标识符的有关规定在前面已有详细的说明。

2）前缀指令：允许指令有一个或多个前缀指令，在 80x86 指令系统中，对整条指令起作用的前缀指令有两种：重复和锁定。

在汇编语言中允许出现的前缀指令主要有 LOCK、REP、REPE、REPNE、REPZ、REPNZ 这 6 条。这些指令在 80x86 指令系统中已有详细的说明。

3）指令助记符：这是为指令操作码规定的符号。任何指令语句都需要此部分，它表示了指令语句的基本操作功能，如 MOV 是传送指令的助记符，ADD 是加法指令的助记符。在 80x86 指令系统中也已作了详细的说明。

4）操作数：操作数可以根据指令功能的需要，有 4 种情况：零操作数、单操作数、两操作数和三操作数，其中两个操作数的情况为最多。若多于一个操作数时，中间用"，"号分开。操作数与助记符之间必须以空格分隔。

操作数的寻址问题在80x86指令系统中也已作了详细的说明，这里主要强调指令中操作数寻址的表示形式。

① 立即寻址和直接寻址的表示形式。在学习过伪指令及表达式以后，立即寻址和直接寻址的表示形式不能简单地以中括号“[ ]”来区别，可以通过下面的例题加以理解。

【例4-20】 立即寻址和直接寻址在表示形式上的区别。

```
DATA   SEGMENT
BB1    EQU   1234H
BB2    DW    0A0B0H
DATA   ENDS
CODE   SEGMENT
       MOV   AX,BB1          ;①
       MOV   BX,BB2          ;②
       MOV   CX,[BB1]        ;③
CODE   ENDS
```

在例4-20中指令①是立即寻址方式，指令②和③是直接寻址方式，虽然指令②的源操作数BB2没有中括号“[ ]”，但BB2在数据段中是以DW伪指令来定义的变量，BB2本身就是符号地址。

② 基址寄存器加变址寄存器寻址的表示形式。基址寄存器加变址寄存器寻址的表示形式一般有两种。

```
MOV   AX,[BX][SI]
MOV   AX,[BX+SI]
```

注意，这两种表示形式是等价的。

③ 相对寄存器寻址的表示形式。相对寄存器寻址有两种情况，一种是基址或变址寄存器加相对位移量的寻址，另一种是基址寄存器加变址寄存器再加相对位移量的寻址，其表示形式一般也有两种，可以通过下面的例题加以理解。

【例4-21】 相对寄存器寻址的两种表示形式。

```
DATA   SEGMENT
MYDAT DW   100 DUP(?)
DATA   ENDS
CODE   SEGMENT
          ⋮
       MOV   AX, MYDAT[BX]          ;①
       MOV   AX, [MYDAT+BX]         ;②
       MOV   CX, MYDAT[BX][SI]      ;③
       MOV   CX, [MYDAT+BX+SI]      ;④
CODE   ENDS
```

在例4-21中指令①和②是一样的，都是相对基址寄存器BX的寻址方式，指令③和④是一样的，都是相对基址寄存器BX和变址寄存器SI的寻址方式。

④ 带表达式的操作数。在指令语句中，根据需要操作数可以带表达式，这种情况在上一

节中已有很多实例，采用操作数带表达式的表示形式，可以使汇编语言程序编得更灵活。上一节讲述的表达式大部分可以来作为指令语句的操作数。

5）注释：这是为方便程序人员阅读程序而加的说明。它既不影响源程序的汇编，也不会出现在目标程序中。通常并不要求每个汇编语句都加注释。

4.5 宏指令语句及其使用

汇编语言除了指令语句、伪指令语句外，还有宏指令语句。宏指令是源程序中具有独立功能的一段程序代码。它可以根据用户的需要，由用户自己在源程序中定义。宏指令只要定义一次，便可在以后的程序中用宏指令语句多次调用。

1. 宏定义

宏指令在使用前必须先进行宏定义。

宏定义格式：

```
宏指令名  MACRO   形式参数1,形式参数2…
            宏体
          ENDM
```

宏指令名：为宏指令起的一个标识符，不可缺省，是宏调用时需要使用的名字。

MACRO 和 ENDM：是宏定义伪指令的助记符，不可缺省。MACRO 表示宏定义的开始，ENDM 表示宏定义的结束，它们必须成对出现。注意在 ENDM 前面没有宏指令名，这一点与过程定义、段定义是有所区别的。

宏体：是位于 MACRO 和 ENDM 之间的一段有独立功能的程序代码段，是实现宏指令功能的实体。

形式参数：根据需要而设置，可以有一个或多个，也可以没有。当有多个形式参数时，参数之间必须以“，”隔开。

2. 宏调用

宏调用格式：

```
宏指令名  实际参数1,实际参数2…
```

宏调用时，只需要在源程序中写上已定义过的宏指令名就算是调用该宏指令了。若宏定义时该宏指令有形式参数，还必须在宏调用时带上实际参数来代替形式参数，原则上实际参数的个数、顺序、类型应与形式参数一一对应，各参数之间必须以“，”隔开。但汇编程序并不要求实际参数与形式参数在个数上必须相等，若二者的个数不等时，无论是形式参数多还是实际参数多，汇编程序在完成它们——对应的关系后，便将多余的形式参数作“空”处理，而对多余的实际参数不予考虑。

3. 宏展开

具有宏调用的源程序被汇编时，每个宏调用将被汇编软件 MASM 进行宏展开。其过程是用宏定义时设计的宏体去代替相应的宏指令名，并且用实际参数一一取代形式参数，以形成符合功能且能够实现、执行的程序代码。汇编软件汇编源程序时，在每条插入的宏体指令前带上“ + ”标记。

虽然宏展开是由汇编软件 MASM 来完成的,但只有对宏展开有充分的了解,才能正确进行宏定义与宏调用。下面通过举例来说明宏定义、宏调用及宏展开的具体方法。

【例 4-22】 无形式参数的宏定义、宏调用及宏展开。

宏定义:

```
PUSHAB   MACRO
         PUSH   AX
         PUSH   BX
         ENDM
```

宏调用: PUSHAB

宏展开:
```
+PUSH   AX
+PUSH   BX
```

在例 4-22 中的宏定义是无形式参数的情况,宏调用也特别简洁,在程序需要的地方写上宏指令语句 PUSHAB 就可以完成把 AX、BX 压入堆栈。

【例 4-23】 带形式参数的宏定义、宏调用及宏展开。

宏定义:

```
LDSF   MACRO    PR,VAR,N,REG,CC
       MOV      PR,VAR
       MOV      AX,[PR]
       MOV      CL,N
       S&CC     REG, CL
       ENDM
```

宏调用 1: LDSF   SI,WVAR1,4,AX,AR

宏调用 2: LDSF   DI,WVAR2,3,BX,AL

宏展开 1:
```
+MOV   SI,WVAR1
+MOV   AX,[SI]
+MOV   CL,4
+SAR   AX,CL
```

宏展开 2:
```
+MOV   DI,WVAR2
+MOV   AX,[DI]
+MOV   CL,3
+SAL   BX,CL
```

在例 4-23 中的宏定义是带有 5 个形式参数的情况,宏调用时特别方便,在程序需要的地方写上宏指令语句 LDSF 和相应的 5 个实际参数,对不同的实际参数就可以完成不同的取数和移位任务。宏调用 1 实现把变量 WVAR1 通过变址寄存器 SI 取到 AX 寄存器中,并算术右移 4 位,宏调用 2 实现把变量 WVAR2 通过变址寄存器 DI 取到 BX 寄存器中,并算术左移 3 位。

在宏定义中第 5 个参数“CC”是指令操作码的一部分,因此在宏体的指令“S&CC” 中用符号“&”来分隔 S 与参数“CC”,“&”是一个操作符,它在宏体中作为形式参数的前缀。其余 4

个参数均在操作数域,互相之间必须用“,”号分开。

4. 宏嵌套

宏嵌套有两种情况：一是宏定义中使用宏调用,二是宏定义中包含宏定义。无论哪种情况,所调用的宏指令都必须先定义过。

(1) 宏定义中使用宏调用

【例 4-24】 设在程序的数据段已经定义了变量 X、Y、Z,试计算 X + Y→Z,并要求保护所有使用的寄存器。

宏定义：

```
DBF   MACRO  P,Q
      MOV    BX,P
      MOV    AX,Q
      ADD    AX,BX
      ENDM
DBFS  MACRO  X1,X2,X3
      PUSH   AX
      PUSH   BX
      DBF    X1,X2
      MOV    X3,AX
      POP    BX
      POP    AX
      ENDM
```

宏调用：DBFS X,Y,Z

宏展开：

```
+ PUSH   AX
+ PUSH   BX
+ MOV    BX,X
+ MOV    AX,Y
+ ADD    AX,BX
+ MOV    Z,AX
+ POP    BX
+ POP    AX
```

(2) 宏定义中包含宏定义

【例 4-25】 设在程序的数据段已经定义了变量 X、Y、Z,试共用一个宏定义,计算 X + Y→Z、X - Y→Z,并要求保护所有使用的寄存器。

宏定义：

```
DEFM  MACRO  MNAME,OPEN
MNAME MACRO  C1,C2,C3
      PUSH   AX
      MOV    AX,C1
      OPEN   AX,C2
```

```
        MOV     C3,AX
        POP     AX
        ENDM
        ENDM
```

宏调用定义加法：

```
DEFM  ADDIT,ADD
```

宏调用定义减法：

```
DEFM  SUBT,SUB
```

宏调用实现 X + Y→Z：

```
ADDIT  X,Y,Z
```

宏展开：

```
+PUSH  AX
+MOV   AX,X
+ADD   AX,Y
+MOV   Z,AX
+POP   AX
```

宏调用实现 X - Y→Z：

```
SUBT X,Y,Z
```

宏展开：

```
+PUSH  AX
+MOV   AX,X
+SUB   AX,Y
+MOV   Z,AX
+POP   AX
```

在例 4-25 中 DEFM 宏指令定义体内包含了一个宏定义 MNAME。并且,内层宏定义的宏指令名 MNAME 又是外层宏定义的形式参数。由于 MNAME 宏指令的定义包含在 DEFM 宏指令的定义体内,要调用 MNAME 宏指令,必须先调用 DEFM 宏指令,以便使 MNAME 宏指令先得到定义。例中先采用 DEFM 宏调用定义加法、减法的宏指令,然后再采用 ADDIT 宏调用实现 X + Y→Z 等。

5. 宏定义中的标号与变量

为了避免宏展开后程序中多次出现相同的标号而产生重复定义标号的错误,MASM 宏汇编软件在宏定义中采用 LOCAL 伪指令把要出现在宏体中的标号定义成局部标号。

局部标号的格式：

```
LOCAL  参数 1、参数 2、……参数 n
```

功能：局部标号或变量定义后,宏展开时程序中出现的各标号或变量依次用?? 0000,?? 0001,?? 0002,…来代替。

参数 1、参数 2、……参数 n 是指宏体中要用到的标号或变量。

注意：该语句应放在宏体的第一行。

6. 其他宏指令语句

除了上述宏指令语句外,还有取消宏指令语句、重复执行宏指令语句、带参数的重复执行宏指令语句、带字符串的重复执行宏指令语句等,下面对取消宏指令和重复执行宏指令予以说明,其余从略。

(1) 取消宏指令语句

格式: PURGE 宏指令名 1,宏指令名 2……宏指令名 n

功能: 一次可以取消多个宏指令名。宏指令名定义后不允许重新定义,只有取消后,才能重新定义。

格式说明:

PURGE: 伪指令助记符,不可省略。

宏指令名 1,宏指令名 2,……宏指令名 n: 需要取消的宏指令名,有多个宏指令名时,用逗号“,”将它们分开。

若已经宏定义了宏指令名为 ADD,在宏调用后,已不需要再调用,但 ADD 宏指令名与指令助记符相同,因宏指令优先,使同名的指令或伪操作失效。因此,宏调用后用 PURGE ADD 取消定义,恢复 ADD 的指令含义。

(2) 重复执行宏指令语句

```
格式: REPT   表达式
      宏体
      ENDM
```

功能: 连续重复完成相同的操作。

格式说明:

REPT、ENDM: 伪指令助记符,必须成对出现,不可省略。

宏体: 需要重复的指令语句序列。

表达式: 重复次数。

注意: 要设置的始值必须在重复执行宏指令语句前。

7. 宏指令与子程序的区别

宏指令与子程序的主要区别有以下几个方面。

1) 宏指令调用比子程序调用执行速度快。因为子程序过程调用时,每调用一次子程序都要保护和恢复返回地址及寄存器内容等,会消耗较多的时间。而宏指令调用时,不需要这些入栈及出栈操作,所以执行速度较快。

2) 过程调用使用 CALL 语句实现,在 CPU 执行时进行处理,而宏指令调用由宏汇编软件 MASM 中的宏处理程序来处理。

3) 子程序比宏指令节省内存空间。过程调用的子程序与主程序分开独立存在,经汇编后在存储器中只占有一个子程序段的空间,主程序转入此处运行,因此目标代码长度短,节省内存空间。而宏调用是在汇编过程中展开,宏调用多少次,就插入多少次宏体,因此目标代码长度长,占内存空间多。

4) 宏指令比子程序灵活。子程序设计,一般完成某一个功能,多次调用完成相同操作,仅入口参数可以改变,而宏指令可以带形式参数,调用时可以用实际参数取代,使不同的调用完成不同的操作,增加了使用的灵活性。

综上所述,当某一需多次访问的程序段较长,速度要求不高,访问次数又不是太多时,选用子程序结构较好。当某一需多次访问的程序段较短,访问次数又很频繁时,而具体操作又希望修改,选用宏指令结构显然要更好些。

4.6 DOS 系统功能调用

DOS 是用户和微型计算机之间的接口,用户依靠 DOS 来管理微型计算机。DOS 向用户提供了许多命令及系统功能。用户可以在 DOS 提示符下键入命令来实现对计算机的操作。除此以外,用户的应用程序还可以通过软件中断来调用系统功能。在指令系统中有一条软件中断指令,用户在编程时可以运用该指令实现 DOS 系统功能调用和 BIOS 中断调用。所谓 DOS 系统功能调用,主要是一些 DOS 常用的软中断指令,它们存放在系统磁盘上,在系统启动时被装入内存。所谓 BIOS 中断调用,主要是一些被固化在系统 ROM 中的常用软中断指令。调用这些软中断时,只要给定入口参数,接着用一条软中断指令 INT n 就可以了。DOS 包含很多功能调用,这些调用分别可实现外部设备的管理、文件读写、文件管理、目录管理和内存分配等功能。这里仅介绍实现 3 种典型功能的软中断。

1. 程序结束软中断

当计算机执行用户程序后,一切行为由用户程序来控制,要返回控制台的命令接收状态,可以在用户程序中安排一条程序结束软中断指令。

程序结束软中断有三种实现方法: INT 20H 、INT 21H 和 INT 27H。

(1) INT 20H

调用格式举例: INT 20H

功能: 中止当前进程,关闭所有打开的文件,清除磁盘缓冲区,返回控制台的命令接收状态。

注意: 该指令用来实现程序退出功能时,不需要任何入口参数。它一般被安排在用户程序的最后。

(2) INT 21H

该软中断又有三种情况: 无返回程序结束、程序结束并驻留和带返回程序结束。

无返回程序结束的调用格式:

```
MOV   AH,0
INT   21H
```

该指令用来实现程序退出功能时,需要入口参数: AH =0,也叫作调用功能号。

程序结束并驻留的调用格式举例:

```
MOV   AH,31H
MOV   AL,1
MOV   DX,400H
INT   21H
```

其中,入口参数: AH =31H 是功能号,AL =1 是返回号,DX =400H 是保留从程序段前缀开始的内存长度(以节为单位即 2^4)。上述调用格式的功能是程序结束并返回代码为 1,同时驻留内存,保留从程序段前缀开始的 16 KB 内存。

带返回程序结束的调用格式举例：

```
MOV   AH,4CH
MOV   AL,1
INT   21H
```

其中，入口参数：AH＝4CH 是功能号，AL＝1 是返回号，上述调用格式的功能是程序结束并传送返回码 1。

(3) INT 27H

调用格式举例：

```
MOV   DX,XX
INT   27H
```

其中，入口参数：DX＝XX 是设置驻留程序的长度。

用 INT 27H 来退出程序时，DOS 把该用户程序看成是系统的一个组成部分而驻留内存，因此，在其他程序装入运行时，这部分程序不会被覆盖。

2. 屏幕显示功能软中断

显示功能调用可实现把程序的运算结果显示在屏幕上。这里仅介绍单字符显示和字符串显示，这些功能都自动向前移动光标。

1) 单字符显示。2 号和 6 号功能调用可实现将字符在屏幕上显示出来。它们的主要区别在于：2 号功能调用在显示期间检测 Ctrl + Break 键，6 号功能调用不检测 Ctrl + Break 键。

这两个功能调用的入口参数是把要显示的 ASCII 码值送入 DL 寄存器。

调用格式举例：

```
MOV   DL,'*'
MOV   AH,2
INT   21H
```

调用结果在屏幕上当前光标处显示'*'。

2) 字符串显示。9 号功能调用可实现将字符串在屏幕上显示出来。在 9 号功能调用时，要求 DS：DX 指向字符串地址的首址，并且字符串必须以'$'字符为结束符。注意回车的 ASCII 码是 0DH，换行的 ASCII 码是 0AH。

调用格式举例：在屏幕上显示‘HOW ARE YOU?’字符串。

```
DATA   SEGMENT
CR     EQU  0DH
LF     EQU  0AH
DAT1   DB 'HOW ARE YOU? ',CR,LF,'$'
DATA   ENDS
CODE   SEGMENT
       ASSUME CS:CODE,DS:DATA
START: MOV   AX,DATA
       MOV   DS,AX
       MOV   DX,OFFSET DAT1          ;DS:DX 指向字符串 DAT1
```

```
        MOV   AH,9                  ;9 号功能调用
        INT   21H
        MOV   AH,4CH                ;返回 DOS
        INT   21H
CODE    ENDS
        END   START
```

附 DEBUG 调试过程:

输入完成后保存为 ASM4_4. ASM,然后退出。参照 4. 2. 10 节实例对保存的源程序进行汇编和链接,得到可执行的 ASM4_4. EXE 文件。调用 DEBUG 调试该文件。

```
C:\>DEBUGASM4_4. EXE (回车)
```

1) 初始化 DS 后寄存器与内存单元的值。

```
-G =0000 0005(回车)
AX =076A BX =0000 CX =0020 DX =0000 SP =0000 BP =0000 SI =0000 DI =0000 DS =076A ES =
075A SS =0769 CS =076B IP =0005 NV UP EI PL NZ ZA PO NC
-D DS:0000 000F  (回车)
076A:000048 4F 57 20 41 52 45 20 -59 4F 55 3F 0D 0A 24 00 (HOW ARE YOU? ..  $)
```

2) 执行结束后。

```
-G  (回车)
HOW ARE YOU?
Program terminated normally
```

程序执行成功,屏幕上成功显示"HOW ARE YOU?"。

3. 键盘输入功能软中断

键盘功能调用可实现从键盘输入数据。键盘提供了字符键、功能键和控制键。每个键都有对应的键值,即标准 ASCII 码值,通过 DOS 功能调用可读入键值到 AL 寄存器或存储器中,DOS 键盘功能调用的有关命令见表 4-2。这里仅介绍单字符键盘输入和字符串键盘输入。

表 4-2 DOS 键盘功能调用

AH	功 能	入口参数	出口参数
1	从键盘输入一个字符,并在屏幕上回显,检查 Ctrl + Break 键		AL = 字符
6	直接控制台输入/输出字符,回显,不检查 Ctrl + Break 键	DL = 0FFH	AL = 字符
7	直接键盘输入字符,无回显,不检查 Ctrl + Break 键		AL = 字符
8	键盘输入一个字符,无回显,检查 Ctrl + Break 键		AL = 字符
0AH	输入字符串到内存缓冲区	DS:DX = 缓冲区首址	

（续）

AH	功　能	入口参数	出口参数
0BH	检查键盘输入状态		AL = FFH 有键入 AL = 0 无键入
0CH	清键盘缓冲区，调用键盘输入功能	AL = 键盘功能号(1,6,7,8,A)	

1）单字符键盘输入。单字符键盘输入的 DOS 功能调用有 4 种：1、6、7、8 号功能调用。它们都能完成从键盘输入一个字符到 AL 寄存器，差别在于 1 号和 6 号功能调用键入同时在屏幕上显示字符，7 号和 8 号功能调用不回显；1 号和 8 号功能调用检查输入是否为 Ctrl + Break 键，6 号和 7 号功能调用不检查。

调用格式举例：从键盘输入字符并显示。

```
MOV   AH,1
INT   21H
```

执行上述指令后，系统扫描键盘等待键按下，若有键按下，就将键值（ASCII 码）读入，先检查是否为 Ctrl + Break 键，若是则自动调用中断 INT 23H，执行退出命令，否则将键值送入 AL 寄存器并在屏幕上显示该字符。

2）字符串键盘输入。0AH 功能调用可实现从键盘接收字符串到内存的输入缓冲区。要求预先定义一个输入缓冲区，缓冲区的第一个字节指出能容纳字符的最大个数，由用户设置；第二个字节存放实际输入的字符个数，由系统最后自动填入；从第三个字节开始存放从键盘接收的字符，直到 Enter 键结束。若实际键入的字符数大于给定的最大字符数，就会发出“嘟嘟”报警声，并且光标不再向右移动，后面输入的字符被丢失。若键入的字符数小于给定的最大字符数，缓冲区其余部分填 0。

0AH 功能调用时，要求将 DS：DX 指向缓冲区第一个字节，并设置缓冲区的第一个字节以便指出能容纳字符的最大个数。

调用格式举例：从键盘输入一个字符串，将输入的字符数送 CL 寄存器，并将指针指向字符串的第一个字符。

```
DATA   SEGMENT
BUFF   DB   200                        ;用户定义存放 200 字节的缓冲区
       DB   ?                          ;系统填入实际输入字符字节数
       DB   200   DUP(?)               ;存放输入字符的 ASCⅡ码值
DATA   ENDS
CODE   SEGMENT
       ASSUME   CS: CODE,DS: DATA
START: MOV      AX,DATA
       MOV      DS,AX
       MOV      DX,OFFSET   BUFF
       MOV      AH,0AH
       INT      21H
       MOV      BX,DX
```

```
        MOV     CL,[BX+1]       ;取输入字符数送 CL
        ADD     DX,2            ;使指针指向第一个字符
CODE    ENDS
        END     START
```

4.7 习题例解

1. 某数据段定义如下,试画图说明该数据段定义的数据分配存储空间及初始化值。

```
DATA    SEGMENT
STR1    DB 'STUDY'
BYT1    DB  3  DUP(0), ?
NUM1    DW  5, 06H
DATA ENDS
```

STR1	'S'
	'T'
	'U'
	'D'
	'Y'
BYT1	0
	0
	0
	?
NUM1	05H
	00H
	06H
	00H

图 4-4 题 1 存储空间分配图

解 根据 DB、DW、DUP 伪指令语句的定义,可得出如图 4-4 所示的存储器空间分配图及初始化值。

2. 设数据段数据定义如下。

```
DTA  DW  30
DTB  DW  40  DUP (5)
DTC  DB  'STUDY'
```

那么在以下 MOV 指令单独执行后,目的寄存器的内容是什么?

(1) MOV BX,DTA

(2) MOV AL,TYPE DTA

(3) MOV AL,TYPE DTC

(4) MOV AL,LENGTH DTB

(5) MOV AL,SIZE DTB

解 设在执行指令前,DS 指向数据段。

(1) MOV BX,DTA

这条指令是直接寻址方式,其功能是取出 DS:DTA 单元中的内容,本条指令执行后(BX)=001EH。

(2) MOV AL,TYPE DTA

这条指令要取得 DTA 的类型值,类型属性值详见正文,变量 DTA 是 DW 定义,所以(AL)=02H。

(3) MOV AL,TYPE DTC

由(2)中分析可知,本条指令的执行结果(AL)=01H。

(4) MOV AL,LENGTH DTB

LENGTH 是数值回送操作符,用来回送分配给该变量的单元数。根据正文对 LENGTH 操作符的说明,本条指令变量 DTB 使用 DUP 定义的,所以执行结果(AL)=28H。

(5) MOV AL,SIZE DTB

根据正文对 SIZE 操作符的说明,本条指令的执行结果为(AL)=50H。

3. 已知

```
        ORG   0100H
ARY     DW    4, $ +3,12,1
CNT     EQU    $ - ARY
        DB    CNT,7,16,15
```

则执行指令 MOV AX, ARY + 4 和 MOV BX, ARY + 10 后, (AX) = ________, (BX) = ________。

解 当 $ 用在伪操作的参数字段时,它表示地址计数器的当前值,常用于表达式定义数组长度。本题用于定义数组 ARY 的字节长度 CNT 为 8。可以画出数组 ARY 的内存分配图,如图 4-5所示,由图可得

(AX) = [ARY +4] = [0104H] =000CH

(BX) = [ARY +10] = [010AH] =0F10H

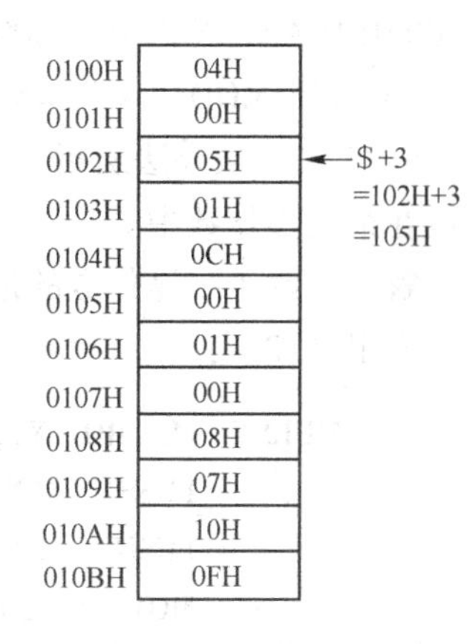

图 4-5 题 3 存储空间分配图

4. 程序在数据段中定义的数据如下。

```
DATA   SEGMENT
VAR    DB  'STRING'
       DB  10
       DB  'CODE'
       DB  50
DATA   ENDS
```

请指出下列指令是否正确? 为什么?

```
(1) MOV   CX,VAR +5
(2) MOV   BX,7 ×3
    MOV   DI,4
    MOV   DX,VAR[BX][DI]
(3) MOV   BX,6
    MOV   DI,3 +2
    MOV   DX,OFFSET VAR[BX][DI]
    INC   [DI]
```

解 (1) 这条指令错误。因为 VAR +5 的类型属性定义为字节,而目的操作数是 CX 寄存器,类型不匹配。

(2) 第三条指令是错误的。源操作数使用相对基址加变址寻址方式,但数据段地址中的数据类型 VAR 属性为字节,而目的操作数是 DX 寄存器,类型不匹配。

(3) 第三、四条指令是错误的。在汇编过程中,OFFSET 伪操作将得到变量的偏移值,但相对基址加变址寻址方式形成的值在汇编时还不知道,所以是错误的。在第四条指令中,无法确定存储单元是字节、字还是双字,因此也是错误的。

5. 计算如下各数值表达式的值。

(1) 5678H + 5 LT 1024H　　　　　(2) 1 SHL 5

(3) LOW 0ABCDH OR HIGH 1234H　　　(4) 'b'AND (NOT ('b' -'B'))

(5) 124 MOD 7 +5

解 (1) 5678H + 5 LT 1024H = 567DH LT 1024H = 0

(2) 1 SHL 5 = 0001B SHL 5 = 100000B,即十进制数 32

(3) LOW 0ABCDH OR HIGH 1234H = 0CDH OR 12H = 11001101B OR 00010010B = 0DFH

(4) 'b'AND (NOT ('b' -'B')) = 01100010B AND (NOT(01100010B - 01000010B)) = 01100010B AND NOT 0010000B = 01100010B AND 11011111B = 01000010B

(5) 124 MOD 7 +5 =5 +5 = 10

6. 定义一条乘法宏指令。调用时要求实现将两个字操作数相乘,只保留积的低 16 位,结果放在第三操作数中。

解 设两个字操作数的形式参数为 X1、Y1,第三操作数为 RESULT。

宏定义如下:

```
MULXY  MACRO  X1,Y1,RESULT
       PUSH   AX
       PUSH   DX
       MOV    AX,X1
       IMUL   Y1
       MOV    RESULT,AX
       POP    DX
       POP    AX
ENDM
```

7. 已知宏指令 SUBN 定义如下。

```
SUBN  MACRO  R,N
      PUSH   BX
      MOV    BX,N
      SUB    R,BX
      POP    BX
      ENDM
```

(1) 该宏指令实现什么功能。

(2) 写出宏调用 SUBN CX,100 指令在宏展开后的等效源程序。

解 (1) SUBN 的功能是实现指定寄存器减去 N。

(2) 等效源程序段如下。

```
+  PUSH  BX
+  MOV   BX,100
+  SUB   CX,BX
+  POP   BX
```

8. 编程从键盘输入一个“A”字符。

解　参考正文中的DOS功能调用,可得程序片段如下。

```
INPUT: MOV   AH,7
       INT   21H
       CMP   AL,'A'        ;判断是否为A
       JNZ   INPUT         ;不是,则等待下一次输入
```

9. 编程使PC发出响铃声。

解　参考正文中的DOS功能调用和第1章的7位ASCII码表中的“BEL”ASCII码,可得程序片段如下。

```
MOV   DL,07H
MOV   AH,2
INT   21H
```

4.8　练习题

1. 选择题

(1) 定义双字的伪操作助记符是(　　),定义字节的伪操作助记符是(　　)。

A. DW　　B. DD　　C. DB　　D. DT

(2) 在8086宏汇编语言中求出变量偏移地址的操作符是(　　)。

A. OFFSET　　B. PTR　　C. TYPE　　D. SEG

(3) 已知CNT EQU 1223H,则以下与MOV BL,23H等效的指令是( )。

A. MOV　BL,TYPE CNT　　B. MOV　BL,HIGH CNT

C. MOV　BL,LOW CNT　　D. MOV　BL,SHORT CNT

(4) 已知某数据段定义如下。

```
DATA   SEGMENT
DAT    DB 20 DUP(?)
DATA   ENDS
```

则以下指令中源操作数不是立即数的是(　　)。

A. MOV　AX,LENGTH DAT　　B. MOV　AX,DATA

C. MOV　AX,SEG DAT　　D. MOV　AX,DAT

2. 问答题

(1) 变量和标号有什么异同之处?

(2) 简述汇编语言中伪指令的基本作用与特点,与机器指令相比有何区别?

(3) 试简述宏调用与子程序调用各自的作用和相互之间的区别。

3. 根据题意定义变量,并画图说明。

(1) 将字数据12H、567H存放在变量DATA1的存储单元中。

(2) 将字节数据56H、0BCH存放在变量DATA2的存储单元中。

(3) 在DATA3为首地址的存储单元中连续存放字节数据5个'A'、6个(1,2,3)、20个空

单元。

(4) 在 STR1 为首地址的存储单元中存放字符串'HOW ARE YOU'。

4. 已知某数据段经汇编后数据在存储器中存放格式如图 4-6 所示,试写出数据段定义。

标号	内容	说明
DATA1(字节数据)	00H	
	0AH	
	10H	
DATA2(字节数据)	04H	重复15次共75单元
	08H	
	08H	
	08H	
	09H	
DATA3(字数据)	77H	
	65H	
	6CH	
	63H	
	6FH	
	6DH	
	⋮	

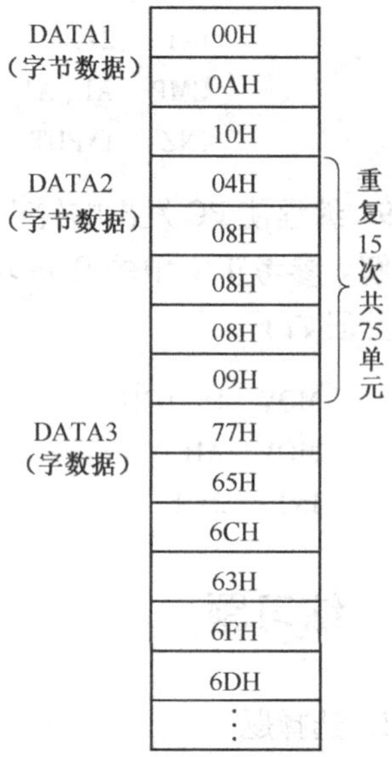

图 4-6　习题 4 存储空间分配图

5. 设数据段数据定义如下。

```
DATA   SEGMENT
STR    DB  'GOOD MORNING! ','$'
ADR    DW  3 DUP(0,2,5)
DISP   DW  3
DATA   ENDS
```

(1) 画出内存分配图。

(2) 分别用两种求偏移量的指令将 STR 的偏移地址送 BX。

6. 写出以下指令在汇编后目标程序中对应的指令。

(1) MOV　BX,1234H GT 1000H

(2) SBB　DX,1024 SHR 3

(3) AND　AL,7 AND 47H

(4) OR　DL,NOT (7 OR 54H)

(5) MOV　AX,HTGH (1000H +5)

(6) ADD　AX,HIGH 1000H +5

7. 请分别写出第 6 题中指令执行结束后 AL、BX 寄存器的内容。同时对于两条指令中分别出现的两个 AND 和两个 OR 是不是同一种含义?为什么?

8. 程序在数据段中定义的数据如下。

```
DATA   SEGMENT
VAR1   DB  4,6
VAR2   DD  200 DUP(?)
DATA   ENDS
```

以下三条 MOV 指令分别汇编成什么?(可用立即数方式表示)

(1) MOV　CL,LENGTH　VAR2

(2) MOV　BL,TYPE　VAR1

(3) MOV　BX,SIZE　VAR2

9. 给定宏定义如下。

```
DIF     MACRO  X,Y
        MOV    AX,X
        SUB    AX,Y
        ENDM
ABSDIF  MACRO  V1,V2,V3
        LOCAL  NEXT
        PUSH   AX
```

```
         DIF     V1,V2
         CMP     AX,0
         JGE     NEXT
         NEG     AX
NEXT:    MOV     V3,AX
         POP     AX
         ENDM
```

试展开以下调用,并判定调用是否有效(展开后的指令必须符合8086 CPU指令系统要求)。

(1) ABSDIF　DX,AX,CX

(2) ABSDIF　[100],[DI],BX

(3) ABSDIF　[BX+SI],[BP],100H

10. 写一个宏定义,要求能把任意一个寄存器的最低位移至另一个寄存器的最高位中。

11. 利用DOS功能调用从键盘输入60个字符到缓冲区BUF中,在按下Enter键后在屏幕上显示这些字符。请写出程序段。

第5章　汇编语言程序设计

在学习指令系统和汇编语言语法及DOS功能调用的基础上，读者可以设计出具有一定功能的应用程序。但要设计出一个好的程序，不仅能正常运行和完成必要的功能，而且还应该具有下列特点。

① 执行速度快。对执行速度有要求的场合（如实时控制），这一点尤其突出。

② 占用内存空间小。在硬件资源有限的情况下完成某项具体任务时，节省存储空间也是非常重要的。

③ 程序结构模块化，程序易读，易调试及维护。

通常，编制一个汇编语言程序应按如下步骤进行。

1）明确任务，确定算法。仔细分析和正确理解任务的要求，选择合适的算法。

2）绘流程图。图5-1是绘流程图时采用的标准符号，根据设计任务先画粗框图，再在结构模块设计过程中画出具体的细框图。

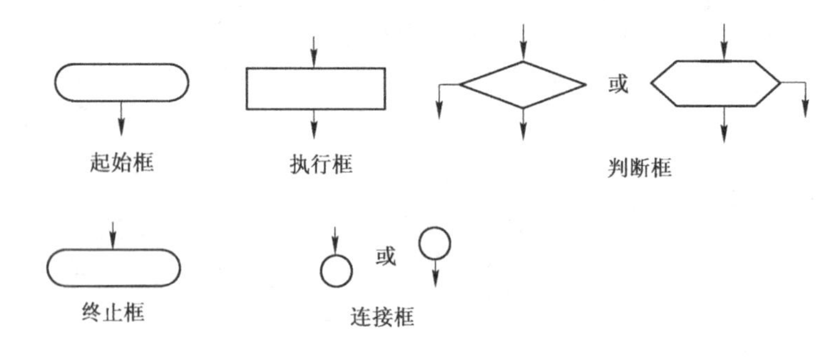

图5-1　标准流程图符号

3）编写汇编语言程序。先用伪指令确定数据段、堆栈段、程序段在内存的具体位置，然后按流程图编写程序。

4）上机调试程序。采用DEBUG（动态调试程序）所提供的断点、跟踪、单步等功能，根据任务要求逐条逐段地进行验证、修改和完善，直到程序全部正确为止。

程序的基本结构有4种：顺序结构、分支结构、循环结构和子程序结构。本章分别介绍这4种结构的程序设计方法。除此之外，还将介绍模块化程序设计的方法。

5.1　顺序结构程序设计

顺序结构的程序流程如图5-2所示，其特点是从开始到结束所有的语句被连续执行，中途没有任何分支，也就是说，在程序中不存在任何转移指令。

下面举两个顺序结构的应用例子，一个是算术运算程序设计，另一个是用查表的方法实现代码转换的程序设计。

【**例 5-1**】 试用 8086 CPU 的指令实现 Y = (X1 + X2)/2 的程序设计。

(1) 明确任务,确定算法

计算公式中没有指明是字数据还是字节数据,可设其为字节数据。除 2 可以用右移来实现。

(2) 绘流程图(见图 5-3)

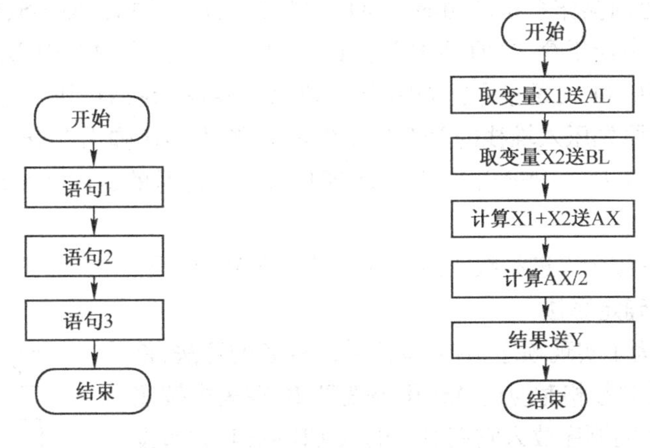

图 5-2 顺序结构流程　　　　图 5-3 例 5-1 流程图

(3) 根据流程图编写汇编语言程序

```
1  DATA     SEGMENT
2  X1       DB ?
3  X2       DB ?
4  Y        DW ?
5  DATA     ENDS
6  CODE     SEGMENT
7           ASSUME   CS:CODE, DS:DATA,
8  MAIN     PROC     FAR          ;设置远程调用子程序
9  START:   PUSH     DS           ;将 DS:0 压入堆栈
10          MOV      AX, 0
11          PUSH     AX
12          MOV      BX, DATA     ;为 DS 设置段值
13          MOV      DS, BX
14          MOV      AL, X1       ;取变量 X1 送 AL
15          MOV      BL, X2       ;取变量 X2 送 BL
16          ADD      AL, BL
17          ADC      AH, 0        ;X1 + X2 + 进位送 AX
18          SAR      AX, 1        ;(X1 + X2)/2
19          MOV      Y,AX         ;结果送 Y
20          RET
21 MAIN     ENDP
22 CODE     ENDS
23          END      START
```

这里值得注意的是语句9～语句11，这三条语句是为用户程序结束返回DOS操作系统而做的准备，称这三条语句为用户程序与DOS操作系统的接口语句，其功能与前一章软中断指令INT 20H的功能一样。DOS在加载用户程序的目的代码时，建立了一个程序段前缀（简称PSP），在PSP的开始处（第1、2字节）设置了一条软中断“INT 20H”的指令代码，这条指令可实现结束用户程序返回操作系统的功能。DOS在加载用户程序后，使DS、ES寄存器指向PSP的开始处，即指向软中断指令“INT 20H”，因此用语句9的指令“PUSH DS”，把DS内容压入堆栈。接着用语句10、11两条指令把00H压入堆栈。这样，在结束用户程序时，执行语句20的返回指令RET，把原先压入堆栈的PSP段基值和偏移量00H弹出并分别送入CS和IP。执行RET后，就可以转去执行PSP开始处“INT 20H”指令，这时的返回必须是远程返回，由语句8来实现。

【例5-2】 将一位十六进制数转换成与它相应的ASCII码。

（1）明确任务，确定算法

转换方法很多，为了实现顺序结构，本例采用查表的算法，首先建立一个与十六进制数相对应的ASCII码表TAB，在表中按照十六进制数从小到大的顺序放入它们对应的ASCII码值，并假设一位待转换的十六进制数已经存放在某存储单元HEX中，将转换结果送ASC存储单元中。

（2）绘流程图（见图5-4）

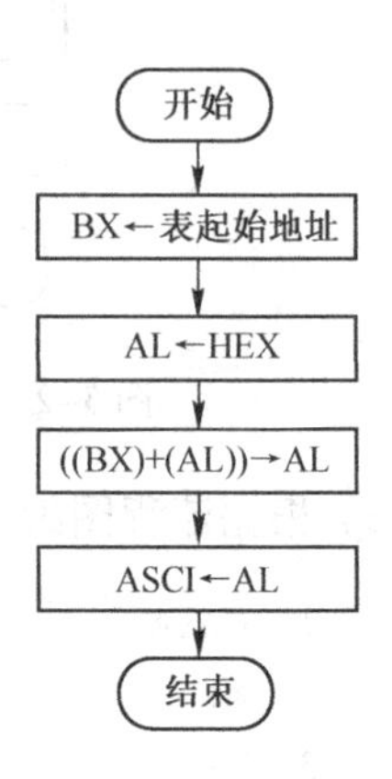

图5-4　例5-2程序流程

（3）根据流程图编写汇编语言程序

```
DATA        SEGMENT
ORG         100H
TAB         DB 30H,31H,32H,33H,34H,35H,36H,37H
            DB 38H,39H,41H,42H,43H,44H,45H,46H
HEX         DB  8
ASC         DB  ?
DATA        ENDS
COSEG       SEGMENT
            ASSUME CS:COSEG,DS:DATA
BEING:      MOV     AX,DATA
            MOV     DS,AX
            MOV     BX,OFFSET TAB
            MOV     AL,HEX
            XLAT
            MOV     ASC,AL
            INT     20H
COSEG       ENDS
            END     BEING
```

在例5-2中，程序设计的算法采用的是查表法，具体实现时使用XLAT换码指令。设一位待转换的十六进制数为8，则在ASCI存储单元中转换结果应是38H。本例运用INT 20H指令来实现结束用户程序返回操作系统的功能。

附:DEBUG 调试过程。

参照 4.2.10 节实例对保存的源程序 ASM5_1.ASM 进行汇编和链接,得到可执行的 ASM5_1.EXE 文件。调用 DEBUG 调试该文件。

```
C:\>DEBUG ASM5_1.EXE(回车)
```

反汇编观察源程序汇编结果:

```
-U   (回车)
```

反汇编结果略。

1)初始化 DS 后的观察寄存器和内存单元值。

```
-G=0000 0005 (回车)
AX=076A BX=0000 CX=0133 DX=0000 SP=0000 BP=0000 SI=0000 DI=0000 DS=076A ES=
075A SS=0769 CS=077C IP=0005 NV UP EI PL NZ ZA PO NC
-D DS:0100 011F (回车)
076A:0100 30 31 32 33 34 35 36 37-38 39 41 42 43 44 45 46
076A:0110 08 00 00 00 00 00 00 00-00 00 00 00 00 00 00 00
```

2)单步执行观察结果。

指令地址	反汇编	单步跟踪	执行后寄存器与相关内存单元内容	
			AX	BX
077C:0005	MOV BX,0100	P=0005	076A	0100
077C:0008	MOV AL,[0110]	P	07 08	0100
077C:000B	XLAT	P	07 38	0100
077C:000C	MOV [0111],AL	P	0738	0100
-D DS:0110 011F (回车)		076A:0110 08 38 00 00 00 00 00 00-00 00 00 00 00 00 00 00		

程序执行前 ASC 所指的内存单元为 00H,程序执行结束后,ASC 所指的内存单元值为 38H,是十六进制数 8 的 ASCII 码值。请对照输入的指令,思考一下上述执行后寄存器和存储内容中带下划线的数据是怎样获得的?进一步理解换码指令实现"十六进制码到 ASCII 码转换"的具体过程。

5.2 分支结构程序设计

在一般的程序设计中,经常会遇到根据不同的条件选择不同的处理方法,这就需要用到分支结构。分支程序结构也称条件结构,通常有两种形式:一种是二分支结构(IF THEN ELSE 结构);另一种是多分支结构(CASE 结构)。如图 5-5 所示,它们的共同点是在某一种确定条件下,只能执行多个分支中的一个分支,而程序的分支要靠条件转移指令来实现。

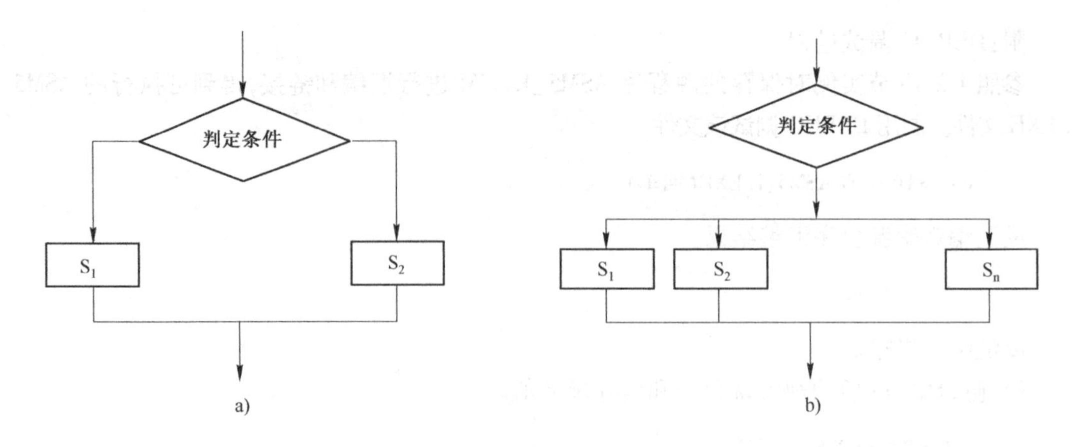

图 5-5　分支程序的结构形式
a）二分支结构　b）多分支结构

5.2.1　二分支结构

二分支结构应用很广泛，下面举一个例子来说明该分支结构在程序设计中的作用。

【例 5-3】　要求对 10 个学生的成绩进行统计分析，统计出优秀、及格和不及格的人数。

（1）明确任务，确定算法

学生成绩可用字节数据来表示，按常规优秀的成绩大于或等于 90 分，及格的成绩大于或等于 60 分（包括优秀），不及格的成绩小于 60 分。设学生成绩数据的首址为 BUF，学生总数为 N，优秀、及格和不及格的人数分别存放在 NUM 开始的存储区中。

（2）绘流程图（见图 5-6）

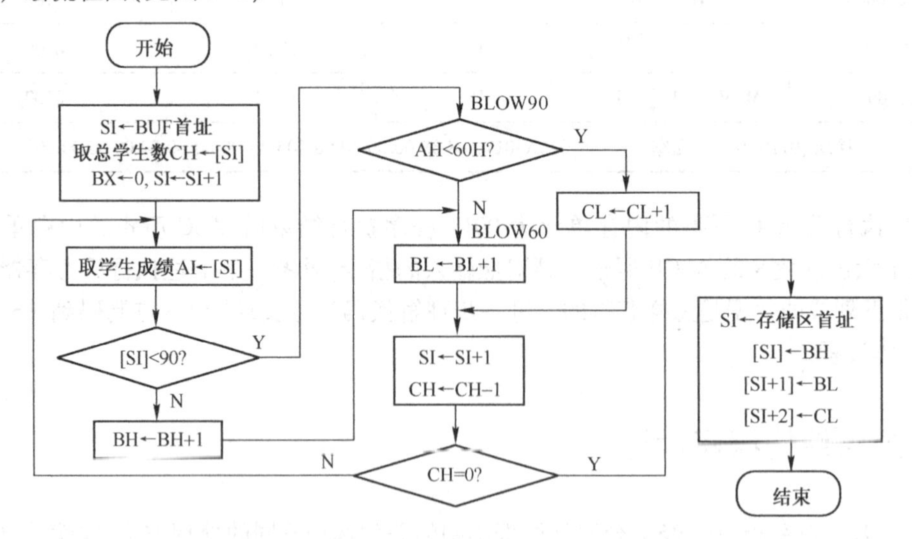

图 5-6　例 5-3 流程图

（3）根据流程图编写汇编语言程序

```
DATA    SEGMENT
BUF     DB          10
        DB          90,80,50,99,85,55,93,65,30,91
```

```
NUM     DB          3 DUP(?)
DATA    ENDS
CODE    SEGMENT
MAIN    PROC        FAR
        ASSUME      CS:CODE,DS:DATA
START:  PUSH        DS
        SUB         AX,AX
        PUSH        AX
        MOV         AX,DATA
        MOV         DS,AX
        MOV         SI,OFFSET BUF
        MOV         CH,[SI]             ;学生个数 N→CH
        MOV         CL,0                ;CL 存不及格人数
        MOV         BX,0                ;BH 存优秀人数,BL 存及格人数
        INC         SI
LP:     MOV         AH, [SI]            ;取学生成绩
        CMP         AH,90
        JB          BLOW90              ;小于 90 转
        INC         BH                  ;优秀人数加 1
        JMP         ABOV60
BLOW90: CMP         AH,60
        JB          BLOW60              ;小于 60 转
ABOV60: INC         BL                  ;及格人数加 1
        JMP         NEXT
BLOW60: INC         CL                  ;不及格人数加 1
NEXT:   INC         SI                  ;数组地址加 1
        DEC         CH                  ;计数减 1
        JNZ         LP
        MOV         SI,OFFSET NUM
        MOV         [SI],BH             ;优秀人数送入内存单元
        MOV         [SI+1],BL           ;及格人数送入内存单元
        MOV         [SI+2],CL           ;不及格人数送入内存单元
        RET
MAIN    ENDP
CODE    ENDS
        END         START
```

附:DEBUG 调试过程。

参照 4.2.10 节实例对保存的源程序进行汇编和链接,得到可执行的 ASM5_3.EXE 文件。调用 DEBUG 调试该文件。

```
C:\>DEBUG ASM5_3.EXE (回车)
```

反汇编观察源程序汇编结果:

```
-U(回车)
```

反汇编结果略。

1）初始化 DS 后的寄存器和内存单元值。

```
-G=0000 0009 (回车)
AX=076A BX=0000 CX=004D DX=0000 SP=FFFC BP=0000 SI=0000 DI=0000 DS=076A ES
=075A SS=0769 CS=076B IP=0009 NV UP EI PL ZR NA PE NC
-D DS:0000 000F (回车)
076A:0000 0A 5A 50 32 63 55 37 5D-41 1E 5B 00 00 00 00 00
```

2）程序执行结束后的寄存器和内存单元值。

```
-G (回车)
Program terminated normally
-D DS:0000 000F (回车)
076A:0000 0A5A 50 32 63 55 37 5D-41 1E 5B 04 07 03 00 00
```

NUM 开始的三个内存单元中由初始值 00H、00H、00H 变为 04H、07H、03H，分别存放这 10 个学生中优秀、及格(包括优秀)和不及格的人数。

5.2.2 多分支结构

多分支结构是一种 CASE 结构，应用很广泛。实现方法有两种：条件逐次测试法和列表跳转法。列表跳转法又分为三种情况：根据表内地址分支、根据表内指令分支、根据关键字分支，但这三种情况的实质内容都是一样的，所以这里仅介绍根据表内地址分支的方法。

1. 条件逐次测试法

通过多个条件的逐条测试转入相应分支程序的入口，这种方法编程简单直观，但运行速度较慢。

【例 5-4】 编程实现使键盘上 A、B、C、D 4 个字母键成为 4 条输入命令，使之分别对应 4 个具有不同算法的控制程序。

(1) 明确任务，确定算法

首先要从键盘输入一个字符，再依次用 A、B、C、D 的 ASCII 码作为测试条件，使满足条件的转向相应的控制程序。设 4 个控制程序的入口地址分别为 PA、PB、PC、PD。

(2) 绘流程图(略)

(3) 汇编语言程序

```
LOP:MOV   AH,1
    INT   21H       ;1 号功能调用,键盘接收
    CMP   AL,'A'    ;键值为 A,转 PA 程序
    JE    PA
    CMP   AL,'B'    ;键值为 B,转 PB 程序
    JE    PB
    CMP   AL,'C'    ;键值为 C,转 PC 程序
    JE    PC
```

```
        CMP     AL,'D'      ;键值为 D,转 PD 程序
        JE      PD
        JMP     LOP         ;键值非 A、B、C、D,转 LOP
PA:     …                   ;A 号控制程序
PB:     …                   ;B 号控制程序
PC:     …                   ;C 号控制程序
PD:     …                   ;D 号控制程序
```

2. 列表跳转法

在例 5-4 条件逐次测试法中,要依次检查才能进入相应的入口。显然,运行速度较慢。利用跳转表法来实现多分支结构,就克服了条件逐次测试法的缺点,可以直接找到相应入口。这种方法首先要在存储器中建立一个跳转表,表中可以是每个分支的入口地址,可以是每个分支的跳转指令,也可以是每个分支的关键字,利用此表就可实现多分支结构。根据表内地址的跳转法是在跳转表中预先存放了每个分支程序的入口地址,通过每个分支程序入口地址的表地址,再将其中的内容取出,即可得到相应分支的入口地址。分支程序入口地址的表地址可由跳转表首地址与相应偏移地址之和求得。具体的操作见例 5-5。

【例 5-5】 利用表内地址跳转法来实现例 5-4 的要求。

(1) 明确任务,确定算法

设 4 个控制子程序的入口地址分别为 PA、PB、PC、PD。首先将 4 个选择项所对应的 4 个分支程序的入口地址存放在一个数据表中,形成如图 5-7 所示的地址跳转表,这是在数据段完成的操作。然后从键盘输入一个字符(A、B、C、D 的 ASCII 码),根据该字符求出相应分支程序的入口地址在跳转表中的存放地址,再用间接转移指令将程序转入相应的分支。这是一个典型的 CASE 程序结构。

(2) 绘流程图(见图 5-8)

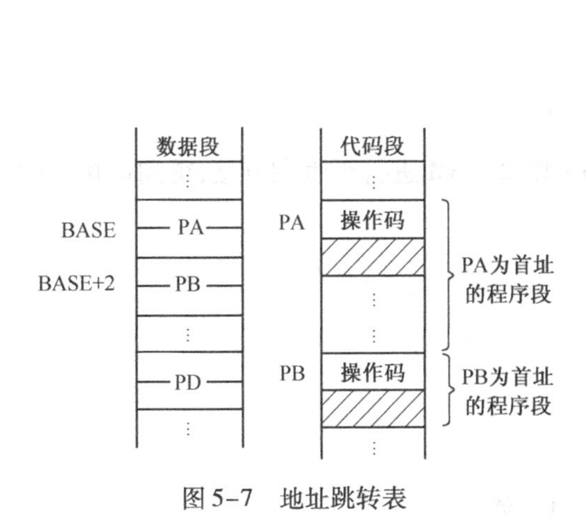

图 5-7 地址跳转表

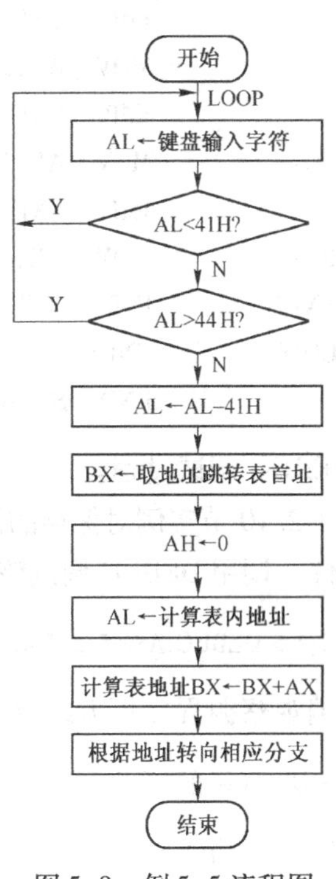

图 5-8 例 5-5 流程图

(3) 根据流程图编写汇编语言程序

```
DATA      SEGMENT
          ORG   100H
BASE      DW PA,PB,PC,PD          ;定义跳转表
DATA      ENDS
CODE      SEGMENT
          ASSUME CS:CODE,DS:DATA
START:    MOV   AX,DATA
          MOV   DS,AX
LOP:      MOV   AH,1
          INT   21H               ;键盘输入,键值在 AL 中
          CMP   AL,41H
          JB    LOP
          CMP   AL,44H            ;输入 A-D 才有效
          JA    LOP
          SUB   AL,41H
          MOV   BX,OFFSET BASE    ;取跳转表首地址
          MOV   AH,0
          ADD   AL,AL
          ADD   BX,AX             ;求出跳转程序入口在表中的地址
          JMP   WORD PTR [BX]     ;转入相应的入口地址
PA:       MOV   AX,1              ;A 号控制程序
          JMP   EXIT
PB:       MOV   AX,2              ;B 号控制程序
          JMP   EXIT
PC:       MOV   AX,3              ;C 号控制程序
          JMP   EXIT
PD:       MOV   AX,4              ;D 号控制程序
EXIT:     INT   20H
CODE      ENDS
          END   START
```

附:DEBUG 调试过程。

参照 4.2.10 节实例对保存的源程序 ASM5_2.ASM 进行汇编和链接,得到可执行的 ASM5_2.EXE 文件。调用 DEBUG 调试该文件。

```
C:\>DEBUG ASM5_2.EXE (回车)
```

反汇编观察源程序汇编结果:

```
-U  (回车)
```

反汇编结果略。

1) 初始化 DS 后的观察寄存器和内存单元值。

```
-G=0000 0005 (回车)
AX=076A BX=0000 CX=0147 DX=0000 SP=0000 BP=0000 SI=0000 DI=0000 DS=076A ES=
075A SS=0769 CS=077B IP=0005 NV UP EI PL NZ ZA PO NC
-D DS:0100 010F (回车)
076A:0100 1E 00 24 00 2A 00 30 00-00 00 00 00 00 00 00 00
```

001EH、0024H、002AH、0030H 分别是标号 PA、PB、PC、PD 的偏移地址,也就是与 A、B、C、D 四个字母对应输入命令的程序段入口地址,在反汇编中可观察到。

2) 执行程序并从键盘输入"C"。

```
-G=0000 0009 (回车)
C (回车)    ;大写 C 由键盘输入
AX=0143 BX=0000 CX=0147 DX=0000 SP=0000 BP=0000 SI=0000 DI=0000 DS=076A ES=
075A SS=0769 CS=077B IP=0009 NV UP EI PL NZ ZA PO NC
```

3) 单步执行观察结果。

指令地址	反汇编	单步跟踪	执行后寄存器与相关内存单元内容		
			AX	BX	IP
077B:0009	CMP AL,41	T=0009	01 43	0000	000B
077B:000B	JB 0005	T	0143	0000	000D
077B:000D	CMP AL,44	T	0143	0000	000F
077B:000F	JA 0005	T	0143	0000	0011
G=0011 001C			0004	0104	001C
077B:001C	JMP [BX]	T	0004	0104	002A
077B:002A	MOV AX,0003	T	0003	0104	002D
077B:002D	JMP 0033	T	0003	0104	0033

从键盘输入 C 后,程序成功跳至标号"PC"所指的控制程序入口地址,并成功给 AX 赋值 0003。请对照输入的指令,思考一下上述 DEBUG 命令执行后寄存器中带下划线的数据是怎样获得的? 进一步实现"列表跳转法"的具体过程。

5.3 循环结构程序设计

在程序设计中经常会碰到某些操作需多次重复执行的情况,这就需要采用循环结构进行程序设计。

5.3.1 循环程序的组成与结构形式

关于循环结构的程序设计在高级语言程序设计中已经学过,常见的循环程序结构有两种:WHILE-DO 结构(见图 5-9)和 DO-UNTIL 结构(见图 5-10),前者是"先判断,后执行",当循环控制条件满足时,执行循环体程序,否则退出循环;后者是"先执行,后判断",先执行循环体程序,再判断循环控制条件是否满足,若不满足则再次执行循环体程序,否则退出循环。若循环次数有可能为零时,选择 WHILE-DO 结构比较合适。

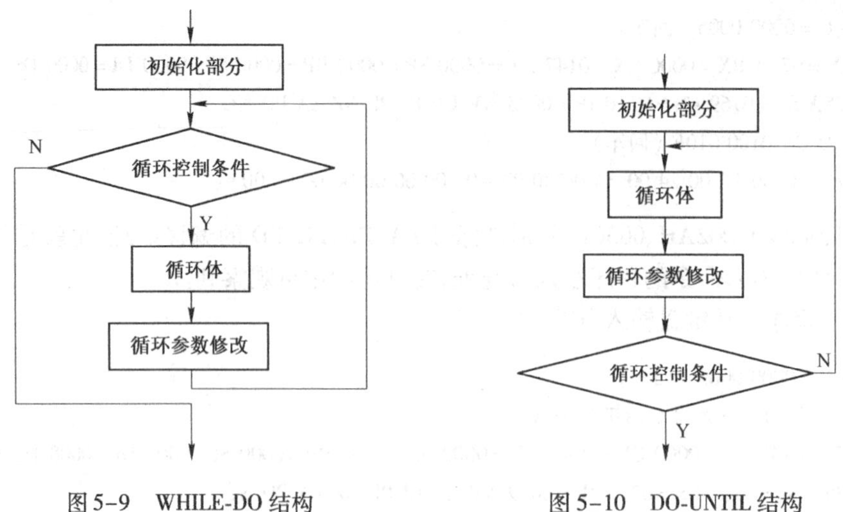

图 5-9　WHILE-DO 结构　　　　图 5-10　DO-UNTIL 结构

由图 5-9 和图 5-10 可以看出，两种循环结构的基本组成部分都一样，其结构都包括 4 部分。

1）初始化部分：设置循环初始状态。主要是指设置循环次数的计数初值，设置变量初值，以及其他为能使循环体正常工作而设置的初始状态等。

2）循环体部分：该部分是程序中需要多次重复执行的部分，是循环结构的核心，用来实现程序的主要功能。

3）循环参数的修改部分：是指当程序循环执行时，对一些参数（如地址、变量）等进行有规律的修正。

4）循环控制部分：每个循环程序必须有一个控制循环程序运行和结束的条件，最常用的循环控制条件是循环次数，即在初始化时预先设置一个循环次数初值，每执行一次循环，在循环参数修改部分使该计数值减 1，直至计数值减到 0 才退出循环。

5.3.2　循环程序的控制方法

循环程序的控制方法多种多样，程序设计人员可根据问题的需要，找出解决问题的方法，实现循环程序的控制。常用的方法有计数法、条件控制法和逻辑尺控制法等。

1. 计数法

对于循环次数已知的循环程序，一般采用计数法来控制循环，这是最简单而又最方便的方法。计数法又分为正计数法和倒计数法。

正计数法：将计数器的初值设置为 0，每执行一遍循环体，计数器的值加 1，然后与已知的循环次数比较，若相等则跳出循环，否则继续循环。

倒计数法：将计数器的初值设置为规定的循环次数每执行一遍循环体，计数器的值减 1，若计数器的值为 0 则跳出循环，否则继续循环。

【例 5-6】　编制程序将两个 n 字节的无符号数相加，结果存入 SUM 开始的 n + 1 字节存储区中。

(1) 明确任务，确定算法

设两个 n 字节的无符号数分别存放在以 DATA1 和 DATA2 开始的 n 字节存储区中。两数按字节相加,共需 n 次相加。显然,这是一个循环次数已知的循环程序,所以,循环程序的控制方法可以采用计数法。

(2) 绘流程图(略)

(3) 汇编语言程序(其中 n=5)

```
DATA    SEGMENT
DATA1   DB      5 DUP(6AH)          ;存放5字节的被加数
DATA2   DB      5 DUP(OBCH)         ;存放5字节的加数
SUM     DB      6 DUP(0)            ;存放相加结果
DATA    ENDS
CSEG    SEGMENT
        ASSUME  CS:CSEG,DS:DATA
START:  MOV     AX,DATA
        MOV     DS,AX
        MOV     BX,OFFSET DATA1     ;设置被加数指针
        MOV     SI,OFFSET DATA2     ;设置加数指针
        LEA     DI,SUM              ;设置存放结果地址指针
        MOV     CX,5                ;设置计数器初值
        CLC
LOP:    MOV     AL,[SI]             ;取加数
        ADC     AL,[BX]             ;相加
        MOV     [DI],AL             ;存和
        INC     BX
        INC     SI                  ;修改地址指针
        INC     DI
        LOOP    LOP
        ADC     BYTE PTR [DI],0     ;保存进位
        INT     20H
CSEG    ENDS
        END     START
```

附:DEBUG 调试过程。

参照 4.2.10 节实例对保存的源程序进行汇编和链接,得到可执行的 ASM5_7.EXE 文件。调用 DEBUG 调试该文件。

```
C:\>DEBUG ASM5_7.EXE (回车)
```

反汇编观察源程序汇编结果:

```
-U  (回车)
```

反汇编结果略。

1) 初始化 DS 后的寄存器和内存单元值。

```
-G=0000 0005 (回车)
AX=076A BX=0000 CX=0035 DX=0000 SP=0000 BP=0000 SI=0000 DI=0000 DS=076A ES=
```

```
075A SS=0769 CS=076B IP=0005 NV UP EI PL NZ NA PO NC
 -D DS:0000 000F (回车)
076A:0000 6A 6A 6A 6A 6A BC BC BC-BC BC 00 00 00 00 00 00
```

2）执行程序观察内存单元中运行结果。

```
 -G (回车)
Program terminated normally
 -D DS:0000 000F (回车)
076A:0000 6A 6A 6A 6A 6A BC BC BC-BC BC 26 27 27 27 27 01
```

DATA1 开始的 5 个字节数据为 6AH、6AH、6AH、6AH、6AH，DATA2 开始的 5 个字节数据为 BCH、BCH、BCH、BCH、BCH，程序执行完成后，将 DATA1 和 DATA2 存放的两个 5 字节无符号数相加，结果存入 SUM 开始的 6 字节存储区中，计算结果为 012727272726H。

2. 条件控制法

条件控制法是利用已知的条件对循环进行控制的方法。分两种情况：

1）如循环最大次数已知，但有可能使用一些特征或条件使循环提前结束。采用 LOOPZ/LOOPE 和 LOOPNZ/LOOPNE 指令，使这种条件控制的循环程序设计很容易实现。

2）循环次数未知，利用条件中的特征结束循环。

【例 5-7】 试编写一程序统计出某一字数据中“1”的个数。

（1）明确任务，确定算法

设某一字数据为 XDA，为了尽可能提前结束程序，可在一开始对字数据 XDA 进行判断，若为全 0 则立即结束程序，否则逐一移位到 CF 进位标志中进行判断，对“1”的个数进行计数。显然这是一种 WHILE-DO 结构循环，其循环程序的控制方法采用条件控制法。

（2）绘流程图（见图 5-11）

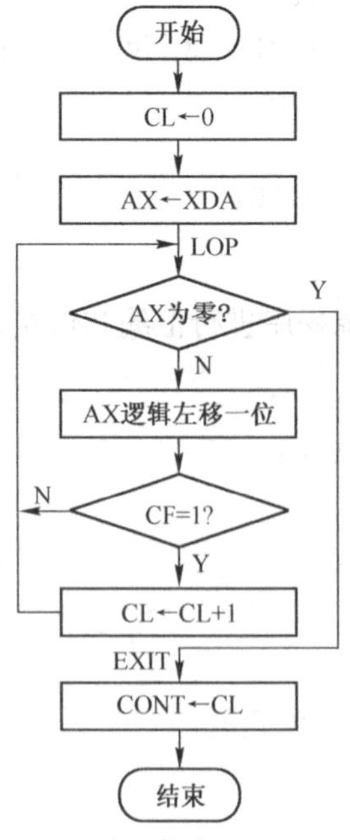

图 5-11　例 5-7 流程图

（3）根据流程图编写汇编语言程序

```
DATA      SEGMENT
    XDA       DW      0A800H
    CONT      DB      ?
    DATA      ENDS
    CODE      SEGMENT
                ASSUME    CS:CODE,DS:DATA
    START:    MOV     AX,DATA
              MOV     DS,AX
              MOV     CL,0                ;计数器清零
              MOV     AX,XDA              ;取字数据 XDA 送 AX
    LOP:      CMP     AX,0
              JZ      EXIT                ;XDA=0 则退出循环
              SHL     AX,1                ;左移一位,最高位送 CF
              JNC     NEXT                ;(CF)=0,不计数
              INC     CL
    NEXT:     JMP     LOP
    EXIT:     MOV     CONT,CL             ;保存"1"的个数
              INT     20H
    CODE      ENDS
              END     START
```

附:DEBUG 调试过程。

参照 4.2.10 节实例对保存的源程序 ASM5_8.ASM 进行汇编和链接,得到可执行的 ASM5_8.EXE 文件。调用 DEBUG 调试该文件。

```
C:\>DEBUG ASM5_8.EXE（回车）
```

反汇编观察源程序汇编结果:

```
-U  （回车）
```

反汇编结果略。

1）初始化 DS 后的寄存器和内存单元值。

```
-G=0000 0005（回车）
AX=076A BX=0000 CX=002F DX=0000 SP=0000 BP=0000 SI=0000 DI=0000 DS=076A ES=
075A SS=0769 CS=076B IP=0005 NV UP EI PL NZ NA PO NC
-D DS:0000 000F（回车）
076A:0000 00 A8 00 00 00 00 00 00-00 00 00 00 00 00 00 00
```

3）执行程序观察运行结果。

```
-G（回车）
Program terminated normally
-D DS:0000 000F（回车）
```

```
076A:000000 A8 03 00 00 00 00 00 - 00 00 00 00 00 00 00 00
```

统计数据成功,A800H = 10101000B 共 3 个“1”。

请对照反汇编结果的指令,思考一下每个 DEBUG 单步命令执行后,寄存器 AX、CX、IP 和标志位 ZF、CF 的变化,分析条件控制法循环程序的具体运行过程。

(3) 逻辑尺控制法

当程序要求按不同次序处理两种及两种以上功能的操作时,可以采用逻辑尺的方法控制循环。在这种情况下,循环体中的处理部分为分支程序,构成了分支循环结构,可以采用逻辑尺来控制分支和循环。逻辑尺就是一个寄存器或存储单元,把其中的每一位当作一个标志,根据标志位的两个状态“0”或“1”实现两路分支。显然,重复的次数就是逻辑尺中设定的位数。在使用逻辑尺控制分支循环时,特别要注意逻辑尺的设计,它是判断分支和控制循环的依据,若要求实现多路分支时,可选择几位标志的组合来实现。下面以二分支循环结构为例来说明逻辑尺控制法的运用。

【例 5-8】 设有 16 个内存单元需要修改,修改规律是第 1、3、6、9、12 号单元均加 5,其余单元均加 10,试用循环结构编程实现。

(1) 明确任务,确定算法

设需要修改的 16 个内存单元是以 XDA 开始的一段连续存储区。按题意需要按不同次序处理两种操作,因此,可以采用逻辑尺的方法控制循环。每次循环后使逻辑尺左移 1 位,用 CF 值来控制转到不同分支。本例要求的逻辑尺为 1010 0100 1001 0000,即 A490H,这里规定“1”表示内存单元加 5,“0”表示内存单元加 10。

(2) 绘流程图(见图 5-12)

(3) 根据流程图编写汇编语言程序

```
DATA        SEGMENT
XDA         DB          16 DUP(?)
LRULER      DW          0A490H
DATA        ENDS
CODE        SEGMENT
MAIN        PROC        FAR
            ASSUME      CS:CODE,DS:DATA
START:      PUSH        DS
            XOR         AX,AX
            PUSH        AX
            MOV         AX,DATA
            MOV         DS,AX
            MOV         BX,0                ;设指针
            MOV         CX,10H              ;设计数器
            MOV         DX,LRULER           ;取逻辑尺
AGAIN:      MOV         AL,XDA[BX]
            SHL         DX,1
            JC          ADD5                ;位标志为 1,内存单元加 5
            ADD         AL,10               ;否则,内存单元加 10
```

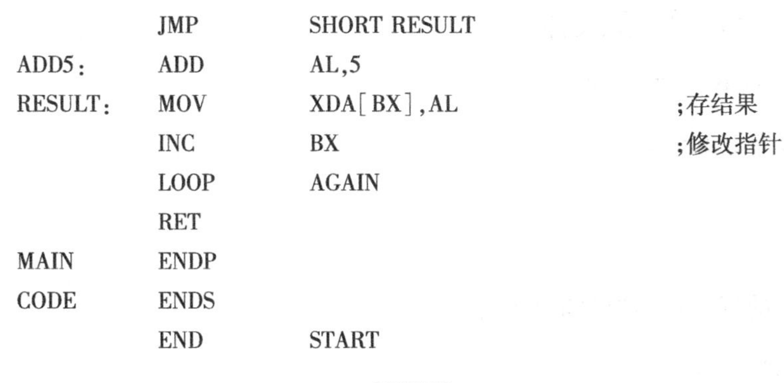

```
        JMP     SHORT RESULT
ADD5:   ADD     AL,5
RESULT: MOV     XDA[BX],AL              ;存结果
        INC     BX                      ;修改指针
        LOOP    AGAIN
        RET
MAIN    ENDP
CODE    ENDS
        END     START
```

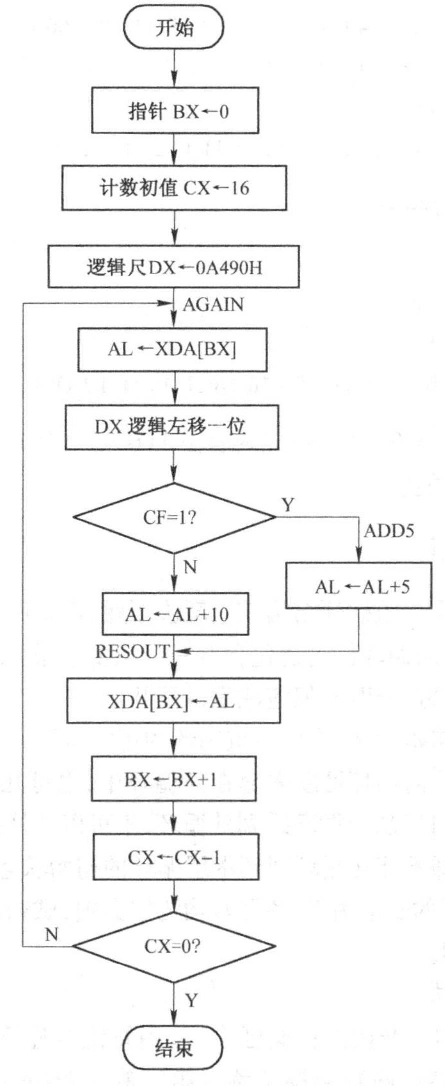

图 5-12　例 5-8 流程图

附:DEBUG 调试过程。

参照 4. 2. 10 节实例对保存的源程序 ASM5_9. ASM 进行汇编和链接,得到可执行的 ASM5

_9.EXE 文件。调用 DEBUG 调试该文件。

```
C:\>DEBUG ASM5_9.EXE (回车)
```

反汇编观察源程序汇编结果:

```
-U  (回车)
```

反汇编结果略。

1)初始化 DS 后的寄存器和内存单元值。

```
-G=0000 0009 (回车)
AX=076A BX=0000 CX=0049 DX=0000 SP=FFFC BP=0000 SI=0000 DI=0000 DS=076A ES
=075A SS=0769 CS=076C IP=0009 NV UP EI PL ZR NA PE NC
-D DS:0000 000F (回车)
076A:0000 11 11 11 11 11 11 11 11-11 11 11 11 11 11 11 11
```

2)执行程序并观察运行结果。

```
-G (回车)
Program terminated normally
-D DS:0000 000F (回车)
076A:0000 16 1B 16 1B 1B 16 1B 1B-16 1B 1B 16 1B 1B 1B 1B
```

16 个内存单元的第 1、3、6、9、12 号单元内容由 11H 变为 16H,实现加 5 功能;其他单元由 11H 变为 1BH,实现加 10 功能。

5.3.3 多重循环程序设计

有些问题比较复杂,运用单重循环结构难以解决问题,需要用多重循环来完成。所谓多重循环程序是指一个循环程序的循环体内还包含有一个或多个循环结构的程序。多重循环程序设计的方法与单重循环设计方法相同,但应注意以下几点。

1)设置好各重循环的初始状态,确保各重循环的正常运行。

2)注意内外循环嵌套。内循环可以嵌套在外循环中,也可几个内循环并列在外循环中,但各层循环之间不能交叉,可以从内循环跳到外循环,不可以从外循环中直接跳进内层循环。

3)防止死循环现象。即不能让循环回到本层循环的初始状态,否则会引起死循环。

【例 5-9】 设某一数组的长度为 N,各元素均为字数据,试编制一个程序使该数组中的数据按照从小到大的次序排列。

(1)明确任务,确定算法

设该数组存放在以 DATA 开始的存储区中,采用冒泡排序算法。从第一个数据开始相邻的数进行比较,若次序不对,两数交换位置。第一遍比较(N-1)次后,最大的数已到了数组的尾部,第二遍仅需比较(N-2)次就够了,共有两重循环。这是一个典型的两重循环程序设计。

(2)绘流程图(见图 5-13)

(3)根据流程图编写汇编语言程序(为了方便说明,以 8 个字数据为例进行编程)

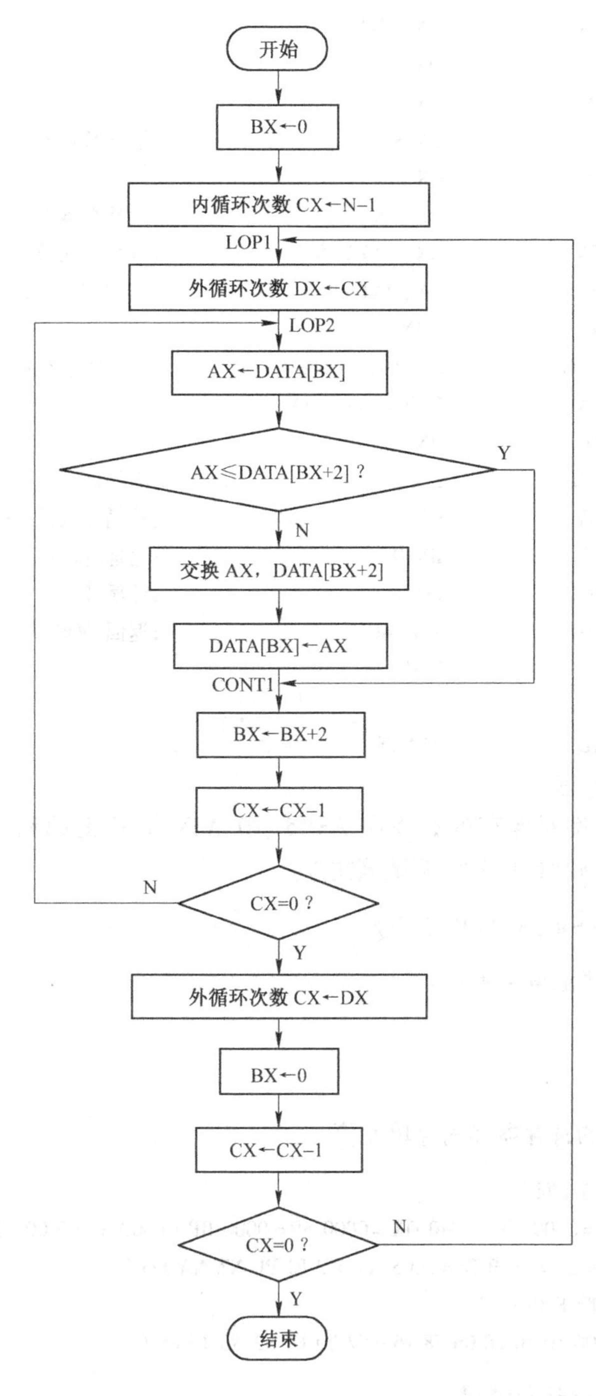

图 5-13　例 5-9 流程图

```
ADATA     SEGMENT
DATA      DW      0005H,1010H,0678H,1678H,0057H,89F1H,17A3H,6666H
ADATA     ENDS
ACODE     SEGMENT
          ASSUME          CS:ACODE,DS:ADATA
```

```
START:  MOV     AX,ADATA
        MOV     DS,AX
        MOV     BX,0
        MOV     CX,8            ;设计数器 CX,内循环次数
        DEC     CX
LOP1:   MOV     DX,CX           ;设计数器 DX,外循环次数
LOP2:   MOV     AX,DATA[BX]     ;取相邻两数
        CMP     AX,DATA[BX+2]   ;若次序符合,则不交换
        JBE     CONTI
        XCHG    AX,DATA[BX+2]   ;否则两数交换
        MOV     DATA[BX],AX
CONTI:  ADD     BX,2
        LOOP    LOP2            ;内循环
        MOV     CX,DX           ;外循环次数→CX
        MOV     BX,0            ;地址返回第一个数据
        LOOP    LOP1            ;外循环
        MOV     AH, 4CH         ;返回 DOS
        INT     21H
ACODE   ENDS
        END     START
```

附:DEBUG 调试过程。

参照 4.2.10 节实例对保存的源程序 ASM5_10.ASM 进行汇编和链接,得到可执行的 ASM5_10.EXE 文件。调用 DEBUG 调试该文件。

```
C:\>DEBUG ASM5_10.EXE (回车)
```

反汇编观察源程序汇编结果:

```
-U(回车)
```

反汇编结果略。

1)初始化 DS 后的寄存器和内存单元值。

```
-G=0000 0005 (回车)
AX=076A BX=0000 CX=0040 DX=0000 SP=0000 BP=0000 SI=0000 DI=0000 DS=076A ES=
075A SS=0769 CS=076B IP=0005 NV UP EI PL NZ NA PO NC
-D DS:0000 000F (回车)
076A:0000 05 00 10 10 78 06 78 16-57 00 F1 89 A3 17 66 66
```

2)执行程序并观察运行结果。

```
-G (回车)
Program terminated normally
-D DS:0000 000F (回车)
076A:0000 05 00 57 00 78 06 10 10-78 16 A3 17 66 66 F1 89
```

原数组 0005H、1010H、0678H、1678H、0057H、89F1H、17A3H、6666H 被重新排列为

0005H、0057H、0678H、1010H、1678H、17A3H、6666H、89F1H。

5.4 子程序结构程序设计

子程序又称“过程”，它是汇编语言中多次使用的一个相对独立的程序段。需要执行这段程序时，就要进行“过程”调用，执行完毕后再返回原来调用它的程序，调用它的程序称为它的主程序。一个主程序可多次调用一个子程序，也可调用多个子程序。在调用子程序时，主程序需要把参数传送给子程序，子程序返回主程序时，有时子程序需要把结果传送给主程序，这就是参数传送的问题。一个子程序也可再调用其他子程序，这称为子程序嵌套，嵌套层数仅受堆栈空间的限制。子程序也可调用本身，这称为递归调用。因此，子程序结构程序设计主要包括三个方面。

1）子程序的定义与调用。

2）子程序的参数传送。

3）子程序嵌套与递归调用。

5.4.1 子程序的定义与调用

1. 子程序的定义

每一个子程序在被使用前必须先定义，子程序的定义就是前一章学过的过程定义。因此，子程序定义的格式就是过程定义的格式，完成子程序功能的程序段就包括在过程定义语句PROC…ENDP的中间，子程序的名称就是过程名。在过程定义时，属性NEAR或FAR的规定是当主程序和子程序在同一代码段中则用NEAR属性，不在同一代码段中，则使用FAR属性。

在定义一个子程序时，应有子程序的说明，能使该子程序模块结构一目了然。通常子程序说明包括4个方面。

1）描述该子程序模块的名称、功能及性能。

2）说明子程序中用到的寄存器和存储单元。

3）指出子程序的入口参数和出口参数。

4）子程序中调用其他子程序的名称。

在定义一个子程序时，应注意保护与恢复现场。现场是指子程序和主程序中都要使用到的寄存器和存储单元。为实现子程序的正常调用和返回，必须在进入子程序前或在子程序的一开始对现场进行保护，并且在子程序返回调用程序前或退回到主程序后恢复现场。因此，保护与恢复现场既可在主程序中完成，也可在子程序中完成，但必须保证保护和恢复的内容相一致，在下面举的例子中保护与恢复现场工作是在子程序中完成。保护和恢复现场常用的方法是利用入栈和出栈指令，将寄存器的内容保存在堆栈中，恢复时再从堆栈中取出。

2. 子程序的调用和返回

子程序的调用就是过程的调用，主程序通过使用CALL指令实现对子程序的调用，子程序通过使用RET指令实现返回主程序。由于保护与恢复现场既可在主程序中完成，也可在子程序中完成，如果在子程序中没有做保护与恢复现场工作，主程序在调用子程序前做好保护现场工作和子程序返回主程序后做好恢复现场工作。另一方面，是主程序与子程序之间参数传递的问题，这一点将在下面介绍。通过子程序调用和返回的实例来说明子程序的使用。

【例 5-10】 编制显示四位十六进制数的子程序。

(1) 明确任务,确定算法

设四位十六进制数已经存放在 AX 寄存器中。对四位十六进制数进行逐位显示,由于每位显示的过程是相同的,采用子程序结构进行编程。将四位十六进制数分解成两位显示,再把两位十六进制数分解成一位显示。这样,显示四位十六进制数的子程序调用显示两位十六进制数的子程序,显示两位十六进制数的子程序调用显示一位十六进制数的子程序。

(2) 绘流程图(见图 5-14)

(3) 根据流程图编写汇编语言程序

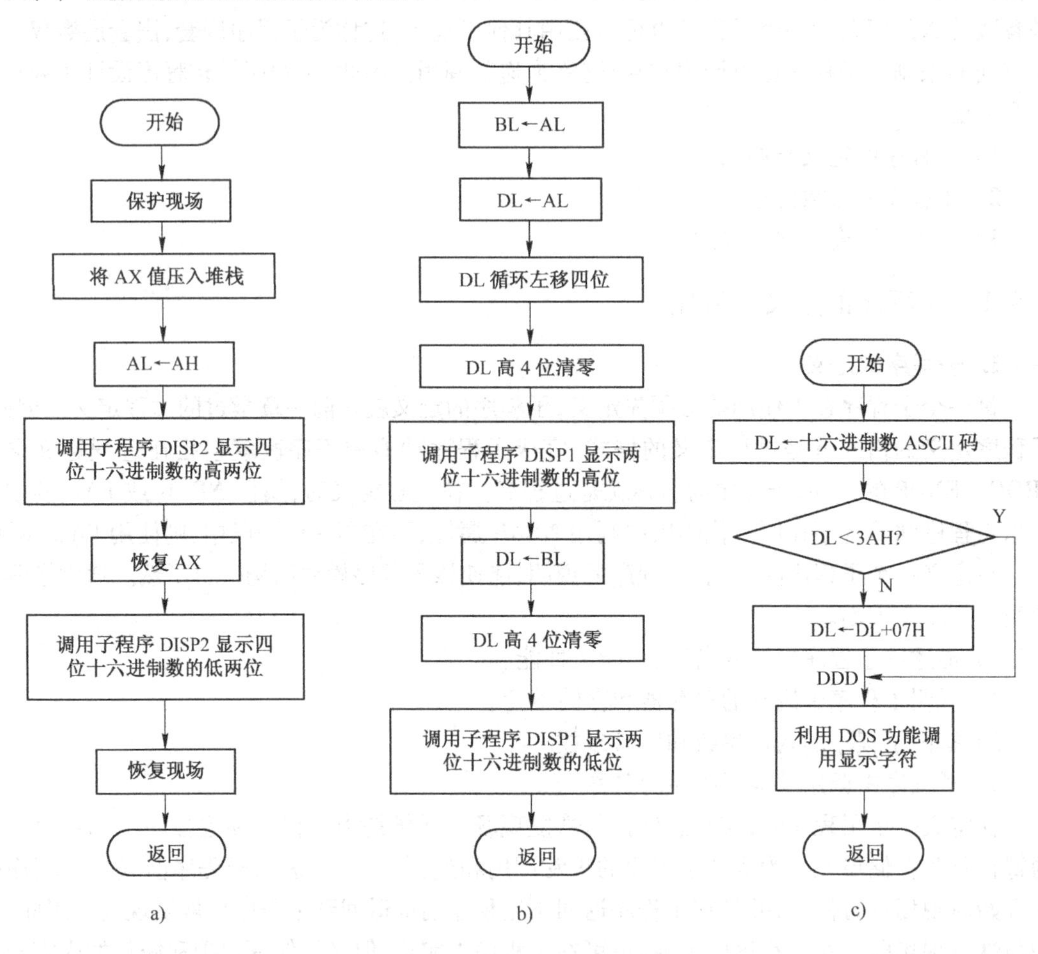

图 5-14 例 5-10 流程图

a) 显示四位十六进制数子程序 DISP4 流程 b) 显示两位十六进制数子程序 DISP2 流程

c) 显示一位十六进制数子程序 DISP1 流程

;名称:DISP4

;功能:显示四位十进制数

;所用寄存器:AX,BX,CX,DX

;入口参数:AX

;出口参数:无

;调用其他子程序:DISP2,DISP1。

子程序如下：

```
DISP4   PROC  NEAR
        PUSH  BX
        PUSH  CX
        PUSH  DX                          ；保护现场
        PUSH  AX
        MOV   AL, AH
        CALL  DISP2
        POP   AX
        CALL  DISP2
        POP   DX                          ；恢复现场
        POP   CX
        POP   BX
        RET
DISP4   ENDP
DISP2   PROC  NEAR
        MOV   BL, AL
        MOV   DL, AL
        MOV   CL,4
        ROL   DL,CL
        AND   DL,0FH
        CALL  DISP1
        MOV   DL,BL
        AND   DL,0FH
        CALL  DISP1
        RET
DISP2   ENDP
DISP1   PROC
        OR    DL,30H
        CMP   DL,3AH
        JB    DDD
        ADD   DL,07H
DDD:    MOV   AH,2
        INT   21H
        RET
DISP1   ENDP
```

在例5-10中，子程序DISP4与调用它的主程序之间，保护与恢复现场工作是由子程序来完成的，子程序DISP2与调用它的DISP4之间，保护与恢复现场工作是由主程序来完成的，在子程序DISP2中对BX、CX、DX没有进行保护，但在调用它的程序DISP4中对BX、CX、DX已经进行了保护。

5.4.2 子程序的参数传送

子程序是一个能完成具体功能的独立程序段，有时在调用子程序时，经常需要传送参数给子程序，当子程序执行完后有时也需要把结果参数传给调用程序。这就是调用程序和子程序之间的参数传送。参数传送的实现方案可分为 4 种：寄存器传送、固定缓冲区传送、地址表传送和堆栈传送。

1. 寄存器传送

寄存器传送是一种最常用、最简单的参数传送实现方法。调用程序将参数置入寄存器中，进入子程序后，子程序使用这些寄存器便获得了参数。这种方法受寄存器数目限制，用于传送参数不多的情况，但该方法参数传送速度快。寄存器传送方法详见例 5-10。例中，子程序 DISP4 与调用它的主程序之间，由 AX 寄存器传送参数。子程序 DISP2 与调用它的 DISP4 之间，由 AL 寄存器传送参数。在子程序 DISP1 与调用它的 DISP2 之间，由 DL 寄存器传送参数。

2. 固定缓冲区传送

固定缓冲区传送方法是采用存储器来实现参数传送的，它与寄存器传送类似。具体的方法是在数据段内设置要传送的数据变量，这相当于设置了固定数据缓冲区。主程序把要传送的参数置入这些数据变量，子程序对这些数据变量直接访问便获得了参数。为了能正确地实现参数传送，主程序在调用前必须把要处理的数据按约定的格式要求送入缓冲区，子程序必须按约定的格式要求来处理这些数据变量。一般情况下，把子程序与调用它的主程序安排在同一模块内，便于子程序和调用它的主程序直接访问数据变量。

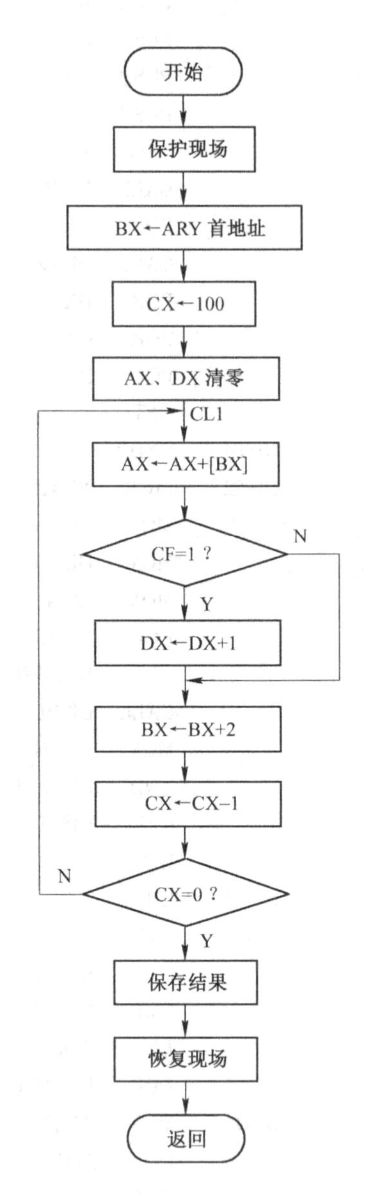

图 5-15　例 5-11 求和子程序流程图

【例 5-11】 已知数组由 20 个字数据组成，试编程求出这个数组元素之和。

(1) 明确任务，确定算法

设数组已经存放在以 ARY 开始的存储区中，其各元素之和存放在以 SUM 开始的存储区中。用子程序结构进行编程，并采用固定缓冲区传送方法来实现子程序参数传送。

(2) 绘流程图(见图 5-15)

(3) 根据流程图编写汇编语言程序

```
DATA      SEGMENT
ARY       DW 20          DUP(0)
SUM       DW 0,0
DATA      ENDS
CODE      SEGMENT
          ASSUME CS:CODE,DS:DATA
START:    MOV            AX,DATA
          MOV            DS,AX
```

```
        CALL        RADD
        INT         20H
;求和子程序
RADD    PROC        NEAR
        PUSH        AX
        PUSH        BX
        PUSH        CX
        PUSH        DX
        LEA         BX,ARY
        MOV         CX,20
        XOR         AX,AX
        MOV         DX,AX
CL1:    ADD         AX,[BX]
        JNC         CL2
        INC         DX
CL2:    ADD         BX,2
        LOOP        CL1
        MOV         SUM,AX
        MOV         SUM+2, DX
        POP         DX
        POP         CX
        POP         BX
        POP         AX
        RET
RADD    ENDP
CODE    ENDS
        END         START
```

附:DEBUG 调试过程。

参照 4.2.10 节实例对保存的源程序进行汇编和链接,得到可执行的 ASM5_13. EXE 文件。调用 DEBUG 调试该文件。

```
C:\>DEBUG ASM5_13.EXE (回车)
```

反汇编观察源程序汇编结果:

```
-U  (回车)
```

反汇编结果略。

1) 数据准备并观察寄存器与内存单元的初值。

```
-G=0000 0005 (回车)
AX=076A BX=0000 CX=0061 DX=0000 SP=0000 BP=0000 SI=0000 DI=0000 DS=076A ES=
075A SS=0769 CS=076D IP=0005 NV UP EI PL NZ ZA PO NC
-E DS:0000  10 11 12 13 14 15 16 17 18 19 1A 1B 1C 1D 1E 1F(回车)
-D DS:0000 002F (回车)
076A:0000 10 11 12 13 14 15 16 17-18 19 1A 1B 1C 1D 1E 1F
```

```
076A:0010 00 00 00 00 00 00 00 00 -00 00 00 00 00 00 00 00
076A:0020 00 00 00 00 00 00 00 00 -00 00 00 00 00 00 00 00
```

2）单步执行观察 IP 的变化(调用与返回)。

DEBUG 命令	执行指令的反汇编	执行后的 IP 值
T	CALL 000C	000C
T	PUSH AX	000D
G =000D 0030		0030
T	RET	0008
T	MOV AH,4C	000A

3）执行程序并观察运行结果。

```
-G（回车）
Program terminated normally
-D DS:0000 002F（回车）
076A:0000 10 11 12 13 14 15 16 17 -18 19 1A 1B 1C 1D 1E 1F
076A:0010 00 00 00 00 00 00 00 00 -00 00 00 00 00 00 00 00
076A:0020 00 00 00 00 00 00 00 00 -B8 C0 00 00 00 00 00 00
```

20 个字数据中前 8 个字数据为 1110H、1312H、1514H、1716H、1918H、1B1AH、1D1CH、1F1EH,后 12 个字数据均为 0,下划线部分是这 20 个数据的和 C0B8H 存放在 SUM 开始的存储区中。

3. 地址表传送

地址表传送方法也是采用存储器来实现参数传送的。具体的方法是在数据段内设置一个地址表,存放待传送的参数。将地址表指针传到子程序中去,通过地址表取得所需参数,这种方法实质是固定缓冲区传送的间接寻址过程。主程序把要传送的参数置入地址表中,子程序通过地址表便获得了参数。为了能正确地实现参数传送,主程序在调用前必须把要处理数据地址按约定的格式要求送入地址表,子程序必须按约定的格式要求来间接访问这些数据变量。一般情况下,子程序与调用它的主程序也应安排在同一模块内,便于子程序和调用它的主程序直接访问地址表。

【例 5-12】 已知数组 A 由 21 个字数据组成,数组 B 由 13 个字数据组成,试编程分别求出这两个数组元素之和。

(1) 明确任务,确定算法

设数组 A 已经存放在以 ARA 开始的存储区中,其各元素之和存放在以 SA 开始的存储区中,数组长度存放在以 CA 开始的存储区中。数组 B 已经存放在以 ARB 开始的存储区中,其各元素之和存放在以 SB 开始的存储区中,数组长度存放在以 CB 开始的存储区中。用子程序结构进行编程,并采用地址表传送方法来实现子程序参数传送,并设地址表存放在以 TAB 开始的存储区中,主程序把数组长度的起始地址、数组的起始地址、数组之和的起始地址都存放在以 TAB 开始的地址表中,然后用寄存器 SI 指向地址表的首址 TAB,子程序通过 SI 的间接寻址获得参数。

（2）绘流程图(见图5-16)

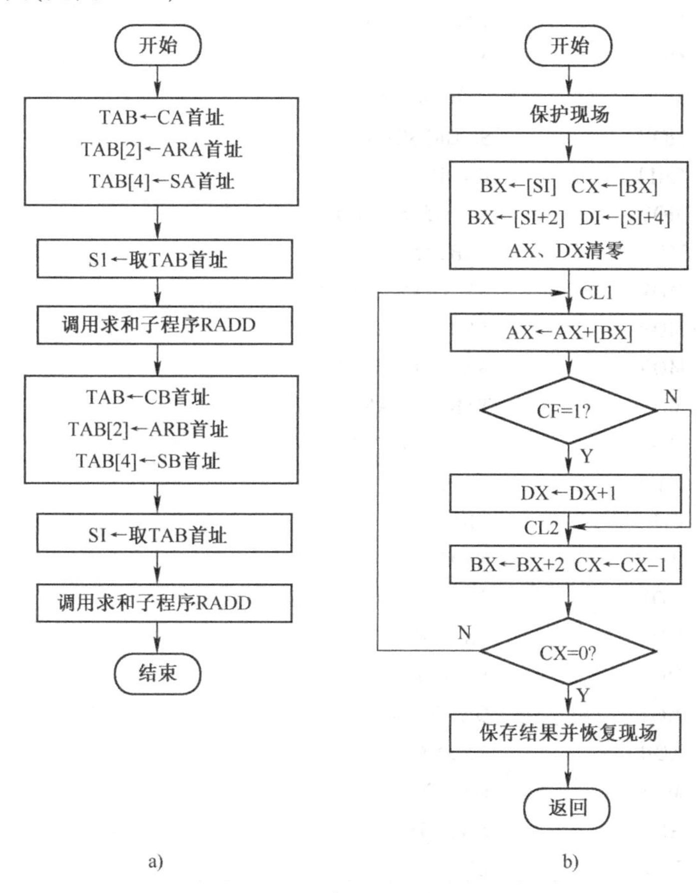

图5-16 例5-12流程图

a）主程序流程 b）RADD子程序流程

（3）根据流程图编写汇编语言程序

```
DATA    SEGMENT
CA      DW 21
ARA     DW 21          DUP(0)
SA      DD ?
CB      DW 13
ARB     DW 13          DUP(0)
SB      DD ?
TAB     DW 3           DUP(?)
DATA    ENDS
CODE    SEGMENT
        ASSUME CS:CODE,DS:DATA
START:  MOV            AX,DATA
        MOV            DS,AX
        MOV            AX,OFFSET CA
        MOV            TAB,AX
```

```
        MOV     AX,OFFSET ARA
        MOV     TAB [2],AX
        MOV     AX,OFFSET SA
        MOV     TAB [4],AX
        MOV     SI,OFFSET TAB
        CALL    RADD
        MOV     AX,OFFSET CB
        MOV     TAB,AX
        MOV     AX,OFFSET ARB
        MOV     TAB [2],AX
        MOV     AX,OFFSET SB
        MOV     TAB [4],AX
        MOV     SI,OFFSET TAB
        CALL    RADD
        INT     20H
RADD    PROC    NEAR
        MOV     BX,[SI]
        MOV     CX,[BX]
        MOV     BX,[SI+2]
        MOV     DI,[SI+4]
        XOR     AX,AX
        MOV     DX,AX
CL1:    ADD     AX,[BX]
        JNC     CL2
        INC     DX
CL2:    ADD     BX,2
        LOOP    CL1
        MOV     [DI],AX
        MOV     [DI+2], DX
        RET
RADD    ENDP
CODE    ENDS
        END     START
```

附:DEBUG 调试过程。

参照 4.2.10 节实例对保存的源程序进行汇编和链接,得到可执行的 ASM5_14.EXE 文件。调用 DEBUG 调试该文件。

```
C:\>DEBUG ASM5_14.EXE (回车)
```

反汇编观察源程序汇编结果:

```
-U  (回车)
```

反汇编结果略。

1）数据准备并观察寄存器与内存单元的值。

```
-G=0000 0005（回车）
AX=076A BX=0000 CX=00B7 DX=0000 SP=0000 BP=0000 SI=0000 DI=0000 DS=076A ES
=075A SS=0769 CS=0770 IP=0005 NV UP EI PL NZ NA PO NC
-E DS:0002   20 21 22 23 24 25 26 27 28 29 2A 2B(回车)
-E DS:0032   1A 1B 1C 1D 1E 1F(回车)
-D DS:0000 005F（回车）
076A:0000 15 00 20 21 22 23 24 25 -26 27 28 29 2A 2B 00 00
076A:0010 00 00 00 00 00 00 00 00 -00 00 00 00 00 00 00 00
076A:0020 00 00 00 00 00 00 00 00 -00 00 00 00 00 00 00 00
076A:0030 0D 00 1A 1B 1C 1D 1E 1F -00 00 00 00 00 00 00 00
076A:0040 00 00 00 00 00 00 00 00 -00 00 00 00 00 00 00 00
076A:0050 00 00 00 00 00 00 00 00 -00 00 00 00 00 00 00 00
```

2）执行程序并观察运行结果。

```
-G（回车）
Program terminated normally
-D DS:0000 005F（回车）
076A:0000 15 00 20 21 22 23 24 25 -26 27 28 29 2A 2B 00 00
076A:0010 00 00 00 00 00 00 00 00 -00 00 00 00 00 00 00 00
076A:0020 00 00 00 00 00 00 00 00 -00 00 00 00 DE E4 00 00
076A:0030 0D 00 1A 1B 1C 1D 1E 1F -00 00 00 00 00 00 00 00
076A:0040 00 00 00 00 00 00 00 00 -00 00 00 00 54 57 00 00
076A:0050 30 00 32 00 4C 00 00 00 -00 00 00 00 00 00 00 00
```

E4DEH为数组A中21个字数据的和，存放在SA开始的存储单元中；5754H为数值B中13个字数据的和，存放在SB开始的存储单元中。0030H、0032H、004CH分别是CB、ARB、SB的首地址。思考一下，程序是如何实现地址表传送子程序参数的？

注意：一般在子程序中用到的寄存器必须用堆栈保护起来，但如果能知道所有调用该子程序的主程序对这些寄存器不需要保护的也可以不保护。

4. 堆栈传送

堆栈传送方法也是采用存储器来实现参数传送的，只不过这里的存储区是在堆栈段。具体的方法是主程序在调用子程序前用PUSH指令将参数地址压入堆栈；进入子程序后再用基址指针寄存器BP从堆栈中取出这些参数地址送寄存器，再通过寄存器间接寻址方式访问所需变量。

【例5-13】 已知数组A由21个字数据组成，数组B由13个字数据组成，要求用堆栈传送参数的子程序结构编程，试分别求出这两个数组元素之和。

（1）明确任务，确定算法

数据段的设置类同例5-12，本例要求用堆栈传送参数的子程序结构进行编程，所以，主程序在调用子程序前，用PUSH指令分别将存放数组长度、数组、数组元素之和的三个参数的起始地址压入堆栈，进入子程序后再用基址指针寄存器BP从堆栈中取出这些参数地址送寄存器，再通过寄存器间接寻址方式访问所需变量。

（2）绘流程图（见图 5-17）

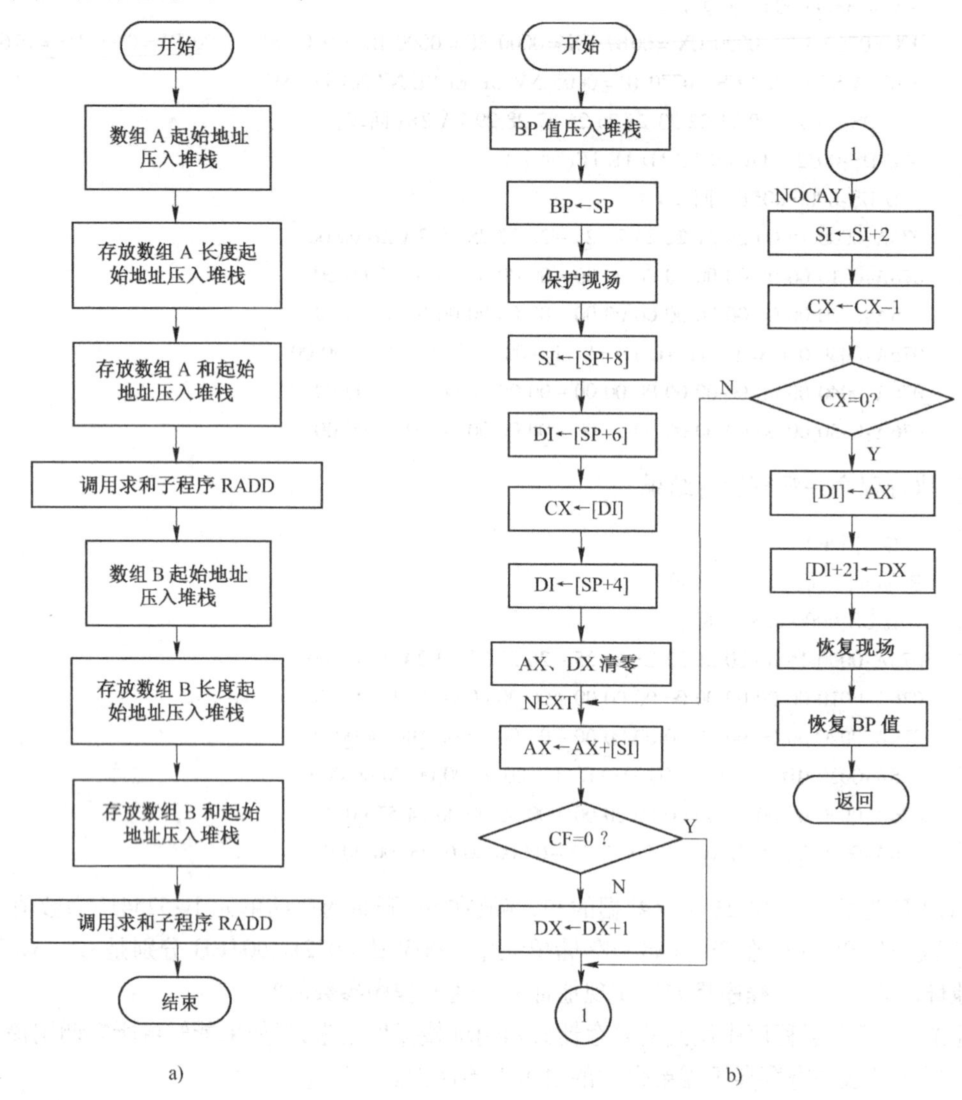

图 5-17　例 5-13 流程图

（3）根据流程图编写汇编语言程序

```
DATA    SEGMENT
CNTA    DW 21
ARYA    DW 21        DUP(0)
SUMA    DD ?
CNTB    DW 13
ARYB    DW 13        DUP(0)
SUMB    DD ?
DATA    ENDS
```

```
CSEG    SEGMENT
        ASSUME CS:CSEG,DS:DATA
START:  MOV     AX,DATA
        MOV     DS,AX
        MOV     AX,OFFSET ARYA        ;参数地址压入堆栈
        PUSH    AX
        MOV     AX,OFFSET CNTA
        PUSH    AX
        MOV     AX,OFFSET SUMA
        PUSH    AX
        CALL    NEAR PTR RADD
        MOV     AX,OFFSET ARYB        ;参数地址压入堆栈
        PUSH    AX
        MOV     AX,OFFSET CNTB
        PUSH    AX
        MOV     AX,OFFSET SUMB
        PUSH    AX
        CALL    NEAR PTR RADD
        INT     20H
RADD    PROC    NEAR
        PUSH    BP
        MOV     BP,SP                 ;采用 BP 访问参数地址
        PUSH    AX
        PUSH    DX
        PUSH    CX
        PUSH    SI
        PUSH    DI
        MOV     SI,[BP+8]             ;取数组地址
        MOV     DI,[BP+6]             ;取计数值地址
        MOV     CX,[DI]               ;计数值送 CX
        MOV     DI,[BP+4]             ;和数地址送 DI
        XOR     AX,AX                 ;AX 及 DX 清零
        MOV     DX,AX
NEXT:   ADD     AX,[SI]
        JNC     NOCAY
        INC     DX
NOCAY:  ADD     SI,2
        LOOP    NEXT
        MOV     [DI],AX
        MOV     [DI+2],DX
        POP     DI
        POP     SI
        POP     CX
```

```
          POP     DX
          POP     AX
          POP     BP
          RET     6
RADD      ENDP
CSEG      ENDS
          END     START
```

附:DEBUG 调试过程。

参照 4.2.10 节实例对保存的源程序进行汇编和链接,得到可执行的 ASM5_15.EXE 文件。调用 DEBUG 调试该文件。

```
C:\>DEBUG ASM5_15.EXE (回车)
```

反汇编观察源程序汇编结果:

```
-U  (回车)
```

反汇编结果略。

1) 数据准备并观察寄存器与内存单元的值。

```
-G=0000 0005 (回车)
AX=076A BX=0000 CX=00A6 DX=0000 SP=0000 BP=0000 SI=0000 DI=0000 DS=076A ES
=075A SS=0769 CS=076F IP=0005 NV UP EI PL NZ NA PO NC
-E DS:0002  20 21 22 23 24 25 26 27 28 29 2A 2B(回车)
-E DS:0032  1A 1B 1C 1D 1E 1F(回车)
-D DS:0000 004F (回车)
076A:0000 15 00 20 21 22 23 24 25-26 27 28 29 2A 2B 00 00
076A:0010 00 00 00 00 00 00 00 00-00 00 00 00 00 00 00 00
076A:0020 00 00 00 00 00 00 00 00-00 00 00 00 00 00 00 00
076A:0030 0D 00 1A 1B 1C 1D 1E 1F-00 00 00 00 00 00 00 00
076A:0040 00 00 00 00 00 00 00 00-00 00 00 00 00 00 00 00
```

2) 程序执行结束后的内存单元。

```
-G (回车)
Program terminated normally
  -D DS:0000 004F (回车)
  076A:0000 15 00 20 21 22 23 24 25-26 27 28 29 2A 2B 00 00
  076A:0010 00 00 00 00 00 00 00 00-00 00 00 00 00 00 00 00
  076A:0020 00 00 00 00 00 00 00 00-00 00 00 00 DE E4 00 00
  076A:0030 0D 00 1A 1B 1C 1D 1E 1F-00 00 00 00 00 00 00 00
  076A:0040 00 00 00 00 00 00 00 00-00 00 00 00 54 57 00 00
```

其中 E4DEH 为数组 A 中 21 个字数据之和,存放在 SUMA 开始的存储单元中;5754H 为数值 B 中 13 字个数据之和,存放在 SUMB 开始的存储单元中。

注意:在运用堆栈传送方法进行子程序结构编程时,一定要弄清堆栈内容的情况,图 5-18

说明了用堆栈传送参数时堆栈内容的变化情况。可以看出 BP 所指的栈地址距离数组起始地址、数组长度起始地址及数组元素之和的起始地址分别为 8、6、4 个单元。调用子程序时已事先将三个变量的地址压入堆栈，以供子程序使用。子程序执行完毕，返回主程序时，这三个变量地址已无用，必须从堆栈中清除掉，所以用带常数的返回指令 RET 6，使堆栈指针恢复到调用过程前的位置。

在图 5-18 中，ARY 表示数组起始地址，CNT 表示数组长度起始地址，SUM 表示数组元素之和的起始地址。图 5-18a 表示主程序执行 CALL 前的情况；图 5-18b 表示执行子程序中所有 PUSH 指令后的情况；图 5-18c 表示执行子程序中所有 POP 指令后但没有执行 RET 指令的情况；图 5-18d 表示执行子程序中 RET 6 指令后的情况。

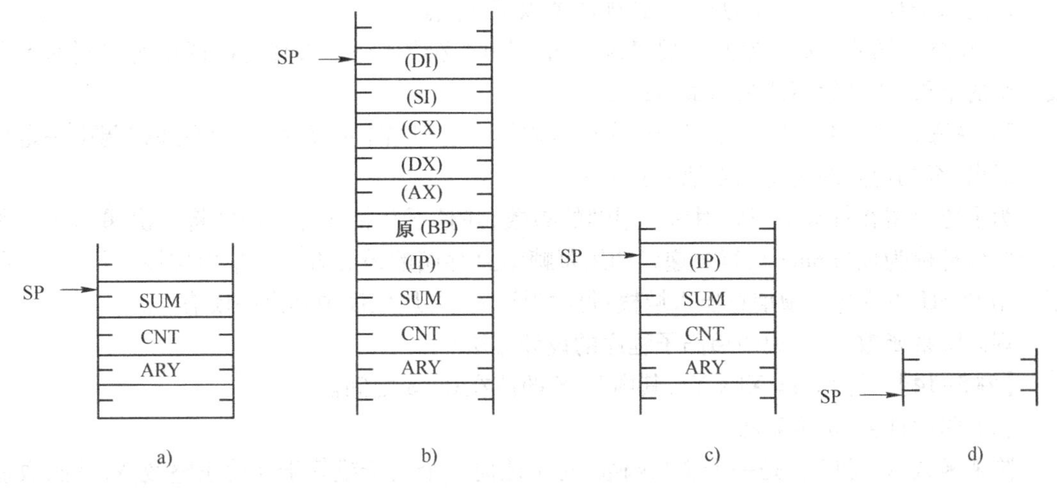

图 5-18　用堆栈传送参数时堆栈内容的变化情况

5.4.3　子程序嵌套与递归调用

1. 子程序嵌套

子程序嵌套是指一个子程序的内部再调用其他子程序。嵌套子程序的层数称为嵌套深度。只要堆栈空间允许，嵌套深度不受限制。嵌套子程序结构如图 5-19 所示。采用子程序

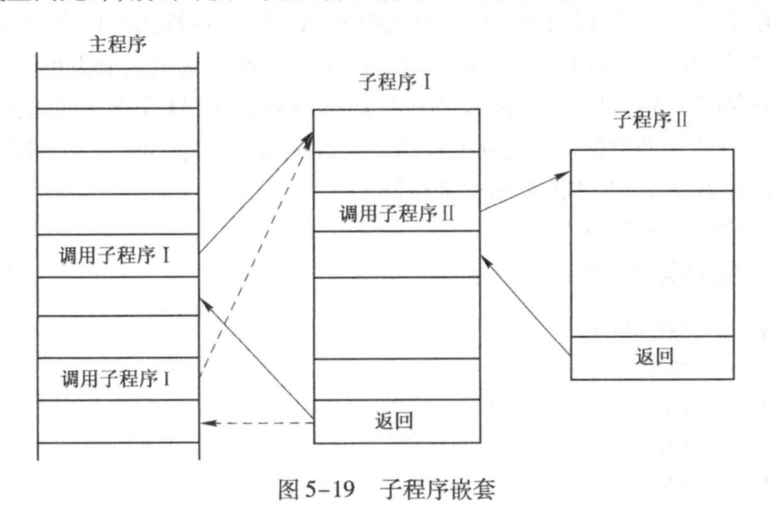

图 5-19　子程序嵌套

嵌套进行程序设计,除了正确使用 CALL 和 RET 指令外,还应注意保护和恢复寄存器,在使用堆栈操作时要格外小心,确保嵌套的子程序能一级级正确返回。在例 5-10 中,显示四位十六进制数的子程序 DISP4 调用显示两位十六进制数的子程序 DISP2,显示两位十六进制数的子程序 DISP2 调用显示一位十六进制数的子程序 DISP1。

2. 递归子程序

当子程序嵌套时,若某子程序要调用的子程序就是该子程序本身,或者在调用过程中间接地调用了本身,把这种现象称为子程序的递归调用。所谓递归子程序就是这种具有递归调用性质的子程序,也叫作递归过程。递归子程序的设计是一种很有用的程序设计技巧。它对应于数学上对函数的递归定义,往往能设计出效率较高的程序,完成相当复杂的计算。

但递归子程序的设计较为复杂,必须注意以下两点。

1)注意现场的保护。递归子程序被递归调用时必须保证不破坏上次调用所用到的参数及产生的结果,否则就不能求出最后结果。

2)注意递归结束条件。递归子程序还必须具有递归结束的条件,以便在递归调用一定次数后退出,否则递归调用将无限地嵌套下去。

为了能保留在每次递归调用后所用到的参数,并且不互相冲掉。通常将一次递归调用所存储的信息称为帧(Frame),解决递归调用每帧信息存储的最好方法是采用堆栈,每次递归调用时用 PUSH 指令将一帧信息压入堆栈;每次返回时,再从堆栈中弹出一帧信息。

现以阶乘函数为例,说明递归子程序的设计方法。

【例 5-14】 计算 S = X! + Y!,其中 X、Y 的值在 0 ~ 8 之间。

(1)明确任务,确定算法

阶乘函数 X! 和 Y! 是一个递归函数,对于任何一个大于或等于 0 的正整数 N,其函数值定义为

当 N = 0 时,N! = 1

当 N > 0 时,N! = N * (N - 1)!

由阶乘函数的定义可知,求 N! 和求(N-1)! 其子程序一样,只要把调用参数修改一下即可。算法如下。

设 N! 的函数值为 F(N),判 N 是否为 0,若为 0,则令 F(N) = 1 程序结束。当 N > 0 时,用堆栈保存 N,并使 N = N - 1,调用子程序自身求得 F(N - 1)。这样的调用直到 N = 0 为止。然后从堆栈中顺序取出 N 值,计算 F(N) = N * F(N - 1),直到 N 为设定值为止。

设 X、Y 值存放在 XYVAL 开始的单元中,S 的值存放在 SVAL 开始的单元中,求 F(N)函数的子程序名为 FT,N 的取值范围为 0 < N < 8。入口参数:N 值在 BX 中,出口参数:N! 在 AX 中,受影响的寄存器:AX,BX,DX 及标志寄存器。

(2)绘流程图(见图 5-20)

(3)根据流程图编写汇编语言程序

```
DATA    SEGMENT
ORG     100H
XYVAL   DW      2,3
SVAL    DW      0
DATA    ENDS
```

```
STACK1    SEGMENT    PARA STACK 'STACK'
TOP       DW         64H DUP(0)
TOP       LABEL      WORD
STACK1    ENDS
CODE      SEGMENT
          ASSUME     CS:CODE,DS:DATA,SS:STACK1
START:    MOV        AX,DATA
          MOV        DS,AX
          MOV        AX,STACK1
          MOV        SS,AX
          MOV        SP,SIZE TOP
          MOV        SI,OFFSET XYVAL
          MOV        BX,[SI]              ;取第一个数
          CALL       FT                   ;调用求阶乘子程序
          PUSH       AX                   ;暂存结果,
          MOV        BX,[SI+2]            ;取第二个数
          CALL       FT                   ;调用求阶乘子程序
          POP        BX                   ;再取前次结果
          ADD        AX,BX                ;求两个阶乘之和
          MOV        SVAL,AX              ;保存结果
          INT        20H
;求阶乘子程序
FT        PROC       NEAR
          AND        BX,BX
          JZ         FT1                  ;若为0,递归结束
          PUSH       BX
          DEC        BX
          CALL       FT                   ;递归调用
          POP        BX
          MUL        BX
          RET
FT1:      MOV        AX,1
          RET
FT        ENDP
CODE      ENDS
          END        START
```

附:DEBUG 调试过程。

1）初始化 DS 和 SS 后的寄存器及内存单元初值。

```
-G=0000 000A（回车）
AX=077F BX=0000 CX=0218 DX=0000 SP=00C8 BP=0000 SI=0000 DI=0000 DS=076A ES=
075A SS=077F CS=077B IP=000A NV UP EI PL NZ NA PO NC
-D DS:0100 010F（回车）
```

076A:0100 02 00 03 00 00 00 00 00 -00 00 00 00 00 00 00 00

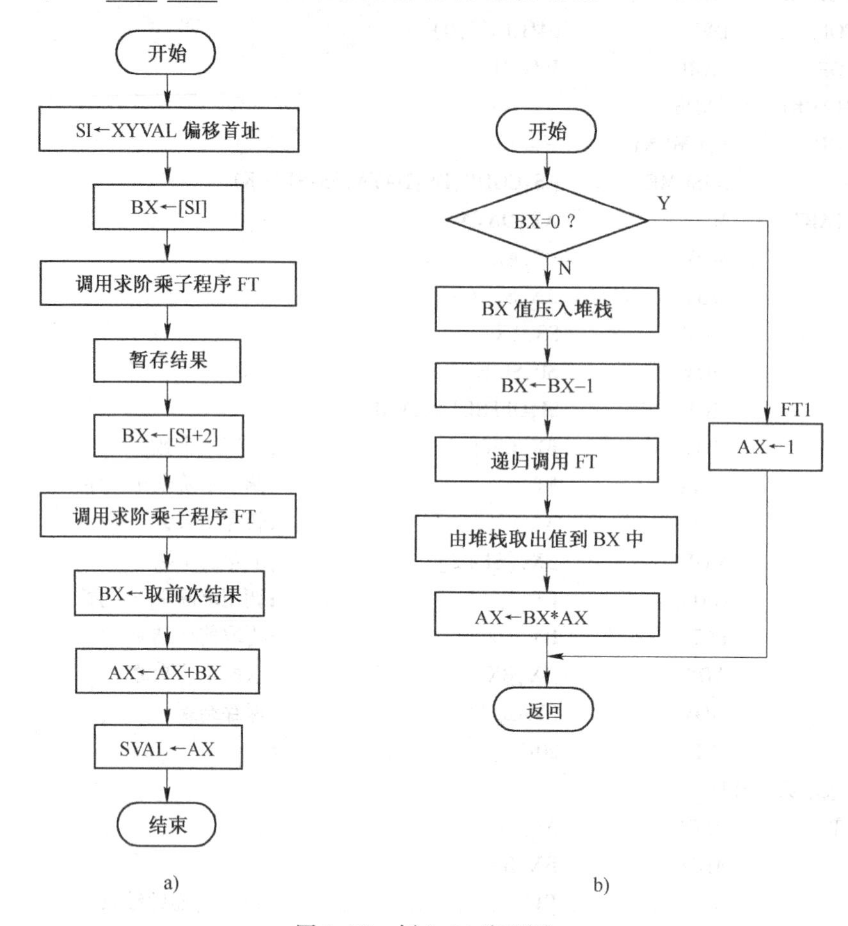

图 5-20　例 5-14 流程图

a) 主程序流程图　b) FT 子程序流程图

2) 执行程序观察运行结果。

```
-G (回车)
Program terminated normally
-D DS:0100 010F (回车)
076A:0100 02 00 03 00 08 00 00 00 -00 00 00 00 00 00 00 0
```

2! +3! =8,由下划线部分可以看出源程序运行正确。

递归调用的全过程可以通过跟踪堆栈变化的情况来了解。不妨设 N =3,在主程序中调用求阶乘子程序 FT,并假设主程序中调用指令的下一条指令地址为 MAD,递归子程序中调用指令的下一条指令地址为 NAD。求阶乘子程序(FT)的每次调用时,其堆栈的变化情况如图 5-21 所示。

1) 第一次调用是主程序调用 FT,调用时将返回地址 MAD 压入堆栈,进入子程序后将 N (N =3)压入栈,并使 N 减 1 后赋给 N。如图 5-21a 所示。

2) 第二次调用是递归子程序调用 FT,将返回地址 NAD 压入堆栈,进入子程序后将 N(N =2)压入栈,并使 N 减 1 后赋给 N。如图 5-21b 所示。

3) 第三次调用是递归子程序调用 FT,将返回地址 NAD 压入堆栈,进入子程序后将 N(N

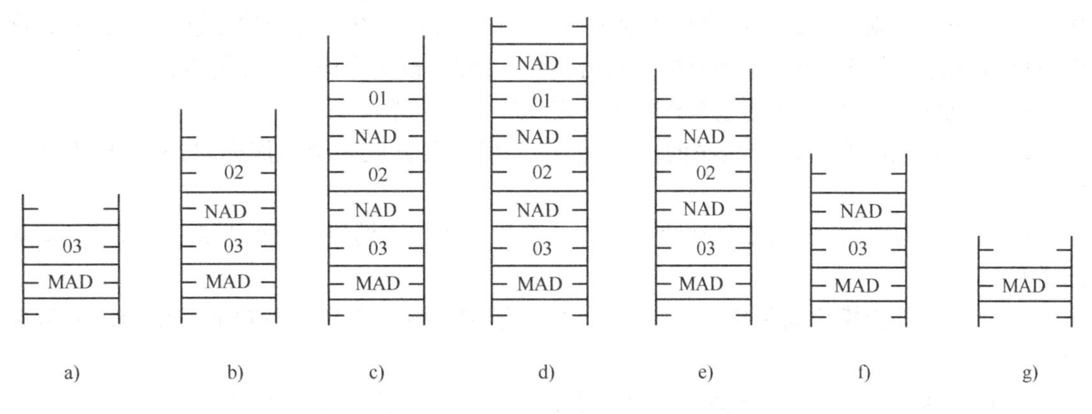

图 5-21　递归调用过程的堆栈变化情况

=1)压入栈,并使 N 减 1 后赋给 N。如图 5-21c 所示。

4) 第四次调用是递归子程序调用 FT,将返回地址 NAD 压入堆栈,进入子程序后,由于 N =0,则令 F(0) =1,即把 1 送入 AX,并返回。图 5-21d 是返回前的情况。

5) 第一次递归子程序返回,将栈顶中的 NAD 送入 IP,执行 NAD 地址中的指令,从栈中取出 N(N=1),计算 F(1) =1 * 1 =1,并返回。图 5-21e 是第二次返回前的情况。

6) 第二次递归子程序返回,将栈顶中的 NAD 送入 IP,执行 NAD 地址中的指令,从栈中取出 N(N=2),计算 F(2) =2 * 1 =2,并返回。图 5-21f 是第三次返回前的情况。

7) 第三次递归子程序返回,将栈顶中的 NAD 送入 IP,执行 NAD 地址中的指令,从栈中取出 N(N=3),计算 F(3) =3 * 2 =6,并返回。图 5-21g 是第四次返回前的情况。

8) 第四次递归子程序返回,将栈顶中的 MAD 送入 IP,执行 MAD 地址中的指令,返回了主程序,这时 AX 中的内容即为 N 的阶乘值:3! =6。

由递归调用的全过程可知,在递归子程序设计中,每次调用总要进行堆栈操作,堆栈的变化是相当复杂的。虽然采用递归方法来求解递归函数,其程序相当简单,但程序执行速度较低,程序设计也比较困难。

5.5　模块化程序设计

1. 模块化程序设计的优点

模块化程序设计方法是将复杂的程序划分成多个程序模块,每个模块完成明确规定的任务,它是整个大型程序中较为独立的一部分。这种程序设计方法的优点如下。

1) 对大型程序设计来说,便于程序员之间分工,可由多人编写和调试,这样加快了程序的开发速度。

2) 对单个程序模块而言,易于编写、调试和修改。

3) 整个程序易读、易理解,程序的修改可局部进行,不会影响其他部分。

4) 对频繁使用的功能程序段可以编制成模块,供多个任务使用,这样不仅使程序更简洁而且能提高编程效率。

2. 模块化程序设计步骤

从程序的结构形式来说,一个模块是由 END 语句作为结束的一个完整程序。在多模块程序设计过程中,可对各个源程序模块单独进行汇编产生相应的各目标模块,最后再由连接程序将各目标模块连接来构成一个完整的可执行程序。因此,模块化程序设计的步骤如下。

1）明确任务,正确地描述整个程序需要完成的各项功能。

2）根据各项功能与整个程序的关系,把整个程序划分成多个功能模块,并画出模块层次图。

3）确切地定义每个功能模块做些什么,以及与其他功能模块之间的联系,并写出各模块的说明。

4）把每个功能模块编制成程序,并进行独立汇编、调试,得到与各功能模块相应的目标模块。

5）由连接程序将各目标模块连接在一起,构成一个完整的可执行程序。

6）最后,把整个程序及所有的模块说明合在一起,形成一个模块化程序设计文件。

3. 模块化程序设计方法

采用模块化程序设计方法要合理划分模块,严格定义各模块的入口参数和出口参数,严格定义各模块间的通信方式。因此,可以采用层次图和模块说明来作为模块划分的描述工具。

(1) 模块划分的方法

模块可采用自顶向下的方法进行划分,即先规定程序的总控部分为主模块,然后逐级向下划分。模块的划分具有一定灵活性,但一般应遵循以下原则。

1）高内聚:每个模块应该具有独立的功能,能产生一种明确的结果。

2）低耦合:模块之间的控制方式应尽量简单,模块之间的数据通信量应最少。

3）长度适中:模块的长度一般取50～100行较合适。若太长,则对理解和调试带来困难,失去了模块化的优越性;若太短,则为模块所做的连接、通信等工作开销太大,使执行速度变慢。

先将主模块划分成几个主要的一级子模块,然后把每个一级子模块的功能再细分成二级子模块,进而再细分成三级子模块等,一直细化到程序已经分成易于理解和实现的小模块为止。在划分模块的过程中,要弄清楚每个模块的功能、数据结构及相互之间的关系。

(2) 模块划分的描述

采用层次图可以描述各模块之间的从属关系,换句话说,层次图表示了模块之间的调用关系。图5-22是层次图的一个例子,由图可知,主模块调用一级子模块1、2、3。而这些一级子模块又分别调用它的二级子模块4、5、6、7,二级子模块还可调用再下一级的三级子模块5、8、9。其中,模块5从属于不同的层次,是具有公共功能的子模块。

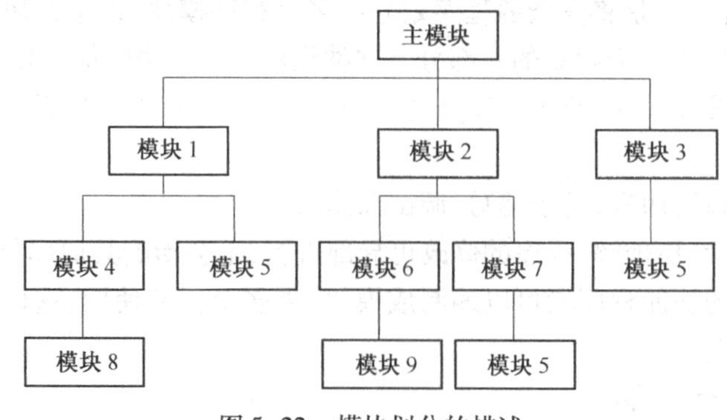

图5-22　模块划分的描述

模块说明中应包含模块的功能、主要算法、入口参数、出口参数、数据结构和调用情况等。

（3）模块化程序设计技术

1）模块化程序实现方法。模块化程序的实现方法有两种：子程序结构和宏结构。

子程序结构：在汇编语言程序设计中，采用子程序结构设计是实现模块化程序设计的重要手段。将每个子模块用过程定义语句设计成具有独立功能的子程序，根据模块划分的层次图，上一级模块用 CALL 指令调用下一级模块，这样便实现了模块化程序设计。

宏结构：在汇编语言程序设计中，提供了宏定义功能，采用宏定义、调用和展开来进行程序设计也是实现程序模块化的重要技巧。将每个子模块设计成具有独立功能的宏，根据模块划分的层次图，上一级模块直接用宏名实现对下一级模块的宏调用。

2）多模块的连接。一个模块化的程序是能够进行独立汇编的，一般情况下，程序模块的汇编与调试是一个从下级向上级逐步进行的过程。所有模块汇编调试完，再由连接程序一次装配成一个完整的可执行文件。那么，多模块程序设计中必须提供模块间相互关联的信息给汇编程序和连接程序。这些关联信息主要有多模块的连接、模块间的交叉访问和信息传送。

在进行多模块程序连接时，LINK 程序是根据 SEGMENT 语句中提供的组合类型和类名信息进行连接的。关于 SEGMENT 语句的格式以及其中的组合类型和类名的定义及使用方法上一章中已作了详细的叙述。现在简单地回顾一下段的定义。段定义语句如下。

```
段名  SEGMENT  [定位类][组合类型]['类型']
      段内语句
段名  ENDS
```

伪指令 SEGMENT 给出了该段在存储器中的定位方法以及在连接时该段与其他段的关系等信息。连接程序 LINK 利用这些信息可以把各个段组合起来，并确保程序具有正确的执行次序。下面用一个例子来说明连接程序 LINK 对段进行组合处理的过程。

【例 5-15】 设有三个模块 M1、M2、M3，模块 M1 含有三个段，段名分别为 A、B、C，与之对应的组合类型分别为 PUBLIC、COMMON 和 STACK；模块 M2 含有两个段，段名分别为 A、C，与之对应的组合类型分别为 PUBLIC 和 STACK；模块 M3 含有三个段，段名分别为 A、B、C，与 A、B 段对应的组合类型分别为 PUBLIC、COMMON；C 段没有指定组合类型。试说明经连接程序 LINK 对段进行组合处理后产生哪些段？

模块 M1、M2、M3 都有段名 A 且都是 PUBLIC 组合类型，依次由低地址到高地址连接起来生成 A 段；模块 M1、M3 都有段名 B 且都是 COMMON 组合类型，采用覆盖的方式生成 B 段，连接长度为各分段中的最大长度；模块 M1、M2、M3 都有段名 C，模块 M1、M2 的段名 C 是 STACK 组合类型，顺序连接起来生成堆栈段 C。但模块 M3 的段名 C 是没有指定组合类型，该段与其他同名段不进行连接，独立存在于存储器中，生成 D 段。图 5-23 说明了经连接程序 LINK 对段进行组合处理后产生 A、B、C、D 4 个段的过程。

对例 5-15 连接情况做一点说明，在形成 4 个新段后，如果用 PUBLIC 或 STACK 组合方式，新段的长度为组合在一起的各段之和；如果用 COMMON 组合方式，新段的长度为各段中最长的一段长度；用 PUBLIC 或 STACK 组合起来的区中的变量及标号的偏移地址必须重新计算，计算的办法是在原来偏移地址的基础上加上新段中在该段前面的所有段的长度，这种计算是由软件自动完成的。

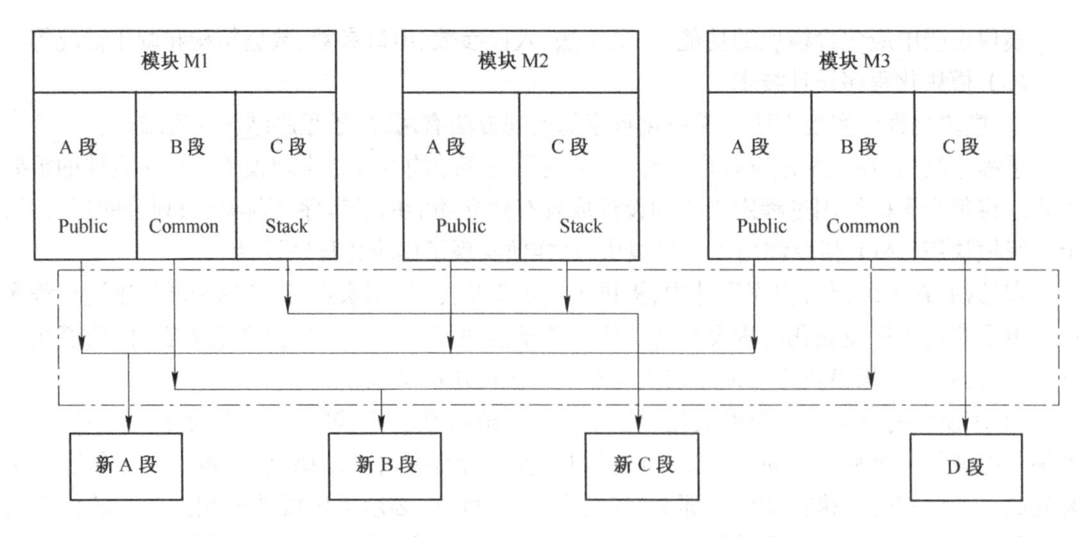

图 5-23　段组合处理的示意图

3）模块间标识符的交叉访问。多模块程序设计时必须提供模块间相互关联的信息，程序设计者除了提供模块段连接的组合类型信息外还需要提供模块间交叉访问的信息。模块间标识符的交叉访问是指一个模块要引用在另一个模块中定义的标识符（如变量、标号等）。一个模块有两种标识符：局部标识符和全局标识符，局部标识符仅供本模块使用，全局标识符不仅供本模块使用还可以供其他模块共用。模块间的交叉访问采用前一章介绍的 PUBLIC 和 EXTRN 伪指令，可以为模块间交叉访问提供所需要的信息。用 PUBLIC 指出全局标识符，用 EXTRN 指出外部标识符，这两个语句应放在每个模块源程序的最开头。

关于用 PUBLIC 和 EXTRN 伪指令实现模块间的符号常量、变量和标号的交叉引用，详见例 4-11。

4）模块间数据传送的其他方法。模块间的数据传送还有其他方法，常用的有寄存器传送、固定缓冲区传送、地址表传送和堆栈传送等。详见 5.4 节的子程序参数传送部分。

5.6　习题例解

1. 在 DTX 单元中存放了一个小于 16 的数，试用查表的方法计算该数的平方，结果保存到 DTY 单元中。

解　首先建立 0 ~ 15 的平方表 TABQ，然后查得平方值。流程如图 5-24 所示。

```
DATA    SEGMENT
TABQ    DB 0, 1, 4, 9, 16, 25, 36, 49, 64
        DB 81, 100, 121, 144, 169, 196, 225   ；建平方表
DTX     DB ?
DTY     DB ?
DATA    ENDS
CODE    SEGMENT
```

```
        ASSUME   CS:CODE, DS:DATA
START:  MOV      AX, DATA
        MOV      DS, AX
        MOV      SI, OFFSET TABQ      ; 取平方表起始地址
        MOV      AH, 0
        MOV      AL, DTX              ; 取值
        ADD      SI, AX               ; 计算表地址
        MOV      AL, [SI]             ; 求平方值
        MOV      DTY, AL              ; 把平方值保存到 DTY 单元
        INT      20H
CODE    ENDS
        END      START
```

2. 已知符号函数

$$
Y=\begin{cases} 1 & X>0 \\ 0 & X=0 \\ -1 & X<0 \end{cases}
$$

设任意给定的 X($-128 \leqslant X \leqslant 127$)存放在 DTX 单元，计算函数 Y 值，要求存放在 DTY 单元中。

解 本题采用分支结构。首先判断 X≥0 还是 X<0，如果 X<0，则 Y = -1；如果 X≥0，则再判断 X=0 还是 X>0，从而确定出数值 Y。流程如图 5-25 所示。

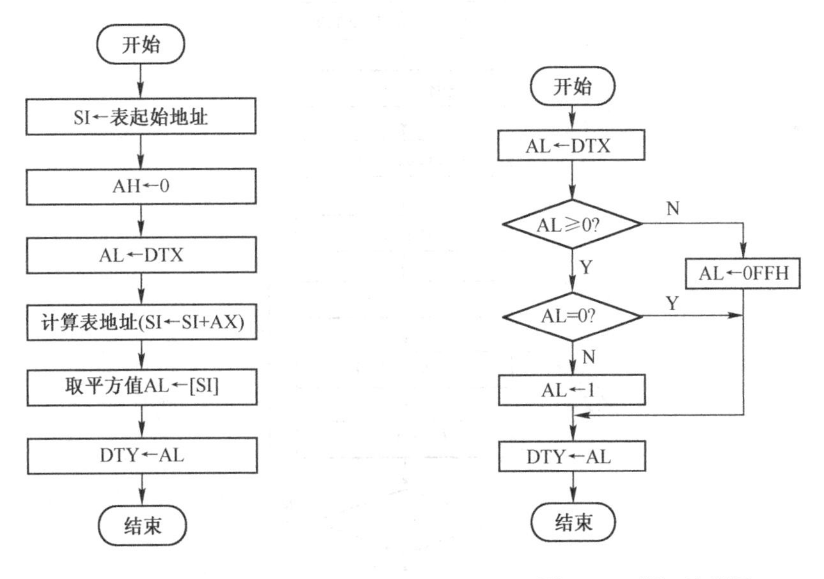

图 5-24　题 1 流程图　　　　图 5-25　题 2 流程图

```
DATA    SEGMENT
DTX     DB ?
DTY     DB ?
```

```
DATA    ENDS
CODE    SEGMENT
        ASSUME  CS:CODE, DS:DATA
START:  MOV     AX, DATA
        MOV     DS, AX
        MOV     AL, DTX          ; 取出自变量 X
        CMP     AL, 0
        JGE     BGE              ; X> =0 时转移
        MOV     AL, 0FFH         ; X<0,则 AL=-1
        JMP     EQ1              ; 转向出口
BGE:    JZ      EQ1              ; 当 X=0,转向出口,AL 本身为 0
        MOV     AL, 1            ; 当 X>0,则 AL=1
EQ1:    MOV     DTY, AL          ; 把结果送到 DTY 单元中
        INT     20H
CODE    ENDS
        END     START
```

3. 要求将数据 10 ~ 79 置入以 IBUF 为首地址的连续 70 个字节单元中。

解 题中需要对 70 个单元采用同样的操作,可采用循环结构。程序流程如图 5-26 所示。

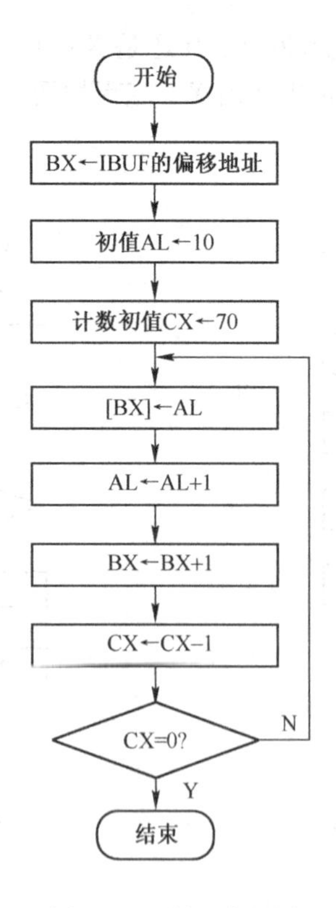

图 5-26　题 3 流程图

```
DATA    SEGMENT
IBUF    DB          70  DUP(?)              DUP(?)
DATA    ENDS
CODE    SEGMENT
        ASSUME      CS:CODE, DS:DATA
START:  MOV         AX, DATA
        MOV         DS, AX
        MOV         BX, OFFSET IBUF         ; 取 IBUF 的偏移地址
        MOV         AL, 10                  ; 初值 AL=10
        MOV         CX, 70                  ; 计数器初值
LLP:    MOV         [BX], AL
        INC         AL
        INC         BX
        LOOP        LLP                     ; 给 70 个单元置数
        INT         20H
CODE    ENDS
        END         START
```

4. 试编写键入一个字符的汇编语言程序,在屏幕上回显所按键,并将其 ASCII 码值用二进制数形式显示出来。

解 求解本题需要利用 DOS 功能调用,首先用 1 号功能接受并回显字符,然后通过移位的方法从高到低依次把其 ASCII 码值的各位取出,再将每一位转换为 ASCII 码并利用 2 号功能显示。流程如图 5-27 所示。

```
CODE    SEGMENT
        ASSUME      CS:CODE
START:  MOV         AH, 1           ;读键并回显
        INT         21H
        MOV         DL, 0DH         ;回车换行
        MOV         AH, 2
        INT         21H
        MOV         DL, 0AH
        MOV         AH, 2
        INT         21H
        MOV         BL, AL
        MOV         CX, 8           ;8 位
NEXT:   SHL         BL, 1           ;依次移出最高位
        MOV         DL, 30H
        ADC         DL, 0           ;转换为 ASCII 码
        MOV         AH, 2
        INT         21H
        LOOP        NEXT
        MOV         DL, 'B'         ;显示二进制表示符“B”
```

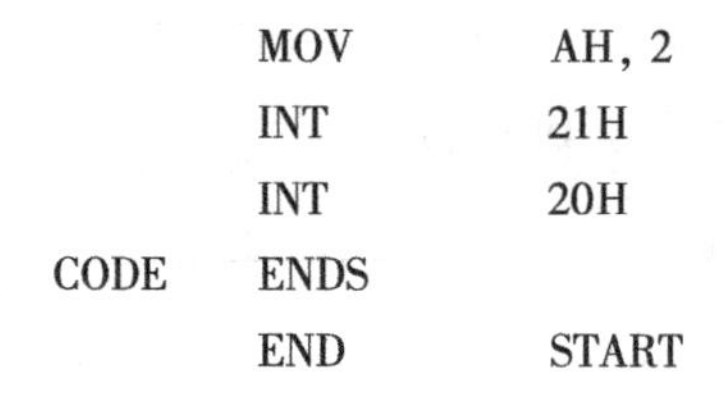

```
        MOV     AH, 2
        INT     21H
        INT     20H
CODE    ENDS
        END     START
```

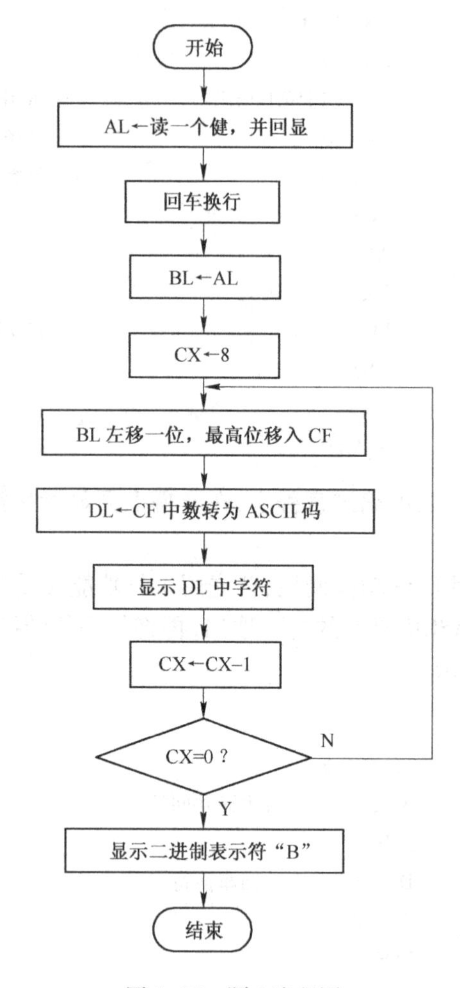

图 5-27　题 4 流程图

5. 编写程序计算两个正整数 25、36 的平方根之和,并且将结果保存到 RESULT 中。

解　这道题目的关键是要求出 25 和 36 的平方根,对于平方根可以采用减奇数法求得。利用减奇数法求某数的平方根是指将该数依次减去 1,3,5,7,……(n－1)这些奇数时够减的次数。(如求 16 的平方根,将 16－1＝15,15－3＝12,12－5＝7,7－7＝0,共减去 4 个连续的奇数,所以 16 的平方根为 4)。可以采用子程序结构,定义子程序 SUBQR 来求平方根。程序流程如图 5-28 所示。

```
DATA    SEGMENT
DTA1    DW 25
DTA2    DW 36
RESULT  DW ?
```

```
DATA    ENDS
CODE    SEGMENT
        ASSUME  CS:CODE, DS:DATA
START:  MOV     AX, DATA
        MOV     DS, AX
        MOV     AX, DTA1        ; 将第一个数 25 送到 AX 中
        CALL    SUBQR           ; 调用求平方根子程序 SUBQR
        MOV     DX, SI          ; 保存 25 的平方根到 DX 中
        MOV     AX, DTA2        ; 将第二个数 36 送到 AX 中
        CALL    SUBQR           ; 调用求平方根子程序 SUBQR
        ADD     DX, SI          ; 求平方根的和
        MOV     RESULT, DX      ; 将所求结果保存到 RESULT 中
        INT     20H
SUBQR   PROC    NEAR
        MOV     SI, 0           ; 平方根初值为 0
        MOV     DI, 1           ; 奇数从 1 开始
SQR:    SUB     AX, DI          ; 减奇数
        JB      EXIT            ; 不够减则返回
        INC     SI              ; 够减则将平方根加 1
        ADD     DI, 2           ; 形成下一个奇数
        JMP     SQR
EXIT:   RET
SUBQR   ENDP
CODE    ENDS
        END     START
```

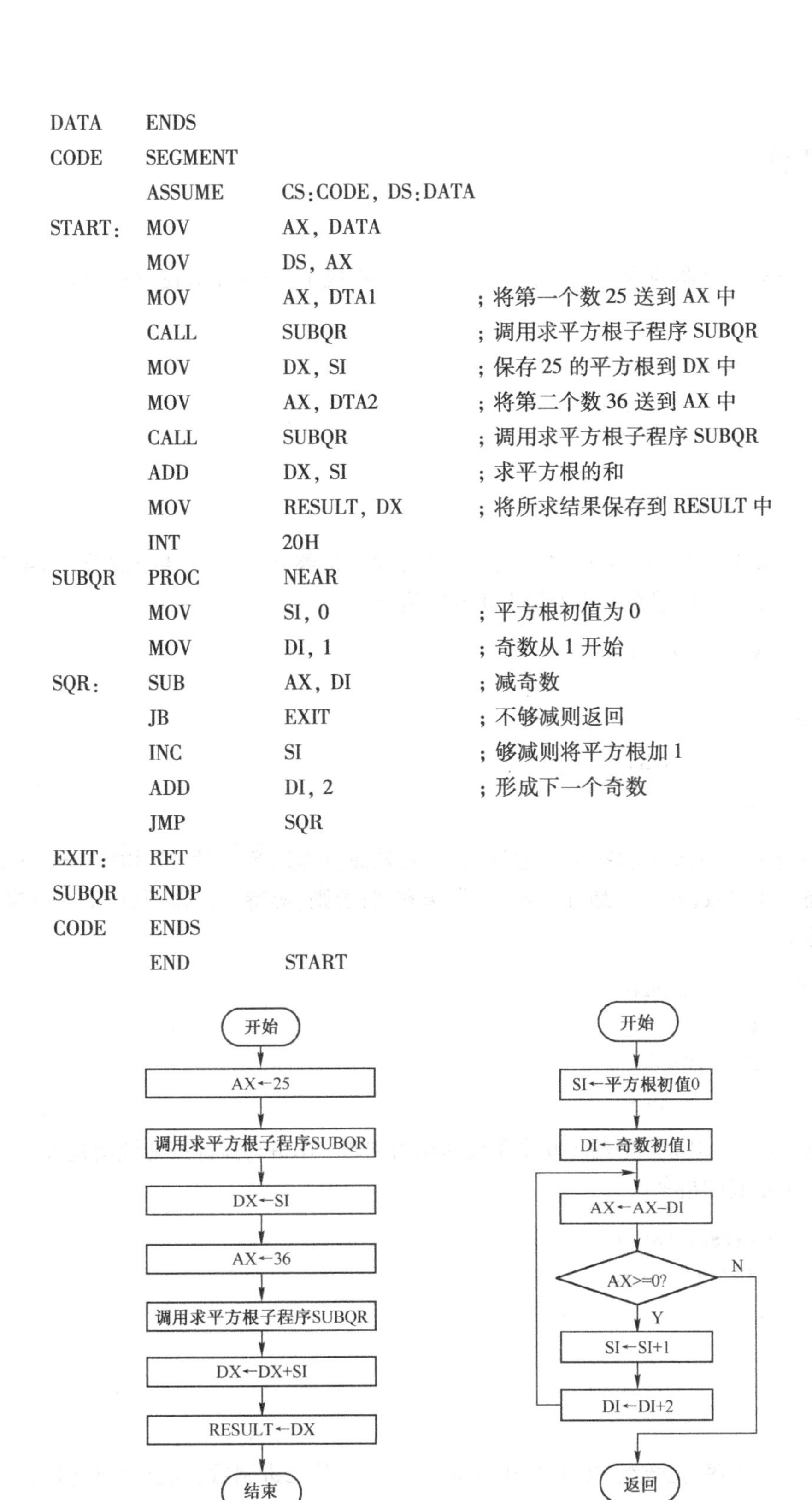

图 5-28　题 5 流程图

a）主程序流程图　b）子程序 SUBQR 流程图

5.7 练习题

1. 读程序

(1) 欲把 AX 寄存器的内容倒序，即 $D_{15} \rightarrow D_0$ 转换成 $D_0 \rightarrow D_{15}$，请在空格处填上正确的指令。

```
        MOV     BX,AX
        MOV     __,16
AGAIN:  RCL     BX,1
        ____    AX,1
        LOOP    AGAIN
```

(2) 若要完成 50 - (1 + 2 + 3 + 4 + 5) 的运算，并把最终运算结果转换成分离 8421BCD 码，高位→AH，低位→AL，请在空格处填上正确的指令。

```
        MOV     CX,5
        MOV     AX,50
NEXT:   SUB     AX,CX
        ____    NEXT
        ____
```

(3) 有一输出设备，8 位状态端口地址为 62H，最高位为 $\overline{\text{BUSY}}$ 信号，当 $\overline{\text{BUSY}}$ = 0 时，CPU 可以向该设备的 8 位数据端口(地址为 61H)发送数据；否则，等待。根据题意，请在空格处填上正确的指令。

```
WAIT:   ____    AL,62H
        TEST    AL,____
        JNZ     WAIT
        OUT     ____,AL
```

(4) 要求把源串 AREA1 中的 100 个字传送给目的串 AREA2，指针按地址增量方向修改，请在空格处填上正确的指令。

```
MOV   SI,OFFSET AREA1
MOV   __,OFFSET AREA2
MOV   CX,100
____
________
```

2. 编程题

(1) 试编写一程序，把数组 STRING 中存放的 20 个 8 位二进制数分成正数数组和负数数组，并统计正数、负数和零的个数，结果分别存放到 P、M、Z 三个单元。

(2) 试编写一程序，完成 10 个一位十进制数累加，累加结果以分离式 BCD 码形式存放于 AH(高位)、AL(低位)寄存器。

(3) 试编写一程序,将 2 个字节的二进制数变换成用 ASCII 码表示的四位十六进制数(用四字节表示)。

(4) 试用串操作指令 SCAS,在 10 个字节的数据块 BLOCK 中,搜索与 2EH 相等的数,若找到,则将该数地址存放于 ADR 中,并在 SIGNAL 单元中作标记 OFFH;否则,SIGNAL 为 00H。

(5) 请按如下说明编写子程序。

子程序功能:把用 ASCII 码表示的两位十进制数转换为压缩 BCD 码。

入口参数:DH:十位数的 ASCII 码,DL:个位数的 ASCII 码。

出口参数:AL:对应压缩 BCD 码。

(6) 编写一程序,计算 100 个 16 位正整数之和,如果和不超过 16 位字的范围(0 ~ 65535),则保存其和到 SUM,如超过则显示“Overflow!”。

第6章　存　储　器

存储器是计算机的重要组成部分，是一种具有记忆功能的部件，用来存放程序与数据。为了满足应用领域的需求，在设计微型计算机的存储器系统时，将快慢结合，形成层次结构。速度由快到慢，容量由小到大。新型计算机的存储器组成可分成：CPU寄存器、高速缓冲存储器、主存储器（Main Memory，简称内存或主存）、辅助存储器（Auxiliary Memory，Secondary Memory，简称辅存或外存）。内存储器由半导体芯片组成，依赖于电来维持信息的保存状态。外存储器通常是磁性介质（软盘、硬盘、磁带）或光盘，能长期保存信息，并且不依赖于电来维持信息的保存状态。内存和外存构成了二级存储系统。由于内存在速度上与CPU相差一个数量级，制约了CPU的速度性能发挥，现代计算机在CPU和内存之间增加了一级高速缓存（Cache），构成了Cache－内存－外存的三级存储系统，极大地解决了CPU与内存间的速度匹配问题。

本章主要介绍内存储器的基本概念、半导体存储器（SRAM、DRAM、ROM）的基本工作原理、存储器的组织与容量扩展方法以及其与CPU的连接方法，最后介绍高速缓冲存储器Cache的组成原理。

6.1　概述

半导体存储器由于其集成度高、速度快、功耗低、价格便宜、可靠性高、使用方便等优点，已成为当前微型计算机的最主要的存储器。本节主要介绍存储器的分类以及半导体存储器的主要性能指标。

6.1.1　半导体存储器的分类

半导体存储器的种类繁多，分类方法也有多种。常用的分类方法有按制作工艺划分和按信息存储方式划分等。

1. 按制造工艺分类

从制造工艺的角度可分为双极型（Bipolar Metal－Oxide Semiconductor）存储器和MOS型存储器两类。

（1）双极型存储器

双极型存储器用TTL型晶体管逻辑电路作为基本存储电路，其特点是存取速度快，但和MOS型相比，集成度低、功耗大、成本高，常作微机系统中的高速缓冲存储器（cache）。

（2）MOS型存储器

MOS型存储器因制造工艺的不同，又有静态RAM、动态RAM、EPROM、E^2PROM和Flash Memory等，它们的速度较双极型慢，但集成度高、功耗低、价格便宜，是构成微型机内存的主要半导体存储器件。

2. 按信息存储方式分类

按信息存储方式，半导体存储器可分为随机存取存储器RAM和只读存储器ROM。

(1) 随机存取存储器(Random Access Memory)

随机存取存储器又称读写存储器,其特点是信息可以按地址随时读出或写入。一般来说,RAM 中存储的信息在断电后会丢失,是一种易失性或挥发性存储器。但目前有些 RAM 芯片内部带有电池,掉电后信息不会丢失,称为非易失或不挥发性的 RAM(NVRAM)。RAM 分为静态 RAM (SRAM)和动态 RAM (DRAM)两类。静态 RAM 读写速度快,但集成度低、容量小,主要用作 Cache 或小系统的内存储器;动态 RAM 读写速度慢于静态 RAM,但是它的集成度高、单片容量大,多用在存储量较大的系统中。动态 RAM 利用电容的电荷存储效应来存储信息。由于电容存在漏电,存储内容经过一定的时间后会自动消失,因此必须周期性地对其刷新。

(2) 只读存储器 ROM(Read Only Memory)

ROM 中存储的信息是在使用之前或制造时写入的,作为固定信息存储。正常运行时只能从存储器中读出信息,不能写入。电源关闭后,存储的信息不会丢失。因此它也是非易失性存储器件。ROM 常用来存放不需要改变的信息,如操作系统的核心程序(如 BIOS)或用户固化的程序。根据信息写入的方式,常用的 ROM 类型有:掩膜式(Masked) ROM(简称 ROM)、可编程(Programmable) ROM(即 PROM)、可擦除(Erasable) PROM(即 EPROM)、电可擦除(Electrically Erasable) PROM(即 EEPROM,或称 E^2PROM)、闪速存储器(Flash Memory)等。

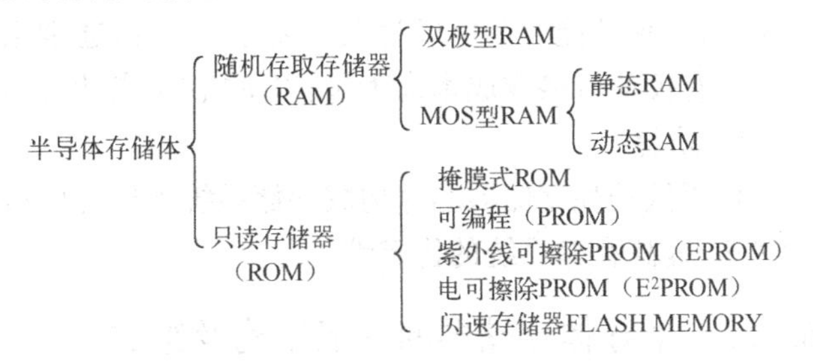

图 6-1 半导体存储器的分类

半导体存储器的分类如图 6-1 所示。

6.1.2 半导体存储器的性能指标

存储器的类型不同,其主要技术指标也不相同,主要包括:存储容量、存取速度、功耗、可靠性等。

1. 存储容量

存储容量是内存储器的一个重要指标,它反映了存储空间的大小。存储容量常以字节或字为单位。在计算机中,定义一个字节为 8 位二进制信息,而字长一般为 8 的倍数。微型计算机中均以字节 B(Byte)为单位,如 8 位机的内存储器的容量为 64 KB,16 位微型机内存储器的容量为 640 KB 或 1MB。外存一般用 MB、TB 为单位以表示更大的容量,如 16 GB 的 U 盘。这里,$1\ KB = 2^{10}\ B$,$1\ MB = 1024\ KB = 2^{20} B$,$1\ GB = 1024\ MB = 2^{30}\ B$,$1\ TB = 1024\ GB = 2^{40}\ B$。

在用存储芯片设计内存储器时,存储芯片的容量用其能存储的二进制位数来表示,一般描述为 $N \times M$(其中:N 表示芯片的存储单元数,M 表示每单元的存储位数)。例如,SRAM 芯片 6264 的容量为 $8\ K \times 8$,即它有 8 K 个存储单元,每个单元存储 8 位二进制数据;DRAM 芯片 NMC41256 的容量为 $256\ K \times 1$,即它有 256 K 个单元,每个单元存储 1 位二进制数据。各半导体器件生产厂家为用户提供了许多种不同容量的存储器芯片,用户在构成计算机主存系统时,可以根据要求加以选用。当然,当计算机的主存确定后,选用容量大的芯片则可以使电路连接简单,功耗降低。

2. 存取速度

存取速度是反映存储器工作速度的指标,它直接影响计算机主机运行速度。存储器存取速度可用最大存取时间或存取周期来描述。存储器的存取时间定义为存储器从接收到存储单元地址码启动工作开始,到它取出或存入数据为止所需的时间。通常手册上给出这个参数的上限值,称为最大存取时间,显然,最大存取时间愈短,计算机的工作速度就愈高。半导体存储器最大存取时间为十几纳秒到几百纳秒。

3. 可靠性

可靠性是指存储器对电磁场、温度等外界变化因素的抗干扰性。半导体存储器由于采用大规模集成电路结构,可靠性高。可靠性一般用平均无故障时间 BTTF 描述,平导体存储器平均无故障时间为几千小时以上。

4. 性能/价格比

体积小、重量轻、价格便宜且使用方便是微型机的首要特点。因此存储器的体积大小、成本高低、各种性能好坏也成为人们关心的指标,通常用性能/价格比表示,即性能价格比愈高愈好。也有仅从价格或成本来衡量,以价格/位来计成本的。

5. 功耗

使用低功耗存储器芯片构成存储系统不仅可以减少对电源容量的要求,而且还可以减少发热量,提高存储系统的稳定性。

6.1.3 半导体存储器的一般结构及组成

半导体随机存取存储器一般由存储矩阵、地址译码器、三状态双向缓冲器和控制逻辑电路等部分组成,其结构如图 6-2 所示。大规模集成电路技术的发展,已将具有一定容量的存储体及相关的地址译码电路、读/写控制电路和三状态双向缓冲电路集成在一个芯片内,形成存储芯片。

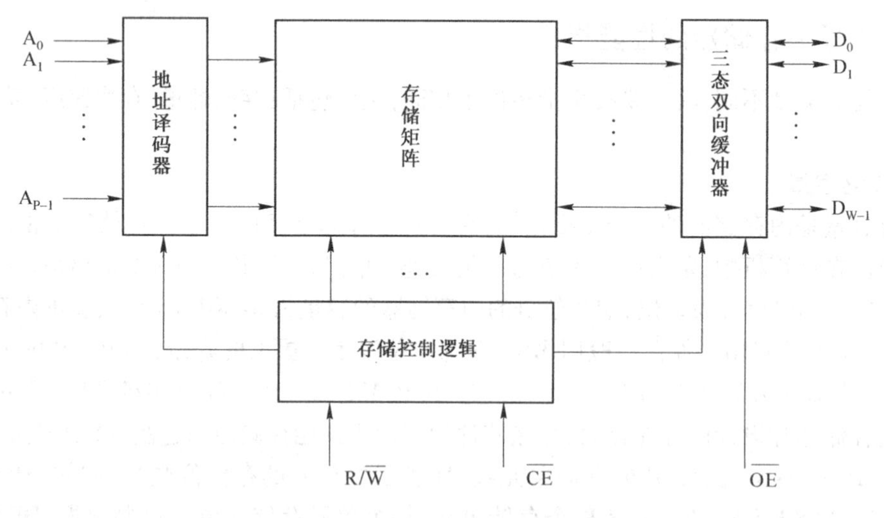

图 6-2　随机存储器结构框图

1. 存储体

存储体是存储器中存储信息的部分,由大量的基本存储电路组成。每个基本存储电路存放一位二进制信息,这些基本存储电路有规则地组织起来(一般为矩阵结构)就构成了存储体

（存储矩阵）。不同存取方式的芯片，采用的基本存储电路也不相同。

存储矩阵中基本存储电路的排列通常有 N×1、N×4 和 N×8 三种。N×1 结构称为位结构，例如 1 K×1、4 K×1，这种结构存储芯片常用在动态存储器和大容量的静态 RAM 中。N×4结构及 N×8 结构称为字结构，如静态 RAM 的 6116 为 2 K×8，6264 为 8 K×8。

2. 地址译码器

存储器芯片中地址译码器的功能是：将 CPU 发送来的地址信号进行译码后产生地址编码，以便选中存储矩阵中的某一个或某几个基本存储电路，使其在存储器控制逻辑的控制下对该单元进行读/写操作。存储矩阵中基本存储电路的地址编码产生方式有“单译码”方式和“双译码”方式两种。

（1）单译码方式

单译码方式常用于小容量字结构的存储矩阵中，只用一个译码电路对所有地址信息进行译码，译码器输出的选择线直接选中对应的单元，其示意图如图 6-3 所示。

以一个简单的 16 字 4 位的存储芯片为例，如图 6-3 所示，该芯片的存储矩阵由 32×4 个基本单元排列成 32 行 ×4 列。每列对应 32 个字的同一位，共用数据线（或称位线）Di 及 $\overline{Di}$（i=0，1，2，3）。每行对应 1 个字，由 4 位组成，它们共用字选择线。当对 A_0 ~ A_4 5 根呈线性排列的地址线输入地址编码 00010 时，经地址译码后编码为 2 号单元的内部地址有效，其余无效，唯一选中 2 号存储单元，在读写信号有效的情况下实现对该存储单元的 4 位数据同时进行读/写操作。在选通信号控制下，经三态缓冲器和外部数据总线相连。

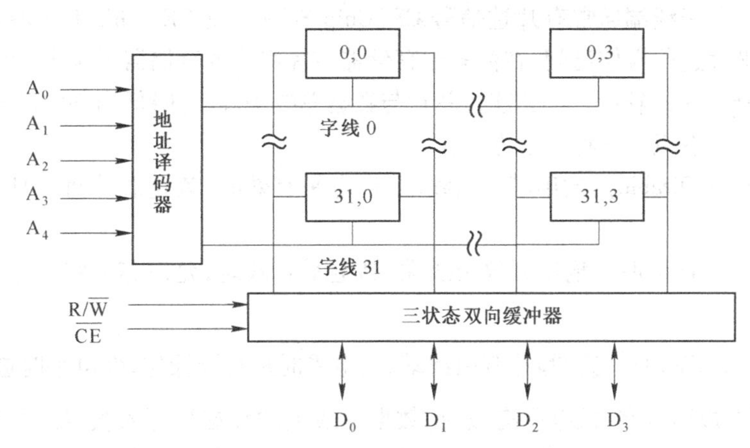

图 6-3　单译码方式的存储器结构示意图

（2）双译码方式

双译码方式也称复合译码方式，常用于大容量的存储器。双译码方式把地址线分成两部分，分别进行译码，产生一组行选择线 X 和一组列选择线 Y，每一根行选择线选中存储矩阵中位于同一行的所有单元，每一根列选择线选中存储矩阵中位于同一列的所有单元，当某一单的行选择线和列选择线同时有效时，相应存储单元被选中。图 6-4 给出了双译码方式的存储器结构。该存储矩阵由 16×16 个基本存储单元排列成 16 行 ×16 列。8 根地址输入线 A_0 ~ A_7 分成两组，A_0 ~ A_3送入 X 地址译码器，用以产生 8 行的控制信号；A_4 ~ A_7送入 Y 地址译码器，用以产生 8 列的控制信号，以便控制各列的位线控制门。只有当行地址译码信号和列地址译码信号同时有效才是被选中的基本单元。

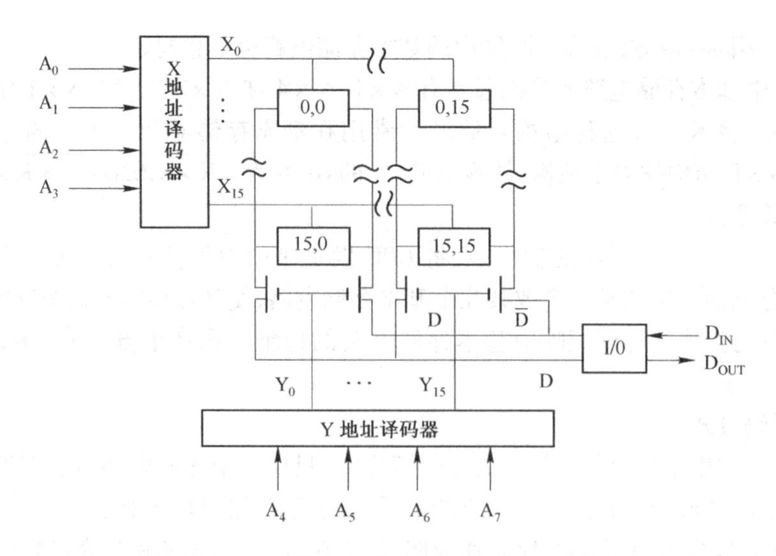

图 6-4　双译码方式的存储器结构示意图

3. 存储器控制电路

存储器控制电路通常与存储矩阵、地址译码器、三状态缓冲器等部件一起集成在存储器芯片中，通过相应的信号引脚，接收来自 CPU 或外部电路的控制信号，经过组合变换后，对存储、地址译码驱动电路和三态双向缓冲器进行控制，控制对选中的单元进行读写操作。存储器控制电路的控制信号引线端通常有片选信号 CS(Chip Select)或 CE(Chip Enable)，高电平有效时表示可对该芯片进行操作访问，在由多个存储器芯片组成的存储器系统中，该信号用来选择应访问的存储器芯片；当该信号无效时，芯片与数据总线隔离，可降低内部的功耗。

读写控制信号有以下几种表示方法：

① OD(Output Disable)：输出禁止引线端，高电平有效时，禁止芯片将寻址单元内的数据输出。

② OE(Output Disable)：输出开放引线端，高电平有效时，允许芯片将寻址单元内的数据输出。

③ $R/\overline{W}$(Read/Write)：读/写控制引线端，高电平时进行读操作，低电平时进行写操作。

④ $\overline{WE}$：写开放引线端，低电平有效时，数据总线上的数据被写入被寻址的单元。微处理器可用 OE(或 OD)来控制存储器的输出三态缓冲器，实现直接对存储器的管理。通常符号 CE、CS、OE、OD 等都表示高电平有效，而符号 $\overline{CE}$、$\overline{CS}$、$\overline{OE}$、$\overline{OD}$、$\overline{WE}$ 等都表示低电平有效，各种半导体 RAM 存储器芯片的控制引线端使用时要参照产品使用手册来确定。

4. 三态双向缓冲器

三态双向缓冲器的主要作用是使组成半导体 RAM 的各个存储芯片很方便地与系统数据总线相连接。当 CPU 执行存储器写指令时，片选信号和写信号有效，数据从系统数据总线经三态双向缓冲器传送至由地址码选中的基本存储电路。当 CPU 执行存储器读指令时，片选信号和读信号有效，数据从地址码选中的基本存储电路经三态双向缓冲器传送至系统数据总线读入 CPU。当 CPU 不执行读写指令时，片选信号无效，存储器芯片的三态双向缓冲器对系统数据总线呈现高阻态。

6.2 随机存取存储器 RAM

随机存储器(RAM)主要用来存放当前运行的程序、各种输入输出数据、中间运算结果及堆栈等,其存储的内容既可随时读出,也可随时写入和修改,掉电后内容会全部丢失。RAM 可进一步分为静态 RAM(SRAM) 和动态 RAM(DRAM)两类。

6.2.1 静态 RAM

静态读写存储器是以触发器为基本存储单元,在工作的过程中只要一次写入数据后,数据就可以静态存储在其中,直到被再次写入的数据覆盖。

1. 基本存储电路

图 6-5 中虚线内表示静态 SRAM 的一个基本存储元电路的基本组成,它由 T_1 ~ T_6六个晶体管、字(或行)选线、D 和 $\overline{D}$ 数据或位线组成。其中 T_1、T_3为工作管,构成一个双稳态触发器,可以存储一位二进制信息 0 或 1。T_1导通则 T_3截止,T_3导通则 T_1截止。数据以电荷形式存储在 T_1或 T_3的栅极上并使 T_1或 T_3导通或截止。若预先约定:T_1导通时该基本存储电路存储逻辑“1”;T_3导通时该基本存储电路存储逻辑“0”信息。当基本存储电路存储逻辑“1”时,T_1导通,电流从 V_{CC}流出,经 T_2、T_1到地。$\overline{Q}$点的电压接近于地电平(该电压值的大小与 T_1、T_2管的等效电阻之比有关),$\overline{Q}$点的低电压使 T_3管截止,Q 点为高电平(V_{CC}、VTH、T_4或 T_2的管压降),且 T_4管通过高阻抗的寄生漏电阻上的泄漏电流维持 T_1管的导通(此漏电流的典型值是微微安培级的),这个逻辑状态直到外部对该基本存储电路的写入操作为止。基本存储电路存储逻辑“0”时 T_1、T_3管的逻辑状态与此相反;T_5、T_6为门控管,其栅极受地址译码信号(字选线或行选线)的控制;T_7和 T_8为开关管,控制数据位的导通(实现写入或读出)。

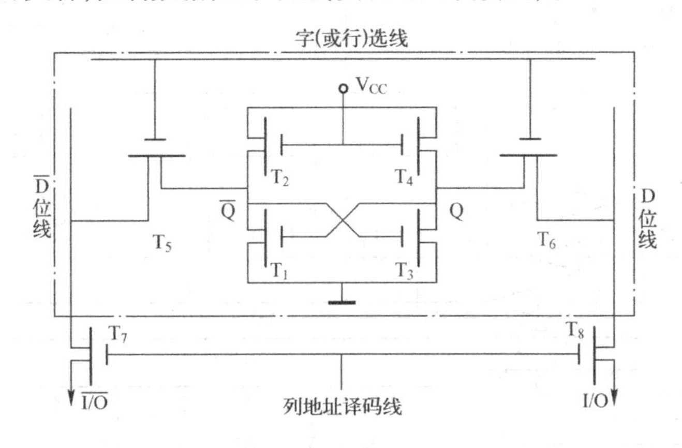

图 6-5 NMOS 静态基本存储电路

2. 基本存储电路的工作过程

① 当该存储单元被选中时,字选择线(也叫行选择线)为高电平,门控管 T_5、T_6导通,触发器与 I/O 线(位线)接通,即 Q 点与 I/O 线接通,$\overline{Q}$ 点与$\overline{I/O}$线接通。

② 写入时,写入数据信号从 I/O 线和$\overline{I/O}$线进入。若要写入“1”,则使 I/O 线为 1(高电

平），$\overline{I/O}$线为0（低电平），它们通过T_5、T_6管与$\overline{Q}$、Q点相连，即Q = 1，$\overline{Q}$ = 0，从而使T_1导通，T_3截止。而当写入信号和地址译码信号消失后，T_5、T_6截止，该状态仍能保持。若要写入"0"，使I/O线为0，$\overline{I/O}$线为1，这时T_1截止，T_2导通，只要不断电，这个状态也会一直保持下去，除非重新写入一个新的数据。

③ 当进行读操作时，行选线和列选线同时有效，于是T_5、T_6、T_7、T_8开关管全部导通，Q点的状态被送到I/O线上，$\overline{Q}$点的状态被送到$\overline{I/O}$线上，从而使两点的存放信息被分别送到了I/O和$\overline{I/O}$线上，实现该存储元的信息值读出操作。读出信息后，原存放信息不会被改变，所以，这种读出是一种非破坏性读出。

由于SRAM的基本存储电路中所含晶体管较多，故集成度较低；而且，由T_1、T_2管组成的双稳态触发器总有一个管子处于导通状态，所以会持续地消耗功率，从而使SRAM的功耗较大，这是SRAM的两个缺点。静态RAM的主要优点是工作稳定，不需要外加刷新电路，从而简化了外电路设计。

3. 静态RAM的电路结构

静态RAM结构示意图如图6-6所示。存储体是一个由64×64 = 4096个六管静态存储电路组成的存储矩阵。在存储矩阵中，同一行的64个存储电路的行选择端，接在同一根行选择线上，从X_1 ~ X_{64}共64根行选择线，由X地址译码器的输出提供行选择信号。同一列中的64个存储电路共用同一位线，由列选择线控制它们与I/O电路连通，共有64（Y_1 ~ Y_{64}）根列选择线，由Y地址译码器的输出提供列选择信号。

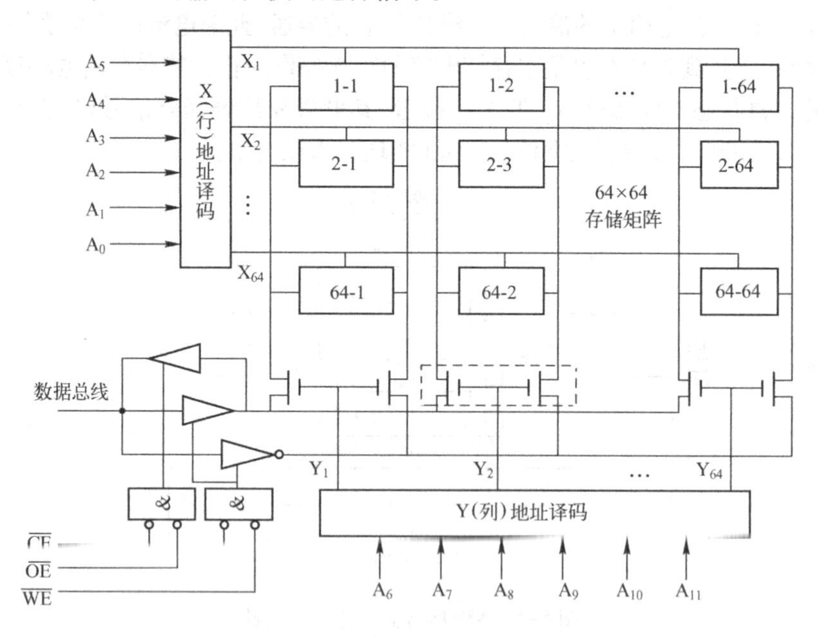

图6-6 静态RAM结构示意图

因为有4 KB存储单元，故地址码有12位。采用双译码方式，地址码分为两部分，其A_0 ~ A_5经X地址译码器译码，选中存储矩阵中的某一行，被选中行的所有存储电路的选通门都被打开，所存信息被送到位线。地址码A_6 ~ A_{11}经Y地址译码器译码，选中存储矩阵中的某一列，使该列的列向门打开，该列的位线与 I/O 电路连通。很显然，只有行、列均被选中的存储单元，才能进行读出信息和写入信息的操作。

存储器的字长为 1 位，因此仅有一组 I/O 电路，如果字长为 4 位或 8 位，则应有 4 个或 8 个存储电路与外界交换信息，对于这种存储器，将列按 4 位或 8 位分组，每根列选择线控制一组列的列向门同时打开，I/O 电路也相应有 4 个或 8 个。每一组的同一位，共用一个 I/O 电路。

4. 静态 RAM 芯片举例

SRAM 的使用十分方便，在微型计算机领域有着极其广泛的应用。常用的 SRAM 芯片有 AS7C164(8 KB×8)、AS7C256A(32 KB×8)、AS7C1024B(128 KB×8)等多种。

下面就以典型的 SRAM 芯片 AS7C164 为例，对其特性及工作过程作介绍。

常用的 AS7C164 芯片是高速 SRAM 芯片，采用 SOJ 封装，该芯片共有 28 个引脚，工作电源是 +5V。图 6-7 为 AS7C164 芯片引脚分配图，各引脚功能如下：

- $A_{12}\sim A_0$：13 根地址线。
- $I/O_7\sim I/O_0$：8 根数据线。
- $\overline{CE_1}$、CE_2：2 根片选线。
- $\overline{WE}$：1 根读写线。
- $\overline{OE}$：1 根输出使能线。
- V_{CC}和 GND：1 根电源线和 1 根地线。
- NC：1 根无用线。

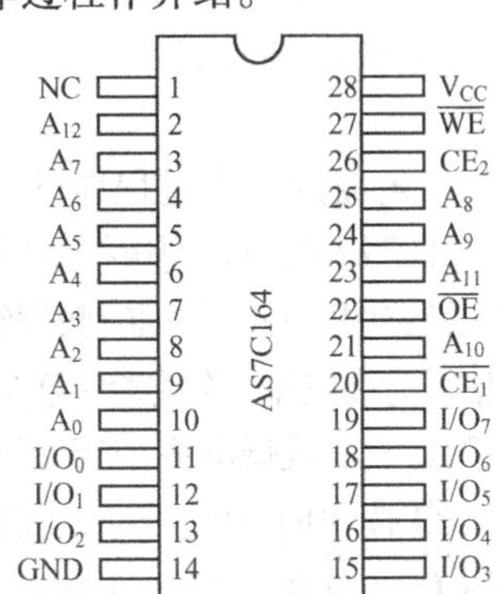

图 6-7　AS7C164 芯片引脚分配图

该芯片控制信号$\overline{CE_1}$、CE_2、$\overline{WE}$和$\overline{OE}$的不同组合方式，可以控制对存储器的不同操作，见表 6-1。

表 6-1　AS7C164 芯片控制方式功能表

工作方式	CE_2	$\overline{CE_1}$	$\overline{OE}$	$\overline{WE}$	$I/O_7\sim I/O_0$
读	1	0	0	1	输出
写	1	0	×	0	输入
未选通	×	1	×	×	高阻
未选通	0	×	×	×	高阻
输出禁止	1	0	1	1	高阻

注：“×”表示可以是“0”或“1”。

对 AS7C164 芯片的存取操作包括数据的写入和读出。

写入数据的过程是：首先把要写入单元的地址送到芯片的地址线 $A_0\sim A_{12}$上，需要写入的数据送到数据线上，在$\overline{CE_1}$、CE_2同时有效($\overline{CE_1}=0$，$CE_2=1$)的情况下，若$\overline{WE}$端为低电平，OE 端状态任意，则数据可以写入指定的存储单元中。

从芯片中读出数据的过程与写操作类似：先把要读出单元的地址送到 AS7C164 的地址线上，然后使$\overline{CE_1}$、CE_2同时有效；与写操作不同的是，此时要使读允许信号$\overline{OE}=0$，$\overline{WE}=1$，则选中单元的内容就可从 AS7C164 的数据线读出。

6.2.2 动态 RAM

动态存储器和静态存储器不同,动态 RAM 的基本存储电路利用电容存储电荷的原理来保存信息,其结构简单、集成度高、成本低、功耗小。由于电容上的电荷会逐渐泄漏,因而对动态 RAM 必须定时进行刷新。动态 RAM 的基本存储电路主要有六管、四管、三管和单管等几种形式,在这里我们介绍单管动态 RAM 基本存储电路。

1. 动态基本存储电路

动态 RAM 基本存储电路由单个场效应晶体管 Q_1和极间电容 C_1组成,如图 6-8 所示。在该电路中,数据以电荷形式直接存在极间电容 C_1,Q_1同时又是行选通开关。当行列选线为高电平时 Q_1和 Q_2导通,便可对动态基本存储电路进行写入或读出操作。

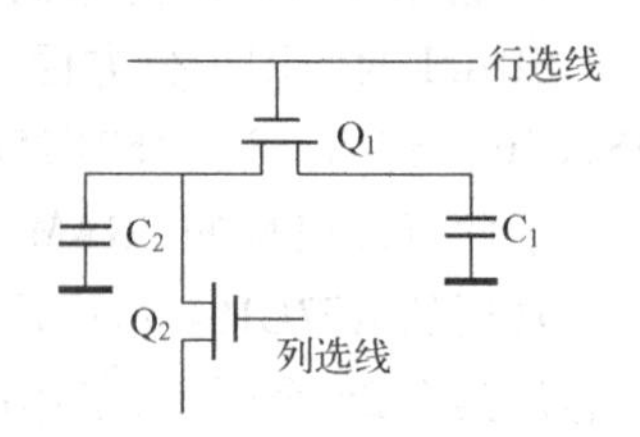

图 6-8 动态基本存储电路

该电路的工作过程如下:

① 写入时,行、列选择线信号为“1”,行选通管 Q_1导通,该存储单元被选中。写入数据时数据线上的信息经 Q_2、Q_1直接送入 C_1。若写入“1”,则经数据线送来的写入信号为高电平,经列选线 Q_2向 C_1充电,C_1为高电平,表示写入了“1”;若写入“0”,则数据线上为低电平,C_1放电成低电平,表示写入了“0”。

② 读出时,由于行选线的高电平使 Q_1管导通,C_1与数据线连通,存储在电容 C_1上的电荷通过 Q_1和分布电容 C_2上的电荷重新分配后,需经读出放大器放大经 Q_2至数据线。

2. 动态存储器的刷新方式

动态 RAM 利用极间电容上的电荷来存储数据,当电容有电荷时,为逻辑“1”,没有电荷时,为逻辑“0”。在读出过程中,选中行上所有基本存储电路的电容与分布电容上电荷进行再分配,结果使基本存储电路的原存信息受到破坏,称破坏性读出。为了在读出之后,仍能保存所存储的信息,读出放大器对这些电容上的电压值读取之后又立即进行重写(或称刷新)。所谓刷新,就是不断地每隔一定时间对动态存储器的所有单元进行读出,经读出放大器放大后再重新写入原电路中,已维持电容上的电荷。由于动态基本存储单元内保存电荷的时间通常小于 2 ms,所以它们在 2 ms 内都必须被刷新一次。

刷新按行进行,即每当 CPU 或外部电路对动态存储器提供一个行地址信号,使存储体中的某一行被选中,同时令列地址无效,即关闭所有的列选通管。这样,该行中所有基本存储电路的数据将在内部读出,并在相应列读出放大器作用下被放大和刷新(重写)。此过程中的读出信息并不输出至存储器的数据输出端。

CPU 利用刷新周期进行刷新操作,刷新周期往往与读/写周期相等。根据刷新周期时间的不同,通常有如下三种刷新方式:

① 定时集中刷新方式。这种定时集中刷新方式是集中一段时间对所有基本存储电路进行刷新一遍,然后才开始工作,但集中刷新的周期必须在信息保存允许的时间范围(如 2 ms)内,在集中刷新期间不能进行读/写操作,产生一段死时间,这个死时间的长短在很大程度上取决于系统的工作速度。

② 非同步的刷新方式。这种刷新方式需要刷新周期与读/写周期的选择电路,当刷新周期与读/写周期出现冲突时,会增加读/写周期的时间。这种刷新方式是每隔一定时间进行一

次刷新操作,与 CPU 的操作无关,系统设计时比较自由。

③ 同步刷新方式。在每个指令周期中利用 CPU 不进行读/写操作的期间进行刷新操作。这种刷新方式线路不复杂,能有效减少为刷新操作而特别增设的时间。

3. 动态 RAM 芯片举例

动态 RAM(DRAM)集成度高、价格低,在微型计算机中有着极其广泛的使用。构成微机内存的内存条几乎毫无例外的都是由 DRAM 组成。下面以 DRAM 芯片 AS4C4M16S 为例,介绍动态存储器的结构和管脚功能。

AS4C4M16S 是具有 54 个引脚的贴片集成电路芯片,其外部引脚如图 6-9 所示。

A_{11} ~ A_0:12 根地址引脚,用来分时接收 CPU 送来的行、列地址,产生读写等指令。

$\overline{RAS}$:行地址选通信号,输入,低电平有效。有效时,将行地址锁存到芯片内部的行地址锁存器中。

$\overline{CAS}$:列地址选通信号,输入,低电平有效。有效时,将列地址锁存到芯片内部的列地址锁存器中。

$\overline{WE}$:写允许控制信号,输入。当其为低电平时,执行写操作;否则,执行读操作。

$\overline{CS}$:芯片选端,低电平有效。

DQ_{15} ~ DQ_0:数据输入输出引脚。

VSS/VSSQ:地引脚。

VDD/ VDDQ:电源引脚。

CLK:时钟输入。

CKE:时钟使能端。

BA_1 ~ BA_0:BANK 选择线。

LDQM、UDQM:数据掩码。

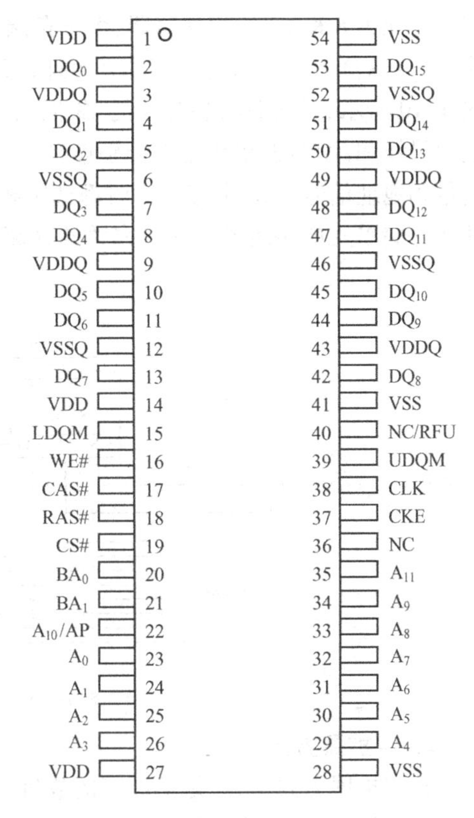

图 6-9 AS4C4M16S 芯片外部引脚

对 AS4C4M16S 芯片的存取操作同样包括数据的写入和读出。

在对 AS4C4M16S 的读操作过程中,首先接收来自 CPU 的行列地址信号,译码后选中相应的存储单元,将保存的 16 位数据经 DQ_{15} ~ DQ_0引脚输出,送到系统数据总线上。

写操作过程与读操作过程基本类似,区别是写信号 WE 为低电平有效,将要写入的数据从 DQ_{15} ~ DQ_0引脚写入。

AS4C4M16S 数据的读出和写入是分开的,由$\overline{WE}$控制读写,当$\overline{WE}$为高电平时读出,即所选中单元的内容经过三态输出缓冲器在 DQ_{15} ~ DQ_0引脚读出;当$\overline{WE}$为低电平时实现写入,D_{IN}引脚上的信号经输入三态缓冲器对选中单元进行写入。

6.2.3 RAM 存储容量的扩展方法

目前生产的存储器芯片基本存储单元排列成 N×1、N×4、N×8 三种结构。使用它们设计存储器时，需要考虑两方面的问题：一要使存储单元包含的位数满足要求（微机中一般为 8 位即 1 B）；二要使存储单元的个数符合存储容量的需求。因此可用下面的三种方法来实现，下面以 RAM 为例说明容量扩充的方法，ROM 的处理方法与之相同。

1. 位扩展方式

这种方式只进行位数扩充，而存储芯片包含的基本存储单元数与存储器要求的存储单元数一致。位扩展的方法是把各存储器芯片的地址线、片选信号线和读/写控制信号线相应地并联起来，而将各个芯片的数据线引出，分别相应连接到系统的数据总线。例如用 8 K×1 位的芯片扩充为 8 K×8 位的存储器，由于存储器的字数和存储芯片的字数一致，故需要 13 根地址线（$A_{12} \sim A_0$）对芯片内的存储单元寻址，每一芯片只有一条数据线，所以需要 8 片该芯片。如图 6-10 所示，扩充时将各芯片的 13 根地址线（$A_{12} \sim A_0$）都分别对应地连在一起，把它们的片选信号线和读/写控制线也都分别连在一起，而各芯片的数据线独立。这样，当 CPU 发送片选信号和地址信号时，8 个芯片同时都选中相应的一个基本存储单元电路，而被同时选中的 8 个基本存储单元电路组成了一个完整的存储字节。

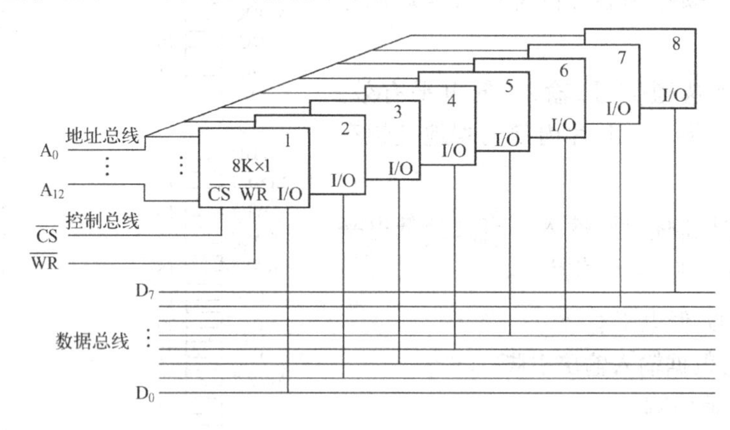

图 6-10　位扩展方式连接方式

2. 字扩展方式

在字扩展方式中，只是扩展字的数目，以达到所需的存储器容量，而每个字所包含的位数不变。字扩展时，可将存储芯片的所有地址输入端、I/O 数据端及读/写控制端都分别连在一起，而这些芯片的片选信号端各自分开，由片选信号来区分各片地址。图 6-11 给出了由 16 K×8 位的芯片扩展 64 K×8 位的存储器的连接方法。

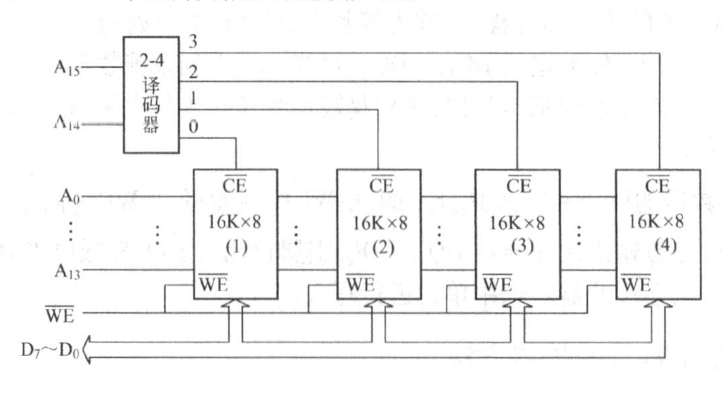

图 6-11　字扩展连接方式

图中 4 个芯片的数据端与数据总线 $D_7 \sim D_0$ 相连，地址总线低位地址 $A_{13} \sim A_0$ 与各芯片的 14 位地址线连接，用于片内寻址。为区分 4 个芯片的地址范围，还需 2 根高位地址线 A_{14}、A_{15} 经 2 -4 译码器译出 4 根片选信号线，分别和 4 个芯片的片选端相连。各芯片的地址范围见表 6-2所示。

表 6-2　各芯片地址空间分配图

地址 芯片号	$A_{15}A_{14}$	$A_{13}\cdots A_0$	地址范围
1	00	000…00 111…11	最低地址(0000H) 最高地址(3FFFH)
2	01	000…00 111…11	最低地址(4000H) 最高地址(7FFFH)
3	10	000…00 111…11	最低地址(8000H) 最高地址(BFFFH)
4	11	000…00 111…11	最低地址(C000H) 最高地址(FFFFH)

3. 字位扩展方式

当存储器芯片包含的存储单元数 J 小于存储器容量 M 且各存储单元中所含的位数 K 小于字长 N(微机中 N 通常为 8)，可使用字位扩展方式。一个容量为 M × N 位的存储器，所需包含 J × K 位这样的芯片总数可根据：M/J × N/K 来计算，用 N/K 块芯片组成一组，共 M/J 组。图 6-12 给出用 Intel 2114 芯片(1 K × 4 位)组成 2 K × 8 位存储容量时的连线。由两片 2114 为一组，容量为 1 KB，2 KB 容量的存储器应包含 2 个芯片组，$A_0 \sim A_9$ 为片内寻址信号，A_{10}、A_{11} 作为片选信号。2 -4 译码器将 A_{10}、A_{11} 译码后产生 4 个片选信号，选用其中两个作为 2 个芯片组的片选信号。

6.2.4　RAM 存储器与 CPU 的连接

用存储器容量的扩展方法将存储芯片按一定的结构设计出满足容量要求的 RAM 存储器后，就可使其与 CPU 连接而形成计算机的 RAM 存储器子系统。CPU 与静态 RAM 存储器连接时，主要解决数据总线、地址总线和控制总线的连接问题。图 6-12 为用 Intel 2114 芯片组成的 2 K × 8 位存储器的连线。

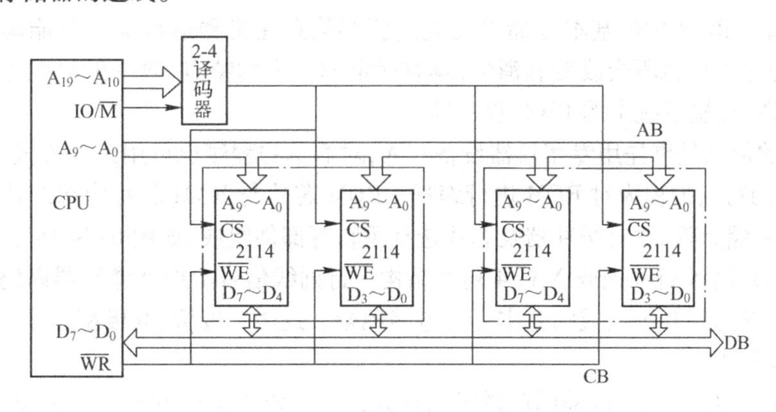

图 6-12　用 2114 芯片组成 2 K × 8 位存储器

存储器芯片同 CPU 连接时要注意以下几点：

1. 数据总线的连接

数据总线是双向的，CPU 对存储器的访问主要是数据的读出和写入。静态 RAM 芯片中的输入输出电路包含三态缓冲驱动器时，芯片的数据线可直接挂接到 CPU 的数据总线上去。对于由不含三态缓冲器的芯片构成的存储器，则须外加三态缓冲驱动器，再与 CPU 的数据总线相接。在有些计算机的存储器子系统设计时，CPU 数据总线与存储器数据线间加入数据传送方向控制门电路，以提高系统控制的可靠性和灵活性。在 8086 系统中，用 8286/8287 芯片控制数据的传送方向。

2. 地址总线的连接

CPU 的地址总线通常分成两部分：一部分直接与存储芯片用以片内寻址的地址线连接，通常是从 A_0开始的低地址部分；另一部分则经译码器译码，产生的片选信号与存储器的片选端相连接，一般是高地址部分的地址线。CPU 通过这样连接组成的地址总线发送地址信号，去寻址要进行读/写的存储单元。

3. 控制总线的连接

静态 RAM 存储子系统的控制信号主要有：控制信号$\overline{RD}$、写控制信号$\overline{WR}$以及存储器或 I/O 端口选择信号 $M/\overline{IO}$。当 $M/\overline{IO}=1$ 时，选操作对象为存储器；当 $M/\overline{IO}=0$ 时，选操作对象为 I/O 端口。这些 CPU 的控制通常经组合逻辑门电路，产生的存储器读信号$\overline{MEMR}$（Memory Read）和存储器写信号$\overline{MEMW}$（Memory Write）用于控制存储芯片上的输出允许信号$\overline{OE}$端和写允许信号$\overline{WE}$端。图 6-13所示为控制信号简单组合逻辑电路。8086 系统是用 8288 总线控制器芯片产生 MRDC 和 MWTC 信号的。对于动态存储器的控制，同时要考虑刷新电路的设计与 CPU 的连接问题。

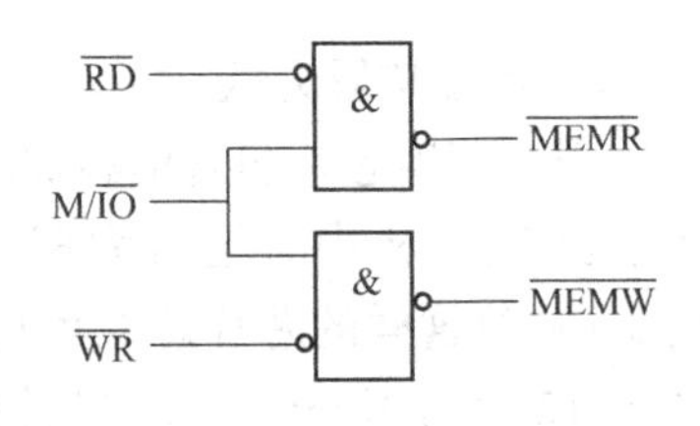

图 6-13　存储器读/写控制逻

6.3 只读存储器 ROM

6.3.1 只读存储器的结构

只读存储器 ROM 中各基本存储单元电路所存信息在机器运行期间只能读出不能写入，且在断电或停电之后也不会改变和消失，具有固定非易失的特点，故一般只能存放固定程序，如监测程序、PC 微机系统中的 BIOS 程序等。

ROM 中的信息是事先用专用仪器设备写入，对简单的程序也可用人工方式写入。通常称对 ROM 信息的写入过程为对 ROM 进行编程。ROM 芯片与 RAM 芯片内部结构类似，主要由地址译码器、存储矩阵、输出缓冲器及芯片选择逻辑等部件组成，如图 6-14 所示。

存储矩阵采用 N 行 8 列或 N 行 4 列的结构。行列线信号由地址译码器译码产生，在行列线之间则用单向选择开关组成的基本存储电路耦合。选用二极管、双极型晶体管或 MOS 晶体管作单向选择开关。

编址方式与 RAM 一样可采用单译码编址方式和双译码编址方式。输出缓冲器采用能方便地挂接于总线的单向三态门结构。下面用一个 16×8 位的存储器来说明 ROM 的工作原理

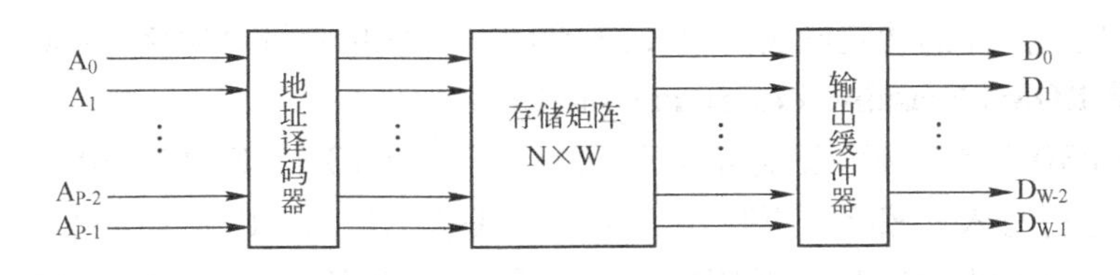

图 6-14 ROM 的结构框图

及特点,它的行列线之间的耦合单元为二极管。存储矩阵分成 8 个 16 ×1 位的阵列,用图 6-15表示其中一个 16 ×1 位的阵列。四位地址码分成两组,低二位送行译码器,译码产生行选择信号,高二位送列译码器,译码产生列选择信号,行列选择信号复合选择基本存储电路。

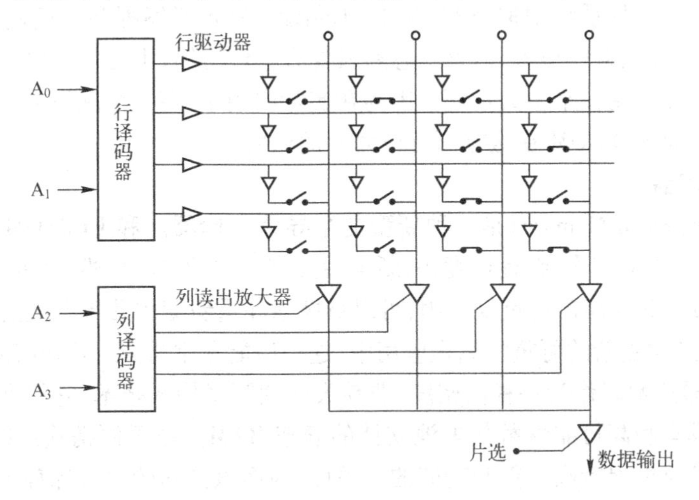

图 6-15 16 ×1 位的阵列

6.3.2 只读存储器的分类

ROM 存储矩阵中各基本存储电路的信息的存储是用单向选择开关接通或断开的状态来实现的,单向选择开关的状态应事先设计好。根据选择开关设置方法即编程方式的不同,常用的只读存储器 ROM 有以下几种:

1. 掩膜式 ROM(Mask Programmed ROM)

掩膜式 ROM 简称 ROM,其中的信息是在芯片制造时由厂家写入的,一旦成为产品,其信息是无法修改的。厂家采用对芯片进行两次光刻的方法,控制某指定的基本存储电路中单向开关是否接通。掩膜式 ROM 的结构简单、集成度高、接口容易、价格便宜,一般用来存放不需要修改的程序或数据。

2. 可编程 ROM

现场编程 ROM 也称为可编程 ROM(Programmable ROM),简称 PROM。在产品出厂时未存储任何信息。使用时,用户可以根据需要自行写入信息。但只能写入一次,一旦写入,不可更改。目前,PROM 只有双极型(主要包括 TTL 工艺及 ECL 工艺)产品,基本存储电路有熔丝型和 PN 击穿型两种:读数时间范围在 40 ns ~ 90 ns,有些 ECL 产品的读数时间低到 20 ns。由于 PROM 的典型应用是作为高速计算机的微程序存储器,高速是主要目标,很少考虑降低功耗的问题。双极型产品的功耗确实比较大,典型的 PROM 单片机总功耗为 600 ~ 1000 mW。

3. 可擦除 ROM(Erasable Programmable ROM)

可改写的 PROM 是一种可反复编程的 ROM,简称 EPROM。EPROM 中的信息,用户可采取一定的方法进行写入 - 擦除 - 再写入,实现反复编程的目的。EPROM 可分为紫外线擦除的 EPROM(Ultraviolet EPROM, UVEPROM)和电擦除的 EPROM(Electrically EPROM, EEPROM)两种。

对 UVEPROM 进行擦除的方法是在紫外光下照射 5 ~ 15 min,就可将器件内的信息擦除,使器件的字节内容为 FFH。对 UVEPROM 进行写入的方法是在编程器中用较高的电压配合编程脉冲完成数据的写入。EEPROM 采用电擦除技术,允许在线编程写入和擦除,而不必像 EPROM 芯片那样需要从系统中取下来,用专门的编程写入器编程和专门的擦除器擦除。另外,EPROM 虽然可多次编程写入,但整个芯片只要有一位写错,也必须从电路板上取下来全部擦除重写,这给实际使用带来很大不便。因为在实际应用中,多数情况下需要的是以字节为单位的擦除和重写,而 EEPROM 在这方面有很大的优越性。

4. Flash 存储器

Flash 存储器(Flash Memory)是一种新型的半导体存储器。和 EEPROM 相比,Flash 存储器可实现大规模快速电擦除,编程速度快,断电后具有可靠的非易失性,因此,一经问世就得到了广泛的应用。Flash 存储器可重复使用,可以被擦除和重新编程几十万次而不失效。

在数据需要经常更新的可重复编程应用中,这一性能非常重要。Flash 存储器展示了一种全新的 PC 存储器技术。作为一种高密度、非易失的读写半导体技术,它特别适合作固态磁盘驱动器;或以低成本和高可靠性替代电池支持的静态 RAM。由于便携式系统要求低功耗、小尺寸和耐用性,又要求保持高性能和功能的完整性,因而该技术的固有优势十分明显。它突破了传统的存储器体系,改善了现有存储器的特性。

6.3.3 PROM 基本存储电路

熔丝式 PROM 基本存储电路如图 6-16 所示,它由一个双极型晶体管 T_{xy}和行线及列线组成。T_{xy}集电极接正电源 V_{CC}基极接行线 X,而发射极则串接一个熔丝后接列线 Y。熔丝可以用镍铬合金薄膜或多晶硅做成,只要通以大电流就可将该熔丝烧断。这种基本电路是以熔丝是否被烧断来区分信息“1”和“0”的。显而易见,熔丝被烧断后,不能再复原,因而这样的 PROM 是一次性编程 ROM,程序一旦写入就不能擦去和改写了。

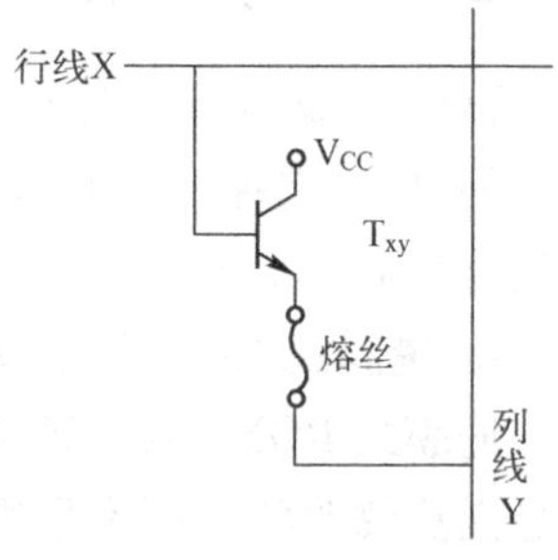

图 6-16　熔丝式 PROM 基本存储电路

6.3.4 典型 EEPROM 芯片

典型的 EEPROM 芯片有 Atmel 公司的 AT24 系列,下面以 AT24C04 为例介绍。

AT24C04 是一种 512 ×8 位的电擦除可编程存储器,有 8 个引脚,采用双列直插式封装,其引脚分布和内部组成如图 6-17 和图 6-18 所示。该芯片正常工作使用 +3.3 V 电源供电,最大工作电流为 0.5 mA,最大静止等待电流为 0.8 μA,最大写入时间为 5 ms,通过 IIC 接口读写数据。其最大的特点是能写入 1 百万次,数据能被可靠保存 1 百年。该芯片各引脚的介绍如下：

$A_1 \sim A_2$：IIC 设备地址输入。

GND：工作地。

WP：写保护。

SCL：IIC 接口时钟输入。

SDA：IIC 接口数据输入输出。

V_{CC}：工作电源。

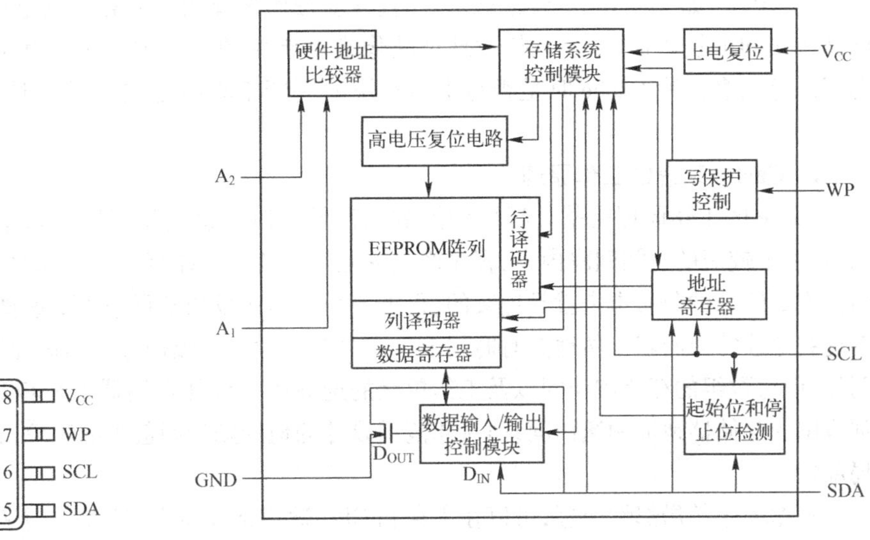

图 6-17　AT24C04 外部引脚

图 6-18　AT24C04 内部结构

6.4　高速缓存存储器 Cache

在现代高性能的计算机系统中，对存储器既要求速度快，又要求容量大，同时价格又要合理。按照现在所能达到的技术水平，仅仅用一种技术组成单一的存储器是不可能同时满足上述要求的。只有采用层次结构，把几种存储技术结合起来，才能解决存储器高速度、大容量和合理成本三者之间的矛盾。其中一种重要的提高存储器带宽的措施是在主存储器与 CPU 之间增加一个高速缓冲器（Cache）来存储使用频繁的指令和数据，以提高访存操作的平均速度。

根据局部性原理，可以在主存和 CPU 之间设置一个高速的容量相对较小的存储器，如果当前正在执行的程序和数据存放在这个存储器中，当程序运行时，不必从主存储器取指令和取数据，而访问这个高速存储器即可，从而提高了程序运行速度。Cache 就是一种存储空间小而存取速度却很高的一种存储器。Cache 存储器介于 CPU 和主存之间，它的工作速度远远大于主存，全部功能由硬件实现，并且对程序员是透明的，但程序员不能对 Cache 进行操作和控制。

6.4.1　Cache 的基本结构和工作原理

1. Cache 系统的基本结构

Cache 系统主要由 3 部分组成：Cache、地址映像与变换机构及 Cache 替换策略和更新策略。把 Cache 和主存都分成相同大小的块，每一块由若干个字或字节组成。在 Cache 中，每一块外加有一个 Cache 标记，指明它是主存的哪一块的副本，所以该标记的内容相当于主存块的编号。每当对一主存地址进行数据访问时，怎样知道要访问的数据已经存在于 Cache 中？如果要访问的数据已经在 Cache 中，怎样确定这个数据在 Cache 中的位置？这两个问题是相关的，解决的方法是根据主存地址来构成 Cache 地址，也就是必须通过地址映像变换机构将主存地址变换成 Cache 地址去访问 Cache。若要访问的数据所在块不在 Cache 中（不命中），则产生 Cache 失效，需要从主存中把包含该字的一块信息调入 Cache，同时将被访问的字送往 CPU。如 Cache 已装满怎么办？就需要按所选择的替换算法决定将 Cache 的哪一块已调入访问的块数据移去，并修改地址映像表中有关的地址映像关系和 Cache 各块使用状态标志等信息。写 Cache 时是否写主存？块的更新策略决定在写操作时，何时将数据写入主存。

2. Cache 系统的工作原理

Cache 的工作原理是基于程序访问的局部性。对大量典型程序运行情况的分析结果表明，在一个较短的时间间隔内，由程序产生的地址往往集中在存储器逻辑地址空间的很小范围内。指令地址的分布本来就是连续的，再加上循环程序段和子程序段要重复执行多次。因此，对这些地址的访问就自然地具有时间上集中分布的倾向。数据分布的这种集中倾向不如指令明显，但对数组的存储和访问以及工作单元的选择都可以使存储器地址相对集中。这种对局部范围的存储器地址频繁访问，而对此范围以外的地址则访问甚少的现象，就称为程序访问的局部性。

根据程序的局部性原理，可以在主存和 CPU 通用寄存器之间设置一个高速的容量相对较小的存储器，把正在执行的指令地址附近的一部分指令或数据从主存调入这个存储器，供 CPU 在一段时间内使用。这对提高程序的运行速度有很大的作用。这个介于主存和 CPU 之间的高速小容量存储器称作高速缓冲存储器（Cache）。系统正是依据此原理，不断地将与当前指令集相关联的一个不太大的后继指令集从内存读到 Cache，然后再与 CPU 高速传送，从而达到速度匹配。

设主存有 2^n 个单元，地址码为 n 位，将主存分页（也可称为块），每页有 B 个字节，则共分成 $M=2^n/B$ 页。Cache 也有同样大小的页组成，由于其容量小，所以页的数目比主存的页数少得多，主存中只有一小部分页的内容可存放在 Cache 中。

在 Cache 中，每一页外加有一个标记，指明它是主存相应哪一页的副本，所以该标记的内容相当于主存中页的编号。主存地址为 n 位，且 $n=m+b$，则可得出，主存的页数 $M=2^m$，页内字节数 $B=2^b$。Cache 地址码为 $(c+b)$ 位，Cache 的页数为 2^c。页内字节数与主存相同。如图 6-19 所示。

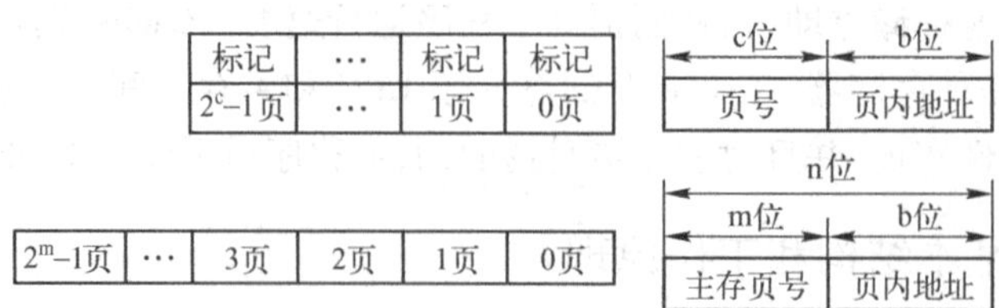

图 6-19　Cache 的基本结构

当 CPU 发出读请求时，将主存地址 m 位（或 m 位中的一部分）与 Cache 中某页的标识相比较，当比较结果相等时，说明相等的数已在 Cache 中，那么直接访问 Cache 就行了，在 CPU 和 Cache 之间，通常一次传送一个字；当比较结果不相等时，说明需要的数据尚未调入 Cache，那么就要把该数据所在的整个页从主存一次调进来。前一种情况称为访问 Cache 命中，后一种情况称为访问 Cache 不命中。

页的大小称为“页长”。页长一般取一个主存周期所能调出的信息长度。Cache 的容量和页的大小是影响 Cache 效率的重要因素。通常用“命中率”来测量 Cache 的效率。命中率指 CPU 所要访问的信息在 Cache 中的比率，而将所要访问的信息不在 Cache 中的比率称为失效率。一般来说，Cache 的存储容量比主存的容量小得多，但不能太小，太小会使命中率太低；也没有必要过大，过大不仅会增加成本，而且当容量超过一定值后，命中率随容量的增加将不会有明显的增长。但随着技术的发展和芯片价格的下降，Cache 的容量还是不断增大，已由几十 KB 发展到几百 KB，甚至达到几 MB。

在从主存读出新的页调入 Cache 存储器时，若 Cache 中已满，那么就必须去掉一个旧的页，让位于一个新的页。这种替换应该遵循一定的规则，最好能使被替换的页是下一段时间内估计最少使用的。这些规则称为替换策略或替换算法，由替换部件加以实现。

Cache 存储器中保存的字页是主存中相应字页的一个副本。如果程序执行过程中要对该字页的某个单元进行写操作，就会遇到如何保持 Cache 与主存的一致性问题。通常有两种写入方式：一种方式是暂时只向 Cache 存储器写入，并用标志加以注名，直到经过修改的字页被从 Cache 中替换出来时才一次写入主存；第二种方式是每次写入 Cache 存储器时也同时写入主存，使 Cache 和主存保持一致。前一种方式称为标志交换（Flag - swap）方式。只有写标志“置位”的字页才有必要最后从 Cache 存储器一次写回主存，所以又称为“写回法”。这种方式写操作快，但缺点是，在此以前主存中的字页未经过及时修改而可能失效。后一种方式称为写通（Write - through），又称为直达法。这种方式实现简单，且能随时保持主存数据的正确性。但有可能要增加多次不必要的向主存的写入，向 Cache 存储器某一单元写入多少次，也要向主存相应单元写入多少次。

另有一种写操作方法是，当被修改的单元根本就不在 Cache 时，写操作直接对主存进行，而不写入 Cache 存储器。

为了说明标记是否有效，每个标记还应该设置一个有效位，当机器刚加电启动时，RESET 信号或执行程序将所有标记的有效位置“0”，使标记无效。在程序执行过程中，当 Cache 不命中时逐步将指令页或数据页从主存调入 Cache 中的某一页，并将这一页标记中的有效位置“1”，当再次用到这一页中的指令或数据时，肯定命中，可直接从 Cache 中取指或取数。从这里也可看到，刚加电后所有标记有效位都为“0”，因此开始执行程序时，命中率较低。另外 Cache 的命中率还与程序本身有关，即不同的程序，其命中率可能不同。

6.4.2 Cache 存储器组织

1. Cache 的地址映像方式

信息在主存中的存放位置与在高速缓冲存储器中存放位置的映像关系，不仅直接决定高速缓冲存储器系统的复杂程度，而且与寻址的命中率相关。常用的地址映像方式有如下几种：

（1）直接映像

直接映像 Cache 不同于全相联 Cache，地址仅需比较一次。在直接映像 Cache 中，由于每个主存储器的块在 Cache 中仅存在一个位置，因而把地址的比较次数减少为一次。其做法是，为 Cache 中的每个块位置分配一个索引字段，用 Tag 字段区分存放在 Cache 位置上的不同的块。单路直接映像把主存储器分成若干页，主存储器的每一页与 Cache 存储器的大小相同，匹配的主存储器的偏移量可以直接映像为 Cache 偏移量。Cache 的 Tag 存储器（偏移量）保存着主存储器的页地址（页号）。直接映像 Cache 优于全相联 Cache，能进行快速查找，其缺点是当主存储器的组之间做频繁调用时，Cache 控制器必须做多次转换。

Cache 与主存之间采取直接映像方式如图 6-20 所示，即主存中每一个页只能复制到某一个固定的 Cache 页中，可以同时复制 16 页。其映像的规律是：将主存的 2048 页按顺序分为 128 组，每组 16 页，分别与 Cache 的 16 页直接映像，即以 16 为模重复映像关系。主存的第 0 页、第 16 页、第 32 页、……、第 2032 页等，共 128 页，只能映像到 Cache 的第 0 页。主存的第 1 页、第 17 页、第 33 页、……、第 2033 页，只能直接映像到 Cache 第 1 页。主存第 15 页、第 31 页、……、第 2047 页等，只能映像到 Cache 第 15 页。

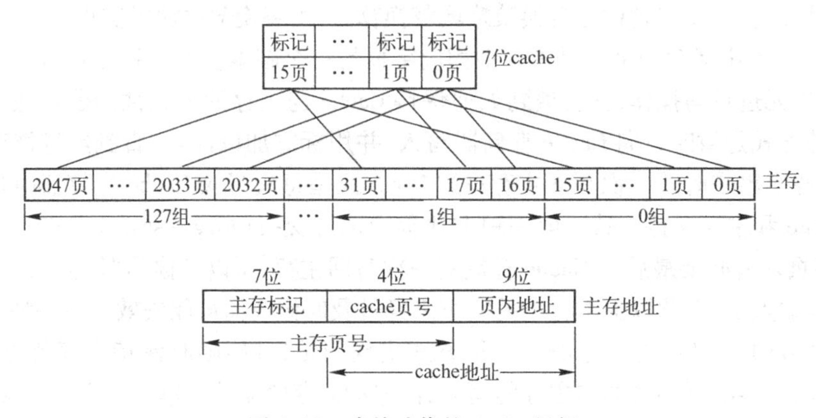

图 6-20　直接映像的 Cache 组织

访问时，给出 20 位主存地址，其中高 11 位为主存页号，低 9 位为页内地址。为了实现与 Cache 间的地址映像与变换，将高 11 位进一步分为两部分：高 7 位给出主存的组号，称为主存标志，选择 0～127 组中的某一组；低 4 位给出 Cache 页号，选择组内 16 页的某一页。于是，20 位主存地址的低 13 位也就是转换后的 Cache 地址。

在 Cache 方面，为每一页设立一个 7 位的 Cache 标记。如果现在 Cache 第 0 页中复制的是主存的第 16 页的内容，其标记段为 1，标志它现在与主存第一组相对应。因此在访问主存时，只需比较主存地址中高 7 位的标记段与对应的 Cache 页的 7 位标记，如果二者相同，表明所需访问的主存页的内容现在复制于对应的 Cache 页中。

直接映像方式比较容易实现，但不够灵活，有可能使 Cache 的存储空间得不到充分利用。例如需将主存第 0 页与第 16 页同时复制到 Cache，由于它们只能都复制到 Cache 的第 0 页，即使 Cache 其他页空闲，也将有一个主存页不能写入 Cache。

（2）全相联映像

在全相联 Cache 中，存储的块与块之间，以及存储顺序或保存的存储器地址之间没有直接的关系。程序可以访问很多的子程序、堆栈和段,而它们是位于主存储器的不同部位上。因此,Cache 保存着很多互不相关的数据块,Cache 必须对每个块和块自身的地址加以存储。当请求数据时,Cache 控制器要把请求地址同所有地址加以比较,进行确认。

图 6-21 为全相联映像的示意图,即主存的每一页可映像到 Cache 的任一页。访问主存时,给出的 20 位地址分为两部分:高 11 页为主存页号,低 9 位为页内地址(与直接映像相同)。但 Cache 中每页的标记为 11 位,表示它现在所映像的主存页号(2×1024 页之一)。

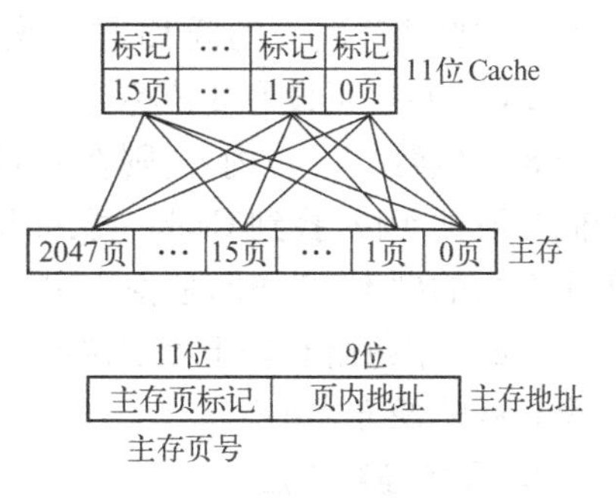

图 6-21　全相联映像的 Cache 组织

采用全相联映像方式,其优点是映像关系比较灵活:主存各页可以映像到 Cache 任一页,因此只要淘汰 Cache 中某一页的内容,即可调入任一主存页的内容。但不能直接从主存地址码中提取 Cache 页号,需将主存标记与 Cache 标记逐个比较,直接找到标记符合的页为止(访问 Cache 命中),或是全部比较后仍无符合的标记(访问 Cache 失败)。因此全相联映像方式的速度很慢,失掉高速缓存的作用,因而不太实用。

(3) 组相联映像

分组相联映像方式是全相联映像方式和直接映像方式的折中方案。它将高速缓存分成若干组,每组包含若干个页面,组内采用直接映像,而组间采用全相联映像,从而允许不同段中相同页号的内容能存放在高速缓存内不同组中。

组相联映像方式示意图如图 6-22 所示。主存与 Cache 都分组,主存中一个组内的页数与 Cache 中的分组数相同。如果 Cache 只有一组,就是全相联映像方式。如果 Cache 分为 16 组,每组只有一页,就是直接映像方式。可以根据设计目标选取一个折衷方案。如图所示,主存分为 256 组,每组 8 页;Cache 分为 8 组,每组 2 页。

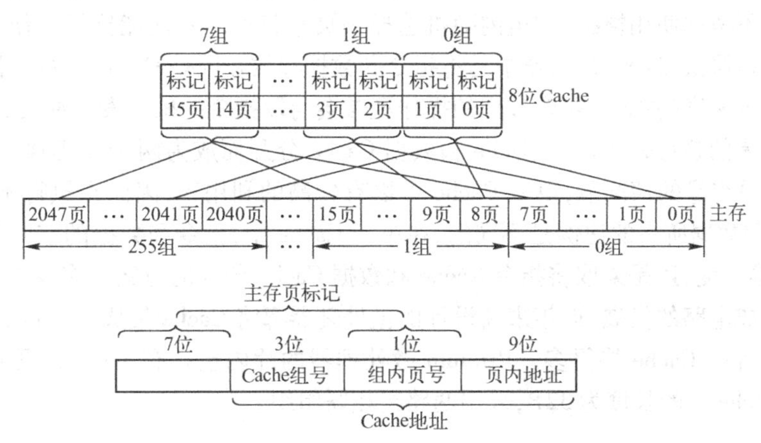

图 6-22　组相联映像的 Cache 组织

映像规律是:主存中的各页与 Cache 的组号有固定的映像关系,但可以映像到对应的 Cache 组中的任何一页。主存第 0、8、16、…页等,共 256 页,均映像于 Cache 第 0 组,但可以映像于该组内 Cache 的第 0 页或第 1 页。主存的第 1、9、17、…页等,均映像于 Cache 的第 1 组,但可以映像于该组内 Cache 的第 2 页或第 3 页。

访问主存时,给出 20 位主存地址,它分为 4 部分。高 7 位连同 1 位 Cache 组内页号共 8 位,称为主存页标记,也就是主存的组号。Cache 组号共 3 位,可选择 8 组之一。低 9 位为页内地址。因此主存地址的低 13 位给出了 Cache 地址,即 Cache 组号、组内页号、页内地址。

Cache 每一页设有 8 位标记,填写所复制的主存页的组号,如果 Cache 第 0 页复制了主存的第 8 页(属第 1 组)内容,则在 Cache 第 0 页的标记中写入 1。访问主存时,根据主存地址的中间二段共 4 位,找到 Cache 页,并将该页标记与主存地址中的主存页标记进行比较,判断是否主存页的副本,即访问是否命中。

Cache 中每组有若干可供选择的页,因而较直接映像方式灵活。每组页数有限,因而代价比全相联映像方式小。

2. 置换控制算法

在 Cache 中,选择置换控制算法追求的目标是获得最高的命中率。目前常用的置换控制算法如下。

(1) 先进先出算法(FIFO)

这种算法思想是:按调入 Cache 的先后决定淘汰的顺序,即在需要更新时,将最先调入 Cache 的页面内容予以淘汰。这种方法比较简单,容易实现,系统开销小。但不一定合理,因为有些内容虽然调入较早,但可能仍需使用。

(2) 近期最少使用算法(LRU)

LRU 算法是把每一组中最近使用少的页替换出去。这种替换算法需随时记录 Cache 存储器中各个字块的使用情况,以便确定哪个字块是最近使用最少的字块,LRU 替换算法的平均命中率比 FIFO 算法要高,并且当分组容量加大时,能提高 LRU 替换算法的命中率,因而使用较多。但这种算法较前一种算法复杂。

(3) 随机替换法(RAND)

这种算法不考虑使用情况,在组内随机选择一页来替换。其性能比根据使用情况的替换算法要差些。多层次 Cache 存储器中是将指令和数据存放在同一 Cache 中的。随着计算机技术的发展和处理速度的加快,存取数据的操作经常会与取指令的操作发生冲突,从而延迟了指令的读取。发展的趋势是将指令 Cache 和数据 Cache 分开而成为两个互相独立的 Cache。在给定的 Cache 总容量的情况下,单一 Cache 可以有较高的利用率,因而在执行不同的程序时,Cache 中指令和数据所占的比例是不同的,在单一 Cache 中,指令和数据的空间是可以自动调剂的,为了照顾速度,还是采取将指令 Cache 和数据 Cache 分开的方案。多层次 Cache 结构随着超大规模集成电路的发展,近年来新设计的微处理器都将 Cache 集成在片内,片内 Cache 的读取速度要比片外 Cache 快得多。Pentium 微处理器的片内包含有 8 KB 数据 Cache 和 8 KB 指令 Cache,Cache 行的长度为 32B,采用两路组相联组织。

6.5 几种新型的半导体存储器

20 世纪 90 年代,普遍流行的微机 286、386 和 486 中采用的是单面内存(SIMM),总共仅有 30 线,这些单面内存只有 32 位的内存总线宽度,容量从 256 KB 到 4 MB 不等。这种单面内存的标准总线拓展到 64 位时必须成对地安装才能使用。例如要安装 4 MB 内存,就必须使用两条 2 MB 的单面内存。

随着计算机技术的迅猛发展,Pentium 系列的问世,需要更大的内存支持。于是出现了 72 线单面内存,使容量上升为 4 MB 到 32 MB,这种改进后的内存成为快速存取内存(FPM)。它仍然使用 32 位内存总线,还需要成对地安装。由于不断的使用新技术,于是研制生产了一种被称为扩展数据输出内存(EDO)。它是速度更快的 SIMM 芯片,虽然使用相同的单面内存技术,但容量可以达到 64 MB。

到了 1997 年,Intel 公司制定了全新的内存标准。随后一种新型的内存——同步动态随机存取内存(SDRAM)问世。SDRAM 或双面内存(DIMM)具有 64 位的内存总线。因而改进了单面内存必须成对安装以及速度和容量的限制。

下面介绍几种新型存储器。

1. 带高速缓存动态随机存储器(Cached DRAM, CDRAM)

CDRAM 芯片使用单一的 +3 V 电源,低压 TTL 输入输出电平。它是通过在 DRAM 芯片上集成一定数量的高速 SRAM 作为高速缓冲存储器 Cache 和同步控制接口,从而提高存储器的性能。CDRAM 是日本三菱电器公司开发的专有技术。目前三菱公司可以提供 4 MB 和 16 MB 的 CDRAM,其片内含有 16 KB 的 Cache,与 128 位内存总线配合工作,可以实现 100 MHz 的数据访问。流水线式存取时间为 7 ns。

2. Direct Rambus 接口动态随机存储器(Direct rambus DRAM, DRDRAM)

DRDRAM 的特色在于其引脚功能可随命令而改变,同一组引脚线可以被定义成地址,也可以被定义成控制线,因而其引脚数仅为正常 DRAM 的 1/3。需要时,只需改变命令就可达到扩展芯片容量的目的。这种芯片工作时,利用时钟的上升沿和下降沿两次传输数据,使数据传输率达 800 MHz;同时通过把单个内存芯片的数据输出通道从 8 位扩展成 16 位,这样就可使最大数据输出率达 1.6 GB/s。DRDRAM 是 DRAM 的新一代标准,由 Rambus 公司在 Intel 公司支持下于 1996 年开始制定的。

3. 双数据传输率同步动态随机存储器(Double data rate DRAM, DDR DRAM)

DDR 是“双数据率”的意思,DDR RAM 是在同步动态读写存储器 SDRAM 的基础上,采用延时锁定环(delay - locked loop)技术,使芯片在时钟脉冲的上升沿和下降沿都可传输数据。使用 DDR DRAM 时,需要新的高速时钟同步电路和符合 JEDEC 标准的存储器模块。所以主板和芯片组的成本较高。

4. 虚拟通道存储器(Virtual channel memory, VCM)

VCM 是一种新兴的“缓冲式 DRAM”,将在大容量 SDRAM 中采用。它集成了所谓的“通道缓冲”,由高速寄存器进行配置和控制。VCM 内存通道通常也称为 VCM SDRAM。它在实现高速数据传输(即“增大带宽”)的同时,还维持着与传统 SDRAM 的高度兼容性。系统(主要是主板)不需要做大的改动,便能提供对 VCM 的支持。VCM 可从内存前端进程的外部对所集成的这种“通道缓冲”执行读写操作。对于内存单元与通道缓冲之间的数据传输,以及内存单元的预充电和刷新等内部操作,VCM 要求它独立于前端进程进行,即后台处理与前台处理可同时进行。由于专为这种“并行处理”创建了一个支撑架构,所以 VCM 不用对传统内存架构进行大的更改就能保持一个非常高的平均数据传输速度。VCM 由 NEC 公司开发。

5. 快速循环动态存储器(fast cycle RAM, FCRAM)

FCRAM 由富士通和东芝公司联合开发,其主要的特点是行、列地址同时(并行)访问,因而其数据吞吐速度可达普通 DRAM/SERAM 的 4 倍。FCRAM 面向的是诸如显示内存等存储器。主要用于需要极高内存带宽的应用中,比如业务繁忙的服务器、3D 图形及多媒体处理等。FCRAM 由富士通和东芝联合于 1999 年 2 月开始开发。它们计划联合开发 64 MB、128 MB 和 256 MB 的 FCRAM。采用 0. 22 um 制造工艺,使芯片面积减少,在相同的硅晶片上,可生产出更多的存储单元,从而有效提高了这种内存的产量。

6. 6 习题例解

1. 对下列 RAM 芯片组排列,各需要多少个 RAM 芯片? 多少个芯片组? 多少根片内地址选择线? 多少根片组地址选择线?

1）512 ×4RAM 组成 16 K×8 存储容量。

2）1024 ×1RAM 组成 64 K×8 存储容量。

解:因为组成 512 ×8RAM 需要 2 个 512 ×4RAM 芯片,组成 1024 ×8RAM 需要 8 个 1024 ×1RAM 芯片,所以有:

1）需要 64 个芯片,32 个芯片组,9 根片内寻址线,5 根片组寻址线。

2）需要 512 个芯片,64 个芯片组,10 根片内寻址线,6 根片组寻址线。

2. 请判断下面的叙述中,哪些是正确的。

(1) 半导体 ROM 是一种非易失性存储器。

(2) 半导体随机存储器是非永久性存储器,断电时不能保存信息。

(3) 同 SRAM 相比,由于 DRAM 需要刷新,所以功耗大。

(4) 由于 DRAM 靠电容存储电荷,所以需要定期刷新。

(5) 双极型 RAM 不仅存取速度快,而且集成度高。

(6) 目前订货的 EPROM 是用浮动栅雪崩注入型 MOS 管构成,称为 FAMOS 型 EPROM,该类型的 EPROM 出厂时存储的全是“1”。

答:1、2、4、6 是正确的。

3. 16 K×1 位双译码结构存储芯片的存储体阵列最好排列的行数和列数各是多少? 并用这种规格的芯片组织一个 32 K×8 位的存储器,画出连接示意图(不必考虑使用的芯片是静态 RAM 还是动态 RAM,要求画出片选逻辑及存储器与 CPU 的连接信号)。若使用的存储片为动态 RAM,试求出该存储器的实际刷新时间(设刷新周期为 0. 5 μs)。

解:双译码方式,物理结构最好排列成正方形,则行数和列数均为 $2^7 = 128$。

组织一个 32 K×8 的存储器共需 16 个芯片,连接示意图如图 6-23 所示。

存储体共 128 行,所以实际刷新时间为 128 ×0. 5 =64 μs。

4. 用 8 K×8 的 RAM 芯片和 2 K×8 的 ROM 芯片设计一个 10 K×8 的存储器,ROM 和 RAM 的容量分别为 2 K 和 8 K,ROM 的首地址是 0000H,RAM 的末地址为 3FFFH. 。(1)ROM 存储器区域和 RAM 存储器区域的地址范围分别是多少? (2)画出存储器控制图及与 CPU 的连接图。

解:(1) ROM 总容量为 2 K×8,所以末地址是 07FFH。RAM 的末地址为 3FFFH,RAM 的总容量为 8 K×8,所以,首地址为 2000H 。

(2) 用 A_{13}来选择,$A_{13} = 1$ 时,选 RAM,$A_{13}A_{12}A_{11} = 000$ 时,选 ROM。

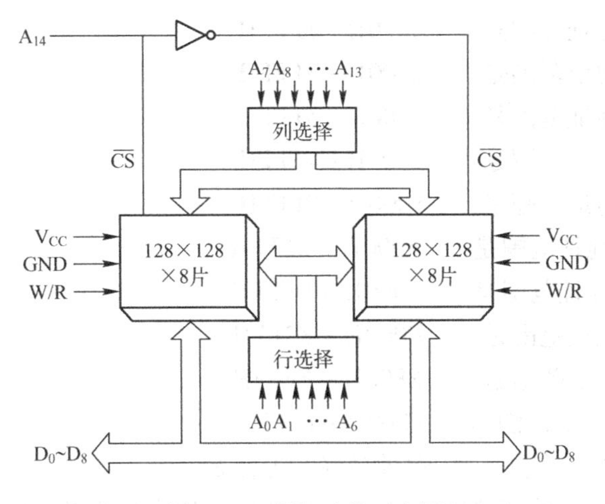

图 6-23　题 3 连接示意图

存储器控制及与 CPU 连接图如图 6-24 所示。

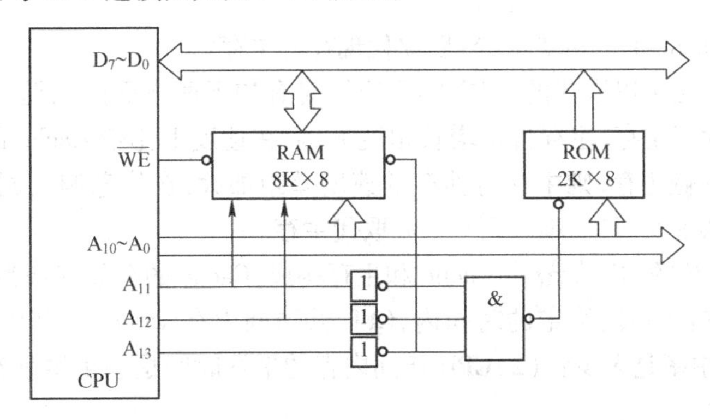

图 6-24　题 4 存储器控制图及与 CPU 的连接图

5. 某计算机存储器空间 64 KB，I/O 空间与主存统一编址，I/O 空间用 2 K，范围为 F800H ~ FFFFH。现用 8 KB ×8 和 2 KB ×8 两种静态 RAM 芯片构成主存储器，$\overline{RD}$和$\overline{WR}$是分别为系统提供的读写信号线，IO/$\overline{M}$为高是 I/O 操作，为低是内存操作。请画出该存储器逻辑图，并标明每块芯片的地址范围。

解：逻辑图如图 6-25 所示。

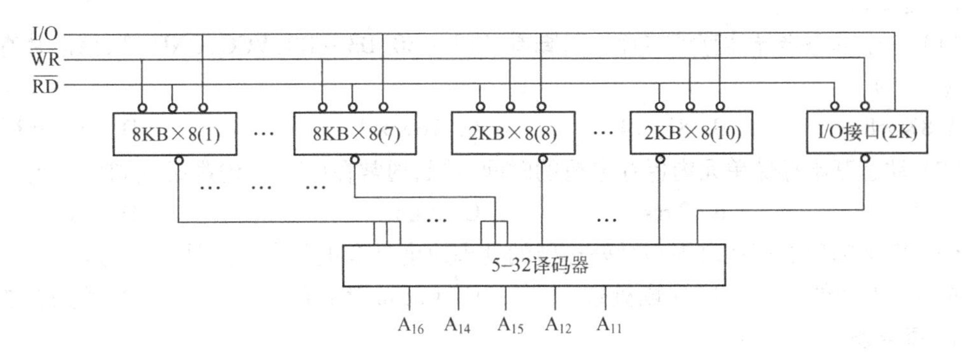

图 6-25　题 5 存储器逻辑图

RAM(1)芯片的地址范围是　　0000H ~ 1FFFH
RAM(2)芯片的地址范围是　　2000H ~ 3FFFH
RAM(3)芯片的地址范围是　　4000H ~ 5FFFH
RAM(4)芯片的地址范围是　　6000H ~ 7FFFH
RAM(5)芯片的地址范围是　　8000H ~ 9FFFH
RAM (6)芯片的地址范围是　　A000H ~ BFFFH
RAM (7)芯片的地址范围是　　C000H ~ DFFFH
RAM(8)芯片的地址范围是　　E000H ~ E7FFH
RAM(9)芯片的地址范围是　　E800H ~ EFFFH
RAM(10)芯片的地址范围是　　F000H ~ F7FFH

6. Cache 存储器组织有哪 3 种,哪种最好？为什么？

答:有直接映射、全相联、组相联 3 种。直接映射硬件实现简单,访问速度快,但冲突率很高;全相联冲突率小,Cache 利用率高,但硬件代价高;组相联是以上两种方法的折中,硬件结构相对简单,访问速度快,冲突率低,最好。

7. 能不能把 Cache 的容量扩大,然后取代现在的主存？

答:从理论上讲是可以取代的,但在实际应用时有如下两方面的问题:(1)存储器的性能价格比下降,用它代替主存,主存价格增长幅度大,而在速度上比带 Cache 的存储器提高不了多少。(2)用 Cache 做主存,则主存与辅存的速度差距加大,在信息调入调出时,需要更多的额外开销。因此,从现实而言,难以用 Cache 取代主存。

8. 某计算机系统的内存储器由 Cache 和主存构成,Cache 的存取周期为 45 ns,主存的存取周期为 200 ns。已知在一段给定的时间内,CPU 共访问内存 4500 次,其中 340 次访问主存,问:(1)Cache 的命中率是多少？(2)CPU 访问内存的平均时间是多少纳秒？(3)Cache - 主存系统的效率是多少？

解:(1) 命中率 = (4500 - 340)/4500 = 0.92

(2) 平均时间 = 0.92 × 45 + (1 - 0.92) × 200 = 57.4 ns

(3) 效率 = 45 ÷ 57.4 × 100% = 78%

6.7 练习题

1. 选择题

(1) 一个静态半导体存贮芯片的引脚有 A13 ~ A0, D3 ~ D0, VCC, GND 等,该芯片存贮容量为 (　　)。

A. 8K × 8　　B. 8K × 4　　C. 16K × 4　　D. 16K × 8

(2) 动态基本存储单元内保存电荷的时间有限,通常在(　　)内都必须刷新一次。

A. 4 ms　　B. 2 ms　　C. 2 μs　　D. 2 s

(3) 以下哪项的存在对提高微处理器的处理速度具有重要作用的是(　　)。

A. DMA 功能　　B. 中断处理　　C. Cache 存储器　　D. 微程序控制

2. 填空题

(1) 在半导体存储器中,RAM 指的是________,它可读可写,但断电后信息一般会

________;而 ROM 指的是________,断电后信息________。

(2) 动态 RAM 中,信息是以________的形式存储在电容上,读出信息时具有________,因此读出操作后必须进行________。

(3) 用 1024 ×4RAM 组成 64K ×8 存储容量需要________ RAM 芯片,________根片内选址地址线。

(4) 在 8086CPU 系统中,假设地址总线 A19 ~ A15 输出 01001 时译码电路产生一个有效的片选信号。这个片选信号将占有主存从________到________的物理地址范围,共有________容量。

3. 问答题

(1) 半导体存储器的主要性能指标有哪些?

(2) 存储芯片由哪几部分组成?各部分功能是什么?

(3) 简述 SRAM 和 DRAM 的各自特点。

(4) DRAM 为什么要刷新?存储系统如何进行刷新?

4. 一个 512 ×4 的 RAM 芯片需要多少根地址线?多少根数据线?若要组成一个 64K ×8 的存储器,需要多少个 RAM 芯片?多少个芯片组?多少根芯片组选择地址线?

5. 由 4K ×1DRAM 芯片组成一个 64K ×8 的存储器,共需多少个 DRAM 芯片?若进行刷新操作,需要几次才能刷新完毕?所需刷新地址计数器由几个触发器组成?

第7章　中断系统与8237A DMA控制器

本章主要介绍实现数据传送的两种方式,即中断方式和直接存储器存取方式(Direct Memory Access,DMA)。中断是微处理器与外部设备交换信息的一种方式,DMA是存储器与外设之间或存储器与存储器之间进行直接数据传输的一种方式,中断是依靠CPU实现数据传送,而DMA是不需要CPU干预,由一种控制数据传输的硬件电路——DMA控制器来实现的。

计算机的中断处理能力是反映其性能优劣的一项主要指标,中断的应用十分广泛,本章重点学习中断系统。在不同的计算机系统中,其中断系统有较大差异。但是,不管哪种中断系统,它必须解决好以下几个问题:如何检测中断请求信号?如何响应中断请求和识别中断源?如何找到中断服务程序入口地址和实现中断返回?在多中断源的情况下,如何实现中断排队和中断嵌套?如何实现中断开放和关闭?针对这些问题,本章通过一般中断系统、8086微型计算机中断系统、中断控制器8259等中断技术的学习,掌握中断数据传送的方法。通过8237A DMA控制器的学习,掌握DMA数据传送的方法。

7.1　中断系统概述

7.1.1　中断的概念及其作用

1. 中断的概念

中断是指计算机在执行正常程序的过程中出现内部或外部某些事件的请求时,CPU暂时停止当前程序的正常执行,转去执行请求事件的处理操作,CPU在事件处理结束后再回到被暂时中断了的程序继续往下执行。中断的过程如图7-1所示。

注意:虽然中断过程与子程序的调用很相似,但是,在中断的整个处理过程中,外部事件的中断请求及CPU的中断响应与当前正在执行的指令没有任何关系,中断可能在一个程序执行期间任何时刻发生,这种随机性是程序员无法预料的,然而,主程序调用子程序的情况则不同,CALL指令是程序员事先编写在程序中的,仅当CPU执行到该指令时,才转去执行子程序。

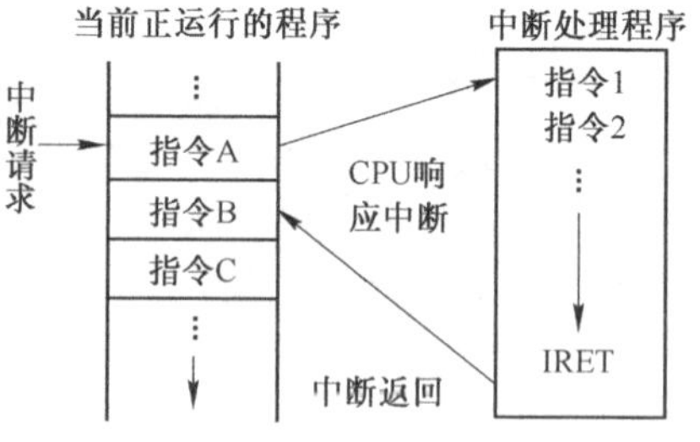

图7-1　中断示意图

2. 中断系统的作用

(1) 能实现并行处理

有了中断功能,可以实现CPU和多个外设同时工作,只有当它们彼此需要交换信息时才产生“中断”。因此,CPU可控制多个外设并行工作,大大提高了CPU的利用率。

(2) 能实现实时处理

计算机在应用于实时控制时,各种外设提出请求的时间都是随机的,要求CPU迅速响应和及时处理。有了中断功能，就可以方便地实现这种实时处理功能。

(3) 能实现故障处理

CPU 运行过程中，常常会出现一些突发性故障，如电源掉电、存储器错误、运算出错等，可以利用中断功能自行处理。

7.1.2 中断处理系统

一个完整的中断处理系统必须实现以下功能：中断源识别、中断优先级判断、中断嵌套管理以及 CPU 的中断响应、中断服务和中断返回。

1. 中断源识别

引起程序中断的事件称为中断源。中断处理系统往往有多个中断源，CPU 需要识别哪一个中断源有中断请求。通常微处理器常用的有单线中断、多线中断和向量中断三种中断技术。单线中断时，CPU 通过查询中断源提供的中断地址信息；多线中断时，由于 CPU 引脚线有限而只能管理少量的中断源；向量中断时，由每个中断源经接口电路向 CPU 提供中断源的设备标志码，CPU 将程序转向相应中断设备的中断处理程序，由于不需要查询中断源，中断处理速度较快。向量中断技术如图 7-2 所示。采用向量中断技术，当 CPU 响应中断后，由中断源提供中断地址信息，引导程序进入中断服务程序的入口。

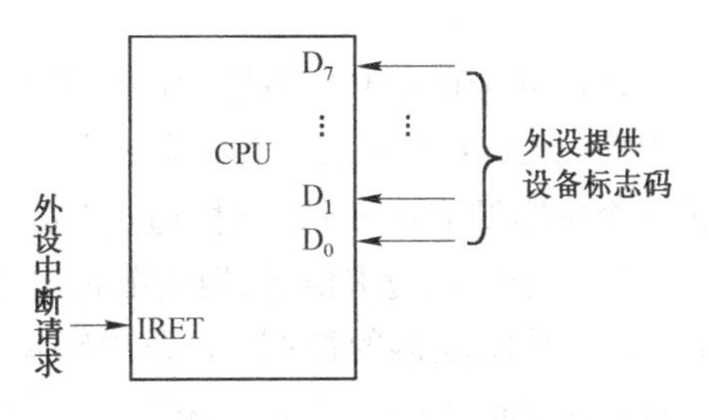

图 7-2　向量中断技术中断源识别示意图

2. 中断优先级判断

通常，在有两个或多个中断源同时提出中断请求时，中断系统应能根据各中断源的重要性，给每个中断源确定一个中断优先权，再根据处理的优先顺序，先响应优先权级别最高的中断申请。另外，当 CPU 正在处理某优先级的中断时，应能响应更高一级的中断请求，并且屏蔽掉同级或较低优先级的中断请求。中断优先级判断的具体方法可分为软件查询、硬件排队和专用中断控制器三种。

(1) 软件查询方式

软件查询方式是在 CPU 响应中断后，通过用户编程采用程序查询的方法确定中断源的优先级。为完成查询任务，必须附加外设状态输入电路。图 7-3 是一个查询优先级接口电路。如图 7-3 所示，将各个中断源的中断请求信号相“或”后，作为公共的 INTR 中断请求信号。这样，任一外设在中断请求时，都可以向 CPU 发 INTR 信号。CPU 响应 INTR 中断后，在合用的中断处理程序中，按照预先确定的优先权级别，逐位检测中断状态端口的内容，若有中断请求就转到相应的中断服务程序去。其流程图如图 7-4 所示。

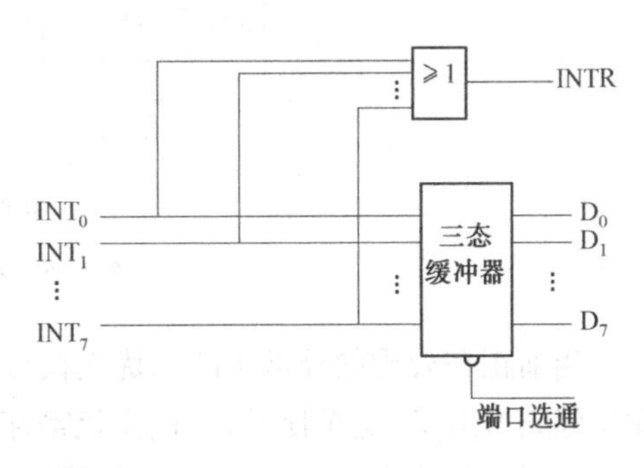

图 7-3　软件查询接口电路

软件查询方法的优点是接口电路简单，且优先权次序可以按查询的先后顺序而改变。缺点是中断源较多时，由查询转到相应中断服务程序的时间较长，因而此方法一般用于中断源较少、实时性要求不高的场合。

(2) 硬件排队方式

软件查询方式在中断源较多时，中断优先级判断时间较长。采用硬件排队方式可以缩短中断优先级判断时间。硬件排队方式的中断优先级判断电路常用的有中断优先权编码电路和链式优先权排队电路，这里仅介绍中断优先权编码电路，以此来说明硬件排队方式的中断优先级判断原理。

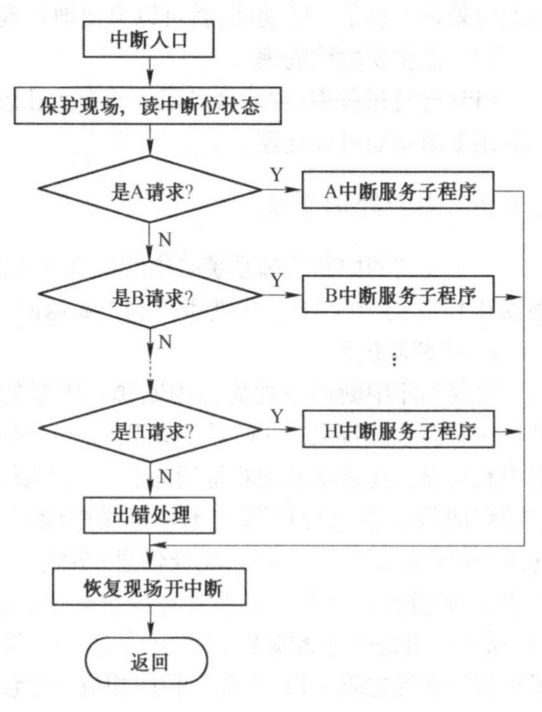

图 7-4　软件查询程序流程

用硬件编码器和比较器构成的优先权排队电路，如图 7-5 所示。其中有 8 个中断源，任一个中断源有中断请求时，通过“或”门可以产生一个中断请求信号，但它能否送至 INTR，还要受比较器的控制。8 条中断输入线的任一条，通过 8－3 优先权编码器可产生三位二进制优先权编码 $A_2A_1A_0$，优先权最高的编码是 111，最低的编码是 000。若多条输入线同时输入，编码器优先输出级别最高的编码。

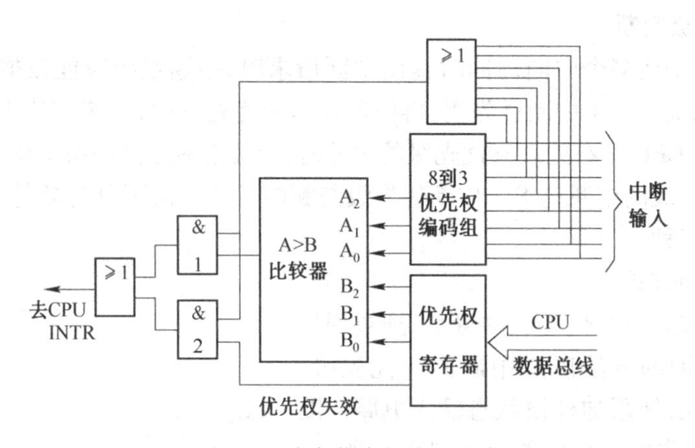

图 7-5　中断优先权编码电路

当前正在处理的外部中断的优先权编码，通过 CPU 的数据总线，送至优先权寄存器，再将输出编码 $B_2B_1B_0$ 送至比较器，优先权寄存器中同时保存着由程序员设定的优先权失效信号。当优先权失效信号设定为 1 时，比较器失效，此时任一中断源请求中断时，都能通过与门 2，发出 INTR 信号；当优先权失效信号设定为 0 时，优先权编码器的输出及现行优先权寄存器的输出同时送入比较器。当请求服务的中断级高于正在服务的中断级（即 $A > B$）时，比较器输出高电平，打开与门 1，将中断请求信号送至 INTR 端，否则输出低电平，封锁与门 1，屏蔽该中断请求。

中断优先权管理电路除了决定优先级，产生向 CPU 的中断请求信号外，还可以向 CPU 提供相应的中断向量。这由一个公用的中断向量形成电路产生。当 CPU 响应中断请求后，由中断响应信号 INTA 选通中断向量形成电路，使中断向量经数据总线送至 CPU。CPU 根据此中断向量可转入相应的中断处理程序中。

（3）专用中断控制器

采用可编程中断控制器是当前微型计算机解决中断优先权管理的常用方法。通常中断控制器由以下几个部分组成：中断请求寄存器、中断屏蔽寄存器、中断优先权管理逻辑、中断类型寄存器、当前中断服务寄存器。

中断控制器的中断类型寄存器、屏蔽寄存器都可以编程，当前中断服务寄存器也可以用软件控制，而且优先级的排列方式也是通过指令设置的，所以可编程中断控制器使用起来很灵活、很方便。8086 微型计算机的中断系统就是利用中断控制器来实现中断优先权管理的。

Intel 公司的 8259A 可编程中断控制器就是具有上述功能的中断优先权管理芯片，在本章 7.3 节中将详细介绍它的结构、优先权管理方式及其编程。

3. 中断嵌套管理

当前中断处理过程中，又有优先权级别更高的中断源发出中断请求，中断系统要能够使 CPU 暂停当前中断服务程序的执行，转而响应和处理优先级更高的中断请求，处理结束后，再返回原优先级较低的中断服务程序。当发出新的中断请求的中断源优先级别与当前处理的中断源同级或更低时，CPU 则不予以响应，这就是中断嵌套的管理。中断优先权编码电路和专用中断控制器都能实现这种中断嵌套管理。

中断嵌套的深度一般仅受堆栈容量的限制，必须有足够的堆栈单元来保存多重中断的断点和寄存器的内容。为了说明中断嵌套管理工作原理，设某专用中断控制器的 8 级固定中断优先次序为 IR0、IR1、…、IR7，图 7-6 就是一个中断嵌套管理实例。

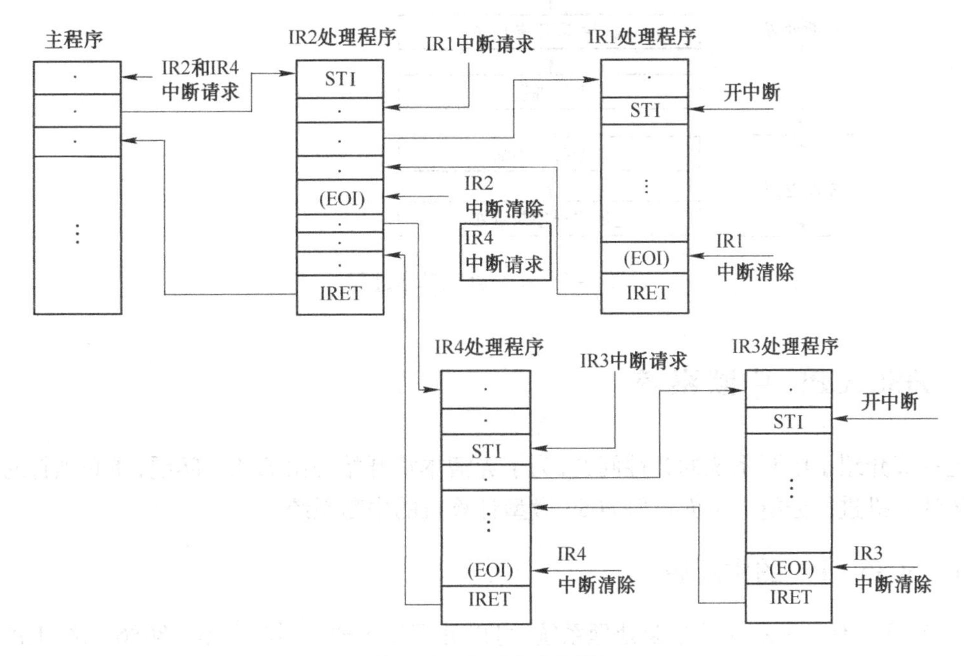

图 7-6　中断嵌套管理

4. 中断处理过程

对于不同的微型计算机系统,其中断处理的具体过程是不完全相同的。即使是同一台微型计算机,对于不同的中断源,其中断处理过程也会有差异,但中断处理的基本过程应包括中断请求、中断优先级判断、中断响应、中断服务和中断返回5个基本阶段。相应的处理流程如图7-7所示。

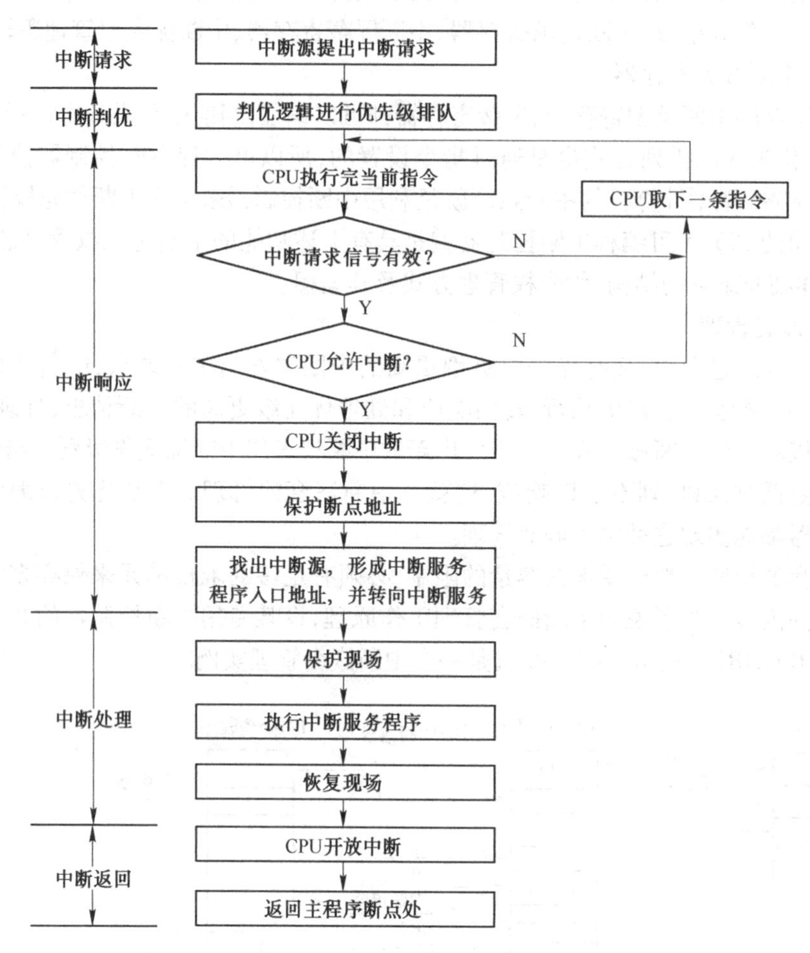

图7-7　中断处理基本过程

7.2　8086 CPU 中断系统

上一节介绍了中断系统的共性问题,为了弄清本章开始提出的几个问题,还必须针对某种具体的计算机进行分析。下面讲解8086微型计算机的中断系统。

7.2.1　8086 CPU 的中断源

8086 CPU 有一个强大的中断处理系统,可以处理256种不同的中断。8086系统上的中断源如图7-8所示。256种中断可分为两大类:外部中断和内部中断。

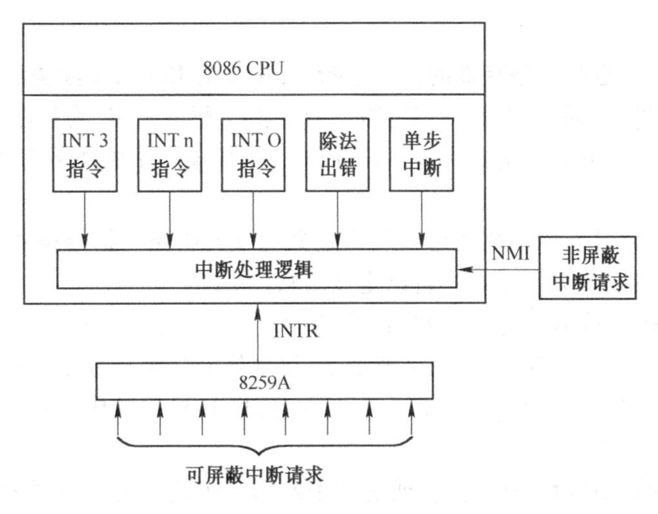

图 7-8　8086 系统的中断源

1. 中断源的类型

（1）外部中断

外部中断也称硬件中断，它是由外部的硬件（主要是外部设备接口）产生的。它又可以分为非屏蔽中断和可屏蔽中断两种。

1）非屏蔽中断。非屏蔽中断源信号连接到 CPU 的 NMI 引脚，由于它不受 CPU 内部中断允许标志位 IF 的影响，8086 CPU 对于 NMI 引脚上的中断请求总是“有求必应”。非屏蔽中断常用来处理系统出现的重大故障或紧急情况，如系统掉电处理、紧急停机处理等。若有多个非屏蔽中断源，可以用软件查询方式处理。

2）可屏蔽中断。可屏蔽中断源信号连到 CPU 的 INTR 引脚，由于它要受到 CPU 内部中断允许标志位 IF 的影响，8086 CPU 对于 INTR 引脚上的中断请求可以响应也可以不响应。即当 IF = 1 时，CPU 才能响应 INTR 引脚上的中断请求。如果 IF = 0 时，即使 INTR 上有请求信号，CPU 也不会响应，这时，称该中断被屏蔽了。在 8086 CPU 中断系统中，通过与专用中断控制器 8259A 的配合使用，可以有 8 ~ 64 个可屏蔽的中断源。

（2）内部中断

内部中断也称为软件中断，它是由 CPU 根据程序的某条指令或者程序员对标志寄存器中某个标志位的设置而产生的，它与外部硬件接口毫无关系。内部中断包括单步中断、除法出错中断、溢出出错中断（INTO）、断点中断（INT 3）和指令中断（INT n）5 种。

1）单步中断。中断类型号是 1。这是为系统提供了一种方便的调试手段，能够逐条指令地观察程序的执行。只有当 TF = 1 时，CPU 才会产生单步中断，即 CPU 每执行完一条指令之后就执行一个单步中断服务程序，可跟踪程序的具体执行过程，实现程序的调试。在正常运行过程中，TF 被置成 0，不允许单步中断发生。

2）除法出错中断。中断类型号是 0。这是由执行除法指令（DIV 或 IDIV）时自动产生的，只要执行除法指令的商超出了规定的范围（详见第 3 章除法指令的注意点）时，CPU 就会产生一个除法出错中断。

3）断点中断。它是一条特殊的指令中断，其指令为 INT 或（INT 3），中断类型号是 3。断点中断和单步中断一样，也是 8086 CPU 提供给用户使用的一种调试手段，用于程序中设置断点。

4）溢出中断。它也是一条特殊的指令中断，其指令为 INTO，中断类型号是 4。这是一种由指令引起的软中断，它通常和带符号数的加、减法指令配合使用，为程序员提供一种处理手段，当算术运算出现溢出时，使溢出标志 OF 置“1”，执行溢出中断指令 INTO 时，就会产生溢出中断。

5）指令中断。它是一种系统备用或用户定义的软件中断。指令格式为 INT n，n 是类型号。它主要用于系统功能调用或用户自己定义的软件中断。

它和 INT、INTO 一样，都能引起 CPU 的中断响应，不同之处是 INT、INTO 为单字节指令，且中断类型号是固定的，而 INT n 是双字节指令，类型号 n 是由指令给出的。INT n 指令在前面的 DOS 功能调用中已经遇到过，它能让用户直接使用 DOS 系统中的功能。

内部中断的特点如下。

① 内部中断的类型号都是固定的，或是在中断指令中给定的。不需要进入 INTA 总线周期获取类型号。

② 不受中断允许标志位 IF 的影响。

③ 用一条指令或由某个标志位启动进入中断处理程序，即这样的中断没有随机性。

2. 中断源的优先级

在 8086 中断系统中，由于中断源的数目很多，很有可能同时产生中断请求，而 CPU 在某一时刻只能处理一个中断，因此必须对中断源确定其优先级。8086 中断系统各中断源的优先级具体规定见表 7-1。

表 7-1　8086 中断系统中断源的优先级

中　断　源	优　先　级
除法出错中断	最高
软件中断 INT n	↓
溢出中断 INTO	↓
非屏蔽中断 NMI	↓
可屏蔽中断 INTR	↓
单步中断	最低

在表 7-1 中，除法出错中断优先级最高，单步中断优先级最低。其中可屏蔽中断 INTR 经 8259A 中断控制器扩展后，在 8086 系统中，可以有 8～64 个可屏蔽的中断源，且这些中断源是随机的，必须有一个中断优先权管理电路对此进行管理，后面介绍的 8259A 中断控制器就具有这种多中断源的优先级管理功能。

7.2.2　8086 CPU 的中断响应过程

在上一节中已经介绍了一般计算机系统中断处理的基本过程，包括中断请求、中断判优、中断响应、中断服务和中断返回 5 个基本阶段。图 7-9 给出了 8086 系统中断响应过程的流程。

由图 7-9 可以看出，对于不同的中断源其中断处理过程并不相同。图左边的中断源判别次序反映了 8086 中断系统中各类中断的优先级。各类中断响应过程的主要差异在于中断类型号的形成和中断是否屏蔽问题,对于内部中断和非屏蔽中断来说,它们的中断类型号可以在CPU内部形成,且不受中断允许位IF的影响;对于可屏蔽中断来说,其中断类型号由外部接口电路给出,且受中断允许位IF的影响。现分别叙述如下。

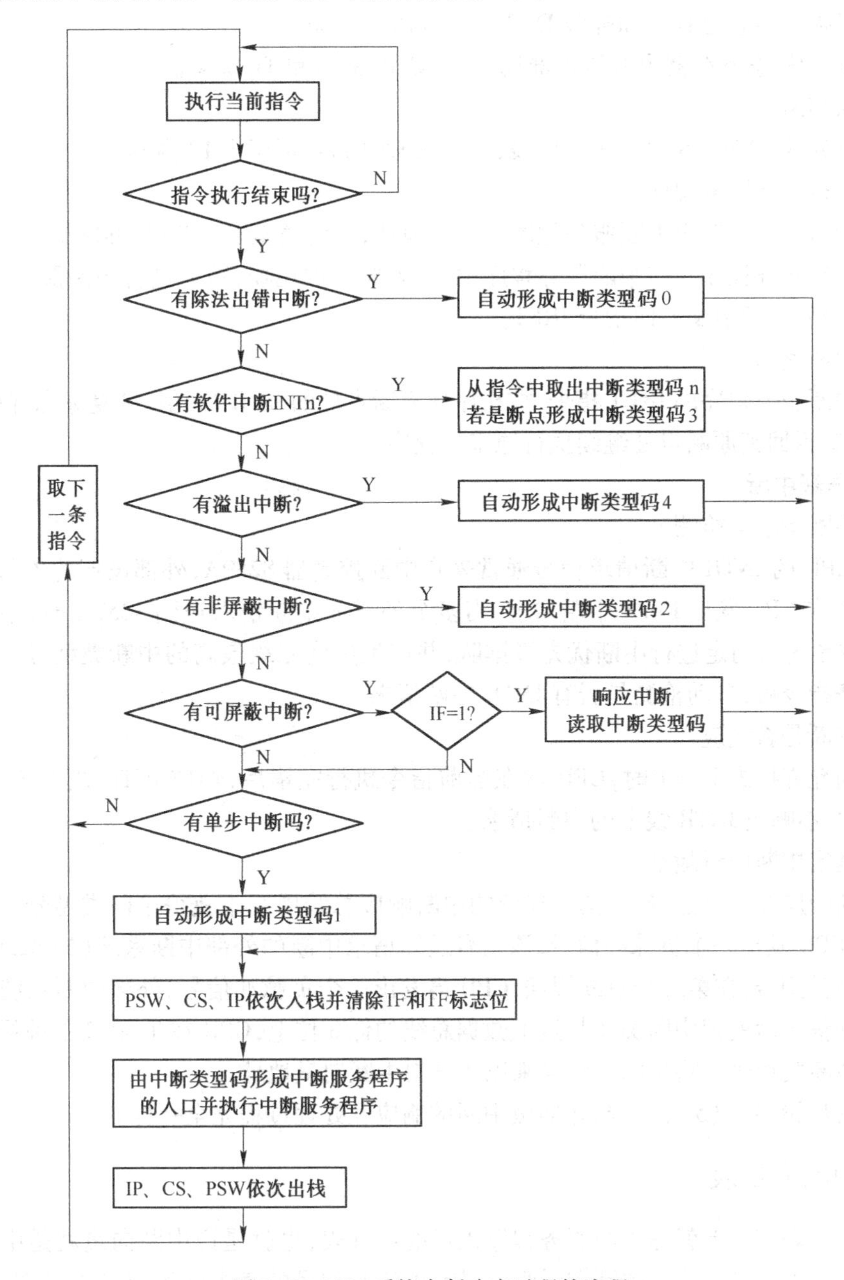

图7-9　8086系统中断响应过程的流程

1. 内部中断和非屏蔽中断的响应及处理过程

(1) 中断请求与检测

内部中断是由程序运行所引起的,外部中断是由外部引脚上的边沿触发信号引起的。CPU在每执行完一条指令后,自动检测是否有中断请求。

(2) 确定中断向量地址

由图 7-9 可以看出,除软件中断外,其余的内部中断均会自动形成中断类型号,而软件中断的中断类型号在指令中已经给出,中断类型号乘以 4 可求得中断向量地址。

(3) 保护各标志位状态和屏蔽 INTR 中断和单步中断

把 CPU 的标志寄存器内容压入堆栈,并清除 IF 标志和 TF 标志。

(4) 保存断点

把断点处的 IP 和 CS 内容压入堆栈,先压入 CS 内容,再压入 IP 内容。

(5) 执行中断服务程序

从中断向量表中取出中断服务程序的入口地址,分别送至 CS 和 IP,再根据 CS 和 IP 中的地址执行中断服务程序。在中断服务程序中,首先要保护现场,然后进行中断服务,服务完毕恢复现场,最后执行中断返回指令 IRET。

(6) 中断返回

执行中断服务程序的 IRET 指令,按次序恢复断点处的 IP 和 CS 值,恢复标志寄存器内容,这样,CPU 就返回到原断点处继续执行原来的程序。

2. 可屏蔽中断

(1) 中断请求与检测

8086 CPU 的 INTR 中断请求信号通常来自中断控制器 8259A,外部设备的中断请求信号通过 8259A 向 CPU 发出 INTR 中断请求,当多个外设的中断请求送到 8259A 时,中断控制器 8259A 会按预先的约定进行中断优先级排队,并产生出优先级最高的中断类型号。CPU 在每执行完一条指令后,自动检测是否有 INTR 中断请求。

(2) 判断是否响应

当中断允许标志 IF = 1 时,CPU 就在当前指令执行完毕后,响应 INTR 线上的中断请求。当 IF = 0 时,不响应 INTR 线上的中断请求。

(3) 确定中断向量地址

在中断响应周期,通过执行两个连续的中断响应总线周期来获得中断类型号。在第一个总线周期,CPU 发出一个负脉冲信号,该信号通知请求中断的外部中断系统(即 8259A),要求准备好中断类型号;在第二个总线周期,CPU 再发出一个负脉冲信号,外部中断系统接收到第二个负脉冲信号后就把中断类型号送上数据总线的低 8 位上,CPU 在 T_4 状态的前沿采样数据总线获得中断类型号。将中断类型号乘以 4 求得中断向量地址。

下面的步骤(4)、(5)、(6)与非屏蔽中断的响应及处理过程完全一样。

7.2.3 中断向量表

中断向量表实际上就是中断服务程序入口的地址表,也就是说中断向量就是中断服务程序入口地址。如何确定这个中断向量呢? 具有中断类型号的某中断源向 CPU 申请中断,CPU 响应中断后,根据所带的中断类型号来产生该中断源的中断向量在中断向量表中的位置,从而获得中断服务程序的入口地址(中断向量),然后转到该入口地址去执行中断服务程序。这就是一种“向量中断”方式。

中断向量表如图 7-10 所示,占内存 1024 B,CPU 把中断向量表的位置放在内存的最低区域,即 0 段的 0 ~ 3FFH 区域。表中每个中断向量的长度为 4 个字节,其中两个字节是段基址

CS,两个字节是偏移地址 IP,组成中断入口地址的指针 CS:IP。这样中断向量表可以有 256 个中断向量(1024/4),正好对应 256 个中断源,每个中断源分配一个中断类型号,则中断类型号的范围是 0～255,也就是说 8086 中断系统最多可有 256 个中断源。

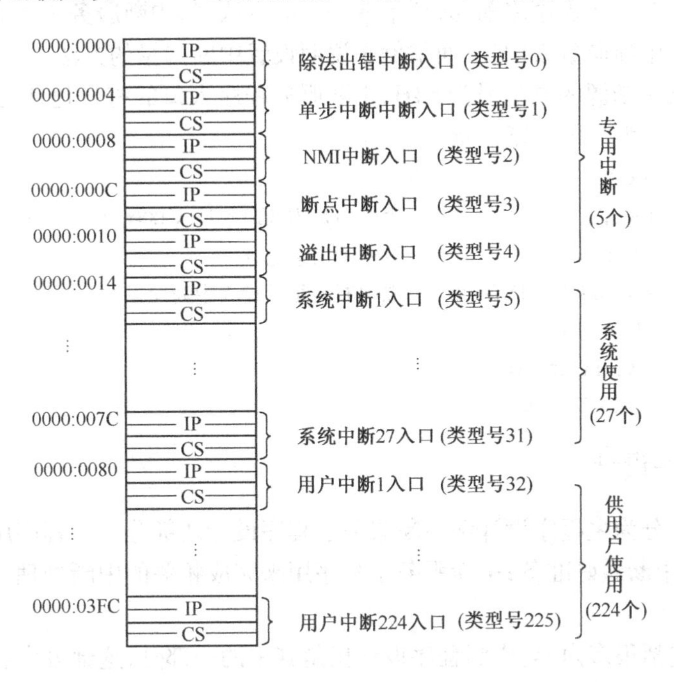

图 7-10　8086 系统的中断向量表

中断向量表的存储规则是低字节在低地址,高字节在高地址,前两个字节存放中断入口的偏移地址(IP),后两个字节存放中断入口的段基址(CS),256 个中断向量的存放顺序是按中断类型号的次序排列。

如何根据中断类型号来找中断向量呢？关键是要找到中断向量在中断向量表中的位置,把这个位置叫作中断向量地址,由图 7-10 可见,中断向量地址与中断类型号之间的关系可表示为

中断向量地址 = 中断类型号 * 4

因此,CPU 通过中断类型号求得相应的中断向量地址,再通过中断向量地址查中断向量表就能取出中断向量,从而找到中断服务程序入口。

【例 7-1】 某中断源的类型号为 34,且已知部分中断向量表如图 7-11 所示,试求中断服务程序入口的物理地址。

解　34 * 4 = 136

即中断向量地址为

88H

查中断向量表得中断向量为

A123H:B678H

地址	
	⋮
0087H	01H
0088H	78H
0089H	B6H
008AH	23H
008BH	A1H
⋮	⋮

图 7-11　部分中断向量表

中断服务程序入口的物理地址为

AC8A8H

用户在使用中断服务程序之前,必须采取一定的方法,将中断服务程序的入口地址送到与中断类型号相应的中断向量表中,下面举例来说明设置中断向量的方法。

【例 7-2】 某中断源的类型号为 54H,中断服务程序入口的符号地址为 INTADD,试编一段程序设置该中断类型号的中断向量。

解

```
MOV    AX,0
MOV    DS,AX                 ;中断向量表的段地址为 0000H
MOV    BX,54H * 4            ;取中断向量地址
MOV    AX,OFFSET INTADD      ;取中断向量并送入中断向量表
MOV    [BX],AX
MOV    AX,SEG INTADD
MOV    [BX +2],AX
```

7.2.4 中断程序设计

中断程序设计分为主程序设计和中断服务子程序设计两部分。主程序用来完成相关的初始化工作,为实现中断做好准备;中断服务子程序用来完成相关的中断处理工作。

1. 主程序设计

主程序设计包括很多内容,中断程序设计仅是其中的一部分,这部分内容的主要目的是为 CPU 产生中断做好准备,也就是做好中断系统的初始化工作,主要包括以下三部分。

(1) CPU 内部的初始化

设置堆栈指针(SS 和 SP)和中断向量,并开放中断,即 IF =1。

(2) 中断控制器 8259A 的初始化

8086 系统一般采用中断控制器 8259A 作为中断接口,因此,必须做好相关初始化工作,如选择中断控制器 8259A 的工作方式,设置优先级排队规则、屏蔽状态以及结束方式等。

(3) 通用接口的初始化

一般外部中断都是由通用接口与外界打交道的,必须根据硬件接口设计的情况,做好通用接口的初始化。

2. 中断服务子程序设计

尽管中断服务子程序的功能不一样,但所有的中断服务子程序都有相同的结构形式,含有以下几个部分。

1) 保护中断现场,必须用 PUSH 指令将中断服务子程序中所使用的寄存器值压入堆栈。

2) 由于进入中断服务程序时,TF 和 IF 被 CPU 自动清零,不再响应其他外设的中断请求,要实现中断嵌套,必须用 STI 指令来使中断允许标志 IF =1。

3) 实现中断处理功能部分。

4) 设置关中断,用 CLI 指令来使中断允许标志 IF =0,禁止其他中断请求进入。

5) 如果不是中断自动结束方式,必须给中断命令寄存器送中断结束命令 EOI,使当前正在处理的中断请求标志被清除,否则同级中断或低级中断的请求仍会被屏蔽掉。

6) 恢复中断现场,用 POP 指令将保护中断现场时压入堆栈的寄存器内容恢复。

7）用 IRET 指令返回主程序。该指令能把堆栈中保存的断点值和标志位分别自动装入 IP、CS 和 PSW。

中断服务程序设计时还应注意以下几个问题。

① 中断服务程序设计时应尽量避免用寄存器在主程序和中断服务程序之间传送参量和结果，以免引起意想不到的混乱或错误。

② 除标志寄存器外，中断服务程序用到的寄存器必须加以保护，即使用堆栈来实现保护现场与恢复现场，也要注意堆栈进出的顺序，并确保堆栈有足够的空间以防堆栈溢出。

③ 由于在执行 IRET 指令后，CPU 自动恢复了中断前标志寄存器的状态，所以即使 CPU 处于关中断状态，从中断服务程序返回前也不必开中断。

7.3 中断控制器 Intel 8259A

可编程中断控制器 8259A 是专门用于微型计算机系统中断管理的大规模集成电路芯片。8259A 把中断源识别、中断优先排队、中断屏蔽、中断向量提供等功能集于一身。因此，微型计算机中断系统无须再附加任何电路，只需对 8259A 进行编程，就可以管理 8 ~ 64 级的优先权中断，且中断请求方式和优先权管理模式可以通过编程设定。8259A 既能实现查询中断方式，又能实现向量中断方式。在软件查询中断方式下，不是对外设进行查询，而是软件对 8259A 进行查询。查询时，8259A 回送状态字，指出请求服务的最高优先权级别，然后根据这个状态字转移到相应的中断服务程序。在向量中断方式下，8259A 得到 CPU 的中断响应后，能自动提供中断类型号，从而快速得到中断服务程序的入口地址，8259A 自动提供的中断类型号可以由用户任意指定。

8259A 中断控制器的功能可归纳为以下几点。

1）具有 8 ~ 64 级的中断优先权管理功能（多于 8 级时，必须通过级联扩展实现）。

2）每一级都可以通过编程实现中断屏蔽或开放。

3）在中断响应周期，8259A 可以自动提供相应的中断类型号。

4）可以通过编程来选择 8259A 的各种工作方式及任意设定中断类型号。

7.3.1 8259A 的引脚信号及结构

1. 8259A 的外部引脚信号

8259A 的外部引脚信号如图 7-12b 所示。除了电源和地线外的 8259A 其他引脚信号的作用见表 7-2。

表 7-2 8259 引脚信号作用

名 称	符 号	作 用
数据总线	$D_7 \sim D_0$	通过数据总线与 CPU 交换数据（双向、三态）
中断请求线	INT	向 CPU 发出中断请求，与 CPU 的 INTR 端相连（输出）
中断应答线	$\overline{\text{INTA}}$	接收 CPU 发来的中断应答信号。与 CPU 的 $\overline{\text{INTA}}$ 端相连（输入），具体详见后述的 8259A 中断响应总线周期操作
读出信号线	$\overline{\text{RD}}$	使 8259A 将要输出的内容送到数据总线上（输入）

（续）

名　称	符　号	作　用
写入信号线	$\overline{WR}$	使8259A从数据总线上接收数据（输入）
芯片选通线	$\overline{CS}$	使8259A处于选通状态（输入）
地址线	A_0	选择8259A的端口（输入）
外设中断请求线	$IR_7 \sim IR_0$	使8259A从外设接收中断请求（输入），中断请求信号可以是电平触发也可以是边沿触发
级联线	$CAS_2 \sim CAS_0$	与$\overline{SP}/\overline{EN}$线配合实现多片8259A的级联，在主片8259A上它是输出线，在从片8259A上它是输入线（双向）
编程/缓冲线	$\overline{SP}/\overline{EN}$	当8259A采用缓冲方式时作为输出，在数据从8259A往CPU传送时，启动数据总线驱动器；当采用非缓冲方式时作为输入，决定本片8259A是主片还是从片，即$\overline{SP}/\overline{EN}=1$时为主片，$\overline{SP}/\overline{EN}=0$时为从片（双向）

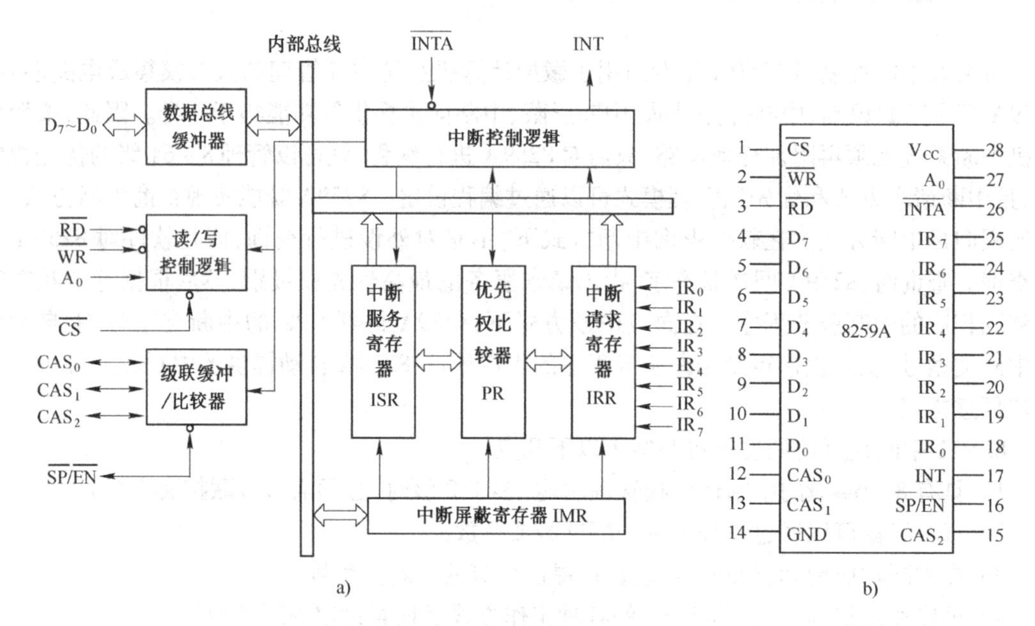

图7-12　8259A内部结构及外部引脚信号

2. 8259A的内部结构

8259A的内部结构如图7-12a所示，它是由8个功能模块组成，即数据总线缓冲器、读/写控制逻辑、级联缓冲/比较器、中断请求寄存器IRR、优先权比较器PR、中断服务寄存器ISR、中断屏蔽寄存器IMR以及中断控制逻辑。

（1）数据总线缓冲器

数据总线缓冲器用于连接系统数据总线和8259A内部总线，以便编程时由CPU对8259A写入控制字或读取状态字，或者中断响应时向CPU提供中断类型号。它是8位三态双向缓冲器，通常与8086低8位数据总线$D_0 \sim D_7$相连，相应地，将CPU地址总线的A_1和8259A的A_0端相连。

（2）读/写控制逻辑

读/写控制逻辑用于接收CPU的读/写命令$\overline{RD}$、$\overline{WR}$，以及片选信号$\overline{CS}$和端口选择信号A_0。一方面把来自CPU的初始化命令字ICW和操作命令字OCW存入8259A内部相应的端口寄存器，用以规定 8259A 的工作方式和控制模式；另一方面也可使 CPU 通过它读取 8259A 内部有关端口寄存器的状态信息。

（3）级联缓冲/比较器

用于控制多片 8259A 的级联，使得中断级可以扩展，最多至 64 级。多片连接时，一片为主片，其余为从片，如图 7-13 所示。

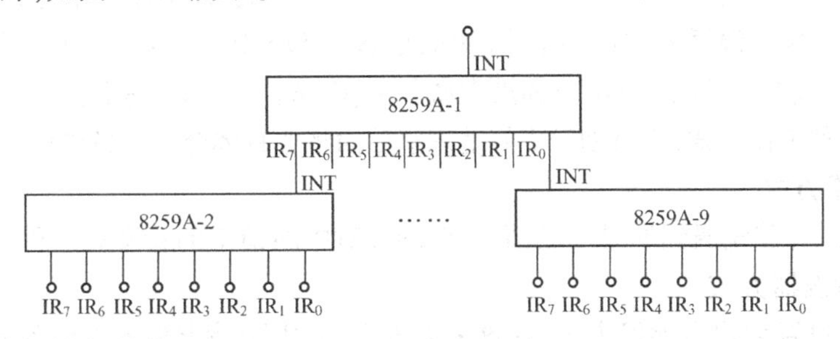

图 7-13　多片 8259 芯片的级联

（4）中断请求寄存器 IRR

IRR 是一个 8 位的具有锁存功能的寄存器，用于寄存所有的外部中断请求。端脚 IR_0 ~ IR_7 可连接 8 个外设的中断请求信号，当 IR_0 ~ IR_7 中任何一个中断请求信号上升为高电平时，IRR 中相应的位置“1”，该位在中断响应过程中被清除。

（5）中断服务寄存器 ISR

ISR 是一个 8 位寄存器，用于寄存当前所有正在被服务的中断级。在中断响应的第一个 INTA 周期将 ISR 的相应位置“1”，同时对应的 IRR 位复位。ISR 的复位由 8259A 中断结束方式决定。若是自动结束方式，则由 CPU 在第二个 INTA 周期后沿将其复位；若是非自动结束方式，则由 CPU 发送的中断结束命令将其复位。允许多重中断时，ISR 多位同时被置成“1”。

（6）中断屏蔽寄存器 IMR

IMR 是一个 8 位寄存器，用于寄存要屏蔽的中断级。该寄存器的每一位对应一个中断级，某位为“1”时，表示屏蔽该级中断请求，为“0”时，则开放该级中断请求。该寄存器内容可以通过屏蔽命令，由软件设置。值得一提的是，对于较高优先权的输入实现屏蔽并不影响较低优先权的输入，也就是说，各中断屏蔽位是独立的。

（7）优先权比较器 PR

优先权比较器 PR 用来确定存放在 IRR 中各个中断请求信号对应中断源的优先级，并对它们进行排队判优，以便选出当前优先权最高的中断级，当中断允许嵌套时，所选的最高中断级还要和 ISR 中内容比较，若比 ISR 中“正在服务”的中断级高，则发出中断请求信号 INT，中止当前中断处理，执行高一级的中断处理，并在中断响应时把 ISR 中相应位置位。若比“正在服务”中断级低，则不发中断请求信号 INT。

（8）中断控制逻辑

控制逻辑是 8259A 的内部控制器。根据中断请求寄存器 IRR 的置位情况和中断屏蔽寄存器 IMR 设置的情况，通过优先级判别器 PR 判定优先级，向 8259A 内部及其他部件发出控制信号，并向 CPU 发出中断请求信号 INT 和接收 CPU 的中断响应信号 $\overline{INTA}$，使中断服务寄存器 ISR 相应位置“1”，并使中断请求寄存器 IRR 相应位置“0”。当 CPU 第二个 $\overline{INTA}$ 信号到来，控制 8259A 送出中断类型号,使 CPU 转入中断服务子程序。如果方式控制字 ICW_4 的中断自动结束位为"1",则在第二个 $\overline{INTA}$ 脉冲结束时,将 8259A 中断服务寄存器 ISR 的相应位清"0"。

7.3.2 8259A 的工作方式

为了能满足用户的各种不同需要,8259A 有 6 种工作方式,即中断请求方式、中断源屏蔽方式、中断嵌套方式、优先级循环方式、中断结束方式、读 8259A 状态方式。这些工作方式都是通过 8259A 的初始化命令字(ICW_1 ~ ICW_4)和操作命令字(OCW_1 ~ OCW_3)来设定的,使用起来非常灵活。掌握了这 6 种工作方式,将有助于更好地理解后面将要具体介绍的各种命令字。

1. 中断请求方式

在中断系统中,首先遇到的是中断请求,8259A 对中断请求的管理有三种中断请求方式。

(1) 边沿触发器方式

8259A 可以设置为边沿触发方式,在这种方式下,当中断请求输入端出现上升沿触发信号时,就实现了中断请求。中断请求输入端以后可以一直保持高电平,不会发生重复的误中断。

(2) 电平触发方式

8259A 可以设置为电平触发方式,在这种方式下,只有中断请求输入端出现高电平信号才能实现中断请求。当该中断请求得到响应后,输入端必须及时撤除高电平,否则可能引起不应有的多次错误中断。

(3) 中断查询方式

当 8259A 被设置为中断查询方式时,8259A 不向 CPU 发 INT 信号,而是靠 CPU 不断查询 8259A。当查询到有中断请求时,就转入相应的中断服务程序。查询时,系统先关中断,然后将查询方式命令字 OCW_3 送到 8259A,再对 8259A 执行一条输入指令,8259A 便将一个如下格式的查询字送上数据总线。

D_7	D_6	D_5	D_4	D_3	D_2	D_1	D_0
I					W_2	W_1	W_0

I = 1,表示有设备请求中断服务。$W_2W_1W_0$ 组成的代码表示当前中断请求的最高优先级。

2. 中断源屏蔽方式

若要屏蔽所有可屏蔽中断源,可采用 CPU 的 CLI 指令使 IF = 0 来实现。但对某个中断源请求进行单独屏蔽,则必须通过 8259A 的中断源屏蔽方式来实现,即对 8259A 内部中断屏蔽寄存器的某几位进行屏蔽操作,屏蔽方式有以下两种。

(1) 普通屏蔽方式

普通屏蔽方式是通过编程将中断屏蔽字写入 IMR 实现的。某位写入"1",对应的中断请求被屏蔽;某位写入"0",则对应的中断请求被开放。

(2) 特殊屏蔽方式

特殊屏蔽方式一般用于特殊要求的场合,希望一个中断服务程序能动态地改变系统的优先级结构,即执行较高的中断服务过程中,需要开放较低级的中断请求。但在通常工作方式下,当较高优先权的中断源正处在中断服务中时,所有优先权较低的中断被屏蔽了,达不到上述要求。在采用特殊屏蔽方式后,用屏蔽字对 IMR 中某位置"1"时,会同时将 ISR 中对应位清"0",这样不仅屏蔽了当前被服务的中断级,同时真正开放了其他级别较低的中断。注意设置顺序,应先设置特殊屏蔽方式,然后建立屏蔽信息。在中断服务程序结束时应退出特殊屏蔽方式。

3. 中断嵌套方式

8259A 中有两种中断嵌套方式:全嵌套方式和特殊全嵌套方式。

(1) 全嵌套方式

全嵌套方式是8259A 进行初始化以后的默认工作方式。其特点是中断优先级管理为固定方式,IR_0 优先级最高,$IR_0 \sim IR_7$ 优先级依次降低。在 CPU 执行中断服务程序过程中,若有新的中断请求到来,只允许响应比当前服务的中断请求级别高的中断请求,禁止响应同级或低一级中断请求。

(2) 特殊全嵌套方式

8259A 在级联情况下需要采用特殊全嵌套方式,它与全嵌套方式工作情况基本相同,不同之处是在 CPU 中断服务期间,除了允许高级中断请求进入外,还允许同级中断请求进入,从而实现一种对同级中断请求的特殊嵌套。

在级联方式中,主片通常设为特殊全嵌套方式,从片设为全嵌套方式。当主片在为某一个从片的中断请求服务时,从片中的 $IR_0 \sim IR_7$ 的请求都是通过主片中的某个 IR_i 请求引入的。因此从片的 $IR_0 \sim IR_7$ 对于主片的 IR_i 来说,它们属于同级,只有主片工作于特殊全嵌套方式时,从片才可实现全嵌套。

4. 优先级循环方式

在实际应用中,众多中断源之间的优先级关系相当复杂,不一定有明显的级别,也不一定固定不变,因此必须根据实际情况进行处理。8259A 提供了两种改变优先级的方式。

(1) 优先级自动循环方式

8259A 被编程设置成这种方式时,自动规定 IR_0 为最高优先级,IR_7 为最低,以后每中断一次,其优先级按一定的规律变化。变化规律是这样的,当某一个中断请求 IR_i 中断服务结束后其优先级自动降为最低,紧跟其后的中断请求 IR_{i+1} 优先级变为最高。例如,当前 IR_3 优先级最高,IR_2 优先级最低,当 IR_4、IR_6 同时有请求时,响应 IR_4,在 IR_4 被服务后,IR_4 的优先级降为最低,而 IR_5 升为最高,其余的依次为 IR_6、IR_7、IR_0、IR_1、IR_2、IR_3。当 IR_6 被响应且被服务后,IR_6 又降为最低,IR_7 变为最高,其余依次类推。这种方式一般用在系统中多个中断源优先级相同的场合。

(2) 优先级特殊循环方式

与优先级自动循环方式之间的区别在于:优先级自动循环方式刚设置后,规定 IR_0 的优先级最高;而优先级特殊循环方式刚设置后,则由编程来确定最高优先级,即指定最低优先级,也就是最高优先级也确定了。例如,编程时确定 IR_4 为最低优先级,则 IR_5 就是最高优先级。

5. 中断结束方式

首先弄清楚什么是中断结束处理,其实就是对 8259A 中断服务寄存器 ISR 中对应的位置“0”处理。如果没有中断结束处理,中断优先权判别就会不正常,原因是中断响应时,8259A 已经使 ISR 对应位置“1”,表示正在为对应的外设服务,中断优先判别器并以此为判别依据。

8259A 中断结束处理的方式有自动结束方式(AEOI)和非自动结束方式(EOI)两种,而非自动结束方式又有普通 EOI 结束方式和特殊 EOI 结束方式两种。

(1) 中断自动结束方式

该结束方式的设置是在 8259A 初始化时实现。CPU 进入中断响应周期,并在发出第二个 $\overline{INTA}$脉冲后自动将 ISR 中对应的位清“0”,实现了中断自动结束处理。只有一片 8259A 且多个中断不会嵌套的情况下才会使用该结束方式,否则会出错,由于 ISR 寄存器中没有正在进行中断的标志，这样，低级中断可以打断高级中断，会产生嵌套混乱。

（2）中断非自动结束方式

1）普通 EOI 结束方式。主要用在全嵌套工作方式的情况，因为在这种情况下，中断服务寄存器是可以确定哪一级中断是最后响应和处理的，只要 CPU 向 8259A 传送 EOI 结束命令字，就会自动将 ISR 寄存器中级别最高的置“1”位清“0”（此位对应当前正在处理的中断）。必须注意 EOI 结束命令字应放在返回指令 IRET 前（紧靠着），否则会出错。普通 EOI 结束命令是在 8259A 的操作命令中实现的。

2）特殊 EOI 结束方式。主要用在非全嵌套工作方式的情况，因为在这种情况下，中断服务寄存器无法确定哪一级中断是最后响应和处理的。在特殊 EOI 结束命令字中将当前要清除的中断级别传给了 8259A。此时，8259 A 将 ISR 寄存器中指定级别的对应位清“0”，它在任何情况下都可使用。特殊 EOI 结束方式是在 8259A 的操作命令中实现的。

在级联方式下一般都用非自动结束方式，在中断处理结束时，要对主片和从片分别发中断结束命令。

6. 读 8259A 状态方式

为了能在 8259A 运行过程中，了解其工作状况，8259A 内部的 IRR、ISR 和 IMR 等寄存器的状态可以通过适当的读命令读至 CPU 中，以供程序员作进一步的处理。

7.3.3 8259A 的编程

8259A 的编程分为初始化编程和工作方式编程。初始化编程就是根据需要将初始化命令字 ICW_1 ~ ICW_4 分别置入 8259A 中，工作方式编程就是根据需要将操作命令字 OCW_1 ~ OCW_3 分别置入 8259A 中。初始化命令字必须在正常操作开始前写入，以建立 8259A 的基本工作条件，写入后一般不再改变。操作命令字可以在工作开始前写入，也可以在工作期间写入，由此实现中断处理过程的动态控制。

1. 初始化命令字及其编程

初始化命令字共有 4 个：ICW_1、ICW_2、ICW_3、ICW_4。在进行初始化编程时，命令字 ICW_1 ~ ICW_4 必须按严格规定的输入流程进行，其具体规定如图 7-14 所示。其中 A_0 为 8259A 的片内寄存器地址选择线，ICW_1 和 ICW_2 是必须要输入的，而 ICW_3 和 ICW_4 是由工作方式来选择输入的。注意：ICW_1 应写入 8259A 的偶地址端口（即 $A_0=0$），ICW_2、ICW_3、ICW_4 应写入 8259A 的奇地址端口（即 $A_0=1$）。

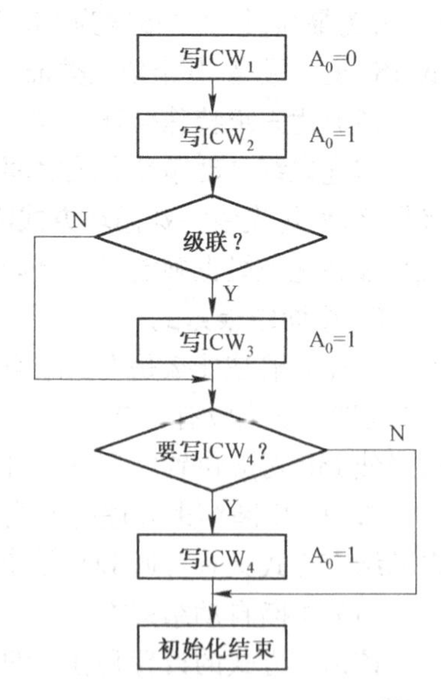

图 7-14 8259A 写入 ICW 流程图

初始化命令字可以完成以下功能。

1）由 ICW_1 设定中断请求信号触发形式是高电平触发还是上升沿触发。

2）由 ICW_1 和 ICW_3 设定 8259A 工作方式是单片方式还是级联方式。

3）由 ICW_2 设定 8259A 中断类型号基值，也就是 IR_0 对应的中断类型号。

4）由 ICW_1 和 ICW_4 设定优先级设置方式以及中断处理结束时的结束操作方式。

（1）芯片控制初始化命令字 ICW_1

芯片控制初始化命令字有三个作用。

1）设定中断请求信号触发形式，高电平触发或上升沿触发。

2）设定 8259A 工作方式，单片或级联。

3）清除中断屏蔽寄存器 IMR，设置优先权排队，使 IR_0 优先权最高，IR_1 次之，依此类推，IR_7 最低。

ICW_1 命令字格式如图 7-15 所示。

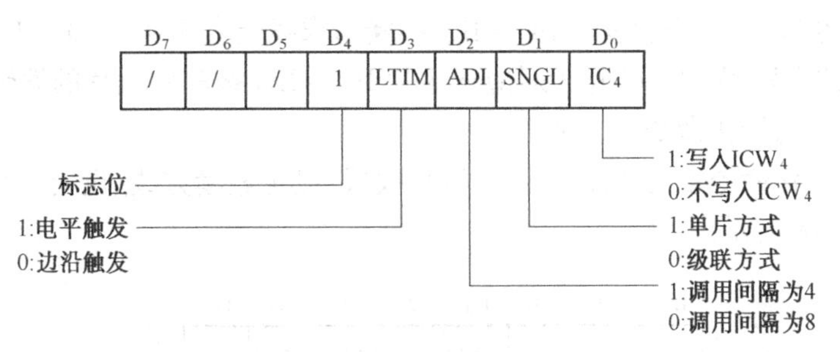

图 7-15　ICW_1 的格式

ICW_1 命令字输入条件：写入命令字的端口地址 $A_0=0$，命令字的特征位 $D_4=1$。

IC_4：由 D_0 定义，指出初始化过程是否要写入 ICW_4。

LTIM：由 D_3 定义，指出 8 个中断信号作用的有效触发方式。$D_3=0$，为上升沿触发；$D_3=1$，为高电平触发。

SNGL：由 D_1 定义，指出单片或多片级联方式，$D_1=1$ 指出系统使用的 8259A 是单片；$D_1=0$ 是多片，且此时意味着写入 ICW_3 是该 8259A 初始化编程的一部分。

其中，D_2 和 $D_5 \sim D_7$ 只在 8080/8085 微机系统中有用，在 80x86 系统中不起作用。

（2）中断类型初始化命令字 ICW_2

中断类型初始化命令字 ICW_2 的作用是设定 8259A 中断类型号基值，即 IR_0 对应的中断类型号。命令字格式如图 7-16 所示。

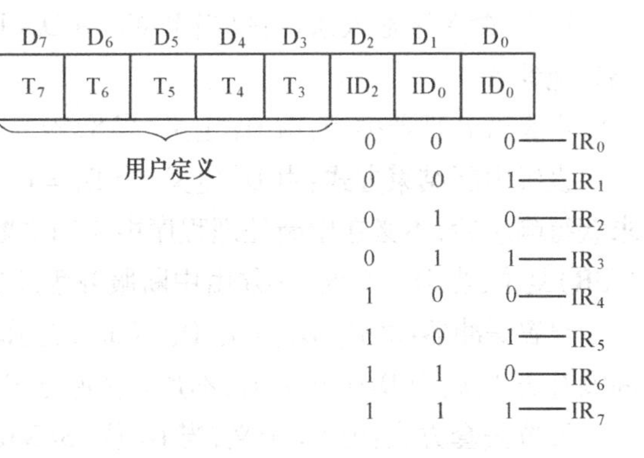

图 7-16　ICW_2 的格式

ICW_2 命令字输入条件：ICW_2 命令字必须紧接着 ICW_1 写入，且写入命令字的端口地址 $A_0=1$。

ICW_2 中的低 3 位 $D_2 \sim D_0$ 是由系统自动填入中断请求输入端 $IR_0 \sim IR_7$ 的编码。

ICW_2 中的高 5 位 $D_7 \sim D_3$ 由用户编程写入 $T_7 \sim T_3$，若 ICW_2 写入 40H 时，则 $IR_0 \sim IR_7$ 对应的中断类型号分别为 40H、41H、42H、43H、44H、45H、46H 和 47H。若 ICW_2 为 30H，则 IR_6 的中断类型号为 36H。

（3）主/从片初始化命令字 ICW_3

ICW_3 的作用是定义系统中主片、从片的级联。该命令字用在系统中有多片 8259A 的情况，由 ICW_3 对主片 8259A 和从片 8259A 进行初始化。但主片和从片的 ICW_3 格式是不同的，主/从片初始化命令格式如图 7-17 所示。

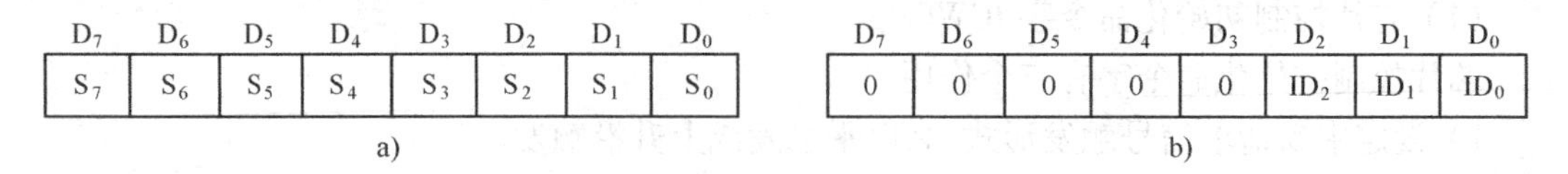

图 7-17　ICW_3 的格式

ICW_3 命令字输入条件：仅当多片 8259A 级联时，且写入命令字的端口地址位 $A_0=1$，主 8259A 和每个从片 8259A 都须写入 ICW_3。

主片 ICW_3 的 $D_7 \sim D_0$ 分别表示 $IR_7 \sim IR_0$ 中断请求线上有无从片，$D_i=1$ 表示有。

从片 ICW_3 的识别码 $ID_2 \sim ID_0$ 为对应于主片 $IR_7 \sim IR_0$ 级联的从片的编码。

(4) 方式控制初始化命令字 ICW_4

方式控制初始化命令字的作用是定义 CPU 模式、设定嵌套方式、设定结束操作方式，其命令字格式如图 7-18 所示。

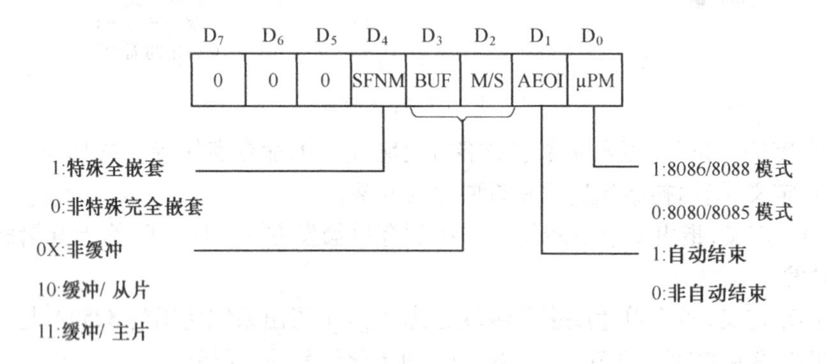

图 7-18　ICW_4 的格式

ICW_4 命令字输入条件：仅当 ICW_1 中 $D_0(IC_4)$ 为 1 时才需要写入 ICW_4，且写入命令字的端口地址 $A_0=1$。

设置微处理器类型：由 D_0 定义，当 8259A 连到 80x86 时 D_0 必须为“1”。

设置中断结束方式：由 D_1 定义，当 $D_1=1$ 时，表示该中断自动结束(AEOI)，即当该中断请求获得响应后，不必在中断处理程序中使用中断结束(EOI)命令，而能自动使中断服务寄存器(ISR)复位；当 $D_1=0$ 时，必须由中断服务程序送出 EOI 命令后才使 ISR 复位，结束中断。

设置缓冲器：由 D_3、D_2 定义，$D_3=0$ 时，表示非缓冲方式，说明本片 8259A 和系统数据总线之间没有缓冲器；当 $D_3D_2=10$ 时，本片为缓冲方式且是从片；$D_3D_2=11$，本片为缓冲方式且是主片。

设置嵌套方式：由 D_4 定义，当 D_4 位(SFNM)置“1”时，表示 8259A 处于多片中断控制系统中，其优先级顺序采用特殊全嵌套方式；当 D_4 位(SFNM)置“0”时，则表示其优先级采用全嵌套方式。

$D_7 \sim D_5$ 未用，一般取值为“0”。

2. 操作命令字及其编程

在完成初始化命令字的编程后，8259A 就可以接收中断请求信号了，这时中断源优先权是 IR_0 最高，IR_7 最低，且清除了所有中断屏蔽。为了能改变 8259A 初始化的中断控制方式，或屏蔽某些中断，或读出 8259A 的一些状态信息，则必须继续向 8259A 写入操作命令字 OCW。

8259A 共有 OCW_1 ~ OCW_3 三个操作命令字，这都是在应用程序内部设置的，设置时对端口地址有严格规定：设置 OCW_1 必须采用奇地址端口，设置 OCW_2 和 OCW_3 必须采用偶地址端口（$A_0=0$）。其中 OCW_2 和 OCW_3 是通过命令字本身的 D_4D_3 位来区分：$D_4D_3=00$ 时表示 OCW_2，$D_4D_3=01$ 时表示 OCW_3。

（1）屏蔽操作命令字 OCW_1

OCW_1 命令字格式如图 7–19 所示。它可实现与该 8259A 相连的各中断源的屏蔽与开放。OCW_1 命令字直接写入中断屏蔽寄存器 IMR。写入时其端口地址为 $A_0=1$。当该寄存器的各位 $M_i=1$ 时，表示对应的中断输入 IR_i 被屏蔽；当 $M_i=0$ 时，表示对应的中断输入 IR_i 被开放。这里的位屏蔽是指 8259A 不会向 CPU 发出与该位对应的中断请求输入，这与 CPU 内部的 IF 标志不同。

D_7	D_6	D_5	D_4	D_3	D_2	D_1	D_0
M_7	M_6	M_5	M_4	M_3	M_2	M_1	M_0

图 7–19　OCW_1 的格式

另外，OCW_1 命令字可通过选址线 $A_0=1$ 把 IMR 寄存器内容读回 CPU。利用该命令字，可以通过编程在程序的任何地方实现对某些中断的屏蔽或开放，这样也就是改变了中断的优先级。

（2）中断方式命令字 OCW_2

OCW_2 命令字格式如图 7–20 所示。该命令字用于设置优先级是否循环、循环的方式及中断结束的方式。

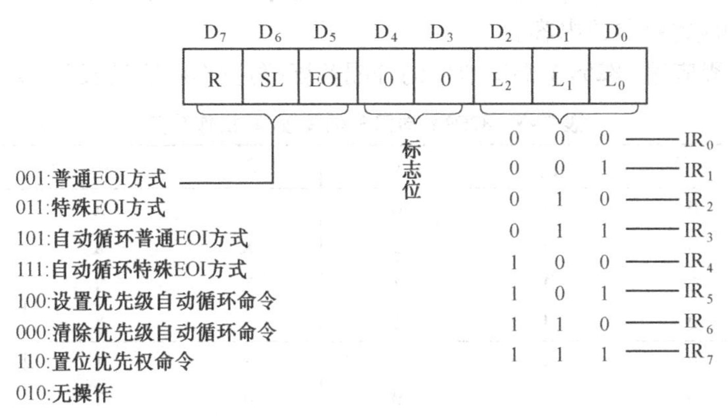

图 7–20　OCW_2 的格式

设置 OCW_2 的条件：命令字中标志位 $D_3D_4=00$，写入的端口地址 $A_0=0$。

循环方式设置：由 D_7 定义，该位若为 1，表示采用优先级循环方式；若为 0，则为非循环方式。

中断结束命令设置：由 D_5 定义，该位若为 1，表明 OCW_2 操作命令的任务之一是用作结束中断命令；若为 0，则不作为结束中断命令。

末三位有效性设置：由 D_6 定义，该位若为 1，末三位 L_2 ~ L_0 有效；若为 0，则 L_2 ~ L_0 为无效。当用 OCW_2 发出特殊的中断结束命令时，具体要清除 ISR 中的哪一位可由 $L_2 \sim L_0$ 指出。除此以外，当用 OCW_2 发出特殊的优先级循环方式命令字时，循环开始时究竟哪个中断的优先级最低也是由 $L_2 \sim L_0$ 来指出。

(3) 状态操作命令字 OCW_3

该命令字的作用是设置查询方式、设置或撤销特殊屏蔽方式，以及用来读 8259A 的中断请求寄存器 IRR、中断服务寄存器 ISR 的当前状态。命令字格式如图 7-21 所示。

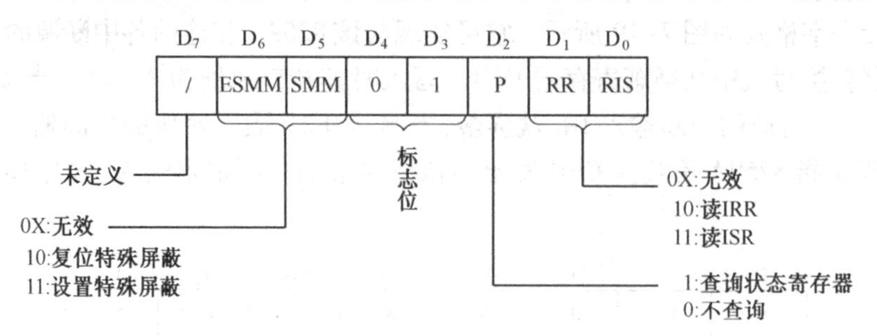

图 7-21　OCW_3 的格式

设置 OCW_3 的条件：命令字中标志位 $D_4D_3=01$，写入的端口地址 $A_0=0$。

设置查询方式：由 D_2 定义，该位若为 1，表明 8259A 采用中断查询方式，可以使 CPU 用程序随时查询中断源。

设置或撤销特殊屏蔽方式：由 D_6、D_5 两位定义，$D_6D_5=11$ 时，允许特殊屏蔽方式；$D_6D_5=10$ 时，返回到正常屏蔽方式。

读 8259A 内部寄存器的状态：由 D_1、D_0 两位定义，$D_1D_0=10$ 时，表示要读 IRR；$D_1D_0=11$ 时，表示要读 ISR。当将 OCW_3 命令字送给 8259A，再对 8259A 用输入指令(IN)读出，CPU 便可得到 8259A 相应寄存器的内容。

为了便于编程应用，8259A 端口地址的分配及读/写操作功能见表 7-3。

表 7-3　8259A 端口分配及读/写操作功能

$\overline{CS}$	$\overline{WR}$	$\overline{RD}$	A_0	D_4	D_3	功　能
0	0	1	0	1	X	写 ICW_1
0	0	1	1	X	X	写 ICW_2
0	0	1	1	X	X	写 ICW_3
0	0	1	1	X	X	写 ICW_4
0	0	1	1	X	X	写 OCW_1
0	0	1	0	0	0	写 OCW_2
0	0	1	0	0	1	写 OCW_3
0	1	0	0	X	X	读 IRR
0	1	0	0	X	X	读 ISR
0	1	0	1	X	X	读 IMR
0	1	0	1	X	X	读状态

7.3.4　8259A 的应用举例——在 IBM PC/XT 中的应用

在 IBM PC/XT 系统中，使用一片 8259A 管理中断，8 个中断请求 $IR_0 \sim IR_7$ 除 IR_2 供用户

使用外，其他均为系统占用，硬件连线如图 7-22 所示。

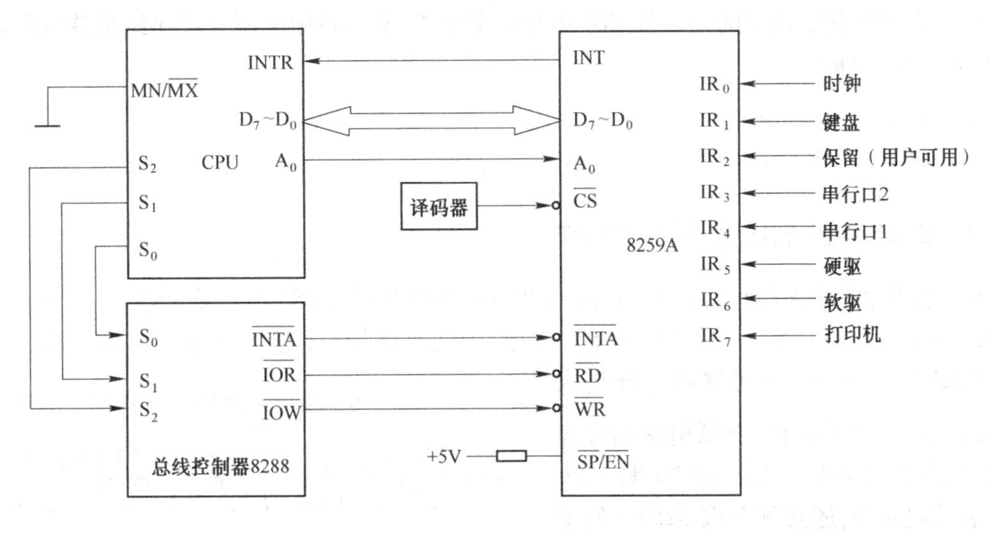

图 7-22　PC/XT 系统中断结构

各中断源的类型号、向量地址及其在系统 BIOS 中的过程名、首地址见表 7-4。其中时钟、键盘、硬盘和软盘 4 个中断源的中断服务程序均设置在 BIOS 中，其余各中断源服务程序在 BIOS 中以临时服务程序 D11 代替。

表 7-4　PC/XT 系统用户中断列表

中断类型号	向 量 地 址	中 断 源	BIOS 中断服务程序（段地址：偏移地址）
08H	20H～23H	时钟	TIMER-INT（F000H：FFA5H）
09H	24H～27H	键盘	KB-INT（F000H：E987H）
0AH	28H～2BH	保留	D11（F000H：FF23H）
0BH	2CH～2FH	串行口 2	D11（F000H：FF23H）
0CH	30H～33H	串行口 1	D11（F000H：FF23H）
0DH	34H～37H	硬盘	HD-INT（C800H：0760H）
0EH	38H～3BH	软盘	DISK-INT（F000H：EF57H）
0FH	3CH～3FH	打印机	D11（F000H：FF23H）

根据 PC/XT 外部中断源的设置情况，除 IR_2 可供用户使用外，IR_3、IR_4、IR_7 在系统不用时，也可供用户使用。

系统分配给 8259A 的 I/O 地址号为 20H 和 21H，对 8259A 进行初始化时的规定为边沿触发方式，缓冲器方式，中断结束采用 EOI 方式，中断优先级管理采用全嵌套方式。

根据以上要求，对 8259A 的初始化程序段如下。

```
MOV    AL,13H        ;设 ICW1 为边沿触发方式,单片 8259A 需要设置 ICW4
OUT    20H,AL
MOV    AL,08H        ;设置 ICW2 中断类型号为 08H～0FH
OUT    21H,AL
MOV    AL,09H        ;设置 ICW4 为 8088 模式,一般 EOI 缓冲方式,全嵌套
```

```
OUT    21H,AL
```

由于在初始化中设定的是一般 EOI 中断结束方式，所以在中断服务程序结束并返回断点之前，必须写入 OCW_2。

```
MOV    AL,20H
OUT    20H,AL
```

7.3.5 8086 中断响应总线周期操作

中断控制器 8259A 向 CPU 的 INTR 送入的“中断请求”信号，8086 CPU 就会作出中断响应总线周期，在两者的严格配合下，中断控制器 8259A 把相应外部设备的中断类型号送给 8086 CPU。

如图 7-23 所示，在可屏蔽中断请求后，CPU 通过 $\overline{INTA}$ 引脚发出低电平信号表示响应，由于 8259A 采用向量式中断，CPU 除了表示响应外，还必须获取 8259A 的中断类型号，所以中断响应过程要有两个连续的中断响应总线周期（包括 4 个时钟周期 $T_1 \sim T_4$），在这两个中断响应周期之间插入 2 ~ 3 个空闲状态。

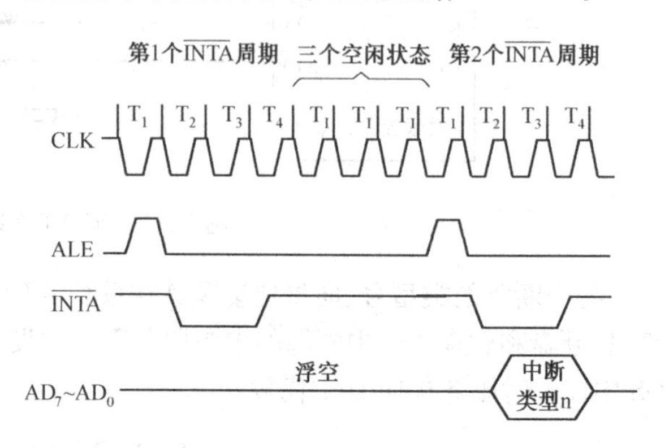

图 7-23 8086 中断响应周期

第一个中断响应总线周期，主要任务是 CPU 通知外设准备响应中断，外设应该准备好中断类型号。在这个周期中，CPU 将地址/数据总线置于浮空状态，在 $T_2 \sim T_4$ 期间 CPU 从 $\overline{INTA}$ 引脚上向外设端口（一般是 8259A 中断控制器）先发一个负脉冲，表明其中断申请已得到允许，禁止来自其他总线控制器的总线请求。

第二个中断响应总线周期，主要任务是 CPU 接收外设接口发来的中断类型号。在这个周期中，CPU 向 8259A 发出第二个 $\overline{INTA}$ 信号，8259A 在 T_2 和 T_3 周期将一个字节的中断类型号 n 送到数据总线低 8 位。CPU 读取中断类型号 n，通过查中断向量表得到中断服务程序入口地址，转去执行中断服务程序，完成相应的中断处理功能。

8086 中断响应总线周期操作的时序还需注意以下几点。

（1）中断请求信号

8086 CPU 要求外设通过 8259A 向 INTR 线发的中断请求信号是一个电平信号，必须维持两个总线周期的高电平，否则，当 CPU 的 EU 执行完一条指令后，如果 BIU 正在执行总线操作周期，则会使中断请求得不到响应，而继续执行其他的总线操作周期。

（2）$\overline{INTA}$ 响应信号

8086 工作在最小模式和最大模式时，$\overline{INTA}$ 响应信号是从不同地方向外设端口（8259A）发出的。最小模式下，直接从 CPU 的 $\overline{INTA}$ 引脚发出，8086 工作在最大模式时，不从 $\overline{INTA}$ 引脚上发中断响应脉冲，而是由 $\overline{S_2}\ \overline{S_1}\ \overline{S_0}$ 组合为 000，通过总线控制器 8288 发出 $\overline{INTA}$ 中断响应信号。

（3）总线保持请求信号 HOLD 优先

8086 不允许在两个$\overline{INTA}$周期之间响应总线保持请求(通过 HOLD 或$\overline{RQ}/\overline{GT}$线请求),但如果同时出现中断请求和总线保持请求,则 CPU 应先对总线保持请求服务,然后再进入中断响应总线周期。

(4) 提供中断向量的外设接口

外设的中断类型号一般通过 16 位数据总线的低 8 位传送给 8086,所以提供中断向量的外设接口应该接在数据总线的低 8 位上。

7.4 可编程 DMA 控制器 8237A

DMA(Direct Memory Access)是一种直接存储器存取方式,利用这种方式,可以在没有 CPU 干预的情况下,存储器与外设之间或存储器与存储器之间进行直接数据传输,这样可大大提高数据传输的速度。虽然这种传输方式不需要 CPU 的干预,但必须有一种控制数据传输的硬件电路,这就是本节要介绍的 DMA 控制器。DMA 控制器具有总线控制能力。8237A 是一种典型的可编程 DMA 控制器。

7.4.1 8237A 的特性与结构

1. 主要特性

8237A 具有很多可编程控制特性,从而可增进系统的优化和增大数据的吞吐量,并允许编程实现动态控制。它的主要特性如下。

1) 一个 8237A 芯片有 4 个独立的 DMA 通道,也可通过级联方式扩充通道数目。

2) 各通道具有独立的允许/禁止 DMA 请求的控制功能和自动预置功能。

3) 各通道都有 DMA 请求信号 DREQ 和响应信号 DACK,其有效电平可编程设定。

4) 有两种优先级:固定优先级和循环优先级。

5) 有 4 种工作方式:单字节传送方式、数据块传送方式、请求传送方式和级联方式。

6) 有两种基本时序:正常时序和压缩时序。

7) 传送数据时,具有自动修改地址的功能。

8) DMA 传送过程中具有总线控制权,在传送结束后能将总线控制权归还给 CPU。

9) 数据传送结束时能发 DMA 结束信号,也可由外部发送 DMA 结束信号中止传送。

2. 8237A 的工作周期

为方便 8237A 结构的介绍,先简述一下 8237A 的工作周期。根据 8237A 在系统中的工作状态,可以分为两种工作周期:DMA 空闲周期和 DMA 有效周期。

1) DMA 空闲周期。当 8237A 的所有通道均没有 DMA 请求时,芯片即处于空闲周期。此时 8237A 作为普通接口芯片受 CPU 控制,处于从属状态。在空闲周期的每一个时钟周期,8237A 都对 DREQ 进行采样,以检测是否有 DMA 请求,若没有请求则一直处于从态。同时 8237A 还对$\overline{CS}$端进行采样,如为低电平,且 DREQ 也为有效电平,则进入编程状态,由 CPU 将数据写入 8237A 内部寄存器,或从内部寄存器中读出内容进行检查。

2) DMA 有效周期。当 8237A 采样到某通道有 DMA 请求,即向 CPU 发总线请求信号,一旦获得总线控制权则由空闲周期进入有效周期。此时 8237A 作为系统的主控芯片,处于主控状态，具有总线控制权，控制 DMA 传送。

3. 外部结构

8237A 外部引脚排列如图 7-24 所示，各引脚功能见表 7-5。

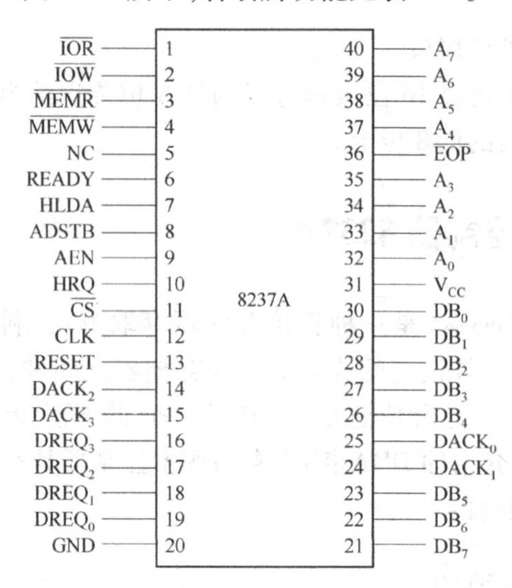

图 7-24　8237A 外部引脚图

表 7-5　8237A 引脚功能

引　脚　名	功　　能
CLK	时钟输入。控制 8237A 内部操作定时和 DMA 传送速率
$\overline{CS}$	片选输入，低电平有效。空闲周期选中 8237A 作为 I/O 设备
RESET	复位输入，高电平有效。屏蔽寄存器被置“1”，其他寄存器均被清“0”
READY	准备就绪输入，高电平有效。存储器或 I/O 设备就绪
ADSTB	地址选通输出，高电平有效。有效周期时将当前地址寄存器中的高 8 位地址 DB_7 ~ DB_0 送入外部锁存器
AEN	地址允许输出，高电平有效。有效周期时将外部锁存器中的高 8 位地址送到地址总线上
HRQ	总线请求，高电平有效。8237A 某通道接收到有效 DREQ 后，若相应通道屏蔽位为“0”，则向 CPU 发总线请求信号
HLDA	总线响应，高电平有效。CPU 收到 HRQ 后，如允许则向 8237A 发送响应信号，将总线控制权交给 8237A
$DREQ_3$ ~ $DREQ_0$	DMA 请求输入，每个通道对应一个 DREQ 信号端，有效电平可编程确定，但复位后规定高电平有效。在收到响应信号之前，始终保持有效电平
$DACK_3$ ~ $DACK_0$	DMA 响应输出，每个通道对应一个 DACK 信号端，有效电平可编程确定，但复位后规定低电平有效
A_3 ~ A_0	最低 4 位地址线，三态，双向。空闲周期时用于对 8237A 内部寄存器寻址，有效周期时输出最低 4 位地址
A_7 ~ A_4	4 位地址线，三态，输出。有效周期时提供高 4 位地址
DB_7 ~ DB_0	8 位数据线，三态，双向。有效周期用于输出当前地址寄存器中的高 8 位地址；空闲周期用于读取或写入 8237A 内部寄存器的值
$\overline{IOR}$	I/O 设备读信号，双向，低电平有效。有效周期时，读取 I/O 设备数据；空闲周期时，读取 8237A 内部寄存器数据
$\overline{IOW}$	I/O 设备写信号，双向，低电平有效。有效周期时，将数据写入 I/O 设备；空闲周期时，把数据写入 8237A 内部寄存器

（续）

引脚名	功能
$\overline{MEMR}$	存储器读信号，低电平有效。有效周期时读取所选存储单元数据
$\overline{MEMW}$	存储器写信号，低电平有效。有效周期时向所选存储单元写入数据
$\overline{EOP}$	DMA 传送结束信号，双向，低电平有效。可以是 DMA 完成后由 8237A 发出，也可由外部向 8237A 发出该信号强制结束 DMA 传送。注意，$\overline{EOP}$不用时应接高电平，可防止误输入

4. 内部结构

根据逻辑功能的不同，8237A 内部结构主要可分为以下几部分。

（1）时序与控制逻辑

根据初始化编程时设置的方式寄存器内容，在输入时钟和定时控制下，产生 8237A 的内部定时信号和外部控制信号。

在 DMA 有效周期时，时序与控制逻辑向系统发出相应的控制信号，为 DMA 传送和 DMA 结束提供内部时序控制、地址及读/写控制信号。

在 DMA 空闲周期时，时序与控制逻辑接收系统送来的时钟复位、片选、读/写控制和 DMA 请求等信号，并完成相应的控制。

（2）优先级编码逻辑

若 8237A 有几个通道同时收到 DMA 请求，则由优先级编码逻辑根据 8237A 的初始化编程确定这几个通道的优先传送顺序。8237A 有两种优先级：固定优先级和循环优先级。

1）固定优先级：通道 0 的优先级最高，通道 3 的优先级最低，按顺序排列。

2）循环优先级：当前优先级最高的通道在结束本次 DMA 传送后变为优先级最低的通道，其他通道的优先级依次前进一位。例如，某次传送中 DMA 通道的优先级从高到低的顺序为 1-2-3-0，那么在通道 1 进行一次传送后，优先级顺序变成 2-3-0-1，在通道 2 完成传送后优先级顺序则变为 3-0-1-2，如此循环往复。

（3）命令控制逻辑

解码 CPU 写入内部寄存器的编程命令，从态时根据 $A_3 \sim A_0$ 信号选择内部寄存器，主态时确定 DMA 操作类型。

（4）数据和地址缓冲器组

$A_7 \sim A_0$ 在有效周期时提供低 8 位地址，其中 $A_3 \sim A_0$ 在空闲周期时寻址内部寄存器；$DB_7 \sim DB_0$ 在空闲周期时传送内部寄存器的数据信息，有效周期时传送高 8 位地址信息。

（5）内部寄存器组

8237A 的内部寄存器组可分为两大类：一类是通道寄存器，即每个通道各自独立拥有的当前地址寄存器、当前字节计数寄存器、基地址寄存器、基字节计数寄存器和方式寄存器；另一类是共用寄存器，即 4 个通道共同使用的控制寄存器、状态寄存器、请求寄存器、屏蔽寄存器和暂存寄存器。

7.4.2 内部寄存器

1. 通道寄存器

（1）当前地址寄存器

DMA 传送时用来提供当前访问存储器地址的 16 位寄存器。每传送一个数据后，地址值自动增 1 或减 1。CPU 以连续两字节方式读/写当前地址寄存器的值。自动预置后可重新恢复为初始值。

（2）当前字节计数寄存器

DMA 传送时用来保存当前需传送字节数的 16 位寄存器。每传送一个数据后，字节计数器减 1，当减到 0FFFFH 时计数终止，因此实际传送的字节数比编程写入的字节数大 1（如编程的初始值为 100，实际将传送 101 个字节）。CPU 以连续两字节方式读/写当前字节计数寄存器的值。若地址寄存器以字为单位编程，则字节寄存器相应地采用字数作为初始值。自动预置后可重新恢复为初始值。

（3）基地址寄存器

用来存放相应通道当前地址寄存器初值的 16 位寄存器。基地址寄存器和当前地址寄存器合用一个端口地址，编程时这两个寄存器写入相同的数据。但基地址寄存器的值在 DMA 传送过程中不能被读出和修改，而是用于在自动预置后使当前地址寄存器恢复到初始值。

（4）基字节计数寄存器

用来存放相应通道当前字节计数器初值的 16 位寄存器。基字节计数寄存器和当前字节计数寄存器也合用一个端口地址，编程时这两个寄存器也写入相同的数据。但基字节计数寄存器中的值在 DMA 传送过程中不能被读出和修改，而用于在自动预置后使当前字节计数寄存器恢复初值。

（5）方式寄存器

用于选择相应通道的 DMA 传送方式和类型等的 6 位寄存器，其格式如图 7-25 所示。

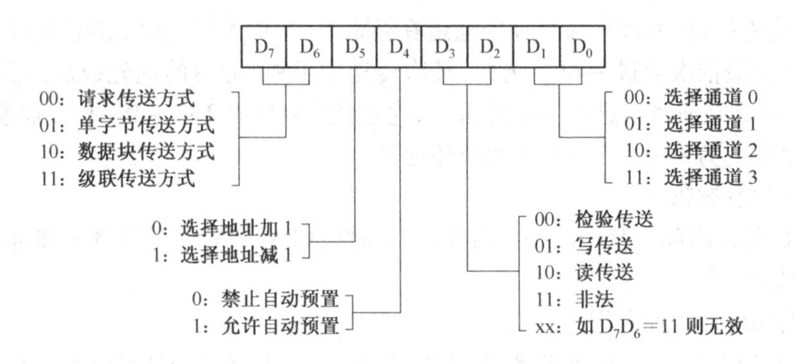

图 7-25　方式寄存器格式

需要注意的是，8237A 有 4 种传送方式和 3 种传送类型。

1）传送方式。

① 单字节传送方式：每次 DMA 操作仅传送一个字节数据，传送后当前地址寄存器加 1 或减 1，并将当前字节计数器减 1，保持请求信号 HQR 无效，交出总线控制权，随后再次请求 DMA 传送下一个字节数据，如此往复直到当前字节计数器减为 0FFFFH 时终止。

② 数据块传送方式：8237A 一旦获得总线控制权，便开始连续传送数据，每传送一个字节，便自动修改地址，并使要传送的字节数减 1，直到当前字节计数器减为 0FFFFH 时产生终止信号，或者收到外部的 $\overline{EOP}$ 信号时结束传送，交出总线控制权。

③ 请求传送方式：与数据块传送方式相似，不同的是每传送一个字节后，相应通道都要检测 DREQ 是否有效，一旦无效即立刻停止传送，此时当前地址寄存器和当前字节计数器的值

保持不变。但检测 DREQ 依然继续，一旦有效则 DMA 传送将继续。

④ 级联传送方式：当单片 8237A 通道不够用时，允许采用多片级联方式来扩充系统的 DMA 通道。一个主片最多可连接 4 个从片，级联时将从片的 HRQ 和 HLDA 分别与主片某通道的 DREQ 和 DACK 连接，如图 7-26 所示。编程时，主片设置为级联传送方式，从片则设为其他三种工作方式之一。注意主片用于级联的通道的优先级要高于从片的通道。

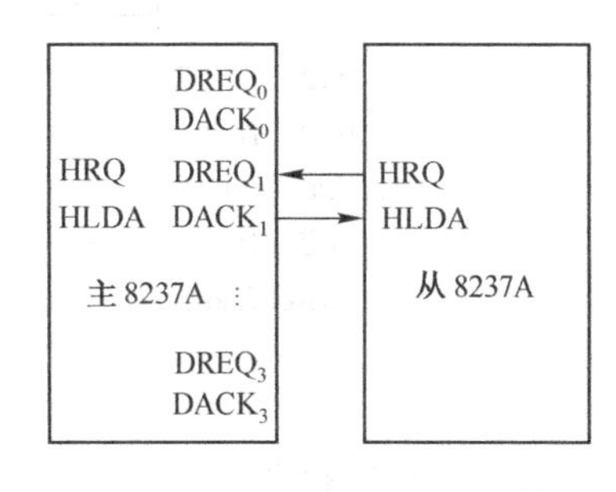

图 7-26　两片 8237A 级联

2）传送类型。

① 写传送：将数据从 I/O 接口写入内存。

② 读传送：从内存读取数据送到 I/O 接口。

③ 校验传送：是一种虚拟传送，用来校验读/写传送功能，一般用于检测器件。此时 8237A 也会产生地址信息或 $\overline{EOP}$ 信号，但不会发出对存储器和 I/O 设备的读/写控制信号。

2. 共用寄存器

（1）控制寄存器

用于存放编程命令字的 8 位寄存器。编程时由 CPU 对其写入命令字，并可由复位信号或软件清除命令清除，其格式如图 7-27 所示。

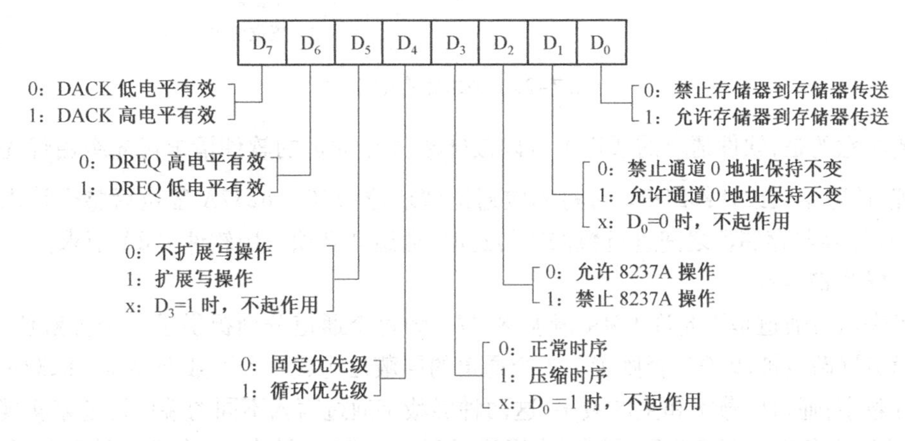

图 7-27　控制寄存器格式

需要注意的是，当允许进行从存储器到存储器的传送操作时，源存储区的数据首先临时存入 8237A 的暂存器，再送到目的存储区。存储器到存储器的 DMA 传送始终采用通道 0 的地址寄存器存放源地址，而用通道 1 的地址寄存器和字节计数器存放目的地址和计数值。目的地址寄存器的值在传送时进行加 1 或减 1 操作，而源地址寄存器的值是否变化由 D_1 位确定。

（2）状态寄存器

用来存放 8237A 各通道状态信息的 8 位寄存器，其格式如图 7-28 所示。其中高 4 位表示各通道是否有 DMA 请求，如有请求则相应位被置“1”。低 4 位表示各通道是否到达计数终点，如计数结束或外部送来有效的 $\overline{EOP}$ 信号，相应位即被置“1”。

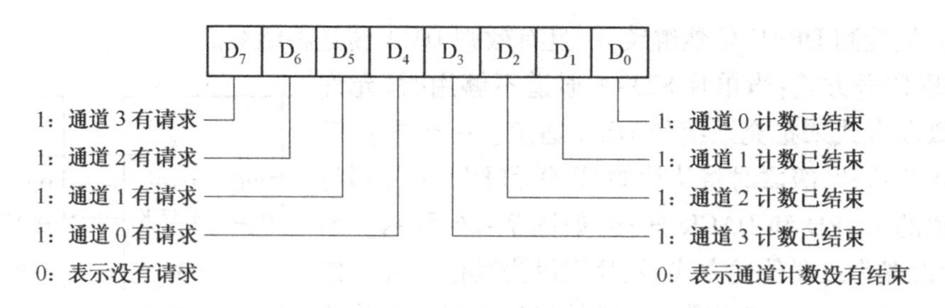

图7-28　状态寄存器格式

(3) 请求寄存器

当采用数据块传送方式时,8237A 可以响应软件发出的 DMA 请求,为表示各通道是否有软件 DMA 请求,8237A 为每个通道分别提供了一个请求位,如有软件请求则相应通道请求位被置位,4 个通道的请求位构成一个请求寄存器,其格式如图 7-29 所示。

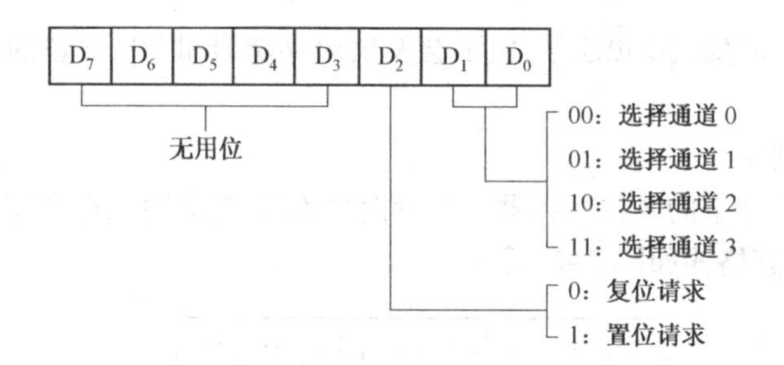

图7-29　请求寄存器格式

需要注意的是,软件请求的通道不可以被屏蔽,4 个通道的软件请求优先级由优先级编码逻辑管理,计数结束或外部$\overline{EOP}$均可将相应通道请求位清“0”,8237A 复位后整个请求寄存器清“0”。存储器与存储器之间进行数据块传送时,通道 0 必须采用软件 DMA 请求。

(4) 屏蔽寄存器

为了表示各通道是否允许 DMA 请求,8237A 为每个通道分别提供了一个屏蔽位,如允许则相应通道屏蔽位被清“0”,否则置 1,4 个通道的屏蔽位构成一个屏蔽寄存器。8237A 允许写入两种屏蔽字:通道屏蔽字和主屏蔽字,这两种屏蔽字通过写入不同的端口地址来实现。

1) 通道屏蔽字。用于分别设置每个通道是否允许 DMA 请求,其格式如图 7-30 所示。由最低两位来选择通道,而由 D_2 位来确定所选通道是否允许 DMA 请求。

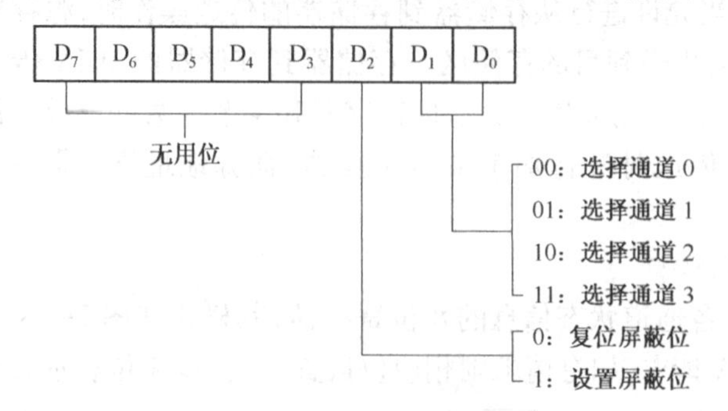

图7-30　通道屏蔽字格式

2）主屏蔽字。用来一次性设置4个通道各自的屏蔽位，确定哪个通道允许DMA请求，其格式如图7-31所示。$D_3 \sim D_0$ 分别对应4个通道的屏蔽位。

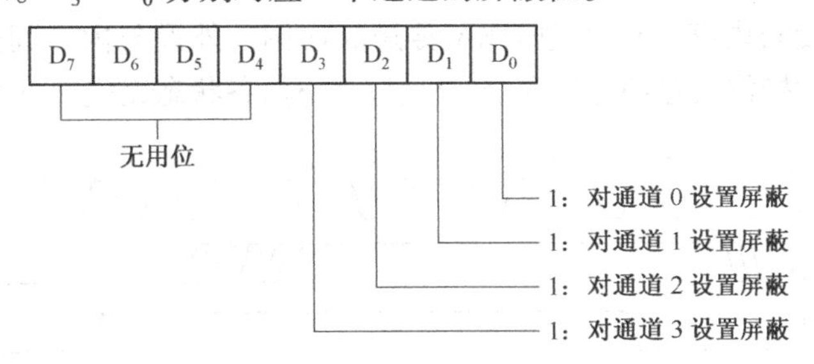

图7-31　主屏蔽字格式

（5）暂存寄存器

当8237A进行存储器到存储器DMA传送时，为中转传送的数据提供了一个暂存寄存器。DMA结束后，暂存寄存器中将保留最后传送的一字节数据，直到复位。

3. 8237A的内部寄存器对应的端口地址

表7-6是读写8237A内部寄存器的端口地址分配表。用符号DMA表示首址，则这些端口地址可以用DMA+00H、DMA+01H、…、DMA+0FH表示。其中复位命令、清除先/后触发器和清除屏蔽寄存器的功能详见编程部分。

表7-6　8237A内部寄存器地址分配表

端口地址	读操作（$\overline{IOR}$）	写操作（$\overline{IOW}$）
DMA+00H	通道0当前地址寄存器	通道0基地址与当前地址寄存器
DMA+01H	通道0当前字节计数寄存器	通道0基字节计数与当前字节计数寄存器
DMA+02H	通道1当前地址寄存器	通道1基地址与当前地址寄存器
DMA+03H	通道1当前字节计数寄存器	通道1基字节计数与当前字节计数寄存器
DMA+04H	通道2当前地址寄存器	通道2基地址与当前地址寄存器
DMA+05H	通道2当前字节计数寄存器	通道2基字节计数与当前字节计数寄存器
DMA+06H	通道3当前地址寄存器	通道3基地址与当前地址寄存器
DMA+07H	通道3当前字节计数寄存器	通道3基字节计数与当前字节计数寄存器
DMA+08H	状态寄存器	控制寄存器
DMA+09H		请求寄存器
DMA+0AH		屏蔽寄存器（通道屏蔽字）
DMA+0BH		方式寄存器
DMA+0CH		清除先/后触发器
DMA+0DH	暂存寄存器	复位命令
DMA+0EH		清除屏蔽寄存器
DMA+0FH		主屏蔽寄存器

7.4.3 8237A 的工作时序

图 7-32 是外设与内存间的典型 DMA 传送时序图。外设与内存间进行 DMA 传送时，8237A 有 7 个独立的操作状态：S_I、S_0、S_1、S_2、S_3、S_4 和 S_W，各状态完成如下的工作。

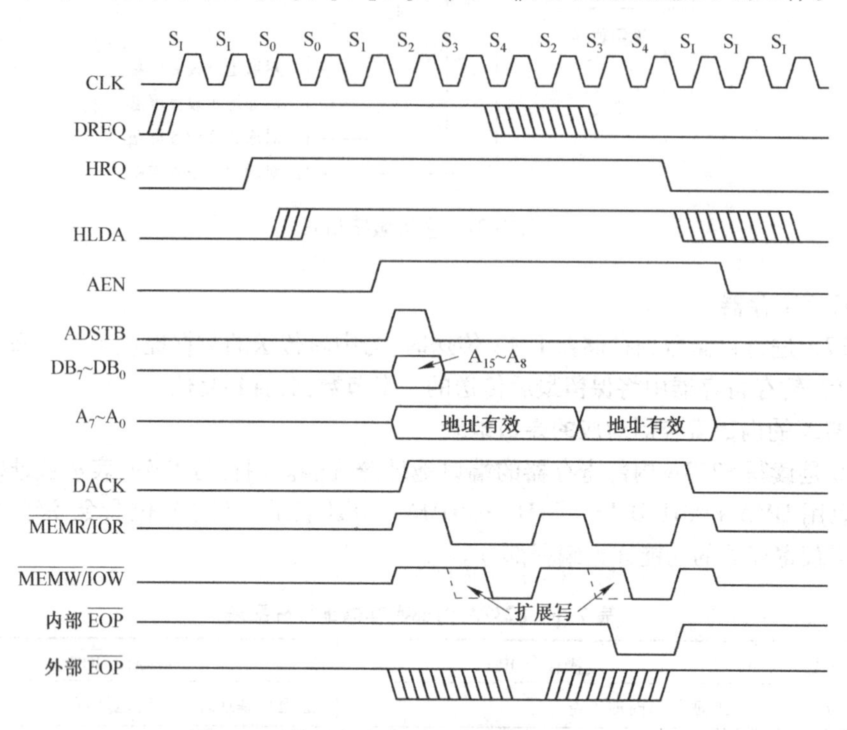

图 7-32　外设与内存间的典型 DMA 传送时序

（1）S_I 状态

空闲状态。8237A 作为系统从设备受 CPU 控制，CPU 可以对其内部寄存器进行初始化编程，同时 8237A 各通道检测是否有 DMA 请求，一旦发现某通道有 DMA 请求，即向 CPU 发总线请求信号，进入 S_0 状态。

（2）S_0 状态

总线请求等待状态。8237A 向 CPU 发总线请求信号后，始终处于等待状态，直到获得 CPU 发出的总线响应信号，进入 S_1 状态。

（3）S_1 状态

DMA 传送过程中需改变高 8 位地址时才出现的状态，用来传送地址有效信号。8237A 发出地址允许信号 AEN，把高 8 位地址 $A_{15} \sim A_8$ 送到数据总线 $DB_7 \sim DB_0$ 上，并发出地址选通信号 ADSTB，ADSTB 的下降沿把 $DB_7 \sim DB_0$ 锁存在锁存器中。

（4）S_2 状态

该状态主要用来完成两项工作：一是用来修改存储单元的 16 位地址。8237A 从 $DB_7 \sim DB_0$ 线上输出高 8 位地址 $A_{15} \sim A_8$，用 ADSTB 下降沿锁存；同时从 $A_7 \sim A_0$ 地址线上输出低 8 位地址。二是 8237A 向外设发 DMA 响应信号 DACK，选中相应外设与内存进行 DMA 传送。

（5）S_3 状态

利用有效的$\overline{MEMR}$或$\overline{IOR}$信号读取内存或 I/O 设备的值送 $DB_7 \sim DB_0$。8237A 有两种工作时序:正常时序和压缩时序。只有正常时序才有 S_3 状态,而压缩时序则无 S_3 状态。当外设与内存速度都比较快时,可在 S_4 状态同时完成读/写内存或 I/O 设备的操作,采用压缩时序。

(6) S_4 状态

利用有效的$\overline{MEMW}$或$\overline{IOW}$信号将 $DB_7 \sim DB_0$ 上数据写入内存或 I/O 设备。允许扩展写时写信号提前到 S_3 状态产生。同时 8237A 测试传送方式,如为单字节传送,则在测试后立即回到 S_1 状态;如为数据块传送,则在 S_4 状态后返回 S_1 或 S_2 状态继续传送下一个字节,直至数据传送完才回到 S_1 状态。

(7) S_W 状态

如存储器或外设速度较慢,可采用 READY 信号,在 S_2 和 S_4 之间或 S_3 和 S_4 之间插入等待状态 S_W。

7.4.4 8237A 的初始化编程与应用举例

8237A 要实现 DMA 传送,必须对所选择的将进行 DMA 传送的通道初始化编程。初始化操作在空闲周期内实现,由 CPU 向 8237A 内部寄存器写数据。

1. 8237A 的软件命令

为了方便编程,8237A 中设置了三条特殊的软件命令:复位命令、清/除先后触发器命令和清除屏蔽寄存器。这三条命令均没有具体命令字,只需对指定端口进行一次写操作即可。命令与端口地址的关系见表 7-6。

(1) 复位命令

也称为主清命令,与 RESET 信号作用相同。执行复位命令后将屏蔽寄存器置“1”,而其他寄存器均被清“0”。

(2) 清除先/后触发器命令

8237A 各通道的地址寄存器和字节计数寄存器都是 16 位的,而数据线只有 8 位,一次只能传送一个字节,因此采用连续两字节方式读写这些寄存器。为确保正确,8237A 设置了一个内部先/后触发器用来控制读写 16 位寄存器的顺序。当先/后触发器清“0”时,读写低 8 位数据,然后自动置“1”,读写高 8 位数据,接着再自动清“0”,如此循环。每次 8237A 复位后,先/后触发器被清“0”。

(3) 清除屏蔽寄存器

将 4 个通道的屏蔽位均清为 0,使各通道均允许 DMA 请求。

2. 8237A 初始化编程的一般步骤

通常对 8237A 进行初始化编程的一般步骤。

1) 输出复位命令,使 8237A 允许接受 DMA 请求,先/后触发器清“0”。

2) 选择使用的通道,并写入相应通道当前地址寄存器和基地址寄存器的初始值。

3) 输入当前字节计数器和基字节计数寄存器的初始值,确定要传送的字节数。

4) 写入方式寄存器,以确定 8237A 的工作方式和传送类型。

5) 写入控制寄存器,以控制 8237A 的工作。

6) 写入屏蔽寄存器。

7）若有软件请求，则写入请求寄存器。

3. 应用举例

【例 7-3】 试编写利用 IBM PC/XT 系统中 8237A 从某接口电路（非软盘或硬盘接口）向内存某区域传送 32B 数据的 8237A 初始化程序。要求每进行一次 DMA 请求后即从接口电路向内存传送一字节数据，该内存区域的起始地址为 4000H:0000H，相应的提供高 4 位地址 A_{19} ~ A_{16}的页面寄存器地址为 0083H。

在 IBM PC/XT 系统中，8237A 的 4 个 DMA 通道分别具有各自的功能：通道 0 用来对动态 RAM 进行刷新；通道 1 为用户所保留，用来提供其他传送功能；通道 2 用于软盘和内存之间的数据传送；通道 3 用作硬盘和内存之间的数据传送。

现要求从某接口电路向内存传送数据，则应选择通道 1 进行数据传送。由题意可知数据的传送方式为单字节写传送，地址加 1 变化，则方式字可置为 45H。

IBM PC/XT 系统中 8237A 始终使用固定优先级，假设 DACK 低电平有效，DREQ 高电平有效，则控制字可置为 00H。

8237A 提供了 16 位地址 A_{15} ~ A_0，该 16 位地址与页面寄存器提供的高 4 位地址 A_{19} ~ A_{16} 共同构成系统 20 位内存地址 A_{19} ~ A_0。由于 8237A 实际传送的字节数比编程写入的字节数大 1，因此编程时要传送的字节数初始值应置为 32 - 1 = 31。

根据 8237A 初始化编程的一般步骤，初始化程序如下。

```
MOV   DX,DMA +0DH        ;DMA +0DH 为复位命令端口地址
OUT   DX, AL             ;发复位命令
MOV   AL,00H
MOV   DX,DMA +02H        ;DMA +02H 是通道 1 基地址与当前地址寄存器端口地址
OUT   DX,AL              ;写入低 8 位地址，先/后触发器在复位时被清 0
MOV   AL,00H
MOV   DX,DMA +02H
OUT   DX,AL              ;写入高 8 位地址
MOV   AL,04H
MOV   DX,0083H           ;置页面寄存器
OUT   DX,AL              ;写入地址最高 4 位 A19 ~ A16
MOV   AX,31              ;实际传送的字节数比编程写入的字节数多 1
MOV   DX,DMA +03H        ;DMA +03H 是通道 1 基字节计数寄存器与当前字节计数
                         ;寄存器端口地址
OUT   DX,AL              ;写入初始值低 8 位
MOV   AL,AH
OUT   DX,AL              ;写入初始值高 8 位
MOV   AL,45H
MOV   DX,DMA +0BH        ;DMA +0BH 是方式寄存器端口地址
OUT   DX,AL              ;设置通道 1 方式字：单字节写传送方式、地址加 1
                         ;变化、禁止自动预置
MOV   AL,00H
MOV   DX,DMA +08H        ;DMA +08H 是控制寄存器端口地址
OUT   DX,AL              ;设置控制字：DACK 低电平有效、DREQ 高电平有效、
```

```
                                        ;固定优先级、允许 8237A 工作
MOV     AL,01H
MOV     DX,DMA +0AH                     ;DMA +0AH 是屏蔽寄存器端口地址
OUT     DX,AL                           ;通道 1 清除屏蔽
```

7.5 习题例解

1. 填空题

(1) 单片 8259A 可管理________级可屏蔽中断,6 片级联最多可管理 ________级。

解 8 43

分析 6 片级联时,1 个为主片,5 个为从片。主片的 5 个中断级用于级联,剩下 3 个可管理 3 级中断,所以 6 片级联最多可管理 5 ×8 +3 =43 级中断。

(2) 8086 CPU 的中断系统中共有________个中断类型码,与中断类型码 12 对应的向量地址为________________,系统将在内存地址的________处,设置全部中断类型的中断向量。

解 256 48 00000H ~003FFH

分析 由正文可知,与中断类型码 12 对应的向量地址为 12 ∗4 =48

(3) 中断控制器 8259A 的 A_0 接向地址总线 A_1 时,若其中一个口地址为 22H,另一个口地址为________ H;若某外设的中断类型码为 42H 时,则该中断源应和 8259A 的中断请求寄存器 IRR 的________输入端相连,对应的中断向量地址是________。

解 20 IR_2 108H

分析 22H =00100010B,A_0 接向地址总线 A_1,即 8259A 的 A_0 =1,该端口为奇端口,因此另一端口必定是偶端口,8259A 的 A_0 =0,对应地址总线 A_1 =0,所以端口地址 =20H。42H 的低三位为 010,对应地接到 8259A 的 IR_2 端。中断向量地址为 42H ∗4 =108H。

(4) 由 8086 构成的最小方式系统中,由一片 8259A 构成中断控制系统。设 8259A 的端口地址为 20H 和 21H,若执行下面的程序段。

```
MOV     AL,00010010B        ;初始化
OUT     20H,AL
MOV     AL,00101000B        ;ICW2
OUT     21H,AL
MOV     AL,00100010B        ;写 OCW1
OUT     21H,AL
```

请填空:1) 中断的触发方式为________。

2) 中断级 IR_6 的中断类型码为________。

3) 当 IF =1 时,IR_6 上有效的中断请求信号能否引起 CPU 的中断?

解 1)边沿触发 。2) 2EH。3) 能引起 CPU 的中断。

分析 送入 20H 端口的是 ICW_1 其内容中 D_3 =0,中断的触发方式为边沿触发。由 ICW_2 得中断类型码基值为 28H,所以 IR_6 的中断类型码为 2EH。由中断屏蔽字 OCW_1 可知,对应于 IR_6 的中断屏蔽位为 0,处于开放状态,所以能引起 CPU 的中断。

(5) 单片 8237A 有________个 DMA 通道,5 片 8237A 构成的二级 DMA 系统,可提供

________个 DMA 通道。

解 4　　16

分析 5 片 8237A 构成二级 DMA 系统,即将一个主片与 4 个从片级联,其中主片的 4 个通道全部用来级联,而每个从片则可提供 4 个 DMA 通道,因此共有 4×4 = 16 个通道。

2. 子程序的调用和响应外部中断进入中断服务子程序有何区别?

答 子程序的调用是由 CALL 指令引起的,是编程人员所安排的,与 CPU 同步;而响应外部中断进入中断服务子程序是随机的,与 CPU 是异步的,CPU 不能确切地知道什么时刻执行中断服务子程序的。因此,有以下几点不同之处。

1) 程序执行的时机不同。使 CPU 在转入这两种程序前所做的处理工作不同。调用子程序时,CPU 只需自动压入 CALL 指令下一条指令的地址即可,而在响应外部中断请求转入相应的服务子程序时,CPU 除了自动压入断点地址外,还需执行中断响应周期的各种操作(包括保护状态字等)。

2) 参数传递的方式不同。由于无法在转入中断服务子程序之前用指令为中断服务子程序设置入口参数,所以中断服务子程序不能像子程序的调用那样采用寄存器或者堆栈来传递参数。

3) 返回时所用指令不同。子程序的调用,用 RET 指令返回,而中断服务子程序要用 IRET 指令返回。

3. 某外设已向 CPU 申请中断,但未能得到响应,请找出其中的原因。

答 可能的原因有 4 个:1) CPU 没有开中断,即 IF = 0;2) 在中断管理芯片中该中断请求端已被屏蔽;3) 该中断请求的时间未能保持到某指令的周期结束;4) CPU 处于总线保持状态,尚未收回总线控制权。

4. 若 8086 系统采用单片 8259A,某中断类型码为 64H,试问该中断的中断向量指针是多少?这个中断源应连接 IRR 的哪一个输入端?若中断服务程序的入口地址为 AB00H:0C00H,则其向量区对应的 4 个单元的数码依次是多少?

解 1) 已知类型码为 n,中断向量指针为 4×n,故本题的中断向量指针为 64H×4 = 190H。

2) 中断类型码是由初始化命令字 ICW_2 设置的。根据题意,中断类型码为 64H,低 3 位为 100B,故该中断是连接到 IR_4 输入端的。

3) 根据向量表的定义,前两字节应为 IP 值,后两字节为服务程序段地址 CS,则中断向量区对应的 4 个单元依次为 00H、0CH、00H、ABH。

5. 中断服务程序结束时,用 RET 指令代替 IRET 指令能否返回主程序?这样做存在什么问题?

解 RET 应该可以使中断服务程序返回主程序,但因为 RET 是子程序返回指令,它只从堆栈中恢复 CS 和 IP,而不能使状态字 PSW 得以恢复,所以不能使断点完全恢复,对原程序的继续执行造成不良影响。

6. 在哪些情况下,需用 CLI 指令关中断?在哪些情况下需用 STI 指令开中断?

解 在程序初始化阶段,连续传送数据不希望被中断打断,用查询方式等情况下需用 CLI 关中断。在程序初始化结束后,退出中断服务程序前,或在中断过程中须响应更高级中断等情况下需用 STI 开中断。

7. 8237A 通道的自动预置具有什么功能？

答 8237A 各通道都分别拥有当前地址寄存器、当前字节计数寄存器、基地址寄存器和基字节计数寄存器。对 8237A 某通道进行 DMA 初始化时，该通道的当前地址寄存器和基地址寄存器被写入相同的初始值，当前字节计数寄存器和基字节计数寄存器被写入相同的初始值，DMA 传送时当前地址寄存器和当前字节计数寄存器的内容发生变化，而基地址寄存器和基字节计数寄存器则不变，自动预置后，该通道将基地址寄存器和基字节计数寄存器的内容分别写入当前地址寄存器和当前字节计数寄存器，使当前地址寄存器和当前字节计数寄存器恢复初始值。

8. 设 8259A 的中断类型号范围为 18H ~ 1FH，接口地址为 A0H 和 A1H，要求中断为边沿触发、缓冲器方式、EOI 中断结束、单片、全嵌套优先权管理的工作方式。试编写 8259A 的初始化程序。

8259A 初始化程序如下。

```
MOV    AL, 00010011B        ; 设 ICW1 为边沿触发方式，单片 8259A，需要 ICW4
OUT    0A0H, AL
MOV    AL,00011000B         ; 设置 ICW2 中断类型号为 18H ~ 1FH
OUT    0A1H, AL
MOV    AL, 00001101B        ; 设置 ICW4 为 8086 模式，正常 EOI，缓冲，全嵌套
OUT    0A1H, AL
```

9. 设主片 8259A 的中断类型码为范围 18H ~ 1FH，端口地址为 220H 和 221H，从片 8259A 的中断类型码为 28H ~ 2FH，端口地址为 2A0H 和 2A1H；从片 8259A 的 INT 与主片的 IR_2 相连。要求中断请求信号采用边沿触发、全嵌套、缓冲、非自动结束中断方式。试通过编程对主、从片 8259A 进行初始化。

主片 8259A 初始化程序段如下。

```
MOV    DX,    220H
MOV    AL,    11H          ;ICW1
OUT    DX,    AL
MOV    AL,    18H          ;ICW2：中断类型码为 18H ~ 1FH
INC    DX
OUT    DX,    AL
MOV    AL,    4            ;ICW3：IR2 上连接从片
OUT    DX,    AL
MOV    AL,    0DH          ;ICW4
OUT    DX,    AL
```

从片 8259A 初始化程序段如下。

```
MOV    DX,    2A0H
MOV    AL,    11H
OUT    DX,    AL
MOV    AL,    28H          ;ICW2：中断类型码为 28H ~ 2FH
INC    DX
```

```
OUT   DX,  AL
MOV   AL,  2             ;ICW3:从片的识别地址,即主片的IR2
OUT   DX,  AL
MOV   AL,  9
OUT   DX,  AL
```

10. 利用8237A将内存区域1中的5000 B数据传送到内存区域2中,已知内存区域1的起始地址为ADDRESS1,内存区域2的起始地址为ADDRESS2,试编写8237A的初始化程序段。

解 内存和内存之间的DMA传送由通道0和通道1完成。先用通道0从内存区域1(源存储区)读入数据,存放在暂存器中,然后再通过通道1从暂存器中取出数据写入内存区域2(目的存储区)。假设采用数据块传送方式,禁止自动预置,则通道0必须采用软件请求来启动DMA传送,初始化程序段如下。

```
MOV   DX,  DMA + 0DH     ;DMA +0DH是复位命令端口地址
MOV   AL,  0
OUT   DX,  AL            ;发复位命令
MOV   AX,  ADDRESS1      ;设置内存区域1首地址
MOV   DX,  DMA +00H      ;DMA +00H是通道0地址寄存器端口地址
OUT   DX,  AL            ;将低8位地址写入通道0地址寄存器,
                         ;先/后触发器在复位时被清0
MOV   AL,  AH            ;将内存区域1首地址高8位送AL
OUT   DX,  AL            ;将高8位地址写入通道0地址寄存器
MOV   AX,  ADDRESS2      ;设置内存区域2的首地址
MOV   DX,  DMA + 02H     ;DMA +02H是通道1地址寄存器端口地址
OUT   DX,  AL            ;将低8位地址写入通道1地址寄存器
MOV   AL,  AH            ;将内存区域2首地址高8位送AL
OUT   DX,  AL            ;将高8位地址写入通道1地址寄存器
MOV   AX,  4999          ;要传送的字节数,实际传送字节数比编程
                         ;写入的字节数多1
MOV   DX,  DMA + 03H     ;DMA +03H是通道1字节计数寄存器的端口地址
OUT   DX,  AL            ;设置通道1字节计数寄存器的初值低8位
MOV   AL,  AH
OUT   DX,  AL            ;设置通道1字节计数寄存器的初值高8位
MOV   AL,  88H
MOV   DX,  DMA +0BH      ;DMA +0BH是方式寄存器端口地址
OUT   DX,  AL            ;设置通道0方式字:数据块读传送,
                         ;地址加1变化,禁止自动预置
MOV   AL,  85H
MOV   DX,  DMA +0BH
OUT   DX,  AL            ;设置通道1方式字:数据块写传送,
                         ;地址加1变化,禁止自动预置
MOV   AL,  01H
```

```
MOV    DX,  DMA +08H      ;DMA +08H 是控制寄存器端口地址
OUT    DX,  AL            ;设置控制字:允许存储器到存储器传送模式
MOV    AL,  0CH
MOV    DX,  DMA +0FH      ;DMA +0FH 是主屏蔽字端口地址
OUT    DX,  AL            ;通道 0 和通道 1 清除屏蔽
MOV    AL,  04H
MOV    DX,  DMA +09H      ;DMA +09H 是请求寄存器端口地址
OUT    DX,  AL            ;向通道 0 发软件 DMA 请求
```

7.6 练习题

1. 选择题

(1) 如果有多个中断申请同时发生,系统将根据中断优先级的高低先响应优先级最高的中断请求。若要调整中断源申请的响应次序,可以利用(　　)。

A. 中断响应　　B. 中断屏蔽　　C. 中断向量　　D. 中断嵌套

(2) 三片 8259A 级联,从片分别接入主片的 IR_0 和 IR_5,则主 8259A 的 ICW_3 中的内容为(①)。两片从片 8259A 的 ICW_3 的内容为(②)。

① A. 21H　　B. 42H　　C. 28H　　D. 40H

② A. 03H,01H　　B. 00H,05H　　C. 00H,01H　　D. 03H,05H

(3) 8086 CPU 响应可屏蔽中断时,CPU(　　)。

A. 执行一个中断响应周期

B. 执行两个连续的中断响应周期

C. 执行两个中断响应周期,中间插入 2 ~3 个空闲状态

D. 不执行中断响应周期

2. 填空题

(1) 一个中断类型码为 06CH 的中断处理子程序存放在 0100H:2000H 开始的内存中,那么中断向量存储在地址为________至________的________个单元中。

(2) 单片 8259A 可管理________级可屏蔽中断,5 片级联最多可管理________级。

(3)程序中断的过程包括________、________、________、________和________。

3. 问答题

(1) 试说明 8086 CPU 对 INTR 的响应过程。若某外部中断源通过 8259A 的 IR_4 接入 8086 CPU 系统,试说明应做哪几方面的工作才能使该中断正常工作。

(2) 说明软中断与子程序调用在使用时有何区别。

(3) 采用 DMA 方式为什么能进行高速数据传送?

(4) DMA 控制器 8237A 什么时候作为主模块工作?什么时候作为从模块工作?在这两种情况下,各控制信号分别处于什么状态?

(5) 8237A 在进行单字节方式 DMA 传送和块传送时,有什么区别?

4. 下面是一个对 8259A 进行初始化的程序段,请加上注释,并具体说明各初始化命令字的含义。

```
MOV    AL, 13H
MOV    DX, 40H
OUT    DX, AL
INC    DX
MOV    AL, 08H
OUT    DX, AL
MOV    AL, 09H
OUT    DX, AL
```

5. 设8259A的偶地址是1000H,试编写屏蔽8259A中的IR_3、IR_4和IR_6中断请求的程序。

6. 某8086 CPU系统的中断系统由两片8259A级联组成,从片联在主片的IR_3上,主、从8259A的IR_5上各接有一个外部中断源,其中断类型码分别为0DH、95H。假设它们的中断入口地址均在同一段中,段基址为1000H,偏移地址分别为200H、300H;所有中断都采用边沿触发方式、全嵌套方式、正常EOI结束方式。

(1) 写出主、从8259A中断向量地址的范围。

(2) 假定主从片端口地址分别为30H~31H、36H~37H,试编写全部初始化程序。

7. 设计8237A的初始化程序。要求:通道0工作于块传送写模式,地址加1变化,允许自动预置功能;通道1工作于单字节读传送,地址减1变化,禁止自动预置功能;通道2、通道3和通道1工作于相同的方式。8237A的DACK为高电平有效,DREQ为低电平有效,采用循环优先级方式启动8237A工作。

8. 试编写程序段,要求利用8237A在存储区的两个区域BUF1和BUF2之间直接传送数据,传送的数据长度为64 KB。

第8章　输入/输出接口基础与总线

输入/输出设备是构成微型计算机系统的重要组成部分。程序、原始数据和各种外部信息都要通过输入设备输入到计算机内，计算机内的各种控制信息和处理的结果都要通过输出设备进行输出。实现微型计算机和外部设备之间的数据传输，在硬件电路与软件编程方面都有其特定的要求和方法，这就是本章要重点介绍的内容。

8.1　概述

输入/输出(I/O)接口技术是微型计算机应用的基础。所谓输入/输出接口就是主机与外部设备之间的一种缓冲电路。如图8-1所示，接口电路对主机提供了外部设备的工作状态及数据；对外部设备，接口电路保存了主机下达给外部设备的一切命令和数据，从而使主机与外部设备之间协调一致地工作。

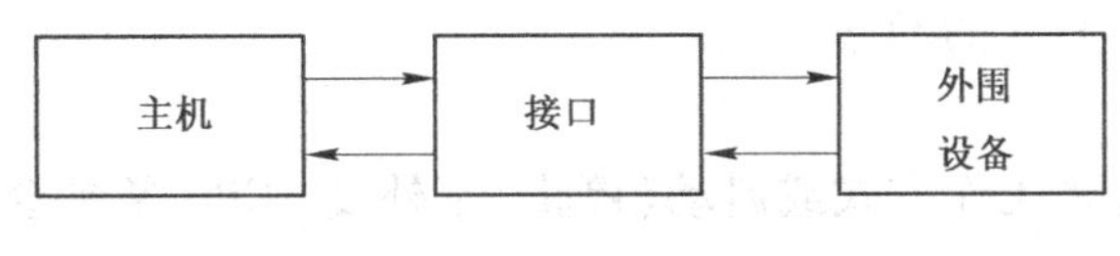

图8-1　输入/输出接口

8.1.1　外部设备及其信号

1. 外部设备

微型计算机使用的外部设备种类很多，它们的内部结构、工作原理、使用方法各不相同，按工作原理分，可分为机械式、电动式、电子式和其他形式等。按照它们与CPU之间数据传输的方向分，可划分为三类：输入设备、输出设备及I/O复合设备。

(1) 输入设备

计算机用途很广泛，但不论用于何种场合，都离不开信息处理。所要处理的信息，甚至包括完成信息处理的程序本身，均要由输入设备提供。常见的输入设备，如键盘、鼠标、光笔、扫描仪、数字化仪、检测现场信息的数字化测试仪表，模拟量采集和模拟量/数字量转换装置等。

(2) 输出设备

经计算机处理后的结果数据、图表等信息必须送给输出设备，以各种形式报告给用户。常见的输出设备，如显示器、打印机、绘图仪、用于现场控制的数字量/模拟量转换装置、执行部件等。

(3) I/O复合设备

I/O复合设备是指既有输入功能又有输出功能的设备。常见的I/O复合设备，如磁带机(Tape Driver)、软磁盘驱动器(Floppy Driver)、硬磁盘驱动器(Hard Disk Driver)和光盘刻录机(Compact Disk Driver)等外存储设备，它们可以接收来自CPU和内存储器的程序、数据，也可以根据CPU的指令把已存的程序、数据送往CPU。

2. 外部设备的信号

外部设备传输的信号种类很多,归纳起来有三种信号:数据信号、状态信号和控制信号。它们都以“数据”形式出现,并通过数据总线与 CPU 进行传输。

(1) 数据信号

外部设备信号的主要部分是数据信号。按照其物理形态可分为 4 种:数字量、模拟量、开关量和脉冲量。

1) 数字量。数字量是一种以非连续形态出现的代码。它是以二进制形式表示的数据、图形或文字信息,如从磁盘驱动器中读出的数据,计算机送往打印机的 ASCII 码等。

2) 模拟量。模拟量是指以连续形态出现的物理量,如温度、压力、流量、位移等。这种模拟量必须经过模 - 数转换器(ADC)转换成数字量后,CPU 才能识别。

3) 开关量。开关量一种只有两种状态(0,1)的量,如开灯与关灯,电平的高与低等。

4) 脉冲量。具有上升沿和下降沿特征的脉冲量,如计数脉冲、定时脉冲和控制脉冲等,这在计算机控制系统中是经常遇到的。

(2) 状态信号

反应外部设备当前工作状态的信号,状态信号可以协调 CPU 与外部设备之间的操作。例如,输入设备把要输入的数据送到接口上以后,就发出准备就绪的状态信号, CPU 收到该状态信号后就可以实行数据输入的操作。

(3) 控制信号

为了设置指定设备的工作方式或启动(停止)某外设, CPU 常常会向外设发出相应的控制信号。

8.1.2 输入/输出接口的功能

接口电路是专门为解决 CPU 与外设之间的不匹配、不能协调工作而设置的,它处在总线和外设之间,一般应具有以下基本功能。

(1) 解决 CPU 与外设之间速度不匹配问题

CPU 的速度很高,而外设的速度要低得多,而且不同的外设速度差异很大,如硬磁盘每秒钟能传送兆位数量级的字节,串行打印机每秒钟只能打印几百位字符,而键盘就更慢了。

通过设置数据缓冲来解决 CPU 和外设之间速度不匹配的问题,方法是事先把要传送的数据保存在锁存器和缓冲器中,在需要时完成传送,并配以适当的联络信号来实现这种功能。

对于输出接口,当快速的 CPU 要将数据传送到慢速的外设时,事先可把数据送到锁存器中,等外设做好接收数据的准备工作后再把数据取走。

对于输入接口,当外设要把数据送到 CPU 时,也可先把数据送进输入锁存器,再发联络信号通知 CPU 取走数据。当输入数据时,必须在输入锁存器和数据总线之间放一个缓冲器,只有 CPU 发出的选通命令到达时,指定的输入缓冲器被选通,外设传来的数据才允许送上数据总线。当有批量数据输入时,接口电路可用 RAM 芯片作为缓冲器,为主机和外设间进行批量数据交换创造条件。

(2) 实现信号电平的转换

CPU 所使用的信号都是 TTL 电平,而外设大多数是一些复杂的机电设备,往往不能用 TTL 电平直接驱动,必须有自己的电源部分和信号电平,这就是信号电平不匹配的问题。

在接口电路中设置电平转换电路来解决外设和CPU之间信号电平的不一致问题。例如，计算机和外设间的串行通信，就是采用MC1488、MC1489等芯片来实现电平的转换。

(3) 实现信号格式的转换

CPU系统总线上传送的通常是8位、16位或32位的并行数据，而各种外设使用的信息格式各不相同，这就是信号格式不匹配问题。外设使用的信息格式通常有模拟量、数字量、开关量；传送数据的方式有串行和并行两种。

实现信号格式转换的情况可分成以下三种。

1) 模-数与数-模转换。计算机只能处理数字信号，而外设传送的信息可能是模拟量，因此，模拟量必须经模-数转换(A-D)变换成数字量后，才能送到计算机去处理。计算机送出的数字信号也必须经数/模转换(D-A)变成模拟信号后，才能驱动某些外设工作。采用包含A-D转换器和D-A转换器的模拟接口电路来实现这一功能。

2) 开关量转换。虽然开关量只有两种状态，如开关的闭合和断开，电动机的启动和停止等，也要被转换成用0或1表示的一位数字量后，才能被计算机识别。

3) 并行-串行转换。计算机的数据总线传送的通常是8位或16位的并行数据，而有些外设采用串行方式传送数据，所以必须配有并行-串行转换接口电路。对串行输出的外设，CPU送出的并行数据，经并变串电路转换成串行信息后，送给串行外设输出。对串行输入的外设，串行设备的数据，经串变并转换后送给CPU。

(4) 实现CPU与外设之间同步工作

外部设备都有自己的定时和控制逻辑，与计算机的CPU时序并不一致。输入输出设备不能直接与CPU的系统总线相连，必须通过接口电路来解决这个问题。一般采用时序控制电路使CPU和外设同步工作。接口电路接收CPU送来的命令或控制信号、定时信号，实施对外设的控制与管理，外设的工作状态和应答信号也通过接口及时返回给CPU，以握手联络信号来保证主机和外部I/O操作实现同步。

(5) 实现CPU对端口的选择

一个外部设备接口中通常包含若干个端口，在同一时刻，CPU只能与某一个端口交换信息。这就需要有外部设备地址译码电路，使CPU在同一时刻只能选中某一个I/O端口。只有被CPU选中的设备才能接收数据总线上的数据，或将外部信息送到数据总线上。

I/O接口电路是外设和计算机之间传送信息的交界部件，也称为界面，它使两者之间能很好地协调工作，每一个外设都要通过接口电路才能和主机相连。但注意，并不是所有接口都具备相同的功能，一般所控制的外设不同，接口电路的功能可能不完全一样。随着大规模集成电路技术的发展，出现了许多通用的可编程接口芯片，可用它们来方便地构成接口电路。

8.2 CPU与端口之间的接口技术

8.2.1 最常用的简单输入/输出接口芯片

最常用的简单输入/输出接口芯片主要有缓冲器、锁存器和译码器。缓冲器又分为单向缓冲器和双向缓冲器。连接在总线上的缓冲器都具有三态输出功能，除缓冲作用外，它们还能提高总线的驱动能力。

（1）单向缓冲器 74LS244

图 8-2a 是单向缓冲器 74LS244 的逻辑功能图，它是 8 路数据单向缓冲器。缓冲器内部分为两组，每组包含 4 个单向三态缓冲单元，分别设有 1 $\overline{G}$和 2 $\overline{G}$门控信号，因此 74LS244 也可以作为两个 4 路数据单向缓冲器使用。当门控信号为低电平时，输入端信号分别被传送到输出端，否则输出端为高阻态。74LS244 可以作为外设输入数据端口，其输入端与外设数据线相连，输出端直接接在 CPU 的数据总线上，1 $\overline{G}$和 2 $\overline{G}$门控信号由 CPU 地址总线经译码给出。

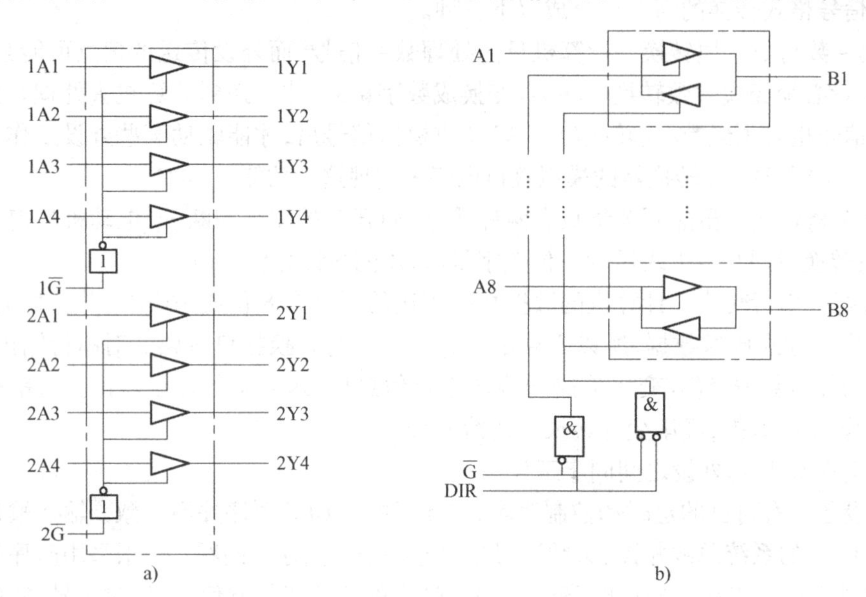

图 8-2　数据缓冲器

a）单向缓冲器 74LS244　b）双向缓冲器 74LS245

（2）双向缓冲器 74LS245

74LS245 是一种 8 路双向数据缓冲器，其逻辑功能如图 8-2b 所示。其内部只有一组双向数据缓冲器，包含了 8 个双向三态缓冲单元，受两个门控信号控制。当门控信号 $\overline{G}$ 为低电平时，数据可以在 A 端和 B 端之间传送，当 $\overline{G}$ 为高电平时，A 端、B 端均为高阻态。当方向控制端 DIR 为低电平时，数据从 B 端传向 A 端，当 DIR 为高电平时，数据从 A 端传向 B 端。与 74LS244 不同之处在于除了它是双向缓冲器外，它不能作为两个 4 路数据缓冲器使用。

（3）锁存器 74LS373

锁存器 74LS373 是一种具有暂存数据能力的 8 位锁存器，其逻辑功能如图 8-3a 所示。它含有 8 个 D 触发器、8 个单向三态缓冲单元、一个输入使能端 G 和一个允许输出端OE，当 G 为高电平时，加在各触发器的 D 输入端的 0 或 1 电平被送到它的 $\overline{Q}$ 端，并暂存在 $\overline{Q}$ 端。此后，若在$\overline{OE}$端一个低电平脉冲作用下，将记忆在 $\overline{Q}$ 端的电平经三态门再反相后传送到输出端 O。当$\overline{OE}$端为高电平时，则不管 G 的电平如何，输出端呈现高阻态。

74LS373 具有三态总线驱动能力，所以它可以直接挂到总线上。而在很多中、大规模集成接口芯片的内部，也都具有锁存器和缓冲器逻辑。锁存器在接口电路中用途较广，它既可用来构成输出端口，也能用于输入端口的设计。

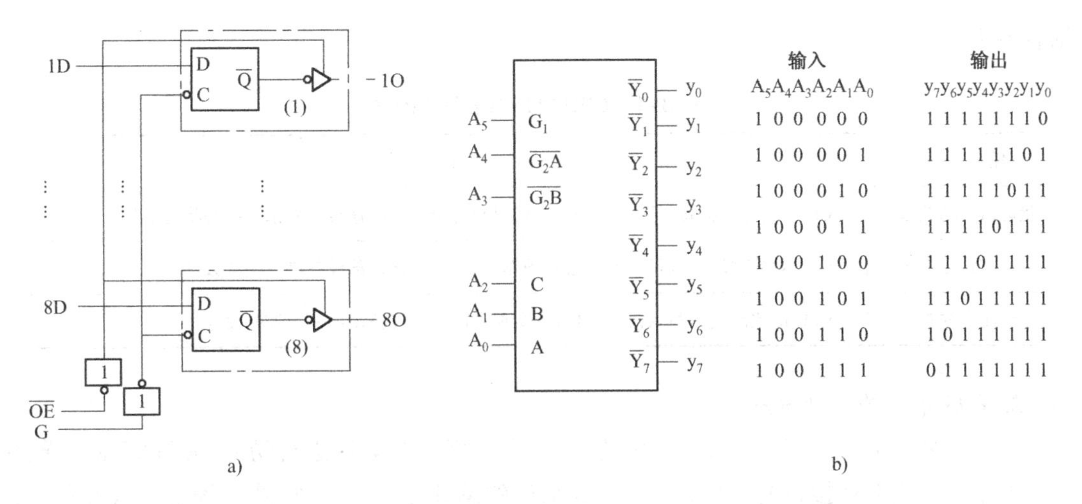

图 8-3 锁存器与译码器

a）锁存器 74LS373 b）译码器 74LS138

（4）译码器 74LS138

译码器 74LS138 是一种可对三位地址译出 8 个译码信号的芯片。其引脚如图 8-3b 所示。该译码器只有当片选条件满足时，才有译码信号输出，即 G_1 为高电平，$\overline{G_2A}$、$\overline{G_2B}$低电平时，当输入端 C、B、A 分别为 000、001、010、…、111 时，对应的输出端$\overline{Y}_0$、$\overline{Y}_1$、$\overline{Y}_2$、…、$\overline{Y}_7$ 为低电平。当片选条件不满足时，译码信号输出全为高电平。

8.2.2 端口的编址方式

1. 端口

接口内部通常设有若干个端口，每个端口对应一个寄存器，每一个端口有一个独立的地址。这些端口用来暂存 CPU 和外设之间传输的数据、状态和命令，所以可分为数据端口、命令端口和状态端口。CPU 可以用地址代码来区别各个不同的端口，对它们分别进行读写操作。接口与端口之间的关系如图 8-4 所示。

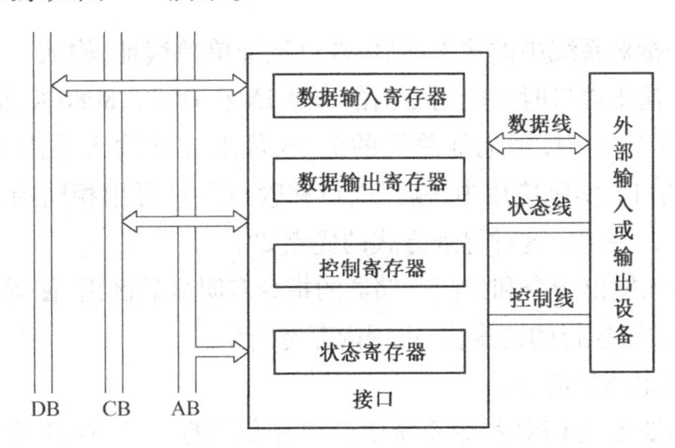

图 8-4 外设通过接口与系统连接示意图

CPU 与外部设备的接口一般拥有几个相邻的端口地址，接口各端口的地址就是平时所说的外部设备地址，CPU 对外部设备的输入/输出操作，就是对相应端口的读/写操作，这些操作见表 8-1。

表 8-1　CPU 对外部设备的操作

任　　务	具体操作
状态信息的获取	CPU 对状态端口进行一次读操作，获得与这个接口相连接的外部设备的状态信息
数据的输入/输出	CPU 对数据端口进行一次读或写操作，可实现与该外部设备进行一次数据传输
控制命令的输出	CPU 把控制代码写入命令端口，可实现对该外部设备发出一个控制命令

2. I/O 端口的寻址方法

CPU 对外设的访问实质上是对 I/O 接口电路中相应的端口进行访问，和存储器一样，由译码电路来形成 I/O 接口的端口地址。I/O 端口的编址方式有两种：统一编址方式和独立编址方式。

（1）统一编址方式

统一编址方式也叫作存储器映像寻址，就是把系统中的每一个 I/O 端口都看作一个存储单元，并与存储单元一起统一编址。在这种编址方式下，访问 I/O 端口时必须采用访问存储器的指令，对存储器寻址的所有指令均适用。这种方式实际上是把 I/O 地址映射到存储空间，作为整个存储空间的一小部分，即系统把存储空间的一小部分划出来供外设使用。这种寻址方式的优点如下。

1）简化了指令系统的设计，在微处理器指令集中不必包含 I/O 操作指令。

2）访问 I/O 设备的指令类型多、功能强，能用访问存储器指令，对 I/O 设备进行方便、灵活的操作。

3）I/O 地址空间可大可小，能根据实际系统上的外设数目来调整。

主要缺点是 I/O 端口占用了存储单元的地址空间，且 I/O 译码电路变得较复杂。其次，访问存储器的指令一般比较长，这样延长了输入/输出操作时间。

（2）独立编址方式

独立编址方式是指对系统中的输入/输出端口地址单独编址，构成一个 I/O 空间，不占用存储空间，访问输入/输出端口时只能用专门的指令 IN 和 OUT。8086 微处理器就采用这种独立编址方式。在 8086 CPU 中，用地址总线的低 16 位来寻址输入输出端口，最多可以访问 65536 个输入/输出端口。实际应用中，输入端口和输出端口可用相同的地址，因此系统能寻址的总端口数还将扩大一倍。这种寻址方式的优点如下。

1）可读性好，输入输出指令和访问存储器的指令有明显的区别，使程序清晰。

2）I/O 指令长度短，执行的速度快，占用内存空间少。

3）I/O 地址译码电路较简单。

独立编址方式的缺点是 CPU 指令系统中必须有专门的 IN 和 OUT 指令，而且这些指令的功能没有访问存储器的指令强。

两种寻址方式各有利弊，一般要根据所用的 CPU 类型来确定 I/O 寻址方式。对于 8086 CPU 系统，习惯上都采用独立编址方式。

8.2.3 端口与 CPU 之间的接口

1. 简单 I/O 接口的组成

简单 I/O 接口是由地址译码、数据锁存与缓冲器、状态寄存器、命令寄存器等组成，也就是把这些部件有机地组合起来就形成了一个简单的 I/O 接口。如图 8-4 所示，它一方面与微型计算机系统地址总线 $A_0 \sim A_{15}$、数据总线 $D_0 \sim D_7$、控制总线 $M/\overline{IO}$、$\overline{RD}$、$\overline{WR}$（最小模式时）相连接，另一方面又与外部设备相连。

2. 地址译码电路

地址译码电路是接口的重要组成部分。CPU 在执行输入/输出指令时，向地址总线发送 16 位外部设备的端口地址。当接收到与本接口相关的地址时，译码电路应能产生相应的选通信号，实现对相关端口寄存器进行数据、命令或状态的传输，完成一次 I/O 操作。

通常的地址译码电路分为两个部分：接口的选择和端口的选择。对接口的选择是采用 16 位地址码的高位地址进行译码，其译码结果作为接口的选择；对端口的选择是采用 16 位地址码的低位地址进行译码，其译码结果作为接口内不同端口的选择。

【例 8-1】 某接口有 4 个端口分别为数据端口 A、数据端口 B、数据端口 C 和控制端口。数据端口 A 和数据端口 C 为输入口，数据端口 B 和控制端口为输出口，系统分配给接口的地址是 378H、379H、37AH、37BH。设系统为最小工作模式，试设计接口的译码电路。

解 该接口共有 4 个端口地址，取地址码最低两位 A_1、A_0 作为接口内不同端口的选择，即数据端口 A、数据端口 B、数据端口 C 和控制端口分别对应 4 种组合 00、01、10、11，高 14 位地址码译出本接口的选择地址 378H（也是数据端口 A 的地址）。

接口的选择地址 378H 所对应的高 14 位地址码为

A_{15}	A_{14}	A_{13}	A_{12}	A_{11}	A_{10}	A_9	A_8	A_7	A_6	A_5	A_4	A_3	A_2
0	0	0	0	0	0	1	1	0	1	1	1	1	0

由于系统工作在最小模式下，参加译码的控制信号还有 $M/\overline{IO}$、$\overline{RD}$和$\overline{WR}$。图 8-5 为接口的译码电路。

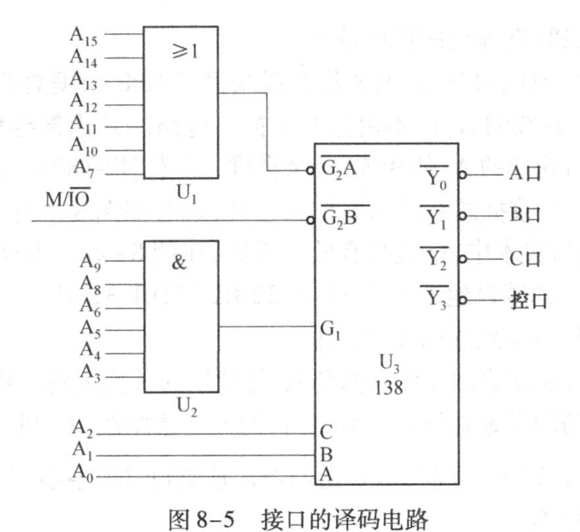

图 8-5 接口的译码电路

3. 8086 CPU与端口之间的硬件接口

8086 CPU 的数据总线是16位的,而接口电路芯片中的端口是8位的,它们之间的硬件接口如何连接?这是设计8086 CPU与端口之间硬件接口的关键问题。在8位接口电路芯片中一般都有若干个端口,通常各端口的地址号是连续排列的。当8位接口芯片与8086 CPU 16位数据总线相连时,必须注意8086 CPU 16位数据总线和地址总线上奇偶性的关系。因此,8086 CPU与端口之间的硬件接口技术通常有下面三种方法。

(1) 仅使用8086 CPU偶地址的接口技术

在这种接口技术中,I/O接口电路的8位数据线只与CPU数据总线的低8位相连。相连的方法是CPU地址总线的A_0线不用作I/O接口电路芯片内部寻址,注意这时应将CPU地址总线的A_1线与端口地址的A_0线相连,其余类推。为了说明问题,现举例如下。

【例8-2】 设有某8位I/O接口电路芯片,其内部有4个可寻址的端口,并已知该I/O接口电路芯片的起始地址为328H,仅使用8086 CPU中偶地址的接口技术,试求出该I/O接口电路芯片的其余地址并设计出该接口电路。

解 用CPU的二位地址线A_2和A_1作为I/O接口电路芯片内部寻址,其余地址线经译码后可求得该芯片的片选信号,译码地址应为328H。其接口电路芯片内部的4个可寻址的端口地址应为328H、32AH、32CH、32EH。该接口电路如图8-6所示。

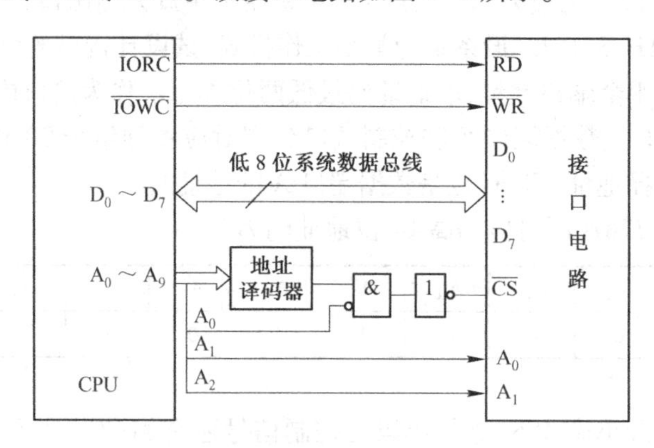

图8-6 仅使用8086 CPU偶地址的接口

(2) 仅使用8086 CPU奇地址的接口技术

在这种接口技术中,I/O接口电路的8位数据线只与CPU数据总线的高8位相连。相连的方法同样是CPU地址总线的A_0线不用作I/O接口电路芯片内部寻址,注意这时应将CPU地址总线的A_1线与端口地址的A_0线相连,其余类推。与仅使用8086 CPU中偶地址的接口技术不同之处除了只与CPU数据总线的高8位相连外,还有在图8-6中CPU的A_0是低有效,而在仅使用奇地址的接口技术中A_0是高有效。因此,在例8-2中,I/O接口电路芯片的起始地址为329H,4个可寻址的端口地址应为329H、32BH、32DH、32FH。

(3) 使用8086 CPU连续地址的接口技术

在这种接口技术中,必须附加8位数据到16位数据的转换逻辑电路。如图8-7所示。当地址线$A_0=0$时,CPU访问偶地址端口,即把接口的8位数据线与CPU低8位数据总线$D_7 \sim D_0$相连,当地址线$A_0=1$,$\overline{BHE}=0$时,CPU访问奇地址端口,即把接口的8位数据线与CPU高8位数据总线$D_{15} \sim D_8$相连。

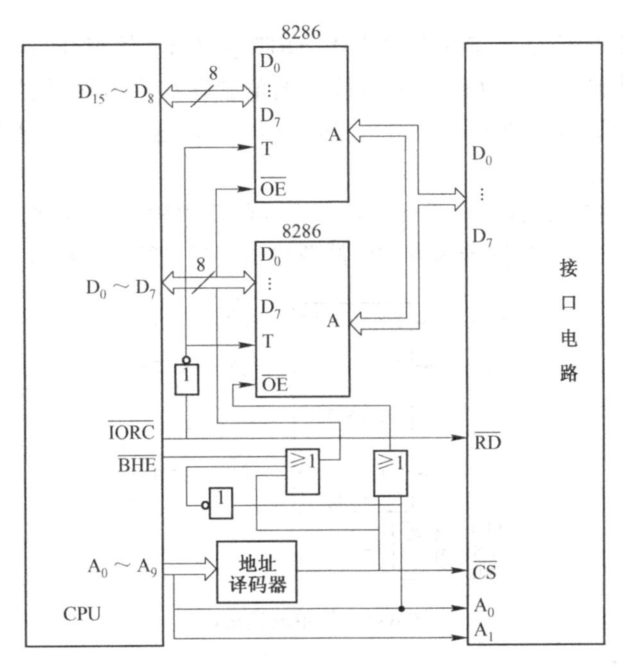

图 8-7　使用 8086 CPU 连续地址的接口

8.3　CPU 与端口之间的数据传送方式

CPU 与端口之间的数据传送就是 CPU 与外部设备之间的数据传输，而这种数据传输要比 CPU 与内存储器之间的数据传输复杂得多。CPU 与内存储器的数据传输只要使用一个总线周期就可以完成一次数据传输，而且这种传输过程是可以连续进行的。然而，CPU 与外部设备之间数据传输的首要问题是速度的匹配问题，如 CPU 从外部设备读入一个数据之后，要等到该设备完成了第二次数据输入之后，才能读入第二个数据。等待的时间不但与该设备的工作速度有关，有时还带有许多随机的因素。例如，用户在键盘输入过程中，两次击键的间隔时间往往是随机的。因此，根据 CPU 与外部设备之间进行数据传输的特点，存在着不同的处理方式。概括起来有以下三种传送方式：程序控制传送方式、中断技术传送方式和 DMA 传送方式。

8.3.1　程序控制传送方式

程序控制传送方式是指在程序控制下进行信息传送，具体实现起来又可分为两种方式：无条件传送和条件传送。

1. 无条件传送方式

无条件传送方式是一种最简单的传送方式，其接口所需要的硬件和软件最少。当需要进行输入或输出操作时，不必检查外设当前所处的状态，直接执行输入输出指令就行。图 8-8 是无条件传送方式的简单输出接口，它是通过 8D 锁存器与 CPU 的数据总线相连，由 8D 锁存器直接驱动发光二极管（LED），用程序来控制 LED 的点亮和熄灭。图 8-8 中，各 LED 的阴极接地，这样，当需要点亮某个 LED 时，只要用输出指令向此端口输出一个字节，使该字节中相应于需要点亮的LED的位是1，其余各位为0。OUT输出指令使$M/\overline{IO}$、$\overline{WR}$和片选信号$\overline{CS}$同时变低，触发锁存器，将输出指令送到数据总线上的值锁存在输出端，使指定的LED发光。显然，在这个例子中，LED总是处于可用状态，随时都可以向这个简单输出接口输出数据，控制各LED的点亮或熄灭。

如果用74LS244芯片设计一个无条件传送方式的简单输入接口，把8位开关信号输入计算机，读者可参考图8-8无条件传送方式的简单输出接口自行进行设计。

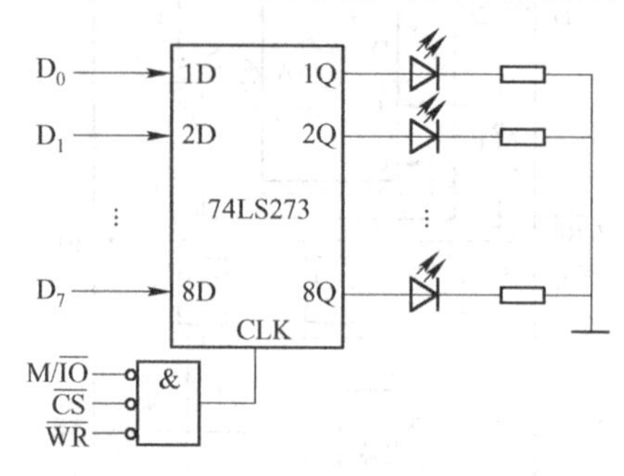

图8-8 简单输出接口

2. 条件传送方式

条件传送也称为查询式传送。使用条件传送方式时，无论是硬件接口还是软件接口都比无条件传送方式复杂得多，在硬件方面，除了有传送数据的端口以外，还应有传送状态的端口；在软件方面，CPU通过程序不断读取并测试外设的状态，判断外设是否正处于准备好的状态，以决定数据的输入或输出。显然，一个数据传送的过程，必须由这样的三个环节组成：CPU读取状态字、通过状态字判断外设是否“准备好”、在外设处于“准备好”状态下进行数据传送。由状态字判断外设是否“准备好”的方法是采用状态字中某一位是否为“1”（或为“0”）来判断的，究竟是“1”还是“0”由硬件接口所决定。

（1）查询方式下的输入接口

1）输入接口硬件。图8-9是查询方式下输入接口的硬件原理图，接口电路包含状态端口和输入数据端口两部分，分别由I/O端口译码器的两个译码信号和$\overline{RD}$信号控制。状态端口由一个D触发器和一个三态缓冲器构成。输入数据端口由一个8位锁存器和一个8位缓冲器构成，它们可以分别被选通。查询方式下输入接口硬件电路的工作过程如下。

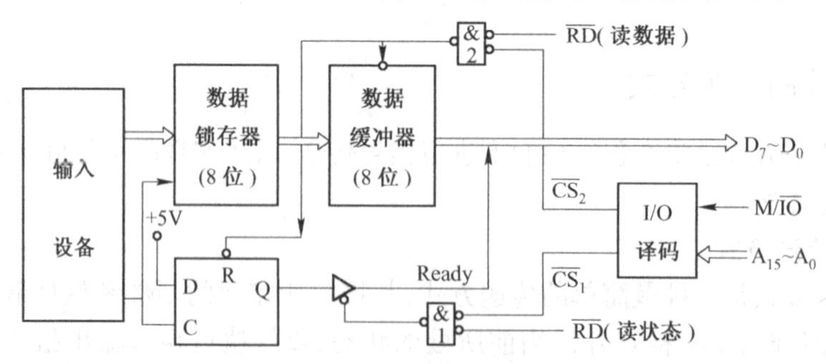

图8-9 查询方式下的输入接口

① 当输入设备的数据准备好后，就向I/O接口电路发一个选通信号。此信号一方面将外设的数据打入数据锁存器，另一方面使接口中的D触发器的Q端置1。

② 当 CPU 执行 IN 指令读取状态端口的信息时，$M/\overline{IO}$和$\overline{RD}$信号都变低。同时 I/O 译码器使状态端口的片选信号为低电平，使三态缓冲器开启，于是 Q 端的高电平经缓冲器传送到数据总线上，并被读入累加器。

③ 经 CPU 对状态端口的信息进行判断，发现输入设备中数据已准备好，则从传送数据的端口读入输入设备中的数据，注意$\overline{RD}$信号变低时，D 触发器的 Q 端会立即清 0，以便下一个数据的输入。

2）输入接口软件。图 8-10 是查询方式下输入接口的程序框图。它反映了数据传送过程中软件必须完成的三个环节。

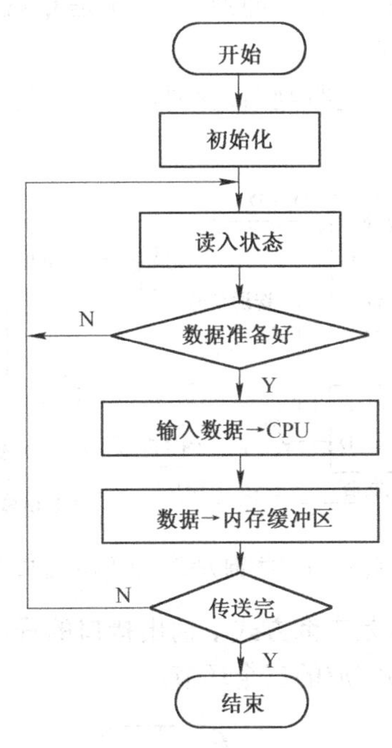

图 8-10　查询方式下输入接口的程序框图

【例 8-3】　设某接口的状态端口地址为 STATE，状态位从 D_7 位输入，数据端口的地址为 INPORT，输入数据的总字节数为 INCOUNT，试编制查询式输入数据的程序段。

解　设输入数据存放在内存单元的首地址为 BUFF，$D_7=1$ 表示数据准备好。

```
        MOV     SI,     OFFSET BUFF        ;设置缓冲区地址指针 SI
        MOV     CX,     INCOUNT            ;设置总字节数
INPUT:  IN      AL,     STATE              ;读入状态位
        TEST    AL,     80H                ;数据准备好吗
        JZ      INPUT                      ;未准备好，循环检测
        IN      AL,     INPORT             ;已准备好，读数据
        MOV     [SI],   AL                 ;存到内存缓冲区中
        INC     SI                         ;修改地址指针
        LOOP    INPUT                      ;未传送完，继续传送
```

（2）查询方式下的输出接口

1）输出接口硬件。图 8-11 是查询方式下输出接口的硬件原理图，与输入接口类似，接口

电路包含状态端口和输出数据端口两部分，分别由 I/O 端口译码器的两个译码信号和$\overline{RD}$、$\overline{WR}$信号控制。状态端口由一个 D 触发器和一个三态缓冲器构成。输出数据端口由一个 8 位锁存器构成，状态端口和输出数据端口可以分别被选通。查询方式下输出接口硬件电路的工作过程如下。

① 输出设备每次从接口中取走数据后，就送回一个应答信号$\overline{ACK}$，它将 D 触发器清 0，即置 BUSY = 0，表示输出设备处于空闲状态，允许 CPU 送出下一个数据。

② CPU 执行 IN 指令读取状态端口的信息时，M/$\overline{IO}$和$\overline{RD}$信号都变低。同时 I/O 译码器使状态端口的片选信号为低电平，使三态缓冲器开启，于是 Q 端的低电平（BUSY = 0）经缓冲器传送到数据总线上，并被读入累加器。

③ 经 CPU 对状态端口的信息进行判断，发现输出设备处于空闲状态，则从传送数据的端口送出数据给输出设备。

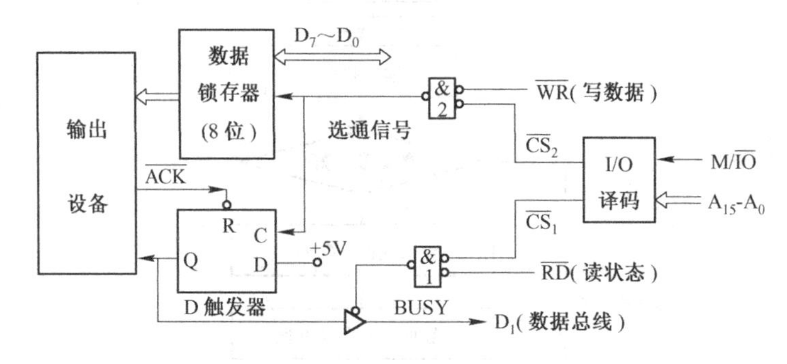

图 8-11　查询方式下的输出接口

2）输出接口软件。图 8-12 是查询方式下输出接口的程序框图。与输入接口类似，它反映了数据的传送过程中软件必须完成的三个环节。

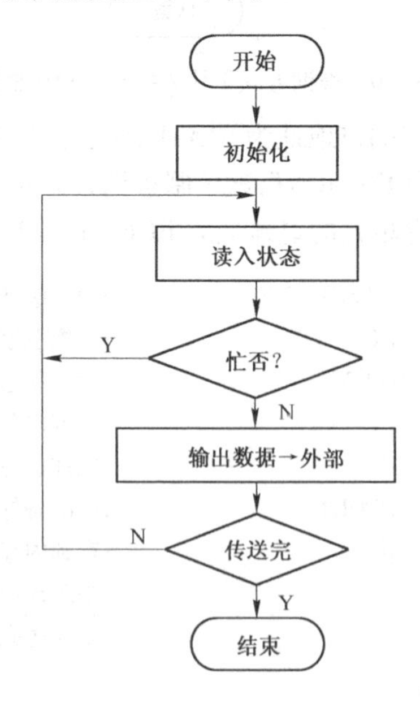

图 8-12　查询方式下输出接口的程序框图

【例 8-4】 设某接口的状态端口地址为 STATE,状态位从 D_7 位输入,数据端口的地址为 OUTPORT,输出数据的总字节数为 OUTCOUNT,试编制查询式输出数据的程序段。

解 设输出数据段在内存单元的首地址为 BUFF,$D_7=1$ 表示数据准备好。

```
        MOV     SI,OFFSET BUFF          ;设置缓冲区地址指针 SI
        MOV     CX,OUTCOUNT             ;设置总字节数
OUTPUT: IN      AL,STATE                ;读入状态位
        TEST    AL,80H                  ;输出设备空闲吗
        JZ      OUTPUT                  ;忙,循环检测
        MOV     AL,[SI]                 ;空闲,取输出数据
        OUT     OUTPORT,AL              ;输出数据
        INC     SI                      ;修改地址指针
        LOOP    OUTPUT                  ;未传送完,继续传送
```

8.3.2 中断技术传送方式

CPU 与外设之间通过程序查询方式实现数据传送,很好地解决了 CPU 与外设之间工作速度的协调问题。但是,程序查询方式的数据传送还存在一些不足之处,主要有以下两点。

(1) CPU 的使用效率低

CPU 需要不断地查询外设接口中的状态,占用 CPU 大量的工作时间,大大降低了 CPU 的使用效率,对一些慢速外设来说,这个问题尤为突出。

(2) 实时性差

在程序查询方式中,CPU 处于主动地位,外设处于消极等待查询的被动地位。在一个实际控制系统中,常常可能有外部设备,且它们的工作速度各不相同,要求 CPU 服务的时间也带有随机性,有些要求是很急迫的。查询方式的数据传送很难满足外设的实时性需要。

中断方式传送数据就可以克服程序查询方式实现数据传送时存在的一些不足之处。由第 7 章可知,中断系统能使 CPU 与外设处于某种“并行工作”的状态,即某外设在已准备好后,它可以主动向 CPU 发出一个中断请求信号,CPU 在接收到中断请求后,暂停当前的工作,转而进行该设备的数据传送操作。这样,CPU 就不必反复查询外设的状态,可以正常地处理其他任务。

然而,采用中断方式传送数据时,其接口要比程序查询方式复杂得多。为了满足中断方式传送数据的需要,外设的硬件接口电路要增加一些中断管理电路。图 8-13 是利用中断方式传送的输入接口电路简图(其中 8259 与 CPU 的其他连线详见上一章)。输入设备完成了一个数据输入后,发出一个选通信号,一方面把输入数据存入锁存器,另一方面向中断管理器 8259 发出中断请求,经 8259 处理后向 CPU 发中断请求信号 INTR,如果这时 CPU 处于中断允许状态,则接受该请求,向 8259 发出中断响应信号,8259 把该外设接口的中断类型号经数据总线 $D_0 \sim D_7$ 送 CPU,CPU 可根据该中断类型号找到相应的中断向量(中断服务程序入口地址),转而执行相应的中断服务程序。在执行中断服务程序期间,CPU 将执行一条输入指令,由地址译码电路产生一个作用于数据缓冲器端口的选通信号,这样,把已存入输入锁存器的数据通过三态缓冲器经数据总线 $D_0 \sim D_7$ 送往 CPU,完成一次数据的输入操作。当中断服务程序执行完毕后,CPU 返回被中断了的程序,从断点开始继续执行原程序。

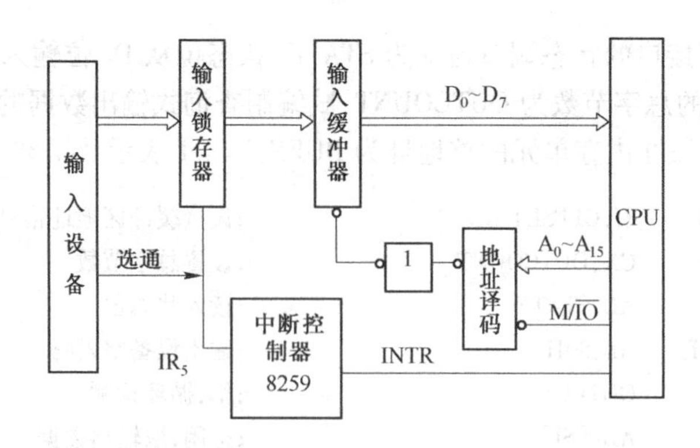

图 8-13　中断方式传送的输入接口

8.3.3　DMA 传送方式

利用中断方式进行数据传送,可以大大提高 CPU 的效率。但是,中断方式的数据传送仍然是在程序的控制下执行的,其传送速度还是不够快,一般适应于中、慢速的外部设备数据传送。在第 7 章中学过,DMA 是一种直接存储器传送方式,外设的数据不经过 CPU 直接送入内存储器,或者内存储器的数据不经过 CPU 直接送往外设。这样的 DMA 传送只需要执行一个 DMA 周期,能够满足一些高速外设数据传输的需要。DMA 方式是本章所述三种基本传送方式中最快的一种。但这种传送方式需要一个叫作 DMA 控制器(简称 DMAC)的专门器件来协调外设和内存储器的数据传输。关于 DMA 控制器的典型芯片 Intel 8237A 的知识在第 7 章已经学过,这里简单介绍利用 DMA 控制器实现直接存储器存取的基本过程。

1. DMA 控制器的功能

根据 DMA 实现数据传送的特点,DMA 控制器应具有下列基本功能。

1）能向 CPU 发出总线请求信号。

2）能实行对总线的控制。

3）能发送地址信号并对内存储器寻址。

4）能修改地址指针。

5）能向存储器和外设发出读/写控制信号。

6）能判断 DMA 传送是否结束。

7）能发出 DMA 过程结束信号,使 CPU 能正常工作。

2. DMA 传送操作过程

要弄清 DMA 传送操作过程,首先必须了解 DMA 控制器在系统中的连接。由图 8-14 可知,内存储器、CPU、DMAC 和外设接口都是与系统的三总线直接相连,在 CPU 与 DMAC 之间只有 DMA 请求信号 HOLD 和 DMA 响应信号 HLDA,在 DMAC 和外设接口之间也是只有外设 DMA 请求信号 DREQ 及其响应信号 DACK。

DMA 传送操作的过程如图 8-15 所示,可分为以下几个步骤。

(1) 初始化 DMAC

CPU 对 DMAC 进行预置操作,包括设定要传送的字节数、指定参与传送的首地址、DMA 通道的选定和传送方式等。

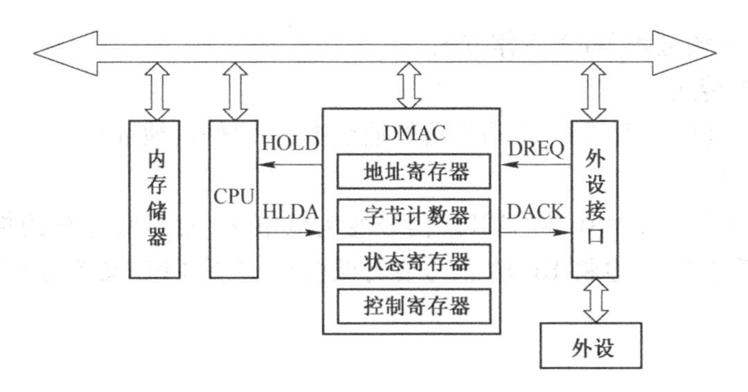

图 8-14 DMA 控制器与系统的连接

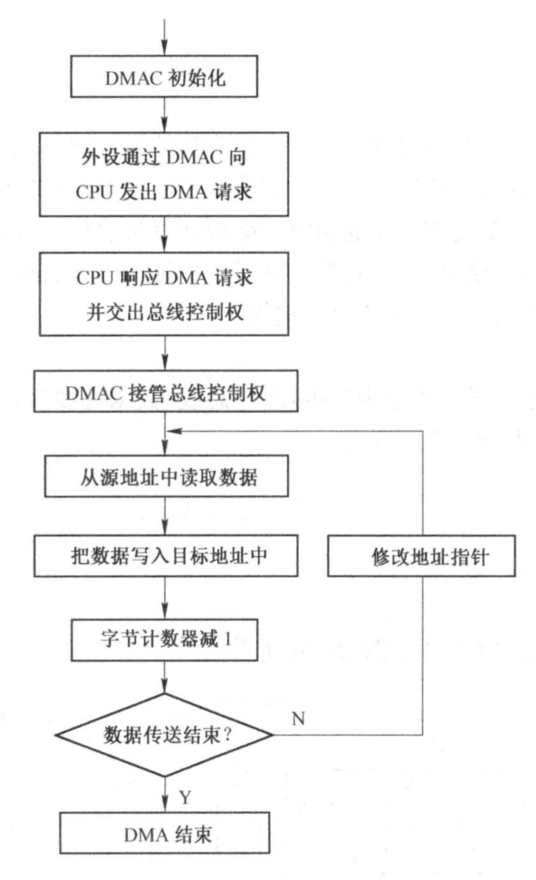

图 8-15 DMA 传送操作的过程

(2) 外设通过 DMAC 向 CPU 发出 DMA 请求

外设接口在准备好后向 DMAC 发出一个请求信号 DREQ,DMAC 向外设接口回一个响应信号 DACK,同时向 CPU 发出一个请求信号 HOLD。

(3) CPU 响应 DMA 请求

CPU 通过 HOLD 引脚接收到 DMAC 的总线请求,如果 CPU 处于总线请求允许的状态下,在完成当前总线操作以后,发出一个对总线请求的允许信号 HLDA 给 DMAC。

(4) DMAC 接管总线的控制权

在 CPU 响应 DMA 请求后,CPU 交出总线的控制权,DMAC 在接收到 HLDA 信号后就成了主宰总线的部件,系统进入 DMA 工作方式。

(5) 实现数据传送

DMAC 从源地址中读入数据,并写入目的地址中,同时修改地址指针,传送整个数据块。

(6) DMA 结束

在数据传送结束后,DMAC 将 HOLD 信号变为低电平,放弃对总线的控制,CPU 检测到 HOLD 信号变为低电平后,也将 HLDA 信号变为低电平,于是 CPU 又控制了系统总线,继续执行原程序。

8.4 总线技术

8.4.1 概述

什么是总线?在微型计算机系统中,采用一组公共的信号线作为微型计算机各部件之间的通信线,这种用于各部件之间传送信息的公共信号线称为总线(BUS)。微型计算机本身是由多个模块组成,每个模块都具有独立的功能。微型计算机、仪器、仪表及控制系统组合在一起又可形成专用系统。为了使系统灵活、简单和便于扩展,部件与部件之间、插件与插件之间以及同一插件上的各芯片之间都是采用总线连接。

1. 总线的分类

根据总线中信息传送的类型可分为三种:地址总线、数据总线和控制总线,若按总线的规模、用途和应用场合分又可分成以下四类。

1) 内部总线。

2) 元件级总线。

3) 系统总线。

4) 外部总线。

以上各种总线之间的关系定义如图 8-16 所示。

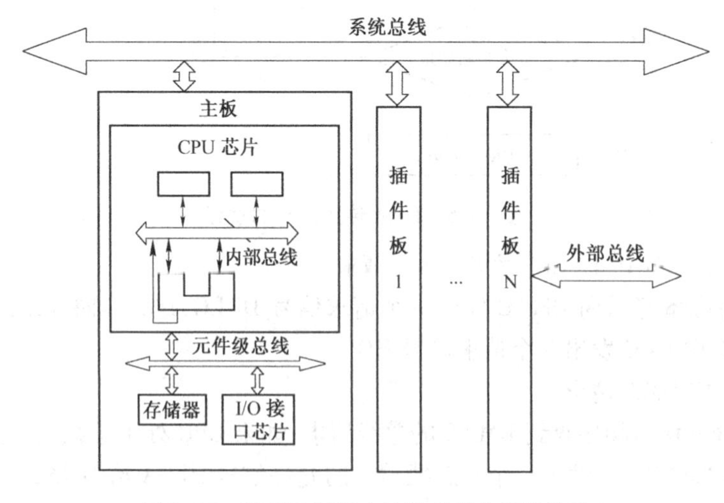

图 8-16 微型计算机中各级总线之间的关系

2. 总线的特性

(1) 物理特性

这里的物理特性是指总线的物理连接方式。包括总线的线数、总线的插头及插座的形状、引脚的排列形式和编号的顺序等。例如，PC 总线共 62 根线,分两边排列编号。

(2) 功能特性

功能特性描写的是总线中的每一根线所起的作用。一般总线分为三种功能(即平时所讲的三总线):地址总线、数据总线和控制总线。

1) 地址总线。它们是微型计算机用来传送地址的单向、三态总线。地址线的数目决定了直接寻址的范围。早期的 8 位 CPU 有 16 根地址线,可寻址 64 KB 地址空间。8086 CPU 有 20 根地址线,可寻址 1 MB。80286 有 24 根地址线,可寻址 16 MB。80386 以上的芯片有 32 根地址线,可寻址 4 GB。P6 以上处理器有 36 根地址线,可寻址 64 GB。

2) 数据总线。它们是传送数据或代码的双向、三态总线。数据总线一般有 8 位、16 位、32 位和 64 位。

3) 控制总线。用来实现控制信号传送的总线,是一组很重要的信号线,它决定了总线功能的强弱和适应性的好坏。

(3) 电气特性

电气特性定义总线中的每一根线上信号的传送方向、有效电平范围。一般规定送入 CPU 的信号叫输入信号,从 CPU 送出的信号叫输出信号。

(4) 时序特性

时序特性定义总线中的每一根线在哪个时钟周期有效,即每根线的时序。

3. 总线的操作过程

在系统总线上实现数据传输的操作过程是在主控模块的控制下进行的,如 CPU、DMA 控制器这样的主控模块都是具有总线控制能力的模块。而总线从属模块则没有控制总线的能力,它只是对总线上传来的地址信号进行译码;并且接收和执行当前总线主控模块的命令。一般总线完成一次数据传输的操作过程可分为 4 个阶段。

(1) 总线请求阶段

若系统总线上只有一个主控模块,就没有总线请求阶段,但当系统总线上有多个主控模块时,则需要使用总线的主控模块必须提出申请,由总线仲裁部分确定把下一传输周期的总线使用权授给提出申请的主控模块。

(2) 寻址阶段

主控模块在取得总线使用权后,通过地址总线发出本次打算访问的从属模块的地址,通过数据总线发出相关的命令。

(3) 传输阶段

当主控模块和从属模块之间联系成功后,就可以进行数据传输,数据由源模块发出经数据总线送入目的模块。

(4) 结束阶段

当数据传输完成后,当前主控模块的有关信息均从系统总线上撤除,让出总线的控制权。

4. 总线标准

总线标准是指在计算机界承认或推荐的系统中互连各个模块的标准,它通常对总线所用插座的尺寸、引线数目、各引线信号的含义和时序等都做了明确的统一规定。常用的总线标准可分为两大类:系统总线和外部总线。

(1) 常用的标准系统总线

1) PC 总线。IBM PC 的 62 芯 PC 总线。

2) ISA 总线。PC/AT 机的 AT 总线。

3) PCI 总线。外围部件互连局部总线。

4) S—100 总线。也称为 IEEE-696 总线,是一种 100 芯的总线。

5) STD 总线。主要用于工业控制机中,是一种 56 芯的总线。

(2) 常用的标准外部总线

1) IEEE-488 总线。

2) EIA　RS-232 总线。

下面主要介绍 PC 中常用的 PC 总线、ISA 总线和 PCI 总线。

8.4.2 PC 总线

PC 总线共有 62 根线,在 IBM PC/XT 机的主板上用于插件板与微型计算机系统相连。PC 总线实际上是 CPU 通过外围集成电路(如 8282 锁存器、8286 发送接收器、8288 总线控制器、8259 中断控制器、8237 DMA 控制器)而形成的 I/O 通道。62 芯 PC 总线的引脚分成两排,如图 8-17 所

信号	引脚	引脚	信号
GND	B_1	A_1	$\overline{IOCHK}$
RESET DRV	B_2	A_2	D_7
+5V	B_3	A_3	D_6
IRQ_9	B_4	A_4	D_5
−5V	B_5	A_5	D_4
DRQ_2	B_6	A_6	D_3
−12V	B_7	A_7	D_2
0WS	B_8	A_8	D_1
+12V	B_9	A_9	D_0
GND	B_{10}	A_{10}	IOCHRDY
$\overline{MEMW}$	B_{11}	A_{11}	AEN
$\overline{MEMR}$	B_{12}	A_{12}	A_{19}
$\overline{IOW}$	B_{13}	A_{13}	A_{18}
$\overline{IOR}$	B_{14}	A_{14}	A_{17}
$DACK_3$	B_{15}	A_{15}	A_{16}
DRQ_3	B_{16}	A_{16}	A_{15}
$DACK_1$	B_{17}	A_{17}	A_{14}
DRQ_1	B_{18}	A_{18}	A_{13}
$DACK_0$	B_{19}	A_{19}	A_{12}
CLK	B_{20}	A_{20}	A_{11}
IRQ_7	B_{21}	A_{21}	A_{10}
IRQ_6	B_{22}	A_{22}	A_9
IRQ_5	B_{23}	A_{23}	A_8
IRQ_4	B_{24}	A_{24}	A_7
IRQ_3	B_{25}	A_{25}	A_6
$DACK_2$	B_{26}	A_{26}	A_5
T/C	B_{27}	A_{27}	A_4
ALE	B_{28}	A_{28}	A_3
+5V	B_{29}	A_{29}	A_2
OSC	B_{30}	A_{30}	A_1
GND	B_{31}	A_{31}	A_0

图 8-17　PC 总线引脚

示，其中带上划线的信号表示该信号低电平时有效。这里的输入是指该信号是从扩展槽输入到系统板，输出是指该信号是从系统板输出到扩展槽。这 62 根线可分为 5 类：地址总线、数据总线、控制总线、状态总线、电源线及其他辅助线，PC 总线各引脚的作用详见表 8-2。

表 8-2　PC 总线 62 线引脚

类　型	引脚名称	符　号	作　用
地址总线	地址线	$A_0 \sim A_{19}$	用于传送存储器和 I/O 的地址。当传送 I/O 地址时，PC/XT 机使用 $A_0 \sim A_9$。地址信号可由 CPU 或 DMA 控制器产生
数据总线	数据线	$D_0 \sim D_7$	为 CPU、存储器或 I/O 设备提供传输数据信息的通路。PC 总线也叫作 8 位 PC 总线
控制总线	地址锁存允许	ALE	由总线控制器 8288 产生，当它有效后产生由高电平到低电平的下降沿时，把 CPU 送出的地址信号进行锁存
	地址允许	AEN	由 DMA 控制器产生，高电平有效。当它有效时，迫使 CPU 让出对总线的控制权，而由 DMA 控制器来控制三总线
	存储器读	$\overline{MEMR}$	当 CPU（或 DMA 控制器）执行存储器读命令时，该信号可以将所选中的存储单元中的数据读到数据总线上
	存储器写	$\overline{MEMW}$	当 CPU（或 DMA 控制器）执行存储器写命令时，该信号可以将数据总线上的数据写入所选中的存储单元中
	I/O 读	$\overline{IOR}$	当 CPU（或 DMA 控制器）执行 I/O 读命令时，该信号可以将所选中的 I/O 端口中的数据读到数据总线上
	I/O 写	$\overline{IOW}$	当 CPU（或 DMA 控制器）执行 I/O 写命令时，该信号可以将数据总线上的数据写入所选中的 I/O 端口中
	中断请求	$IRQ_3 \sim IRQ_7$ 和 IRQ_9	用来把外部 I/O 设备的中断请求信号，经系统板上的 8259A 中断控制器送 CPU。请求信号要求由低到高的上升沿有效
	DMA 请求	$DRQ_1 \sim DRQ_3$	用来把 I/O 设备发出的 DMA 请求通过系统板上的 DMA 控制器，产生一个 DMA 周期。DRQ_1 级别最高，DRQ_3 级别最低
	DMA 响应	$DACK_0 \sim DACK_3$	表明对应的 DRQ 已被接收，DMA 控制器将占用总线并进入 DMA 周期。其中 $DACK_0$ 的响应仅表明系统对存储器刷新请求的响应
	计数结束	T/C	当 DMA 控制器的通道计数达到终点时，T/C 线上产生有效的高电平脉冲，向外设表明 DMA 传送已经结束
	系统总清	RESET DRV	使系统各部件复位
状态总线	I/O 通道奇偶校验	$\overline{IOCHK}$	表示 I/O 通道上的扩展存储器的奇偶校验出错，使 CPU 进入不可屏蔽中断（NMI）服务程序
	I/O 通道准备好	IOCHRDY	平时为高电平，当一些慢速的存储器或 I/O 设备需延长存储器周期或I/O 周期时，可通过将该信号变为低电平来使 CPU 或 DMA 控制器插入等待周期
电源线及其他辅助线	晶体振荡	OSC	晶体振荡信号的频率为 14. 31818 MHz，周期为 70 ns，占空比为 1/2
	系统时钟	CLK	由 OSC 信号经 8284A 时钟发生器三分频后得到，频率为 4. 77 MHz，周期为 210 ns，占空比为 1/3
	电源线		电源线共 5 种：+5 V、-5 V、+12 V、-12 V 和 GND

8.4.3　ISA 总线

ISA 总线是工业标准结构总线（Industry Standard Architecture），它是以 80286 为 CPU 的 IBM AT 机的总线，也称 AT 总线。为了充分发挥 80286 CPU 外部数据总线 16 位宽度的优势，在 PC 总线的基础上进行扩充，将数据总线的宽度由 8 位增加到 16 位，地址总线的宽度由 20 位增加到 24 位。ISA 总线的插座在原来 62 引脚的 PC 总线插座基础上，又增加了一个 36 引脚的插座。ISA 总线共计 98 线，分成 62 线和 36 线两段。这样，保证了 ISA 总线与 PC 总线的兼容性。使许多具有 8 位数据宽度的功能扩展卡仍能在 AT 机上使用。

但是，ISA 总线上的 62 线插槽的引脚排列与定义，与 PC 总线相比有两线不相同：B_8 和 B_{19}脚。

B_8 引脚：在 PC 总线中作为保留引脚。而在 ISA 总线中，B_8 引脚是用作“零等待状态”信号线$\overline{OWS}$，该引脚低电平有效，表示在微处理器当前总线周期能完成，无须插入等待周期。

B_{19}引脚：在 PC 总线中作为内存动态 RAM 刷新 DRQ 的响应信号$DACK_0$，而在 ISA 总线中，B_{19}引脚是用作系统板上 RAM 刷新电路的信号REFRESH，这是因为 AT 机的动态 RAM 刷新不再通过 DMA 传输来实现，而是直接由系统板上 RAM 刷新电路产生的信号REFRESH来实现。这样，在 ISA 总线中把 DRQ_0 和 $DACK_0$ 作为外接 DMA 请求和响应，将这两个信号线安排在 36 线插槽中。

ISA 总线的扩展部分被安排在 36 线插槽中，其引脚如图 8-18 所示。

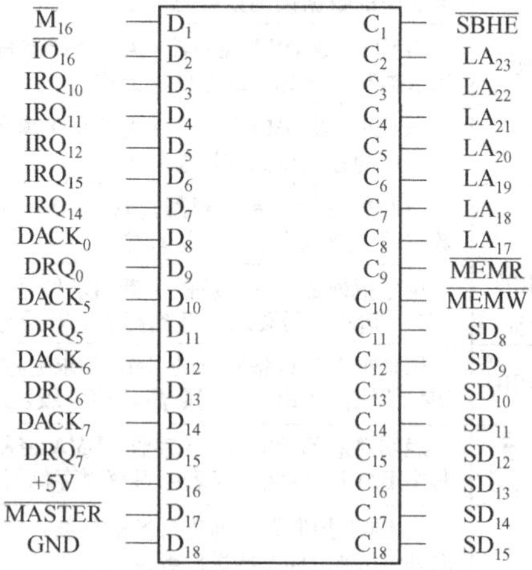

信号	引脚	引脚	信号
$\overline{M_{16}}$	D_1	C_1	$\overline{SBHE}$
$\overline{IO_{16}}$	D_2	C_2	LA_{23}
IRQ_{10}	D_3	C_3	LA_{22}
IRQ_{11}	D_4	C_4	LA_{21}
IRQ_{12}	D_5	C_5	LA_{20}
IRQ_{15}	D_6	C_6	LA_{19}
IRQ_{14}	D_7	C_7	LA_{18}
$DACK_0$	D_8	C_8	LA_{17}
DRQ_0	D_9	C_9	$\overline{MEMR}$
$DACK_5$	D_{10}	C_{10}	$\overline{MEMW}$
DRQ_5	D_{11}	C_{11}	SD_8
$DACK_6$	D_{12}	C_{12}	SD_9
DRQ_6	D_{13}	C_{13}	SD_{10}
$DACK_7$	D_{14}	C_{14}	SD_{11}
DRQ_7	D_{15}	C_{15}	SD_{12}
+5V	D_{16}	C_{16}	SD_{13}
$\overline{MASTER}$	D_{17}	C_{17}	SD_{14}
GND	D_{18}	C_{18}	SD_{15}

图 8-18　ISA 总线 36 线插槽的引脚

ISA 总线 36 线插槽的引脚可分为地址总线、数据总线、控制总线（包括中断及 DMA 的请求等）和电源线，这些线基本上都是 PC 总线（62 线插槽）引脚的扩充，总线上各扩充引脚的作用详见表 8-3。

表 8-3　ISA 总线上 36 线引脚

类　型	引脚名称	符　号	作　用
地址总线	地址线	$LA_{17} \sim LA_{23}$	它与 62PC 线插槽上的地址线 $A_0 \sim A_{19}$（已锁存在地址锁存器上的地址信号）一起构成 24 位地址总线
数据总线	数据线	$SD_8 \sim SD_{15}$	用于 16 位数据传送时传送高 8 位数据。它与 62PC 线插槽上的数据线 $D_0 \sim D_7$ 一起构成 16 位数据总线
	高 8 位数据允许	$\overline{SBHE}$	表示数据总线 $SD_8 \sim SD_{15}$传送的是高位字节数据
	存储器 16 位片选	$\overline{M_{16}}$	表示当前是 16 位存储器数据传送。信号由扩展插件板发送给系统板
	I/O 16 位片选	$\overline{IO_{16}}$	表示当前是 16 位片选 I/O 数据传送。信号由扩展插件板发送给系统板

（续）

类 型	引脚名称	符 号	作 用
控制总线	存储器读写	$\overline{MEMR}$ $\overline{MEMW}$	作用同62PC线插槽上的对应信号，但这两个选通线对全部存储空间都有效
	主控信号	$\overline{MASTER}$	I/O通道上的微处理器发出的主控信号，该信号和DRQ信号一起使用，使CPU处于高阻态，从而实现对系统的控制，直至$\overline{MASTER}$无效为止
	中断请求	IRQ_{10} ~ IRQ_{12} IRQ_{14}、IRQ_{15}	是边沿触发且是三态门驱动。与PC总线插槽上的6根中断请求输入线合在一起，ISA总线一共可管理11级中断
	DMA请求	DRQ_0、DRQ_5 ~ DRQ_7	由外设和I/O通道上的微处理器所驱动的异步通道请求信号。与PC总线插槽上的3根DMA请求输入线合在一起，ISA总线一共有7个DMA请求信号
	DMA响应	$DACK_0$、$DACK_5$ ~ $DACK_7$	与DMA请求信号DRQ_0、DRQ_5、DRQ_6、DRQ_7信号相对应共有4根DMA响应信号
	电源线	+5 V、GND	在ISA总线36芯插槽中还有+5V、GND两个电源线引脚

8.4.4 PCI总线

PCI是一种高性能的局部总线，它同时支持多个外围设备，不再受制于微处理器，且与CPU的时钟频率无关，它有严格的规范来保证高度的可靠性和兼容性。PCI总线的时钟为33 MHz，它的总线宽度为32位，并可以扩展到64位。PCI总线还能兼容现有的ISA等总线，与它们共存于同一系统中。

1. PCI总线系统的结构

PCI总线也称为外部设备互连总线，它能与其他总线互连。PCI总线系统的结构如图8-19所示。

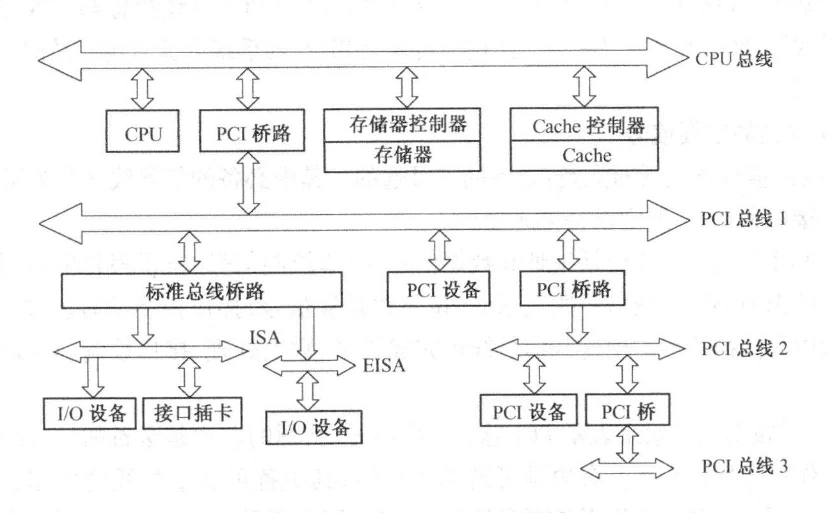

图8-19 PCI总线系统的结构

它把一个计算机系统的总线分为几个档次，速度最高的为CPU总线，可连接主存储器等高速部件。第二级为PCI总线1,可直接连接工作速度较高的功能卡,如图形加速卡、高速网卡等,也可以通过IDE控制器、SCSI控制器连接高速硬盘等设备;PCI总线1是通过PCI桥路与CPU总线连接。第三级是ISA总线、EISA总线、PCI总线2,可以与目前常用的ISA总线的设备相连,以提高兼容性。ISA总线、EISA总线是通过标准总线桥路与PCI总线1连接。PCI总线2是通过PCI桥路与PCI总线1连接。通过PCI桥路还可以形成第四级总线:PCI总线3等。

2. PCI总线的主要特点

(1)高性能

32位总线宽度,可升级到64位;PCI总线的时钟为33 MHz,且与CPU时钟无关。实验室测试结果表明,对于相同的系统,PCI的性能是EISA的3倍以上,是ISA的10倍以上。

(2)低成本

1)用于连接PCI总线的引脚数很少,以及PCI扩展卡的外形尺寸较短,因此节省了PCB板和元件的费用。

2)不需要开发与PCI总线扩展卡相关的支持或缓冲芯片,从而降低了板级费用。

3)由于PCI总线扩展卡通用性强,可以实现大批量生产,降低生产成本。

4)PCI总线支持自动配置功能,可节省系统集成的时间,间接降低系统研制与装配费用。

(3)自动配置参数,使用方便

能够自动配置参数,支持PCI总线扩展板和部件。PCI设备包含配置寄存器,可用来存放设备配置的信息。PCI总线扩展卡一旦插入系统,BIOS就能读取卡上256B的自动配置信息,根据这些信息,结合系统实际情况就可以为扩展卡分配存储地址、端口地址、中断和某些定时信息,这样从根本上免除了人工配置操作,给用户使用带来了极大的方便。

(4)灵活性和兼容性好

PCI总线可与ISA、EISA、MCA、VESA总线兼容。由于PCI总线指标与CPU及其时钟无关,使PCI总线扩展卡几乎成为一种通用卡,当卡上BIOS与系统有关规定一致时,就可以在相应系统上使用。

3. PCI总线的主要信号

PCI总线的信号线包括两大类:必备的和可选的。其中必备的信号线又分为两种:47条的从设备PCI接口和49条的主设备PCI接口。

必备的PCI总线信号线包括地址和数据信号、接口控制信号、错误报告信号、仲裁信号和系统信号。可选的PCI总线信号线包括64位总线扩展信号、接口控制信号、中断信号、Cache支持信号和边界扫描信号。用这些信号线可完成寻址、数据处理、接口控制、总线仲裁及其他系统功能。

图8-20是按功能分组来表示PCI总线主要信号的,图的左边是必备的信号线,其中各必备信号线的作用详见表8-4。右边是可选的信号线,其中各可选信号线的作用详见表8-5。注意,图8-20不是按PCI总线引脚顺序排列的,除了图中所示的这些信号线外,还有若干电源线、地线和保留线。

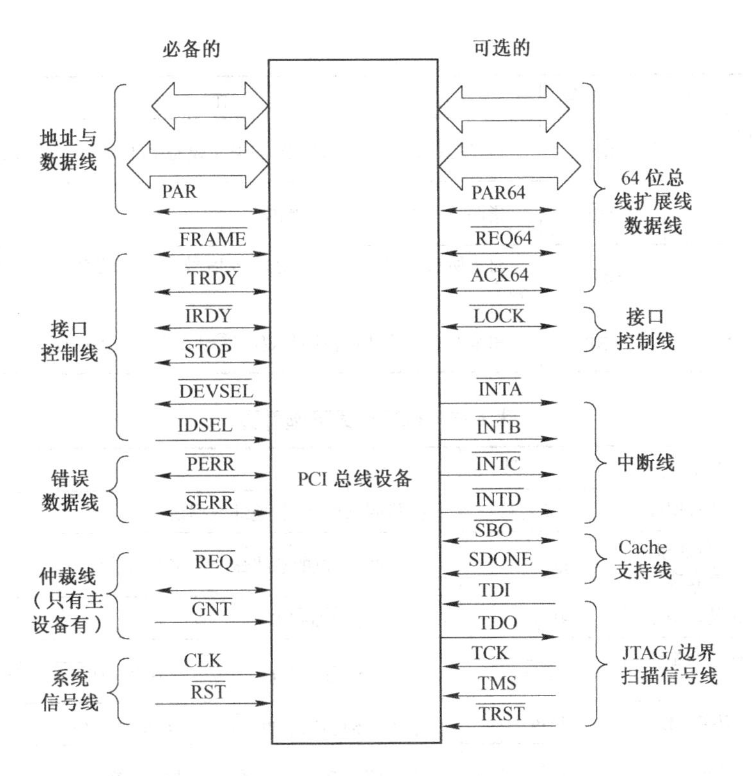

图 8-20　PCI 总线主要信号

表 8-4　PCI 总线必备引脚

类　　型	引脚名称	符　　号	作　　用
地址和数据总线	地址和数据线	AD[31::0]	一个 PCI 总线传输周期包含了一个地址信号期和接着的一个（或无限个）数据期。PCI 总线支持突发读写功能。在$\overline{FRAME}$有效时，是地址期；在$\overline{IRDY}$和$\overline{TRDY}$同时有效时，是数据期。双向三态信号，共 32 条信号线
	总线命令和字节启用	$C/\overline{BE}$[3::0]	在地址期，$C/\overline{BE}$[3::0]定义总线命令，而在数据期则用作字节启用。低电平有效，双向三态信号，共 4 条信号线
	奇偶校验	PAR	通过 AD[31::0]和$C/\overline{BE}$[3::0]进行奇偶校验，双向三态
接口控制	帧周期	$\overline{FRAME}$	当前主设备的一个访问开始和持续时间。$\overline{FRAME}$有效表示总线传输的开始；$\overline{FRAME}$失效后，是传输的最后一个数据期
	主设备准备好	$\overline{IRDY}$	当它与$\overline{TRDY}$同时有效时，数据能完整传输。在写周期，它指出数据变量存在 AD[31::0]中。在读周期，它指出主设备准备接收数据
	从设备准备好	$\overline{TRDY}$	表示从设备准备完成当前的数据传输。在写周期，它指出从设备准备接收数据。在读周期，它指出数据变量在 AD[31::0]中
	请求停止	$\overline{STOP}$	表示从设备要求主设备停止当前数据传送
	初始化设备选择	IDSEL	在参数配置读写传输期间，用作芯片选择
	设备选择	$\overline{DEVSEL}$	指出有地址译码器的设备作为当前访问的从设备
错误报告	报告数据奇偶校验错	$\overline{PERR}$	一个主设备只有在响应$\overline{DEVSEL}$信号和完成数据期之后，才产生一个错误报告信号$\overline{PERR}$
	系统出错	$\overline{SERR}$	专门用来报告地址奇偶错、特殊命令序列中的数据奇偶错，或能引起大灾难性的系统错

（续）

类　型	引脚名称	符　号	作　用
仲裁	总线占用请求	$\overline{REQ}$	这是总线占用的请求信号，只有主设备 PCI 接口才有仲裁信号
	总线占用允许	$\overline{GNT}$	指明总线占用请求已被响应
系统	系统时钟	CLK	对于所有的 PCI 设备都是输入信号。这一频率也称为 PCI 总线的工作频率
	系统复位	$\overline{RST}$	用来使 PCI 特性寄存器和定序器相关的信号恢复初始状态

表 8-5　PCI 总线可选引脚

类　型	引脚名称	符　号	作　用
64 位总线扩展信号	地址和数据线	AD[63::32]	提供附加的 32 位地址数据线
	总线命令和字节启动	$\overline{C/BE}$[7::4]	扩展高 32 位的总线命令和字节启动信号
	64 位传输请求	$\overline{REQ64}$	时序与 $\overline{FRAME}$ 相同
	64 位传输请求响应	$\overline{ACK64}$	表示从设备将用 64 位传输。时序与 $\overline{DEVSEL}$、$\overline{FRAME}$ 相同
	奇偶双字节校验	PAR64	是 AD[63::32] 和 $\overline{C/BE}$[7::4] 的校验位
接口控制	锁定	$\overline{LOCK}$	当该信号有效时，一个动态操作可能需要多个传输周期来完成
中断	中断	$\overline{INTA}$、$\overline{INTB}$、$\overline{INTC}$、$\overline{INTD}$	为漏极开路的信号，即允许多个设备共享的一个“线或”信号。PCI 定义的一个中断向量对应一个设备，4 个以上中断向量对应一个多功能的设备或连接器
Cache 支持	试探返回	$\overline{SBO}$	当该信号有效时，表示命中一个缓冲行
	命中缓冲行	SDONE	当它无效时，表明探测结果仍未确定；当它有效时，则表明探测完成
边界扫描	边界扫描	TDI、TDO、TCK、TMS 和 $\overline{TRST}$	

8.5　习题例解

1. 选择题

（1）在程序控制传送方式中，哪种方式可以提高系统的工作效率（　　）。

A. 查询传送　　B. 中断传送　　C. 前二项均可

解　选 B

分析　A 传送方式，外设在准备数据传送时，CPU 反复检查外设的状态，浪费了大量时间，中断传送方式中，在外设数据传送的准备阶段，CPU 可以正常地执行主程序，整个系统效率最高。

（2）采用 DMA 传送数据时，数据传送过程是由（　　）控制的。

A. 软件　　B. CPU　　C. CPU + 软件　　D. 硬件控制器

解　选 D

分析　DMA（直接存储器存取）是由一种叫作 DMA 控制器的硬件对整个数据传送过程进

行控制的，只要 CPU 交出总线控制权给 DMA 控制器，不需要 CPU 干预也不需要软件介入的高速数据传送方式。

(3) 8086 微处理器可寻址访问的最大 I/O 空间为(　　)。

A. 1 KB　　B. 64 KB　　C. 640 KB　　D. 1 MB

解　选 B

分析　8086 微处理器采用独立编址方式，I/O 端口和内存单元有各自的地址空间，8086 的 I/O 端口地址线最多为 16 位，所以最大 I/O 空间为 65536B，即 64KB。

(4) 传送数据时，占用 CPU 时间最长的传送方式是(　　)。

A. 查询　　B. 中断　　C. DMA　　D. 无条件传送

解　选 A

分析　采用查询方式时需要把大量的时间用在查询外设是否准备好，这段时间是由外设决定的，通常查询时间总是远大于数据传送时间，因此查询方式占 CPU 时间最长。

(5) 采用查询传送方式时，必须要有(　　)。

A. 中断逻辑　　B. 请求信号　　C. 状态端口　　D. 类型号

解　选 C

分析　查询传送方式中，只有查询到外设的状态信号是"已经准备好"时，才能进行数据的传送，因此接口电路必须要有状态端口。

2. 微型计算机系统中 CPU 与外设之间有哪三种基本的数据输入输出方式？试分析它们各自的优缺点。

答　1)程序查询的输入/输出。优点是能够保证 CPU 与外设之间的协调同步工作，硬、软件相对简单。缺点是把大量的 CPU 时间都浪费在查询外设是否"准备就绪"上。

2) 程序中断输入/输出方式。优点是只有外设发出中断请求信号时，CPU 才产生中断，进行输入/输出操作，实时性比较好，系统效率高。缺点是每进行一次数据传送都要中断一次 CPU，要执行保护现场，恢复现场等中断处理程序，浪费了很多不必要的 CPU 时间。

3) 直接存储器存取方式(DMA)。优点是速度快，数据传送速度只受存储器存取时间的限制，是三种方法中最快的。缺点是需要专用的芯片—— DMA 控制器来加以控制管理，硬件连线也比较复杂。

3. 使用三态门(74LS244)作为输入接口，其地址为 87F7H，请写出地址的二进制码，并画出该接口与 8086 微机系统的接线图。

解　接口地址为 87F7H，转换为二进制码为

A_{15}	A_{14}	A_{13}	A_{12}	A_{11}	A_{10}	A_9	A_8	A_7	A_6	A_5	A_4	A_3	A_2	A_1	A_0
1	0	0	0	0	1	1	1	1	1	1	1	0	1	1	1

因此可以确定 74LS244 的地址译码电路，其接线图如图 8-21 所示。

4. 某微型计算机系统的接口分别采用三态门 74LS244 和锁存器 74LS373 作为输入口和输出端口，输入端口地址为 0DC0H，输出端口地址为 0DE0H，在输入端口有三个开关 K_0、K_1、K_2，在输出端口有三个发光二极管 A、B、C。

(1) 设计出能实现上述功能的微型计算机接口电路(设系统的端口地址为 0 ~0FFFH)。

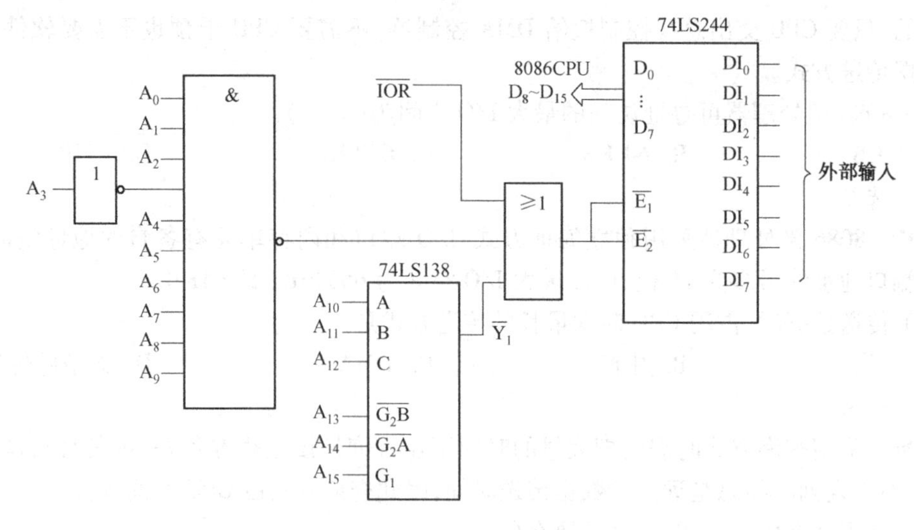

图 8-21　题 3 系统连接图

(2) 编写程序,实现以下逻辑功能。

1) K_0、K_1、K_2 全断开,A 灯亮。

2) K_0、K_1、K_2 全合上,B 灯亮。

3) 其他情况,C 灯亮。

解　(1) 0DC0H 和 0DE0H 地址译码电路可采用上一题的方法求得。系统数据总线的 $D_0 \sim D_2$ 接 74LS244 和 74LS373 的 $D_0 \sim D_2$,接线如图 8-22 所示。

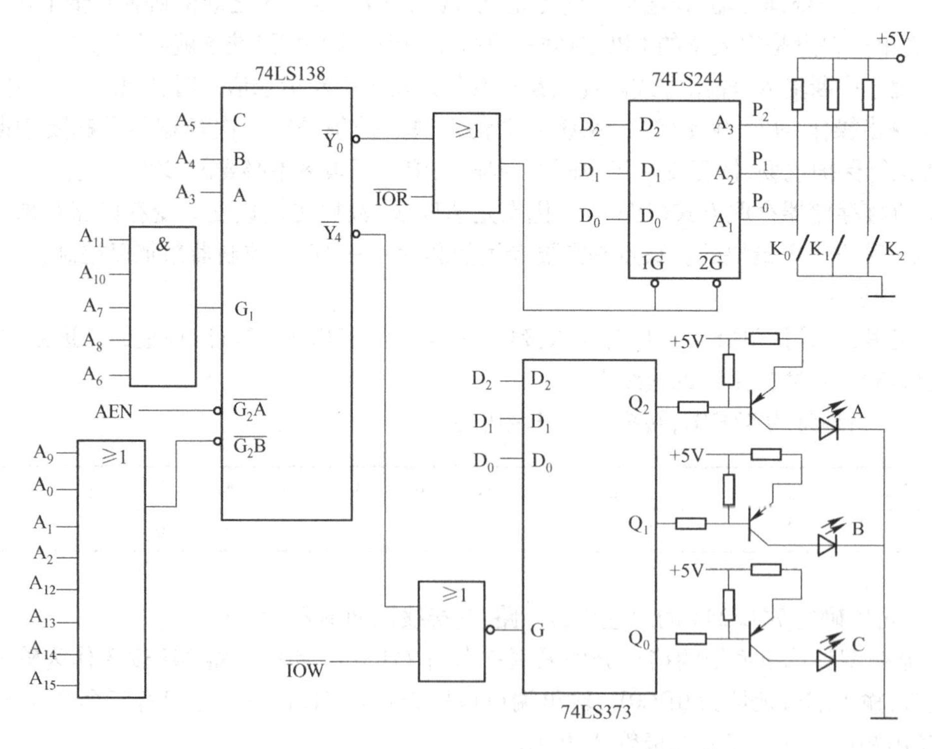

图 8-22　题 4 图

(2) 程序如下。

```
        MOV     DX,0DC0H
        IN      AL,DX               ;取输入口的开关量到 AL
        AND     AL,07H              ;只取 AL 中的低 3 位
        CMP     AL,00H              ;K0、K1、K2 全合上
        JZ      BLP
        CMP     AL,07H              ;K0、K1、K2 全断开
        JZ      ALP
        MOV     AL,06H              ;其他情况,C 灯亮
        JMP     L1
ALP:    MOV     AL,03H              ;A 灯亮
        JMP     L1
BLP:    MOV     AL,05H              ; B 灯亮
L1:     MOV     DX,0DE0H
        OUT     DX,AL               ;输出控制灯亮的信号
```

5. 已知查询输入方式下的数据端口和状态端口的地址分别为 386H、387H,外设的数据就绪线接在状态端口的 D_0 位上,并约定高电平有效。输入设备要从该接口电路输入 200 个字节的数据到存储器中,设存储器缓冲区首地址为 MYBUF,请画出流程图,并编写控制程序段。

解 (1) 流程如图 8-23 所示。

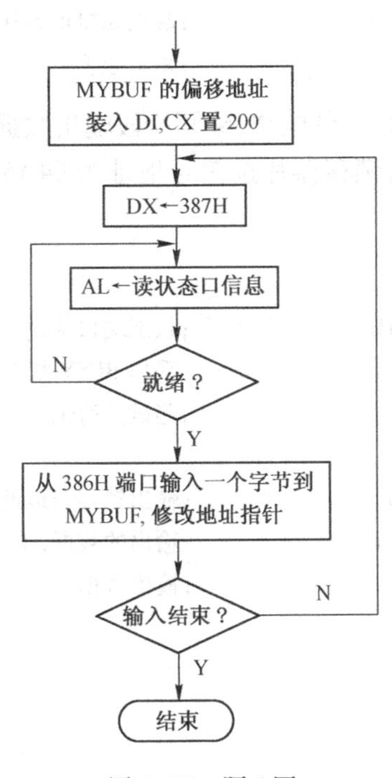

图 8-23 题 5 图

(2) 程序如下。

```
        LEA     DI,MYBUF
```

```
        MOV     CX,200
LP1:    MOV     DX,387H
NRY:    IN      AL,DX
        AND     AL, 01
        JZ      NRY
        DEC     DX
        IN      AL,DX
        MOV     [DI],AL
        INC     DI
        LOOP    LP1
        HLT
```

6. 利用异步查询式输入接口硬件电路,编写采集数据的程序。

设状态端口地址为 04A2H,数据端口地址为 04A0H,状态端口 READY 线连接到数据总线 D_0 端。

采集数据的程序如下。

```
        MOV     DX, 04A22H          ;状态端口地址送 DX
AA1:    IN      AL, DX              ;采集 READY 状态
        TEST    AL, 01H             ;测试是否准备好
        JZ      AA1                 ;未准备好,等待
        MOV     DX, 04A0H           ;数据端口地址送 DX
        IN      AL, DX              ;采集数据
```

7. 利用异步查询式输出接口硬件电路,编写一段输出数据的程序。

设状态端口地址为 04A4H,锁存器片选信号地址为 04A6H,状态端口 BUSY 线连接到数据总线 D_1 端。

输出数据的程序如下。

```
        MOV     DX, 04A4H           ;状态端口地址送 DX
AA1:    IN      AL, DX              ;采集 BUSY 状态
        TEST    AL, 02H             ;测试是否忙
        JZ      AA1
        MOV     DX, 04A6H           ;输出锁存器地址送 DX
        MOV     AL, ××H             ;输出的数据(××H 为任一数据)
        OUT     DX, AL              ;输出数据
```

8.6 练习题

1. 选择题

(1) 当要求 74LS138 的 Y_3 有效,这时 A、B、C 的 3 输入端分别为________。

A. A=1,B=1,C=1　　　　B. A=1,B=0,C=1

C. A=1,B=1,C=0　　　　D. A=0,B=1,C=1

(2) 下面________是正确的。

A. 端口中有 1 个或多个接口　　　B. 接口中有 1 个或多个端口

C. 端口内含有很多寄存器　　　D. 一个端口可有多个地址

2. 填空题

设某接口的状态端口地址为 100,状态位从 D7 位输入,数据端口的地址为 200,输入数据的总字节数为 200,输入数据段放在内存单元的首地址为 300,查询式输入数据的程序段如下。

```
        MOV     SI,______
        MOV     CX,______
INPUT:  IN      AL,______
        TEST    AL,______
        JZ      ______
        IN      AL,______
        MOV     [SI], AL
        INC     SI
        ____________
```

请在空格处填上正确的内容。

3. 问答题

(1) 当接口电路与系统总线相连接时,为什么要遵循“输入要经过三态,输出要锁存”的原则?

(2) I/O 接口的主要功能有哪些? 一般有哪两种编址方式? 两种编址方式各自有什么特点?

(3) 按照与 CPU 之间数据传输的方向分,可以将外部设备分为哪几类? 外设与 CPU 之间传输的信号可以分为哪三种?

(4) 何为总线? 系统总线实现数据传输的操作过程是如何在主控模块的控制下进行的?

(5) 根据总线中信息传送的类型可分为哪几种? 若按总线的规模、用途和应用场合分又可分成哪几类? 一般总线完成一次数据传输的操作过程可分为哪 4 个阶段?

4. 在 8086 微型计算机系统中,有一外设的接口地址为 2A8H ~ 2AFH,请用 74LS138 译码器设计符合要求的地址译码电路。

5. 某系统分别用 74LS244 和 74LS273 作为输入输出接口。其输入口的地址为 1000H,输出口的地址为 2000H,试编写程序,当输入口的 bit1、bit3 和 bit5 位同时为 1 时,把以 DATA 为首地址的 50 个单元的数据从输出口输出;如果不满足上述条件则等待。

6. 一个采用查询式数据传送的输出接口,其数据端口地址为 300H,状态端口为 301H,外设状态位用 D_7 位表示。如果要将存储器缓冲区 DATA 中的 200 个字节数据通过该输出口输出,输出画出流程图,编写控制程序段。

第9章　可编程并行接口芯片与串行通信技术

计算机在与外界打交道过程中,CPU 与外设之间有大量的数据交换,从前一章中已经知道,完成这些数据交换任务的部件是接口电路。按接口电路数据传送方式可分为并行接口和串行接口两大类。本章主要介绍可编程并行接口芯片 8255A 的结构与应用,串行通信接口技术和可编程串行接口芯片 8251A 的结构及应用。

9.1　可编程并行接口芯片 8255A

并行接口一般具有以下特点。

1）通过多根信号线同时传送多位数据。

2）并行接口多用于传送距离短,数据量大,速度高的实时传输场合。

3）传送时一般不需要特定的数据传送格式。

随着集成电路技术的进一步发展,市场上出现了多种通用的可编程并行接口芯片,如Intel 8255A、MC6820、Z80 - PIO 等。其中,Intel 8255A 是一种典型的并行接口芯片,在许多领域得到了广泛的应用。

9.1.1　8255A 的结构

可编程并行接口芯片 8255A 是 Intel 公司生产的并行接口芯片的代表产品,具有通用性强、使用灵活、可编程等优点。它主要是为 Intel 系列微处理器设计的配套电路,但同时也可用于其他微型计算机系统中。8255A 的外部引脚和内部结构分别如图 9-1 和图 9-2 所示。

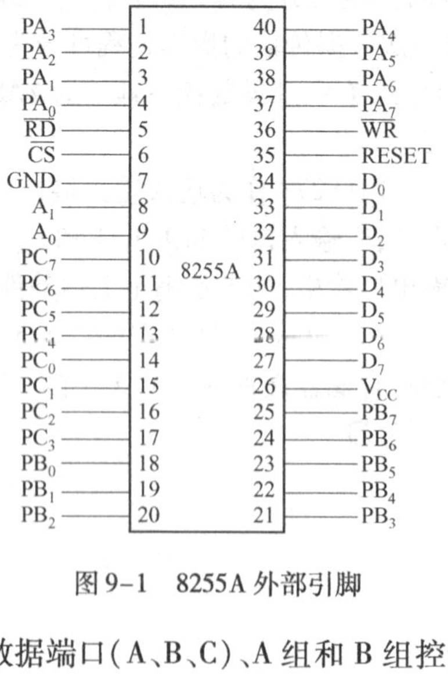

信号	引脚	引脚	信号
PA_3	1	40	PA_4
PA_2	2	39	PA_5
PA_1	3	38	PA_6
PA_0	4	37	PA_7
$\overline{RD}$	5	36	$\overline{WR}$
$\overline{CS}$	6	35	RESET
GND	7	34	D_0
A_1	8	33	D_1
A_0	9	32	D_2
PC_7	10	31	D_3
PC_6	11	30	D_4
PC_5	12	29	D_5
PC_4	13	28	D_6
PC_0	14	27	D_7
PC_1	15	26	V_{CC}
PC_2	16	25	PB_7
PC_3	17	24	PB_6
PB_0	18	23	PB_5
PB_1	19	22	PB_4
PB_2	20	21	PB_3

（芯片标注：8255A）

图 9-1　8255A 外部引脚

图 9-2 中,8255A 由三个数据端口(A、B、C)、A 组和 B 组控制逻辑电路、数据总线缓冲器

及读/写控制逻辑 4 部分组成。

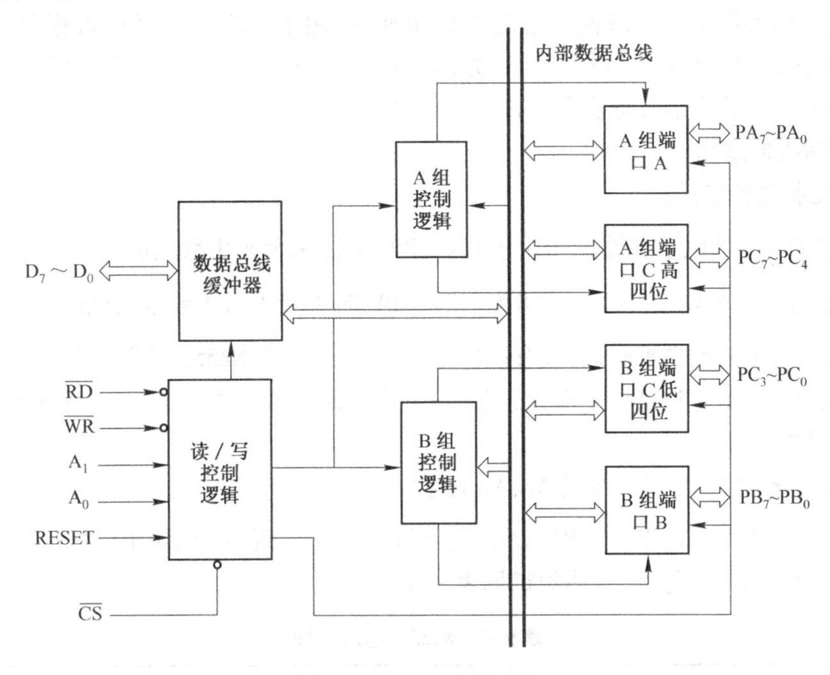

图 9-2　8255A 内部结构

1. 数据端口

在 8255A 内部包含了三个 8 位输入/输出数据端口:端口 A、端口 B、端口 C。

端口 A 和端口 B 可作为 8 位的输入/输出端口,端口 C 既可以作为一个 8 位的输入/输出端口,又可作为两个 4 位的输入/输出端口(即 $PC_7 \sim PC_4$ 和 $PC_3 \sim PC_0$)。

另外,需要特别指出的是端口 C 不仅可作为输入/输出口使用,还能配合端口 A、端口 B 工作,用来输出端口 A 和端口 B 的控制信号,或用来输入端口 A 和端口 B 的状态信息。

三个端口在功能上有不同的特点。

① 端口 A:可以设置为输入端口,也可以设置为输出端口,还可以设置为双向的 8 位数据端口,输入/输出时端口都具有锁存器、缓冲器,具有三种工作方式,是功能最齐备的数据端口。

② 端口 B:可以设置为输入端口,也可以设置为输出端口,但不能设置为双向数据端口。端口 B 输入不能锁存,而输出可以锁存,具有两种工作方式。

③ 端口 C:它比较特殊,具有位寻址功能,能作为联络线配合端口 A 和端口 B 工作,端口 C 还可能作为两个 4 位的端口使用。可以设置为输入端口,也可以设置为输出端口,但不能设置为双向数据端口。

2. 端口控制逻辑

端口控制逻辑分为 A 组和 B 组,各组管理的端口如下。

① A 组:管理端口 A 及端口 C 的上半部($PC_7 \sim PC_4$)。

② B 组:管理端口 B 及端口 C 的下半部($PC_3 \sim PC_0$)。

端口控制逻辑的内部有一个控制字寄存器,用来接收 CPU 输出的控制命令字,端口控制逻辑的作用是根据控制命令字决定相应端口的工作方式;或者根据 CPU 发出的控制命令字,对 C 端口的任何一位进行置位或复位操作。

3. 数据总线缓冲器

数据总线缓冲器是一个双向三态的 8 位缓冲器,用于 8255A 和系统数据总线之间的连接。它在数据交换中起了接口作用。一方面,CPU 送出的数据或控制字需经过它传送给外设,另一方面,外设输入的数据也要通过它送给 CPU。

4. 读/写控制逻辑

读/写控制逻辑包括:

1) 读信号$\overline{RD}$:低电平有效,当$\overline{RD}$为低时,CPU 读取 8255A 中数据或状态信息。

2) 写信号$\overline{WR}$:低电平有效,当$\overline{WR}$为低时,CPU 向 8255A 写入数据或控制字。

3) 片选信号$\overline{CS}$:低电平有效,只有该信号有效时,CPU 与 8255A 才能通信。

4) 复位信号 RESET:高电平有效,当该信号有效时,清除 8255A 控制器中的内容,所有端口置为输入方式。

5) 端口选择信号 A_1、A_0:通过 A_1、A_0 的组合来选择端口。

8255A 是通过 A_1、A_0、$\overline{RD}$、$\overline{WR}$以$\overline{CS}$及的不同组合来实现各种操作的,A_1、A_0 的不同组合实现了对 8255A 端口的寻址,具体规定见表 9-1。

表 9-1　8255A 基本操作

A_1	A_0	$\overline{RD}$	$\overline{WR}$	$\overline{CS}$	操　作
0	0	0	1	0	端口 A 送系统数据总线
0	1	0	1	0	端口 B 送系统数据总线
1	0	0	1	0	端口 C 送系统数据总线
0	0	1	0	0	系统数据总线送端口 A
0	1	1	0	0	系统数据总线送端口 B
1	0	1	0	0	系统数据总线送端口 C
1	1	1	0	0	系统数据总线送控制字寄存器
×	×	×	×	1	数据总线高阻态
1	1	0	1	0	非法状态
×	×	1	1	0	数据总线高阻态

9.1.2　方式选择

8255A 属可编程芯片,在可编程芯片开始工作前必须由 CPU 输出一系列指令,对它实现编程,其过程称为芯片的初始化。

在 8255A 的初始化工作中,CPU 输出的编程命令有两类:一类称为方式选择控制字,用于定义各端口的工作方式;另一类称为置位/复位控制字,用于对端口 C 任意一位的置位或复位操作。

由于这两类控制字用同一个端口地址,在初始化编程时这两类命令都写入同一个端口,为了能区分这两类命令,采用了标志位的方法,即方式控制字的 D_7(或置位/复位控制的 D_7 位)位。当 $D_7=1$ 时,表明 CPU 输出的编程命令为方式选择控制字;当 $D_7=0$ 时,则为置位/复位控制字。

1. 方式选择控制字

8255A 有三种基本的工作方式。

1）方式 0：基本输入/输出方式。

2）方式 1：选通输入/输出方式。

3）方式 2：双向总线 I/O 方式。

8255A 的三个端口究竟工作在何种方式，是方式选择控制字来确定的，也就是说 8255A 初始化时，CPU 必须写入适当的方式选择控制字，否则 8255A 的三个端口是不能正常工作的。由于这三个端口结构上有所不同，它们所能选择的工作方式规定如下。

1）端口 A：可选择三种方式中的任一种。

2）端口 B：只能选择方式 0 或方式 1，不能选择方式 2。

3）端口 C：常用作两个 4 位的端口，若工作在方式 0，其高 4 位的工作方式与端口 A 一致，低 4 位的工作方式与端口 B 一致。若工作在其余两种方式时，端口的部分信号作为 A 口和 B 口的控制联络信号。

具体的方式选择控制字如图 9-3 所示。

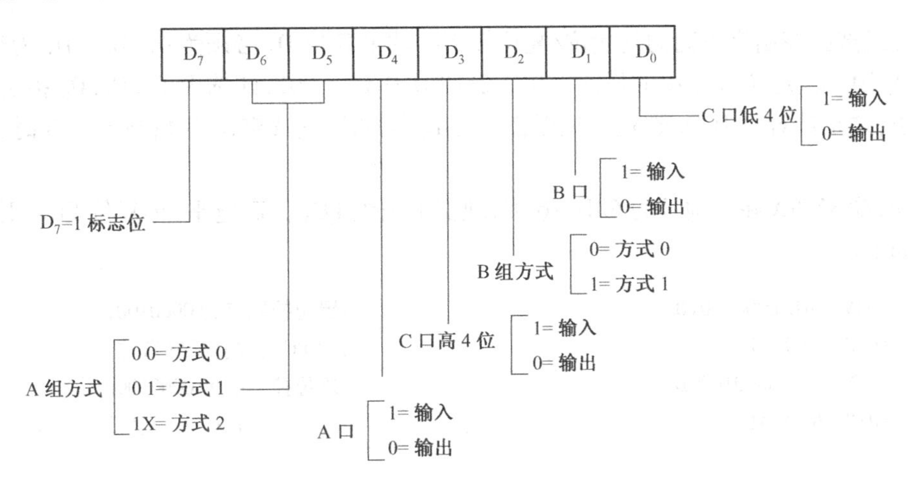

图 9-3　方式选择控制字

其中，最高位 D_7 称为标志位，有时也称为特征位，在方式选择控制字中，D_7 必须为 1。D_6、D_5、D_4 用于确定端口 A 的工作方式，D_2、D_1 用于确定端口 B 的工作方式，D_3 和 D_0 分别用于确定端口 C 的高 4 位和低 4 位的输入/输出方式，置 1 时表示输入，置 0 时则为输出。

例如，现指定端口 A 以方式 0 输出；端口 B 以方式 1 输入；端口 C 高 4 位为输入，低 4 位为输出。

则根据方式控制字的定义格式（见图 9-3）可写出相应的方式选择控制字为 10001110B 或 8EH，

8255A 初始化程序段如下。（若控制口的分配地址为 303H）

```
MOV   DX,303H                              ;8255A 控制口
MOV   AL,10001110B（或 MOV AL,08EH）       ;写入控制字
OUT   DX,AL                                ;送到控制口
```

2. 置位/复位控制字

通过 CPU 向 8255A 写入置位/复位控制字,可以置位或复位端口 C 中的任一位,即可使其中任一位为高电平或低电平。在实际的控制过程中,经常要求产生一个 TTL 电平的控制信号,通过置位/复位控制字,可以使端口 C 中的任一位按指定方式产生 TTL 电平控制信号,相当简洁方便。

置位/复位控制字的格式如图 9-4 所示。

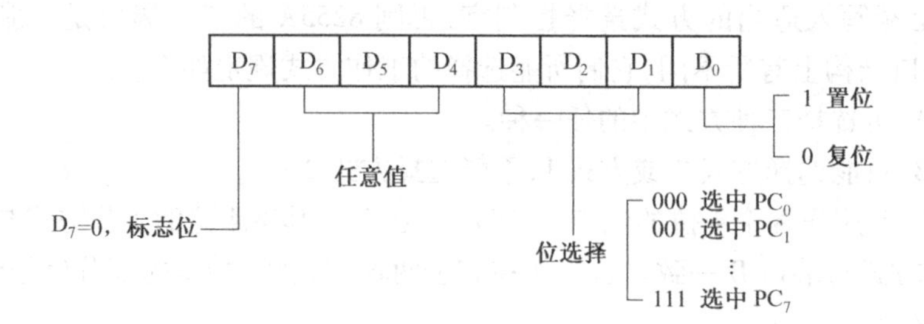

图 9-4　置位/复位控制字格式

同方式选择控制字不同的是置位/复位控制字的最高位 D_7 必须为 0。$D_6 \sim D_4$ 为任意值,D_3、D_2、D_1 用于选定端口 C 中的任意一位。例如 $D_3D_2D_1 = 001$,即选中了 PC_1,D_0 指定是置位还是复位,这是针对 $D_3D_2D_1$ 选定的位而言。当 $D_0 = 1$ 时,置选定位为 1;当 $D_0 = 0$ 时,对选定位清 0。

例如,设 8255A 端口地址为 60H ~ 63H,现要求先置 PC_4 为高电平,再复位 PC_4,则相应的程序段如下。

```
MOV   AL,00001001B        ;置位控制字为 00001001
OUT   63H,AL              ;置 PC4 为高电平(置位)
MOV   AL,00001000B        ;复位控制字为 00001000
OUT   63H,AL              ;置 PC4 为低电平(复位)
```

9.1.3　各方式的功能

1. 方式 0 的功能

方式 0 是一种基本输入/输出(Basic Input/Output)方式。8255A 工作在方式 0 时,没有专门的联络信号,故一般只能用于简单的、无条件的传输场合。所谓没有专门的联络信号是指这种方式不能采用中断方式或应答式的信号与 CPU 进行联络(连接)。

方式 0 的主要功能如下。

1) 两个独立的 8 位端口(端口 A 和 B)和两个 4 位端口(端口 C)。在实际应用时,根据需要也可以将 C 口的上下两端口合起来使用,构成一个 8 位的端口。

2) 规定了输出信号可以被锁存,而输入信号不能锁存。

3) 各个端口既可以作为输入使用,也可以作为输出使用,两个 8 位端口和两个 4 位端口可以组成 16 种情况。

在方式 0 的情况下,方式选择字的格式如图 9-5 所示。

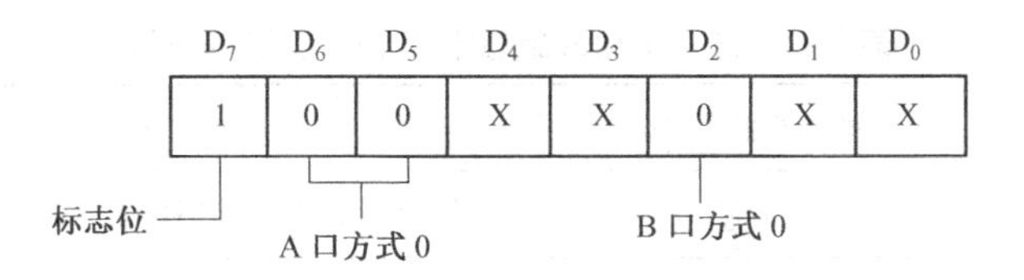

图 9-5　各端口工作于方式 0 时的控制字格式

图 9-5 中，除 $D_7=1$ 是固定的，$D_6D_5=00$ 及 $D_2=0$ 用于定义 A 口、B 口工作于方式 0。D_4、D_3、D_1、D_0 为任意值，由排列组合可得 16 种不同的组合。

2. 方式 1 的功能

方式 1 是选通输入/输出（Strobe Input/Output）方式。不同于工作方式 0，8255A 工作在方式 1 时，端口 A 和端口 B 的输入/输出受到端口 C 相应位的控制。并且这些控制信号在端口 C 中位置是固定不变的，即不能通过编程的方式来改变，除非工作方式发生改变。

（1）主要功能

1）端口 A 和端口 B 都可作为数据输入/输出端口，但必须通过端口 C 相应位的控制来实现。

2）当端口 A 和端口 B 中的一个端口被确定为工作方式 1 时，与此对应的端口 C 中就有 3 位被固定了，端口 C 中的这 3 位专门用来控制端口 A 或端口 B。端口 C 的其余位可工作于其他方式。

3）若端口 A 和端口 B 都工作于方式 1，则端口 C 中有 6 位固定，剩余 2 位可工作于其他方式，用作其他用途。

（2）方式 1 的输入

1）输入组态。当端口 A 或端口 B 工作在方式 1，且作为输入端口时，其对应的控制字、端口状态及控制信号定义如图 9-6 所示，方式 1 输入组态下 C 口各引脚的作用详见表 9-2。

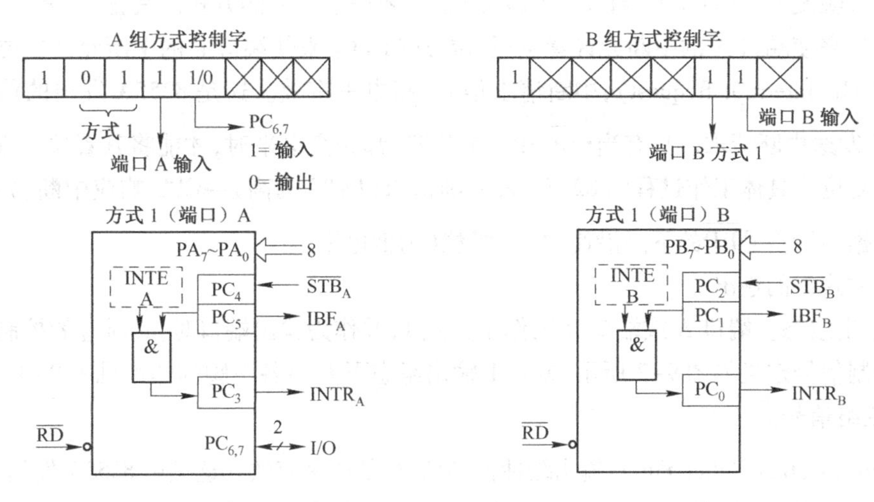

图 9-6　方式 1 输入组态

表 9-2　方式 1 输入组态下 C 口各引脚的作用

工作在方式 1 的端口	端口 C 的引脚名	作　用
端口 A(方式 1 输入状态)	PC_3	用作中断请求信号 $INTR_A$
	PC_4	用作选通信号 $\overline{STB_A}$
	PC_5	用作输入缓冲器已满的信号 IBF_A
端口 B(方式 1 输入状态)	PC_0	用作中断请求信号 $INTR_B$
	PC_1	用作输入缓冲器已满的信号 IBF_B
	PC_2	用作选通信号 $\overline{STB_B}$
端口 C 中剩余的两位	PC_6、PC_7	由方式选择字的 D_3 定义,当 $D_3=1$,则 PC_6、PC_7 为输入;当 $D_3=0$,则 PC_6、PC_7 为输出

如前所述,当端口 A 或端口 B 选定工作在方式 1 时,端口 C 中的对应位是自动匹配的,即在芯片内部已预先设定好,是不能通过程序改变的。

2) 联络信号。

① $\overline{STB}$(Strobe):选通信号,低电平有效。这是由外部输入的信号。当该信号为低电平时,8255A 将端口 A 或端口 B 输入的数据送入相应的输入缓冲器。

② IBF(Input Buffer Full):输入缓冲器满信号,高电平有效。这是由 8255A 发给外部的一个状态信号。当该信号为高电平时,表明数据已送至输入缓冲器,即缓冲器已满,暂时不能再接收新的数据。通过$\overline{STB}$信号使其置位,而$\overline{RD}$信号的上升沿使其复位。当其复位后,即表示可以接收新的数据。

③ INTE(Interrupt Enable):中断允许信号,高电平有效。8255A 能否向 CPU 发送中断请求将由该信号控制,只有当 INTE 有效时,才能发送中断请求。需要注意的是,在 8255A 中设有中断请求触发器。INTE 不能自动置位/复位,需要通过软件的方式使其置位/复位。用户可以通过 PC_4 来使端口 A 的中断允许置位/复位,通过 PC_2 来使端口 B 的中断允许置位/复位。

④ INTR(Interrupt Request):中断请求信号,高电平有效。这是 8255A 发出的信号,可用于向 CPU 发送中断请求。只有当$\overline{STB}$、IBF 和 INTE 都为高电平时,才能将其置位。在$\overline{RD}$的下降沿使其复位。具体工作过程为 8255A 发中断请求(INTR 为高)→CPU 响应中断,并用 IN 指令读入数据→读信号$\overline{RD}$的下降沿使 INTR 复位(为低电平)。

(3) 方式 1 的输出

1) 输出组态。端口 A 或端口 B 工作于方式 1,并作为输出端口时,其对应的控制字、端口状态及控制信号定义如图 9-7 所示,方式 1 输出组态下 C 口各引脚的作用见表 9-3。

2) 联络信号。

① $\overline{OBF}$(Output Buffer Full):输出缓冲器满信号,低电平有效。这是由 8255A 发给外设的一个状态信号。当该信号有效时,表示 CPU 已将数据写至指定的输出端口,并已锁存,外设可以取走数据。$\overline{OBF}$由输出命令$\overline{WR}$上升沿置位(低电平),由外设响应信号$\overline{ACK}$使其复位。

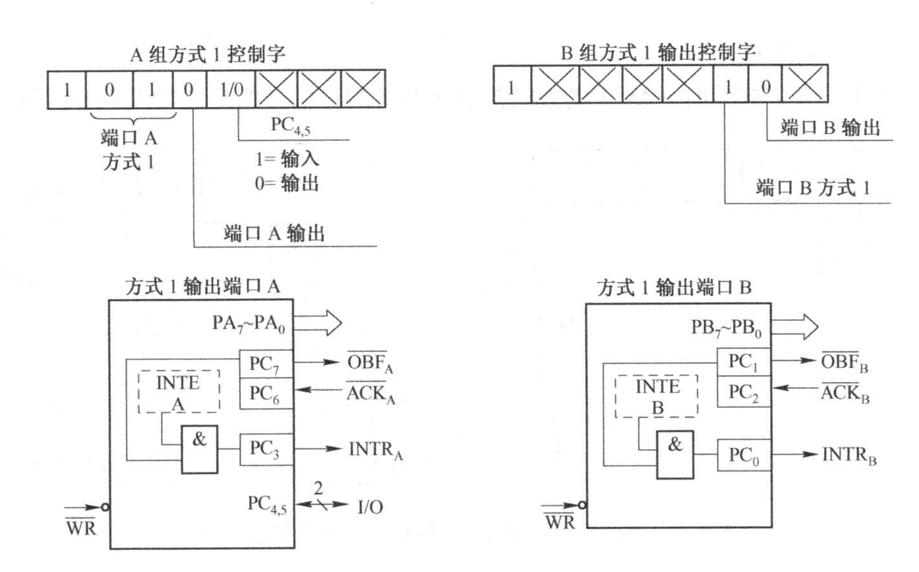

图 9-7　方式1输出组态

表 9-3　方式1输出组态下C口引脚的作用

工作在方式1的端口	端口C的引脚名	作　用
端口A(方式1输出状态)	PC_3	用作中断请求信号 $INTR_A$
	PC_6	用作外设接收数据后的响应信号$\overline{ACK_A}$输入端
	PC_7	用作输出缓冲器满信号$\overline{OBF_A}$输出端
端口B(方式1输出状态)	PC_0	用作中断请求信号 $INTR_B$
	PC_2	用作外设接收数据后的响应信号$\overline{ACK_B}$输入端
	PC_1	用作输出缓冲器满信号$\overline{OBF_B}$输出端
端口C中剩余的两位	PC_4、PC_5	由方式选择字的 D_3 定义,当 $D_3=1$,则 PC_4、PC_5 为输入;当 $D_3=0$,则 PC_4、PC_5 为输出

② $\overline{ACK}$(Acknowledge):外设响应信号,低电平有效。这是外设发给8255A的信号,表示外设已将CPU送至A口或B口的数据取走。

③ INTE(Interrupt Enable):中断允许信号,高电平有效。其意义与输入方式时相同,不过此时置位/复位控制信号不同了,用户可以通过 PC_6 来使端口A的中断允许置位/复位,通过 PC_2 来使端口B的中断允许置位/复位。

④ INTR(Interrupt Request):中断请求信号,高电平有效。当外设已接收了一次数据后,若INTE为高(有效)时,INTR为高,用于向CPU发送中断请求,要求CPU继续输出数据。只有当$\overline{ACK}$、$\overline{OBF}$和INTE都为高时,才能使INTR置位。写信号$\overline{WR}$下降沿使其复位。

3. 方式2的功能

方式2是一种双向总线方式(Bidirectional Bus)。当8255A工作在这种方式时,8位数据线上,既可以发送数据,也可以接收数据,实现双向传输。

注意,只有端口A才可以工作在方式2。端口A工作在这种方式时,端口A作为8位双向总线端口,并且需要端口C的5位信号作为联络信号,这时,数据的输入和输出都具有锁存功能。

(1) 方式 2 的组态

端口 A 工作在方式 2 时,8255A 的方式控制字及各端口信号的定义如图 9-8 所示。

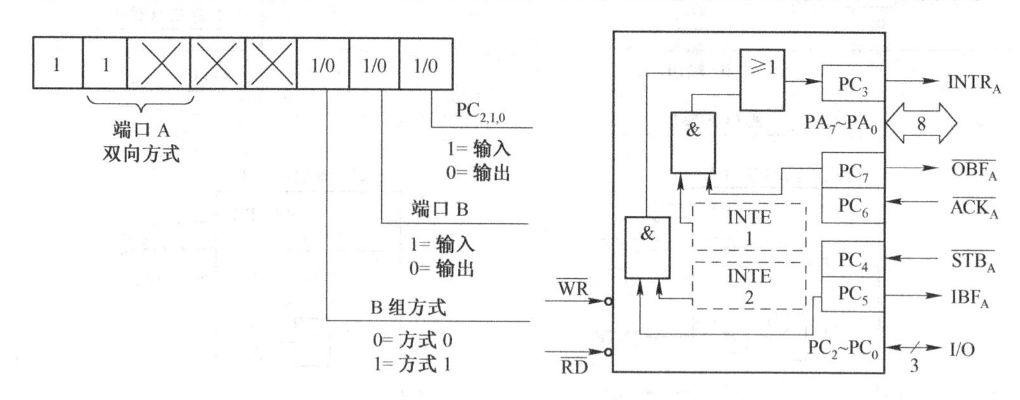

图 9-8　端口 A 工作于方式 2 时的端口状态和控制字

端口 A 工作于方式 2 时,端口 A 为 8 位双向总线端口。端口 C 的 PC_3 作为中断请求信号 $INTR_A$ 的输出端,PC_6 作为外设接收数据后的响应信号 $\overline{ACK_A}$ 输入端,PC_7 作为输出缓冲器满信号 $\overline{OBF_A}$ 输出端。端口 C 的 PC_4 作为选通信号 $\overline{STB_A}$,PC_5 作为输入缓冲器已满的信号 IBF_A,端口 C 剩余的 PC_0、PC_1、PC_2 可用于输入/输出,由 D_0 定义,$D_0=1$,则其为输入;$D_0=0$,则其为输出。

(2) 联络信号

1) $\overline{OBF_A}$:输出缓冲器满,低电平有效。用于通知外设取数据。

2) $\overline{ACK_A}$:外设响应信号,低电平有效。用于通知 CPU 数据已取走。

3) $\overline{STB_A}$:选通信号,低电平有效。外设通知 8255A,数据已输入至锁存器。

4) IBF_A:输入缓冲器满,高电平有效。用于通知外设,当前缓冲器数据已满,阻止外设继续输入数据。

5) $INTR_A$:中断请求信号,高电平有效。在输入或输出时,8255A 通过中断请求信号向 CPU 申请中断。

6) INTE1、INTE2:中断允许信号,高电平有效。分别用于端口 A 的输入/输出中断允许。INTE1 为输出中断允许,由 PC_6 置位/复位;INTE2 为输入中断允许,由 PC_4 置位/复位。

9.1.4　端口 C 的状态字

当 8255A 工作在方式 0 时,端口 C 各位仅作输入或输出使用。但当 8255A 工作在方式 1 或方式 2 时,端口 C 的相应位作为联络信号使用。编程人员为了测试和检查外设的工作状态,可以用输入指令对端口 C 进行读取操作,即通过读取端口 C 的状态字来了解外设的状态。端口 C 的状态直接决定了 8255A 在方式 1 或方式 2 时的工作状态。端口 C 的状态字有以下几种格式。

1. 方式 1 状态字

输入状态字:

D_7	D_6	D_5	D_4	D_3	D_2	D_1	D_0
I/O	I/O	IBF_A	$INTE_A$	$INTR_A$	$INTE_B$	IBF_B	$INTR_B$

其中，$D_5 \sim D_3$ 为端口 A 的状态字，$D_2 \sim D_0$ 为端口 B 的状态字。它们反映了相应联络信号的当前状态。

输出状态字：

D_7	D_6	D_5	D_4	D_3	D_2	D_1	D_0
$\overline{OBF_A}$	$INTE_A$	I/O	I/O	$INTR_A$	$INTE_B$	$\overline{OBF_B}$	$INTR_B$

其中，D_7、D_6、D_3 为端口 A 的状态字，$D_2 \sim D_0$ 为端口 B 的状态字。同样，反映了各相应联络信号的当前状态。

有的状态字是编程人员用来了解当前端口状态的；但有的状态字是编程人员用程序段进行置位或复位的。例如，允许端口 A 中断请求，禁止端口 B 中断请求（输入方式），则其程序段为（设 C 口地址为 62H）

```
MOV   AL,00010000B          ;置 PC4 = 1,PC2 = 0,允许 A 中断,禁止 B 口
OUT   62H,AL
```

2. 方式 2 状态字

因为只有 A 口能工作于方式 2，且此时 A 口既可以输入也可以输出。

其状态字为

D_7	D_6	D_5	D_4	D_3	D_2	D_1	D_0
$\overline{OBF_A}$	$INTE_1$	IBF_A	$INTE_2$	$INTR_A$	X	X	X

$D_7 \sim D_3$ 为 A 组状态字，当端口 B 工作于方式 1 时，$D_2 \sim D_0$ 为 B 组状态字，当端口 B 工作于方式 0 时，$D_2 \sim D_0$ 可以用作输入，也可以用作输出。

9.1.5 8255A 应用举例

1. 基本输入/输出应用举例

在微机控制系统中，常要检测一些并行输入的量，如某些开关量的检测。以下是 8086 微机系统扩展一片 8255A 作为并行口的电路图，同时还配以 74LS138 译码器等芯片，如图 9-9 所示。端口 A 为方式 1 输入，以中断方式与 CPU 交换数据，中断类型号为 0FH，SERA 为端口 A 中断服务子程序名；端口 B 工作于方式 0 输出，端口 C 作为输入。

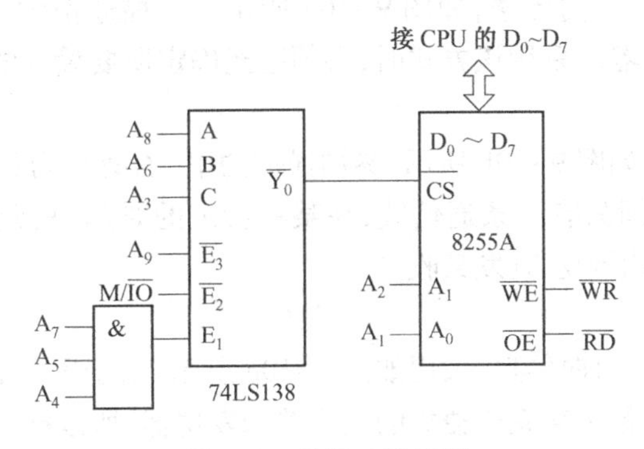

图 9-9　并行口扩展图

由图可知,8255A 的片选端决定的地址范围为 0B0H ~ 0BFH,片内寻址用 A_2、A_1 地址线,8 位数据线接 8086 数据总线的低 8 位。因为 8086 CPU 是 16 位数据线,并且低 8 位数据线只在读/写偶地址(A_0 =0)时有效,所以 A_0 不用作 8255A 的片内地址。于是,可以得到 8255A 的一组地址为 0B0H、0B2H、0B4H 和 0B6H。

具体 8255A 的初始化程序如下:

```
MOV    AL,10111001          ;方式控制字
MOV    DX,0B6H
OUT    DX,AL
MOV    AL,00001001          ;位操作 PC4 =1,开放端口 A 的输入中断请求
OUT    DX,AL
MOV    AX,0                 ;中断类型 0FH 的矢量地址
MOV    ES,AX
MOV    DI,0FH * 4
MOV    AX,OFFSET SERA       ;SERA 是端口 A 中断服务子程序名
CLD
STOSW
MOV    AX,SEG SERA
STOSW
```

9.2 串行通信

并行数据通信的主要优点是传输速度快,但其主要缺点是明显的,数据有多少位就需要多少根传送线,也难以实现远距离传送。而串行通信是将一组数据按时间先后顺序一位一位地传送。它的优点是所需传送线少,成本低,而且能实现远距离通信。主要缺点是传送速度较慢。

9.2.1 串行通信的数据传送方向

串行通信的数据传送方向可分为单工、半双工和全双工三种传送方式。

(1) 单工传送

只允许数据按照一个方向传送,如图 9-10a 所示。参加通信的甲、乙两端在任何时刻只能甲为发送器,乙为接收器。采用该方式时,必须已经确定所要设计的通信为单方向。

(2) 半双工传送

允许数据双向传送,如图 9-10b 所示,参加通信的甲、乙两端均具备接收或发送数据的能力,但由于甲、乙两端之间只有一条通信线,在某一特定的时刻,只允许数据按照一个方向传送,决不允许在同一时刻甲和乙既发又收。

(3) 全双工传送

允许数据在同一时刻双向传送,采用如图 9-10c 所示,由于甲、乙两端之间有两条通信线连接,且甲端和乙端都具备一套完全独立的接收器和发送器,所以能实现在同一时刻甲和乙既发又收。

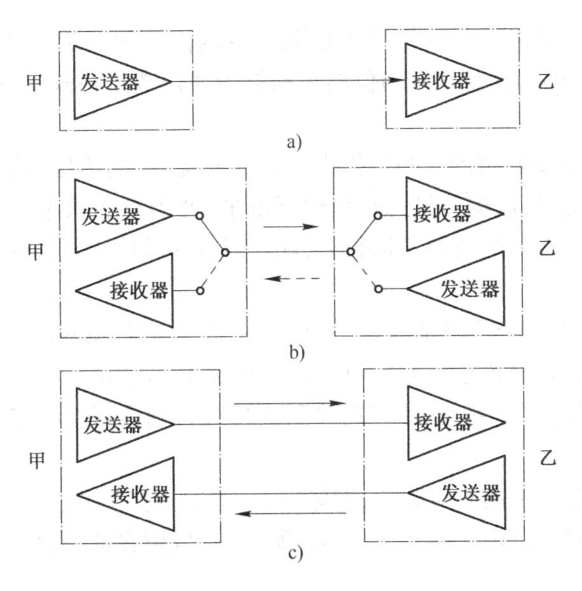

图 9-10　串行通信的传输方向

a) 单工传送　b) 半双工传送　c) 全双工传送

9.2.2　串行通信的异步与同步通信方式

在串行数据通信中为使收、发信息准确，收发两端的动作必须相互协调配合，即收发两端的传送格式必须一致。按照串行数据传送的格式划分，串行通信有两种基本工作方式：异步通信方式和同步通信方式。

1. 异步通信（Asynchronous Communication）

异步通信是计算机通信中最常用的一种数据传送方式，它是按帧（Frame）传送的，每一帧的格式如图 9-11 所示。

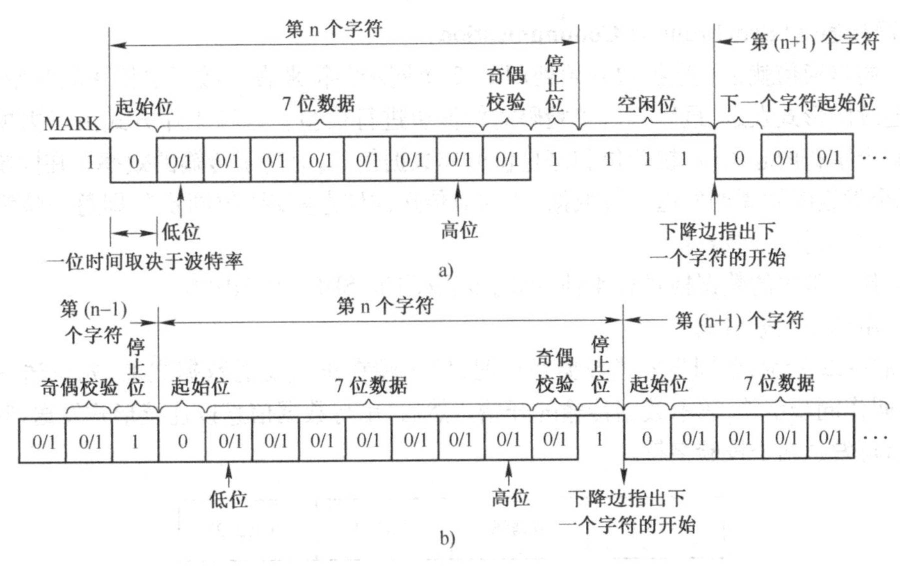

图 9-11　异步通信的一帧数据格式

a) 带空闲位的一帧异步通信数据格式　b) 无空闲位的一帧异步通信数据格式

异步通信的一帧数据格式分为带空闲位和无空闲位两种。图 9-11a 是带空闲位的一帧异步通信数据格式,图 9-11b 是无空闲位的一帧异步通信数据格式。下面以无空闲位的数据格式为例予以说明。

如图 9-11 所示,异步通信的一帧数据由 4 个部分构成:起始位、数据位、奇偶校验位和停止位。当没有数据传送时,数据信号总是呈现高电平,处于空闲状态。当有数据传送时,传输线上就会出现由这 4 个部分组成的一帧数据,这 4 部分的具体规定说明如下。

(1) 起始位

当有数据要发送时,每个字符的开始必须持续一个比特时间的低电平,标志着每一个字符的开始。它用于通知接收设备已经有字符到来。线路上不传送字符时始终为“1”,接收设备不断检测线路状态,当连续检测到“1”以后检测到“0”时,则表明新的字符到来,应马上接收。

(2) 数据位

数据位是待传送字符中的有效数据,它紧跟在起始位之后,根据不同的编码方案,待发送的每个字符的位数不同,可以是 5 ~8 位。传送数据时,低位在前,高位在后,即 D_0 排第一位。

(3) 奇偶校验位

奇偶校验位仅占一位,紧跟在数据位之后,可根据需要设置奇校验或偶校验,也可以不设校验位。

(4) 停止位

停止位是在一帧数据的最后,用来表征字符的结束,规定为逻辑“1”,即高电平状态,停止位可以是 1、1.5 或 2 位。接收端在收到停止位后,知道一个字符已传送完毕,准备接收下一个字符。

例如,用 ASCII 编码方式,字符为 7 位,加一位奇偶校验位、一位起始位、一位停止位,则一帧数据总共 10 位。可见用异步方式发送一个 7 位字符时,实际需要发送 10 位,这就意味着在发送过程中将会有 30% 的信息是无效信息(只用于传输控制)。为了提高传输的效率,可采用同步传送。

2. 同步通信(Synchronous Communication)

所谓同步通信就是在数据块开始处用 1 ~2 个同步字符来表示数据块传送的开始,数据块信息以连续的形式发送,最后通过校验码对数据块进行校验。这种工作方式由于去掉了异步传送时每个字符的起始位、校验位和停止位的非数据信息,提高了传输的效率。在同步传送过程中,每个发送时钟周期发送一位数据,要求对传送的信息实现“位同步”,即每一位都必须在收、发两端严格保持同步。

同步传送常用的数据格式有 4 种:单同步、双同步、SDLC 和 HDLC。

(1) 单同步数据格式

如图 9-12 所示,单同步方式数据通信时,发送端在正式发送数据之前,先发送一个特殊的字符,叫作同步字符,表示数据传输的开始。然后,串行数据信息以连续形式发送,叫作数据场。最后再发送两个校验字符。

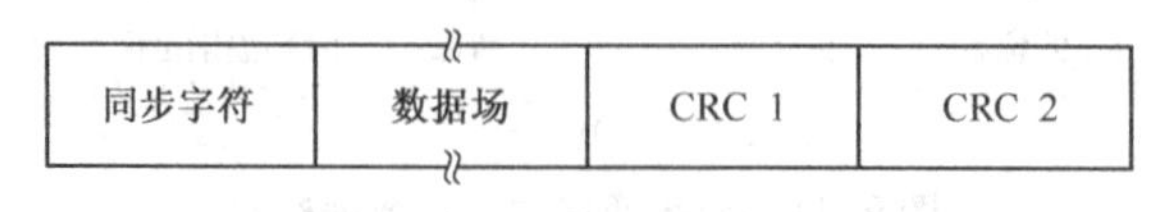

图 9-12 单同步的数据格式

(2) 双同步数据格式

如图 9-13 所示，双同步的数据格式与单同步的区别仅在于同步字符个数不同，双同步方式数据通信时，发送两个同步字符。其余与单同步完全相同。

同步字符 1	同步字符 2	数据场	CRC 1	CRC 2

图 9-13　双同步的数据格式

(3) SDLC 数据格式

SDLC(Synchronous Data Link Control)是 IBM 公司推出的同步数据链控制规程，其数据传送格式如图 9-14 所示。

标志符:01111110，作为数据传输的边界符。在一帧信息传送前先送一个标志符，表示一帧开始，在一帧信息传输结束时，再送一个标志符，作为一帧结束的标志。

地址场:SDLC 规定地址场为一个字节长。

控制场:SDLC 规定控制场为一个字节长。

数据场:它紧跟控制场之后，其长度可以从 0 位到存储器可容纳的最大位数。

帧校验场:SDLC 采用 16 位循环冗余校验(Cycle Redundancy Check)CRC 校验码。

场的传送均从最低有效位 D_0 开始传送。

(4) HDLC 数据格式

HDLC(High-Level Data Link Control)是 ISO 推荐的高级数据链控制规程。除了某些术语和细节不同外，它与 SDLC 规程基本原理相同。其数据传送格式同样如图 9-14 所示。

标志符、数据场与帧校验场:与 SDLC 规程完全相同。

地址场:HDLC 规定地址场可以为任意字节长度。当地址场字节 D_0 位为“0”时，则后跟字节为地址场信息，否则为最后一个地址字节。

控制场:HDLC 规定控制场为 1 个字节或 2 个字节长。

场的传送均从最低有效位 D_0 开始传送。

标志 01111110	地址场	控制场	数据场	CRC 校验字符 1	CRC 校验字符 2	标志 01111110

图 9-14　SDLC 或 HDLC 的数据格式

采用同步方式传送数据时，收发双方还必须用同一个时钟进行协调，用于确定串行传输中每一位的位置。接收数据时，接收方可利用同步字符将内部时钟与发送方保持同步，然后把同步字符后面的数据逐位移入，并转换成并行格式，供 CPU 读取，直至收到结束符为止。同步传送的优点是传输效率高，传输速度也较快(56 Kbit/s 或更高)，但其对硬件要求比较高。

9.2.3　波特率及收发端的同步

1. 波特率

在计算机中，把每秒钟内传送二进制代码的位数称为波特率(Baud Rate)。它反映了数据传送的速率,单位为波特(Bd),即位/秒(bit/s),实际上它是传送每一位信息所需时间的倒数。

常用的波特率为 110、300、600、1200、2400、4800、9600 和 19200 波特,这是国际上规定的标准波特率系列。同步传送的波特率高于异步传送方式,在信息高速线路上其传输速率可达到 15 Mbit/s 或更高。

在计算机中,一般把数据传送的速率用每秒钟内传送的字符数来表示。假设被传送的字符均为 7 位 ASCII 码,采用异步串行传送方式,其数据传送格式由 1 位起始位,7 位数据位,1 位奇偶校验位,和 1 位停止位组成,若每秒钟传送 120 个这样的字符,则相应的波特率为

10 位/字符 × 120 字符/s = 1200 位/s = 1200 bit/s

每一位二进制代码传送时间 t_d 为波特率的倒数。即

$$t_d = \frac{1}{1200} \approx 0.833 \text{ ms}$$

2. 接收和发送的同步

(1) 收/发时钟频率

在串行通信过程中,无论是发送数据还是接收数据,传送数据的定位是十分重要的,如果没有准确的定位,数据传送将是没有意义的。为了准确的定位,采用接收(发送)时钟来控制通信设备接收(发送)字符数据的速度,该时钟信号通常由微机内部时钟电路产生。

发送数据的时候,发送器在发送时钟的下降沿将数据串行移位输出,如图 9-15 所示。接收数据的时候,则在接收时钟上升沿对接收的数据进行采样(进行数据位的检测),如图 9-16 所示。

图 9-15 发送时钟　　图 9-16 接收时钟

在串行通信中,为了实现发送与接收同步,接收和发送时钟与波特率之间必须保持如下关系。

$$\text{收/发波特率} = \frac{\text{收/发时钟频率}}{n}$$

式中,n 是频率系数,一般取值为 1、16、64。

同步方式下 n = 1,异步方式下,n 可以为 1、16、64,即收/发时钟频率是波特率的 1、16、64 倍。

例如,要求波特率为 1200 bit/s,则

当 n = 1 时,收/发时钟频率 = 1200 × 1 Hz = 1200 Hz;

当 n = 16 时,收/发时钟频率 = 1200 × 16 Hz = 19.2 kHz;

当 n = 64 时,收/发时钟频率 = 1200 × 64 Hz = 76.8 kHz。

收/发时钟周期 T_s 与发送数据位宽度 T_d 有如下关系。

$$T_s = \frac{T_d}{n} \quad (n = 1、16、64)$$

(2) 数据采样过程

串行通信工作在异步方式的情况下，使接收方与发送方同步的关键是接收器如何实现数据采样。现在以频率系数 n = 16 来说明数据采样的过程：

接收器在每个接收时钟的上升沿采样接收数据线，当发现数据线为低时则认为是起始位的开始，以后若在连续的 8 个时钟周期内检测到接收数据线始终为低，则可认定是起始位而不是干扰信号。通过上述方法，不仅能识别出假的信号（噪声干扰），而且可以相当精确地确定起始位的中间点，从而提供一个准确的时间基准。数据采样过程如图 9-17 所示。

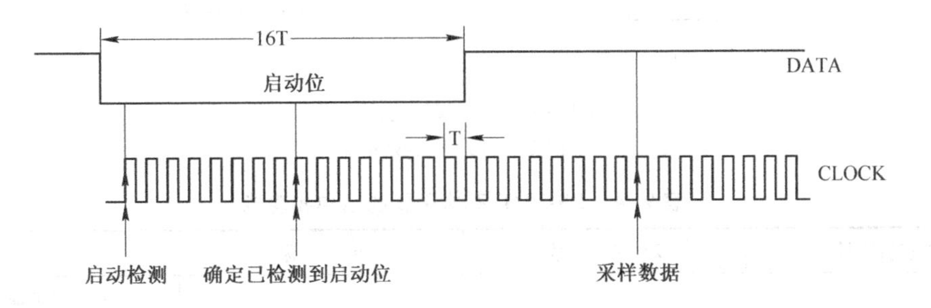

图 9-17 数据采样过程

9.2.4 常用串行接口介绍

串行通信中，关于硬件线路连接，存在两个基本的问题：一是计算机与外设之间要共同遵守的约定，这种约定称为物理接口标准。这种标准包括电缆和机械特性、电气特性、信号功能及传送过程的定义，属于 OSI（国际标准化组织开放系统互连 7 层参考模型）中的物理层，它为链路层提供了透明的位流传输实体，规定了传送数据位的物理硬件规则。二是按接口标准设计计算机与外设之间串行通信的接口电路。从这两个问题出发，简单介绍几种常用串行接口。

1. 传统串行接口标准——EIA RS-232C

最常用的串行通信总线接口是美国电气工业协会（EIA）1969 年推荐的 RS-232C。这里 RS 意为推荐标准（Recommend Standard），232 是标志符，C 是标准的版本号（之前有 RS-232A 和 RS-232B 标准）。

RS-232C 标准对串行通信接口的有关问题作了较明确的规定，下面介绍几个主要问题：信号功能、电气特性和机械特性。

(1) 信号功能与机械特性

RS-232C 标准通常使用 25 芯的接插件（DB25）来实现 RS-232C 标准接口的连接。在多数情况下，DB25 仅用到其中少数几根引脚信号，因此有许多高档微机一般采用 9 芯的接插件（DB9）。DB25 和 DB9 的机械性能与信号线排列如图 9-18 所示。

关于 DB25 和 DB9 的最基本引脚的名称和功能见表 9-4。这两种接插件共有 8 个功能引脚，DB25 还有三种辅助功能引脚，以备扩充之用。表中 $\overline{DCD}$ 为数据载波信号检测，这是 DCE 向 DTE 发出的状态信息，当 $\overline{DCD}=1$ 时，表示本地 DCE 接到远程 DCE 发来的检测信号。表中其余引脚与 8251A 相应的类似，9.3 节将予以详细介绍。

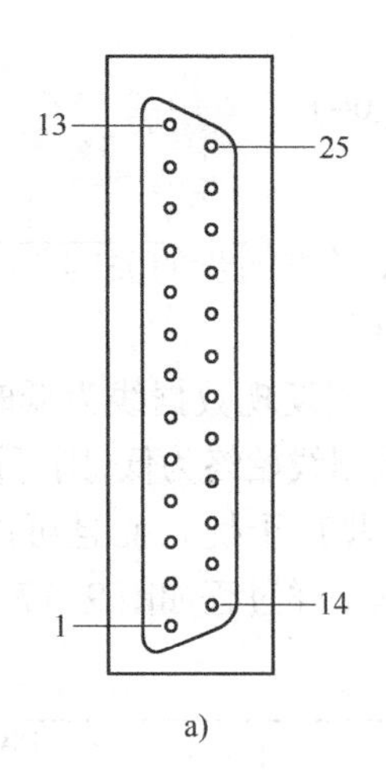

a)

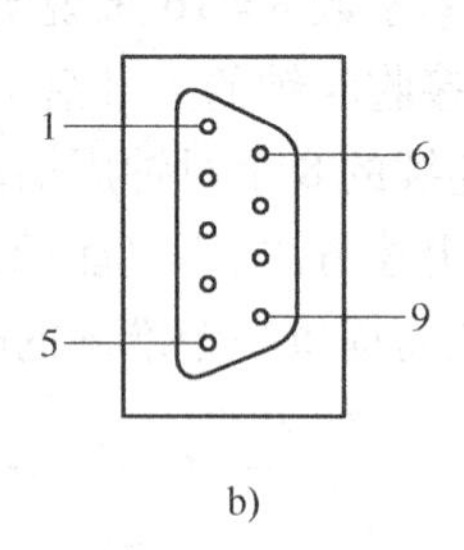

b)

图 9-18　RS-232C 的接插件

a) DB25 引脚　b) DB9 引脚

表 9-4　RS-232C 基本引脚的名称和功能

9 芯引脚号	25 芯引脚号	名　称	功　能
	1		保护地
3	2	TxD	发送数据
2	3	RxD	接收数据
7	4	$\overline{\text{RTS}}$	请求发送
8	5	$\overline{\text{CTS}}$	清除发送
6	6	$\overline{\text{DSR}}$	数据装备准备好
5	7	GND	信号地
1	8	$\overline{\text{DCD}}$	载波信号检测
4	20	$\overline{\text{DTR}}$	数据终端准备好
	9、10	—	保留
	11、18、25	—	未定义

（2）电气特性

RS-232C 的电气特性主要规定了发送端驱动器与接收端接收器的电平关系、负载要求、信号速率与连接距离等。RS-232C 的具体电气特性见表 9-5。

表 9-5　RS-232C 电气特性

电 气 特 性		要　求
不带负载时驱动器输出电平 V_0		<25 V（ -25 ~ +25 V）
负载电阻 R_L 范围		3 ~ 7 kΩ
负载电容（包括线间电容）C_L		<2500 pF
空号或逻辑“0”时	驱动器输出电平	5 ~ 15 V
	在负载端	>3 V

（续）

电气特性		要求
传号或逻辑“1”时	驱动器输出电平	-5 ~ -15 V
	在负载端	< -3 V
输出短路电流		< 0.5 A
驱动器转换速率		< 30 V/μs
驱动器输出电阻 R_0		<300 Ω（在断电条件下测量）

1）电平关系。其电平与TTL和MOS电路电平完全不同，电压对地是对称的，并且逻辑“0”至少为3 V，作用为空号；逻辑“1”小于 -3 V，作用为传号。实际中，电平由 ±12 V 或 ±15 V 的电源供给，传号和空号间的电压差能达到20 V或更大。

2）负载要求。RS-232C规定负载电阻范围为3 ~7 kΩ，最大负载电容为2500 pF，这个电容限制了传送距离和传送速率。对于一个多芯电缆来说，能满足电容特性的电缆长度约为15 m。如果不满足电容特性，由于发送器和接收器的电阻不同，传号到空号的跳变过程和空号到传号的跳变过程中，对电缆电容的充电时间也不相同，超过15 m所增加的电容和上述充电时间的差异会使接收电路产生的传号码元比空号码元宽或反之，从而产生数据错误。

3）信号速率与连接距离。由于负载问题，RS-232标准中规定在数据信号传输速率为20 Kbit/s时，最大传输距离为15 m。

（3）电平转换

通常RS-232C规定的逻辑电平与一般微处理器、单片机的逻辑电平不一致。如今广泛使用的计算机本身及I/O接口芯片大多采用TTL电平，即0 ~0.8 V为逻辑0，2 ~5 V为逻辑1。在实际应用中，必须解决电平匹配问题。为此，设计了专门的电路进行电平转换。MC1488和MC1489等芯片可以实现这一电平转换。

1）发送电平转换。发送数据时用MC1488，它将TTL电平转换为RS-232C电平，工作时采用 ±12 V 两种电源供电。

2）接收电平转换。接收数据时用MC1489，它将RS-232C电平转换为TTL电平，工作时使用单一 +5 V 电源供电。

3）双向电平转换。由于采用MC1488和MC1489转换RS-232C电平需使用不同的电源供电，电路结构将变得相对复杂，而且仅能实现单向转换，因此又出现了一类新的电平转换器，如美国MAXIM公司的MAX232、ICL232。如图9-19所示为MAX232。它们只需单一 +5 V 电源供电，使用很方便。这两种芯片均可将2路TTL电平转换为RS-232C电平，也可将2路RS-232C电平转换为TTL电平。使用中需注意的是，在MAX232空闲引脚端接上电容，抗干扰。

2. EIA其他接口标准

RS-232C虽然使用广泛，但因其推出较早，在现代网络通信中暴露了明显的缺点，主要表现为以下几个方面。

1）数据传输速度慢（20 Kbit/s）。

2）传输距离短（一般为15 m）。

3）接口处各信号间容易产生干扰。

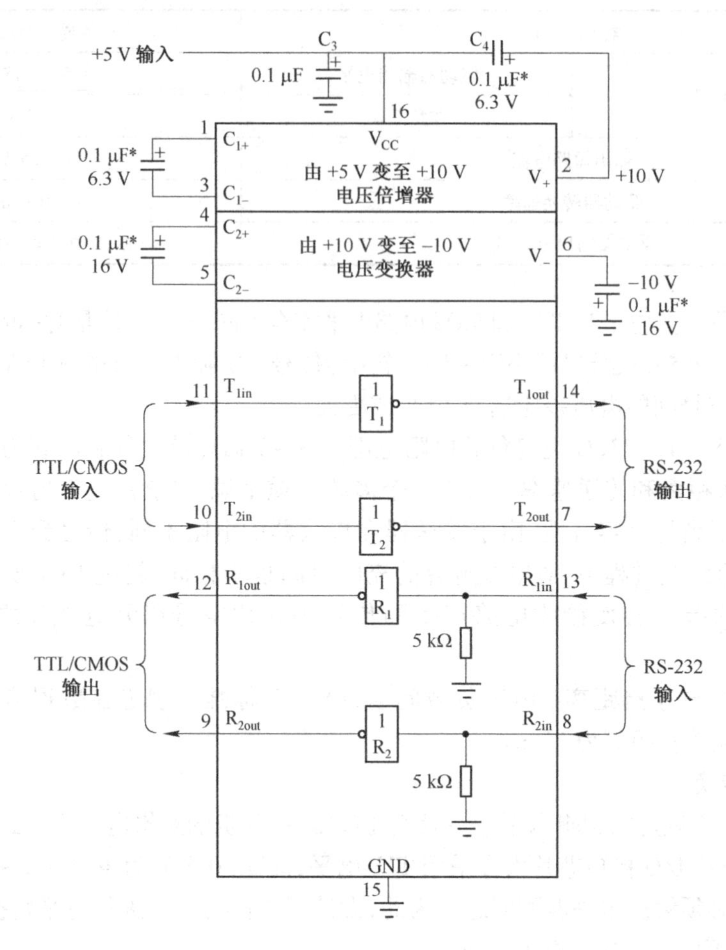

图 9-19　MAX232

鉴于 RS-232C 的上述缺点，EIA 在 RS-232C 基础上，制定了更高性能的接口标准，如 RS449、RS422A，RS423A、RS485 等。

（1）RS-449 标准接口

1977 年 EIA 公布的电子工业标准接口 RS-449，1980 年成为美国标准，在很多方面可代替 RS-232C。两者的主要差别是信号在导线上的传输方法不同。RS-232C 是利用传输信号线与公共地之间的电压差，RS-449 接口是利用信号导线之间的信号电压差，可在 1200m 的双绞线上进行数字通信，速率可达 90 Kbit/s。RS-449 可以不使用调制解调器，它比 RS-232C 传输速率高，通信距离长，噪声低，又可以多点或者使用公用线通信。

（2）RS-423A 标准接口

RS-423A 是 EIA 公布的“非平衡电压数字接口电路的电气特性”标准，这个标准是为改善 RS-232C 标准的电气特性，又考虑与 RS-232C 兼容而制定的。它采用非平衡发送器和差分接收器，电平变化范围为（12 V ±6 V），允许使用比 RS-232C 串行接口更高的波特率且可传送到更远的距离（1200 m）。如图 9-20 所示为单端驱动差分接收电路。一方面由于采用双绞线，受到的干扰基本相同，因而差分接收器的输入信号电压 $V_R = V_1 - V_2 = (V_T + e_n) - e_n = V_T$，大大削弱了干扰的影响。另一方面，A 点地电平连到差分电路的一个输入端也可忽略（如图 9-20所示）两者共地的影响。采用 RS-423A 标准，其传送速率可达 300 Kbit/s。

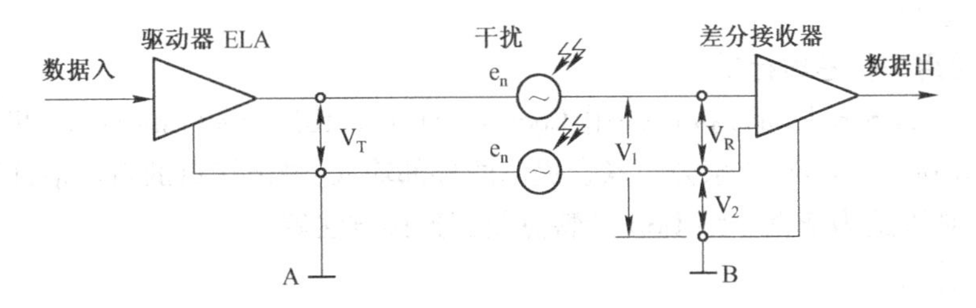

图 9-20　单端驱动差分接收电路

（3）RS-422A 标准接口

RS-422A 是 EIA 公布的“平衡电压数字接口电路的电气特性”标准，这个标准是为改善 RS-232C 标准的电气特性，又考虑与 RS-232C 兼容而制定的。

RS-422A 文本给出了对电缆、驱动器的要求，规定了双端电气接口形式，其标准是双端线传送信号。它通过传输线驱动器，把逻辑电平变换成电位差，完成始端的信息传送；通过传输线接收器，由电位差转变成逻辑电平，实现终端的信息接收。

RS-422A 比 RS-232C 传输信号距离长、速度快，传输速率最大为 10 Mbit/s，在此速率下，电缆允许长度为 120 m；如果采用较低传输速率，如 90 Kbit/s 时，最大距离可达 1200 m。

RS-422A 每个通道要用两条信号线，如果其中一条是逻辑“1”状态，另一条就为逻辑“0”。RS-422A 电路由发送器、平衡连接电缆、电缆终端负载、接收器几部分组成。在电路中规定只许有一个发送器，可有多个接收器，因此通常采用点对点通信方式。该标准允许驱动器输出为 ±2 ~ ±6 V，接收器可以检测到的输入信号电平可低到 200 mV。如图 9-21 所示为平衡驱动差分接收电路。平衡驱动器的两个输出端分别为 $+V_T$ 和 $-V_T$，故差分接收器的输入信号电压 $V_R = +V_T-(-V_T)=2V_T$，两者之间不共地，这样既可削弱干扰的影响，又可获得更长的传输距离及允许更大的信号衰减。采用 RS-422A 标准，其传输速率可达 10 Mbit/s。

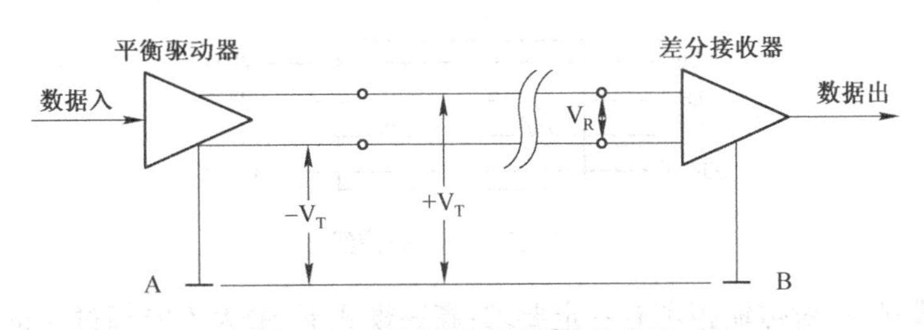

图 9-21　平衡驱动差分接收电路

（4）RS-485 标准接口

RS-485 是 RS-422A 的变形。RS-422A 为全双工，可同时发送与接收；RS-485 则为半双工，在某一时刻，一个发送另一个接收。当用于多站互连时，可节省信号线，便于高速远距离传送。许多智能仪器设备都配有 RS-485 总线接口，将它们联网十分方便。

RS-485 是一种多发送器的电路标准，它扩展了 RS-422A 的性能，允许双导线上一个发送器驱动 32 个负载设备。负载可以是被动发送器、接收器或收发器（发送器和接收器的组合）。

RS-485 电路允许使用公用电话线通信。电路结构是在平衡连接电缆两端有终端电阻，在平衡电缆上挂发送器、接收器或收发器。RS-485 标准没有规定在何时控制发送器发送或接收器接收数据的规则。

3. USB 通用串行总线标准

USB(Universal Serial Bus)接口是由 Compaq、Digital、IBM、Intel、Microsoft、NEC 和 Northen Universal Serial Bus Telecom 7 家公司联合提出的外部输入/输出接口的新规格，1996 年颁布了 USB1.0 版本，现以此为依据介绍 USB 的特点及其连接方法等。

(1) 主要特点

1) 有两种数据传送速度，用于连接打印机、扫描仪等设备的速率可达 12 Mbit/s，连接键盘、鼠标等设备的速率为 1.5 Mbit/s。

2) 具有很强的连接能力，最多可以支持 127 个设备。

3) 具有真正的"即插即用"特性，用户可以在不关机的情况下进行外设的更换。

4) 连接电缆轻巧、电源体积缩小，USB 使用四芯电缆线和 +5 V 的电源，对低功率的 USB 设备不再需要另接其他电源。

5) 连接点的距离可以达到 5 m。

现在生产的电脑主板一般都提供 USB 接口，并且 Microsoft 的操作系统从 Windows 98 开始就支持 USB 设备了，使得 USB 的使用在软、硬件上都具备了条件。以前很多使用传统串行口的部件，现在也都有了 USB 版本。2000 年正式发布了 USB2.0 版本，其传输速率可达 300～400 Mbit/s。

(2) 连接方法

USB 接口采用 4 芯接插件，其中 2 芯为电源线，2 芯为信号线。接插件的外形在外设端为方形，在主机端为长方形。

USB 的传输线一般是 4 线的，如图 9-22 所示。D+ 和 D- 是一对差模信号传输线，而 Vbus 提供了 +5V 的电源，GND 为接地线。

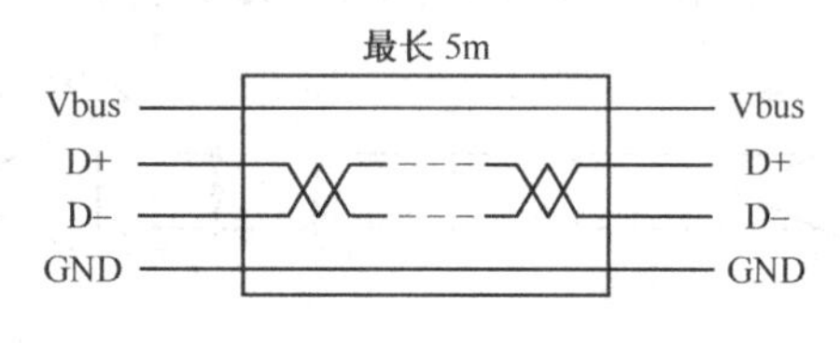

图 9-22　USB 通信线

不同传输模式下，对传输距离有一定要求：高速模式下，最大不能超过 5 m，并且必须使用带屏蔽的双绞线；低速模式下，如果不超过 3 m，只要使用普通双绞线即可。为了保证一定的传输可靠性，减弱信号衰减效果，通常在传输线(电缆)两端使用不平衡终端负载。

(3) 传输方式

USB 提供了 4 种传输方式：控制传输、同步传输、中断传输、批传输。

1) 控制传输。该传输为双向传输。对于高速设备，允许数据量的最大容量为 8、16、32 或 64B，对于低速设备，只有 8B 一种选择。

2) 同步传输。该传输为单向传输。只用于高速设备，容量可达 0～1023B，用于周期连续的且与时间密切相关的信息传输。

3）中断传输。该传输为只能完成外设到主机的传输。对于高速设备容量小于或等于64B，对于低速设备只能小于或等于8B；用于非周期、自然发生、数据量小的信息传输，如键盘、鼠标。

4）批传输。该传输为单向传输。用于高速设备，容量为8、16、32或64B；或者用于量大的对时间没有要求的数据传输。

4. IEEE-1394总线

IEEE-1394是一种高性能的串行总线，主要用于硬盘和视频信号的外设。它的数据传输速率可达400 Mbit/s。IEEE-1394使用四芯信号线，支持等时传送和异步传送，若时钟信号和数据信号出现差异时，中止传输任务。

IEEE-1394可以连接多种不同的外设，如电脑外部设备，各种家电等。从本质上来说，IEEE-1394是一种用于连接外设的机外总线。

（1）特点

IEEE-1394主要用于高速传输场合，特别对于大容量的影像处理，声音数据等，有较高的传输性能。但是由于要求外设也具有IEEE-1394接口功能连接到1394总线，因此IEEE-1394接口标准受到了一些限制。

IEEE-1394的主要性能特点包括。

1）采用“级联”方式连接各个外部设备。

2）能够向总线连接的设备提供电源。

3）采用基于内存的地址编码，具有高速传输能力。

4）采用点对点结构。

5）安装方便且容易使用。

（2）工作模式

1）IEEE-1394定义了两种总线数据传输模式，Backplane和Cable模式。其中Backplane模式支持12.5 Mbit/s、25 Mbit/s、50 Mbit/s的传输速率；Cable模式支持100 Mbit/s、200 Mbit/s、400 Mbit/s的速率。

2）IEEE-1394可同时提供同步和异步的数据传输方式。同步传输属于实时性任务，而异步传输则是将数据传到指定地址。这一标准称为等时同步。使用这一协议的设备可以从1394连接中获得必要的带宽，而其余带宽可用于异步传输。目前，PCI局部总线可以充分利用1394。

USB和IEEE-1394都属于高速串行传输接口标准，它们在功能和设计思想上有许多相似之处，但传输速率不同，因而适用范围也不同。目前来看，因为USB规范已纳入PC97标准，许多新的芯片组都支持USB，并且市场上出现了许多USB产品，USB的使用得到了一定的推广。而支持1394的芯片组不多，支持1394的外设产品也很少，又因其价格较高，1394在短期内广泛使用的可能性不是很大。

9.3 可编程串行通信接口芯片8251A

Intel 8251A是Intel公司生产的通用同步异步数据收发器（USART），广泛应用于多种微型计算机中，它是一种可编程的串行通信接口芯片，其主要性能如下。

1）可用于同步和异步传送。

2）可实现同步传送(5 ~ 8)位/字符；可选择内部或外部同步；可自动插入同步字符。同步传送波特率为 0 ~ 64 Kbit/s。

3）可实现异步传送(5 ~ 8)位/字符；异步通信的波特率因子可以有三种选择：1、16 或 64；停止位也有三种选择：1、1.5 或 2 位；异步传送波特率为 0 ~ 19.2 Kbit/s。

4）片内含有全双工、双缓冲发送和接收器。

5）出错检测：具有奇偶、溢出和帧错误等检测电路。

6）兼容性：全部输入输出与 TTL 电平兼容；单一的 +5 V 电源；与 Intel 8080、8085、8086、8088 CPU 接口兼容。

9.3.1 8251A 内部结构和外部引脚

1. 8251A 内部结构

8251A 由数据总线缓冲器、接收器、发送器、读/写控制电路和调制解调控制器 5 个主要部件组成，各部件之间由内部数据总线实现相互间的通信。其中接收器由接收缓冲器和接收控制电路组成，发送器由发送缓冲器和发送控制电路组成。8251A 的内部结构如图 9-23 所示。

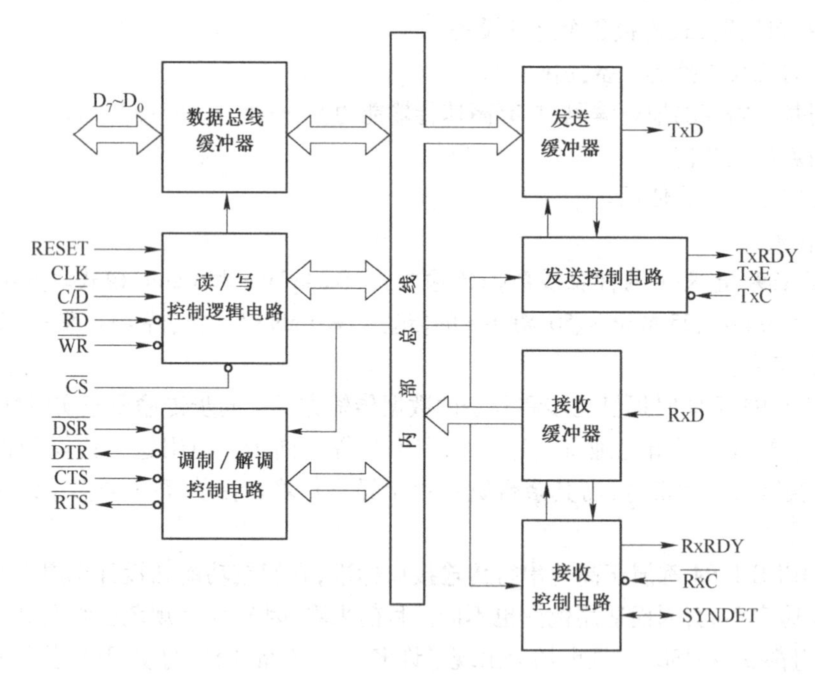

图 9-23 8251A 内部结构图

(1) 数据总线缓冲器

数据总线缓冲器，也称为 I/O 缓冲器，用来和 CPU 的数据总线 D_7 ~ D_0 相连。其内部包含 3 个三态双向 8 位的缓冲器。

状态字缓冲器：用来存放 8251A 内部的工作状态，供 CPU 查询或测试。

接收数据缓冲器：用来存放接收器已经装配完毕的字符，供 CPU 读取。

发送数据/命令缓冲器：用来存放 CPU 送入 8251A 的数据或命令。

CPU 通过输入/输出指令(IN/OUT)可以对这些缓冲器读/写数据、写入命令(控制)字和读出 8251A 的状态信息。

(2) 接收器

接收器接收来自 RxD 引脚的串行数据,并按指定的方式把它变成并行数据。当 CPU 发出允许接收数据的命令时,接收器就一直监视着数据接收引脚 RxD 上的信号电平。接收数据的速率取决于送到接收时钟端$\overline{RxC}$的时钟频率。

当芯片工作在同步方式下,接收器在 CPU 发出允许接收命令后,就开始搜索同步字符(SYN),将接收到的数据逐位的移入移位寄存器,并和同步字符寄存器中的内容进行比较。若比较结果不同,则继续进行监测、移位、比较等工作;若比较结果相等,则 8251A 将 SYNDET 置成高电平,表示已同步。此后,就是记录数据,并将接收的数据送入接收数据缓冲器。上述工作过程为内同步方式,若为外同步方式,则由外部电路来检测同步字符,而由 SYNDET 引脚接收外同步输入。

当芯片工作在异步方式下, CPU 发出允许接收数据的命令后,就开始检测 RxD 引脚上的电平信号,一旦出现低电平,就启动内部计数器,开始时钟频率计数。当计数到一个数据位宽度的一半时,若此时 RxD 引脚上仍为低电平,则确认不是干扰信号而是有效起始位的开始。在此之后,每 16 个时钟周期(设波特率因子为 16),就采样一次 RxD 引脚,采样信号送至移位寄存器,经奇偶校验,删除掉起始和终止位,获得并行数据,经过 8251A 内部数据总线送至数据总线缓冲器中的接收数据缓冲器。同时发出 RxRDY 信号(输出高电平),通知 CPU 字符已准备好。

(3) 发送器

CPU 向外部发送数据时,先用输出指令(OUT)将并行数据送至发送数据缓冲器中,再由移位寄存器将并行数据转换成串行数据,经 TxD 引脚串行发送出去。

对于同步方式,发送器在发送数据前最先发送的是同步(SYN)字符(一个或两个)。随后发送数据就不用再加任何附加信息。在同步发送时,字符之间是不允许有空隙的,若 CPU 没有及时发出新的字符,8251A 将不断地自动插入同步字符。

对于异步方式,发送器总是要加上起始位,并根据程序规定的检验要求(奇校验或偶校验)加上适当的检验位,最后加上停止位。

(4) 读/写控制电路

读/写控制电路用来接收来自 CPU 的控制信号,对数据在内部总线的传送方向进行控制。

(5) 调制解调控制器

串行通信经常用于远程通信而 8251A 可用作远距离通信接口芯片。8251A 提供了 4 个通用的控制信号:$\overline{DTR}$、$\overline{DSR}$、$\overline{RTS}$和$\overline{CTS}$。它们用于实现和调制解调器(MODEM)的连接,作为应答的控制信号。联络的方式分为同步方式和异步方式。8251A 与异步 MODEM 连接电路如图 9-24 所示。其中$\overline{RxC}$和$\overline{TxC}$信号由波特率发生器提供。

2. 8251A 外部引脚

8251A 外部封装是 28 脚双列直插式,其外部引脚分布如图 9-25 所示。

(1) 与接收器有关的引脚信号

1) RxD(Receiver Data):接收数据,输入引脚。外部串行数据从该引脚输入 8251A,并变换成并行数据,最后送入接收数据缓冲器等待 CPU 读取。

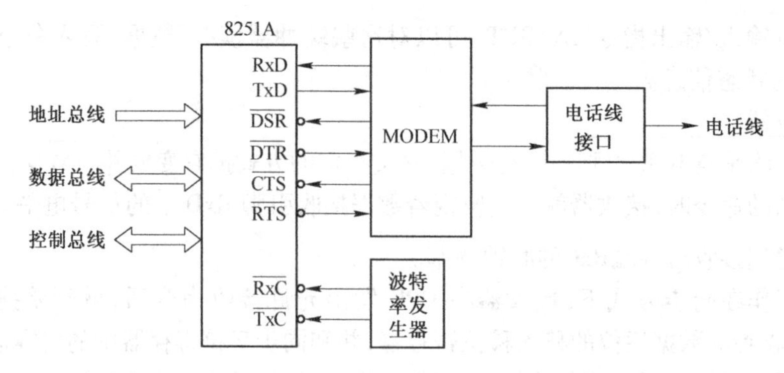

图 9-24　8251A 与异步 MODEM 连接电路图

信号	引脚	引脚	信号
D_2	1	28	D_1
D_3	2	27	D_0
RxD	3	26	V_{CC}
GND	4	25	$\overline{RxC}$
D_4	5	24	$\overline{DTR}$
D_5	6	23	$\overline{RTS}$
D_6	7	22	$\overline{DSR}$
D_7	8	21	RESET
$\overline{TxC}$	9	20	CLK
$\overline{WR}$	10	19	TxD
$\overline{CS}$	11	18	TxE
$C/\overline{D}$	12	17	$\overline{CTS}$
$\overline{RD}$	13	16	SYNDET/BRKDET
RxRDY	14	15	TxRDY

图 9-25　8251A 的外部引脚图

2）RxRDY（Receiver Ready）：接收数据准备好，输出引脚，高电平有效。当 RxRDY 为高电平时，表示接收器已经接收了一帧信息，并准备由 CPU 读取。只有当 RxD 接收一帧信息后，并且 RxE = 1（允许接收，受命令字控制）时，RxRDY 才能置“1”。当 CPU 读取 8251A 中的内容后，就复位 RxRDY 引脚。

当 8251A 与 CPU 之间采用中断方式传送数据时，RxRDY 可以作为中断请求信号；在查询方式时，可作为状态信号，供 CPU 查询之用。

3）SYNDET（Sync Detect）：同步检测，输入或输出。一般 SYNDET 只用于同步方式，用于同步检测，系统复位时，该引脚变成低电平。当采用内同步方式时，该引脚作输出用。若 SYNDET = 1 时，表示接收器已获得同步，并开始接收字符。CPU 执行一次读操作状态后，使 SYNDET 复位。当采用外同步方式时，作为输入用。外来同步信号由低变高时，使 8251A 在下一个$\overline{RxC}$的下降沿处开始接收字符。SYNDET 输入的高电平至少应保持一个$\overline{RxC}$周期。

4）$\overline{RxC}$（Receiver Clock）：接收时钟，由外部输入。$\overline{RxC}$用于控制 8251A 接收数据的速率，当 8251A 工作于同步方式时，$\overline{RxC}$等于波特率。当工作于异步方式时，$\overline{RxC}$的频率可以等于波特率，或波特率的 16 倍乃至 64 倍。当然，接收时钟应和发送时钟相同。

（2）与发送器有关的引脚信号

1）TxD（Transmitter Data）：发送数据，输出引脚。CPU 送来的并行数据转换成串行格式后，由 TxD 引脚送出。

2）TxRDY（Transmitter Ready）：发送器准备好，输出引脚，高电平有效。当 TxRDY 为高

时，表示8251A已准备好从CPU接收数据。在中断传送方式下，TxRDY信号可作为发向CPU的中断请求信号。在查询方式下，TxRDY作为状态信号供CPU查询测试。TxRDY只有当发送缓冲器为空且TxEN=1（允许发送，受命令字控制）时才能置位。当CPU检测到该信号有效时，向8251A输出一个数据，并使TxRDY复位。

3）TxE(Transmitter Empty)：表示发送器空，输出引脚，高电平有效。当TxE为高时，表示发送器的并→串转换器处于空闲状态。在异步方式时，由TxD引脚输出空闲位；在同步方式时，则由TxD引脚输出同步字符。当8251A从CPU接收一个数据后，TxE变成低电平。

4）$\overline{TxC}$(Transmitter Clock)：发送时钟，输入引脚。该信号用于控制发送器发送字符的速率。$\overline{TxC}$和波特率的关系同$\overline{RxC}$。

（3）与CPU相关的引脚信号

1）CLK：时钟信号，输入。CLK输入到8251A，用于产生8251A内部的定时信号（时序）。对于同步方式，CLK大于接收器或发送器频率的30倍；对于异步方式，则要求CLK大于接收器或发送器频率的4.5倍。

2）RESET：复位信号，输入引脚，高电平有效。RESET为高时，8251A被复位，进入空闲状态，等待重新被初始化。

3）$\overline{CS}$：片选信号，输入引脚，低电平有效。当$\overline{CS}=0$时，CPU可以对8251A进行读/写操作。当$\overline{CS}=1$时，数据总线处于浮空状态，CPU不能访问8251A。$\overline{CS}$由地址译码电路产生。

4）$\overline{WR}$：写信号，低电平有效。当$\overline{WR}=0$时，表示CPU正在向8251A写入数据或控制字。

5）$\overline{RD}$：读信号，低电平有效。当$\overline{RD}=0$时，表示CPU正从8251A读取数据或状态信息。

6）$C/\overline{D}$：控制/数据选择信号，输入引脚。$C/\overline{D}=1$时，表示当前数据总线上传送的是控制信息或状态字，当$C/\overline{D}=0$时，传送的是数据信息。它与$\overline{WR}$、$\overline{RD}$及$\overline{CS}$组合起来共同完成读写操作，见表9-6。

表9-6　8251A读写操作表

$C/\overline{D}$	$\overline{RD}$	$\overline{WR}$	$\overline{CS}$	操　作
0	0	1	0	CPU从8521A读数据
0	1	0	0	CPU向8251A写数据
1	0	1	0	CPU读取8251A的状态字
1	1	0	0	CPU向8251A写入控制字
×	1	1	0	数据总线浮空
×	×	×	1	数据总线浮空

（4）与MODEM接口相关的引脚信号

1）$\overline{DTR}$(Data Terminal Ready)：数据终端准备好，输出引脚，低电平有效。由控制字中的D_1位控制，当$D_1=1$时，使$\overline{DTR}$为低，表示CPU准备就绪。

2）$\overline{DSR}$(Data Set Ready)：数据设备准备好，输入引脚，低电平有效。$\overline{DSR}$为低电平时，表示MODEM或终端已准备好，该引脚的状态存入状态字寄存器的D_7位中，CPU通过读状态来检测数据设备的状态。

3）$\overline{RTS}$(Request To Send)：请求发送信号，输出引脚，低电平有效。当$\overline{RTS}$为低电平时，表

示 CPU 已准备好,数据可送往 MODEM。该引脚由控制字的 D_5 位来控制。

4) $\overline{CTS}$(Clear To Send):允许传送,输入引脚,低电平有效。当 MODEM 收到$\overline{RTS}$命令后就向终端发送$\overline{CTS}$信号(低电平)作为$\overline{RTS}$的应答信号。只有$\overline{CTS}$信号为低电平时发送器才可以发送串行数据。

9.3.2 8251A 编程

8251A 与其他通用的可编程多功能接口芯片一样,它在正常工作前必须先对其进行初始化编程,即向它写入方式字及必要的命令字。不论 8251A 工作于何种方式,都必须在系统复位后对其进行初始化。为了确保送方式字和命令字等初始化工作之前 8251A 已经正确复位,应该先向 8251A 的控制口连续写入三个 0,然后再向该端口写入 40H,用软件命令使 8251A 可靠复位。在 8251A 复位后,就可以向同一个控制口写入方式字和命令字,8251A 是通过写入次序来区分这两个字的,先写入的是方式字,在方式字后写入的一定是命令字。初始化 8251A 的流程如图 9-26 所示,方式字见图 9-27,命令字见图 9-28。

注意:对 8251A 的控制口进行一次写入操作后,需要有写恢复时间,在两次写操作之间必须延迟 16 个时钟周期,才能保证可靠写入。一般情况下,在两次写操作之间插入几条指令,使延迟时间足以超过 16 个时钟周期。但是向 8251A 写数据字符时,则不必考虑这种恢复时间。

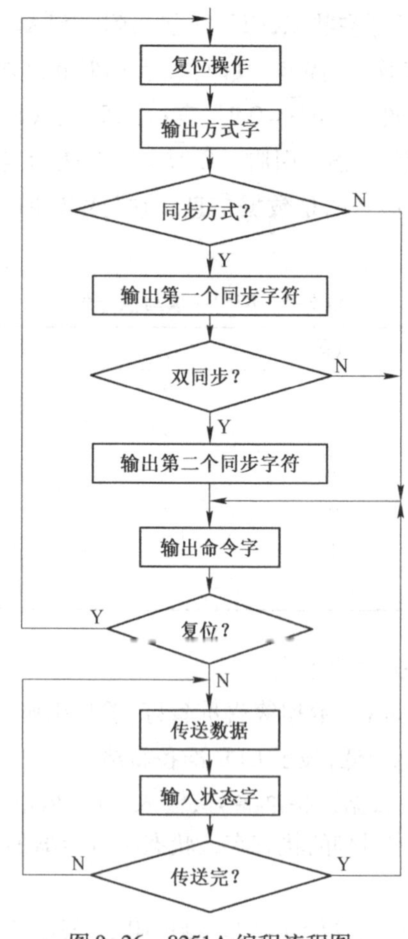

图 9-26 8251A 编程流程图

1. 方式字

方式字如图 9-27 所示，方式字用于 8251A 的工作方式选择，指出是异步还是同步，并指定相应的数据帧格式。

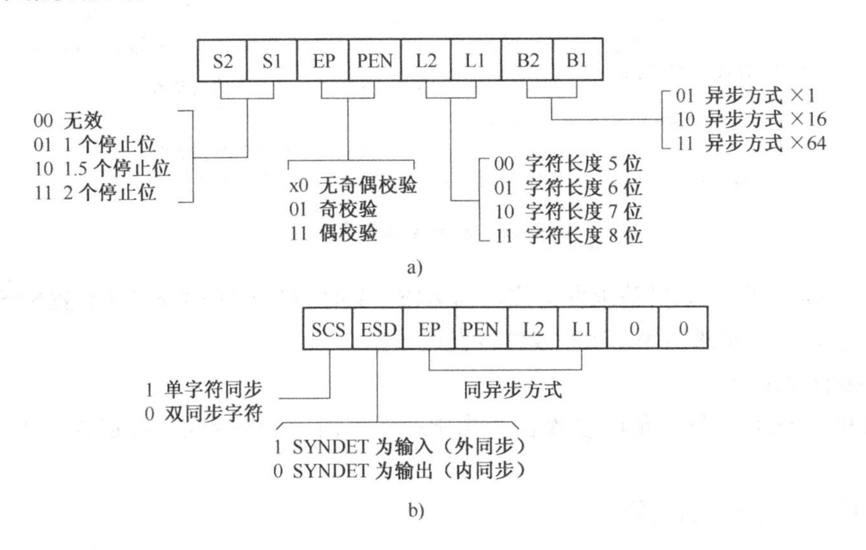

图 9-27　8251A 方式字格式

a) 异步方式　b) 同步方式

8 位方式字分为 4 组，现说明如下。

(1) 工作方式及波特率因子的确定

采用方式字的最低两位确定 8251A 的工作方式，当全为 0 时，工作于同步方式，否则工作于异步方式。在异步方式下，由该两位的三种不同组合选择波特率因子（输入时钟频率与波特率的比例关系）。当 B2B1 = 01 时，时钟频率为波特率的 1 倍；当 B2B1 = 10 时，为 16 倍；当 B2B1 = 11 时，为 64 倍。

(2) 数据字符长度的确定

采用方式字的 L2、L1 两位来确定被传送数据字符的长度，可以是 5、6、7 和 8 位。

(3) 奇偶校验的确定

采用方式字的 EP、PEN 两位来确定是否使用校验位，以及使用何种检验：奇校验还是偶校验。

(4) 其他参数的确定

当 8251A 工作于异步方式时，采用方式字的 S2、S1 两位来确定异步格式中停止位的位数；当工作于同步方式时，SCS、ESD 用于确定是内同步还是外同步，以及同步字符的个数。

2. 命令字

8251A 的命令字用于确定其实际操作，命令字格式如图 9-28 所示。

(1) 发送控制位

TxEN (Transmitter Enable)：允许发送位，即当 TxEN = 1 时，才允许发送。可以作为发送中断屏蔽位。

SBRK (Send Break Character)：发送空白字符位。当 SBRK = 1 时，迫使 TxD 为低，连续发

出空白字符;当 SBRK =0 时,则正常工作。

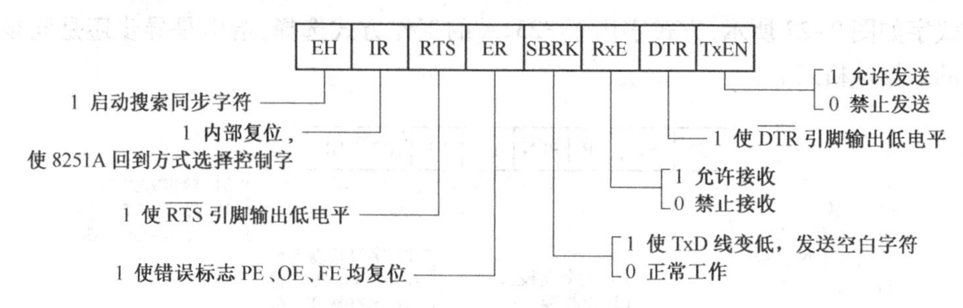

图 9-28　8251A 命令字格式

RTS(Request To Send):请求发送位。当 RTS =1 时,迫使$\overline{RTS}$引脚为低,置$\overline{RTS}$有效。表示计算机已准备好,请求向 MODEM 或外设发送数据。

(2) 接收控制位

RxE(Receive Enable):允许接收位。当 RxE =1 时,允许接收。可以作为接收中断屏蔽位。

(3) 数据终端准备就绪位

DTR(Data Terminal Ready):数据终端准备好。当 DTR =1 时,强置$\overline{DTR}$有效,用于告诉 MODEM,数据终端设备已准备好。

(4) 同步字符搜索控制位

EH(Enter-Hunt Mode):外部搜索方式位。该位只在内同步方式中有效。当 EH =1 时,启动搜索同步字符。

(5) 复位控制位

IR(Internal Reset):内部复位信号。当 IR =1 时,8251A 内部复位,回到方式选择命令状态,等待重新写入方式字进行初始化。

ER(Error Reset):清除错误标志。当 ER =1 时,使错误标志复位。8251A 允许设置三个错误标志,分别是奇偶校验错标志 PE、溢出标志 OE 以及帧检验错标志 FE。

3. 状态字

8251A 的状态信息存放在状态寄存器中,CPU 读入状态字可以了解 8251A 的工作状态,以便 CPU 与 8251A 之间的数据交换。8251A 的状态字格式如图 9-29 所示。

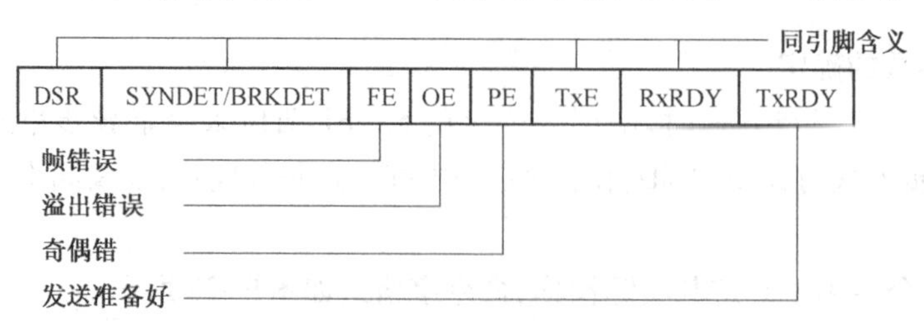

图 9-29　8251A 状态字格式

其中,状态寄存器的 RxRDY、TxE、SYNDET 以及 DSR 的定义与芯片同名引脚的意义完全相同。其余状态位说明如下。

TxRDY(Transmitter Ready):发送器准备好状态位,该状态位只要发送缓冲器一空就被置1。但芯片同名引脚的含义则不同,芯片同名引脚 TxRDY 置 1 的条件还必须满足$\overline{CTS}=0$ 和 TxEN = 1。

PE(Parity Error):奇偶校验错状态位。当 PE = 1 时,表示当前检测到了奇偶错。

OE(Overun Error):溢出(丢失)错误状态位。若当前输入缓冲器中的字符还没有被 CPU 取走,后一个字符又被送入缓冲器中,则 OE 置为"1",表示当前产生溢出错误,前一个字符将会丢失(被覆盖)。

FE(Frame Error):帧错误状态位,只适用于异步方式。当接收一个字符而没有发现停止位时,该位置为"1"。

PE、OE 和 FE 三种错误并不中止 8251A 的工作,这三种错误状态位可由 8251A 命令字中的 ER 位实现复位。

9.3.3 8251A 的应用

8251A 的信号可分为两组:一组是 8251A 与 CPU 之间的接口信号;另一组是它与外设之间的接口信号。

注意:8251A 与 CPU 之间的接口,在 I/O 端口使用连续地址的情况下,地址总线的 A_0 用于选择 8251A 的控制口或数据口,与 8251A 的 $C/\overline{D}$相连。当 $A_0=0$ 时,选中数据口;当 $A_0=1$ 时,选中控制口。

然而在实际应用中,人们更关心的是 8251A 与外设的接口信号。当 8251A 用于远程通信时,通常要使用 MODEM 进行信号的调制与解调,如图 9-24 所示;当进行近距离通信时,可将通信终端设备直接相连,只需 TxD、RxD 和 SG(信号地线)三根线连接就可完成通信。下面通过一个双机串行通信的例子来说明 8251A 的具体应用。

举例:试采用异步串行通信方式实现双机通信。设波特率为 600 bit/s,甲机将内存首址为 ADAT 的 128 B 的数据块发送给乙机;乙机将接收到的 128 B 的数据,顺序存放在内存首址为 BDAT 的数据缓冲区中。

(1) 分析

根据题意,设甲、乙微机之间为近距离通信,并假设通信格式为 7 位字符长度,1 位停止位,采用偶校验。利用查询方式进行数据交换,收/发程序中只需检查收/发的准备好状态位是否置位,在准备好时就发送或接收一个字符。

(2) 硬件连接

由于是近距离通信,把两台微机都作为 DTE(数据终端设备),可将 TxD、RxD 和 SG(信号线)三根线直接相连,图 9-30 为双机利用 8251A 进行串行通信的硬件连接图。一般 8251A 的主时钟和 CPU 使用同一个时钟 CLK,CLK 再经过分频电路送到 8251A 的$\overline{RxC}$和$\overline{TxC}$端,作为 8251A 的接收和发送时钟。

(3) 程序编写

在甲机(乙机)上编写发送(接收)程序段,包括 8251A 的初始化、状态查询及发送(接收)子程序三部分。发送子程序流程,如图 9-31 所示。

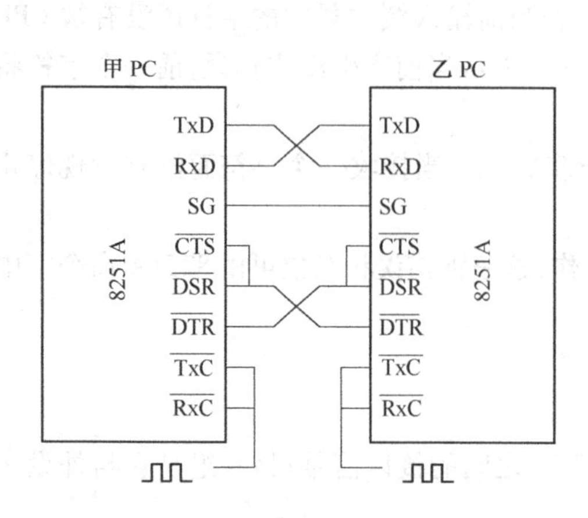

图 9-30　双机利用 8251A 通信接口图

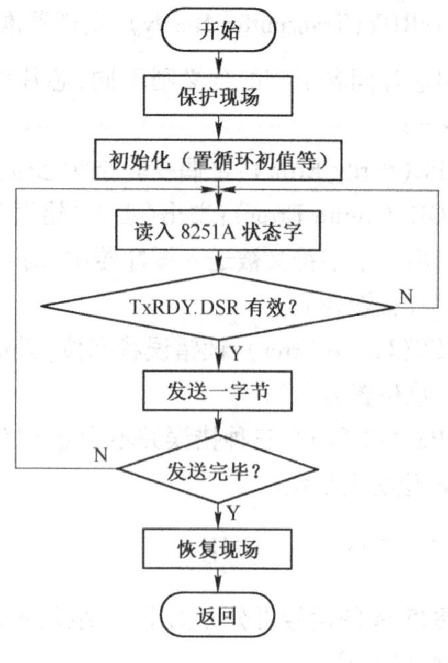

图 9-31　发送子程序流程

设 8251A 的数据端口为 308H，控制端口为 309H。

甲机程序段：

```
            MOV     AL, 0
            MOV     DX, 309H
            OUT     DX, AL
            OUT     DX, AL
            OUT     DX, AL          ;往 8251A 的控制端口送 3 个 00H
            MOV     AL, 40H
            OUT     DX, AL          ;往 8251A 的控制端口送 40H，使它复位
            MOV     AL, 01111011B
            OUT     DX, AL          ;送方式字
            DELAY
            MOV     AL, 00000001B
            OUT     DX, AL          ;送控制字，置发送状态
            DELAY
            CALL    SEND            ;调发送子程序
            ⋮
SEND        PROC    NEAR            ;发送子程序
            PUSH    AX
            PUSH    CX
            PUSH    SI
            MOV     SI, 00H
            MOV     CX, 80H
AGAIN：     MOV     DX, 309H
```

```
        IN      AL, DX
        TEST    AL, 81H
        JZ      AGAIN                 ;测 TxRDY,DSR 位
        MOV     AL, ADAT[SI]
        DEC     DX
        OUT     DX, AL
        INC     SI
        LOOP    AGAIN
        POP     SI
        POP     CX
        POP     AX
        RET
        SEND    ENDP
```

乙机程序段:

```
          MOV     AL, 0
          MOV     DX, 309H
          OUT     DX, AL
          OUT     DX, AL
          OUT     DX, AL              ;往 8251A 的控制端口送 3 个 00H
          MOV     AL, 40H
          OUT     DX, AL              ;往 8251A 的控制端口送 40H,使其复位
          MOV     AL, 01111011B
          OUT     DX, AL              ;送方式字
          DELAY
          MOV     AL, 00010110B
          OUT     DX, AL              ;送控制字,置接收状态
          DELAY
          CALL    RECEIVE             ;调接收子程序
          ⋮
RECEIVE   PROC    NEAR                ;接收子程序
          PUSH    AX
          PUSH    CX
          PUSH    DI
          MOV     DI, 00H
          MOV     CX, 80H
AGAIN:    MOV     DX, 309H
          IN      AL, DX
          TEST    AL, 02H
          JZ      AGAIN               ;测 RxDRY
          DEC     DX                  ;接收数据
          IN      AL, DX
          MOV     BDAT[DI], AL
```

```
        INC     DI
        LOOP    AGAIN
        POP     DI
        POP     CX
        POP     AX
        RET
RECEIVE ENDP

DELAY   MACRO
        MOV     CX, 02
TIME:   LOOP    TIME
        ENDM
```

9.4 习题例解

1. 选择题

(1) 要使8255A的PC_5复位,则从控制端口输出的置位复位控制字为(　　)。

A. 00001011B　　B. 00001010B　　C. 00001101B　　D. 00001110B

解　选B。

分析　由正文中置位/复位控制字格式可知,置位/复控制字的最高位D_7必须为0;D_6 ~ D_4任意,$D_3D_2D_1$用于选定端口C中的某一位,D_0指定是置位还是复位,可得相应的控制字为00001010B。

(2) 8255A工作于方式1时,端口A及端口B作为输出端口,与外设的联络信号用以下哪一组(　　)。

A. $\overline{OBF}$和$\overline{ACK}$　　B. $\overline{OBF}$和$\overline{STB}$　　C. IBF和$\overline{ACK}$　　D. IBF和$\overline{STB}$

解　选A。

分析　8255A工作在方式1时,用于选通输出的是INTE、INTR、$\overline{OBF}$、$\overline{ACK}$,故选A。D是用于选通输入的。

(3) 8255A的方式选择控制字一定(　　)。

A. 大于等于80H　　B. 小于等于80H　　C. 小于等于7FH　　D. 大于等于7FH

解　选A。

分析　由正文中8255A的方式选择控制字格式可知,最高位D_7固定为1,即控制字必定大于等于80H。

(4) 已知异步串行通信时规定数据帧为7位数据、1位偶校验和2位停止位。若在接收时,如果收到7位数据位和1位校验位后,再连续接收到2位低电平信号,则结果表明(　　)。

A. 传输中发生了溢出错误　　B. 传输中发生了帧错误

C. 已经开始接收下一个字符　　D. 传输中发生了奇偶错误

解　选B。

分析　溢出错误是指CPU未及时读取接收缓冲器中的输入字符,而接收端又接收到新的数据所引起的错误;帧错误是指接收到的数据没有正确的停止位;奇偶错是指接收到的数据中的 1 的个数与约定的不符。

(5) 8251 异步通信工作,传送一个字符包括:1 位起始位,1 位停止位,1 位奇偶位和 7 个数据位,要求每秒钟在 150 个字符以上进行传送,则波特率不能选用(　　)。

A. 1200 波特　　B. 2400 波特　　C. 4800 波特　　D. 9600 波特

解　选 A。

分析　一个串行字符由 1 位起始位,7 位数据位,1 位奇偶校验位,和 1 位停止位等 10 位组成,若要每秒传送 150 个字符以上,则满足条件的最小波特率为 10 位/字符 × 150 字符/s = 1500 位/s,因此选 A。

(6) 进行 8251A 的编程的基本过程是(　　)。

A. 先写控制命令字,后写操作字

B. 用 RESET 对其复位后,再写控制命令字

C. 用软硬件方法对其复位后,再写控制命令字

解　选 C。

分析　8251A 是一种通用的可编程的多功能串行接口芯片。在使其工作前必须先对它进行初始化编程。初始化工作必须在系统复位后,在 8251A 工作以前进行,并且不论 8251A 工作于何种方式,都必须初始化。

(7) 下面关于 USB 和 IEEE-1394 的说法正确的是(　　)。

A. USB 和 IEEE-1394 都是以串行方式传送数据

B. USB 和 IEEE-1394 都是以并行方式传送数据

C. USB 是并行方式传送数据,而 IEEE-1394 是串行传送数据

D. USB 是串行传送数据,而 IEEE-1394 是并行传送数据

解　选 A。

2. 若异步通信时,每个帧对应 1 位起始位,7 位数据位,1 位奇校验位和 1 位停止位,系统传送的波特率为 4800 bit/s,则每秒实际传送数据的字节数是多少?

答　波特率是衡量传输通道频宽的指标,它和传送数据的速率不一样,除掉起始位,停止位,奇偶校验位,每次实际传输数据的位数少于一帧的总位数。由题可知,即每发送一帧需要发送 1 + 7 + 1 + 1 = 10 位的二进制位。所以每秒传送字节的个数为(4800/10) * 7/8 = 420

3. 设有 5000 个汉字要通过异步串行通信传送,采用 9600 波特率的传送,7 个数据位,1 个停止位,1 个奇偶校验位,试计算所需的传送时间(不考虑设备中断或多任务所占用的时间)。

解　计算机中汉字的表示需要两个字节,根据题意,每传送一个字符实际需要传送 1 个起始位,7 个数据位,1 个停止位和 1 个奇偶校验位。而每一位二进制代码传送时间 t_d 为波特率的倒数,则根据题意可得传送 5000 个汉字所需得总时间为

$$(5000 \times 16/7) \times (1 + 7 + 1 + 1)/9600 = 11.905\ \mathrm{s}$$

4. 8255A 各端口的设置如下:A 组和 B 组均工作于方式 0,端口 A 输出,端口 B 输入,端口 C 高四位部分输入,低四位输出,端口 A 地址为 080H(连续编址)。

(1) 试求该 8255A 的工作方式控制字。

(2) 编写 8255A 的初始化程序。

(3) 编写程序段,实现从端口 A 输出数据 0AAH,再从端口 B 输入,如果相等,则从端口 C

低四位输出0AH,否则输出05H。

解 (1)工作方式控制字:10001010B 即8AH。

(2) 初始化程序如下。

```
MOV  AL, 8AH
OUT  83H, AL
```

(3) 初始化程序如下。

```
      MOV  AL, 0AAH
      OUT  80H, AL
      IN   AL, 81H
      CMP  AL, 0AAH
      JNZ  NQE
      MOV  AL, 0AH
      OUT  82H, AL
      JMP  STOP
NQE:  MOV  AL, 05H
      OUT  82H, AL
STOP: HLT
```

5. 设8255A的硬件连接如图9-32所示,系统的I/O端口的地址范围:0~7FH,写出它的地址并编写下列情况下的初始化程序(连续编址)。

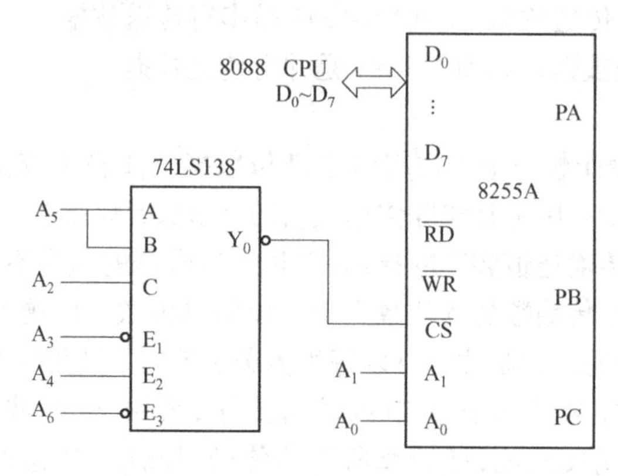

图9-32　8255A的硬件连接图

① 将A组和B组设置成方式0,端口A、端口B为输出方式,端口C为输入方式。

② 将A组工作方式设置成方式2,B组为方式0,端口B作为输入。

③ 将端口A、端口B均设置成方式1,均为输入,PC_6和PC_7为输出。

解 8255A的4个端口地址分别为10H、11H、12H和13H。

对应的初始化程序如下。

```
① MOV  AL, 10001001B
  OUT  13H, AL
② MOV  AL, 11000010B
  OUT  13H, AL
```

③ MOV AL, 10110110B
OUT 13H, AL

6. 设8255A芯片的地址范围是3A0H～3A6H，试用8255A芯片C口的PC_2位编写产生方脉冲信号的程序。

解 程序段如下。

```
        MOV    DX, 3A6H         ;控制口地址送DX
LOP:    MOV    AL, 05H          ;05H是PC2置位的控制字
        OUT    DX, AL
        CALL   DELAY            ;调用延时程序
        MOV    AL,04H           ;04H是PC2复位的控制字
        OUT    DX, AL
        CALL   DELAY            ;调用延时程序
        JMP    LOP
DELAY:  MOV    CX, 0F000H
        LOOP   $                ;延时
        RET
```

7. 设8255A芯片的地址范围是3A0H～3A3H，8255A的端口C通过电阻接8个发光二极管，发光二极管的8个负极均接地，用端口C置位/复位控制，使这8个发光二极管依次点亮与熄灭，试写出相应的程序段。

解 程序段如下。

```
        MOV    DX, 3A3H         ;3A3H为程序寄存器的端口地址
        MOV    AL, 80H          ;方式选择字
        OUT    DX, AL
        MOV    AL, 1            ;PC0的置位控制字
LOP :   OUT    DX, AL           ;点亮一只发光二极管
        CALL   WAIT
        AND    AL, 0FEH         ;置位字改为复位字
        OUT    DX, AL           ;熄灭点亮的发光二极管
        ADD    AL, 3            ;PCi→PCi+1,D0为1
        AND    AL, 0FH          ; 只取AL的低4位
        CALL   WAIT
        JNZ    LOP
        HLT
WAIT:   MOV    CX, 0F000H
WAIT1:  LOOP   WAIT1            ;延时
        LOOP   WAIT1
        RET
```

8. 设8251A的地址为02A0H和02A1H，若8251A的$\overline{RTS}$和$\overline{CTS}$引脚相连，且RxC和TxC端的收发时钟频率为76.8 kHz。现规定8251A工作于半双工异步通信方式，数据帧格式为数据位7位，停止位1位，偶校验1位，数据传送的波特率为4800 bit/s。试编写8251A处于发送

状态的初始化程序。

解 收发时钟频率为76.8 kHz,波特率为4800 bit/s,故波特率因子为76800/4800 = 16。初始化程序片断如下。

```
XOR     AX, AX
MOV     DX, 02A1H        ;置控制端口
OUT     DX, AL
OUT     DX, AL
OUT     DX, AL           ;往8251A的控制端口送3个00H
MOV     AL, 40H
OUT     DX, AL           ;往8251A的控制端口送40H使其复位
MOV     AL, 01111010B
OUT     DX, AL           ;送方式字,1个停止位,偶校验,7位数据位,波特率因子为16
MOV     AL, 00110001B
OUT     DX, AL           ;送命令字,RTS有效,TxEN有效,清错误标志
```

9. 设8251A的$C/\overline{D}$引脚与地址总线的A_1相连,已知其中一个地址为1A0H,异步传送方式,波特率系数为16,偶校验,1位停止位,7位数据位。试编写通过8251A的查询方式来接收数据的程序。

解 据题意,接口只使用偶地址,已知其中一个地址为1A0H,则另一个地址为1A2H。往8251A的控制端口送三个00H和送40H使其复位的程序片断见第8题。

```
        MOV     DX, 1A2H
        MOV     AL, 7AH      ;波特率系数为16,偶校验,1位停止位,7位数据位
        OUT     DX, AL       ;写工作方式字
        MOV     AL, 14H
        OUT     DX, AL       ;使错误标志复位,允许接收
WAIT :  IN      AL, DX       ;读入状态控制字,等待RxRDY = 1
        AND     AL, 02H
        JZ      WAIT
        MOV     DX, 1A0H
        IN      AL, DX       ;从数据口输入数据
```

10. 设8251A数据口地址为0B0H,控制口地址为0B2H,异步传送方式,波特率系数为16,奇校验,2位停止位,8位数据位。试编写通过8251A查询方式来发送数据的初始化程序。

解 往8251A的控制端口送3个00H和送40H使其复位的程序片断见第8题。

程序如下。

```
        MOV     DX, 0B2H
        MOV     AL, 0DEH     ;波特率系数为16,奇校验,2位停止位,8位数据位
        OUT     DX, AL
        MOV     AL, 31H      ;使错误标志复位,允许发送,RTS有效
        OUT     DX, AL
WAIT:   IN      AL, DX       ;读入状态控制字,等待TxRDY = 1
```

```
AND     AL, 01H
JZ      WAIT
MOV     DX, 0B0H
MOV     AL, 41H             ;输出的数据送 AL
OUT     DX, AL
```

9.5 练习题

1. 选择题

(1) 8255A 的端口 C 中由(　　)位来决定对端口 C 中的某一位置位或复位。

A. D_7　　B. D_5　　C. D_3　　D. D_0

(2) 8255A 工作于方式 2 时,其工作的 I/O 口(　　)。

A. 仅能作输入口使用

B. 仅能作输出口使用

C. 既能作输入口,也能作输出口使用

D. 仅能作不带控制信号的输入口或输出口使用

(3) 8255 的 C 端口进行置位/复位操作时,引脚的条件是(　　)。

A. $\overline{CS}=0$　$A_1A_0=10$　$\overline{WR}=0$　　B. $\overline{CS}=0$　$A_1A_0=11$　$\overline{WR}=0$

C. $\overline{CS}=0$　$A_1A_0=10$　$\overline{WR}=1$　　D. $\overline{CS}=1$　$A_1A_0=11$　$\overline{WR}=1$

(4) 设 8255A 的方式选择控制字为 0ABH,其含义是(　　)。

A. A、B、C 口全为输出　　B. A、B、C 口全为输入

C. A、B 口为方式 0 且输出　　D. 以上都不对

(5) 设串行异步传送的数据格式是 7 个数据位、1 个起始位,1 个停止位、1 个校验位,波特率为 2400 bit/s,则每秒钟传送的最大字符数为(　　)。

A. 100 个　　B. 120 个　　C. 180 个　　D. 240 个

(6) 8251A 的引脚 $\overline{CS}$、$\overline{RD}$、$\overline{WR}$、$C/\overline{D}$ 上的信号对应下列(　　)组信号可完成“8251A 数据寄存器→数据总线”的操作。

A. 0、1、0、0　　B. 0、1、0、1　　C. 0、0、1、0　　D. 0、0、1、1

(7) 标准的 RS-232C 规定的串行数据传送距离为(　　)m。

A. 15　　B. 20　　C. 50　　D. 100

2. 填空题

(1) 8255A 内部有________个输入输出端口,有三种输入输出方式,方式 0 又称为________________,方式 1 又称为________________,而方式 2 又称为________________。

(2) 8255A 工作于方式 1 输出时,与外设之间联络信号是________________。

(3) 8255A 有两种命令字,一种是________________,另一种是________________。

(4) 8255A 工作在方式 1 或方式 2 时,INTE 为________________,它的置位复位由________________进行控制。

(5) 串行异步接口在接收时是由________寄存器将串行数据转换成并行数据。在发送

时,是由________寄存器将并行数据转换成串行数据。

(6) 在异步串行通信中,通信线通常处于空闲状态,当需要传送字符时,首先向通信线发送________信号,然后是字符代码位,通常字符代码最多为________位。

(7) 在串行通信中,设异步传送的波特率为2400,每个数据占11位,则传输1 KB的数据所需的时间为________。

(8)在RS-232C构成的最简单的全双工通信系统中,必须包含的三根信号线是________________。

3. 设8255A的端口A和B均工作于方式1,端口A输出,端口B和C为输入,端口A地址为0060H(接口连续编址)。

(1) 写出工作方式控制字。

(2) 编写8255A的初始化程序。

(3) 若要用置位复位方式将PC_2置为1,PC_7清0,试写出相应程序。

4. 用8255A作为打印机接口,如图9-33所示。当打印机选通信号$\overline{STB}$送出一个负脉冲时,端口A的字符数据就送往打印机。当打印机的应答信号BUSY为0时,表示打印机不忙,可以发送数据到打印机。若8255A的端口地址为60H~63H,需打印的数据存放在以1000H为首地址的内存RAM中,数据长度为200,试编写向打印机发送数据的程序。

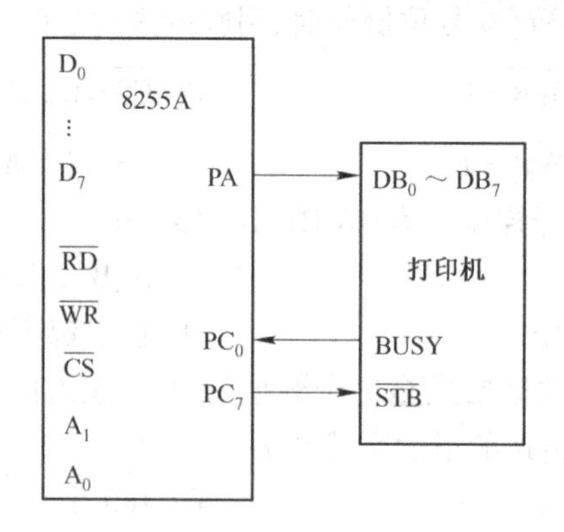

图9-33 8255A与打印机的接口

5. 设8251A的控制口地址为0C2H,数据口地址为0C0H,按下列要求对8251A进行初始化。

(1) 要求工作于异步方式,波特率系数为16,奇校验,8位数据位,1位停止位。

(2) 允许接收、允许发送、全部错误标志复位。

(3) 查询8251A的状态字,当接收准备就绪时,则从8251A输入数据,否则等待。

6. 若8251A的地址为30H和31H,收发时钟(RxC、TxC)频率为38.4 kHz,$\overline{RTS}$与$\overline{CTS}$引脚相连,要求波特率为1200,每帧字符的数据位数为7,停止位数为1,试编写出偶校验的半双工异步通信的处于发送状态的初始化程序。

第10章　计数器/定时器与模拟量转换

在计算机实时控制系统中,周期性的数据采样部件往往是系统中一个重要的组成部分,定时器、模拟量转换器件是周期性数据采样部件的核心。本章主要学习定时器(或计数器)、模数转换和数模转换的接口电路。

10.1　可编程计数器/定时器

定时器或计数器通常是微型计算机系统中不可缺少的接口部件,尤其是在计算机实时控制和处理系统中,需要按一定的采样周期对处理对象进行采样,或定时检测某些参数等等,都需要定时信号。另外,在许多微机应用系统中,还会用到计数功能,需对外部事件进行计数。实现定时/计数功能的常用方法可归纳为以下三种:

(1) 软件定时

软件定时也称作软件延时。其方法是让CPU循环执行某一条或一系列指令,而这些指令本身往往并没有具体的执行目的,利用每条指令在执行过程中所花费的时间来计算延时总时间。这种方法的优点是:方法简单,它不需要其他硬件支持,通过正确选取指令和合适的循环次数,便很容易实现定时功能;通用性和灵活性较好,利用这种方法定时,完全由软件编程来控制和改变定时时间,灵活方便,因此在软件开发中经常用到。但它仅适用于延时时间较短、重复次数有限的场合,否则CPU总是执行延时程序,降低了CPU的利用率。故在对时间要求严格的实时控制系统和多任务系统中应用较少。

(2) 纯硬件定时

纯硬件定时就是设计一种数据逻辑电路,用硬件实现定时或计数功能。例如555芯片加上很少的外接电阻和电容构成了定时电路,这种定时电路结构简单,成本不高,但这种电路的定时时间和范围不能由程序来控制和改变,而且定时精度也不够高。

(3) 可编程定时器

可编程定时器是利用硬件电路和中断方法来实现的,时间基准由微处理器的时钟信号提供,在简单软件控制下产生准确的延时时间。其基本原理是通过软件确定定时/计数器的工作方式、设置计数初值并启动计数器工作,当计数到给定值时自动产生定时信号。这种方法的优点是:计时精确稳定,因为时间基准是由晶体振荡器产生,定时信号稳定;可用软件改变定时范围,并与CPU并行工作,大大提高了CPU的效率,既适合长时间、多次数的定时,也适用于延时时间较短的场合,因此得到了广泛应用。

本节介绍的是Intel系列的8253可编程定时器,其改进型是8254。

10.1.1　可编程计数器/定时器的基本工作原理

1. 基本功能

可编程计数器/定时器芯片可以在许多场合用来定时和计数,如用作可编程方波发生器、

分频器、程控单脉冲发生器等等。以 8253 芯片为例来说明其基本功能,大致可概括为以下五点:

① 3 个计数器:每个 8253 芯片上有 3 个独立的 16 位计数通道。

② 2 ~ 10 MHz 的计数频率:每个计数器的计数频率范围为 0 ~ 2 MHz,其改进型 8254 - 2 的计数频率范围为 0 ~ 10 MHz。

③ 2 种数制计数:每个计数器都可以按照二进制或十进制计数。

④ 6 种工作方式:每个计数通道都有 6 种工作方式,可由程序设置或改变。

⑤ 与 TTL 兼容:所有输入/输出引脚都与 TTL 兼容。

2. 基本工作原理

计数器和定时器二者的工作过程从内部看没有根本差别,都是基于计数器的减“1”工作的。可编程计数器/定时器的核心是一个减“1”计数器。作为定时器使用时,在设置好定时常数后,由内部时钟使定时器开始减 1 计数,由于定时器一般具有定时常数自动重装功能,所以定时器能不断产生输出信号。作为计数器使用时,在设置好计数初值后,由外部计数脉冲使计数器开始减 1,直到计数器减为“0”时,输出一个信号表示计数结束。

可编程计数器/定时器是由控制寄存器、初始值寄存器、计数器、计数输出寄存器和状态寄存器组成,基本原理如图 10-1 所示。

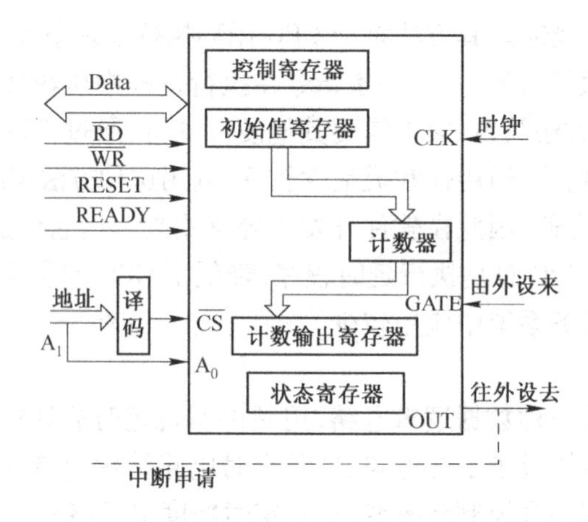

图 10-1 计数器/定时器的基本原理图

① 控制寄存器:用来接收 CPU 送来的控制字,以确定各计数器的操作方式。

② 初始值寄存器:用来保存计数器/定时器在工作前由初始化程序设置的初始值。

③ 计数器:接收来自初始值寄存器中的初值,在条件满足的情况下不断地做减“1”计数,其内容 CPU 在任何时刻都可通过计数输出寄存器读出。

④ 计数输出寄存器:该寄存器在任何时候均可反映计数器中计数值的变化,其内容可在程序中使用读指令准确地得到。

⑤ 状态寄存器:提供计数器/定时器当前所处的状态。

计数器对外有三个重要信号,现说明如下:

(1) OUT 信号

当计数器中内容减为“0”时,会在 OUT 信号线上产生一个输出信号,起到通知外界的作用,可以采用 OUT 信号申请中断的形式来完成对计数器/定时器“时间到”的处理。

(2) CLK 信号

CLK 是一个输入信号,它决定了计数速率。作外部事件计数器时,在 CLK 脚上所加的计数脉冲是由外部事件产生的,这些脉冲的间隔可以是不相等的。作定时器时,CLK 引脚上应输入精确的时钟脉冲。这时,定时器所能实现的定时时间取决于计数脉冲的频率和计数器的初值,即:

$$定时时间 = 时钟脉冲周期 * 预置的计数初值$$

(3) GATE 信号

GATE 是一个门控输入信号,通常由外设提供。一般情况下,当 GATE =0 时,禁止计数器工作,而 GATE =1 时,允许计数器工作。

10.1.2 8253 的内部结构及引脚

8253 是 Intel 公司生产的一种通用的计数器/定时器 CTC(Counter/Timer Circuit),它是采用 NMOS 工艺制成的,由单一电源 +5 V 供电的 24 脚双列直插式封装芯片。8253 的内部结构及引脚如图 10-2 所示。

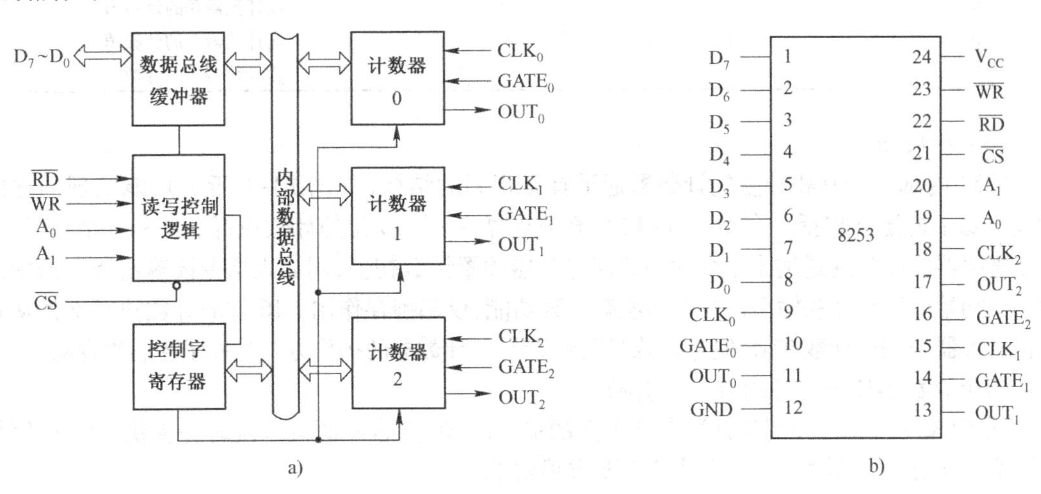

图 10-2 8253 的内部结构及引脚图

a)8253 内部结构图 b)8253 外部引脚图

(1) 数据总线缓冲器

数据总线缓冲器是一个 8 位的双向三态缓冲器,用于 8253 与系统数据总线相连接。CPU 通过数据总线缓冲器向 8253 写入数据、命令,或从数据总线缓冲器装入计数初值,以及读出计数器的初值或当前值。和其他可编程芯片一样,与 8086CPU 数据总线连接时,一定要注意地址的奇偶性。

(2) 读/写逻辑电路

在片选信号$\overline{CS}$有效的情况下,读/写逻辑从系统控制总线接收输入信号,经过逻辑组合,产生对各部分的控制信号。当片选信号$\overline{CS}$无效的情况下,数据总线缓冲器处于高阻状态,CPU 则 无法对其进行读写操作,相关的控制信号及作用详见表 10-1。CPU 对 8253 各寄存器访问时,控制信号与功能之间的对应关系详见表 10-2。

表 10-1　8253 的控制信号及作用

控制信号	符　号	作　用
端口选择信号	A_1 和 A_0	在 8253 内部有 3 个计数器通道(0 ~ 2)和一个控制字寄存器。当 A_1A_0 = 00 时,选中计数器通道 0;A_1A_0 = 01 时,选中计数器通道 1;A_1A_0 = 10 时,选中计数器通道 2;A_1A_0 = 11 时,选中控制字寄存器
读信号	$\overline{RD}$	当$\overline{RD}$为低电平时,表示 CPU 正在读取所选定的计数器通道中的内容
写信号	$\overline{WR}$	当$\overline{WR}$为低电平时,表示 CPU 正在将计数初值写入所选中的计数通道中或者将控制字写入控制字寄存器中
片选信号	$\overline{CS}$	只有$\overline{CS}$为低电平的情况下,8253 才被选中,允许 CPU 对 8253 进行读写操作

表 10-2　8253 输入信号与各功能的对应关系

$\overline{CS}$	$\overline{RD}$	$\overline{WR}$	A_1　A_0	功　能
0	1	0	0　0	置计数器 0 的初始值
0	1	0	0　1	置计数器 1 的初始值
0	1	0	1　0	置计数器 2 的初始值
0	1	0	1　1	设置控制字或输出命令
0	0	1	0　0	读计数器 0 的计数值
0	0	1	0　1	读计数器 1 的计数值
0	0	1	1　0	读计数器 2 的计数值

(3) 计数器

8253 内部 3 个互相独立的计数器通道具有相同的结构(如图 10-1 所示),能实现同样的功能。每个通道均包括一个 16 位的初始值寄存器、一个 16 位的计数执行部件和一个 16 位的输出寄存器。CPU 通过输出指令向初始值寄存器预置计数初值,用输入指令读输出寄存器中的内容。初始值寄存器和输出寄存器都没有计数功能,仅起锁存作用。16 位的计数执行部件从初始值寄存器中获得计数初值,便进行减“1”计数操作,计数器的操作方式受控于控制寄存器。

每个计数器通道对外均有 3 个引脚。

① CLK_0 ~ CLK_2:分别是计数器 0、1、2 的输入时钟,由脉冲源或系统时钟提供。CLK 信号是计数器工作的计时基准,因此其频率要求很精准。

② OUT_0 ~ OUT_2:分别是计数器 0、1、2 的输出端。在不同的工作方式下 OUT_0 ~ OUT_2将产生不同的输出波形。

③ $GATE_0$ ~ $GATE_2$:分别是计数器 0、1、2 的门控脉冲输入端,用于控制计数的启动与停止。

这三个信号线的有关作用详见上一节。

(4) 控制寄存器

8253 是可编程接口芯片,可以通过软件编写控制字的方法控制其工作方式。芯片内部的控制寄存器就是用来存放控制字的。当 A_1A_0 = 11 时,通过读/写逻辑电路访问控制寄存器。控制字在 8253 初始化时通过输出指令写入控制寄存器。控制寄存器只能写入,不能读出。由于 8253 的三个计数器通道共用一个控制字寄存器端口,所以该控制字还需指出是哪个通道的计数器。

10.1.3　8253 的控制字

控制寄存器接收来自 CPU 的控制字,控制字的内容用来决定每个计数器的操作方式、数制的选择等。在使用 8253 时,首先必须对其进行初始化编程。初始化编程的步骤是:先写入计数器的控制字,然后写入相应计数器的计数初值。因此,8253 的控制字对初始化编程来说是至关重要的,其格式如图 10-3 所示,它由四部分组成,即:设定减法计数器的计数方式、设定计数器的工作方式、设定写入计数初值的格式或读计数值的格式、计数器通道的选择。

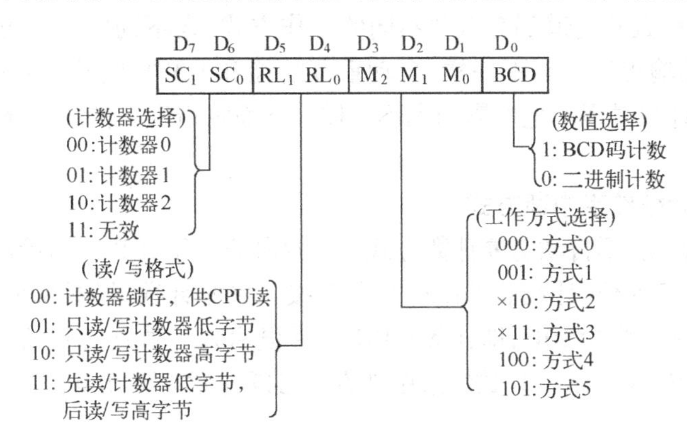

图 10-3　8253 的控制字

1. 计数方式的设定

8253 有两种计数方式:二进制计数和 BCD 码计数。选择数制采用控制字的 D_0位来设定。

当 $D_0=0$ 时,计数器按二进制计数,计数范围是 0000H ~ FFFFH。

当 $D_0=1$ 时,计数器按 BCD 码计数,计数范围是 0000 ~ 9999。

2. 工作方式的设定

8253 有 6 种工作方式:方式 0 ~ 方式 5,各种工作方式的具体规定在下一节予以说明。选择工作方式采用控制字的 D_3、D_2、D_1 位来设定。规定 $D_3D_2D_1$ 为 000 ~ 101 分别对应于方式 0 ~ 方式 5 六种不同的工作方式。

3. 读写格式的设定

8253 有 4 种写入计数初值格式或读计数值格式的设定,选择读写格式采用控制字的 D_5、D_4位来设定。

当 $D_5D_4=00$ 时,计数器的锁存命令,它是与读出命令配合使用的。在读计数值时,必须先用锁存命令将当前计数值在输出寄存器中锁住,否则,在读数时,计数器的数值可能处在改变过程中,这样将会得到一个不确定的结果。由于计数执行部件计数到某一个值,锁存器中也为同一个值,当锁存命令到来时,这一计数值被锁住。当 CPU 将此锁定值读走之后,锁存器会自动失锁,于是又跟随计数执行部件变化。在锁存和读出计数值的过程中,计数执行部件仍在不停地作减 1 计数。因此,计数器的内容在被读出过程中不影响其计数。

当 $D_5D_4=01$ 时,CPU 向计数器写入初值或读出当前值时,只读写低 8 位。

当 $D_5D_4=10$ 时,CPU 向计数器写入初值或读出当前值时,只读写高 8 位。

当 $D_5D_4=11$ 时,CPU 向计数器写入初值时,先写低 8 位,后写高 8 位。

4. 计数器通道的选择

8253 有 3 个独立工作的计数器通道,需 3 个控制字寄存器保存 3 个写入的控制字,但写入时的地址是相同的($A_1A_0=11$),必须对计数器通道进行选择,决定这个控制字是哪个通道的控制字，选择计数器通道采用控制字的 D_7、D_6 位来设定，D_7D_6 分别为 00、01、10 时，表示该控制字分别是计数器通道 0、1、2 的控制字。

10.1.4　8253 的工作方式

8253 内部每个计数器通道都有六种不同的工作方式，在不同的工作方式下，计数过程的启动方式，OUT 端的输出波形都不一样，自动重复功能和 GATE 门控信号的控制作用以及写入新的计数初值对计数过程产生的影响也不一样。下面将借助工作波形分别说明这六种工作方式的计数过程。

1. 方式 0——计数结束中断方式

方式 0 为软件启动、不自动重复计数方式。在这种方式下，CPU 向计数器写入初始值或读出当前值时，只读写低 8 位，计数器工作在方式 0，按二进制计数，根据 8253 控制字的规定，写入控制寄存器的控制字应为 10H，即：CW = 10H。并设写入计数器的初始值为 4，即：LSB = 4。方式 0 波形图如图 10-4 所示。计数结束中断方式必须注意以下几点：

（1）OUT 信号

当把控制字 CW = 10H 写入后，OUT 引脚输出端变低电平，并在计数过程中 OUT 一直维持低电平，直到计数器减到 0 时，OUT 输出才变为高电平。OUT 输出可以作为计数结束的中断信号，但注意，8253 内部并没有任何中断控制电路。

（2）GATE 信号

计数器的初始值写入后，并使 GATE 引脚为高电平，计数器才开始递减计数。在方式 0 的计数过程中，计数器受 GATE 信号控制，当 GATE = 0 时，停止计数器的计数操作；当 GATE = 1 时，计数器继续计数。GATE 信号电平高低变化不影响 OUT 端的输出。

（3）初始值

装入初始值有两种情况：一是每次装入初始值后计数器只计数一遍，即当计数到 0 时，计数器不再自动装入初始值重新计数，OUT 输出保持高电平，直到 CPU 又写入一个计数初始值后，OUT 变低开始新的计数。二是计数过程中可重新装入计数初值。若是按 8 位计数，在写入新的计数初值后，计数器按新的计数初值重新开始计数。如果是 16 位计数，在写入第一个字节后，计数器停止计数，在写入第二个字节后，计数器按新的计数值开始计数。

另外，若设置初值为 N，则输出信号 OUT 是在 N + 1 个 CLK 脉冲之后才变高的。这个特点在方式 1、2、4、5 中也同样存在。这是由于 8253 内部是在 CPU 写计数值时采用 $\overline{WR}$ 的上升沿将计数值写入初始值寄存器的，在 $\overline{WR}$ 上升沿后的下一个 CLK 脉冲，才将计数值装入计数器，计数器才开始计数。

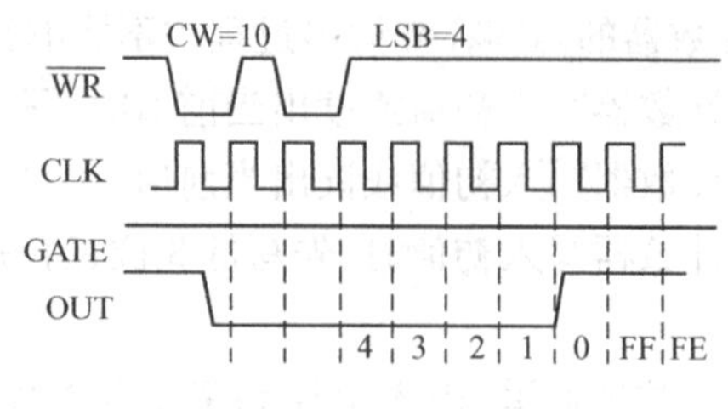

图 10-4　方式 0 波形图

2. 方式1——可编程单稳触发器

方式1是一种硬件启动、不自动重复计数方式。当计数器工作在方式1,其余假设同方式0,则写入控制寄存器的控制字应为12H,即:CW = 12H。并设写入计数器的初始值为3,即:LSB =3。方式1波形图如图10-5所示。可编程单稳触发器方式必须注意以下几点:

(1) OUT信号

当把控制字CW = 12H写入后,OUT引脚输出端变高电平,CPU写入计数初始值后,计数器并不计数,直到GATE信号的上升沿后的下一个CLK脉冲的下降沿才开始计数,OUT变为低电平。在计数过程中OUT一直维持低电平,直到计数器减到0时,OUT输出才变为高电平。

(2) GATE信号

GATE信号在方式1中起触发信号作用。CPU写入计数值后,计数器必须由GATE信号触发才开始计数。允许GATE信号多次触发,计数过程中,外部可发GATE脉冲进行再触发。在再触发脉冲上升沿之后的一个CLK脉冲的下降沿,计数器将重新开始计数。

(3) 初始值

计数过程中,CPU可改写初始值,但计数过程不受影响,计数将按原来的初始值减到0,在GATE信号再次触发后,才会按新的初始值重新开始计数。

输出的单拍脉冲宽度是计数初值N乘以输入脉冲周期。当计数到0后,可再次由外部触发启动,输出一个同样宽度的单拍脉冲,而不需要重新输入初始值。

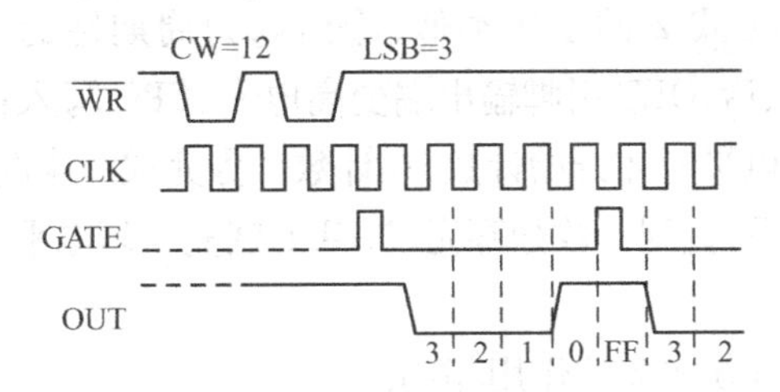

图10-5　方式1波形图

3. 方式2——分频器

在方式2下,计数器既可以用软件启动,也可以用硬件启动。若计数器工作在方式2,其余假设同方式0,则写入控制寄存器的控制字应为14H,即:CW = 14H。并设写入计数器的初始值为3,即:LSB =3。方式2波形图如图10-6所示。分频器方式必须注意以下几点:

(1) OUT信号

当把控制字CW = 14H写入后,OUT引脚输出端变高电平,CPU写入计数初始值后,计数器并不计数,直到GATE信号为高电平时才开始计数,计数期间OUT一直保持高电平。直到计数器减到1时,OUT输出一个输入时钟宽度的低电平。然后OUT恢复高电平,计数器继续重新开始计数。

OUT信号是输入时钟按照计数值N次分频后的一个连续脉冲。此方式可以作为一个脉冲速率发生器或用于产生实时时钟中断。

(2) GATE信号

计数器的初始值写入后,只有当GATE引脚为高电平时,计数器才开始递减计数。在方式2的计数过程中,计数器受GATE信号控制,当GATE =0时,将迫使OUT变为高电平,并停止计数器的计数操作;当GATE =1时,计数器继续计数。GATE信号电平高低变化影响OUT端的输出。GATE 端每一次由低到高的跳变触发,都将引起一次重新从 CR 向 CE 的装入操作。

(3) 初始值

计数过程中,CPU 可改写初始值,但当前计数过程不受影响,计数将按原来的初始值减到0,OUT 输出一个负脉冲,计数器装入新的初始值后重新开始计数。

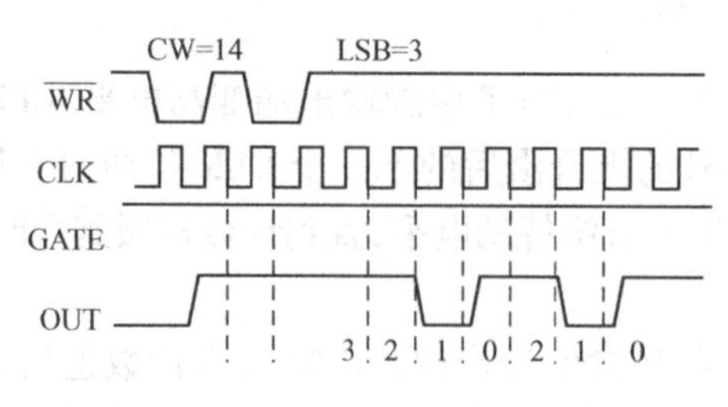

图 10-6　方式 2 波形图

4. 方式 3——方波发生器

方式 3 和方式 2 类似,也有两种启动方式,也能够自动重复计数。设计数器工作在方式3,其余假设同方式 0,则写入控制寄存器的控制字应为 16H。并设写入计数器的初始值为 4。方式 3 波形图如图 10-7 所示。方波发生器方式必须注意以下几点:

(1) OUT 信号

方式 3 的 OUT 信号与方式 2 的工作类似,输出均为周期性的,但方式 3 的输出为方波。当把控制字 CW = 16H 写入后,OUT 引脚输出端变高电平,CPU 写入计数初始值后,计数器并不计数,直到 GATE 信号为高电平时才开始计数,在计数任务完成一半时,计数器改变输出的状态,使 OUT 引脚输出端变低电平,直到计数全部完成,OUT 恢复为高电平,然后重复这个过程。

(2) GATE 信号

方式 3 的 GATE 信号与方式 2 的作用相同。

(3) 初始值

控制字写入后,OUT 变为高电平,初始值写入后才开始计数,其中第一个 CLK 的下降沿,初值从 CR 装入 CE,以后每个 CLK 的下降沿,CE 都减 2,直到计数值减到 0 时,OUT 变为低电平,同时,初始值又重新装入 CE,然后又开始计数,直到计数值减到 0,OUT 输出又变为高电平,再重复上述过程。

当初始值为偶数 N 时,输出方波的占空比一定为 50%,即高低电平均为 N/2。当初始值为奇数 M 时,输出方波的高电平占(M+1)/2 个输入时钟周期,低电平占(M-1)/2 个输入时钟周期。

计数过程中,CPU 可改写初始值,但当前计数周期不受影响,在下一个计数周期就按新的初始值重新开始计数。

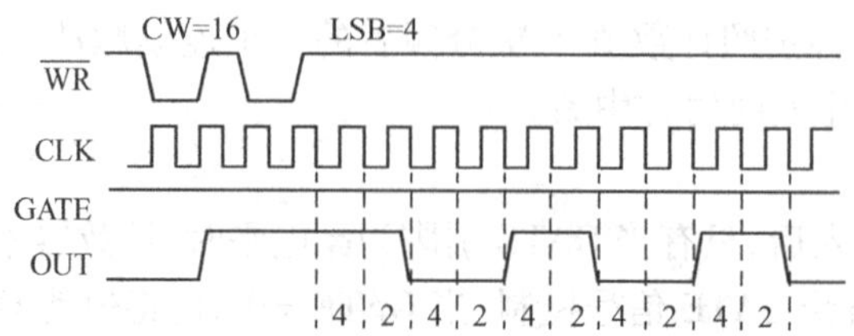

图 10-7　方式 3 波形图(计数初值为偶数)

5. 方式4——软件触发选通

方式4为软件启动、不自动重复计数方式。设计数器工作在方式4,其余假设同方式0,则写入控制寄存器的控制字应为18H。并设写入计数器的初始值为3。方式4波形图如图10-8所示。软件触发选通方式必须注意以下几点:

(1) OUT信号

当把控制字CW=18H写入后,OUT引脚输出端变高电平。CPU写入计数初始值后,当GATE信号为高电平时开始计数,计数期间OUT一直保持高电平,直到计数器减到0时,OUT输出一个输入时钟宽度的低电平,然后OUT恢复高电平。这个计数过程是由输出指令对CR写入初值“触发”的。

(2) GATE信号

当GATE为1时,计数器计数,当GATE为0时,计数器停止计数,直到GATE又为1后的下一个时钟的下降沿,计数器才恢复计数。

(3) 初始值

CPU在计数过程中可以更改计数初始值,并从新的初始值开始计数。

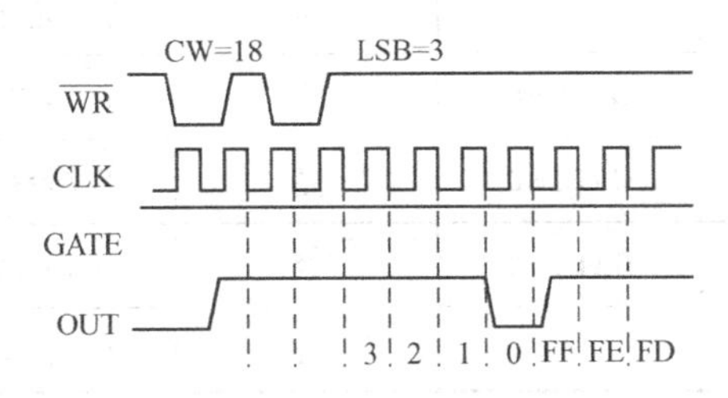

图10-8 方式4波形图

6. 方式5——硬件触发选通

方式5为硬件启动、不自动重复计数方式。设计数器工作在方式5,其余假设同方式0,则写入控制寄存器的控制字应为1AH。并设写入计数器的初始值为3。方式5波形图如图10-9所示。硬件触发选通方式必须注意以下几点:

(1) OUT信号

当把控制字CW=1AH写入后,OUT引脚输出端变高电平,CPU写入计数初始值后,计数器并不立即开始计数,必须由GATE的上升沿触发启动计数。当计数到0时,输出OUT变低电平,经过一个CLK脉冲后,OUT恢复为高,并停止计数。等到下次的GATE信号触发后再重新计数。

(2) GATE信号

方式5的计数过程是由GATE的上升沿“触发”启动计数的。在计数过程中又有GATE上升沿时,则计数器重新从初始值开始计数,但对于输出OUT的状态没有影响。

(3) 初始值

计数过程中,CPU可以更改计数初始值,在没有GATE信号触发的情况下,不影响计数过程。当计数减到0后,若此时有新的GATE信号触发,则按新的计数值重新开始计数。

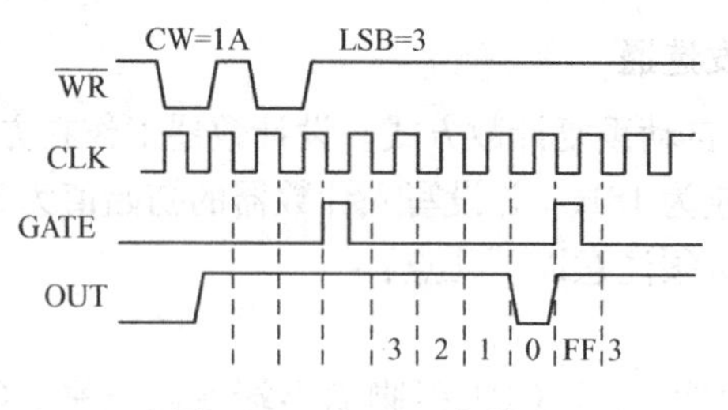

图 10-9　方式 5 波形图

表 10-3 给出了 8253 定时器/计数器六种工作方式的特点，结合上述介绍可进一步加深对 8253 定时器/计数器工作方式的理解。

表 10-3　8253 工作方式比较

工作方式 比较内容	启动计数方式	终止计数方式	是否自动重复	更新初值	OUT 波形
方式 0	软件	GATE = 0	否	立即有效	N ··· 1 0
方式 1	硬件	/	否	下一轮有效	N ··· 1 0
方式 2	软/硬件	GATE = 0	是	下一轮有效	N ··· 2 1 N ···
方式 3	软/硬件	GATE = 0	是	下半轮有效	N/2 N/2
方式 4	软件	GATE = 0	否	立即有效	N ··· 1 0 ···
方式 5	硬件	/	否	下一轮有效	N ··· 1 0

10.1.5　8253 的应用举例

设 8253 的端口地址为 0FF04H ~ 0FF07H。系统提供的时钟为 2 MHz，计数器 0 在定时 100 μs 后产生要求中断请求；计数器 1 用于产生周期为 10 μs 的对称方波；计数器 2 每 1 ms 产生一个负脉冲。请编写 8253 的初始化程序。

根据要求可知，计数器 0 应工作于方式 0，计数初值 = 100 μs/0.5 μs = 200（CLK 的周期为 0.5 μs）。计数器 1 应工作于方式 3，计数初值 = 10 μs/0.5 μs = 20。计数器 2 应工作于方式 2，计数初值 = 1 ms/0.5 μs = 2000。8253 的初始化程序如下：

```
BEGIN:MOV DX,0FF07H      ;计数器 0 初始化
      MOV AL,10H
      OUT  DX,AL
      MOV DX,0FF04H
      MOV AL,200
      OUT  DX,AL
      MOV DX,0FF07H      ;计数器 1 初始化
      MOV AL,56H
      OUT  DX,AL
      MOV DX,0FF05H
```

```
MOV AL,20
OUT DX,AL
MOV DX,0FF07H       ;计数器2初始化
MOV AL,0B4H
OUT DX,AL
MOV DX,0FF06H
MOV AX,2000
OUT DX,AL
MOV AL,AH
OUT DX,AL
……
```

10.2 数－模转换

计算机的输出信号是数字量，而绝大多数控制元件或执行机构均不能直接接收数字信号，要求提供模拟的输入电流或电压信号，这就需要将计算机输出的数字量转换为模拟量，去控制和驱动能够连续动作的执行机构。为了利用计算机实现对一个实际系统进行监测与自动控制，数字量和模拟量之间的转换是必不可少的环节。数－模（D－A）转换器是将数字量转换成模拟量的器件，在工业过程控制中，计算机根据检测信息输出数字控制信号，通过D－A转换器转换成模拟信号，从而驱动执行机构工作，完成对实际系统的控制。

10.2.1 概述

1. 数－模（D－A）转换原理

D－A转换器的主要部件为电阻开关网络，最常见的是R－2R T型电阻网络，由电阻网络、模拟开关、基准电压和运算放大器组成，如图10-10所示，其中，模拟开关的状态由输入的二进制数字的各位D_i决定。当$D_i=1$时，S_i接至运算放大器虚地端，支路电流I_i流向运算放大器虚地端；当$D_i=0$时，S_i接地，支路电流I_i流向实地端。

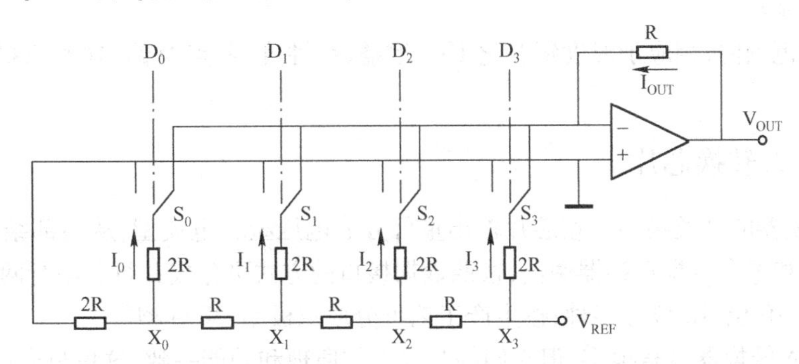

图10-10　T型电阻网络结构的D－A转换器结构图

该电阻网络中只有R和2R两种阻值。根据电路知识可知，图中X_i各点的对地等效电阻为R，因此，X_3、X_2、X_1、X_0各点对应的电压分别为V_{REF}、$\frac{1}{2}V_{REF}$、$\frac{1}{4}V_{REF}$、$\frac{1}{8}V_{REF}$，各支路电流分

别为$\frac{1}{2R}V_{REF}$、$\frac{1}{4R}V_{REF}$、$\frac{1}{8R}V_{REF}$、$\frac{1}{16R}V_{REF}$。因此，当运算放大器放大倍数足够大时，输出电压为

$$V_{OUT} = I_{OUT} \times R$$

$$= -\sum_{I=0}^{3} I_i \times R = -\left(D_3 \frac{1}{2}V_{REF} + D_2 \frac{1}{4}V_{REF} + D_1 \frac{1}{8}V_{REF} + D_0 \frac{1}{16}V_{REF}\right) = -\frac{V_{REF}}{2^4}\sum_{i=0}^{3} 2^i D_i$$

当 T 形电阻网络的支路为 n 时，输出电压 $V_{OUT} = \frac{V_{REF}}{2^n}\sum_{i=0}^{n-1} 2^i D_i$。由此可见，输出电压绝对值正比于数字量 D_i。

2. D－A 转换器的主要性能指标

（1）分辨率

分辨率是指 D－A 转换器对数字输入量变化的敏感程度的度量，它表示输入每变化一个最低有效位使输出变化的程度，可用数字量的位数表示，如 8 位、12 位、16 位等，也可以定义为输入数字量为 1 时，对应输出可分辨的电压变化量与最大输出电压之比。对于一个 12 位 D－A 转换器，若其满刻度电压值为 5 V，则分辨率为 5 V/(2^{12}－1)＝5V/4095≈1.22 mV，即该 D－A 转换器可分辨 1.22 mV 的电压变化。转换器的位数越多，分辨率越高。

（2）转换精度

转换精度是指 D－A 转换器实际输出电压与理论值间的误差，与标准电源精度、电阻网络的电阻精度、增益误差等有关。通常采用数字量的最低有效位 LSB 作为衡量单位，记作 ±1LSB、±1/2LSB、±1/4LSB 等。

（3）建立时间

建立时间是指 D－A 转换器中输入代码有满刻度值的变化时，输出模拟量信号达到与满刻度值相差 ±1/2LSB 相当的模拟量所需时间，不同类型的 D－A 转换器，其建立时间不同，一般是几纳秒至几微秒。

（4）线性误差

理想的 D－A 转换器特性应该是线性关系，线性误差是指实际输出特性偏离理想转换特性的最大值称为线性误差，通常用 LSB 的倍数表示，如 1LSB、1/2LSB 等。

（5）温度系数

在规定的范围内，相应于温度每变化 1℃，增益、线性度、零点及偏移（对双极性 D－A）等参数的变化量。

10.2.2 D－A 转换芯片

D－A 转换器的种类很多。按芯片输出量可分成电压型和电流型；从内部结构上，可分为含数据寄存器和不含数据寄存器两类；按照数据接口的方式可分成并行和串行两种；按芯片字长可分为 8 位、10 位、12 位等多种；按生产工艺可分成双极型、MOS 型等。

尽管 D－A 转换器型号很多，但它们的基本工作原理和功能一致，这里只介绍美国 ADI 半导体公司生产的 8 位 D－A 芯片 AD5424。

1. 内部结构和引脚

AD5424 芯片采用先进的 CMOS 亚微米工艺制程的 TSSOP 小型封装 8 位 D－A 转换器，可以直接与微机相连，其内部结构及引脚如图 10-11 所示，包含：8 位输入锁存器、8 位 DAC 寄存

器和 8 位 D－A 转换器。该芯片各引脚定义见表 10-4。

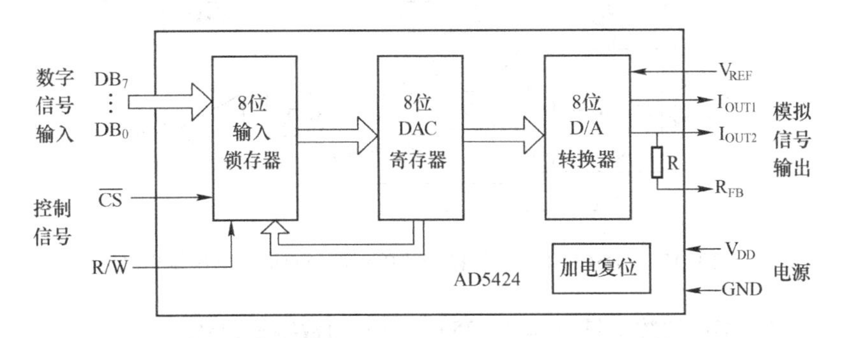

图 10-11　AD5424 芯片的内部结构示意图及引脚

表 10-4　AD5424 芯片引脚功能

符　　号	名　　称	功能描述
$\overline{CS}$	片选信号	片选输入引脚，低电平有效，与 $R/\overline{W}$ 一起使用，将并行数据加载到输入锁存器或从 DAC 寄存器读取数据，$\overline{CS}$上升沿加载数据
$R/\overline{W}$	读/写控制信号	低电平时，与$\overline{CS}$一起使用来加载并行数据。高电平时，与$\overline{CS}$一起使用来回读 DAC 寄存器的内容
$DB_7 \sim DB_0$	8 位数据输入信号	DB_0为最低位，DB_7为最高位
I_{OUT1}	模拟电流输出端 1	DAC 电流输出
I_{OUT2}	模拟电流输出端 2	DAC 模拟地。此引脚通常应连接到系统的模拟地
R_{fb}	内部反馈电阻引脚	DAC 反馈电阻引脚。通过连接到外部放大器输出，建立 DAC 的电压输出
V_{REF}	基准电压输入端	DAC 基准电压输入引脚
V_{DD}	工作电压	正电源输入，其值在 +2.5～+5.5 V 之间
NC	模拟信号地	内部不连接
GND	数字信号地	数字地

2. 工作原理

AD5424 是 8 位电流输出型 DAC，由标准反相 R－2R T 型配置组成，其简化示意图与图 10-10相同。该芯片功能丰富，可访问 DAC 的 V_{REF}、RFB、I_{OUT1}和 I_{OUT2}引脚，并允许配置为多种不同的工作模式。

D－A 转换器的输出信号可以分为电流输出和电压输出两种形式，通常均需通过运算放大器进行变换。按电压输出时，还可分成单极性和双极性两种形式。图 10-12 给出了 AD5424 D－A转换器的单极性与双极性输出电路。V_{OUT1}为单极性电压输出，V_{OUT2}为双极性电压输出。

（1）单极性输出模式

单极性模式只需一个运算放大器即可轻松配置这些器件来提供二象限乘法操作或单极性输出电压摆幅（图 10-12 虚线框部分）。当输出放大器以单极性模式连接时，输出电压可由下式得出：

$$V_{OUT1} = -V_{REF} \times \frac{D}{2^n}$$

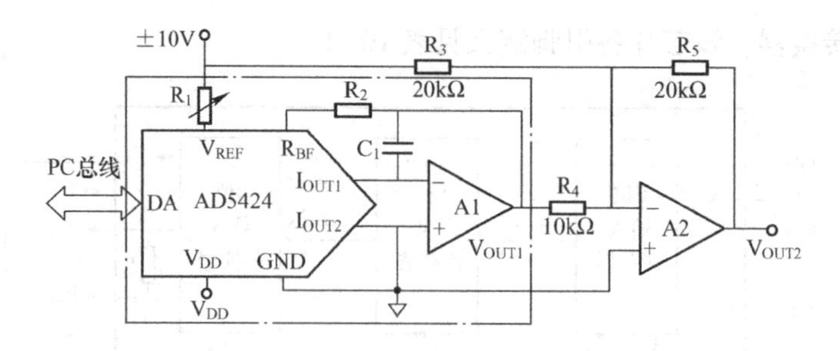

图 10-12 AD5424 D－A 转换器的单极性与双极性电压输出电路

其中，D 为载入 AD5424 的数字量(D＝0～255)，而 n 为数字量位数。

AD5424 芯片的输出电压极性与直流基准电压的 V_{REF} 极性相反，可设计 DAC 工作在正/负基准电压下。另外，该 DAC 还可设计用于接受交流基准输入信号，范围为－10 ～ +10 V。

使用固定 10 V 基准电压源时，图 10-12 所示电路具有单极性 0～－10 V 输出电压摆幅。当基准电压为交流信号时，电路执行二象限乘法。表 10-5 列出了 AD5424 单极性输出模式下的数字代码和期望输出电压之间的对应关系。

(2) 双极性输出模式

通过使用另一个外部放大器和一些外部电阻便可轻松实现，双极性输出模式如图 10-12 所示。在该电路中，第二个放大器 A2 提供的增益为 2。利用基准电压提供的偏置电压使外部放大器偏置，便可实现全四象限乘法操作。当输入数据(D)从代码零(对应输出电压 $V_{OUT} = -V_{REF}$)递增至中间电平(对应输出电压 $V_{OUT} = 0$ V)，再递增至满量程(对应输出电压 $V_{OUT} = +V_{REF}$)时，就会产生正负输出电压。

$$V_{OUT2} = \left(V_{REF} \times \frac{D}{2^{n-1}}\right) - V_{REF}$$

其中，D 为载入 AD5424 的数字量(D＝0～255)，而 n 为数字量位数。

表 10-6 列出了双极性输出模式下的数字代码和期望输出电压之间的对应关系。

表 10-5 单极性代码表

数 字 输 入	模拟量输出/V
1111 1111	$-V_{REF}(255/256)$
1000 0000	$-V_{REF}(128/256) = -V_{REF}/2$
0000 0001	$V_{REF}(1/256)$
0000 0000	$V_{REF}(0/256) = 0$

表 10-6 双极性代码

数 字 输 入	模拟量输出/V
1111 1111	$-V_{REF}(127/128)$
1000 0000	0
0000 0001	$-V_{REF}(127/128)$
0000 0000	$-V_{REF}(128/128)$

10.2.3 D－A 转换器的应用

在实际系统中，常会遇到要求产生一定波形的电压信号，我们可以通过编程改变 AD5424 输入的数字量来产生不同的模拟量输出波形，如锯齿波、三角波、方波、正弦波等。

据图 10-13 所示电路连接图，编写一个输出锯齿波的程序。已知 AD5424 工作在单缓冲方式，端口地址为 120H，其输出电压的范围为 0～5 V，希望输出电压为 1～4 V，周期任意的正向锯齿波。

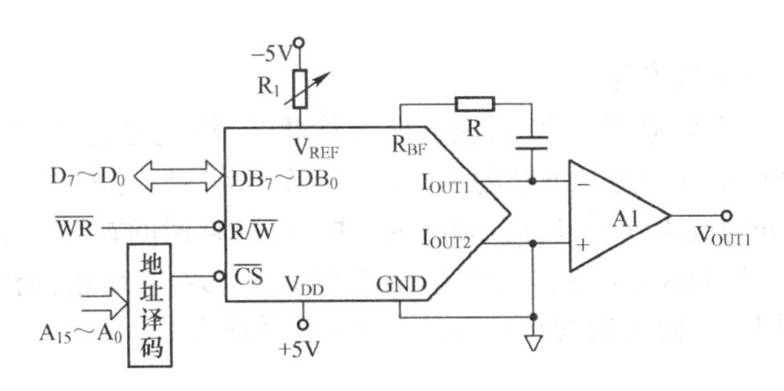

图 10-13　AD5424 单缓冲方式连接示意图

分析:基准电压 V_{REF} 接 -5 V,则 AD5424 经运算放大器的电压输出范围为 0 ~5 V,当输出为 5 V 时,输入数字量为最大值 255,若要求输出电压在 1 ~4 V 之间变化,则需要计算出 1 V 与 4 V 模拟量对应的数字量。

1 V 对应的数字量 =1V ×255/5V =51 =33H

4 V 对应的数字量 =4V ×255/5V =204 =0CDH

当 CPU 输出给 AD5424 的数字量从 33 H 开始加 1 递增至 0CDH 后,再减至 33 H,然后再加 1 递增,循环不断,则运算放大器输出端就能得到 1 ~4 V 之间变化的三角波。

生成正向锯齿波的程序段为

```
      MOV DX, 120H           ;DAC0832 的端口地址 120H 送 DX
   L1:MOV AL, 33H            ;最低输出电压对应的数字量送 AL
   L2:OUT DX, AL             ;输出数字量到 DAC0832
      INC AL                 ;数字量加 1
      CALL DELAY             ;调用延时子程序
      CMP AL, 0CDH           ;到最大值(输出 4V 电压)否?
      JNZ L2                 ;若没有到最大值继续输出
      JMP L1                 ;达到最大输出则重新开始下一个周期
DELAY:MOV CX, 100            ;延时子程序,延时常数可修改
DELAY1:LOOP DELAY1
      RET
```

本设计中,不仅实现了波形幅度的调整,而且通过延时子程序中设置不同的延时常数,实现了输出信号周期的调整。

10.3　模 - 数转换

为了利用计算机实现对一个实际系统的监测与自动控制,首先必须将连续变化的模拟量转换为计算机能接收的数字信号,完成对实际系统模拟量指标的检测。模 - 数(A - D)转换器是将模拟量转换为数字量的器件,模拟输入端应该是电流或电压等电信号。对于非电量信号(温度、湿度、光强度等)可通过传感器转换为电信号后送入 A - D 转换器转换。

10.3.1 概述

1. 模－数(A－D)转换方法

A－D 转换器种类繁多,按照工作原理可分为计数式、逐次逼近式、双积分式、V/F、并行 A－D转换器等;按分辨率可分为二进制的 4 位、8 位、12 位和 16 位以及 BCD 码的 3 位半、4 位半等;按转换速度可分为低速(转换时间≥10 ms)、中速(转换时间在 100 μs～10 ms 之间)、高速(转换时间在 1 μs～100 μs 之间)和超高速(转换时间 $<$1 μs)。考虑到精度及转换速度的折中,下面主要介绍常用的逐次逼近式和双积分式 A－D 转换方法。

(1) 逐次逼近式

逐次逼近式 A－D 转换原理如图 10-14 所示,其结构包括 N 位 D－A 转换器、比较器、存放预置转换结果数字量的逐次逼近寄存器 SAR 以及控制逻辑。

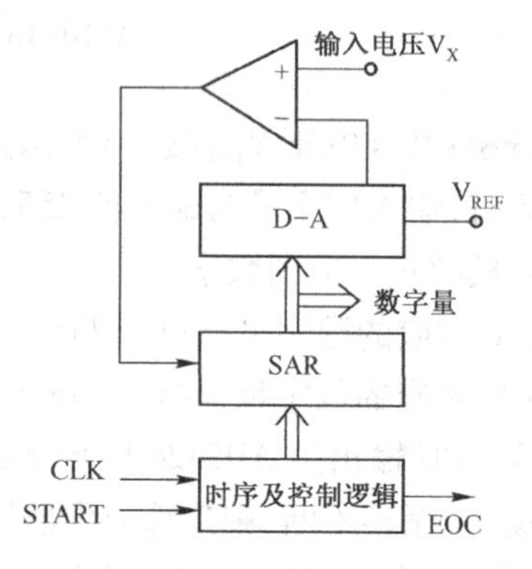

图 10-14 逐次逼近型 A－D 转换原理框图

转换的方法是从高位起逐次把设定 SAR 寄存器中的数字量经 D－A 转换后得到的电压 V_i与待转换模拟电压 V_x 比较,若 $V_i > V_x$,则减小数字量再比较;若 $V_i < V_x$,则增加数字量再比较,使 V_i向 V_x逼近,从而使 SAR 寄存器中的数字量从高位起逐次确定各位为 1 或为 0,最终得到转换结果。从转换过程可知:逐次逼近式模－数转换采用的是一种对分搜索法,N 位 A－D 转换只需 N 次对分搜索就可确定对应的 N 位数字量。

逐次逼近式是 A－D 转换器使用最广泛的一种方法,具有转换速度较快、转换时间固定的优点,但易受干扰,使用时前端一般要加上滤波电路及采样保持器。

(2) 双积分式

双积分式 A－D 转换原理如图 10-15 所示,这是一种间接 A－D 转换方法,先把输入的模拟量 V_x转换为时间值,再转换为数字量。在进行 A－D 转换时,开始时计数器清零,S_0闭合,积分电容 C 上的电压释放至零,然后断开 S_0,S_1接通 V_x,积分器从零开始对 V_x作定时 T_0正向积分,定时时间到,转而 S_1接通 $-V_{REF}$,并启动计数器从零开始计数,至输出 $V_0=0$ 时停止,由于 T_0固定,因此,反向积分的时间正比于 V_x。

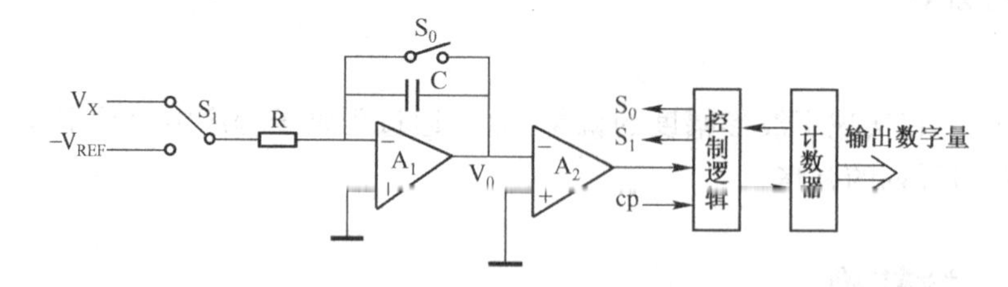

图 10-15 双积分型 A－D 转换原理图

双积分式 A－D 转换电路结构简单,抗干扰能力强,但转换速度较慢,一般用于测量直流或变化缓慢的信号,在数字电压表等仪器中应用较多。

2. A－D 转换器主要性能指标

(1) 分辨率

分辨率是指 A－D 转换器可转换成数字量的最小模拟电压值，用于描述 A－D 转换器对最小输入信号的分辨能力。一个 n 位二进制 A－D 转换器的分辨率为其满量程电压的 $1/(2^n-1)$，若一个 8 位 A－D 转换器，满量程为 5 V，则分辨率为 $5V/(2^8-1)=19.6$ mV，即该 A－D 转换器不能分辨低于 19.6 mV 的模拟输入。

（2）转换精度

转换精度是指 A－D 转换器的实际输出与理论值之间的差值，通常用最低有效位 LSB 的分数表示，如：±1LSB、±1/2LSB、±1/4LSB 等。

（3）转换时间

转换时间是指从启动转换信号有效到转换结束信号有效之间的时间，即完成一次 A－D 转换所需的时间，它反应 A－D 转换器的转换速度。

（4）量程

量程即允许转换的模拟电压范围，分为单极性、双极性两种，如单极性量程 0～5 V，双极性量程 －5～＋5 V。

（5）温度参数

温度参数主要包括器件正常使用的温度范围（例如工业用级一般为 0～70℃，军用品级一般为 －55～＋125℃）及某些其他参数随温度变化的规律（例如温度系数）。

10.3.2 典型的 A－D 转换芯片

AD574 是带三态输出锁存器的 12 位逐次逼近式单通道 A－D 转换芯片，可进行 12 位或 8 位的 A－D 转换，高精度的分压电阻和双极性偏移电阻提供四档模拟输入范围，可单极性，也可双极性连接，幅值在 10 V 和 20 V 之间任意选择。可直接与 8 位或 16 位 CPU 总线连接。电路内含时钟信号，转换时间 25 μs，可对外提供 ＋10 V 参考电压，常用于速度要求高的场合。

1. 内部结构及引脚功能

AD574 的内部结构如图 10-16 所示，主要由 12 位 A－D 转换器、12 位逐次逼近寄存器、控制逻辑、三态输出锁存缓冲器与 10 V 基准电压源等构成。

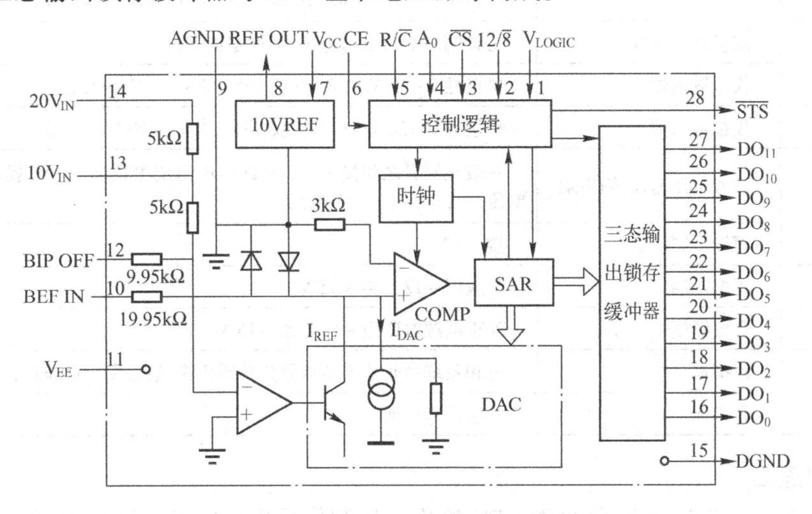

图 10-16 AD574 的内部结构

AD574 芯片有28 条引脚，采用DIP28 封装形式，其引脚图如图10-17 所示，各引脚信号定义见表10-7.

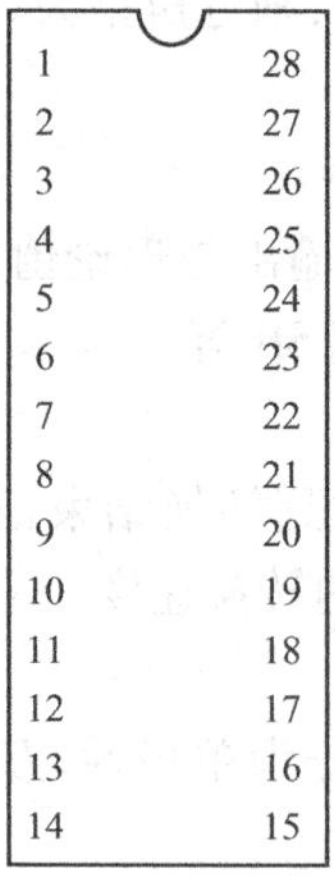

1	28
2	27
3	26
4	25
5	24
6	23
7	22
8	21
9	20
10	19
11	18
12	17
13	16
14	15

图10-17　AD574 引脚图

表10-7　AD574 芯片引脚功能说明表

符　　号	名　　称	功 能 描 述
DB_{11} ~ DB_0	12 位数字量输出端	转换后的数字信号经过片内输出三态缓冲器后，由数据线输出
$\overline{CS}$	片选信号	低电平有效
CE	芯片允许信号	高电平有效，只有$\overline{CS}$和 CE 同时有效时，AD574 才能工作
$R/\overline{C}$	读/启动转换信号	低电平启动 A－D 转换，高电平为读取 A－D 转换的数字量
STS	转换结束信号	为1 表示正在转换，STS 为0 表示转换结束，此信号可供查询或作中断请求信号
A_0	转换位数选择信号	启动时，A_0为0 表示进行12 位转换；A_0为1 表示进行8 位转换
$12/\overline{8}$	数据输出方式选择信号	该信号为高电平时，表示并行输出12 位数据；低电平时表示转换数据分两次输出，当 $A_0=1$ 时输出高8 位，$A_0=0$ 时输出低4 位
BIP OFF	双极性偏移端	对该端加适当偏移电压，可作零点调整
$10V_{IN}$	模拟输入端	单极性0 ~10 V 输入端；双极性 －5 ~ +5 V 输入端
$20\ V_{IN}$	模拟输入端	单极性0 ~20 V 输入端；双极性 －10 ~ +10 V 输入端
REF_{IN}、REF_{OUT}	参考电压输入、输出端	一般在两者之间接一个100 Ω 的电阻或电位器。对外提供 +10 V 参考电压并可拉出1.5 mA 电流
V_{LOGIC}	逻辑控制电压	接 +5 V
V_{CC}	正电源端	一般用 +12 V 或 +15 V
V_{EE}	负电源端	和正电源对称用 －12 V 或 －15 V
AGND	模拟地	可和系统中其他模拟信号公共端相连，最后在一点连接计算机数字地
DGND	数字地	可接计算机地

2. 控制逻辑

AD574 片内有逻辑电路，能根据 CPU 给出的控制信号进行转换或读出等操作。控制信号$\overline{CS}$、CE、$R/\overline{C}$、A_0、$12/\overline{8}$ 的逻辑功能见表10-8。

表 10-8　AD574 的控制信号的逻辑功能

$\overline{CS}$	CE	$R/\overline{C}$	A_0	$12/\overline{8}$	逻辑功能
0	1	0	0	×	启动 12 位转换
0	1	0	1	×	启动 8 位转换
0	1	1	×	1	允许 12 位并行输出
0	1	1	0	0	允许高 8 位输出
0	1	1	1	0	允许低 4 位加 4 个 0 输出
×	0	×	×	×	非法操作
1	×	×	×	×	非法操作

3. 单极性与双极性输入方式

输入 AD574 的模拟量可为单极性或双极性，但 AD574 必须连接为对应的接线方式，如图 10-18所示。允许输入模拟电压的范围由输入引脚 $10V_{IN}$和 $20V_{IN}$决定，单极性的输入电压范围为 0 ~ 10 V 或 0 ~ 20 V；双极性的输入电压范围为 -5 ~ +5 V 或 -10 ~ +10 V。

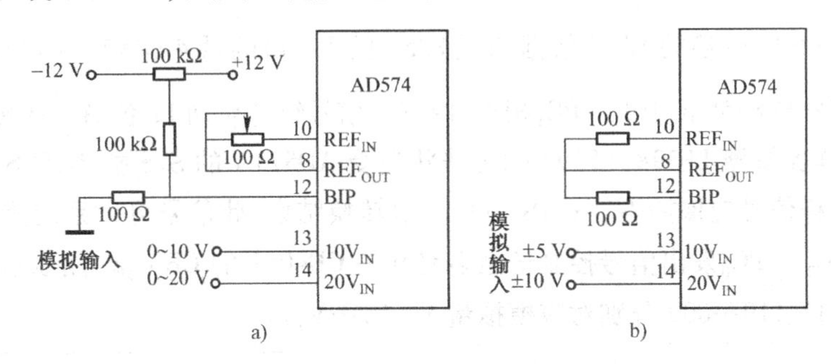

图 10-18　AD574 的输入接线方式图
a) 单极性输入　b) 双极性输入

A - D 转换结果用二进制偏移码表示。在两种不同极性的输入方式下，AD574 的输入模拟量与输出数字量的对应关系见表 10-9。

表 10-9　AD574 输入模拟量与输出数字量的对应关系表

输入方式	量程	输入模拟量	输出数字量
单极性	0 ~ 10 V	0 V	000H
		5 V	7FFH
		10 V	FFFH
	0 ~ 20 V	0 V	000H
		10 V	7FFH
		20 V	FFFH
双极性	-5 ~ +5 V	-5 V	000H
		0 V	7FFH
		+5 V	FFFH
	-10 ~ +10 V	-10 V	000H
		0 V	7FFH
		+10 V	FFFH

10.3.3　AD574 转换器应用实例

采用 A－D 转换器设计数据采集系统。

要求：

1）转换器采用高精度的 AD574。

2）采用程序查询方式对 AD574 进行数据采集。

3）转换位数为 12 位，CPU 分两次读取转换结果，且把数据存放在 RESULT 存储单元中。

1. 硬件连接

要求选用 AD574 依次对模拟量 V0～V7 进行采样，采用程序查询方式读取 12 位转换结果 1 次并存入 RESULT 存储单元。

AD574 进行 12 位数据转换时，可以通过并行接口电路 8255 与 CPU 进行相连，如图 10-19 所示。$12/\overline{8}$ 接 +5 V，转换的 12 位数据通过 8255 的 PA 口的低 4 位和 PB 口进行并行输出。CE、$\overline{CS}$、$R/\overline{C}$ 信号与 8255 的 PC_6～PC_4相连，由三个信号组合启动 12 位 A－D 转换。STS 信号反相后连至采样保持器 LF398，LF398 的工作状态受 AD574A 的 STS 控制，STS 为 1 表示正在转换时，此后采样信号应保持不变；STS 为 0 表示转换结束，此信号可供系统查询使用。系统通过 8255 的 PC_2～ PC_0发出信号控制送至多路开关 CD4051 的 CBA 端，用以选择某一路模拟量（CBA 端为 111、110…000 分别对应模拟量 V_7、V_6…V_0）。

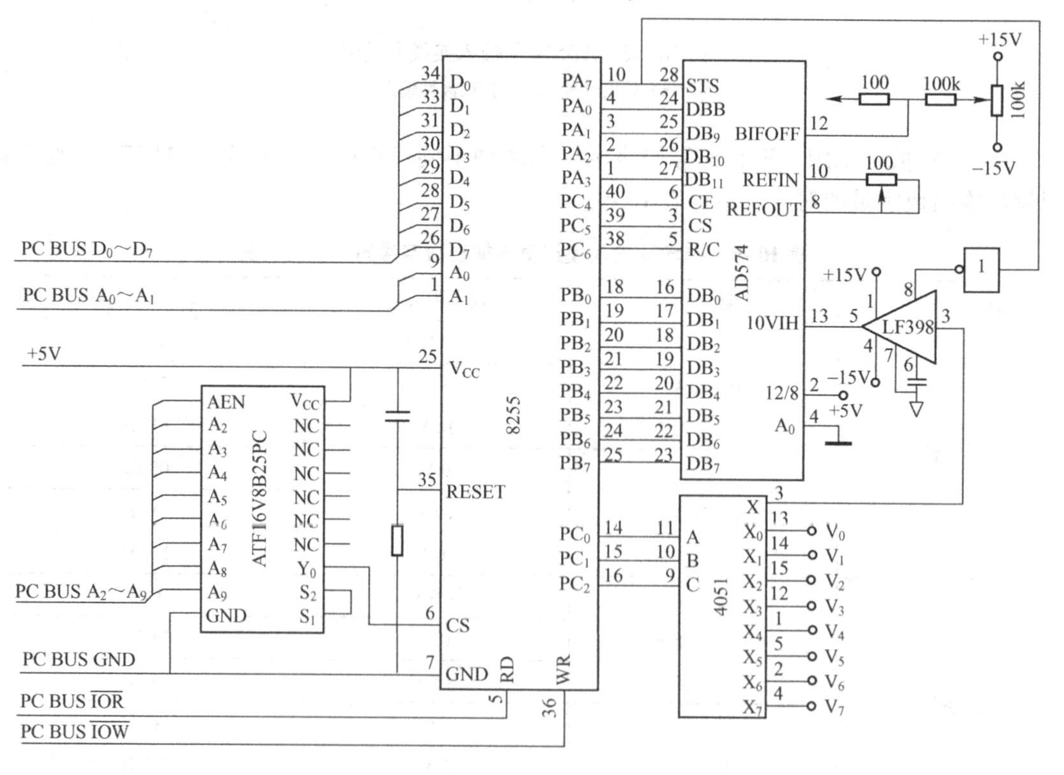

图 10-19　AD574 通过 8255A 与 CPU 连接示意图

该系统采集一组数据的过程如下：

(1) 通道选择

将模拟量输入的通道号写入 8255 的端口 C 低 4 位，选择 $V_0 \sim V_7$ 中的一路进行采样，LF398 的工作状态受 AD574A 的 STS 控制，A－D 未转换期间 STS＝0，LF398 处于采样状态。

(2) 启动 AD574A 进行 A－D 转换

通过 8255 的端口 C 的 $PC_6 \sim PC_4$输出控制信号启动 A－D。在 A－D 转换期间，STS＝1，LF398 处于保持状态。

(3) 查询 AD574A 是否转换结束

读 8255A 的端口 A，了解 STS(PA7)是否已由高电平变为低电平。

(4) 读取转换结果

若查询到 STS 由 1 变为 0，则读 8255 的端口 A 和 B，便可得到转换结果。

2. 软件实现

设 8255A 的端口地址为 60 H～63 H，且 8259A 的初始化在主程序中已设置。要求依次采集模拟量通道 $V_0 \sim V_7$的数据，则主程序中与 A－D 转换有关的程序段如下：

```
        ⋮
        STI
        XOR SI,SI
        MOV CX, 8
        MOV AL, 92H          ;设定8255A、B口工作在方式0输入,上C口和下C口均为输出
        OUT  63H, AL

        MOV DI, 10H          ;PC4 = 1,PC2 ~ PC0 = 000(选择模拟量通道V0)
MEXT:   MOV AL, DI
        OUT 62H, AL

        MOV AL, 0CH          ;使R/C̄为低电平
        OUT  63H, AL
        MOV AL, 0AH          ;使CS̄为低电平
        OUT  63H, AL
        MOV AL, 09H          ;使CE为高电平,启动A-D转换
        OUT  63H, AL

INPUT:  IN  AL, 60H          ;PA7 = 1(STS = 1)?
        CMP AL, 80H
        JA  INPUT

        MOV AL, 0DH          ;使R/C̄为高电平,准备读A-D转换结果
        OUT  63H,AL
        NOP
        NOP
```

```
        IN AL, 60H               ;转换结束,读 A 口
        AND AL, 0FH              ;取转换结果高 4 位
        MOV BH, AL               ;暂存 BH 寄存器中
        IN   AL, 61H             ;读 B 口
        MOV BL, AL               ;转换结果低 8 位暂存 BL 寄存器中
        MOV RESULT[SI],BX        ;转换结果存入存储单元
        INC SI
        INC SI
        INC DI

        LOOP NEXT
DONE:   MOV  AL, 08H             ;使 CE 为低电平,转换结束
        OUT  63H, AL
        MOV  AL, 0BH             ;使CS̄为高
        OUT  63H, AL
```

10.4 习题例解

1. 选择题(含多选)

(1) 8253 无论工作在哪种方式,在初始化编程时,写入控制字后,输出端 OUT 便(　　)。

A. 变为高电平　　　　　　　　B. 变为低电平

C. 变为相应的高电平或低电平　　D. 保持原状态不变

解: 选 C。

分析: 8253 工作在不同的工作方式时,OUT 端输出的波形各不相同。因此,当写入控制字后,OUT 输出端有的变为高电平,有的变为低电平。

(2) 8253 定时器/计数器处于计数过程中时,若 CPU 对它装入新的计数初值,其结果将是(　　)。

A. 8253 定时器/计数器禁止编程

B. 8253 定时器/计数器允许编程,但并不停止当前的计数过程;

C. 8253 定时器/计数器允许编程,并停止当前的计数过程;

D. 8253 定时器/计数器允许编程,是否影响当前计数过程随工作方式而改变

解: 选 D。

分析: 8253 定时器/计数器具有三个独立的 16 位计数器通道,它们可以分别工作在不同的 6 种方式。方式 0 和 4 在计数过程中,如果 CPU 装入新的初值,将立即影响本次计数过程;方式 2 和 3 则要等待本次计数过程结束后才有效;而有的工作方式则要由外部的触发信号触发后才有效。

2. 填空题

(1) 8253 定时器/计数器中,时钟信号 CLK 所起的作用是________________,门控信号 GATE 所起的作用是________________。

解: 为定时/计数器提供计数脉冲输入　　控制计数过程的开始与停止

(2) 在 PC 中,用 8253 的通道 3 向系统定时提出动态 RAM 刷新请求。考虑在 PC 机中选用 128K * 1 位的动态 RAM,因此要求在 8 ms 内完成芯片 256 行的刷新。已确定通道 3 工作在方式 2,则要求计数器的负脉冲输出周期为________ us,若 CLK3 的输入频率为 2.432 MHz,则置入通道 3 的计数器初值为________。

解: 31.25　　76

分析: 动态 RAM 的刷新是以行为单位的,8 ms 内完成芯片 256 行的刷新,相当于每隔 8ms/256 = 31.25 μs 刷新一行。所以要求刷新请求信号周期为:31.25 μs

计数初值 = 31.25μs/(1/2.432MHz) = 76

3. 下面是一个 8253 的初始化程序段。8253 的控制口地址为 46H,3 个计数器端口地址分别为 40H、42H、44H。在 8253 初始化前,先将 8259A 的所有中断进行屏蔽,8259A 的奇地址端口为 81H。请对下面程序段详加注释,并以十进制数表示出各计数器初值。

```
INT :CLI
      MOV    AL,0FFH
      OUT    81H,AL
      MOV    AL,36H
      OUT    46H,AL
      MOV    AL,0
      OUT    40H,AL
      MOV    AL,40H
      OUT    40H,AL
      MOV    AL,54H
      OUT    46H,AL
      MOV    AL,18H
      OUT    42H,AL
      MOV    AL,0A6H
      OUT    46H,AL
      MOV    AL,46H
      OUT    44H,AL
```

解:

```
INT :CLI
MOV          AL,0FFH
OUT          81H,AL        ;8259A 中断屏蔽
MOV          AL,36H
OUT          46H,AL        ;设置计数器 0,16 位计数,方式 3,二进制方式
MOV          AL,0
OUT          40H,AL
MOV          AL,40H
OUT          40H,AL        ;送计数器 0 初值为 4000H = 16384
MOV          AL,54H
OUT          46H,AL        ;设置计数器 1,低 8 位计数,方式 2,二进制方式
MOV          AL,18H
OUT          42H,AL        ;送计数器 1 初值为 18H = 24
```

```
MOV     AL,0A6H
OUT     46H,AL          ;设置计数器2,高8位计数,方式3,二进制方式
MOV     AL,46H
OUT     44H,AL          ;送计数器2初值为46H=70
```

4. 在8088最小系统中,8253的端口地址为284H~287H。系统提供的时钟为1 MHz,要求在OUT_0输出周期为20 μs的方波,在OUT_1输出周期为200 μs的信号,其中每个周期中负电平的时间为180 μs。请编写8253的初始化程序。

解: 我们用通道0单独产生周期为20 μs的方波,输入时钟周期T=1 μs,因此计数初值=20/1=20,采用方式3实现。

为了产生周期为200 μs,负电平时间为180 μs的周期信号,应该采用方式2,而且其计数通道的输入时钟周期是正电平时间,即200-180=20 μs。我们看到通道0的输出OUT_0恰巧是20 μs,所以我们把OUT_0连接到CLK_1,而通道1工作在方式2,计数初值=200/20=10。初始化程序如下:

```
MOV     DX,287H
MOV     AL,00010110B
OUT     DX,AL           ;设置计数器0,低8位计数,方式3,二进制方式
MOV     DX,284H
MOV     AL,20
OUT     DX,AL           ;送计数器0初值20
MOV     DX,287H
MOV     AL,01010100B
OUT     DX,AL           ;设置计数器1,低8位计数,方式2,二进制方式
MOV     DX,285H
MOV     AL,10
OUT     DX,AL           ;送计数器1初值10
```

10.5 练习题

1. 选择题

(1) 当8253定时/计数器工作在(　　)下时,需要由外部脉冲触发开始计数。

A. 方式0　　B. 方式1　　C. 方式2　　D. 方式3

(2) 8253计数器1设置为方式2,只读写计算器低8位,采用二进制计数,则其控制字是(　　)

A. 64H　　B. 65H　　C. 54H　　D. 55H

(3) 当8253工作在方式3且时间常数为M奇数时,OUT输出波形高电平的时间为(　　),低电平的时间为(　　)。

A. (M-1)/2　　B. (M+1)/2　　C. M　　D. 2*M

(4) 对于一个12位D-A转换器,若满刻度为5 V,则分辨率为(　　)

A. 5 V/4096　　B. 1/4096　　C. 5 V/4095　　D. 1/4095

2. 填空题

一个8253控制端口的地址为43H,3个计数器的端口地址分别为40H、41H和42H,计数器0设置为方式0,先读写低字节后高字节,采用二进制计数,初值为1234H,下面是其初始化程序,请在空处填上正确的内容。

```
MOV    AL,__
OUT    __, AL
MOV    AL,__
OUT    __,AL
MOV    AL,__
OUT    __,AL
```

3. 问答题

(1) 对于一个12位的D-A转换器,其分辨率是多少?如果输出满刻度电压值为5 V,那么一个最低有效位对应的电压值等于多少?

(2) 某8位的D-A转换器,输出电压为0~5 V,当输入的数字量为40H、80H时,其对应的输出电压分别是多少?

(3) AD574的转换结束信号STS起什么作用?如何使用该信号读取转换结果?

4. 已知8253的端口地址为40H~43H,时钟CLK0的频率为1 MHz,要求:计数器0按方式3工作,采用二进制计数,输出方波的频率为50 kHz。

(1) 试计算8253的计数初值。

(2) 编写8253的初始化程序。

5. 某项目设计需要,要求A-D采样周期为500 μs,采用负脉冲采样,其低电平时间为25 μs,系统可提供1 MHz、2 MHz、6 MHz,8 MHz四种时钟,系统提供8255A(端口地址为60~63H)、8251A(端口地址为70~71H)、8253A(端口地址为80~83H)、8259(端口地址为90~91H)等芯片资源,请用系统提供的资源,实现定时连续采样(只需产生一个采样信号)。

(1) 请选择设计所需的系统资源(包括时钟和芯片)。

(2) 编写所用芯片的初始化程序。

附　录

附录 A　8086 指令表

类 型	助记符	操 作 数	目 的 码	字　节	时　钟	状态标志 ODITSZAPC	完成的操作
数据传送	MOV	r，r r，m m，r	100010 dw mod reg r/m (DISP) (DISP)	2、3 或 4	2 8 + EA 9 + EA	△△△△△△△△△	(r)←(r) (r)←(m) (m)←(r)
	MOV	m，imm	1100011W mod 000r/m (DISP) (DISP) kk jj (if W = 1)	3、4、5 或 6	10 + EA	△△△△△△△△△	(m)←imm
	MOV	r，imm	1011Wreg kk jj (if W = 1)	2 或 3	4	△△△△△△△△△	(r)←imm
	MOV	ac，m	1010000W kk jj	3	10	△△△△△△△△△	(ac)←(m)
	MOV	m，ac	1010001W kk jj	3	10	△△△△△△△△△	(m)←(ac)
	MOV	sreg，r16 sreg，m16	10001110 mod oreg r/m (DISP) (DISP)	2、3 或 4	2 8 + EA	△△△△△△△△△	(sreg)←(r16/m16)
	MOV	r16，sreg m16，sreg	10001100 mod oreg r/m (DISP) (DISP)	2、3 或 4	2 9 + EA	△△△△△△△△△	(r16/m16)←(sreg)
	XCHG	r，r r，m m，r	1000011W mod reg r/m (DISP) (DISP)	2、3 或 4	4 17 + EA 17 + EA	△△△△△△△△△	r←→r r←→m m←→r
	XCHG	AX，r16	10010 reg	1	3	△△△△△△△△△	(AX)←→(r16)
	XLAT		11010111	1	11	△△△△△△△△△	(AL)←((AL) + (BX))
	LDS	r16，m32	11000101 mod reg r/m (DISP) (DISP)	2、3 或 4	16 + EA	△△△△△△△△△	(r16)←(m32) (DS)←(m32 + 2)
	LEA	r16，m16	10011101 mod reg r/m (DISP) (DISP)	2、3 或 4	2 + EA	△△△△△△△△△	(r16)←m16(偏移地址)
	LES	r16，m32	11000100 mod reg r/m (DISP) (DISP)	2、3 或 4	16 + EA	△△△△△△△△△	(r16)←(m32) (ES)←(m32 + 2)
	PUSH	m16	11111111 mod 110 r/m (DISP) (DISP)	2、3 或 4	16 + EA	△△△△△△△△△	(SP)←(SP) − 2 ((SP))←(m16)
	PUSH	r16	01010 reg	1	11	△△△△△△△△△	(SP)←(SP) −2,((SP))←(r16)

(续)

类 型	助记符	操 作 数	目 的 码	字 节	时 钟	状态标志 ODITSZAPC	完成的操作
数据传送	PUSH	sreg	000reg110	1	10	△△△△△△△△△	(SP)←(SP) −2,((SP))←(sreg)
	PUSHF		10011100	1	10	△△△△△△△△△	(SP)←(SP) −2, ((SP))←(FLAGS)
	POP	m16	10001111 mod 000 r/m (DISP) (DISP)	2、3 或4	17 + EA	△△△△△△△△△	(m)←((SP)) (SP)←(SP) +2
	POP	r16	01011 reg	1	8	△△△△△△△△△	(r16)←((SP)) (SP)←(SP) +2
	POP	sreg	000reg111	1	8	△△△△△△△△△	(sreg)←((SP)), (SP)←(SP) +2
	POPF		10011101	1	8	○○○○○○○○○	(FLAGS)←((SP)), (SP)←(SP) +2
	LAHF		10011111	1	4	△△△△△△△△△	(AH)←F 第0~7位
	SAHF		10011110	1	4	△△△△○○○○○	F 第0~7位←(AH)
加法指令	ADC	r, r r, m m, r	000100 dW mod reg r/m (DISP) (DISP)	2、3 或4	3 9 + EA 16 + EA	○△△△○○○○○	(r)←(r) +(r) +(C) (r)←(r) +(m) +(C) (m)←(m) +(r) +(C)
	ADC	r, imm m, imm	100000 sW mod 010 r/m (DISP) (DISP) kkjj (if sW =01)	3、4、5 或6	4 17 + EA	○△△△○○○○○	(r)←(r) + imm + (C) (m)←(m) + imm + (C)
	ADC	ac, imm	0001010W kkjj (if W =1)	2 或 3	4	○△△△○○○○○	(ac)←(ac) + imm + (C)
	ADD	r, r r, m m, r	000000dW mod reg r/m (DISP) (DISP)	2、3 或4	3 9 + EA 16 + EA	○△△△○○○○○	(r)←(r) +(r) (r)←(r) +(m) (m)←(m) +(r)
	ADD	r, imm m, imm	100000sW mod 000r/m (DISP) (DISP) kkjj (if sW =1)	3、4 或5	4 17 + EA	○△△△○○○○○	(r)←(r) + imm (m)←(m) + imm
	ADD	ac, imm	0000010W kk jj (if W =1)	2 或 3	4	○△△△○○○○○	(ac)←(ac) + imm
	INC	r8 m	1111111W mod 000 r/m (DISP) (DISP)	2、3 或4	3 15 + EA	○△△△○○○○△	(r8/m)←(r8/m) +1
	INC	r16	01000 reg	2	2	○△△△○○○○△	(r16)←(r16) +1
	AAA		00110111	1	4	×△△△××○×○	做加法以后,对 AL 寄存器中的内容进行非压缩型 BCD 码调整
	DAA		00100111	1	4	×△△△○○○○○	做加法以后,对 AL 寄存器中的内容进行十进制调整

（续）

类 型	助记符	操 作 数	目 的 码	字 节	时 钟	状态标志 ODITSZAPC	完成的操作
减法指令	SUB	r, r r, m m, r	001010dW mod reg r/m (DISP) (DISP)	2、3 或 4	3 9 + EA 16 + EA	○△△△○○○○○	(r)←(r) - (r) (r)←(r) - (m) (m)←(m) - (r)
	SUB	r, imm m, imm	100000sW mod 101 r/m (DISP) (DISP) kk jj (if sW = 01)	3、4、5 或 6	4 17 + EA	○△△△○○○○○	(r)←(r) - imm (m)←(m) - imm
	SUB	ac, imm	0010110W kk jj (if W = 1)	2 或 3	4	○△△△○○○○○	(ac)←(ac) - imm
	SBB	r, r r, m m, r	000110dW mod reg r/m (DISP) (DISP)	2、3 或 4	3 9 + EA 16 + EA	○△△△○○○○○	(r)←(r) - (r) - (C) (r)←(r) - (m) - (C) (m)←(m) - (r) - (C)
	SBB	r, imm m, imm	100000sW mod 011 r/m (DISP) (DISP) kk jj (if sW = 01)	3、4、5 或 6	4 17 + EA	○△△△○○○○○	(r)←(r) - imm - (C) (m)←(m) - imm - (C)
	SBB	ac, imm	0001110W kk jj (if W = 1)	2 或 3	4	○△△△○○○○○	(ac)←(ac) - imm - (C)
	DEC	r8 m	1111111W mod 001 r/m (DISP) (DISP)	2、3 或 4	3 15 + EA	○△△△○○○○△	(r8)←(r8) - 1 (m)←(m) - 1
	DEC	r16	01001 reg	2	2	○△△△○○○○△	(r16)←(r16) - 1
	AAS		00111111	1	4	×△△△××○×○	做减法以后，对 AL 寄存器中的内容进行非压缩型 BCD 码调整
	DAS		00101111	1	4	×△△△○○○○○	做减法以后，对 AL 寄存器中的内容进行十进制调整
	NEG	r m	1111011W modd 011 r/m (DISP) (DISP)	2、3 或 4	3 16 + EA	○△△△○○○○○	(r)←0 - (r) (m)←0 - (m)
乘法指令	MUL	r8 r16 m8 m16	11110110 11100reg 11110111 11100reg 11110110 mod 100 r/m (DISP) (DISP) 11110111 mod 100 r/m (DISP) (DISP)	2 2 2、3 或 4 2、3 或 4	70 ~ 77 118 ~ 133 (76 ~ 83) + EA (124 ~ 139) + EA	○△△△××××○	如果字节操作 (AX)←(AL) · (r/m) 如果字操作 (DX)(AX)←(AX) · (r/m)

（续）

类型	助记符	操作数	目的码	字节	时钟	状态标志 ODITSZAPC	完成的操作
乘法指令	IMUL	r8	11110110 11101reg	2	80 ~ 98	○△△△××××○	如果字节操作 (AX)←(AL)·(r/m) 如果字操作 (DX)(AX)←(AX)·(r/m)
		r16	11110111 11101reg	2	128 ~ 154		
		m8	11110110 mod 101 r/m (DISP) (DISP)	2、3 或4	(86 ~ 104) +EA		
		m16	11110111 mod 101 r/m (DISP) (DISP)	2、3 或4	(134 ~ 160) +EA		
	AAM		11010100 00001010	2	83	×△△△○○×○×	对两个非压缩型十进制数相乘的结果(在AX中)进行修正，以获得非压缩型十进制积
除法指令	DIV	r8	11110110 11110reg	2	80 ~ 90	×△△△×××××	如果字节操作 (AH)余数 (AL)商←(AL)·(r/m) 如果字操作 (DX)余数 (AX)商←(DX)(AX)/(r/m) 这是无符号数除法
		r16	11110111 11110reg	2	144 ~ 162		
		m8	11110110 mod 100 r/m (DISP) (DISP)	2、3 或4	(86 ~ 96) +EA		
		m16	11110111 mod 100 r/m	2、3 或4	(150 ~ 168) +EA		
	IDIV	r8	11110110 11111reg	2	101 ~ 112	×△△△×××××	如果字节操作 (AH)余数 (AL)商←(AX)·(r/m) 如果字操作 (DX)余数 (AX)商←(DX)(AX)/(r/m) 这是带符号数除法
		r16	11110111 11111reg	2	165 ~ 184		
		m8	11110110 mod 111 r/m (DISP) (DISP)	2、3 或4	(107 ~ 118) +EA		
		m16	11110110 mod 111 r/m	2、3 或4	(171 ~ 190) +EA		
	CBW		10011000	1	2	△△△△△△△△△	(AH)←(AL7) 扩展AL的符号位到AH
	CWD		10011001	1	5	△△△△△△△△△	(DX)←(AX15) 扩展AX的符号位到DX
	AAD		11010101 00001010	2	60	×△△△○○×○×	进行非压缩型的十进制除法前，对AL中被除数修正，以产生非压缩型十进制商
比较及逻辑操作指令	CMP	r, r r, m m, r	001110dW mod reg r/m (DISP) (DISP)	2、3 或4	3 9+EA 9+EA	○△△△○○○○○	(r) - (r) (r) - (m) (m) - (r)
	CMP	r, imm m, imm	100000sW mod 111 r/m (DISP) (DISP) kk jj (if sW=01)	3、4、5 或6	4 17+EA	○△△△○○○○○	(r) - imm (m) - imm

（续）

类 型	助记符	操 作 数	目 的 码	字 节	时 钟	状态标志 ODITSZAPC	完成的操作
比较及逻辑操作指令	CMP	ac, imm	0011110W kk jj (if W=1)	2 或 3	4	○△△△○○○○○	(ac) - imm
	AND	r, r r, m m, r	001000dW mod reg r/m (DISP) (DISP)	2、3 或 4	3 9+EA 16+EA	0△△△○○×○0	(r)←(r) AND (r) (r)←(r) AND (m) (m)←(m) AND (r)
	AND	r, imm m, imm	1000000W mod 100 r/m (DISP) (DISP) kk jj (if W=01)	3、4、5 或 6	4 17+EA	0△△△○○×○0	(r)←(r) AND imm (m)←(m) AND imm
	AND	ac, imm	0010010W kk jj(if W=1)	2 或 3	4	0△△△○○×○0	(ac)←(ac) AND imm
	NOT	r m	1111011W mod 010 r/m (DISP) (DISP)	2、3 或 4	3 16+EA	△△△△△△△△△	(r)←($\overline{r}$) (m)←($\overline{m}$)
	OR	r, r r, m m, r	000010dW mod reg r/m (DISP) (DISP)	2、3 或 4	3 9+EA 16+EA	0△△△○○×○0	(r)←(r) OR (r) (r)←(r) OR (m) (m)←(m) OR (r)
	OR	r, imm m, imm	1000000W mod 001 r/m (DISP) (DISP) kk jj (if W=1)	3、4、5 或 6	4 17+EA	0△△△○○×○0	(r)←(r) OR imm (m)←(m) OR imm
	OR	ac, imm	0000110W kk jj (if W=1)	2 或 3	4	0△△△○○×○0	(ac)←(ac) OR imm
	TEST	r, r r, m m, r	1000010W mod reg r/m (DISP) (DISP)	2、3 或 4	3 9+EA 16+EA	0△△△○○×○0	(r) AND (r) (r) AND (m) (m) AND (r)
	TEST	r, imm m, imm	1111011W mod 000 r/m (DISP) (DISP) kk jj (if W=1)	3、4、5 或 6	5 17+EA	0△△△○○×○0	(r) AND imm (m) AND imm
	TEST	ac, imm	1010100W kk jj (if W=1)	2 或 3	4	0△△△○○×○0	(ac) AND imm
	XOR	r, r r, m m, r	001100dW mod reg r/m (DISP) (DISP)	2、3 或 4	3 9+EA 16+EA	0△△△○○×○0	(r)←(r) XOR (r) (r)←(r) XOR (m) (m)←(m) XOR (r)

（续）

类 型	助记符	操作数	目的码	字 节	时 钟	状态标志 ODITSZAPC	完成的操作
比较及逻辑操作指令	XOR	r, imm m, imm	1000000W mod 110 r/m (DISP) (DISP) kk jj (if W=1)	3、4、5 或6	4 17+EA	0△△△○○×○0	(r)←(r) XOR imm (m)←(m) XOR imm
	XOR	ac, imm	0011010W kk jj (if W=1)	2或3	4	0△△△○○×○0	(ac)←(ac) XOR imm
串基本操作指令	LODS		1010110W	1	12 9+13*	△△△△△△△△△	(ac)←((SI)) (SI)←(SI) ±DELTA (D=1,为"-";否则为"+"; 字节操作时,DELTA=1; 字操作时,DELTA=2)
	MOVS		1010010W	1	18 9+17*	△△△△△△△△△	(DI)←((SI)) (SI)←(SI) ±DELTA (DI)←(DI) ±DELTA ±及DELTA值同上
	STOS		1010101W	1	11 9+10*	△△△△△△△△△	(DI)←((ac)) (DI)←(DI) ±DELTA ±及DELTA值同上
	CMPS		1010011W	1	22 9+22*	○△△△○○○○○	(SI)←((DI)) (SI)←(SI) ±DELTA (DI)←(SI) ±DELTA ±及DELTA值同上
	SCAS		1010111W	1	15 9+15*	○△△△○○○○○	(ac)←((DI)) ±及DELTA值同上
无条件转移、调用和返回指令	CALL	addr (远)	10011010 kk jj hh gg	5	28	△△△△△△△△△	(SP)←(SP) -2; ((SP))←(IP); ((SP))←(SP) -2; ((SP))←(CS) (IP)←addr(jj kk) (CS)←addr(gg hh)
	CALL	D16 (近)	11101000 kk jj	3	19	△△△△△△△△△	(SP)←(SP) -2; ((SP))←(IP); (IP)←(IP) +D16
	CALL	m (sreg+IP)	11111111 mod 011 r/m (DISP) (DISP)	5	28	△△△△△△△△△	(SP)←(SP) -2, ((SP))←(IP); (SP)←(SP) -2; ((SP))←(CS); (IP)←(m),(CS)←(m+2)
	CALL	r m (仅有IP)	11111111 mod 010 r/m (DISP) (DISP)	2、3 或4	4 21+EA	△△△△△△△△△	(SP)←(SP) -2, ((SP))←(IP); (IP)←(r/m)
	RET	(近)	11000011	1	8	△△△△△△△△△	(IP)←((SP)); (SP)←(SP) +2,
	RET	(远)	11001011	1	17	△△△△△△△△△	(IP)←((SP)); (SP)←(SP) +2, (CS)←((SP)); (SP)←(SP) +2,

（续）

类 型	助记符	操 作 数	目 的 码	字 节	时 钟	状态标志 ODITSZAPC	完成的操作
无条件转移、调用和返回指令	RET	D16(近)	11000010 kk jj	3	12	△△△△△△△△△	(IP)←((SP)); (SP)←(SP)+2+D16
	RET	D16(远)	11001010 kk jj	3	18	△△△△△△△△△	(IP)←((SP)); (SP)←(SP)+2, (CS)←((SP)); (SP)←(SP)+2+D16
	JMP	addr(远)	11101010 kk jj hh gg	5	15	△△△△△△△△△	(IP)←addr(偏移部分) (CS)←addr(分段部分)
	JMP	D8(短)	11101011 kk	2	15	△△△△△△△△△	(IP)←(IP)+D8
	JMP	D16(近)	11101001 kk jj	3	15	△△△△△△△△△	(IP)←(IP)+D16
	JMP	m (sreg+IP)	11111111 mod 101 r/m (DISP) (DISP)	2、3 或 4	24+EA	△△△△△△△△△	(IP)←(m) (CS)←(m+2)
	JMP	r m (仅有 IP)	11111111 mod 100 r/m (DISP) (DISP)	2、3 或 4	11 18+EA	△△△△△△△△△	(IP)←(r) (IP)←(m)
条件转移指令	JA	D8	01110111 kk	2	4/16	△△△△△△△△△	如果(C)OR(Z)=0, 则(IP)←(IP)+D8
	JNBE	D8	与 JA 相同	2	4/16	△△△△△△△△△	
	JAE	D8	01110011 kk	2	4/16	△△△△△△△△△	如果(C)=0, 则(IP)←(IP)+D8
	JNC	D8	与 JAE 相同	2	4/16	△△△△△△△△△	
	JNB	D8	与 JAE 相同	2	4/16	△△△△△△△△△	
	JB	D8	01110010 kk	2	4/16	△△△△△△△△△	如果(C)=0, 则(IP)←(IP)+D8
	JC	D8	与 JB 相同	2	4/16	△△△△△△△△△	
	JNAE	D8	与 JB 相同	2	4/16	△△△△△△△△△	
	JBE	D8	01110110 kk	2	4/16	△△△△△△△△△	如果(C)OR(Z)=0, 则(IP)←(IP)+D8
	JNA	D8	与 JBE 相同	2	4/16	△△△△△△△△△	
	JE	D8	01110100 kk	2	4/16	△△△△△△△△△	如果(Z)=0, 则(IP)←(IP)+D8,
	JZ	D8	与 JE 相同	2	4/16	△△△△△△△△△	
	JG	D8	01111111 kk	2	4/16	△△△△△△△△△	如果(Z)=0^(S)=(O), 则(IP)←(IP)+D8,
	JNLE	D8	与 JG 相同	2	4/16	△△△△△△△△△	
	JGE	D8	01111101 kk	2	4/16	△△△△△△△△△	如果(S)=0, 则(IP)←(IP)+D8
	JNL	D8	与 JGE 相同	2	4/16	△△△△△△△△△	
	JL	D8	01111100 kk	2	4/16	△△△△△△△△△	如果(S)≠0, 则(IP)←(IP)+D8

（续）

类 型	助记符	操作数	目的码	字 节	时 钟	状态标志 ODITSZAPC	完成的操作
条件转移指令	JNGE	D8	与 JL 相同	2	4/16	△△△△△△△△△	
	JLE	D8	01111110 kk	2	4/16	△△△△△△△△△	如果(S)≠0^(Z)=1, 则(IP)←(IP)+D8
	JNG	D8	与 JLE 相同	2	4/16	△△△△△△△△△	
	JNE	D8	01110101 kk	2	4/16	△△△△△△△△△	如果(Z)=0, 则(IP)←(IP)+D8
	JNZ	D8	与 JNE 相同	2	4/16	△△△△△△△△△	
	JNO	D8	01110001 kk	2	4/16	△△△△△△△△△	如果(O)=0, 则(IP)←(IP)+D8
	JNP	D8	01111011 kk	2	4/16	△△△△△△△△△	如果(P)=0, 则(IP)←(IP)+D8
	JPO	D8	与 JNP 相同	2	4/16	△△△△△△△△△	
	JNS	D8	01111001 kk	2	4/16	△△△△△△△△△	如果(S)=0, 则(IP)←(IP)+D8
	JO	D8	01110000 kk	2	4/16P	△△△△△△△△△	如果(O)=1, 则(IP)←(IP)+D8
	JP	D8	01111010 kk	2	4/16	△△△△△△△△△	如果(P)=1, 则(IP)←(IP)+D8
	JPE	D8	与 JP 相同	2	4/16	△△△△△△△△△	
	JS	D8	01111111 kk	2	4/16	△△△△△△△△△	如果(S)=1, 则(IP)←(IP)+D8
	JCXZ	D8P	11100011 kk	2	4/18	△△△△△△△△△	如果(CX)=1, 则(IP)←(IP)+D8
	LOOP	D8	11100010 kk	2	5/17	△△△△△△△△△	(CX)←(CX)-1, 如果(CX)≠0, 则(IP)←(IP)+D8
	LOOPE	D8	11100001 kk	2	6/18	△△△△△△△△△	(CX)←(CX)-1, 如果(CX)≠0, 且Z=1,则(IP)←(IP)+D8
	LOOPZ	D8	同 LOOPE	2	6/18	△△△△△△△△△	
	LOOPNE	D8	11100000 kk	2	5/19	△△△△△△△△△	(CX)←(CX)-1, 如果(CX)≠0, 且Z=0,则(IP)←(IP)+D8
	LOOPNZ	D8	同 LOOPNE	2	5/19	△△△△△△△△△	
处理器控制指令	CLC		11111000	1	2	△△△△△△△△0	(C)←0
	CMC		11110101	1	2	△△△△△△△△○	(C)←($\bar{c}$)
	CLD		11111100	1	2	△0△△△△△△△	(D)←0
	CLI		11111010	1	2	△△0△△△△△△	(I)←0
	STC		11111001	1	2	△△△△△△△△1	(C)←1
	STD		11111101	1	2	△1△△△△△△△	(D)←1
	STI		11111011	1	2	△△1△△△△△△	(I)←1
	NOP		10010000	1	3	△△△△△△△△△	无操作

（续）

类 型	助记符	操 作 数	目 的 码	字 节	时 钟	状态标志 ODITSZAPC	完成的操作
处理器控制指令	ESC	m r	11011××× mod××× r/m (DISP) (DISP)	2、3 或4	8+EA 2	△△△△△△△△△	数据总线←(m) 数据总线←(r)
	LOCK		11110000	1	2	△△△△△△△△△	封锁总线前缀
	WAIT		10011011	1	3或更多	△△△△△△△△△	等待同步
	HLT		11110100	1	2或更多	△△△△△△△△△	CPU暂停
	IN	ac, DX	1110110W	1	8	△△△△△△△△△	(ac)←(DX)
	IN	ac, port	1110010W kk	1	10	△△△△△△△△△	(ac)←(port)
	OUT	DX, ac	1110111W	1	8	△△△△△△△△△	(DX)←(ac)
	OUT	port, ac	1110011W kk	2	10	△△△△△△△△△	(port)←(ac)
	INT		1100110U kk(如U=1) U=0 U=1	1 2	52 51	△△00△△△△△	(SP)←(SP)-2;(SP)←(F), (I)←0; (T)←0; (SP)←(SP)-2; ((SP))←(CS) (SP)←(SP)-2; ((SP))←(IP), (CS)←(矢量(分段部分)) (IP)←(矢量(偏置部分))
	INTO		11001110	1	53 (O=1) 4 (O=0)	△△0 0 △△△△△	如果(O)=1, 则(SP)←(SP)-2; ((SP))←(F), (I)←0;(T)←0; (SP)←(SP)-2; ((SP))←(CS), (SP)←(SP)-2; ((SP))←(IP), (CS)←(000012_{16}), (IP)←(000010_{16})
	IRET		11001111	3	18	○○○○○○○○○	(IP)←((SP)), (SP)←(SP)+2; (CS)←((SP)), (SP)←(SP)+2; (F)←((SP)), (SP)←(SP)+2
移位指令	RCL	r, 1 m, 1 r, CL m, CL	110100VW mod 010 r/m (DISP) (DISP)	2、3 或4	2 15+EA 8+4·(CL) 20+EA +4·(CL)	○△△△△△△△○	C
	RCR	r, 1 m, 1 r, CL m, CL	110100VW mod 011 r/m (DISP) (DISP)	2、3 或4	2 15+EA 8+4·(CL) 20+EA +4·(CL)	○△△△△△△△○	C
	ROL	r, 1 m, 1 r, CL m, CL	110100VW mod 000 r/m (DISP) (DISP)	2、3 或4	2 15+EA 8+4·(CL) 20+EA +4·(CL)	○△△△△△△△○	C

（续）

类 型	助记符	操 作 数	目 的 码	字 节	时 钟	状态标志 ODITSZAPC	完成的操作
移位指令	ROR	r, 1 m, 1 r, CL m, CL	110100VW mod 001 r/m (DISP) (DISP)	2、3 或 4	2 15 + EA 8 +4 · (CL) 20 + EA +4 · (CL)	○△△△○○×○○	C
	SAL	r, 1 m, 1 r, CL m, CL	110100VW mod 100 r/m (DISP) (DISP)	2、3 或 4	2 15 + EA 8 +4 · (CL) 20 + EA +4 · (CL)	○△△△○○×○○	C ← 0
	SHL	r, 1 m, 1 r, CL m, CL	与 SAL 相同	2、3 或 4	2 15 + EA 8 +4 · (CL) 20 + EA +4 · (CL)	○△△△○○×○○	C ← 0
	SAR	r, 1 m, 1 r, CL m, CL	110100VW mod 111 r/m (DISP) (DISP)	2、3 或 4	2 15 + EA 8 +4 · (CL) 20 + EA +4 · (CL)	○△△△○○×○○	C
	SHR	r, 1 m, 1 r, CL m, CL	110100VW mod 101 r/m	2、3 或 4	2 15 + EA 8 +4 · (CL) 20 + EA +4 · (CL)	○△△△○○×○○	0 → C

注：8086 指令表中使用符号说明：

r：	8 位或 16 位寄存器	m：	字节或字单元	D8：	8 位偏移量
r8：	8 位寄存器	m8：	字节单元	D16：	16 位偏移量
r16：	16 位寄存器	m16：	字单元	ODITSZAPC：	9 个标志位
sreg：	段寄存器	port：	端口地址	○：	受影响
imm：	立即数	addr：	8086 地址	△：	不受影响
ac：	累加器	EA：	有效地址计算时间	×：	不确定
				0：	复位
				1：	置位

加 * 的表示重复操作时的情况。

附录 B 伪操作指令表

名　字	类型/名称	作用形式	功能及说明
DB	字节定义	变量 DB 表达式[,…]	定义字节变量并赋初值
DW	字定义	字变量 DW 表达式[,…]	定义字变量并赋初值
DD	双字定义	双字变量 DD 表达式 [,表达式]……	定义双字变量并赋初值
DQ	四字定义	四字变量 DQ 表达式 [,表达式]……[,表达式]	定义四字变量并赋初值
DT	十字节定义	十字节变量 DT 表达式 [,表达式]……[,表达式]	定义十字节变量并赋初值
ASSUME	段使用设定	ASSUME 段寄存器名:段名 [,段寄存器名:段名]……[…]	说明代码段中涉及的段,其段界地址由相应段寄存器指示
SEGMENT	段开始	段名 SEGMENT [定位选择] [连接选择] [‘类别’]	“定位选择”可以是 PARA、BYTE、WORD 和 PAGE [256B 为一页],“连接选择”可以是 PUBLIC COMMON、AT 表达式、STACK 或 MEMORY,“类别”是用户指定的名字,连接时相同名字的段分配在连续的存储空间中
END	源程序结束	END[表达式]	指示源程序结束。表达式为开始的地址,是可选择的
PROC	过程开始	过程名 PROC NEAR 或 过程名 PROC FAR	说明过程开始,用 FAR 表示远过程,其他为近过程。远过程中的 RET 语句为远返回,近过程的 RET 语句为近返回
ENDP	过程结束	过程名 ENDP	表示过程结束
EQU	等价	符号 EQU 表达式	符号完全可以取代表达式且不可重新定义
=	赋值	符号 = 表达式	给符号赋值且可重新定义
LABEL	标号	变量/标号 LABEL 类型	对变量类型为: BYTE、WORD、DWORD、记录名或结构名; 对标号类型为: NEAR 或 FAR
PUBLIC	公共	PUBLIC 符号[,…]	说明符号可被其他源文件引用,符号可以是一个数、变量或标号(包括过程名)、寄存器名或用“EQU”或“=”定义的符号
EXTRN	外部	EXTRN 名字:类型 [,名字:类型]… [,名字:类型]	表示该名字由其他源文件定义并由 PUBLIC 说明。类型可以是 BYTE、WORD、DWORD、NEAR、FAR、ABS 或用 EQU 定义的符号
ORG	设　置 偏移地址	ORG 偏移地址 或 ORG $ + 偏移地址	置该段的当前偏移地址或增加当前偏移地址值
GROUP	组指定	组名 GROUP 段名 [,段名] ……[,段名]	表示所说明的段全部分配在一个物理段(-64 KB)中
INCLUDE	嵌入文件	INCLUDE 文件名	将指定文件名的文件从本行起加入到现行源文件中

（续）

名　字	类型/名称	作用形式	功能及说明
EVEN	偶化	EVEN	使当前地址从偶数(字地址)开始,原为奇数则加“1”,原为偶数则不变
RADIX		RADIX 表达式	指定汇编常数的基数,标准的是十进制数
STRUC	结　构	结构名 STRUC 域名 DB… [域名 DW…] …… [数据语句] 结构名 ENDS	定义一个结构形式。其中域名可用 DB ~ DT 之间任意一个定义,形式和数据语句完全一样,如果有赋值,则引用该结构的变量都赋了值
RECORD	记录	记录名 RECORD 域名: 宽度[= 值][,宽度[= 值]] ……[,…]	定义一个字节长或字长的记录,域的信息从右边开始存放可用“ = 值”赋值,这样每个引用它的变量此域都赋了值
MACRO	宏定义	名字 MACRO[参数,参数…] 语句串 ENDM	“名字”为定义的宏操作符,它的功能就是其中“语句串”的功能。其中“参数”为汇编时取代的形参
ENDM		ENDM	表示宏定义或重复块定义结束
PURGE	删除宏定义	PURGE 名字 [,…]…	表示删除指定的宏定义
LOCAL	局部	LOCAL　标号 1[,标号 2]… [,…]	汇编程序把指定的标号用唯一的符号(?? 0000 ~ ?? FFFF)代替
NAME	模块命名	NAME 模块名	指出模块名,每个模块必须命名,每次汇编只能有一个 NAME,若没有则从 TITLE 中取或文件中取。模块名不能是保留字
COMMENT	注释	COMMENT　定界符注释,定界符	指定注释部分。可自定义定界符。定界符为 COMMENT 之后第一个非空字符
IF	条件汇编	:IF…条件 …(语句串 1) [ELSE] …(语句串 2) ENDIF	如果满足条件则汇编语句串 1;否则不汇编语句串 1。在含有 ELSE 的情况下,如条件不满足则汇编语句串 2
	如果不是零	IF　表达式…	表达式不为零则满足条件
IFE	如果是零	IFE 表达式…	表达式为零则满足条件
IF1			如果是第一遍扫描则为真
IF2			如果是第二遍扫描则为真
IFB		IFB〈变量〉	其中变量为空格时为真
IFNB		IFNB〈变量〉	其中变量为非空格时为真
IFIDN		IFIDN〈字符串 1〉,〈字符串 2〉	其中“字符串 1”与“字符串 2”相等为真
IFDIF		IFDIF〈字符串 1〉,〈字符串 2〉	其中“字符串 1”与“字符串 2”不相等为真
IFDEF		IFDEF 符号	其中符号有定义(包括用 EXTRN 说明)为真
IFNDEF		IFNDEF 符号	其中符号无定义为真
ENDIF	条件结束	ENDIF	表示条件汇编语句定义结束
ELSE	否则语句	ELSE	表示条件不真时汇编 ELSE 下面的语句

（续）

名　字	类型/名称	作用形式	功能及说明
REPT	数值重复	REPT 表达式 …(被重复的语句) … ENDM	“被重复的语句”按表达式的值重复
IRP	参数值重复	IRP 参数,〈参数值…〉 …(被重复的语句) … ENDM	“被重复的语句”按其参数个数重复
IRPC	字符重复	IRPC 参数,字符串 ENDM……(被重复的语句)	“被重复的语句”按其参数取值为“字符串”中字符个数重复
EXITM	中止宏扩展	EXITM	通知汇编程序结束当前宏调用的扩展
. CREF		. CREF	表示输出交叉参考信息
. XCREF		. XCREF	表示不输出交叉参考信息
. LALL		. LALL	列出所有宏扩展文本
. SALL		. SALL	取消所有宏扩展文本及其目标代码
. XALL		. XALL	只列出产生目标代码的宏展开
. LIST		. LIST	列表文件的标准状态。表示从以下源文件行开始产生列表文件,除非遇到 . XLIST
. XLIST		. XLIST	表示从下列源文件行开始不产生列表文件,除非遇到 . LIST
% OUT		% OUT text 例: IF Y % OUT ALL RIGHT ENDIF	在汇编时遇到% OUT 则显示 text 部分
PAGE		PAGE[每页行数], [每行字符数]或 PAGE +	表示列表文件为页式。没参数时表示准备打印新页。页数加“1”; 如为“PAGE + ”则准备打印新页,页数加“1”;每页行数在 10 ~ 255 之间,标准数是 50,每行字符数在 60 ~ 132 之间,标准数是 80
SUBTIL		SUBTIL 子标题(或) SUBTIL	表示每页标题后打印子标题。如果没有子标题“SUBTIL”表示以后不打印子标题
TITLE		TITLE 标题	表示每页第一行要打印此“标题”,每个文件只能有一个 TITLE 语句,标题最长为 80 个字符
. LFCOND		. LFCOND	表示列出虚假条件的源程序行
. SFCOND		. SFCOND	表示删除虚假条件的源程序行
. TFCOND		. TFCOND	该伪操作能改变打印虚假条件的标准方式,置成与当前标准方式相反的一种方式

附录 C　DOS 功能调用表(INT 21H)

功能分类	功能号	功　　能	入口参数	出口参数
程序结束系统功能调用	00H	退出用户程序并返回操作系统	CS = 程序段前缀	
	31H	终止用户程序并驻留在内存	AL = 返回码 DX = 程序长度	
	4CH	终止当前程序并返回调用程序	AL = 返回码	
字符I/O系统功能调用	01H	带回显的键盘输入,检测 Ctrl + Break		AL = 输入字符
	03H	串行口输入字符		AL = 输入字符
	06H	带回显的直接控制台 I/O,不检测 Ctrl + Break	DL = FF(输入) DL = 字符(输出)	AL = 输入字符
	07H	无回显的键盘输入,不检测 Ctrl + Break		AL = 输入字符
	08H	无回显的键盘输入,检测 Ctrl + Break		AL = 输入字符
	0AH	字符串缓冲输入	DS:DX = 缓冲区首址	
	0BH	取键盘输入状态		AL = 00,无键入 AL = FF,有键入
	0CH	清键盘缓冲区后,输入	AL = 功能号(01、06、07、08 或 0A)	
	02H	字符显示	DL = 输出字符	
	04H	串行口输出字符	DL = 输出字符	
	05H	字符打印	DL = 输出字符	
	09H	字符串显示	DS:DX = 缓冲区首址	
磁盘控制系统功能调用	0DH	初始化盘状态		
	0EH	置默认驱动器代码	DL = 盘号	AL = 系统中盘的数目
	19H	取默认驱动器代码		AL = 盘号
	1BH	取默认盘分配表信息(FAT 表)		DS:BX = 盘类型字节地址 DX = FAT 表项数 AL = 每簇扇区数 CX = 每扇区字节数
	1CH	取指定盘分配表信息(FAT 表)	DL = 盘号	DS:BX = 盘类型字节地址 DX = FAT 表项数 AL = 每簇扇区数 CX = 每扇区字节数
	2EH	置写校验状态	DL = 0,AL = 状态	
	36H	取盘的剩余空间数	DL = 盘号	BX = 可用簇数 DX = 总簇数 AX = 每簇扇区数 CX = 每扇区字节数
	54H	取写校验状态		AL = 状态

（续）

功能分类	功能号	功　　能	入口参数	出口参数
文件操作系统功能调用	1AH	置磁盘缓冲区	DS:DX=缓冲区首址	
	2FH	取磁盘缓冲区首址		ES:BX=缓冲区首址
	0FH	打开文件	DS:DX=FCB首址	AL=00,成功 AL=FF,未找到
	10H	关闭文件	DS:DX=FCB首址	AL=00,成功 AL=FF,已换盘
	11H	查找第一个匹配文件	DS:DX=FCB首址	AL=00,成功 AL=FF,未找到
	12H	查找下一个匹配文件	DS:DX=FCB首址	AL=00,成功 AL=FF,未找到
	13H	删除文件	DS:DX=FCB首址	AL=00,成功 AL=FF,未找到
	16H	建立文件	DS:DX=FCB首址	AL=00,成功 AL=FF,目录区满
	17H	文件更名	DS:DX=FCB首址 (DS:DX+17)=新名	AL=00,成功 AL=FF,失败
	23H	取文件长度	DS:DX=FCB首址	AL=00,成功; AL=FF,未找到
	3CH	建立文件	DS:DX=字符串首址 CX=文件属性字	成功:AX=文件号 失败:AX=错误码
	3DH	打开文件	DS:DX=字符串首址 AL=0读 AL=1写 AL=2读/写	成功:AX=文件号 失败:AX=错误码
	3EH	关闭文件	BX=文件号	失败:AX=错误码
	41H	删除文件	DS:DX=字符串首址	成功:AX=00 失败:AX=错误码
	43H	取或置文件属性	DS:DX=字符串首址 AL=0,取文件属性 AL=1,置CX=属性	成功:CX=文件属性 失败:AX=错误码
	45H	复制文件号	BX=文件号1	成功:AX=文件号2 失败:AX=错误码
	46H	强制复制文件号	BX=文件号1 CX=文件号2	成功:AX=文件号2 失败:AX=错误码
	4EH	查找第一个匹配文件	DS:DX=字符串首址 CX=属性	失败:AX=错误码
	4FH	查找下一个匹配文件	DS:DX=字符串首址	失败:AX=错误码
	56H	文件更名	DS:DX=字符串首址 ES:DI=新名地址	失败:AX=错误码
	57H	置或取文件日期和时间	BX=文件号 AL=0,读 AL=1,写DX:CX	成功:DX:CX=日期和时间 失败:AX=错误码
	5AH	建立暂时文件	DS:DX=字符串首址 CX=文件属性	成功:AX=文件号 失败:AX=错误码
	5BH	建立新文件	DS:DX=字符串首址 CX=文件属性	成功:AX=文件号 失败:AX=错误码

（续）

功能分类	功能号	功能	入口参数	出口参数
记录及文件操作系统功能调用	14H	顺序读一个记录	DS:DX = FCB 首址	AL = 00,成功 AL = 01,文件结束 AL = 02,DTA 空间不够 AL = 03,缓冲不满
	15H	顺序写一个记录	DS:DX = FCB 首址	AL = 00,成功 AL = 01,盘满 AL = 02,DTA 空间不够
	21H	随机读一个记录	DS:DX = FCB 首址	AL = 00,成功 AL = 01,文件结束 AL = 02,缓冲溢出 AL = 03,缓冲不满
	22H	随机写一个记录	DS:DX = FCB 首址	AL = 00,成功 AL = 01,盘满 AL = 02,缓冲溢出
	24H	置随机记录号	DS:DX = FCB 首址	
	27H	随机读若干记录	DS:DX = FCB 首址 CX = 记录数	AL = 00,成功 AL = 01,文件结束 AL = 02,DTA 空间不够 AL = 03,缓冲不满
	28H	随机写若干记录	DS:DX = FCB 首址 CX = 记录数	AL = 00,成功 AL = 01,盘满 AL = 02,缓冲溢出
	3FH	读文件或设备	BX = 文件号 CX = 读入字节数 DS:DX = 缓冲区首址	成功:AX = 实际读出的字节数 失败:AX = 错误码
	40H	写文件或设备	BX = 文件号 CX = 写盘字节数 DS:DX = 缓冲区首址	成功:AX = 实际写入的字节数 失败:AX = 错误码
	42H	改变文件读写指针	BX = 文件号 CX:DX = 位移量 AL = 0,绝对移动 AL = 1,相对移动 AL = 2,绝对倒移	成功:DX:AX = 新的指针位置 失败:AX = 错误码
目录操作系统功能调用	39H	建立一个子目录	DS:DX = 字符串首址	失败:AX = 错误码
	3AH	删除一个子目录	DS:DX = 字符串首址	失败:AX = 错误码
	3BH	改变当前目录	DS:DX = 字符串首址	失败:AX = 错误码
	47H	取当前目录	DL = 盘号 DS:SI = 字符串首址	成功:DS:SI = 字符串首址 失败:AX = 错误码
时间日期系统功能调用	2AH	取日期		CX:DX = 日期
	2BH	置日期	CX:DX = 日期	AL = 00,成功 AL = FF,失败
	2CH	取时间		CX:DX = 时间
	2DH	置时间	CX:DX = 时间	AL = 00,成功 AL = FF,失败

（续）

功能分类	功能号	功　　能	入口参数	出口参数
内存分配系统功能调用	48H	分配内存空间	BX = 申请内存数量	成功：AX = 分配内存首址 失败：BX = 最大可用空间
	49H	释放内存空间	ES = 内存始址	失败：AX = 错误码
	4AH	修改分配的内存空间	ES = 原内存始址 BX = 再申请的数量	失败：BX = 最大可用空间 AX = 错误码
	58H	取或置内存分配策略	AL = 0 取当前分配策略码 AL = 1 置当前分配策略码 BX = 策略码	成功：AX = 策略码 失败：AX = 错误码
功能分类	**功能号**	**含　　义**		
网络共享	5CH	记录共享或锁定		
	5EH	取网络名或置打印机		
	5FH	网络设置重定向		
其他功能	25H	置中断向量		
	35H	取中断向量		
	26H	建立程序段前缀		
	29H	分析文件名		
	30H	取 DOS 版本号		
	33H	取或置 Ctrl + Break 标志		
	38H	取或置国别		
	44H	设备驱动控制		
	4BH	加载执行程序		
	4DH	取出口码		
	59H	取扩展错误信息		
	62H	取程序前缀地址		
	63H	取扩展字符表地址		
保留功能	18H，1DH，1EH，1FH，20H，32H，34H，37H，50H，51H，52H，53H，55H，5DH，60H，61H			

附录 D　DEBUG 命令表

表 D－1　16 位 CPU DEBUG 命令表

命令格式	功能说明	举例说明
A [地址]	输入汇编指令	如：－A100 073F:0100 mov ax,100 在提示符"－"下输入:A100,回车后就会自动弹出:CS:0100_ 在此后面输入所需汇编指令即可
C [范围] [指定地址]	将指定范围的内存区域与从指定地址开始的相同长度的内存区域中的内容逐个字节进行比较,列出不同	如：－C 073F:100 130 073F:140 回车后,相同则无显示,不同则将每个不同的单元列出
D [范围]	显示指定范围内的内存单元内容	如：－D DS:0 回车后将显示数据段从 0 开始的 128 个字节的内容
E [地址] 字节值表	用值表中的值替换从"地址"开始的内存单元内容	如：－E DS:0 12 13 14 就是将数据段从 0 开始的三个字节单元中的内容变为"12 13 14",用上一条命令即可看出结果 若已执行以上指令,不写字节值表,再执行如：－E DS:0 回车后会显示 DS:0000 12. _ 输入所要改变的值就能将 12 替换掉,按空格即可修改下一个内存单元
F [范围] 字节值表	用指定的字节值表来填充内存区域	如：－F 073F:100 L20 1 2 3 4 5
G [＝起始地址] [断点地址]	从起点(或当前地点)开始执行,到终点结束	如：－G＝100 108 此处地址一般只写偏移地址即可
H [数值 1] [数值 2]	显示二个十六进制数值之和、差	如：－H 10 0 回车后显示:0011 000F
I [端口地址]	从计算机输入端口读取数据并显示	
M [范围] [指定地址]	把"范围"内的字节值传送到从"地址"开始的单元	如：－M 073F:100 108 073F:130 可用 D 命令观看结果
O [端口地址] [字节值]	向计算机输出端口送出数据	
P [＝地址] [指令数]	按执行过程,但不进入子程序调用或软中断	如：－P;单步执行并跟踪 －P＝100;从偏移地址为 100H 的地方开始单步执行,并跟踪 －P＝100 5;从偏移地址为 100H 的地方开始执行五条汇编指令
Q	退出 DEBUG	如：－Q 再按回车,即可退出
R [寄存器名]	显示和修改寄存器内容	如：－R;显示寄存器内容 －RAX 0000;将累加器 AX 中的值修改为 0000H
S [范围] 字节值表	在内存区域内搜索指定的字节值表。如果找到,显示起始地址,否则,什么也不显示	如：－S DS:0 30 12 13 14 搜索数据段 0－30 的内存单元中是否有 12、13、14 的字节表

（续）

命令格式	功能说明	举例说明
T [=地址][指令数]	跟踪执行,从起点(或当前地点)执行若干条指令	T命令与P命令的命令格式相同,作用也相近,唯一的不同是P命令不会跟踪进入子程序或软中断
U [范围]	反汇编,显示机器码所对应的汇编指令	如:U CS:00 30 回车后就可以看到每条汇编指令的位置,以便设置断点

表D-2　16位CPU DEBUG32命令表

命　　令	作　　用	命　　令	作　　用
BP[地址]	设置一个断点	PRegs	显示私有寄存器的值。包括GDT、LDT、IDT、TSS、EFLAGS和控制寄存器
BC[地址/*]	清楚一个断点("*"为所有的断点)	R16	显示16 bit寄存器模式下的寄存器
BL	列出所有的断点	R32	显示32 bit寄存器模式下的寄存器
CLS	清除屏幕	R [寄存器名]	显示和修改寄存器内容
CPU	显示CPU类型	RC	显示改变的寄存器
DA[范围]	以ASCII格式显示指定范围的内存单元的内容	U16[地址]	反汇编在指定的内存并显示为16 bit格式的汇编语言(不指定则默认16bit格式)
DB[范围]	以byte格式显示指定范围的内存单元的内容	U32[地址]	反汇编在指定的内存并显示为32 bit格式的汇编语言
DW[范围]	以(16 bit)格式显示指定范围的内存单元的内容		
DD[范围]	以double(32 bit)格式显示指定范围的内存单元的内容		

命令使用的几点说明:

1)在提示符"-"下才能输入命令,在按"回车"键后,该命令才开始执行。

2)命令和参数的大小写可混合输入,命令与参数、参数与参数之间要用空格或逗号分隔。

3)DEBUG中输入或显示的数据都是十六进制形式。

4)当命令出现语法错误时,将在出错位置显示"^ Error"。

5)可用〈Ctrl〉+〈C〉或〈Ctrl〉+〈Break〉来终止当前命令的执行,还可用〈Ctrl〉+〈S〉或〈Ctrl〉+〈Num Lock〉来暂停屏幕显示(当连续不断地显示信息时)。

6)[地址]:用"段基址:偏移地址"的形式来表示,也可用段寄存器来代表"段基址"。若不写段基址则自动默认为代码段寄存器CS所寄存的段基址,若不写偏移地址则默认为100H。可以段基址和偏移地址都省略,或只省略段基址,但不能只写段基址不写偏移地址,否则会显示"^Error"。

7)[范围]:用"[起始位置][结束位置]"或者"[起始位置][L长度]"这两种方式表示。其中起始位置要用"段值:偏移量"来表示;结束位置只用"偏移量"来表示,若省略则默认为从起始位置开始的128个字节的范围;L长度中,L参数为标识,指定从起始位置开始的一段长度范围。

8)字节值表:由若干个二位十六进制数值组成,也可以是用引号括起来的字符串。

参考文献

[1] 戴梅萼. 微型计算机技术及应用——从十六到三十二位[M]. 2版. 北京:清华大学出版社,1996.

[2] 吴秀清,周荷琴. 微型计算机原理与接口技术[M]. 2版. 合肥:中国科学技术大学出版社,2002.

[3] 李芷. 微型计算机原理与接口[M]. 南京:东南大学出版社,1996.

[4] 姚燕南,薛钧义. 微型计算机原理[M]. 西安:西安电子科技大学出版社,2000.

[5] 周明德. 微机原理与接口技术[M]. 北京:人民邮电出版社,2002.

[6] 朱德森. 微型计算机(80486)原理与接口技术[M]. 北京:化学工业出版社,2003.

[7] 沈美明,温冬婵. IBM-PC汇编语言程序设计[M]. 北京:清华大学出版社,1991.

[8] 杨季文,等. 80x86汇编语言程序设计教程[M]. 北京:清华大学出版社,1998.

[9] 李恩林,陈斌生. 微机接口技术300例[M]. 北京:机械工业出版社,2003.

[10] 邹逢兴. 微型计算机原理及其应用典型题解析与实战模拟[M]. 长沙:国防科技大学出版社,2001.

[11] 新世纪闯关丛书编委会. 微机原理与应用考点分析及效果测试[M]. 西安:西安工业大学出版社,2003.